1. Theorie der Wärme.

J. P. Joule. Ueber die Temperaturveränderungen bei der Verdünnung und Verdichtung der Luft. Krönig J. III. 433. Siehe Berl. Ber. 1845. p. 344.

L. Wilhelmy. Versuch einer mathematisch-physikalischen Wärmetheorie. Heidelberg 1851.

W. J. M. Rankine. On the mechanical action of heat, especially in gases and vapours. Edinb. Trans. XX. 1. 147*; Phil. Mag. (4) VII. 1, 111.

— — Note as to the dynamical equivalent of temperature in liquid water, and the specific heat of atmospheric air and steam. Edinb. Trans. XX. 2. p. 191*.

— — On the power and economy of single-acting expansive steam-engines. Edinb. Trans. XX. 2. p. 195*.

— — On the economy of heat in expansive machines. Edinb. Trans. XX. 2. p. 205*.

— — Ueber die mechanische Theorie der Wärme. Pogg. Ann. LXXXI. 172*; Phil. Mag. (4) II. 61*.

— — On the centrifugal theory of elasticity, as applied to gases and vapours. Phil. Mag. (4) II. 509*; Rep. of the Brit. Assoc. 1851. 2. p. 3.

R. Clausius. Ueber die bewegende Kraft der Wärme, und die Gesetze, welche sich daraus für die Wärmelehre selbst ableiten lassen. Pogg. Ann. LXXIX. 368*, 500*; Phil. Mag. (4) II. 102; Berl. Monatsber. 1850. p. 42.; Ann. d. ch. et d. ph. (3) XXXV. 482.

W. Thomson. An account of Carnot's theory of the motive power of heat; with numerical results deduced from Regnault's experiments on steam. Edinb. Trans. XVI. 541; Ann. d. ch. et d. ph. (3) XXXV. 248.

— — On the dynamical theory of heat, with numerical results deduced from Joule's equivalent of a thermal unit, and Regnault's observations on steam. Edinb. Trans. XX. 2. p. 261*; Krönig J. III. 223; Phil. Mag. (4) IV. 8, 105, 168, 424; Ann. d. ch. et d. ph. (3) XXXVI. 118; Liouville J. d. math. 1852. p. 209.

— — On a remarkable property of steam connected with the theory of air-engines. Phil. Mag. (3) XXXVII. 386; Pogg. Ann. LXXXI. 447.

R. Clausius. Ueber das Verhalten des Dampfes bei der Ausdehnung unter verschiedenen Umständen. Pogg. Ann. LXXXII. 263*; Phil. Mag. (4) I. 398; Ann. d. ch. et d. ph. (3) XXXVII. 368.

W. Thomson. Note on the effect of fluid friction in drying steam which issues from a high-pressure boiler through a small orifice and into the open air. Phil. Mag. (4) I. 474*.

R. Clausius. Reply to a note from Mr. W. Thomson on the effect of fluid friction. Phil. Mag. (4) II. 139*.

W. Thomson. Second note on the effect of fluid friction. Phil. Mag. (4) II. 273*.

J. P. Joule. On the mechanical equivalent of heat. Phil. Trans. 1850. p. 61; Krönig J. I. 1*.

— — On an air-engine. Phil. Mag. (4) II. 150; Inst. No. 941. p. 15; Phil. Trans. 1852. p. 65.

W. Thomson. The effect of pressure in lowering the freezing point of water. Phil. Mag. (3) XXXVII. 123; Pogg. Ann. LXXXI. 163*; Proc. Edinb. Roy. Soc. 1850. Febr.

R. Clausius. Notiz über den Einflufs des Druckes auf das Gefrieren der Flüssigkeiten. Pogg. Ann. LXXXI. 168*; Phil. Mag. (4) II. 548.

R. Bunsen. Ueber den Einflufs des Drucks auf die chemische Natur der plutonischen Gesteine. Pogg. Ann. LXXXI. 562*.

W. Thomson. On a method of discovering experimentally the relation between the mechanical work spent and the heat produced by the compression of a gaseous fluid. Edinb. Trans. XX. 2. p. 289*; Krönig J. III. 361; Liouville J. d. math. 1852. p. 241.

C. Holtzmann. Ueber die bewegende Kraft der Wärme. Pogg. Ann. LXXXII. 445*.

R. Clausius. Erwiederungen auf die Bemerkungen des Hrn. C. Holtzmann. Pogg. Ann. LXXXIII. 118*.

F. Reech. Notice sur un mémoire intitulé: Théorie de la force motrice du calorique. C. R. XXXIII. 567*; Inst. No. 934. p. 377.

W. Thomson. On the mechanical theory of electrolysis. Phil. Mag. (4) II. 429*.

— — Applications of the principle of mechanical effect to the measurement of electro-motive forces and of galvanic resistances in absolute units. Phil. Mag. (4) II. 551*.

W. Petrie. Sur l'application de l'électricité et de la chaleur comme forces motrices. Inst. No. 886. p. 414*.

J. R. Mayer. Bemerkungen über das mechanische Aequivalent der Wärme. Heilbronn und Leipzig 1851*; Wien. Ber. VI. 601*.

R. Clausius. Ueber den Zusammenhang zweier empirisch aufgestellten Gesetze über die Spannung und die latente Wärme verschiedener Dämpfe. Pogg. Ann. LXXXII. 274*; Phil. Mag. (4) II. 483.

J. P. Joule. Some remarks on heat and the constitution of elastic fluids. Mem. of the Manch. Soc. (2) IX. 107*.

L. Soret. Sur de nouvelles expériences de M. Regnault relatives aux tensions des vapeurs. Arch. d. sc. ph. et nat. XIV. 27*; Inst. No. 869. p. 279.

J. Gorrie. On the quantity of heat evolved from atmospheric air by mechanical compression. Sillim. J. (2) X. 39*, 214*.

H. Bruckner. Notice sur une formule pour calculer l'élasticité de la vapeur d'eau. Bull. d. Brux. XVII. 1. p. 347 (Cl. d. sciences 1850. p. 149*).

Curr. On the temperature of steam and its corresponding pressure. Proc. Roy. Soc. V. 941; Phil. Mag. (3) XXXVII. 304*.

J. J. Waterston. On a general law of density in saturated vapours. Phil. Mag. (4) II. 565*; Inst. No. 953. p. 111; Phil. Trans. 1852. p. 83; Pogg. Ann. Erg. IV. 175; Zeitschr. f. ges. Naturw. II. 342.

— — On a general theory of gases. Rep. of the Brit. Assoc. 1851. 2. p. 6*.

P. Smyth. Experiments on the thermotic effect of the compression and expansion of air. Edinb. J. LI. 114*.

W. Petrie. On the relation between the changes of temperature and volume of gases. Edinb. J. LI. 120*.

— — On spontaneous re-heating of air cooled by issuing, in a jet, from a more compressed state. On the possible determination thereby of the mutual distances of the ultimate atoms of matter. Edinb. J. LI. 125*.

W. J. M. Rankine. Letter on the re-heating of jets of air, and on the relations between temperature and compression of the same. Edinb. J. LI. 128*.

Morin. Note sur la machine locomotive de Cugnot, déposée au conservatoire des arts et métiers. C. R. XXXII. 524*; Inst. No. 902. p. 123; Bull. d. l. Soc. d'enc. 1851. p. 190.

Pouillet. Observations sur la note précédente. C. R. XXXII. 532*.

Fairbairn. Ueber die expansive Wirkung des Dampfes. Dingl. p. J. CXV. 1*.

E. Dunn. Maschine zur Erzeugung von Triebkraft vermittelst der Ausdehnung atmosphärischer Luft durch die Wärme. Dingl. p. J. CXXIII. 86; Mech. Mag. LV. 41; London. J. 1851. Sept. p. 253.

Haycraft. On anhydrous steam and the prevention of boiler explosions. Mech. Mag. LIII. 288*, 302*.

J. A. Groshans. Bemerkungen über einige physische Eigenschaften der Körper. Pogg. Ann. Erg. III. 146.

L. A. Colding. Undersoegelse om de almindelige Naturkraefter og deres gjensidige Afhaengighed. Videnskab. Selsk. Skrifter (5) II. 121*, 167*.

J. Goodman. Researches into the identity of the existencies or forces of light, heat, electricity, magnetism, and gravitation. Mem. of the Manch. Soc. (2) IX. 80*.

Da die Unhaltbarkeit der materiellen Wärmetheorie, der Annahme eines Wärmestoffs, immer mehr in die Augen springt, so sind verschiedene Arbeiten veröffentlicht worden, welche eine mechanische Theorie der Wärme zu begründen streben. Das Gemeinsame aller solcher Theorien wird vor der Hand, wie der Berichterstatter es schon früher [1]) bezeichnet hat, das sein müssen, dafs man sich die Körper als aus Atomen zusammengesetzt denkt, welche selbst wieder aus differenten Theilen bestehen, und dafs man als Grund der Wärmeerscheinungen Bewegungen innerhalb der Atome voraussetzt, deren lebendige Kraft gleich der Wärmequantität ist. Soll die specielle Art der Zusammensetzung der Atome und der Bewegungen innerhalb derselben bestimmt werden, so ist dabei der Willkür vorläufig ein sehr grofser Spielraum gelassen. Doch sind Versuche, dergleichen Hypothesen theoretisch auszubilden, immer dankenswerth, da aus solchen Versuchen, wo ihre Folgerungen mit der Wirklichkeit übereinstimmen, sich doch endlich einzelne allgemeinere Anhaltspunkte ergeben können für die Art, wie wir uns die Atome constituirt zu denken haben.

Es liegen vorläufig zwei dergleichen Arbeiten vor, von Hrn. Wilhelmy und von Hrn. Rankine. Ersterer nimmt Folgendes an. Ein Molecül eines bestimmten Stoffes ist ein System von anziehenden (ponderablen Massen-) Atomen und abstofsenden (Aether-) Atomen, welches noch als schwebend zu denken ist in einem den übrigen Raum gleichmäfsig füllenden Medium, das aus nur abstofsenden (Aether-) Atomen besteht. Die Aetheratome werden von den Massenatomen, wenn auch mit geringer Kraft, angezogen. Die Anordnung der Atome im Molecül hängt von der gegenseitigen Stellung der Molecüle ab, d. h. die Molecüle induciren sich gegenseitig. Die unsymmetrische Anordnung der Atome im Molecül ist die elektrische Polarisation oder Erregung. Die Molecüle schwingen fortdauernd um ihre Gleichgewichtslage, welche Bewegung Ursache der Wärmeerscheinungen ist. Der Verfasser leitet aus seinen Annahmen folgende Erfahrungssätze ab: 1) die Körper werden im Allgemeinen durch Wärmezufuhr ausgedehnt, 2) der Ausdehnungscoefficient steigt

[1]) Helmholtz. Erhaltung der Kraft. Berlin 1847. p. 30.

mit zunehmender Temperatur, 3) die durch Wärme bewirkte Ausdehnung ist für specifisch schwerere Körper geringer. In das Detail der Rechnungen einzugehen würde hier zu weitläuftig sein.

Hrn. Rankine's Hauptvoraussetzungen sind folgende.

1. Jedes Atom der Materie besteht aus einem Kern oder centralen physischen Punkt, eingehüllt von einer elastischen Atmosphäre, welche durch Anziehung mit ihm verknüpft ist, so dafs die Elasticität der Körper aus zwei Theilen besteht, nämlich einem, der aus der diffusen Portion der Atmosphären entspringt und nur Volumenveränderungen widersteht, und einem andern, der entspringend aus den gegenseitigen Actionen der Kerne und der rings um sie verdichteten Atmosphärenportionen, nicht blofs Volumenveränderungen, sondern auch Gestaltveränderungen widersteht.

2. Die durch Wärme hervorgebrachten Elasticitätsveränderungen entspringen aus der Centrifugalkraft von Revolutionen oder Oscillationen unter den Theilen der Atomatmosphären, vermöge welcher sie in einem gröfseren Abstand von ihren Kernen versetzt werden, und somit die nur Volumenveränderungen widerstehende Elasticität erhöhen, auf Kosten derjenigen, die auch Gestaltveränderungen widersteht.

3. Das Medium, welches Licht und strahlende Wärme fortpflanzt, besteht aus den Kernen der Atome, die fast oder ganz unabhängig von ihren Atmosphären vibriren. Absorption ist der Uebergang der Bewegung von den Kernen zu den Atmosphären, und Radiation die Uebertragung von den Atmosphären zu den Kernen.

Hr. Rankine macht einen Unterschied zwischen wahrer und scheinbarer specifischer Wärme; erstere ist der Zuwachs der lebendigen Kraft der Atomatmosphären für einen Grad Temperaturerhöhung in der Einheit der Masse; letztere wird gefunden, wenn man zu der wahren specifischen Wärme noch diejenige Wärmemenge addirt, welche für Veränderungen des Volumens und der Molecularanordnung verbraucht ist. Die scheinbare specifische Wärme eines vollkommenen Gases bei constantem Volum ist nahehin gleich seiner wahren specifischen Wärme.

Hr. Rankine hat zuerst eine Uebersicht seiner Untersuchungen gegeben in Edinb. Trans. XX. Part. 1., eine kürzere in Pogg. Ann. LXXXI. 172, und die letztere übersetzt mit einigen Zusätzen im Phil. Mag. (4) II. 61. Von den Aufsätzen in Edinb. Trans. XX. Part. 2. enthält der erste eine Veränderung einer Rechnung über die specifische Wärme der Luft, die sich auf Joule's Aequivalentzahl stützt; der zweite die Anwendung seiner Sätze auf die praktische Berechnung von Dampfmaschinen; der dritte eine Ableitung von Carnot's Princip aus den hypothetischen Vorstellungen des Autors. In ganzer Ausführlichkeit ist erst die erste Abtheilung des Ganzen erschienen in Phil. Mag. (4) II. 509. Sie enthält die Theoreme über Volumen und Druck der Gase und Dämpfe hergeleitet aus der Hypothese der Molecularrotationen. Man findet in ihr unter anderem empirische Formeln für Volum und Druck verschiedener Gasarten, die nach Regnault's Versuchen berechnet sind [Phil. Mag. (4) II. 527], und eben solche für den Druck gesättigten Dampfes bei verschiedenen Temperaturen für verschiedene Flüssigkeiten von der Form

$$\log P = \alpha - \frac{\beta}{T} - \frac{\gamma}{T^2},$$

wo α, β, γ Constanten, T die Temperatur, vom absoluten Nullpunkt der Gase aus gerechnet, ist (ebendas. p. 539).

Die nähere Auseinandersetzung der sehr weitläuftigen mathematischen Entwickelungen kann ich um so mehr übergehen, als die mit den Thatsachen vergleichbaren Folgerungen der Hypothese alle auch aus den sogleich weiter zu besprechenden allgemeinen Principien der mechanischen Wärmetheorie abzuleiten sind, und nicht von der besonderen Form dieser Hypothese abhängen.

Wir müssen in Betreff der Aequivalenz der Wärme mit mechanischer Arbeit drei von einander unabhängige Ansichten unterscheiden, welche auch schon in der Abhandlung des Berichterstatters „Ueber die Erhaltung der Kraft" [1]) als solche hingestellt worden sind, nämlich

1) die von Mayer zuerst aufgestellte, später von Joule und dem Berichterstatter selbst aufgenommene, wonach die Wärme

[1]) Berl. Ber. 1847. p. 238.

nicht ein Stoff, sondern eine Bewegungsform ist, und, wenn durch Wärme Arbeit gewonnen wird, eine gewisse Quantität Wärme verschwindet, während umgekehrt durch Vernichtung eines gewissen Aequivalents von Arbeit vorher nicht da gewesene Wärme neu erzeugt werden kann. Wir können es als das Princip der Aequivalenz von Wärme und Arbeit bezeichnen.

2) Die Ansicht von CARNOT und CLAPEYRON, wonach der Uebergang einer gewissen Wärmemenge aus einem Körper von höherer in einen von niederer Temperatur einem gewissen Arbeitsquantum äquivalent ist; wir wollen dieses Princip im Folgenden nach dem Namen seines Urhebers bezeichnen.

3) Die Ansicht von MAYER, welche später von HOLTZMANN und JOULE aufgenommen ist, wonach bei einem ohne Temperaturänderung ausgedehnten Gase die ganze aufgenommene Wärmemenge in mechanische Arbeit verwandelt wird; es möge das Princip von der Wärmearbeit in Gasen heifsen.

Folgerungen aus diesen drei Principien, theils einzeln, theils in Verbindung mit einander, finden sich in den Arbeiten von den Herren CLAUSIUS, THOMSON und RANKINE. Ich werde zuerst, um die Uebersicht zu erleichtern, die Resultate derselben im Zusammenhange hinstellen, und bei den einzelnen angeben, was davon den einzelnen Arbeitern zukommt.

Das erste Princip ist ein wesentlicher Theil desjenigen von der Erhaltung der Kraft, und fordert, dafs, wenn bei den durch Wärme bewirkten Volumenveränderungen eines Körpers Arbeit gewonnen oder verloren wird, auch eine äquivalente Menge Wärme vernichtet oder erzeugt werde. Hr. CLAUSIUS hat zuerst dieses Gesetz in einen mathematischen Ausdruck gebracht, um es mit den beiden anderen Principien combiniren zu können; eine einfachere Ableitung derselben Formel giebt Hr. THOMSON. Man hatte bisher die Wärme, welche ein Körper enthielt und empfangen hatte, als Function seines Volumens und seiner Temperatur betrachtet. Herr CLAUSIUS betrachtet dagegen die Wärme, welche ein Körper empfangen haben mufs, nicht als eine Function der genannten Gröfsen als unabhängiger Variablen, sondern bemerkt, dafs dieselbe auch noch von der Art abhängt, wie sich neben einer gewissen Aenderung der Temperatur gleichzeitig das Volumen geändert habe; was er als noch im Körper vorhandene Wärme betrachtet wissen wolle, definirt er nicht. Dadurch verliert aber, wie es dem Referenten erscheint, die Vorstellung über die Wärmemengen der Körper alle Anhaltspunkte, ein Nachtheil, der sich schon in dem von Hrn. Clausius gegen Hrn. Thomson über die Wärme des expandirenden Dampfes erregten Streite zu erkennen giebt. Der Berichterstatter glaubt daher dem Leser das Verständnifs zu erleichtern, wenn er einen andern Weg zur Ableitung jener Gleichung wählt, der sich unmittelbar an die ältere Ausdrucksweise anschliefst.

Wenn einem Körper Wärme zugeleitet wird, so vergröfsert sich dadurch theils die lebendige Kraft der Wärmebewegung seiner kleinsten Theilchen, theils treten Veränderungen in der Stellung der Molecüle ein, welche als geleistete oder gewonnene Arbeit zu betrachten sein werden. Man hat bisher angenommen, dafs alle Wärme, die in einen Körper eintritt, in demselben auch nachher vorhanden sei, und man kann das auch ferner in allen den Fällen thun, wo der sich ausdehnende Körper keine Arbeit oder lebendige Kraft an andere Körper abgegeben hat. Man mufs dann nur alles das mit dem Namen Wärme bezeichnen, was Hr. Clausius innere Arbeit des erwärmten Körpers genannt hat, d. h. die Summe der vermehrten lebendigen Kraft der Wärmebewegung und das Aequivalent von Arbeit, welches die Molecularkräfte bei der vorhandenen Anordnung der Molecüle repräsentiren. Man kann diese Bezeichnung um so eher beibehalten, da der wissenschaftliche Sprachgebrauch auch bei Aenderungen des Aggregatzustandes die bei der eintretenden neuen Anordnung der Molecüle gewonnene oder verlorene Arbeit mit dem Namen von freigewordener oder gebundener latenter Wärme bezeichnet. Dann können wir nach wie vor die in einem Körper vorhandene Wärmequantität als Function seines Volumens und seiner Temperatur ansehen, und die einzige Aenderung gegen die bestehenden Ansichten besteht darin, dafs wir einen Theil der ihm zugeführten Wärme als vernichtet ansehen müssen, so oft der Körper bei seiner Ausdehnung Arbeit oder lebendige Kraft an andere Körper abgegeben hat.

Um diesen Unterschied an einem Beispiel noch klarer zu

machen, nehmen wir an, ein fester oder flüssiger Körper befinde sich im Vacuum, und ihm werde plötzlich eine Quantität Wärme zugeführt. Er mufs jetzt von seinem früheren Volumen V_1 übergehn zu einem neuen Volumen V_2. Wenn die Wärmezufuhr so schnell geschieht — etwa durch eine elektrische Batterieentladung —, dafs er sich während ihrer Dauer nicht merklich ausgedehnt hat, so befindet er sich unmittelbar nachher in demselben Zustande, als wäre er bei der dem Volumen V_2 entsprechenden Temperatur gewaltsam bis V_1 comprimirt worden. Er wird sich also ausdehnen, wird, wenn er das Volumen V_2 erreicht hat, eine gewisse lebendige Kraft erlangt haben, vermöge dieser sich weiter auszudehnen fortfahren und in Oscillationen übergehen, die, wenn sie durch die Reibung der Theilchen im Innern allmälig erlöschen, noch ein entsprechendes Wärmeäquivalent liefern müssen. Wenn dagegen der Ausdehnung des Körpers fortdauernd ein entsprechender Widerstand entgegengesetzt wird, so wird er in die Gleichgewichtslage V_2 übergehen, ohne dafs seine Theilchen eine Geschwindigkeit erlangt haben; er wird sogleich, ohne Oscillationen zu machen, in dieser Lage beharren, daher auch keine neue Quantität Wärme erzeugen. Er wird also schliefslich weniger Wärme enthalten als im ersten Falle, aber eine äquivalente Menge Arbeit geleistet haben. Wenn wir also in jenem ersten Falle ihm beim Volumen V_2 und der entsprechenden Temperatur so viel mehr Wärme zuschreiben als bei V_1, wie wir ihm zugeführt haben, so müssen wir im zweiten Falle sagen, ein Theil jener Wärme sei vernichtet und in mechanische Arbeit verwandelt worden.

Nennen wir Q die einem Körper zugeführte Wärme, U die in ihm enthaltene, und W die Arbeit und lebendige Kraft, welche er während der Zuführung von Q geleistet, d. h. an andere Körper abgegeben hat, und A das mechanische Aequivalent der Wärmeeinheit, so ist nach diesen Grundsätzen

$$1) \qquad AQ = AU + W.$$

Darin ist U Function des Volumens und der Temperatur, W hängt von den Umständen ab, unter denen die Ausdehnung erfolgt ist.

Im Folgenden setzen wir voraus, der Körper sei fortdauernd einem äufseren Drucke p ausgesetzt, der seiner eigenen Spannung gleich sei, so dafs er bei seiner Ausdehnung nur Arbeit, aber keine lebendige Kraft erzeugen könne. Die Arbeit, welche er bei der unendlich kleinen Volumenänderung dv erzeugt, ist alsdann gleich pdv. Tritt gleichzeitig eine unendlich kleine Veränderung der Temperatur dt und des Volumens dv ein, so können wir die entsprechende zuzuleitende Wärmequantität dQ setzen

$$dQ = Mdv + Ndt,$$

wo M und N Functionen von v und t sind, über deren Bedeutung später. Aus der obigen Gleichung 1) erhalten wir nun, wenn wir erst t allein, und dann v allein sich ändern lassen, folgende zwei neue Gleichungen:

$$AN = A\frac{dU}{dt}$$

$$AM = A\frac{dU}{dv} + p.$$

Um aus ihnen die unbekannte Gröfse U zu eliminiren, differentiiren wir die erste nach v, die zweite nach t und erhalten

$$2) \qquad A\left\{\frac{dM}{dt} - \frac{dN}{dv}\right\} = \frac{dp}{dt}.$$

Dies ist der mathematische Ausdruck des Princips von der Aequivalenz der Wärme und Arbeit, welchen Hr. Clausius und Hr. Thomson entwickelt haben. Er darf aber nur angewendet werden, wenn fortdauernd der äufsere Druck der inneren elastischen Spannung gleich ist, sonst mufs man zu der allgemeineren Gleichung 1) zurückgehen.

Die Bedeutung der Gröfsen M und N ergiebt sich aus der obigen Bestimmung, dafs

$$dQ = Mdv + Ndt.$$

Beziehen wir M, N und v stets auf die Masseneinheit des Körpers, und setzen zunächst das Volumen constant, also

$$dv = 0,$$

so wird

$$dQ = Ndt,$$

d. h. N ist die specifische Wärme der Masseneinheit bei constantem Volumen. Setzen wir dagegen den Druck constant, also

$$\frac{dp}{dv}dv + \frac{dp}{dt}dt = 0$$

oder

$$dv = -\frac{\frac{dp}{dt}}{\frac{dp}{dv}}\,dt,$$

und nennen K die specifische Wärme bei constanten Druck, so wird

$$dQ = Kdt = \frac{N\frac{dp}{dv} - M\frac{dp}{dt}}{\frac{dp}{dv}}\,dt,$$

also

$$3)\qquad M = (N-K)\frac{\frac{dp}{dv}}{\frac{dp}{dt}}.$$

Setzt man diesen Werth von M in die Gleichung 2), so erhält man eine für alle Körper geltende Gleichung für die gegenseitige Abhängigkeit des Drucks, Volumens, der Temperatur und der beiden specifischen Wärmen von einander, aus der jedoch vorläufig keine weiteren praktischen Folgerungen abzuleiten sind.

Hr. CLAUSIUS verbindet nun damit die dritte der obigen Annahmen, nämlich die, dafs in vollkommenen Gasen, wenn bei einem Zutritt von Wärme nur das Volumen, nicht aber die Temperatur verändert wird, die ganze zugetretene Wärmemenge zu äufserer Arbeit wird; eine Annahme, die hauptsächlich durch einige Versuche von JOULE [1]) begründet erscheint. Hr. CLAUSIUS stützt sich zu ihrer Begründung auf die theoretische Wahrscheinlichkeit, dafs in Gasen die gegenseitige Anziehung der Theilchen, welche im Innern der festen und tropfbar flüssigen Körper wirkt, schon aufgehoben sei. Schon früher hat HOLTZMANN [2]) dasselbe Princip zu mathematischen Folgerungen benutzt, aber dabei die Wärmemenge im Sinne der älteren Theorie constant gesetzt.

Lassen wir ein Gas ohne Temperaturänderung sein Volumen ändern, so geben die früheren Gleichungen

[1]) Phil. Mag. (3) XXVI. 369; KRÖNIG J. III. 433.
[2]) Ueber die Wärme und Elasticität der Gase und Dämpfe. Mannheim 1845.

$$dQ = Mdv = \frac{dU}{dv} dv + \frac{p}{A} dv;$$

nach dem hier zu Hülfe genommenen dritten Principe soll aber sein

$$AdQ = pdv$$

oder

$$M = \frac{p}{A}.$$

Daraus folgt, dafs

$$\frac{dU}{dv} = 0,$$

also U, die im Gase enthaltene Wärme, nur abhängig von der Temperatur, nicht vom Volumen ist. Da ferner nach den obigen Gleichungen

$$N = \frac{dU}{dt},$$

so ist auch N, die specifische Wärme bei constantem Volumen, nur Function der Temperatur.

Setzen wir

$$p = \frac{R(a+t)}{v},$$

wo R eine für verschiedene Gase verschiedene Constante bezeichnet, und a der reciproke Werth des Ausdehnungscoëfficienten ist, so wird aus der Gleichung 3)

$$K - N = \frac{R}{A},$$

d. h. der Unterschied der beiden specifischen Wärmen für die Gewichtseinheit des Gases ist unabhängig von Volumen und Temperatur. Nennen wir γ_1 und γ die beiden specifischen Wärmen für die Volumeneinheit, so erhalten wir

$$\gamma_1 - \gamma = \frac{R}{Av} = \frac{p}{A(a+t)},$$

d. h. dieser Unterschied ist für alle Gase derselbe.

Bezeichnen wir das Verhältnifs $\frac{\gamma_1}{\gamma}$, welches für die Bestimmung der Schallgeschwindigkeit von Wichtigkeit ist, mit k, so erhalten wir ferner

$$k - 1 = \frac{p}{A\gamma(a+t)}.$$

Wenn N constant ist, so ist auch k constant, wie es aus den Versuchen von GAY-LUSSAC und WELTER hervorzugehen scheint. Dies stimmt nicht mit CLAPEYRONS Folgerungen; dagegen hat Herr RANKINE dieselben Sätze.

Wird ein Gas comprimirt oder ausgedehnt, ohne dafs es Wärme empfängt oder abgiebt, ist also

$$Mdv + Ndt = 0,$$

so geht diese Gleichung durch Substitution der obigen Werthe für M und p über in

$$(k-1)\frac{dv}{v} + \frac{dt}{a+t} = 0,$$

was integrirt das Gesetz von POISSON giebt

$$\left(\frac{v}{v_0}\right)^{k-1} = \frac{a+t_0}{a+t}$$

oder

$$\left(\frac{v}{v_0}\right)^{k} = \frac{p_0}{p}.$$

Wird ein Gas comprimirt oder ausgedehnt, und läfst man es auf die frühere Temperatur zurückkommen, so wird die Wärmemenge, welche es abgiebt oder aufnimmt, bestimmt durch die obige Gleichung

$$dQ = \frac{p}{A}dv = \frac{R(a+t)}{A}\frac{dv}{v},$$

also

$$Q - Q_0 = \frac{R}{A}(a+t)\log\text{nat}\left(\frac{v}{v_0}\right)$$

$$= \frac{p_0 v_0}{A}\log\left(\frac{v}{v_0}\right).$$

DULONG hatte dies Gesetz durch Versuche gefunden, kannte aber noch nicht die Unabhängigkeit der entwickelten Wärme von der Temperatur.

Was endlich das von CARNOT aufgestellte Princip betrifft, so war dieser bei seiner Beweisführung davon ausgegangen, dafs man durch Uebertragung von Wärme aus einem wärmeren in einen kälteren Körper Arbeit gewinnen könne. Läfst man irgend einen erwärmten Körper sich ausdehnen, während man ihm aus einer Wärmequelle Wärme zuführt, jedoch nicht so viel um seine Temperatur während der ganzen Dauer der Ausdehnung constant zu erhalten, so gewinnt man eine gewisse mechanische Arbeit. Nachher kann man den Körper wieder zusammendrücken, indem man ihm so viel Wärme durch einen Refrigerator entzieht, dafs er schliefslich dasselbe Volumen und dieselbe Temperatur wie zu Anfang wieder erlangt. Nach der älteren Ansicht von der Constanz der Wärmequantität mufste ihm genau ebenso viel Wärme entzogen werden, als er vorher gewonnen hatte, wenn er schliefslich in denselben Zustand wie anfangs zurückkommen sollte. Die Zusammenpressung erforderte nicht so viel mechanische Arbeit, als bei der Ausdehnung zu gewinnen war, weil der Körper bei ersterer weniger Wärme enthielt, also auch eine geringere Temperatur besafs als bei letzterer. Schliefslich war also alles wieder in demselben Zustande wie zu Anfang, nur dafs man ein Quantum Arbeit gewonnen hatte, und dafs ein Quantum Wärme aus der Wärmequelle an den Refrigerator übergegangen war. CARNOT und nach ihm CLAPEYRON betrachteten die gewonnene Arbeit als Aequivalent für die übergeführte Quantität Wärme, und ersterer schlofs weiter, dafs die Arbeitsmaxima, welche durch solche Uebertragung von Wärme zu erhalten seien, für alle Naturkörper identisch sein müfsten; denn wären sie für irgend einen Körper gröfser als für einen anderen, so könnte man den ersteren benutzen, um durch Uebertragung von Wärme mechanische Arbeitsquanta zu erhalten, und durch den anderen die Wärme zu ihrer Quelle zurückführen, wozu man nur einen Theil jener Arbeit verbrauchen würde; somit würde man durch fortdauernde Wiederholung dieses Processes in das Unendliche Arbeit ohne allen Verbrauch gewinnen können. Der analytische Ausdruck, welchen CLAPEYRON dafür gegeben hat, ist in den bisher von uns gebrauchten Bezeichnungen

$$4) \qquad \frac{dp}{dt} = \mu M,$$

wo μ eine für alle Körper gleiche, aber von der Temperatur abhängige Gröfse ist.

CARNOT's Beweisführung bleibt nun nicht stichhaltig, wenn man den Grundsatz von der Unveränderlichkeit der Wärmemenge aufgiebt, und dafür den der Aequivalenz von Wärme und Arbeit substituirt. Aus letzterem folgt nämlich, dafs der übertragende Körper um so viel weniger Wärme abgeben mufs, als der gewonnenen Arbeit äquivalent ist. Wenn also zwei Naturkörper verschiedene Arbeit bei der Uebertragung leisteten, und man den, der die geringere leistete, zur Rückführung der Wärme benutzte, so würde man zwar in das Unendliche Arbeit erhalten können, aber auch eine genau äquivalente Menge von Wärme vernichten. Dessen ungeachtet mag das Carnot'sche Princip doch richtig sein, und von seiner Richtigkeit hängt die Entscheidung einer Frage von aufserordentlicher Wichtigkeit ab.

Gesetzten Falls nämlich, es wäre nicht richtig, und es liefse sich durch Uebertragung von Wärme in einem Naturkörper *A* mehr Arbeit gewinnen, als durch einen andern *B*, so könnten wir den letzteren benutzen, um aus irgend einer Wärmequelle von niederer Temperatur, z. B. dem Weltmeer oder der Atmosphäre, Wärme aufzunehmen, durch Compression von *B* auf höhere Temperatur zu bringen, und damit irgend einen anderen Körper, der als Wärmereservoir dient, zu erwärmen. Wenn wir dann den andern Körper *A* gebrauchten, um aus diesem Reservoir wieder Wärme zu schöpfen und Arbeit zu erzeugen, so würde diese letztere gröfser sein als die, welche wir für die mit *B* auszuführenden Actionen verbrauchen. Wir würden also auf diese Weise im Stande sein, die Wärme der kühleren Quelle in mechanische Arbeit zu verwandeln. Ist aber das Gesetz von Carnot richtig, so können wir nur einen Theil der Wärme der wärmeren Quelle in Arbeit verwandeln, und die Wärme der kälteren Körper unserer Umgebung ist für immer zur Arbeitserzeugung verloren, oder, wie Thomson den Satz ausspricht:

„Es ist unmöglich, durch Wirkung lebloser Stoffe mechanische Arbeit zu erhalten, dadurch dafs man irgend einen Naturkörper bis unter die Temperatur des kältesten der umgebenden Gegenstände abkühlt."

Referent hat in seiner Schrift: „Ueber die Erhaltung der Kraft" auf die Mängel des Beweises von Carnot aufmerksam gemacht; ihm erschien überhaupt die Richtigkeit dieses Satzes damals zweifelhaft. Inzwischen sind neue factische Bestätigungen desselben auch für flüssige Körper hinzugekommen. Hrn. Clausius gebührt das Verdienst, diesem Satze zuerst eine neue Form gegeben zu haben, in welcher er mit dem Princip von der Aequivalenz zu vereinigen ist. Hr. Thomson hat denselben Gegenstand nachher in anderer Weise durchgeführt.

Die obige Gleichung 4), welche von Clapeyron als analytischer Ausdruck für das Carnot'sche Gesetz gegeben ist, beruht auf Betrachtungen, bei welchen der Temperaturunterschied dt der Wärmequelle und des Refrigerators unendlich klein angenommen ist. Demgemäfs wird auch die durch Uebertragung der Wärmemenge q erzeugte Arbeit, welche gleich $q\mu dt$ gefunden wird, und ihr Wärmeäquivalent im Vergleich zu q unendlich klein. Dieses Wärmeäquivalent und die abgegebene Wärme zusammen genommen sollen nach dem Princip von der Erhaltung der Kraft gleich der aufgenommenen Wärme sein. Der Unterschied der aufgenommenen und abgegebenen Wärme ist also unendlich klein, und beide Wärmemengen können, wie es Carnot thut, in diesem Falle als gleich angesehen werden. Anders ist es, wenn durch Integration aus jener Gleichung Gesetze für endliche Temperaturunterschiede abgeleitet werden, wo eine endliche Arbeit erzeugt, also auch die abgegebene Wärme um einen endlichen Theil kleiner sein mufs als die aufgenommene, während Carnot sie auch in diesem Falle als gleich ansieht. Es bleiben also auch alle diejenigen Folgerungen stehen, welche Clapeyron aus jener Differentialgleichung gezogen hat, ohne sie zu integriren.

Analytisch ausgedrückt liegt der Unterschied darin, dafs Clapeyron Q, die dem Körper zugeführte Wärmemenge, nur als Function der beiden unabhängigen Variablen v und t betrachtet, was mit dem Princip von der Erhaltung der Kraft nicht übereinstimmt, und dafs er demgemäfs die Function M durch $\frac{dQ}{dv}$ bezeichnet. Da v keine unabhängige Variable ist, so hat Hr. Clausius dafür die Bezeichnung $\left(\frac{dQ}{dv}\right)$ gewählt.

Aus der Verbindung der Gleichungen 1) und 2) gewinnt Hr. Thomson die Gleichungen

$$\frac{dN}{dv} = S\frac{dC}{dv} = \frac{d\left(\frac{1}{\mu}\frac{dp}{dt}\right)}{dt} - \frac{1}{A}\frac{dp}{dt},$$

$$S(K-C) = -\frac{\left(\frac{dp}{dt}\right)^2}{\mu\frac{dp}{dv}}.$$

Erstere kann nach v integrirt werden, sobald p als Function von v und t gegeben ist; man kann dadurch Ausdrücke für C und K gewinnen, die aber als Integrationsconstante noch eine unbekannte Function der Temperatur einschliefsen.

Auch für die unbestimmte Function U der Gleichung 1) gewinnt man eine ähnliche Bestimmung

$$\frac{dU}{dv} = \frac{A}{\mu}\frac{dp}{dt} - p.$$

Ferner hat Hr. Clausius das dritte der obigen Principien für Gase mit dem Carnot'schen Gesetz in Verbindung gebracht, und daraus, wie der Berichterstatter [1]) und Joule [2]) es schon früher gethan hatten, unter Voraussetzung der Richtigkeit dieses Princips geschlossen, dafs die Function μ folgende sei

$$5)\qquad \mu = \frac{A\alpha}{1+\alpha t},$$

wo α der Ausdehnungscoëfficient der vollkommenen Gasarten ist.

Um die bisherigen Betrachtungsweisen auf Aenderung der Aggregatzustände zu übertragen, wollen wir annehmen, dafs wir von irgend einer Substanz die Masse $1-x$ in dem einen und die Masse x in einem anderen Aggregatzustande haben. Beispielsweise setzen wir voraus, die erstere sei flüssig, die zweite dampfförmig; aber es wird das Folgende auch passen, wenn eine von beiden fest ist.

Wenn v, t und p ihre frühere Bedeutung beibehalten, wird

$$6)\qquad v = \lambda(1-x)+\gamma x,$$

wo λ und γ die Volumina der Gewichtseinheit der Substanz im flüssigen und gasigen Zustande sind. Ferner sei L die latente Wärme der Gewichtseinheit Dampf, die er aufnimmt, wenn er

[1]) Helmholtz. Ueber die Erhaltung der Kraft.
[2]) Siehe in W. Thomson's Aufsatz Edinb. Trans. XX. 2. p. 279.

bei der Temperatur t aus Wasser derselben Temperatur entsteht, c die specifische Wärme der Flüssigkeit, und h diejenige Wärmemenge, welche die Gewichtseinheit Dampf aufnehmen mufs, um einen Grad wärmer zu werden, während ihr Volumen gleichzeitig so weit verringert wird, dafs der Sättigungszustand bestehen bleibt. Dann haben wir

$$Mdv = L\frac{dx}{dv}dv,$$

$$Ndt = c(1-x)dt + hxdt + L\frac{dx}{dt}dt.$$

Aus der Gleichung 6) folgt aber

$$(\gamma-\lambda)\frac{dx}{dv} = 1$$

und

$$(\gamma-\lambda)\frac{dx}{dt} + (1-x)\frac{d\lambda}{dt} + x\frac{d\gamma}{dt} = 0.$$

Eliminirt man aus diesen vier Gleichungen $\frac{dx}{dv}$ und $\frac{dx}{dt}$, so erhält man die Werthe von M und N, und diese in die Gleichungen 4) und 2) gesetzt, geben

$$7)\qquad \frac{dL}{dt} + c - h = \frac{(\gamma-\lambda)}{A}\frac{dp}{dt},$$

$$8)\qquad L\mu = (\gamma-\lambda)\frac{dp}{dt}.$$

Von den Gröfsen dieser beiden Gleichungen sind als gut bekannt anzusehen γ und p als Function von t, ferner c und L aus Regnault's Bestimmungen der latenten Dampfwärme und der specifischen Wärme des Wassers bei verschiedenen Temperaturen.

Man kann nun die Gleichung 8) gebrauchen, um entweder wie Hr. Clausius, indem man die oben gegebene Form von μ als richtig voraussetzt, λ die Dichtigkeit des Dampfes zu bestimmen, oder wie Hr. Thomson, indem man das Gesetz für die Ausdehnung der Gase auch für Dämpfe als richtig ansieht, und danach λ bestimmt, um μ zu berechnen. Hr Clausius fand auf jenem Wege, dafs die Dämpfe im gesättigten Zustande, namentlich bei höherer Temperatur, merklich von dem Mariotte'schen und Gay-Lussac'schen Gesetze abweichen, was allerdings nach den ähnlichen Thatsachen, die wir für schweflichte Säure und Kohlensäure kennen, nicht auffallen kann. Herr THOMSON fand dagegen auf dem anderen Wege Werthe für μ, welche mit denen der Gleichung 5) nahe, aber nicht vollständig stimmen. Ich habe schon früher einmal eine solche Zusammenstellung[1]) der von CLAPEYRON aus den für verschiedene Dämpfe berechneten Resultate mit denen der Gleichung 5) gegeben, aus der dasselbe hervorgeht. Es läfst sich gegenwärtig beim Mangel experimenteller Data nicht mit Sicherheit über die Richtigkeit des Weges von Hrn. CLAUSIUS oder Hrn. THOMSON entscheiden; vielleicht sind beide nicht genau richtig, jedenfalls ist es aber vorläufig erlaubt, die Formel 5) für μ als annähernd richtig zu gebrauchen.

Als Resultat der Berechnungen von Hrn. CLAUSIUS über die Dichtigkeit des Wasserdampfes führe ich hier die folgende Bestimmung an. Wenn ϱ die Dichtigkeit ist (die der atmosphärischen Luft gleich 1 gesetzt), so ist der Ausdruck $\frac{\varrho(1+\alpha t)}{p}$ (p nach Atmosphären gemessen) bei Gasarten gleich einer Constanten, und würde für Wasserdampf, wenn dieser den Gesetzen für vollkommene Gase folgte, nach dem specifischen Gewichte des Wasserstoffs und Sauerstoffs berechnet gleich 0,622 sein. Hr. CLAUSIUS findet nun als Annäherungsformel

$$\frac{\varrho(1+\alpha t)}{p} = 0{,}622\,\frac{m-n}{m-ne^{kt}}$$

wo

$$m = 31{,}549; \quad n = 1{,}0486; \quad k = 0{,}007138.$$

Er hat dabei vorausgesetzt, dafs bei 0° der theoretische Werth der Dichtigkeit eintrete, da der Dampf in so niederer Temperatur sich nicht wesentlich von den Gesetzen für Gase entfernt. Die Rechnung mit dieser Formel ergiebt für

$t =$	0°	50°	100°	150°	200°
$\frac{\varrho(1+\alpha t)}{p} =$	0,622	0,631	0,645	0,666	0,698.

Schliefslich läfst sich aus der Gleichung 5) noch der Werth von h finden. Er ist

$$h = \frac{dL}{dt} + c - \frac{L\mu}{A},$$

[1]) Erhaltung der Kraft p. 37.

oder wenn man mit Hrn. CLAUSIUS den Werth von μ aus Gleichung 5) substituirt,

$$h = \frac{dL}{dt} + c - \frac{L\alpha}{1+\alpha t}.$$

Hieraus findet sich der Werth von h stets negativ, nämlich für

$t =$	0°	50°	100°	150°	200°
$-h =$	1,916	1,465	1,133	0,879	0,676.

Hr. THOMSON hat wegen seiner anderen Werthe für μ auch für h etwas abweichende erhalten. Die Negativität der Gröfse h ist auch von Hrn. RANKINE gefunden, und läfst schliefsen, dafs, wenn gesättigter Wasserdampf comprimirt wird, ihm Wärme entzogen werden mufs, wenn er sich nicht über die neue Sättigungstemperatur erwärmen soll. Umgekehrt, wenn gesättigter Wasserdampf sich ausdehnt, mufs er sich unter seine neue Sättigungstemperatur abkühlen, bei der Ausdehnung mufs sich also Dampf niederschlagen.

Erlaubt man sich die Gesetze für vollkommene Gase auch auf die Dämpfe zu übertragen, so kann man für die Gröfse h noch eine andere Bestimmung erhalten. Es ist nämlich der Zuwachs der Wärme eines Dampfes

$$9)\qquad dQ = hdt = Mdv + Ndt,$$

wenn v gleichzeitig mit t so variirt, dafs der Druck p dem Sättigungsdrucke entspricht. Aus der Gleichung

$$pv = R(a+t)$$

folgt, wenn wir p als Sättigungsdruck, also als Function der Temperatur allein betrachten,

$$pdv + v\frac{dp}{dt}dt = Rdt.$$

Der hieraus gewonnene Werth von dv in die obige Gleichung 9) substituirt, giebt

$$h = \frac{M\left[R - v\frac{dp}{dt}\right]}{p} + N,$$

oder wenn wir wie vorher bei Gasen

$$M = \frac{p}{A}$$

setzen,

$$10)\quad h = \frac{R}{A} - \frac{v}{A}\frac{dp}{dt} + N.$$

Substituiren wir diesen Werth in Gleichung 7), wobei wir λ als sehr klein gegen γ vernachlässigen können, und bemerken, daſs λ dasselbe ist, was hier v, so erhalten wir

$$\frac{dL}{dt} + c = \frac{R}{A} + N = K,$$

wo K die specifische Wärme der Gewichtseinheit des Dampfes bei constantem Drucke bezeichnet. Diese Gleichung ist von Hrn. RANKINE gegeben. Für Wasserdampf ist nach REGNAULT's Versuchen

$$\frac{dL}{dt} + c = 0{,}305,$$

also hat auch K (wenigstens nahehin) denselben Werth.

Die Gleichung 10) formt Hr. RANKINE um in folgende

$$h = N\left[1 + (k-1)\left(1 - \frac{d[\log p]}{d[\log(a+t)]}\right)\right].$$

Hr. THOMSON [1]) bemerkt, daſs der Satz, der aus dem negativen Werthe von h folgt, daſs nämlich sich ausdehnender Wasserdampf sich theilweise niederschlagen müsse, der Erfahrung zu widersprechen scheine, wonach man die Hand ohne Gefahr in den Dampfstrom stecken könne, der aus der Sicherheitsklappe eines Hochdruckkessels entweiche. Das könne nämlich nur geschehen, wenn der Dampf rein gasartig sei; sobald er Wassertheilchen führe, werde die Hand verbrüht. Er erklärt es daraus, daſs der ausströmende Dampf durch die Reibung, die er in der Ausfluſsöffnung erleide, so viel Wärme entwickle, um dauernd bis zu seiner oder über seine Sättigungstemperatur erwärmt zu bleiben. Gegen diese Erklärung ist Hr. CLAUSIUS [2]) aufgetreten. Die mathematischen Entwickelungen, aus denen sich der negative Werth der Gröſse h ergiebt, sind allerdings, wie er geltend macht, nicht unmittelbar auf diesen Fall anzuwenden. Dagegen kommt Hr. THOMSON durch seine Betrachtungsweise zu ganz demselben Endresultat wie Hr. CLAUSIUS, was auch mit den

[1]) Phil. Mag. Ser. (3) XXXVII. 387, (4) I. 474, (4) II. 273.
[2]) POGG. Ann. LXXXII. 263; Phil. Mag. (4) II. 139.

Folgerungen unserer obigen allgemein geltenden Gleichung 1) durchaus übereinstimmt. In der That scheint dem Referenten die Betrachtungsweise des Hrn. THOMSON wohl begründet zu sein, mehrere der Einwände, welche Hr. CLAUSIUS erhebt, scheinen ihm dagegen theils dem allgemeinen Principe von der Aequivalenz der Wärme und Arbeit, theils bekannten mechanischen Sätzen zu widersprechen. Wir haben es hier mit einem solchen Falle zu thun, wo der sich ausdehnende Körper nicht einen seiner Spannung gleichen Widerstand findet. Die mechanische Arbeit, welche er verrichtet, besteht daher nur zum kleineren Theil in Ueberwindung von Widerständen, zum gröfseren Theil in Erzeugung von lebendiger Kraft. Indem diese durch Reibung wieder vernichtet wird, schliefst Hr. THOMSON, werde noch eine Quantität Wärme erzeugt, welche nicht erzeugt worden wäre, wenn der Dampf einen Stempel zu treiben gehabt hätte; daher ist der Dampf wärmer, als er im letzteren Falle sein würde.

Die wesentlichen Einwände des Hrn. CLAUSIUS dagegen sind erstens, es sei eine neue und unnöthige Hypothese, dafs bei der Reibung so viel Wärme wiedererzeugt werde, als zur Erzeugung der lebendigen Kraft des Dampfes verbraucht sei. Er halte es im Gegentheil für wahrscheinlicher, dafs die Reibung, weil sie als eine dem Ausgang des Dampfes entgegenstehende Kraft dessen zu leistende Arbeit vermehre, einen Wärmeverlust bedinge, der durch die nachherige Wärmeerzeugung nicht aufgewogen werde. Wenn wir aber die Reibung im älteren Sinne als eine widerstehende Kraft ansehen, deren Ueberwindung Arbeit erfordere, ohne dafs dabei irgend eine reelle Leistung stattfindet, so heben wir die Aequivalenz von Wärme und Arbeit auf; es würde dann Arbeit ohne Aequivalent vernichtet werden. Wir müssen vielmehr nothwendig unserem Princip gemäfs annehmen, dafs die Reibung nichts anderes als ein Procefs sei, bei welchem ein Theil der Bewegung endlicher Massen in Bewegung der Molecüle verwandelt wird, und dafs genau so viel Wärme bei der Reibung erzeugt werde, als Arbeit für ihre Ueberwindung aufgebraucht sei. Die Annahme des Hrn. THOMSON ist daher keine neue Hypothese, sondern eine nothwendige Folge des Princips von der Aequivalenz der Wärme und Arbeit; die entgegenstehende

Behauptung des Hrn. CLAUSIUS widerspricht dagegen diesem Principe.

Ferner behauptet Hr. CLAUSIUS, die lebendige Kraft des Dampfes werde nur zum kleinsten Theile durch die Reibung in der Oeffnung vernichtet, der gröfste Theil vielmehr erst durch die Vertheilung der bewegten Dampfströme in die Luftmasse. Wenn der Dampf seine Bewegung der Luft mittheile, bleibe die Masse der Bewegung, d. h. das Product aus der Masse und der Geschwindigkeit, constant, und da bei der allmäligen Ausbreitung der Bewegung die bewegte Masse immer gröfser werde, so werde die lebendige Kraft, d. h. das Product der Masse mit dem Quadrate der Geschwindigkeit kleiner, verschwinde endlich, und durch ihr Verschwinden in der Luftmasse werde Wärme erzeugt. In anderen Fällen läfst Hr. CLAUSIUS die lebendige Kraft des Dampfes durch entgegenwirkenden aërostatischen Druck vernichtet werden. Diese Behauptungen sind mit den hydrodynamischen Gesetzen im Widerspruch. Das Princip von der Erhaltung der Masse der Bewegung, oder besser, von der Erhaltung der Bewegung des Schwerpunkts, bezieht sich nur auf frei im Raume schwebende Körper, nicht auf Flüssigkeiten, wenn sie von festen Körpern begränzt sind. Ferner kann aus den hydrodynamischen Gleichungen ganz allgemein nachgewiesen werden, dafs bei der Bewegung von Flüssigkeiten ohne Reibung nicht die Masse der Bewegung, sondern die lebendige Kraft der Bewegung constant bleibt, vorausgesetzt, dafs nicht durch locale Verdichtungen und Verdünnungen Arbeit absorbirt oder erzeugt wird. Ein einfachstes Beispiel geben kugelförmige sich erweiternde Schallwellen. Die bewegte Masse wächst im quadratischen Verhältnisse des Radius, die Geschwindigkeit der bewegten Theilchen nimmt ab im einfachen umgekehrten Verhältnisse des Radius; mithin wächst die Masse der Bewegung wie der Radius, und die lebendige Kraft bleibt constant. Die einzelnen Dampftheilchen können also wohl ihre lebendige Kraft ohne Reibung verlieren dadurch, dafs sie sie an andere Dampf- oder Lufttheilchen abgeben, oder Arbeit leisten, aber vernichtet werden kann diese lebendige Kraft weder durch aërodynamischen Druck, noch durch Vertheilung der Bewegung, sondern nur durch Reibung, entweder an der Oberfläche des Ausflufsrohres oder der Lufttheilchen unter sich.

Obgleich es also allerdings nicht erlaubt sein kann, die obigen mathematischen Entwickelungen ohne Weiteres auf diesen Fall anzuwenden, so sehe ich kein Hindernifs dagegen, wenn man, wie Hr. Thomson gethan, die dabei entstandene lebendige Kraft und deren Vernichtung in Rechnung zieht.

Endlich hat Hr. Thomson noch untersucht, wie viel von der existirenden Wärme wirklich in Arbeit verwandelt werden könne, wenn das Carnot'sche Gesetz richtig ist. Ich habe schon oben angeführt, dafs dies nur mit der Wärme solcher Körper, und zwar nur theilweis geschehen könne, welche wärmer als ihre Umgebung sind. Hr. Thomson nimmt an, dafs Wärme durch eine Reihe von thermodynamischen Maschinen hindurchgeleitet werde, in deren jeder nur ein unendlich kleiner Temperaturunterschied dt zwischen Wärmequelle und Refrigerator stattfinde, und der Refrigerator jeder früheren gleichzeitig die Wärmequelle der folgenden ist. Die Wärmemenge q, welche in einer dieser Maschinen übertragen wird, leistet die Arbeit $q\mu dt$, und dafür mufs eine äquivalente Wärmemenge dq verschwinden, so dafs also

$$Adq = q\mu dt.$$

Daraus folgt durch Integration

$$\log q = \frac{1}{A}\int \mu dt + C.$$

Ist H die aus der ersten Wärmequelle bei der Temperatur S ausgehende, und R die in den letzten Refrigerator bei der Temperatur T eintretende Wärmemenge, so ist

$$\log\left(\frac{H}{R}\right) = \frac{1}{A}\int_T^S \mu dt.$$

Herr Thomson benutzt zur Rechnung die von ihm gefundenen Werthe von μ; es möge hier genügen, für diese Gröfse die oben gegebene einfache Formel 5) anzuwenden; dann erhält man

$$R = H\frac{1+\alpha T}{1+\alpha S}.$$

In Arbeit verwandelt ist die Wärmemenge

$$H - R = \frac{\alpha(S-T)}{1+\alpha S}H,$$

und dadurch ist die Arbeit

$$W = \frac{A\alpha(S-T)}{1+\alpha S} H$$

erzeugt worden. Nach CARNOT's ursprünglicher Theorie sollte erzeugt werden die Arbeitsmenge

$$(W) = H \int_T^S \mu dt$$

$$= AH \log \left\{\frac{1+\alpha S}{1+\alpha T}\right\}.$$

Beide Formeln stimmen darin überein, dafs durch dieselbe Wärmemenge eine desto gröfsere Arbeit erzeugt werden kann, je gröfser der Temperaturunterschied ist; aber die erstere giebt nur bei unendlich kleinen Temperaturunterschieden dieselbe Arbeitsgröfse wie die zweite, bei endlichen immer kleinere. Das Maximum jener ist AH, das der letzteren ∞. Die erstere weist zugleich nach, dafs ein desto gröfserer Theil der Wärme als Arbeit zu gewinnen ist, je gröfser der Temperaturunterschied zwischen Wärmequelle und Refrigerator.

Auf diesem Principe beruht eine Luftmaschine, die Herr JOULE [1]) beschrieben hat. Kalte Luft wird in einen erhitzten Recipienten geprefst, und treibt, sich ausdehnend, einen Stempel in einem Cylinder, der mehr Arbeit erzeugt, als das Einpumpen absorbirt. Er empfiehlt die Temperatur der heifsen Luft bis nahe zur Rothglühhitze zu steigern, wobei nur ungefähr ein Drittel des Brennmaterials verbraucht werden würde, welches die besten Dampfmaschinen für gleiche Arbeit erfordern.

Ich gehe über zu dem, was für den Beweis der Richtigkeit der drei oben erwähnten allgemeinen Principien geschehen ist. Was zunächst die Aequivalenz von Wärme und Arbeit betrifft, so hat Hr. JOULE [2]) neue genauere Bestimmungen der Gröfse A, d. h. derjenigen Arbeit, welche der Wärmeeinheit äquivalent ist, ausgeführt. Die Arbeit wurde durch ein sinkendes Gewicht hervorgebracht, und durch dessen Schwere und Fallhöhe gemessen. Sie wurde vernichtet durch Reibung entweder von Wasser oder von Quecksilber oder von zwei gufseisernen Scheiben. Die

[1]) Phil. Trans. 1852. p. 65.
[2]) Phil. Trans. 1850. p. 61.

Flüssigkeiten befanden sich dabei in cylindrischen metallenen Gefäſsen mit vier oder sechs radialen Scheidewänden, und wurden durch ein um eine mittlere Axe rotirendes Schaufelrad in Bewegung gesetzt, dessen sechs oder acht Flügel durch passende Ausschnitte der Scheidewände hindurchschlugen. So wurde eine heftige rotirende und an den Scheidewänden immer wieder gebrochene Bewegung der Flüssigkeit hervorgebracht. Correctionen waren anzubringen wegen der Wärmeabgabe an die Luft, wegen der Steifigkeit der Seile, der Reibung der Gewichtsrollen, der Geschwindigkeit der Gewichte als lebendiger Kraft, und wegen der elastischen Nachwirkung der Schnur. Die Resultate der verschiedenen Versuche stimmen sehr gut überein, und scheinen groſses Vertrauen zu verdienen. Sie geben in englischen Fuſsen und einer beliebigen Gewichteinheit, wenn man den Fahrenheit'schen Grad und dieselbe Gewichteinheit für die Wärmeeinheit in Wasser von 55° bis 60° Fahr. zu Grunde legt, folgende Werthe für das Arbeitsäquivalent der Wärmeeinheit für das Vacuum berechnet

Zahl der Versuche.	Material.	Aequivalent.
40	Wasser	772,692
20	Quecksilber	772,814
30	Quecksilber	775,352
10	Guſseisen	776,045
10	Guſseisen	773,930

Hr. Joule betrachtet als diejenige Zahl, welche das meiste Vertrauen verdiene, die durch Wasser gewonnene, sowohl wegen der Anzahl der angestellten Versuche, als wegen der groſsen Wärmecapacität des Apparats. Wegen der lebendigen Kraft, welche durch die Schallerzeugung verloren gehen konnte, hält er diese Zahl für noch etwas zu hoch. Er schlägt also vor, 772 engl. Fuſs für 1° Fahr. anzunehmen, oder 423,55 Meter für 1° C. In der That scheint nach der Discussion der Fehlerquellen, so weit sie auszuführen ist, diese Gröſse wohl bis auf $\frac{1}{2}$ Procent ihres Betrages als genau betrachtet werden zu dürfen.

Uebrigens geht aus dieser Versuchsreihe noch strenger als aus den früheren hervor, daſs die Wärmeerzeugung bei der Reibung verschiedener Körper proportional der verbrauchten Arbeit ist.

Für das CARNOT'sche Princip existirten bisher nur experimentelle Bestätigungen derjenigen Folgerungen desselben, welche sich auf Gase und Dämpfe bezogen, und diese konnten gröfstentheils auch aus MAYER's Princip für Gase hergeleitet werden, wie es HOLTZMANN schon ausgeführt hatte. Es war deshalb sehr fraglich, ob nicht nur der Theil der CARNOT'schen Folgerungen allein richtig sei, der auch aus jenem andern Principe herflofs. In dieser Beziehung ist es wichtig, dafs eine experimentelle Bestätigung einer interessanten Folgerung jenes Princips für ein Gemenge von Eis und Wasser erfolgt ist. Wenden wir die obige Gleichung 6) auf diesen Fall an

$$L\mu = (\gamma - \lambda)\frac{dp}{dt},$$

indem wir unter L die latente Schmelzwärme, unter γ das Volumen des Wassers, unter λ das des Eises verstehen, so erhalten wir

$$\frac{dt}{dp} = \frac{\gamma - \lambda}{L\mu}.$$

Da die Ziffernwerthe der Gröfsen auf der rechten Seite bekannt sind, so läfst sich der Ausdruck berechnen, und es findet sich

$$\frac{dt}{dp} = -0{,}0075 \text{ nach THOMSON, oder}$$
$$= -0{,}00733 \text{ nach CLAUSIUS,}$$

wo p nach Atmosphären gemessen ist, und t nach Centesimalgraden. Diese Folgerung wurde zuerst von J. THOMSON [1]) gegeben und von Hrn. W. THOMSON [2]) experimentell bestätigt, indem er Wasser mit klaren Eisstücken in einem OERSTED'schen Compressionsapparate comprimirte. Er fand

Beobachtete Drucke.	Beobachtete Temperatursenkungen.	Theoret. Temperatursenkungen.	Differenz.
8,1 Atmosph.	0°,106 FAHR.	0°,109 FAHR.	—0°,003
16,8 -	0°,232 -	0°,227 -	+0°,005

Für Wallrath und Paraffin hat Hr. BUNSEN [3]) einen ähnlichen Unterschied des Erstarrungspunktes bei verschiedenem Druck

[1]) Edinb. Trans. XVI. Part. 5; THOMSON J. 1850. Nov.
[2]) Phil. Mag. (3) XXXVII. 123.
[3]) POGG. ANN. LXXXI. 562.

gefunden, aber die betreffende Temperatur stieg bei vermehrtem Drucke, während sie beim Wasser sinkt, was bei jenen Körpern auf einen positiven Werth der Differenz $\gamma-\lambda$ schliefsen läfst, die beim Wasser negativ ist. Hr. Bunsen fand für jede Atmosphäre Druck beim Wallrath eine Steigerung des Erstarrungspunktes von 0°,021 C., beim Paraffin von 0°,033 C. Die Steigerung beim Wallrath scheint bis zu 156 Atmosphären dem Drucke proportional zu sein.

Eine fernere Folgerung für das Wasser ergiebt sich nach Hrn. Clausius [1]) aus der anderen Gleichung 7), welche oben für Aggregatzustandsänderungen hingestellt ist,

$$\frac{dL}{dt}=\frac{\gamma-\lambda}{A}\frac{dp}{dt}-c+h.$$

Setzen wir hier für $\frac{dp}{dt}$ den vorher gefundenen Werth, so erhalten wir

$$\frac{dL}{dt}=\frac{L\mu}{A}-c+h,$$

wo h auf Wasser, und c auf Eis zu beziehen ist. Diese beiden Gröfsen sind die specifischen Wärmen des Wassers und Eises für den Fall, wo sich neben der Temperatur auch der Druck nach dem in Gleichung 6) angegebenen Gesetze ändert. Da nach Regnault Wasser durch eine Druckvermehrung von 10 Atmosphären sich noch nicht um $\frac{1}{10}$° C. erwärmt, so kann sich die Differenz $c-h$ kaum von der der beiden gewöhnlichen specifischen Wärmen unterscheiden. Hr. Clausius berechnet

$$\frac{dL}{dt}=0{,}81,$$

d. h. wenn der Gefrierpunkt des Wassers durch Druck erniedrigt wird, so nimmt die latente Schmelzwärme für jeden Grad um 0,81 ab.

Person hatte aus dem Umstand, dafs die specifische Wärme des Eises geringer ist als die des Wassers, geschlossen, dafs, wenn man den Gefrierpunkt des Wassers dadurch erniedrigt, dafs man es vor jeder Erschütterung bewahrt, seine latente Schmelzwärme geringer werden müsse. Sein Raisonnement führt zu der Gleichung

$$\frac{dL}{dt}=h-c,$$

[1]) Pogg. Ann. LXXXI. 168.

welche von der obigen um den Betrag der dort aufgewendeten Arbeit verschieden ist.

Zur genaueren Prüfung des dritten Princips für Gase, welches die bestimmte Form der Function μ liefert, die in Gleichung 5) ausgedrückt ist, hat Hr. THOMSON [1]) eine Methode vorgeschlagen und mathematisch entwickelt. Sie besteht im Wesentlichen darin, dafs ein continuirlicher Gasstrom durch eine enge Oeffnung unterhalten, und die Temperatur des Gases vor und hinter der Oeffnung genau bestimmt wird. Hr. THOMSON schliefst aus seiner Untersuchung, dafs, wenn das in Frage gestellte Princip richtig sei, kein Temperaturunterschied stattfinden dürfe. Der Berichterstatter, wenn er den Sinn der Methode richtig verstanden hat, hält aber die Schlüsse von Hrn. THOMSON für zweifelhaft, weil, so viel er einsieht, dieser nicht die Arbeit in Rechnung gezogen hat, welche die verdichtete Luft bei ihrer Ausdehnung dadurch leistet, dafs sie die Atmosphäre zurückdrängt.

Hr. HOLTZMANN [2]) hat die Betrachtungsweise angegriffen, welche Hr. CLAUSIUS betreffs der Aequivalenz von Wärme und Arbeit angewendet hat. Er hält es für unwahrscheinlich, dafs bei der Arbeitsleistung Wärme verschwinden solle, wenn auch die von Gasen geleistete Arbeit der zugeführten Wärme proportional sei. Sein Haupteinwand gegen Hrn. CLAUSIUS ist gegen dessen partielle Differentialgleichungen gerichtet, in denen er Widersprüche nachzuweisen sucht. Hr. CLAUSIUS [3]) zeigt dagegen, dafs sich diese Widersprüche heben, wenn man alle unendlich kleinen Gröfsen zweiter Ordnung berücksichtigt, welche berücksichtigt werden müssen.

Hr. HOLTZMANN ist in seinen eigenen Untersuchungen ursprünglich von unserem obigen dritten Princip ausgegangen. Aber er hat die von einem Gase aufzunehmende Wärme als eine Function des Drucks und der Dichtigkeit als unabhängiger Variablen betrachtet, was nach dem ersten Principe nicht erlaubt ist, und hat daher durch Integration andere Gleichungen erhalten als Herr CLAUSIUS. Unter den durch Versuche zu entscheidenden abweichenden Folgerungen hebt Hr. HOLTZMANN hervor, dafs Hr. CLAUSIUS

[1]) Edinb. Trans. XX. p. 289.
[2]) POGG. Ann. LXXXII. 445.
[3]) POGG. Ann. LXXXIII. 118.

die specifischen Wärmen der Gase unabhängig von dem Volumen und Drucke finde, er aber mit der Verdünnung zunehmend, was mit den Versuchen von Suermann und denen von de la Roche und Bérard stimme. Hr. Clausius bemerkt dagegen, dafs diese Bestimmungen unzuverlässig seien, und immer nur gegen die Anwendbarkeit des dritten, nicht gegen die des ersten Princips sprächen.

Hr. Reech [1]) ausgehend von Carnot's Schlüssen, wonach jedesmal Arbeit verloren wird, wenn Wärme unbenutzt von einem wärmeren zu einem kälteren Körper übergeht, schlägt vor, bei Dampfmaschinen die Wärme des Heizraums von 1000 bis 1500° an das Wasser durch Vermittlung von Dämpfen schwer flüchtiger Substanzen zu übertragen, und von 50°, der Temperatur des Condensators, zu etwa 20°, der Temperatur des Kühlwassers, Dämpfe von Aether oder anderen flüchtigen Substanzen zu benutzen, um durch deren Wirkung noch Kraft zu erzeugen. Man erfährt beiläufig, dafs auch Hr. Regnault die Constanz der Wärmemenge bei Arbeitsleistung bezweifelt.

Aus Hrn. Thomson's Aufsätzen über die Arbeitserzeugung durch elektromagnetische Wirkungen [2]) führe ich als hierher gehörig noch an, dafs in elektromagnetischen Maschinen ein Arbeitsäquivalent als Maximum zu gewinnen möglich sein würde, welches der ganzen durch die in der Batterie erfolgenden chemischen Verbindungen zu entwickelnden Wärme entspricht, während diese Wärme, wenn sie erst als solche besteht, nur zu einem sehr kleinen Theile in Arbeit verwandelt werden kann. Zu ähnlichen Schlüssen gelangt Hr. Petrie [3]).

Hr. Mayer hat in seiner Schrift: „Bemerkungen über das mechanische Aequivalent der Wärme" eine neue populäre Darstellung des Sachverhalts, eine Geschichte seiner Entdeckung, und eine Discussion über die Anwendung des Wortes Kraft gegeben, worin er vorschlägt, es fortan nur in dem Sinne von lebendiger Kraft oder Arbeit zu gebrauchen.

Hr. Clausius macht darauf aufmerksam, dafs zwischen zwei

[1]) C. R. XXXIII. 567.
[2]) Phil. Mag. (4) II. 429, 551.
[3]) Inst. No. 886. p. 414.

empirisch wenigstens nahehin zutreffenden Gesetzen nach den Principien der mechanischen Wärmetheorie eine Verbindung besteht. Das eine ist in unbestimmter Weise von Faraday [1]) ausgesprochen, und später genauer von Groshans [2]) formulirt worden. Hr. Clausius spricht es so aus: Nennt man die Temperaturen, wo der gesättigte Dampf verschiedener Flüssigkeiten gleichen Druck ausübt, correspondirende, und rechnet sie alle von —273° C. als absolutem Nullpunkt an, so sind für beliebige zwei Fluida correspondirende Temperaturen einander proportional.

Das zweite ist das Gesetz, wonach die latente Wärme der Volumeneinheit des Dampfes, der beim Siedepunkt entwickelt ist, für alle Fluida dieselbe ist. Da nun die Siedetemperaturen nur diejenigen correspondirenden Temperaturen sind, die dem gewöhnlichen atmosphärischen Drucke entsprechen, so läfst es sich für andere Druckgröfsen dahin erweitern, dafs die latente Wärme gleicher Dampfvolumina verschiedener Flüssigkeiten eine und dieselbe Function des Druckes ist, oder in der Bezeichnungsweise von Gleichung 7) und 8), dafs

$$\frac{L}{\gamma} = f_{(p)},$$

wo f eine Function bezeichnet, die für alle Flüssigkeiten dieselbe ist. Nach Gleichung 6) ist aber

$$\frac{L}{\gamma} = \frac{1}{\mu}\frac{dp}{dt},$$

wenn man λ gegen γ als verschwindend klein betrachtet, also

$$\mu dt = \frac{dp}{f_{(p)}},$$

oder wenn wir für μ den Werth aus Gleichung 5) setzen,

$$A\frac{\alpha dt}{1+\alpha t} = \frac{dp}{f_{(p)}}.$$

Dies integrirt giebt

$$Ac(1+\alpha t) = F_{(p)},$$

wo c eine für verschiedene Flüssigkeiten verschiedene Constante, $F_{(p)}$ eine andere für alle gleiche Function von p ist. Nennen

[1]) Phil. Trans. 1845. p. 155.
[2]) Pogg. Ann. LXXVIII. 112.

wir die von —273° C. an gezählten Temperaturen T, so wird die letzte Gleichung

$$A\alpha c T = F_{(p)},$$

d. h. correspondirende Temperaturen sind proportional.

Hr. Joule giebt in der vor der Manchester Society gelesenen Abhandlung eine Darstellung der mechanischen Wärmetheorie, wobei er von der Ansicht ausgeht, dafs die Theilchen der Gase in fortdauernder Bewegung nach allen Richtungen hin begriffen sind.

Hr. Soret berichtet über einige neue Versuchsreihen von Hrn. Regnault, welche letzterer noch nicht veröffentlicht, wohl aber im Collége de France vorgetragen hat, betreffend die Spannung gemischter Dämpfe. Man nahm früher an, dafs auch bei gemischten Dämpfen die Spannkraft des gemischten Dampfes der Summe der Spannkräfte der einzelnen gleich sei. Dieses Gesetz trifft nach Hrn. Regnault in der That nahehin zu bei solchen Flüssigkeiten, welche sich gar nicht mischen, wie Benzin und Wasser, Schwefelkohlenstoff und Wasser, Chlorkohlenstoff und Wasser. Die Beobachtung ergiebt bei den beiden ersteren eine etwas kleinere, bei dem letzteren Gemisch eine etwas gröfsere Spannung, als der Summe der einzelnen Spannungen entspricht.

Bei Flüssigkeiten, welche wie Aether und Wasser sich nur bis zu bestimmten Verhältnissen mischen, fand sich die Spannung des Dampfes etwas gröfser als die des Aethers, aber viel kleiner als die Summe der einzelnen Spannkräfte. Bei Flüssigkeiten endlich, welche sich in allen Verhältnissen mischen, ist die Spannkraft des gemischten Dampfes im Allgemeinen kleiner als die der flüchtigeren, und gröfser als die der minder flüchtigen Flüssigkeit. Endlich zeigte sich auch, dafs die Spannung der Dämpfe in Gasen etwas geringer ist als im Vacuum. Einen entschiedenen Einflufs hat dabei auch die Anziehung der Oberfläche des Gefäfses gegen die Dampftheilchen. So lange das Gefäfs nicht vollständig befeuchtet ist, wird dadurch die Spannung der Dämpfe beträchtlich vermindert.

Hr. Bruckner hat mittelst einer eigenthümlichen Anwendung der Kettenbrüche den Logarithmen des Druckes des gesättigten Dampfes durch eine gebrochene Function der Temperatur, die sich den Beobachtungen möglichst genau anschliefsen sollte, auszudrücken gesucht. Die endliche Formel ist

$$e = m + \frac{t^2}{c^2}\left\{\frac{\left(\frac{t}{T}\right)^3}{\left(1+\frac{t}{a}\right)^3 - 1}\right\},$$

wo e der Logarithme der Elasticität, nach Metern Quecksilberdruck gemessen, t die Temperatur des Quecksilberthermometers nach CELSIUS, T die wirkliche ist, ferner

$$m = 7{,}6556023 - 10$$
$$c = 53{,}9589875$$
$$a = 273{,}948875$$
$$\frac{t}{T} = \frac{1780665 - 100\,t + t^2}{1780665}.$$

Der Barometerdruck ist gleich 0,76 Meter gesetzt.

Hr. CURR schlägt eine neue sehr einfache Formel für die Abhängigkeit des Drucks gesättigten Dampfes von der Temperatur vor, für welche er auch eine Art rationeller Ableitung zu geben sucht, die dem Berichterstatter aber unverständlich geblieben ist. Die Formel ist

$$p = \left(\frac{t}{100}\right)^4,$$

wo p in Atmosphären, t in Centigraden ausgedrückt ist. Die Formel giebt für Temperaturen über 100° eine grobe Annäherung. Für 0° würde sie den Dampfdruck gleich 0, und für negative Temperatur wieder positiv wachsend liefern.

Hr. WATERSTON findet auf graphischem Wege ein empirisches Gesetz für den Druck des gesättigten Wasserdampfes, welches mit geänderten Constanten auch auf die Dämpfe des Aethers, Alkohols, Schwefelkohlenstoffs, Quecksilbers und auf FARADAY's Versuche mit verflüssigten Gasen passen soll. Die Formel ist

$$p = \left\{\frac{\sqrt{t} - g}{h}\right\}^6 . t,$$

wo t vom absoluten Nullpunkt (—461° FAHR.) gemessen ist. Der Hr. Verfasser nennt dies die G Temperatur.

Dieselbe graphische Behandlung wendet Hr. Waterston auch auf plötzlich comprimirte oder ausgedehnte Luft an; er gelangt zu denselben Formeln, wie Hr. Petrie (siehe unten).

Derselbe Verfasser giebt in seiner Abhandlung über die Theorie der Gase die allgemeinen Grundzüge einer mechanischen Erklärung der Wärmeerscheinungen, wobei das dritte allgemeine Princip für Gase angenommen wird.

Hr. Smyth hat Versuche angestellt über die Wärmeentwicklung bei der Compression und über die Abkühlung bei der Expansion von Gasen. Eine Zinnröhre mit zwei Hähnen wurde in die Wand des Behälters für comprimirte Luft eines grofsen durch eine Dampfmaschine getriebenen Gebläses eingefügt. Zwischen den beiden Hähnen war ein Thermometer und ein Manometer eingefügt, ein zweites äufseres Thermometer nahe der äufseren Oeffnung der Röhre. Das Ausströmen der Luft wurde so geleitet, dafs an der Stelle des inneren Thermometers die aus dem Behälter strömende Luft noch denselben Druck zeigte, wie in dem grofsen Behälter selbst; die Temperatur des inneren Thermometers konnte also als die der Luft des Behälters angesehen werden. Das äufsere Thermometer wurde dagegen von expandirter Luft getroffen. Als allgemeines Resultat stellt Hr. Smyth hin, dafs Luft von 63° Fahr. durch einen Druck von 7 Zoll Quecksilber von 63° auf 92° Fahr. erwärmt werde, und bei der Ausdehnung wieder auf 65° falle. Diese Temperaturänderung ist etwas kleiner, als nach der Formel

$$\frac{a+t}{a+T} = \left(\frac{p}{P}\right)^{\frac{k-1}{k}},$$

bei dem Werthe von $k = 1,4$, wie er aus der Schallgeschwindigkeit folgt, sich ergeben sollte, es findet sich vielmehr der Werth von k aus diesen Angaben sehr nahe gleich $\frac{1}{8}$, und zwar sowohl bei der Compression, wo man die dazu verwendete Kraft gleich dem ganzen Drucke der comprimirten Luft zu setzen hat, als bei der Expansion, wo die geleistete Arbeit kleiner ist, indem nur der Widerstand der Atmosphäre zu überwinden ist, und die Wärmeabsorption deshalb kleiner ist.

Hr. Petrie entwickelt eine Formel für die Erwärmung comprimirter Luft aus der hypothetischen Annahme, dafs die constituirenden Theilchen der Gase sich im umgekehrten quadratischen Verhältnisse der Entfernung abstofsen, wenn ihr Zustand übrigens unverändert bleibt, d. h. ihnen keine Wärme entzogen wird. Seine Formel unterscheidet sich, wie Hr. RANKINE auseinandersetzt, von der von POISSON, RANKINE und CLAUSIUS aufgestellten

$$\frac{a+T}{a+t} = \left(\frac{V}{v}\right)^{k-1}$$

nur durch einen anderen Werth des Coëfficienten k, der nämlich nach den Versuchen über Schallgeschwindigkeit 1,4 ist, nach PETRIE dagegen $\frac{4}{3}$. Die danach berechneten Resultate stimmen mit der vorerwähnten Beobachtung von Hrn. SMYTH.

In dem zweiten citirten Aufsatze von Hrn. PETRIE geht derselbe von der Annahme aus, dafs die lebendige Kraft der ausströmenden Luft verloren gehe durch Auflösung des Stroms in eine immer gröfsere Zahl kleinerer Wirbelbewegungen, und wenn die Wirbel so klein geworden wären, dafs sie innerhalb der Atome vorgingen, so wäre aus ihnen Wärme geworden; er gründet darauf einen Vorschlag, die Gröfse der Atome zu bestimmen. Hr. RANKINE bezweifelt wohl mit Recht die logische Richtigkeit (soundness) dieser Vorstellungsweise.

Herr GORRIE hat ebenfalls über die Wärmeentwicklung durch Verdichtung der Luft Versuche angestellt mit einem sehr grofsen Apparate, der zur Erzeugung von künstlichem Eis bestimmt war. Die Luft wurde in einem Behälter von 62 Cubicfufs bis zu 8 Atmosphären Druck comprimirt, und während sie aus einer Oeffnung desselben ausströmte, wurde durch eine Dampfmaschine fortdauernd neue eingepumpt. Ihre Wärme gab die Luft an Wasser ab, welches als feiner Regen in die Pumpenräume eingespritzt wurde; die Temperaturerhöhung dieses Wassers ist der Berechnung der entwickelten Wärme zu Grunde gelegt. So vortheilhaft nun auch die Ausführung solcher Versuche in grofsem Maafsstabe übrigens sein möchte, so ist doch bei der gewählten Methode, die übrigens durch die technischen Zwecke mitbestimmt war, Genauigkeit in den nothwendigen Correctionen der Beobachtungsresultate nicht zu erreichen. Die erhaltenen Wärmequantitäten sind fast nur halb so grofs, als sie von Joule in ähnlichen Versuchen gefunden worden sind, und zeigen auch für verschiedene Grade der Compression keine Uebereinstimmung mit den obigen Formeln.

Hr. Morin beschreibt einen alten im Conservatoire des arts et métiers vorgefundenen, für gewöhnliche Wege bestimmten Dampfwagen, welcher im Jahre 1770 im Arsenal zu Paris von einem Ingenieur Cugnot erbaut worden ist, nach dem Muster einer ähnlichen Maschine, welche derselbe schon im Jahre 1769 in Wirksamkeit gesetzt hatte. Hr. Pouillet theilt mit, dafs nach mündlichen Ueberlieferungen dieselbe so schnell gegangen ist, dafs sie eine ihr entgegenstehende Mauer eingelaufen habe. Die weitere Prüfung und Anwendung der Maschine wurde durch die Revolution gehindert. Die erste englische Locomotive wurde erst 1811 von Blenkinsop hergestellt.

Hrn. Fairbairn's Aufsatz über die expansive Wirkung des Dampfes, enthält im Wesentlichen nur eine Beschreibung zweckmäfsiger Ventile für Expansionsdampfmaschinen.

Hr. Dunn (Maschine zur Erzeugung von Triebkraft vermittelst der Ausdehnung atmosphärischer Luft durch die Wärme) giebt eine Beschreibung der später unter dem Namen der Ericsson'schen bekannt gewordene Maschine.

Hr. Haycraft beschreibt eine Methode, um den Dampf im Cylinder von Dampfmaschinen frei von Wasser zu halten, und findet dabei eine beträchtliche Ersparung von Dampf, da der Cylinder bei der Entstehung des Vacuum nicht mehr durch in ihm verdunstendes Wasser abgekühlt werde.

Hr. Groshans hat die Ausdehnung einer Reihe von Körpern beim Uebergange vom flüssigen zum dampfförmigen Zustande untersucht, wobei er die Dichtigkeit der Dämpfe nach der atomistischen Zusammensetzung und den Gesetzen von Mariotte und Gay-Lussac berechnet. Er bemerkt zunächst, dafs Körper von analoger Zusammensetzung nahehin gleiche Expansion zeigen, und dafs die vier Eigenschaften 1) Gleichheit der Expansionen, 2) Gleichheit der Siedpunkte, 3) Gleichheit der specifischen Gewichte als Flüssigkeiten oder Dasein einfacher Verhältnisse zwischen diesen specifischen Gewichten, 4) Analogie der Zusammensetzung, von einander abzuhängen scheinen in der Weise, dafs eine von ihnen das Vorkommen einer oder mehrer der andern begünstigt.

Hr. Colding hatte schon am 1. Novbr. 1843 der Akademie von Kopenhagen Versuche mitgetheilt, wonach die bei der Reibung fester Körper entwickelte Wärme der verschwundenen Arbeitsgröfse proportional ist, und gleichzeitig das Gesetz von der Erhaltung der Kraft als allgemeingültig hingestellt, welches er, wie es scheint, unabhängig von Mayer, dessen erste Veröffentlichung 1842 geschehen ist, gefunden hatte. Mit Unterstützung der genannten Akademie hat er diese Versuche mit einem gröfseren Apparate fortgesetzt. Ein unten mit Läufen von verschiedenen Metallen versehener schwer belasteter Schlitten gleitet auf zwei anderen Metallschienen. Die Reibung wurde durch ein Federdynamometer gemessen, die Wärme durch die mikrometrisch gemessene Verlängerung der Metallstangen. Diese Methode scheint indessen nicht eine so grofse Genauigkeit zuzulassen, wie die neueren Methoden von Joule. Dazu kommt noch, dafs der Herr Verfasser die specifische Wärme und die Ausdehnung durch Wärme nicht an seinen Stangen selbst bestimmt hat, sondern zur Rechnung die Zahlen, welche andre Beobachter für die betreffenden Metalle (Messing, Zink, Blei, Eisen) gefunden haben, gebraucht. Indessen bestätigt sich doch die Richtigkeit des angeführten Gesetzes, so weit es eben die Fehlerquellen der Versuche zulassen, für sehr verschiedene Werthe des Drucks und der Geschwindigkeit der Bewegung. Das mechanische Wärmeäquivalent, welches der Verfasser aus seinen Versuchen berechnet, und welches er wegen der angegebenen Umstände selbst für nicht sehr genau hält, ist für 1° C. gleich 1185,4 (dänischen) Fufsen oder 372 Metern, während Hr. Joule zuletzt 423,5 Meter gefunden hat.

Der zweite Theil der Abhandlung enthält mathematische Ausdrücke für die Wärmeentwicklung in Körpersystemen, Gasen und Flüssigkeiten, welche aber wesentlich von denen von Clausius und Thomson abweichen. Der Unterschied liegt darin, dafs der Verfasser die mechanische Arbeit, welche die inneren Kräfte eines Körpers bei Aenderungen des Volumens verrichten, nicht gehörig in Rechnung zieht. So kommt er zu folgender

Formel. Es sei $\omega_{\prime}$ die specifische Wärme unter gleichem Drucke, $D_{\prime}$ die Dichtigkeit einer Flüssigkeit; und wenn sie, ohne Wärme abzugeben, zusammengedrückt, der Druck dabei um die sehr kleine Gröfse dp vermehrt wird, und die Temperatur sich um dt steigert, so werde das Verhältnifs $\frac{dt}{dp}$ mit $\varepsilon_{\prime}$ bezeichnet. Dieselben Gröfsen für eine andere Flüssigkeit seien $\omega_{\prime\prime}$, $D_{\prime\prime}$ und $\varepsilon_{\prime\prime}$. Dann stellt Hr. Colding die Gleichung auf

$$\frac{\omega_{\prime}}{\omega_{\prime\prime}} = \frac{D_{\prime\prime}}{D_{\prime}} \cdot \frac{\varepsilon_{\prime\prime}}{\varepsilon_{\prime}}.$$

Für Gasarten stimmt diese Formel mit den Versuchen von Dulong und den Theoremen von Clausius. Wenn γ das Verhältnifs der beiden specifischen Wärmen bezeichnet, so wird für Gasarten $\varepsilon = \frac{\gamma - 1}{\gamma}$. Der Hr. Verfasser benutzt dann diese Formel für atmosphärische Luft und Wasser, und berechnet die Temperaturerhöhung für dieses letztere bei Vermehrung des Drucks um eine Atmosphäre auf $\frac{1}{36,57}$ Grad C., was hinreichend übereinstimme mit den Versuchen von Oersted, welche zuerst $\frac{1}{40}$ Grad, später $\frac{1}{49,2}$ Grad ergeben hätten. Nach dem Carnot'schen Theorem würde dagegen ε bei verschiedenen Temperaturen sehr verschieden, und für Temperaturen unter dem Punkte der gröfsten Dichtigkeit sogar negativ sein; danach würde also jene Uebereinstimmung mit Oersted's Versuchen nur zufällig sein können.

Prof. *H. Helmholtz.*

Der Aufsatz von Hrn. Goodman behandelt aufser allgemeinen Bemerkungen über die Identität der verschiedenen Naturkräfte hauptsächlich die physikalischen und chemischen Eigenschaften des Kaliums.

A. Krönig.

---

2. Wärmeerscheinungen bei chemischen Processen.

T. Andrews. On the heat disengaged during metallic substitutions. Pogg. Ann. LXXXI. 73*; Phil. Trans. 1848. p. 91; Phil. Mag. (3) XXXII. 392; Inst. No. 756—57. p. 203; Chem. C. Bl. 1851. p. 195*.

A. Schrötter. Ueber das Verhältniss der chemischen Anziehung zur Wärme. Wien. Ber. V. 479*.

T. Woods. On the heat of chemical combination. Phil. Mag. (4) II. 268*; Inst. No. 945. p. 47*; Erdm. J. LV. 92*; Arch. d. sc. ph. et nat. XVIII. 148*.

T. Andrews. Ueber die Wärmeentwickelung beim Austausche von Metallen.

Hr. Andrews hat schon im Jahre 1844 in dem Philosophical Magazine einige allgemeine Mittheilungen über die Wärmeentwickelung veröffentlicht, welche stattfindet, wenn ein Metall aus der Auflösung seiner neutralen Salze durch ein anderes Metall gefällt wird [1]; der vorliegende Aufsatz enthält nähere Angaben über diese Versuche, die der Verfasser seitdem noch vervollständigt und erweitert hat.

Sie betreffen die Fällung des Kupfers aus mehreren seiner Salze durch Zink, Blei und Eisen, des Silbers durch Kupfer und Zink, des Bleies durch Zink, und des Platins und Quecksilbers durch Zink. Der Hr. Verfasser bediente sich dazu eines Apparates von ähnlicher Construction wie bei einigen seiner früheren Untersuchungen, der fest verschlossen und in eine rotirende Bewegung versetzt wurde, um eine schnelle und innige Vermischung der aufeinander einwirkenden Substanzen zu erzielen. Bei der Berechnung sind die verschiedenen Correctionen, namentlich wegen des Wärmeaustausches mit der umgebenden Luft, nicht in aller Schärfe angebracht; indefs dürfte dies im vorliegenden Falle kaum zu tadeln sein, da der Vorgang, wie der Hr. Verfasser nachweist, seiner Natur nach nur eine annähernde Bestimmung der

[1]) Siehe diese Berichte 1845. p. 331.

dabei entwickelten Wärme gestattet. Hr. ANDREWS fand nämlich, dafs die Temperatur der Mischung auch nach vollständiger Ausfällung des ursprünglich in Lösung befindlichen Metalles noch einige Zeit zu steigen fortfährt, theils in Folge der Oxydation des gefällten Metalles durch die im Apparate befindliche Luft, namentlich aber in Folge des galvanischen Stromes, der durch die Berührung des gefällten Metalles mit dem stets im Ueberschusse vorhandenen fällenden Metalle entsteht, und der sich bisweilen sogar durch reichliche Entwickelung von Wasserstoffbläschen kund gab.

So ergaben sich beispielsweise bei der Fällung des Silbers durch Zink von 2 zu 2 Minuten die folgenden Temperaturzunahmen:

	Schwefels. Silberoxyd.	Essigs. Silberoxyd.
Zunahme nach 2 Minuten	1°,96 C.	1°,94 C.
nach weiteren 2 -	0 ,14	0 ,12
- - 2 -	0 ,12	0 ,12
- - 2 -	0 ,10	0 ,08
- - 2 -	0 ,09	0 ,08
- - 2 -	0 ,04	0 ,06

gleichwohl war schon in den ersten 2 Minuten die Fällung vollständig beendet, und in der Flüssigkeit durch chemische Reagentien keine Spur von Silber mehr zu entdecken. Bei einigen Versuchsreihen, welche der Hr. Verfasser später zur Controle angestellt hat, — die übrigens wesentlich dasselbe Resultat ergaben wie die früheren, obwohl auch verdünntere Lösungen zur Anwendung kamen — hat derselbe versucht, eine Correction für diese durch die galvanische Einwirkung erzeugte Wärme anzubringen, die indefs natürlich sehr unsicher ist.

Eine sonderbare und nicht genügend erklärte Erscheinung wurde bei der Fällung des Silbers aus dem salpetersauren Salze durch Zink beobachtet; hier zeigte sich 5 bis 6 Minuten nach beendeter Fällung plötzlich eine starke Wärmeentwickelung. Die von 2 zu 2 Minuten beobachteten Temperaturzunahmen waren hier: 2°,12 — 0,03 — 0,03 — 0,14 — 0,23 — 0,18 — 0,13 — 0,11. Ueberhaupt erwiesen sich die salpetersauren Salze wenig geeignet zu Untersuchungen der vorliegenden Art, da die Salpetersäure sehr geneigt ist, sich dabei zu zersetzen, so dafs neben dem Austausche der Metalle auch andere chemische Actionen stattfinden. Es wurden daher meist schwefelsaure, essigsaure, ameisensaure Salze und Chloride angewendet.

Bei der Fällung desselben Metalles aus den Lösungen seiner verschiedenen neutralen Salze durch dasselbe andere Metall, ergaben sich gleiche Wärmemengen. So betrug die Wärmeentwickelung für 1 Gewichtstheil Kupfer bei dessen Fällung durch Zink aus

	I. Versuchsreihe.	II. Versuchsreihe.
schwefelsaurem Kupferoxyd	864 Calor.	868 Calor.
Kupferchlorid	857 -	860 -
essigsaurem Kupferoxyd .	838 -	877 -
ameisensaurem Kupferoxyd	— -	869 -
	im Mittel also	868 Calorieen,

d. h. die auf 1 Gewichtseinheit des gefällten Kupfers entwickelte Wärme würde im Mittel 868 Gewichtseinheiten Wasser um 1° C. erwärmen. Der Werth dieser Zahl ist natürlich nicht allein von der Beschaffenheit des gefällten, sondern auch von der des fällenden Metalles abhängig.

Die Mittelwerthe der verschiedenen Versuchsreihen sind folgende:

		Entwickelte Wärme für 1 Gewichtseinheit des gefällten Metalles	1 Aequivalent (Sauerstoff = 1) des gefällten Metalles
Kupfer . . . gefällt durch	Zink	868	3435
Kupfer . . . - -	Eisen	592	2342
Kupfer . . . - -	Blei	268	1061
Silber . . . - -	Zink	426	5747
Silber . . . - -	Kupfer	161	2176
Blei . . . . - -	Zink	182	2357
Quecksilber - -	Zink	333	4166
Platin . . . - -	Zink	899	11085

Es wird ferner nachgewiesen, dafs, wie auch nach der Bedeutung dieser Zahlen der Fall sein mufs, der Werth für 1 Aequivalent Kupfer gefällt durch Zink in den Gränzen der Beobachtungsfehler gleich ist der Summe der Werthe für 1 Aequivalent Kupfer gefällt durch Blei und für 1 Aequivalent Blei gefällt durch Zink, und dafs dieselbe Beziehung bestehe zwischen Silber, Kupfer und Zink.

Das allgemeine Resultat der Untersuchung fafst Hr. Andrews folgendermafsen zusammen: „Wenn ein Aequivalent eines und desselben Metalles ein anderes in einer Lösung irgend eines seiner Salze von gleicher Ordnung ersetzt, so ist die entwickelte Wärme immer dieselbe; allein ein Wechsel eines der beiden Metalle erzeugt eine verschiedene Wärmeentwickelung".

A. Schrötter. Ueber das Verhältnifs der chemischen Anziehung zur Wärme.

Der Hr. Verfasser theilt am angeführten Orte eine kurze Notiz über den Inhalt dieser Untersuchung mit, die er der Wiener Akademie vorgelegt hat, und die in deren Abhandlungen abgedruckt werden soll. Sie soll einentheils eine Reihe von Versuchen enthalten, welche das Aufhören der chemischen Wirkung bei sehr niedrigen Temperaturen (—80° C.) selbst für solche Körper darthun, welche bei gewöhnlicher Temperatur mit grofser Heftigkeit auf einander wirken, anderentheils aber theoretische Betrachtungen über die Form der Function, welche die Beziehung zwischen der chemischen Anziehung, der Wärme und der Cohäsionskraft ausdrückt.

T. Woods. Ueber die bei der chemischen Verbindung erzeugte Wärme.

Dieser Aufsatz hat zum Zweck, den, der Ansicht des Herrn Verfassers nach, neuen Satz zu erhärten, dafs

„bei der Zersetzung einer Verbindung ebensoviel Wärme
„gebunden (Kälte erzeugt), als bei Entstehung derselben
„aus ihren Elementen entwickelt wird."

Nach Anführung mehrerer Thatsachen, welche diesen Satz wahrscheinlich machen, führt er den Beweis desselben in doppelter Weise.

Einmal vergleicht er die Wärmemenge, welche sich bei der

Auflösung von Zink in verdünnter Schwefelsäure entwickelt, mit der Summe der Wärmemengen, die bei der Oxydation des Zinks und bei der Auflösung des Zinkoxyds in Schwefelsäure entbunden werden, und zeigt, dafs der Unterschied beider nahezu gleich ist der Wärmemenge, welche der durch die Auflösung des Zinks entwickelte Wasserstoff bei seiner Wiederverbindung mit Sauerstoff zu Wasser liefern würde.

Dann versucht Hr. Woods die bei der Wasserzersetzung stattfindende Wärmebindung direct zu messen. Er läfst einen sehr beständigen galvanischen Strom einmal unter Wasserzersetzung durch angesäuertes Wasser, und ein anderes Mal durch einen in dieselbe Flüssigkeit eingetauchten dünnen Platindraht hindurchgehen, welcher so ausgewählt ist, dafs sein Leitungswiderstand genau gleich ist dem Widerstande, den im ersten Falle die Flüssigkeit dem Strome darbietet. Die Erwärmung der Flüssigkeit war dann in der That beträchtlicher, als im ersteren Falle und zwar um eine Wärmemenge, welche der gleich ist, die sich bei Wiedervereinigung der Bestandtheile des zersetzten Wassers erzeugen würde.

Dieser Satz ist übrigens keineswegs neu; er ist vielmehr fast bei allen Untersuchungen über die chemische Verbindungswärme theils als selbstverständlich vorausgesetzt, theils auch mehr oder weniger bestimmt ausgesprochen worden, wenn man auch noch keine besondere Abhandlungen zu seiner Begründung geschrieben hat. Namentlich ist von Hrn. Hess schon im Jahre 1842 eine Vergleichung der bei der Auflösung des Zinks und des Zinkoxyds in Schwefelsäure entwickelten Wärmemengen von demselben Gesichtspunkte aus angestellt worden, und hat zu denselben Resultaten geführt. Später haben auch Favre und Silbermann den gedachten Satz ausgesprochen und angewendet (Vergl. diese Berichte 1849. p. 217). In Betreff des letztgedachten Versuches des Hrn. Woods bemerkt A. de la Rive im Arch. d. sc. ph. et nat. bei Mittheilung des vorliegenden Aufsatzes, dafs er schon vor längerer Zeit in gleicher Absicht ähnliche Versuche angestellt, aber keine befriedigende Resultate erhalten habe.

Dr. *W. Brix.*

3. Physiologische Wärme.

4. Wärmeleitung.

H. de Senarmont. Note sur les propriétés thermiques de la tourmaline. Ann. d. ch. et d. ph. (3) XXVIII. 279*; Pogg. Ann. LXXX. 175.

P. Maggi. De l'influence du magnétisme sur la conductibilité pour la chaleur du fer doux. Arch. d. sc. ph. et nat. XIV. 132*.

G. G. Stokes. On the conduction of heat in crystals. Thomson J. (2) VI. 215*.

J. Amsler. Zur Theorie der Anziehung und der Wärme. Crelle J. f. Math. XLII. 316*.

— — Ueber die Gesetze der Wärmeleitung im Innern fester Körper, unter Berücksichtigung der durch ungleichförmige Erwärmung erzeugten Spannung. Crelle J. f. Math. XLII. 327*.

H. de Senarmont. Ueber die thermischen Eigenschaften des Turmalins.

Hr. de Senarmont hat nun auch eine vollkommen homogene Turmalinplatte untersucht [1]; das Verhältnifs der Axen der durch das Schmelzen des Wachses gezeichneten Ellipsen ist 1,27; dabei ist die kleinere Axe der krystallographischen Axe parallel.

P. Maggi. Ueber den Einflufs des Magnetismus auf die Wärmeleitung im weichen Eisen.

Hr. Maggi theilt folgendes interessante Experiment mit. Eine kreisrunde Scheibe von weichem Eisen hatte einen dünnen Wachsüberzug und konnte mittelst einer durch ihren Mittelpunkt geführten Röhre, durch welche Wasserdampf geleitet wurde, ebenso erhitzt werden, wie die de Senarmont'schen Krystallscheiben. Auf die Pole eines starken hufeisenförmigen Elektromagneten

[1]) Siehe Berl. Ber. 1847. p. 245, 1848. p. 223.

wurden erst mehrere Papierscheiben und dann die Eisenscheibe selbst gelegt, so dafs ihr Mittelpunkt mit der Mitte der die Pole verbindenden Linie zusammenfiel; zwei Metallstücke von derselben Form, wie die Pole des Magneten, standen an den Enden der äquatorialen Linie. So lange die Kette nicht geschlossen war, waren die Isothermen auf der Scheibe kreisrund; wurde das Eisen magnetisch, so zogen sich die Isothermen in die Länge, so dafs ihre grofse Axe in die Richtung der äquatorialen Linie fiel, und sich zur kleineren ungefähr wie 60 : 49 verhielt.

G. G. Stokes. Ueber Wärmeleitung in Krystallen.

Eine mathematische Theorie der Wärmeleitung in Krystallen gab zuerst Duhamel im J. d. l'Éc. polyt. Cah. 21* u. 32*. Er ging dabei von der fast allgemein angenommenen Hypothese aus, dafs die Leitung der Wärme nichts sei als innere Strahlung zwischen den Molecülen. Hr. Stokes verwirft diese Hypothese, und ist wohl mit Recht der Meinung, dafs die allgemeinen Consequenzen derselben von solcher Einfachheit seien, dafs sie aus jeder vernünftigen Annahme folgen müssen, die man über die Art, in welcher sich die Wärme im Innern eines festen Körpers verbreitet, machen kann. Ohne sich nun weiter über seine eigene Vorstellung von diesem Vorgange zu erklären, kommt er auf das Hauptgesetz und die Gleichung für die Bewegung der Wärme auf folgendem sehr einfachen, aber auch nicht ganz unbedenklichen, Wege.

Wenn P ein Punkt eines festen Körpers von beliebiger Beschaffenheit ist, und dS das Element einer durch P gelegten Ebene, so wird die Wärmemenge, welche während der Zeit dt durch dS geht, proportional sein mit $dSdt$, und durch $fdSdt$ ausgedrückt werden können. Ist nun der Werth von f für drei durch P gelegte Ebenen bestimmt, so ist er es auch für jede vierte. Denn die drei Ebenen bilden bei P die Spitze einer dreiseitigen Pyramide, als deren Basis man eine Ebene annehmen kann, welche mit der vierten parallel ist. Die Wärmemenge nun, welche diese Pyramide während der Zeit dt gewinnt, ist gleich der Menge, welche durch die vier Seiten eintritt. Rückt nun die Basis der Pyramide parallel mit sich stets näher an *P*, so ändert sich das Volumen der Pyramide und mit ihm der Wärmegewinn wie die Cuben homologer Seiten, die den Oberflächen proportionale Menge eintretender Wärme wie die Quadrate, und es folgt daraus, dafs an der Gränze die Summe der Wärmemengen, welche durch die vier Seiten eintreten, gleich Null sein mufs, oder dafs eben so viel Wärme durch die Basis austritt, wie durch die drei gegebenen Seiten eintritt. Damit ist denn die Gröfse des Wärmestromes für jede durch *P* gelegte Ebene bestimmt. Sind nun jene drei Ebenen die drei rechtwinkligen Coordinatenebenen, f_x, f_y, f_z die durch die Ebenen yz, zx, xy gehenden Wärmemengen, f die Wärmemenge für eine Ebene, deren Normale durch die Cosinus l, m, n bestimmt wird, so folgt die von Duhamel gefundene Gleichung

$$1) \qquad f = lf_x + mf_y + nf_z.$$

Es ergiebt sich auch leicht die Gleichung

$$2) \qquad c\varrho\frac{du}{dt} = -\left(\frac{df_x}{dx} + \frac{df_y}{dy} + \frac{df_z}{dz}\right),$$

wo u die Temperatur des Punktes x, y, z zur Zeit t, c die specifische Wärme, ϱ die Dichtigkeit bezeichnet.

Für ein homogenes Medium und geringe Aenderungen der Temperatur darf man nun ϱ und c als constant ansehen, und zugleich annehmen, dafs sich verschiedene Temperatursysteme ohne gegenseitige Störung über einander legen lassen, und es sind dann die Gröfsen f lineare Functionen der drei Differentialquotienten $\frac{du}{dx}$, $\frac{du}{dy}$, $\frac{du}{dz}$; die Gleichung 2) hat also die Form

$$3) \qquad c\varrho\frac{du}{dt} = A'\frac{d^2u}{dx^2} + B'\frac{d^2u}{dy^2} + C'\frac{d^2u}{dz^2} + 2D'\frac{d^2u}{dydz} + 2E'\frac{d^2u}{dzdx} + 2F'\frac{d^2u}{dxdy},$$

die in bekannter Weise durch Aenderung der Coordinatenaxen auf die Form

$$4) \qquad c\varrho\frac{du}{dt} = A\frac{d^2u}{dx^2} + B\frac{d^2u}{dy^2} + C\frac{d^2u}{dz^2}$$

gebracht werden kann, so dafs A, B, C die reciproken Werthe der Quadrate der thermischen Hauptaxen sind.

Aus 2) und 4) folgt, dafs die Gröfsen f_x, f_y, f_z von der Form sind

$$-f_x = A\frac{du}{dx} - F_{\prime}\frac{du}{dy} + E_{\prime}\frac{du}{dz}$$

$$-f_y = B\frac{du}{dy} - D_{\prime}\frac{du}{dz} + F_{\prime}\frac{du}{dx}$$

$$-f_z = C\frac{du}{dz} - E_{\prime}\frac{du}{dx} + D_{\prime}\frac{du}{dz}.$$

Hr. STOKES bringt am Schlusse seiner Abhandlung Gründe bei, die es wahrscheinlich machen, dafs die Constanten $D_{\prime}$, $E_{\prime}$, $F_{\prime}$ überhaupt gleich Null seien, wodurch die Ausdrücke auf die von DUHAMEL gegebenen, aus der Hypothese der Molecularstrahlung nothwendig folgenden

$$f_x = -A\frac{du}{dx}, \qquad f_y = -B\frac{du}{dy}, \qquad f_z = -C\frac{du}{dz}$$

zurückkommen; für Medien, welche in Bezug auf zwei rechtwinklige Ebenen symmetrisch sind, bringt es eben die Symmetrie mit sich.

Die Bedingungsgleichung für die Oberfläche des Körpers findet Hr. STOKES durch einen ähnlichen Schlufs wie oben die Gleichung 1): es mufs der Wärmestrom durch ein Oberflächenelement gleich sein dem, welcher durch ein diesem paralleles und sehr nahes Ebenenelement innerhalb des Körpers geht; denkt man sich nämlich um das Oberflächenelement einen, der Normale parallelen Cylinder beschrieben, so begränzt dieser mit jener der Oberfläche parallelen Ebene ein Volumenelement, dessen Wärmegewinn seiner Oberfläche proportional ist; läfst man die parallele Ebene näher an die Oberfläche rücken, so variirt wieder der Wärmegewinn zuletzt wie das Volumen und zugleich wie die Oberfläche; von dieser verschwindet der cylindrische Theil gegen die Endflächen, und es folgt, wie oben, dafs durch die Oberfläche des Körpers so viel austritt, wie durch die untere Fläche eintritt. (Wir bemerken, dafs hier der Zweifel daran, dafs der Wärmegewinn des ausgeschnittenen Volumenelements sich wie das Volumen ändern soll, gar nicht zurückzuweisen ist;

denn offenbar mufs nahe an der Gränze des Körpers eine Aenderung dieses Verhältnisses stattfinden.) Es ergiebt sich dann die DUHAMEL'sche Gleichung

$$lA\frac{du}{dx}+mB\frac{du}{dy}+nC\frac{du}{dz}+h(u-v)=0,$$

wo l, m, n die Richtungscosinus der nach aufsen gerichteten Normale, v die Temperatur des äufseren Mediums, h eine unbekannte Function von l, m, n (das äufsere Leitungsvermögen des festen Körpers) bedeutet.

Die weitere Behandlung der Aufgabe erleichtert Hr. STOKES durch Einführung eines Hülfskörpers. Setzt man nämlich in Gleichung 4)

$$x=\sqrt{\frac{A}{k}}\cdot\xi,\quad y=\sqrt{\frac{B}{k}}\cdot\eta,\quad z=\sqrt{\frac{C}{k}}\cdot\zeta,$$

$$k^3=ABC,$$

so geht sie über in

$$c\varrho\frac{du}{dt}=k\left(\frac{d^2u}{d\xi^2}+\frac{d^2u}{d\eta^2}+\frac{d^2u}{d\zeta^2}\right),$$

d. h. in die Gleichung für die Wärmeleitung in einem homogenen unkrystallisirten Medium. Leitet man also aus dem gegebenen Körper einen Hülfskörper so ab, dafs man für jede Coordinate x die Coordinate ξ setzt u. s. w., und bestimmt den Temperaturzustand für die Punkte dieses Körpers, dem wir die nach allen Richtungen gleiche Leitungsfähigkeit k beilegen, so können wir rückwärts, indem wir von den Coordinaten ξ wieder zu den Coordinaten x übergehen, den Temperaturzustand für die entsprechenden Punkte des ursprünglichen Körpers bestimmen. Es ergeben sich auf der Stelle hieraus die von DUHAMEL mühsam abgeleiteten Sätze, und eine Anzahl anderer, die mit den Experimenten DE SENARMONT's übereinstimmen.

J. AMSLER. Zur Theorie der Anziehung und der Wärme.

Die Abhandlung enthält Beweise für die Sätze,

1) dafs es nur eine Function der Coordinaten und der Zeit giebt, welche den drei Gleichungen genügt, die die Temperatur im Innern eines festen Körpers bestimmen,

2) dafs die Temperatur aller Punkte im Innern eines festen Körpers sich mit der Zeit der Temperatur der Umgebung nähert, wenn diese mit der Zeit constant wird,

3) dafs die Wurzeln μ der Gleichung

$$k_1 \frac{dP}{dx} \cos\alpha + k_2 \frac{dP}{dy} \cos\beta + k_3 \frac{dP}{dz} \cos\gamma + hP = 0,$$

(wo P der Gleichung

$$-\mu\eta P = \frac{d\left(k_1 \frac{dP}{dx}\right)}{dx} + \frac{d\left(k_2 \frac{dP}{dy}\right)}{dy} + \frac{d\left(k_3 \frac{dP}{dz}\right)}{dz}$$

genügt), von denen POISSON (Théor. math. d. l. chaleur p. 178) allgemein nur bewiesen hatte, dafs sie reell seien, auch positiv sind.

J. AMSLER. Ueber die Gesetze der Wärmeleitung im Innern fester Körper, unter Berücksichtigung der durch ungleichförmige Erwärmung erzeugten Spannung.

Die Beobachtungen von W. WEBER (POGG. Ann. XX. 177) und WERTHEIM (Ann. d. ch. et d. ph. (3) XII. 385) haben gezeigt, dafs auch die festen Körper unter constantem Druck eine gröfsere specifische Wärme haben, als bei constantem Volumen. Die mathematische Theorie der Wärmeleitung erleidet, wenn man diesen Umstand mit in Rechnung zieht, Modificationen, deren Grundzüge Hr. AMSLER entwickelt. Er geht dabei von folgenden Annahmen aus.

Es verhalten sich in einem Körper, so lange keine Aenderung der Cohäsionsverhältnisse eintritt, die Zunahme der Temperatur wie die der Wärmemenge, bei constantem Druck die Zunahme des Volumens wie die der Temperatur, bei constanter Temperatur die Abnahme des Volumens wie die Zunahme des Drucks, bei constanter Wärmemenge die Zunahme der Temperatur wie die des Drucks. Dabei sind die Coëfficienten, von welchen diese Modificationen abhängen (specifische Wärme, Ausdehnungscoëfficient und Elasticitätscoëfficienten) unabhängig von Temperatur und Druck.

Die von CAUCHY (Exerc III.) aufgestellten Gleichungen für das Gleichgewicht elastischer Körper modificirt der Herr Verfasser nun, indem er zu den durch die Druckkräfte bewirkten Verschiebungen eines Punktes die durch die Temperaturveränderungen erzeugten Verrückungen hinzufügt; weiter findet er für die Temperatur des Elements eines homogenen Körpers unter Berücksichtigung des Drucks, unter welchem es steht, die Gleichung

$$\frac{du}{dt}=\frac{k}{\varrho\eta}\left(\frac{d^2u}{dx^2}+\frac{d^2u}{dy^2}+\frac{d^2u}{dz^2}\right)-\frac{\varepsilon-\eta}{(\alpha+\beta+\gamma)\eta}\cdot\frac{d\left(\frac{da}{dx}+\frac{db}{dy}+\frac{dc}{dz}\right)}{dt},$$

wo u die Temperatur, k die Leitungsfähigkeit, ϱ die Dichtigkeit, η die specifische Wärme bei constantem Volumen, ε dieselbe bei constantem Druck, α, β, γ die linearen Ausdehnungscoëfficienten nach drei auf einander senkrechten Axen, a, b, c die ganzen Verschiebungen des Elementes bedeuten.

Herr AMSLER giebt sodann Formeln an, nach welchen sich das Verhältnifs $\frac{\eta}{\varepsilon}$ für feste Körper aus Beobachtungen ableiten läfst, Formeln, welche mit den von WEBER und WERTHEIM benutzten nicht übereinstimmen; sodann wendet er sich zur Untersuchung der Temperaturverhältnisse einer homogenen Kugel.

H. Bertram.

---

5. Specifische und gebundene Wärme.

HESS. Note sur la chaleur de fusion de la glace et sa capacité pour la chaleur. Bull. d. St. Pét. IX. 81*.

C. C. PERSON. Sur la chaleur latente de fusion de la glace. Ann. d. ch. et. d. ph. (3) XXX. 73*; LIEB. u. WÖHL. LXXVI. 97*; C. R. XXX. 526*; Inst. No. 852. p. 137*; SILLIM. J. (2) XI. 251*; Arch. d. Pharm. (2) LXV. 314; Chem. C. Bl. 1850. p. 761.

— — Recherches sur la chaleur spécifique des dissolutions salines et sur la chaleur latente de dissolution. Ann. d. ch. et d. ph. (3) XXXIII. 437; LIEB. u. WÖHL. LXXX. 136*; C. R. XXXI. 566*; Chem. C. Bl. 1851. p. 136*; Arch. d. Pharm. (2) LXVII. 182; Inst. No. 877. p. 337.

M. S. B. Calorimeter of fusible metal. Mech. Mag. LIII. 505*.

Hess. Ueber die specifische und latente Wärme des Eises.

In diesem Aufsatze ist eine Reihe neuer Versuche über die specifische und latente Wärme des Eises mitgetheilt, deren Ergebnisse der Verfasser schon am 14. Januar 1848 der Petersburger Akademie vorgelegt hat. Er hat eine Revision der bisherigen Versuche über diesen Gegenstand von Provostaye und Desains, Regnault und Person deshalb für wünschenswerth gehalten, weil bei diesen jede der gedachten Gröfsen für sich ermittelt wurde, so aber, dafs bei der Bestimmung der latenten Wärme die Kenntnifs der specifischen Wärme, und umgekehrt bei Bestimmung der letzteren die Kenntnifs der latenten Wärme vorausgesetzt werden mufste. Um diesen Uebelstand zu vermeiden, sucht er beide Gröfsen gleichzeitig aus einer gröfseren Anzahl von Versuchen abzuleiten, welche mit Eis von möglichst verschiedener Temperatur angestellt worden. In der That ist die Wärmemenge M, welche eine Gewichtseinheit Eis von der Temperatur $-t^0$ beim Uebergange in Wasser von 0^0 abgiebt, und welche durch den Versuch gemessen wird, gleich der latenten Wärme L vermindert um das Product tc, wo c die specifische Wärme des Eises bezeichnet. Ein jeder Versuch liefert also eine Gleichung der Form $M = L - tc$, und aus einer Reihe solcher Gleichungen kann dann sowohl L als c nach den Regeln der Wahrscheinlichkeitsrechnung hergeleitet werden, wenn darin t hinreichend verschiedene Werthe besitzt. Hr. Hess theilt deren 40 mit, bei welchen die Temperatur des Eises zwischen -3^0 und $-13^0,6$ wechselte, und berechnet aus denselben nach der Methode der kleinsten Quadrate

die latente Wärme $L = 80,34$
die specifische Wärme $c = 0,533$.

Die Versuche selbst konnten, begünstigt durch den Petersburger Winter, in beträchtlich gröfserem Maafsstabe ausgeführt werden, als gewöhnlich zu geschehen pflegt; es wurden zu einem jeden 1225 Grammen Eis verwendet. Um dasselbe auf die gewünschte niedere Temperatur zu bringen, wurde eine gröfsere Menge davon in kleine Stücke zerschlagen, längere Zeit in einen vor dem Fenster des Beobachtungszimmers befindlichen Kasten gesetzt, bis mehrere darin eingetauchte Thermometer einen übereinstimmenden und festen Stand angenommen hatten. Dann wurde auf einer ebenfalls in jenem Kasten befindlichen Wage die nöthige Menge davon abgewogen, und sogleich in das Calorimeter gebracht. Für den Wärmeaustausch zwischen dem Calorimeter und der umgebenden Luft während des Experimentes ist eine Correction nicht angebracht, weil dieselbe, wie der Hr. Verfasser angiebt, zu unerheblich sei. Letztere Behauptung scheint indefs nicht recht in Einklang mit dem Umstande zu sein, dafs die Temperaturdifferenz zwischen dem Calorimeter und der umgebenden Luft bei allen Versuchen bis auf 11° C. stieg.

C. C. Person. Ueber die latente Schmelzwärme des Eises.

Hr. Person hat ebenfalls Untersuchungen über die latente Wärme des Eises angestellt. Auch er hat nicht mit Schnee oder Eis von 0°, wie bisher geschehen, sondern mit Eis von niederer Temperatur operirt, doch wurde er dabei von anderen Gründen geleitet, als Hess. Er überzeugte sich nämlich, dafs das Eis in ähnlicher Weise, wie es schon für viele andere Körper nachgewiesen ist, schon einige Grade unter dem Schmelzpunkte eine Erweichung und angehende Schmelzung erleidet; diese Erweichung beginnt seinen Versuchen nach etwa bei —1°,5 bis —2° C. Man mifst daher, wenn der Versuch mit Eis oder Schnee von 0° angestellt wird, wie bisher geschehen, nicht die ganze latente Wärme; und aus demselben Grunde mufsten für die specifische Wärme des Eises bei manchen Versuchen zu hohe Werthe gefunden werden. Eine Bestätigung dieser Ansicht findet der Herr Verfasser auch in denjenigen der früheren Versuche Regnault's, welche mit Eis von etwas niedriger Temperatur (—0°,06 bis —0°,61 C.) angestellt worden; dieselben ergaben in regelmäfsiger Folge um so höhere Werthe für die latente Wärme, je niedriger die Anfangstemperatur des Eises war.

Hr. Person hat demnach zunächst neue Untersuchungen über die specifische Wärme und sodann Versuche über die latente Wärme des Eises angestellt. Er findet die erstere Gröfse zwischen

—21° und —2° C. gleich 0,48, also etwas geringer als bisher angenommen worden, und als die Versuche von Hess ergeben haben. Für die latente Wärme ergab sich im Mittel aus 6 sehr gut übereinstimmenden Versuchen, bei welchen die Anfangstemperatur des Eises zwischen —2° und —21° betrug, der Werth 80,02.

C. C. Person. Untersuchungen über die specifische Wärme der Salzlösungen und über die latente Lösungswärme.

Es sind dies 2 Abhandlungen, welche in inniger Verbindung mit einander stehen und deshalb vom Verfasser gleichzeitig veröffentlicht worden sind.

Die erstere enthält Untersuchungen über die specifische Wärme von Salzlösungen. Der Hr. Verfasser bediente sich dazu des früher von ihm beschriebenen Calorimeters; in der Regel wurde dasselbe mit der Salzlösung gefüllt und in diese eine Büchse von sehr dünnem Messingblech getaucht, welche Wasser von bekannter Temperatur enthielt; bisweilen war umgekehrt das Calorimeter mit Wasser gefüllt und die Salzlösung in der Büchse enthalten. In beiden Fällen wurde sowohl im Calorimeter als in der Büchse die Aenderung der Temperatur beobachtet.

Es wurden Lösungen von 6 verschiedenen Salzen untersucht, nämlich von salpetersaurem Kali, salpetersaurem Natron, dem Doppelsalze aus salpetersaurem Kali und Natron, phosphorsaurem Natron, Chlorcalcium und Chlornatrium, und zwar von jedem dieser Salze Lösungen von verschiedener Stärke, bei denen das Verhältnifs von Wasser und Salz zwischen 1 und 20 Theilen Wasser auf 1 Theil des Salzes variirte.

Es ergab sich zunächst, dafs die specifische Wärme ein und derselben Lösung sich mit der Temperatur nicht merklich ändert.

Die Vergleichung der erhaltenen Resultate mit den aus der specifischen Wärme des Wassers und des Salzes berechneten Werthen ergab ganz unregelmäfsige Abweichungen, wenn darin für das Salz die specifische Wärme gewählt wird, welche es im festen Zustande besitzt; dagegen zeigen sich weit regelmäfsigere Differenzen, wenn für das Salz dessen specifische Wärme im flüssigen (geschmolzenen) Zustande in die Rechnung eingeführt wird, welche Hr. PERSON in einer früheren Arbeit ermittelt hat. Es ist dann die wirkliche specifische Wärme stets geringer als die aus den Bestandtheilen berechnete; und zwar ist der Unterschied um so geringer, je verdünnter die Lösung ist, während er sein Maximum bei Lösungen zu erreichen scheint, in welchen Salz und Wasser etwa zu gleichen Theilen enthalten sind. Der Hr. Verfasser schliefst daraus, dafs die Auflösung nicht als eine einfache Vertheilung der Salztheilchen im Wasser betrachtet werden könne, sondern dafs zunächst das Salz durch einen Antheil des Wassers geschmolzen und in diesem Zustande dann mit dem Wasser verbunden werde. Dies steht in Einklang mit den Versuchen des Hrn. Verfassers über die Lösungswärme; dieselbe ergab sich stets mindestens eben so hoch als die latente Schmelzwärme. Der Unterschied zwischen der gefundenen und der berechneten specifischen Wärme scheint um so kleiner zu sein, je mehr Wasser das Salz bereits chemisch gebunden enthält, dagegen scheint derselbe in keinem Zusammenhange mit der Verwandtschaft des Salzes zu Wasser (also mit dessen Löslichkeit, Zerfliefslichkeit etc.) zu stehen, er ist z. B. beim Chlorcalcium ausnahmsweise gering. Er steht eben so wenig — wie man leicht vermuthen dürfte — in Zusammenhang mit dem Verhältnifs zwischen dem specifischen Gewichte der Lösung und dem der Bestandtheile, also mit der bei der Auflösung stattfindenden Contraction.

In der folgenden Tafel sind die Mittel dieser Versuchsresultate zusammengestellt. Es bezeichnet darin c die beobachtete specifische Wärme der Lösung, k die specifische Wärme des Salzes im festen Zustande, und s die mit Hülfe dieser Zahl berechnete specifische Wärme der Lösung, ferner K die specifische Wärme des Salzes im flüssigen Zustande, und l die aus dieser Zahl berechnete specifische Wärme der Lösung, endlich τ den Schmelzpunkt des Salzes.

Wasser auf 1 Theil Salz.	Specifische Wärme der Lösung beobachtet. c.	berechnet aus k. s.	berechnet aus K. l.	Differenz. s — c.	Differenz. l — c.
	Salpetersaures Kali. $k = 0{,}2388$; $K = 0{,}3350$; $\tau = 333^\circ{,}5$ C.				
5	0,8542	0,8731	0,8891	0,0189	0,0349
10	0,9172	0,9308	0,9395	0,0136	0,0223
20	0,9530	0,9638	0,9683	0,0108	0,0153
	Salpetersaures Natron. $k = 0{,}2782$; $K = 0{,}4225$; $\tau = 305^\circ{,}8$ C.				
1,527	0,7369	0,7143	0,7711	— 0,0226	0,0342
5	0,8682	0,8797	0,9038	0,0115	0,0356
10	0,9214	0,9344	0,9475	0,0130	0,0261
20	0,9586	0,9656	0,9725	0,0070	0,0137
	Salpetersaures Kalinatron. $k = 0{,}235$; $K = 0{,}352$; $\tau = 219^\circ{,}8$ C.				
5	0,8588	0,8725	0,8920	0,0137	0,0332
10	0,9186	0,9304	0,9411	0,0118	0,0225
20	0,9579	0,9636	0,9691	0,0057	0,0112
	Phosphorsaures Natron. $k = 0{,}4100$; $K = 0{,}7467$; $\tau = 36^\circ{,}4$ C.				
5	0,9364	0,9017	0,9577	— 0,0347	0,0213
10	0,9700	0,9463	0,9788	— 0,0237	0,0088
20	0,9832	0,9719	0,9879	— 0,0113	0,0047
	Chlorcalcium. $k = 0{,}345$; $K = 0{,}555$; $\tau = 28^\circ{,}5$ C.				
3,64	0,8587	0,8588	0,9028	0,0001	0,0441
10	0,9414	0,9404	0,9591	— 0,0010	0,0177
18,10	0,9664	0,9657	0,9765	— 0,0007	0,0101
	Chlornatrium. $k = 0{,}214$.				
3,067	0,7852	0,8067	—	0,0215	—
3,640	0,8014	0,8303	—	0,0289	—
7,280	0,8721	0,9051	—	0,0330	—
14,770	0,9288	0,9502	—	0,0214	—

Endlich werden im vorliegenden Aufsatze noch einige Versuche über die specifische Wärme verschiedener Mischungen von Schwefelsäure mit Wasser mitgetheilt; ein Zusammenhang mit der bei der Mischung stattfindenden Contraction hat, wie schon erwähnt, nicht nachgewiesen werden können.

Die zweite Abhandlung beschäftigt sich speciell mit der Lösungswärme. Der Verfasser fand in Uebereinstimmung mit den früheren Versuchen von Rudberg und Graham, dafs dies eine sehr complexe Gröfse sei, welche mit der Menge des Wassers, welche auf 1 Theil des Salzes zur Anwendung kommt, und mit der Temperatur, bei welcher die Lösung geschieht, sich ändert. Letzteres erklärt sich aus der Verschiedenheit der specifischen Wärme der Lösung und der Bestandtheile für sich; so mufs beispielsweise beim phosphorsauren Natron, da die Lösung zur Erwärmung von 0 auf 30° 7 Calorieen mehr erfordert als Wasser und Salz für sich, die Lösung, wenn sie bei 30° erfolgt, lediglich dieser Temperatur wegen, und ganz abgesehen von der eigentlichen Lösungswärme, 7 Calorieen absorbiren, welche nicht erforderlich gewesen wären, wenn der Versuch bei 0° angestellt worden. Der Hr. Verfasser reducirt daher diesem Gesichtspunkte gemäfs und gestützt auf seine in der zuvor besprochenen Abhandlung niedergelegten Versuche über die specifische Wärme der Salzlösungen alle Resultate auf die feste Temperatur von 0°, um vergleichbare Zahlen zu erhalten, wiewohl einige der untersuchten Lösungen in der Wirklichkeit bei dieser Temperatur als solche nicht bestehen können. Die folgende Tafel zeigt die Mittelwerthe der verschiedenen Versuchsreihen. q bezeichnet darin die gesammte Wärmemenge, welche bei der Lösung direct gemessen, wenn diese bei der Temperatur θ erfolgt, und q_0 den auf die Temperatur 0° reducirten Werth.

Wasser auf 1 Theil des Salzes.	Temperatur. θ.	Gesammte Lösungswärme direct gemessen. q.	Gesammte Lösungswärme reducirt auf 0°. q_0.
		Chlornatrium.	
3,64	15,3	8,34	10,34
3,64	15,9	8,98	11,04
3,64	16,2	8,43	10,54
		Mittel	10,64

Wasser auf 1 Theil des Salzes.	Temperatur. θ.	Gesammte Lösungswärme direct gemessen. q.	Gesammte Lösungswärme reducirt auf 0°. q_0.
7,28	18,7	13,34	18,39
7,28	16,2	13,81	18,18
7,28	17,3	13,12	17,79
7,28	16,3	13,76	18,16
7,28	10,3	14,90	17,68
7,28	0,16	18,67	18,71
		Mittel	18,15
14,77	13,8	18,82	23,37
Phosphorsaures Natron.			
5,0	35,4	58,55	51,08
10,0	28,8	63,81	56,32
10,0	30,4	64,21	56,31
		Mittel	56,31
20,0	27,8	63,92	57,34
Chlorcalcium.			
0,85	6,6	21,51	21,51
12,02	8,3	19,41	19,41
26,0	7,8	19,40	19,40
Salpetersaures Natron.			
1,60	3,2	36,28	36,10
5,00	22,7	47,05	48,62
10,00	20,1	52,52	55,39
10,00	19,3	52,77	55,53
		Mittel	55,46
20,00	22,8	55,68	59,03
Salpetersaures Kali.			
5,0	30,0	68,85	72,27
10,0	23,6	77,62	81,06
10,0	23,9	75,83	79,42
10,0	5,5	80,15	80,97
		Mittel	80,48
20,0	19,7	80,53	85,06
20,0	5,7	86,39	87,70
		Mittel	86,38
Salpetersaures Kalinatron.			
5,0	27,8	59,10	61,32
10,0	23,9	64,95	68,05
20,0	22,1	68,66	71,31
20,0	21,1	69,13	71,66
		Mittel	71,48

Aus diesen Zahlen schliefst Hr. Person, dafs die (reducirte) Lösungswärme zusammengesetzt sei aus drei verschiedenen Gröfsen, nämlich

1) aus der Wärme, welche beim Uebergange in den flüssigen Zustand gebunden wird, und welche höchst wahrscheinlich gleich ist der latenten Schmelzwärme, welche der vorhandenen Temperatur θ entspricht;
2) aus einer weiteren Wärmemenge, welche gebunden wird durch die Vertheilung des flüssigen Salzes im Wasser, also einer uns unbekannten Modification der bereits flüssigen Molecüle entspricht. Hr. Person nennt dieselbe chaleur de dilution;
3) endlich aus der Wärme, welche oft, wo nicht immer, durch die chemische Einwirkung des Wassers auf das Salz frei wird.

Es folgt daraus ferner, dafs bei einem Salze, welches wenig Verwandtschaft zum Wasser besitzt, die Lösung mehr Wärme erfordert, als die Schmelzung. Dr. *W. Brix.*

M. S. B. Calorimeter von schmelzbarem Metall.

Es wird daran erinnert, dafs S. Bentham im Jahre 1796 als calorimetrische Substanz statt des Eises ein leicht schmelzbares Metall empfohlen hat. *A. Krönig.*

---

6. Strahlende Wärme.

Ueber Polarisation der Wärme und die Wirkungen polarisirter Wärme.

F. de la Provostaye et P. Desains. Mémoire sur la polarisation de la chaleur par réfraction simple. Ann. d. ch. et d. ph. (3) XXX. 159*; C. R. XXXI. 19*; Inst. No. 838. p. 27; Pogg. Ann. Erg. III. 411.

— — Mémoire sur la réflexion de la chaleur. Ann. d. ch. et d. ph.

(3) XXX. 276*; C. R. XXXI. 512*; Pogg. Ann. Erg. III. 429; Inst. No. 875. p. 322; Arch. d. sc. ph. et nat. XV. 223.

F. de la Provostaye et P. Desains. Mémoire sur le pouvoir rotatoire qu'exercent sur la chaleur l'essence de térébenthine et les dissolutions sucrées. Ann. d. ch. et d. ph. (3) XXX. 267; C. R. XXXI. 53*, 621*; Inst. No. 863. p. 228, No. 878. p. 346*; Pogg. Ann. LXXXII. 114*; Phil. Mag. (4) I. 466*; Arch. d. sc. ph. et nat. XIV. 310, XV. 227.

— — Recherches sur la polarisation de la chaleur. Ann. d. ch. et d. ph. (3) XXVIII. 252*.

— — Mémoire sur la polarimétrie de la chaleur. Ann. d. ch. et d. ph. (3) XXXII. 112*; C. R. XXXII. 86*; Inst. No. 890. p. 26*; Krönig J. II. 237*; Lieb. u Wöhl. LXXX. 142*.

— — Mémoire sur la diffusion de la chaleur. Ann. d. ch. et d. ph. (3) XXXIV. 192*; C. R. XXXIII. 444*; Inst. No. 930. p. 345*; Arch. d. sc. ph. et nat. XVIII. 207*; Lieb. u. Wöhl. LXXX. 145*.

E. Wartmann. Note sur la polarisation de la chaleur atmosphérique. Arch. d. sc. ph. et nat. XVIII. 89*; Ann. d. ch. et d. ph. (3) XXXIV. 341*; Phil. Mag. (4) III. 108*; Mém. de la Soc. d. phys. d. Genève XII. 349.

F. de la Provostaye et P. Desains. Mémoire sur la détermination des pouvoirs absorbants des corps athermanes pour les chaleurs de diverses natures. Ann. d. ch. et d. ph. (3) XXX. 431*; Krönig J. I. 172*; C. R. XXXI. 770*; Inst. No. 883. p. 385.

Melloni. Sunto del primo volume della termocrosi. Rendic. di Nap. IX. 7*; Arch. d. sc. ph. et nat. XIV. 177*, 257*.

Masson et Jamin. Mémoire sur la transmissibilité de la chaleur. C. R. XXXI. 14*; Inst. No. 862. p. 218*.

A. Trevelyan. Theory of heat. Mech. Mag. LIV. 208*.

T. Hopkins. On the formation of the dew. Mem. of the Manch. Soc. IX. 46*.

L. Wilhelmy. Ueber das Gesetz der Wärmeabgabe. Pogg. Ann. LXXXIV. 119*.

---

de la Provostaye und Desains. Ueber Polarisation der Wärme durch einfache Refraction.

In einer in den Ann. de ch. et de ph. (3) XXVII. [1]) erschienenen Abhandlung haben die Herren de la Provostaye und Desains die Reflexion der natürlichen und polarisirten Wärme vom Glase untersucht, und die Uebereinstimmung der von Fresnel für das Licht gefundenen Formeln mit den Resultaten ihrer Untersuchungen gefunden. In der hier genannten Abhandlung haben die Herren Verfasser sich die Aufgabe gestellt, das Verhältnifs

[1]) Berl. Ber. 1849. p. 239*.

der durch eine oder mehrere Glasplatten gehenden Wärme zur Menge der einfallenden Strahlen zu bestimmen, unter welchem Winkel die Wärmestrahlen auch auffallen mögen.

Es falle ein in der Einfallsebene polarisirter Büschel von Wärmestrahlen, dessen Intensität der Einheit gleich ist, unter dem Winkel i auf die ebene Oberfläche eines einfach brechenden Mediums, etwa einer Glasplatte, und R bedeute den Bruch $\frac{\sin^2(i-r)}{\sin^2(i+r)}$ (der nach Fresnel für einfallende Lichtstrahlen die Menge des reflectirten Lichtes anzeigt), so ist die Menge der gebrochenen Wärme $1-R$. Ist der auffallende Strahl senkrecht zur Einfallsebene polarisirt, so ist, wenn R' den Bruch $\frac{\operatorname{tg}^2(i-r)}{\operatorname{tg}^2(i+r)}$ bedeutet, die Intensität des gebrochenen Strahles $1-R'$.

Betrachtet man den in der Einfallsebene polarisirten Büschel nach seinem Durchgang durch die erste Oberfläche, wo also seine Intensität $1-R$ ist, so fällt er auf die zweite Oberfläche der Glasplatte unter dem Winkel r, der Brechungswinkel ist i, und die Menge der hier reflectirten Strahlen wird ausgedrückt durch $\frac{\sin^2(r-i)}{\sin^2(r+i)}=R$; folglich kommt die Menge $(1-R)\,R$ zur ersten Oberfläche zurück. Ein Theil davon $(1-R)^2\,R$ tritt aus, und vereinigt sich mit dem zuerst reflectirten Strahl; ein zweiter Theil $(1-R)\,R^2$ wird reflectirt, und geht von Neuem zur zweiten Oberfläche zurück u. s. f. Die Summe der durch die Platte reflectirten Strahlen ist

$$R+(1-R)^2R(1+R^2+R^4+\ldots)=\frac{2R}{1+R}.$$

Ebenso läfst sich zeigen, dafs die Summe der aus der Platte austretenden Strahlen $\frac{1-R}{1+R}$ ist, wenn man auf die Absorption keine Rücksicht nimmt. Der reflectirte $\left(\frac{2R}{1+R}\right)$ und hindurchgehende Strahlenbüschel $\left(\frac{1-R}{1+R}\right)$ sind beide in der Einfallsebene polarisirt. — Fährt man mit dieser Discussion fort, so kommt man zur Bestimmung der Licht- oder Wärmemengen, die durch n Oberflächen reflectirt und hindurchgelassen werden. Man findet

Licht oder Wärme in der Einfallsebene polarisirt.

Quantität der reflectirten Strahlen.	Quantität der hindurchgelassenen Strahlen.
$A) \quad \frac{nR}{1+(n-1)R}$	$B) \quad \frac{1-R}{1+(n-1)R}$

Licht oder Wärme senkrecht zur Einfallsebene polarisirt.

$$A') \quad \frac{nR'}{1+(n-1)R'} \qquad B') \quad \frac{1-R'}{1+(n-1)R'}$$

Die Menge der einfallenden Strahlen ist der Einheit gleich gesetzt.

Bei der Ableitung dieser Formeln ist keine Rücksicht auf die Diffusion und Absorption der Wärme genommen. Die Diffusion ist bei polirtem Glase sehr gering. Die Absorption wurde bei den angestellten Versuchen auf ein Minimum reducirt durch Anwendung sehr klaren Glases und durch die Vorsichtsmaafsregel, dafs die Wärme, ehe sie untersucht wurde, eine dicke Schicht dieses Glases durchstrahlen mufste. Endlich wurde als Einheit der auffallenden Wärme nicht deren wirkliche Menge angenommen, sondern die Summe der reflectirten und hindurchgehenden.

Die von einer ARGAND'schen Lampe ausgehenden Strahlen fielen auf eine 33 Centimeter davon entfernte Glaslinse, deren Brennweite 14 Centimeter betrug. Bald darauf theilten sie sich in einem achromatisirten Kalkspathprisma, dessen Hauptschnitt horizontal oder vertical stand. Ein polarisirter Büschel wurde von einer Glasplatte oder einem Satz Glasplatten, und die hindurchgehende oder reflectirte Wärme von einer Thermosäule aufgefangen. Die Resultate waren folgende.

1) Für die in der Einfallsebene polarisirte Wärme.

Neigung des einfallenden Strahls zur Glasplatte.	Anzahl der Glasplatten.	Intensität der durchgestrahlten Wärme beobachtet.	berechnet.
60°	1	0,706	0,705
	2	0,542	0,544
	3	0,439	0,444
	4	0,396	0,374
70°	1	0,541	0,544
	2	0,370	0,374
	3	0,282	0,285

2) für die senkrecht zur Einfallsebene polarisirte Wärme.

Neigung des einfallenden Strahls zur Glasplatte.	Anzahl der Glasplatten.	Intensität der durchgestrahlten Wärme	
		beobachtet.	berechnet.
70^0	3	0,775	0,788
75^0	1	0,802	0,806
	2	0,676	0,675
	3	0,5 1	0,581

Die Uebereinstimmung der experimentell gefundenen Werthe mit den berechneten ist so grofs, dafs man die Richtigkeit der Formeln als bewiesen ansehen kann.

Arago's Grundsatz über die gleichen Mengen polarisirten Lichtes im reflectirten und gebrochenen Strahl.

Arago hat experimentell nachgewiesen, dafs, wenn gewöhnliches Licht auf eine Glasplatte mit parallelen Wänden fällt, der hindurchgehende Strahl und der reflectirte gleiche Mengen von senkrecht zu einander polarisirten Lichtstrahlen enthalten. Theoretisch ist dieser Satz vielfach nachgewiesen worden, jedoch hat man bei der theoretischen Ableitung stets nur die von einer einzigen Oberfläche bewirkte Reflexion und Refraction beachtet. Brewster bestreitet die Genauigkeit von Arago's Untersuchungen. Die Herren Verfasser dieser Abhandlung weisen durch Rechnung nach, dafs die Menge des polarisirten Lichtes im reflectirten Strahl dieselbe sein mufs wie im hindurchgehenden, nämlich in beiden Fällen für n Platten

$$\frac{\frac{1}{2}n(R-R')}{[1+(n-1)R]\,[1+(n-1)R']},$$

wo unter R und R' die oben angegebenen Brüche zu verstehen sind.

Drehung der Polarisationsebene durch einen Glassatz.

Nennt man α, φ und ψ die mit der Reflexionsebene von der Polarisationsebene eines auffallenden Strahles und der Polarisationsebene des reflectirten und des hindurchgehenden Strahles gebildeten Winkel, so folgt aus den oben gegebenen Ausdrücken A) und A')

$$1)\qquad \mathrm{tg}^2\varphi = \mathrm{tg}^2\alpha\,\frac{R'}{R}\left[\frac{1+(n+1)R}{1+(n-1)R'}\right],$$

und aus *B*) und *B'*)

$$2)\qquad \operatorname{tg}^2\psi = \operatorname{tg}^2\alpha\left(\frac{1-R'}{1-R}\right)\left[\frac{1+(n-1)R}{1+(n-1)R'}\right].$$

Da $\frac{R'}{R} = \frac{\cos^2(i+r)}{\cos^2(i-r)}$ ein Bruch kleiner als 1 ist, so sieht man, dafs die Polarisationsebene des reflectirten Strahles sich um so langsamer der Einfallsebene nähert, je mehr Glasplatten der Satz enthält; ebenso zeigt die Gleichung 2), in welcher $\frac{1-R'}{1-R} = \frac{1}{\cos^2(i-r)}$, dafs die Polarisationsebene des hindurchgehenden Strahles sich um so schneller von der Einfallsebene entfernt, je gröfser die Anzahl der Glasplatten ist.

Die Herren Verfasser gehen darauf über zu der Bestimmung des Verhältnisses von polarisirter Wärme, welche in dem reflectirten und hindurchgelassenen Strahl beim Auffallen eines nicht polarisirten Strahlenbüschels enthalten ist.

Für eine Glasplatte wächst das Verhältnifs der polarisirten Wärme in dem durchgehenden Strahl bis zum Winkel $i = 90^\circ$ (von der Normale aus gerechnet). Nennt man λ den Brechungsexponenten, so ist es $\frac{\lambda^2-1}{\lambda^2+1} = 0{,}3958$ für $\lambda = 1{,}52$.

Dies Verhältnifs bleibt für $i = 90^\circ$ dasselbe für jede Anzahl von Glasplatten.

Bei Anwendung eines Glassatzes aus mehreren Platten hat das Verhältnifs der polarisirten Wärme ein Maximum. Dies Maximum findet statt

bei	2	Platten für	$i = 77^\circ 51'$
-	3	- -	$i = 74\ 41$
-	12	- -	$i = 64\ 52$

Vermehrt man die Anzahl der Platten, so nähert sich der Winkel, für den das Maximum stattfindet, dem Winkel der vollständigen Polarisation, und das Maximum selbst der Einheit.

DE LA PROVOSTAYE und DESAINS. Ueber die Reflexion der Wärme.

Für eine andere Reihe von Untersuchungen stellen sich dieselben Herren Verfasser die Aufgabe, zu bestimmen, in welcher Menge die Wärme homogener Sonnenstrahlen von verschiedenen Metallen reflectirt wird. Sie wählen zu ihren Versuchen zuerst die unpolarisirten Wärmestrahlen, welche das Blau und das Roth des Spectrum begleiten, und Strahlen, welche in dem dunkeln Theile des Wärmespectrum liegen. Die Resultate lehren, dafs die Intensität des reflectirten Strahles mit dem Grade seiner Brechbarkeit bei einigen Metallen z. B. beim Messing sich ändert; bei andern Metallen z. B. beim Platin findet eine solche Aenderung nicht statt.

Versuche mit polarisirten Wärmestrahlen, welche dem äufsersten Roth des Spectrum entnommen sind, zeigen ein Wachsen der Intensität des Wärmestrahles mit dem Einfallswinkel bei der Reflexion von Metallflächen für den Fall, dafs die Polarisationsebene mit der Einfallsebene parallel liegt; hingegen findet eine Abnahme mit dem Wachsen des Einfallswinkels statt, wenn die Polarisationsebene senkrecht zur Einfallsebene steht.

Dasselbe Gesetz stellte sich auch für die Wärme einer LOCATELLI'schen Lampe heraus, und zwar bis zu einem Einfallswinkel des polarisirten Strahls von 70 bis 75°.

Die Wärme einer Moderateurlampe wird reichlicher von den Metallen reflectirt als die Sonnenwärme, hingegen in geringerem Grade, als die einer LOCATELLI'schen Lampe. In noch höherem Grade fand die Reflexion der von einer Alkohollampe ausgehenden Wärme statt. Es scheint danach, dafs, je mehr die Temperatur einer Wärmequelle abnimmt, um so mehr das Reflexionsvermögen der Metalle für diese Strahlen zunimmt. Da nun ferner gezeigt ist, dafs das Reflexionsvermögen der Metalle ein gröfseres ist für die in dem dunkeln Theile des Spectrum enthaltenen Wärmestrahlen, so schliefsen die Herren Verfasser, dafs die Wärme, die von Quellen geringerer Temperatur herrührt, aus Strahlen besteht, welche den weniger brechbaren des Wärmespectrum identisch sind. Sie suchen diese Behauptung dadurch zu bestätigen, dafs sie ein Spectrum von einer Moderateurlampe gebildet werden lassen; in diesem finden sie nur in dem rothen Theile, oder in dem über das Roth hinausgehenden mefsbare Wärmemengen. — MELLONI hat gezeigt, dafs die dunkeln Strahlen des Spectrum nicht das Wasser durchdringen, und die Herren DE LA PROVOSTAYE und DESAINS weisen zum Schlufs ihrer Abhandlung durch Versuche nach, dafs das Wasser auch für die Strahlen der weniger intensiven Wärmequellen weniger diatherman sei; so läfst es von der als Einheit gesetzten Wärme einer LOCATELLI'schen Lampe nur 0,1 hindurch, von der einer Alkohollampe nur 0,02.

DE LA PROVOSTAYE und DESAINS. Ueber das von Terpenthinöl und Zuckerlösungen auf die Wärmestrahlen ausgeübte Drehungsvermögen.

BIOT und MELLONI haben gezeigt, dafs der senkrecht gegen die Axe geschnittene Quarz eine ähnliche polarisirende Wirkung auf die polarisirte Wärme ausübt wie auf das Licht [1]). Die Herren DE LA PROVOSTAYE und DESAINS untersuchen in der vorbezeichneten Abhandlung, ob eine gleiche Eigenschaft die Wärmestrahlen zu modificiren sich auch bei den Flüssigkeiten finde, die eine drehende Wirkung auf das Licht ausüben. Bei ihren Versuchen haben sie mit polarisirter, durch Refraction möglichst vereinfachter Sonnenwärme gearbeitet. Die Polarisation wurde durch einen eingeschalteten Kalkspath bewirkt. Der polarisirte Wärmestrahl ging dann durch ein mit Terpenthinöl gefülltes, an beiden Enden mit Glasplatten geschlossenes Rohr, das mit anderen von verschiedener Länge vertauscht werden konnte; ein zweiter Kalkspath fing die polarisirten Strahlen wieder auf, und sandte sie zur Thermosäule. Da es nicht leicht ist die Stellung des zerlegenden Kalkspaths zu finden, bei welcher der Effect auf die Säule ein Maximum ist, so hat man nur nöthig die zweien unter sich rechtwinkligen Lagen des Kalkspaths entsprechenden Effecte zu beobachten. Ihre Summe entspricht dem

[1]) C. R. II. 194.

Maximumeffect nach dem Malus'schen Gesetze. Dividirt man durch dieses Ablenkungsmaximum diejenige Ablenkung, welche einer bestimmten, aber beliebigen Richtung des Hauptschnitts entspricht, so erhält man das Quadrat des Cosinus von dem Winkel, den diese Richtung mit der abgelenkten Polarisationsebene macht, und folglich kennt man die Gröfse der Drehung.

Auf diese Weise ergab sich, dafs die drehende Kraft des Terpenthinöls der Länge der Schicht proportional ist, die der Zuckerlösungen dem Sättigungsgrade; die Drehung erfolgt in demselben Sinne wie beim Licht.

Für die grünen Strahlen ist die Drehung ihrer Gröfse nach dieselbe wie für die entsprechenden Lichtstrahlen, für die äufsersten rothen ist sie weniger stark für die Wärme als für das Licht. Die Herren Verfasser der Abhandlung erklären diese Erscheinung folgendermaafsen. Das Lichtbündel, mit welchem sie arbeiteten, war, da es eine gewisse Breite hatte, theils aus sichtbarem Roth, theils aus dunkeln Strahlen gebildet. Bei Bestimmung der Drehung der Polarisationsebene war für die Wärme der dunkle Theil wegen seiner Intensität vorwaltend, und man fand also den diesem Theile entsprechenden Winkel. Bei der Drehung des Lichts hingegen bestimmte man den sichtbaren Theil des Bildes, und sie mufste also nach dem von Biot gefundenen Gesetz stärker sein, weil die rothen Strahlen eine gröfsere Brechbarkeit besitzen, als die dunkeln.

Endlich untersuchten die Herren de la Provostaye und Desains noch eine Lösung von 31 Theilen Kampher in 69 Theilen Terpenthinöl, da diese Lösung nach Biot's Angaben Lichtstrahlen von verschiedener Brechbarkeit um gleiche Gröfsen dreht. Sie fanden dies Gesetz auch für die Drehung der die Lichtstrahlen begleitenden Wärmestrahlen bestätigt.

---

de la Provostaye und Desains. Untersuchungen über die Polarisation der Wärme und über Polarimetrie.

Arago hat erkannt, dafs das Licht, welches schräg aus festen oder flüssigen glühenden Körpern ausstrahlt, senkrecht zur Ausstrahlungsebene polarisirt ist. Die Herren de la Provostaye und DESAINS theilen die Resultate von Untersuchungen mit, die zum Zweck haben, zu zeigen, dafs die Wärme, welche unter gleichen Bedingungen vom glühenden Platin und Eisen ausstrahlt, dieselbe Modification erleidet. Die Strahlen, welche unter einem Winkel von 70° zur Normale ausgingen, liefsen sie durch einen Satz von 2 Glimmerplättchen, welche 35° gegen die Axe des Wärmebündels geneigt waren, gehen, und dann auf die thermoelektrische Säule eines MELLONI'schen Apparats fallen.

Bei einer ihrer Beobachtungsreihen zeigte das Galvanometer eine Ablenkung von 24°,5, wenn die Brechungsebene des Glimmer parallel der Ausstrahlungsebene lag, hingegen nur einen Ausschlag von 8°,3, wenn beide Ebenen senkrecht zu einander standen. Bei schwarz platinirtem Platin und bei oxydirtem Eisen bemerkte man die Polarisation in geringerem Grade. War das Platinblech, das die zuerst genannten Resultate lieferte, nicht ganz bis zum Rothglühen erhitzt, so waren die Zahlen, welche beiden Beobachtungen entsprachen, 11°,2 und 3°,5. Bei noch geringerer Erwärmung ergaben sich die Ablenkungen 4°,5 und 1°,5. Aus diesen Resultaten läfst sich der Schlufs ziehen, dafs die polarisirende Kraft der Wärme mit der Temperatur in diesen Fällen nicht abnimmt.

Im Jahre 1851 haben die Herren Verfasser dieselben Untersuchungen wieder aufgenommen und weiter ausgeführt.

Von einem in schiefer Richtung auf einen Satz Glimmerplatten fallenden partiell polarisirten Wärmebündel werden ungleiche Mengen durchgelassen, je nachdem die Brechungsebene mit der Polarisationsebene des Strahls einen gröfseren oder kleineren Winkel einschliefst. Es wird am meisten Wärme hindurchgelassen, wenn beide Ebenen auf einander senkrecht stehen, am wenigsten, wenn sie parallel liegen. Für einen Satz Glimmerplatten, welcher dieselbe Neigung gegen das auffallende Bündel behält, variirt das Verhältnifs der gröfsten und kleinsten Transmission nur mit dem Grade der ursprünglichen Polarisation, und dieser letztere kann durch den Werth jenes Verhältnisses gemessen werden. Dieser Idee folgend, haben die Herren Verfasser gefunden, dafs der von einer glühenden Platinplatte unter einem Neigungswinkel gegen die Normale von

70°; 60°; 40°; 30°; 0°

ausgehende Strahl bezüglich

0,70; 0,51; 0,26; 0,06—0,07; 0,00

senkrecht gegen die Ausstrahlungsebene polarisirte Strahlen enthält.

Bei platinirtem Platin fanden sie unter einem Winkel von 70° nur 0,13 polarisirte Wärme.

Um das Wärmepolarisationsphänomen mit der entsprechenden Erscheinung beim Licht zu vergleichen, haben die Herren Verfasser die polarimetrische Methode Arago's angewendet [1]) und gefunden, dafs die Lichtbüschel, welche unter Winkeln von

70°; 60°; 50°

von glühendem Platin ausgestrahlt werden,

0,45; 0,32; 0,265

polarisirtes Licht enthalten. — Der beträchtliche Unterschied zwischen dem Polarisationsgrade des Lichtes und der Wärme beruht unzweifelhaft auf dem Unterschied der mittleren Wellenlänge dieser beiden Arten von Strahlen. Es besteht nämlich die ausgestrahlte Wärme hauptsächlich aus dunkler Wärme, deren mittlere Wellenlänge viel gröfser ist, als die des von der glühenden Platte ausgestrahlten Lichtes. Es verändert sich aber dies Verhältnifs, in welchem ein Strahl durch Reflexion von einem Spiegel polarisirt wird, mit seiner Wellenlänge; also ist es nicht auffallend, dafs bei der Polarisation durch Ausstrahlung ein ähnlicher Einflufs sich geltend macht. Diese Auffassungsweise gewinnt noch an Wahrscheinlichkeit, wenn man Fourier's Hypothese [2]) beachtet, nach welcher die Wärme, wenn sie beim Fortschreiten von Theilchen zu Theilchen bis an die Trennungsfläche des Körpers und des umgebenden Mittels gelangt ist, im Augenblick des Austretens ganz ebenso in einen ausgestrahlten, und einen nach innen reflectirten Theil sich zerlegt, wie wenn die Wärme von aufsen her an dieselbe Fläche trifft, und in den Körper einzudringen strebt.

Aus den numerischen Werthen, welche die Herren Verfasser für die in den Strahlen des erhitzten Platin enthaltenen Mengen

[1]) Inst. No. 13. p. 168; Pogg. Ann. XXIX. 191, XXXV. 444.
[2]) Ann. d. ch. et d. ph. (2) VI. 259, XXVII. 237; Pogg. Ann. II. 359.

von polarisirtem Licht und polarisirter Wärme gefunden haben, folgern sie, dafs in einem von glühendem Platin umgebenen Raum der von jedem Theil der inneren Fläche ausgestrahlte und reflectirte Theil eines Strahls absolut gleiche Mengen von polarisirter Wärme enthalten; in dem einen Theile ist die Wärme in der Ausstrahlungsebene, in dem andern senkrecht dagegen polarisirt. Es wäre also danach bewiesen, dafs in einem von glühendem Platin umgebenen Raume von überall gleicher Temperatur sowohl das Licht als auch die Wärme, welche von Element zu Element übergehen, sich in einem Zustande befinden, der von dem natürlichen Zustande beider nicht zu unterscheiden ist.

Zum Schlufs der Abhandlung geben die Herren Verfasser noch Versuche an, aus denen hervorgeht, dafs die Reflexion am rothglühenden Platin dieselbe ist wie am kalten.

DE LA PROVOSTAYE und DESAINS. Ueber die Diffusion der Wärme.

Die Herren DE LA PROVOSTAYE und DESAINS haben früher einige Versuche über die von verschiedenen Körpern unter gewissen Einfallswinkeln diffus reflectirte Wärme mitgetheilt [1]). Diese Versuche sind in einer neuen Arbeit über denselben Gegenstand vervollständigt worden. Die Herren Verfasser finden bei normalem Auffallen eines Wärmestrahls auf eine Oberfläche, die mit Bleiweifs, Zinnober, chromsaurem Blei oder pulverförmigem Silber bedeckt ist: 1) die gesammte Menge der diffus reflectirten Wärme, und die Gesetze der Vertheilung derselben sind unabhängig von dem Polarisationszustand des auffallenden Strahls; 2) für die drei erstgenannten Körper verhalten sich die Intensitäten des in der Normale und des unter einem Winkel ϑ mit derselben reflectirten Strahles wie $1 : \cos \vartheta$, unter der Bedingung, dafs die die Wärme auffangende Fläche in beiden Fällen gleich grofs ist, und denselben Abstand vom Ausgangspunkt hat; 3) für das gepulverte Silber ist die Reflexion der Wärme in der Richtung der Normale fast zweimal so stark als für das

[1]) C. R. XXVI. 212; POGG. Ann. LXXIV. 147; Berl. Ber. 1848. p. 239.

Bleiweifs, hingegen viel geringer bei starken Neigungswinkeln. Durch Summation der diffus reflectirten Wärme ergiebt sich, welche Mengen Wärme von den verschiedenen Körpern absorbirt werden. Bei 100 normal auffallenden Strahlen zeigten sich folgende Resultate.

	Zerstreute Wärme.	Absorbirte Wärme.	Nach früherer Berechnung absorbirte Wärme.
Bleiweifs	82	18	19
Zinnober	48	52	51
Chromsaures Bleioxyd	66	34	33
Gepulvertes Silber .	76	24	21

Ist der auffallende Strahl schief gegen die Oberfläche gerichtet, so reflectirt das gepulverte Silber am meisten Wärme in der Richtung des regelmäfsig reflectirten Strahles, und die Gesammtmenge der zerstreuten Strahlen ändert sich mit dem Auffallswinkel; bei den genannten drei andern Körpern findet das Maximum der reflectirten Wärme in der Normale auf die Platte statt, und die Gesammtmenge der diffus reflectirten Strahlen ist von dem Auffallswinkel so gut wie unabhängig. Fällt natürliche Wärme auf, so sind die unter dem Winkel der regelmäfsigen Reflexion reflectirten Strahlen in der Reflexionsebene theilweise polarisirt; ist aber die auffallende Wärme parallel oder senkrecht zur Reflexionsebene polarisirt, so sind die unter demselben Winkel zurückgeworfenen Strahlen theilweise depolarisirt, und zwar im höheren Grade für den zweiten Fall.

Die Herren Verfasser gehen nach diesen Untersuchungen zu einem Vergleich der Wärme mit dem Licht über, das denselben Bedingungen unterworfen ist. Läfst man Licht auf eine mit Platinmohr überzogene Platinplatte, auf mattes schwarzes Glas oder auf eine berufste Fläche fallen, so sind die Strahlen, welche fast parallel den Platten selbst diffus reflectirt werden, in der Reflexionsebene polarisirt; der Grad der Polarisation nimmt ab, je mehr man sich mit dem Auge der Richtung der Normale nähert. Bei der Untersuchung eines normal auffallenden polarisirten Lichtstrahls in Bezug auf die Polarisation des von ihm diffus reflectirten Lichts zeigte sich: die Depolarisation ist in allen Fällen sehr schwach, so lange der reflectirte Strahl keinen gröſsern Winkel als 30° mit der Normale macht; die Depolarisation bleibt im Allgemeinen sehr schwach unter jedem beliebigen Winkel, wenn die Polarisationsebene des auffallenden Strahls der Reflexionsebene parallel ist; sie wächst aber schnell mit der Neigung des reflectirten Strahls, wenn die ursprüngliche Polarisationsebene senkrecht zur Reflexionsebene steht. Bei einem schief auffallenden polarisirten Strahl ist die Depolarisation durch die Diffusion stärker, wenn der auffallende Strahl senkrecht zur Reflexionsebene polarisirt ist, als wenn die Ebenen der Polarisation und Reflexion zusammenfallen.

Wartmann. Ueber die Polarisation der atmosphärischen Wärme.

Brewster und Arago haben zuerst nachgewiesen, daſs das Licht, welches von unserer Atmosphäre zerstreut wird, sich im Zustande der Polarisation befindet. Hr. Wartmann hat sich die Aufgabe gestellt, für die Wärme, welche aus der Atmosphäre zur Erdoberfläche strahlt, den gleichen Zustand nachzuweisen. Zu diesem Zwecke bedient er sich einer thermoelektrischen Säule, welche er in den Mittelpunkt eines mit einer seitlichen Oeffnung versehenen Kastens von Holz befestigt. Durch diese Umhüllung sollen, soviel als möglich, die äuſseren Wärmewirkungen auf die Säule verhindert werden. Auf der Oeffnung befindet sich ein inwendig geschwärzter Pappcylinder von $0^m,6$ Länge; in diesem Cylinder ist ein $0^m,086$ langes Nicol'sches Prisma angebracht. Das Prisma kann von auſsen beliebig gedreht werden.

Hr. Wartmann fand zwei um 180° von einander abweichende Stellungen des Prisma, bei welchen die von der Atmosphäre in den Apparat gestrahlte Wärme ein Maximum des Ausschlags an dem mit der Säule verbundenen Galvanometer bewirkte, und zwei andere gegen die ersten um 90° geneigte Stellungen, bei welchen der Ausschlag der Galvanometernadeln ein Minimum war. — Es folgt aus den Stellungen des Prisma, daſs die Polarisationsebene der von der Atmosphäre ausgestrahlten Wärme mit der des atmosphärischen Lichtes zusammenfällt.

DE LA PROVOSTAYE und DESAINS. Ueber die Bestimmung des Absorptionsvermögens der Körper für die strahlende Wärme.

Die über die Absorption der Wärme seit einem halben Jahrhundert bekannt gemachten Arbeiten lassen sich in drei Klassen theilen, je nachdem 1) die Proportionalität oder Gleichheit des Absorptions- und Ausstrahlungsvermögens bewiesen, oder 2) gezeigt werden sollte, dafs das Absorptionsvermögen desselben Körpers mit der Natur der auffallenden Wärme sich bedeutend ändern kann, oder man versuchte endlich 3) die Wärmeabsorption ihrer absoluten Gröfse nach zu bestimmen. Die Arbeiten der ersten Arten verdanken wir RITCHIE [1]) und DULONG, denen sich die Untersuchungen der Herren Verfasser der oben genannten Abhandlung anschliefsen. Mit der zweiten Klasse von Arbeiten beschäftigte sich BADEN POWELL [2]), später MELLONI, und die von diesen aufgestellten Gesetze wurden von den Herren DE LA PROVOSTAYE und DESAINS verallgemeinert. LESLIE ist der einzige, der eine Methode zur Bestimmung der Gröfse des Absorptionsvermögens vorgeschlagen hat [3]). Da aber die von LESLIE angewandte Methode im Allgemeinen unrichtig ist, so strebten die Herren Verfasser durch andere Versuche zur Lösung der Aufgabe zu gelangen.

Wenn ein Thermometer in einer Umgebung von bestimmter Temperatur unter der Einwirkung einer constanten Wärmequelle einen stationären Zustand erreicht hat, so ist die Wärmemenge, welche es in der Zeiteinheit durch den Austausch mit der Wärmequelle gewinnt, genau gleich derjenigen, die es durch Berührung mit der Luft und durch den Austausch mit dem übrigen Theil der Umgebung verliert. Wenn aber die Wärmequelle eine sehr hohe Temperatur hat, so ist die Wärmemenge, die das Thermometer gegen dieselbe ausstrahlt, zu vernachlässigen gegen diejenige, die es von ihr erhält. Folglich ist die gewonnene Wärme proportional dem Absorptionsvermögen der Substanz, welche das Thermometer bedeckt. Andrerseits, wenn die Wärmequelle vom

[1]) Journ. of the Royal Inst. IV. 305; POGG. Ann. XXVIII. 378*.
[2]) Edinb. J. XXXIV. 228.
[3]) Inquiry into the nature of heat. London 1804; Phil. Trans. 1816. p. 1.

Thermometer aus unter einem kleinen Winkel erscheint, so ist der doppelte Verlust des Thermometers nicht merklich von demjenigen verschieden, welcher stattfinden würde, wenn das Thermometer allein in dem Raume vorhanden wäre, und da der Verlust unter dieser Voraussetzung offenbar proportional der Abkühlungsgeschwindigkeit sein würde, so folgt, dafs man zur Bestimmung des Absorptionsvermögens zweier Körper ein Thermometer nach einander mit beiden bedecken, auf dasselbe die gewählte Wärmequelle einwirken lassen, in jedem Fall die totale Abkühlungsgeschwindigkeit, welche der schliefslichen Temperaturerhöhung entspricht, bestimmen, und das Verhältnifs der beiden Geschwindigkeiten nehmen mufs.

Die Herren Verfasser haben auf diese Weise das Verhältnifs des Absorptionsvermögens verschiedener Körper zum Absorptionsvermögen des Kienrusses bestimmt, und es können die erhaltenen Zahlen als die numerischen Werthe des absoluten Absorptionsvermögens betrachtet werden. Der Kienrufs besitzt in der That keine Spur von regelmäfsigem Reflexionsvermögen, und scheint nur einen durchaus unmerklich kleinen Theil der auffallenden Strahlen diffus zu reflectiren.

Das Thermometer wurde mit Kienrufs bekleidet, und durch einen vorläufigen Versuch wurde annähernd der Punkt bestimmt, den es unter der Einwirkung der Wärmequelle erreichte. Nach Verdeckung der Wärmequelle wurde dann die Abkühlungsgeschwindigkeit bestimmt, welche dieser Temperatur und den nahe liegenden Temperaturen entsprach. Darauf stellte man die Strahlung der Wärmequelle wieder her, bestimmte den Stand des Quecksilbers, wenn die Zunahme der Wärme nur noch eine sehr geringe war, und erwärmte durch Annäherung eines glühenden Stabes die Kugel ein wenig mehr. Sobald der Stab wieder entfernt war, kühlte sich das Thermometer unter fortwährendem Einflufs der Wärmequelle wieder ab, und näherte sich der zu bestimmenden Gränze. Der Mittelwerth dieser Beobachtungen ergab die schliefsliche Temperatur, und die entsprechende Geschwindigkeit wurde in der Tabelle gefunden, in welcher die anfangs angestellten Beobachtungen über die Abkühlungszeit verzeichnet waren. — Darauf wurde das Thermometer mit einer anderen Substanz bekleidet, und eine durchaus ähnliche Versuchsreihe angestellt. Das Verhältnifs der beiden Abkühlungszeiten war der Bruch, welcher das gesuchte Absorptionsvermögen ausdrückt.

Folgendes sind die Resultate, welche sich aus den angestellten Beobachtungen ergaben.

Name der Körper.	Absorptionsvermögen für Sonnenwärme.	Lampenwärme.
Platinmohr	—	1,00
Zinnober	—	0,285
Bleiweifs	0,19	0,21
Silber als Pulver . .	—	0,21
Blattsilber	0,075	—
Blattgold	0,13	0,04

Schliefslich machen die Herren Verfasser darauf aufmerksam, dafs ihre Versuche über Reflexion und Ausstrahlung der Wärme in besonderen Fällen schon eine Lösung der Aufgabe geben, die sie sich in dieser Arbeit gestellt haben. Wenn nämlich die betrachteten Körper, wie es bei den Metallen stattfindet, so gut wie gar kein Diffusionsvermögen besitzen, so dringt alle Wärme, die nicht regelmäfsig reflectirt wird, in diesem Falle in das Innere der Körper ein, und man hat nur nöthig, das Reflexionsvermögen von der Einheit zu subtrahiren, um den genauen Werth des Absorptionsvermögens zu erhalten.

Auf diese Weise ergeben sich aus den Untersuchungen über die Reflexion von Metallen [1]) folgende Zahlen für das Absorptionsvermögen polirter Metalle.

	Sonnenwärme.	Moderateur-lampe.	Lokatellis'che Lampe.	Dunkle Wärme eines Kupferstabs von 400°.
Stahl . . .	0,42	0,34	0,175	—
Spiegelmetall .	0,34	0,30	0,145	—
Platin . . .	0,39	0,30	0,17	0,105
Zink	—	0,32	0,19	—
Zinn	—	0,32	0,15	—
Messing . . .	—	0,16	0,07	0,055
Gold	0,13	—	0,045	0,045
Plattirtes Silber	0,08	0,035	0,025	—

[1]) Berl. Ber. 1847. p. 257.

Es zeigt sich daraus, dafs die Absorption mit der Natur der einfallenden Strahlen sich ändert.

Man kann aber auch bei jeder beliebigen Beschaffenheit der Oberfläche eines Körpers das Absorptionsvermögen des Körpers für dunkle Wärme direct bestimmen, wenn man das Princip der Gleichheit des Ausstrahlungs- und Absorptionsvermögens anwendet. Diesem Princip gemäfs wird nach früheren Versuchen der Herren Verfasser das Absorptionsvermögen mehrerer Metalle für eine Wärmequelle von 200° ausgedrückt durch folgende Zahlen

Silber	0,025
Gold	0,04
Kupfer	0,05
Platin	0,10.

Diese Werthe stimmen mit den in der letzten Tabelle verzeichneten vollkommen überein.

Melloni Die Thermochrose.

Hr. Melloni hat seine Arbeiten über Wärmestrahlung in einem besonderen Werke zusammengestellt, und den Inhalt desselben in den Rendic. di Nap. kurz mitgetheilt. Hr. de la Rive giebt in den Arch. d. sc. ph. et nat. den Gang, den Hr. Melloni bei der Redaction seines Werkes verfolgt hat, an und fügt jedem Capitel den Hauptinhalt bei. Die Melloni'schen Arbeiten sind in dem Berliner Bericht schon besprochen worden, daher ein weiteres Eingehen auf die genannten Arbeiten hier nicht erfolgt.

Masson und Jamin. Ueber die Durchstrahlung der Wärme.

Die Herren Masson und Jamin geben in einer nur dem Hauptinhalt nach in den C. R. mitgetheilten Abhandlung Resultate über Wärmestrahlungsversuche durch farbige und farblose Mittel. Sie geben an, dafs von der in dem Roth des Spectrum enthaltenen Wärme bei der Durchstrahlung durch Bergkrystall, Alaun, Glas und Wasser fast keine Absorption stattfinde. Erst bei einer Wassersäule von $0^{m},8$ Länge, durch welche die rothen

Strahlen des Spectrum gingen, wurde eine Wärmeabsorption von 25 Procent bemerkt. Gefärbte Mittel liessen dem Licht entsprechende Wärmemengen hindurch, absorbirten aber die den absorbirten Farben entsprechende Wärme.

Aus den nur den Resultaten nach angegebenen Versuchen ziehen die Herren Verfasser folgende Schlüsse.

Bei allen Erscheinungen, welche durch Strahlen von derselben Brechbarkeit, die zugleich wärmend und leuchtend sind, hervorgebracht werden, sind die Verhältnisse der Wärme- und Lichtmengen vor und nach der Durchstrahlung identisch.

Alle Aenderungen der Schwingungen (Drehung der Polarisationsebene), welche beim Lichte stattfinden, zeigen sich mit derselben Intensität, und demselben numerischen Werthe bei der Wärme.

A. Trevelyan. Theorie der Wärme.

Hr. Trevelyan führt in der angegebenen Abhandlung eine Menge von Beweisen an, die er zum Theil aus Schriften von Rumford, Arago u. a. entlehnt, dafs Licht und Wärme Effecte ein und derselben Ursache sind, dafs also die Erscheinungen, welche aus der Wirkung des Lichts und der Wärme resultiren, denselben Gesetzen folgen müssen.

Hopkins. Ueber Thaubildung.

Hr. Hopkins hat vor der Philosophical Society in Manchester einen Vortrag über die Thaubildung gehalten, welchem er die Wells'sche Theorie [1]) zu Grunde legt. In wenige Worte zusammengefafst, ist der Inhalt der Abhandlung folgender. Fallender Thau (falling dew) wird durch das Sinken der Cumuli hervorgebracht, welche durch Verdunstung in höheren Räumen der Atmosphäre erkalten, und am Abend zur Erdoberfläche gelangen. Schwimmender Thau (floating dew) wird da auftreten, wo eine für die Temperatur zu grofse Menge Wasserdampf in der atmosphärischen Luft aufgelöst ist. Der wolkenlose Himmel gestattet der Erdoberfläche eine freie Ausstrahlung der Wärme, die an-

[1]) Berl. Ber. 1848. p. 243.

gränzenden Theile der Atmosphäre werden ebenfalls abgekühlt, und der Wasserdampf condensirt sich zum Theil zu Nebelbläschen. Die eigentlichen Thautropfen endlich bilden sich bei der durch die Ausstrahlung bewirkten Abkühlung gewisser Körper unter den jedesmaligen Thaupunkt der umgebenden Luft. Die um den Körper befindliche Luft schlägt einen Theil des in ihr enthaltenen Wasserdampfes in Form von Thautröpfchen nieder.

R. Franz.

L. WILHELMY. Ueber das Gesetz der Wärmeabgabe.

DULONG's Formel für die Abkühlungsgeschwindigkeit

$$V = ma^{\theta}(a^{t}-1)+np^{c}t^{b}$$

scheint dem Hrn. Verfasser besonders deswegen nicht gerechtfertigt, weil DULONG den Wärmeverlust durch Strahlung als unabhängig von der Natur des umgebenden Gases, und gleich dem im luftleeren Raume erfolgten angenommen hat. Hr. WILHELMY sucht nun die Resultate der DULONG'schen Beobachtungen durch eine andere Formel darzustellen. Da DE LA PROVOSTAYE und DESAINS (C. R. XXXII. 88) für Platin nachgewiesen haben, dafs das Emissionsvermögen mit der Temperatur zunimmt, so setzt er die Geschwindigkeit v der durch Strahlung herbeigeführten Abkühlung gleich einer Function der Temperatur t der Wärmequelle, der Temperatur θ des umgebenden Mediums und der Hülle, so wie des Druckes p, unter welchem das Medium steht, so dafs

$$v = (t-\theta)F(p, t, \theta).$$

Was zweitens DULONG Abkühlung durch Leitung nennt, soll nur eine Folge der Bewegung der Gase sein; der zweite Theil $v_{\prime}$ der Abkühlungsgeschwindigkeit hängt danach auch von der specifischen Beweglichkeit des Gases, und diese wieder von dem specifischen Gewicht (?) d desselben ab; oder es ist

$$v_{\prime} = (t-\theta)f(\theta, p, d).$$

Die DULONG'schen Versuche im luftleeren Raume ergeben nun, dafs die Werthe von $\frac{v}{t-\theta}$ nicht nur — wie DULONG selbst bemerkt — dann in geometrischer Reihe wachsen, wenn bei constantem $t-\theta$ die θ in arithmetischer Reihe zunehmen, sondern auch, wenn bei constantem θ die t in arithmetischer Reihe zunehmen. Für den luftleeren Raum setzt der Hr. Verfasser deshalb

$$v = m\alpha^t\beta^\theta(t-\theta),$$

wo α und β also constant, m von der Beschaffenheit der Wärmequelle abhängig ist.

Wenn nun für den Fall, wo der Raum zwischen der Wärmequelle und der Hülle mit einem Gase erfüllt ist, die ganze Abkühlungsgeschwindigkeit

$$V = (t-\theta)[\Phi(p)\alpha^t\beta^\theta + f(p, d, \theta)]$$

ist, so soll aus den DULONG'schen Versuchen mit veränderlichem t, constantem p und θ sich $\Phi(p)$ ergeben

$$\Phi(p) = m + \frac{a\left(\frac{p}{45}\right)}{2^\varepsilon - 1},$$

wo a und ε für verschiedene Gasarten verschieden sind, p in Millimetern ausgedrückt ist.

Für v_t findet Hr. WILHELMY sodann

$$v_t = \frac{c}{\sqrt{d}}(1-k\theta)\left(\frac{p}{45}\right)^\varepsilon,$$

wo k verschieden nach den Gasarten, c für das Temperaturintervall der DULONG'schen Versuche constant ist. Die neue Formel wäre also

$$V = (t-\theta)\left\{\left(m + \frac{a\left(\frac{p}{45}\right)^\varepsilon}{2^\varepsilon - 1}\right)\alpha^t\beta^t + \frac{c}{\sqrt{d}}(1-k\theta)\left(\frac{p}{45}\right)^\varepsilon\right\}.$$

Sie ist auch auf die Untersuchungen von DE LA PROVOSTAYE und DESAINS (Ann. d. ch. et d. ph. (3) XVI. 337) angewendet, und liefert eine ziemlich gute Annäherung; indefs zeigte sich, dafs sich c und α mit t, ε mit p wahrscheinlich ändern, die letzte Aenderung wahrscheinlich nach einem durch die Dimensionen der Hülle bedingten Gesetze. Diese Annahmen würden dazu dienen können, die Anomalieen zu erklären, welche bei den Beobachtungen der genannten Physiker mit verschiedenen Hüllen hervorgetreten sind.

H. Bertram.

Fünfter Abschnitt.

Elektricitätslehre.

1. Allgemeine Theorie der Elektricität.

2. Reibungselektricität.

A. Anziehung und Abstofsung. Vertheilung.

C. F. Guitard. Condensation by electricity. Mech. Mag. LIII. 346*.

Wasserverdampfung unter dem Einflusse der Elektricität. Dingl. p. J. CXVII. 316*; Notizbl. d. österreich. Ingenieurvereins 1850. No. 6.

J. A. Broun. On electrical dust figures observed on plate glass. Phil. Mag. (4) I. 43*; Athen. 1850. p. 906*.

L. R. Charault. Note sur quelques phénomènes de répulsion électrique. C. R. XXXII. 557; Inst. No. 902. p. 124; Ann. d. ch. et d. ph. (3) XXXII. 216; Pogg. Ann. LXXXIII. 288; Krönig J. II. 363; Dingl. p. J. CXX. 319.

Marié Davy. Premier mémoire sur l'électricité statique. Recherches sur les répulsions des corps électrisés et sur la balance électrique de Coulomb. C. R. XXXI. 863*; Inst. No. 886. p. 409*; Arch. d. sc. ph. et nat. XVI. 138*.

Gaietta. Multiplicateur électrique. Inst. No. 905. p. 147.

E. Roche. Sur la distribution de l'électricité à la surface de deux sphères en présence l'une de l'autre. C. R. XXXI. 651*; Inst. No. 879. p. 355*.

Hankel. Ueber die Construction eines Elektrometers. Leipz. Ber. 1850. p. 71; Pogg. Ann. LXXXIV. 28.

H. Knoblauch. Ueber das Verhalten krystallisirter Körper zwischen elektrischen Polen. Pogg. Ann. LXXXIII. 289; Berl. Monatsber. 1851. p. 271; Phil. Mag. (4) II. 33; Chem. C. Bl. 1851. p. 577; Inst. No. 937. p. 404; Lieb. u. Wöhl. LXXX. 194; Ann. d. ch. et d. ph. (3) XXXIV. 117; Arch. d. sc. ph. et nat. XIX. 214.

E. Schöbl. Versuche über Verbreitung und Wirkung der freien Elektricität an und in ihren Leitern, nebst Spuren von strahlender Elektricität. Pogg. Ann. LXXXIV. 267*.

C. F. Guitard. Condensation durch Elektricität.

Tabacksrauch in einem Glase hält sich lange, ehe er sich an den Wänden niederschlägt. Führt man einen Draht, der elektrisirt wird, in das Glas ein, so erfolgt dieser Niederschlag in Folge der elektrischen Abstofsung sehr schnell. Hr. Guitard fragt nach diesem Experimente, ob Elektricität etwas mit der Condensation des Wasserdampfes im Condensator zu thun hat!

Wasserverdampfung unter dem Einflusse der Elektricität.

„In isolirten Abdampfschalen verdampft das Wasser um ein Drittel weniger unter sonst gleichen Umständen als in nicht isolirten Schalen", so heifst die zuversichtliche Notiz am oben angegebenen Orte. Die Behauptung ist bekanntlich irrig.

J. A. Broun. Ueber elektrische Staubfiguren auf Glasscheiben.

Hr. Broun beschreibt eigenthümliche Figuren, welche, von Staubpartikelchen an Fensterscheiben gebildet, von ihm beobachtet wurden. Er ist geneigt, die Bildung dieser Figuren der durch das Putzen erregten Elektricität des Glases und der nach dem atmosphärischen Zustande wechselnden Elektricität der Staubpartikelchen zuzuschreiben. Die Abbildung einer solchen Staubzeichnung ist der Notiz im Phil. Mag. beigefügt.

L. R. Charault. Ueber elektrische Abstofsungserscheinungen.

Hr. Charault theilt die Beobachtung mit, dafs ein in eine leitende Flüssigkeit eingetauchtes Aräometer sich hebt, sobald die Flüssigkeit elektrisirt wird, und erklärt nach Anführung einer

Reihe von Versuchen die Erscheinung als durch die elektrische Abstofsung hervorgebracht.

Marié Davy. Ueber die Abstofsung elektrisirter Körper und die Coulomb'sche Drehwage.

Die Arbeit des Hrn. Marié Davy bringt denen, welche mit den von Riess mittelst der Coulomb'schen Drehwage angestellten Untersuchungen bekannt sind, durchaus nichts Neues. Hr. Marié Davy findet nämlich, dafs sich das quadratische Gesetz der elektrischen Anziehung und Abstofsung mit hinlänglicher Genauigkeit durch die Drehwage constatiren läfst.

Gaietta. Elektrischer Multiplicator.

Die Notiz des Hrn. Gaietta beweist, dafs derselbe die Franklin'sche Batterie nicht kennt, in welcher er den von ihm erdachten Apparat wiederfinden, aber auch sehen würde, dafs dieser kein Vervielfältiger der Elektricität ist [1]).

E. Roche. Ueber die Anordnung der Elektricität auf zwei einander genäherten Kugeln.

Hr. Roche hat einen einfachen Fall der Vertheilung, nämlich die Anordnung der Elektricität auf zwei einander genäherten Kugeln, theoretisch untersucht. Nach Modification der für diesen Fall von Poisson gegebenen Formeln hat Hr. Roche mit seinen Formeln eine Tafel berechnet, welche für verschiedene Distanzen zweier gleicher Kugeln die Dichtigkeit der Elektricität auf den beiden am meisten genäherten Punkten enthält. Leider ist weder die Ableitung der Formeln noch die Tabelle mitgetheilt eben so wenig scheint eine experimentelle Prüfung vorgenommen zu sein, welche übrigens, wie Hr. Roche bemerkt, die Formeln und

[1]) Siehe unter E. (S. 658) die Arbeit von Riess über die Flaschensäule.

numerischen Werthe der Tafel nur dann bestätigen würde, wenn der Durchmesser der Kugeln im Verhältniſs zu ihrer Entfernung sehr groſs wäre.

Hankel. Ueber die Construction eines Elektrometers.

Bei dem Bohnenberger'schen und den übrigen Elektroskopen mit trockner Säule hat das Goldblättchen zwischen den Polplatten keine stabile Lage, es genügt daher eine geringe Aenderung in der Stärke des einen Poles, um das Goldblättchen mehr oder weniger aus seiner Lage zu verrücken. Eine solche Aenderung in der Stärke des einen Poles, oder überhaupt eine ungleichmäſsige Aenderung in der Stärke beider Pole ist aber bei der trocknen Säule gar nicht zu vermeiden. Hr. Hankel hat deshalb statt der trocknen Säule einen im kleinsten Maaſsstabe ausgeführten Trogapparat benutzt, dessen beide Pole mit zwei Messingplatten verbunden sind, zwischen denen das Goldblättchen hängt. Die Construction des ganzen Apparates ist an den oben citirten Stellen angegeben, namentlich eine Vorrichtung zur feineren Ablesung der Ablenkungen des Goldblättchens. Messungen, welche mit dem Apparate ausgeführt sind, verspricht Hr. Hankel demnächst mitzutheilen.

H. Knoblauch. Ueber das Verhalten krystallisirter Körper zwischen elektrischen Polen.

Hr. Knoblauch theilt merkwürdige Versuche über das Verhalten von leicht beweglich zwischen elektrischen Polen aufgehängten Körpern mit, welche zeigen, daſs durch die elektrische Vertheilung den Körpern in ähnlicher Weise eine Richtkraft zu den elektrischen Polen ertheilt wird wie durch die magnetische Vertheilung zu den Magnetpolen.

Körper mit überwiegender Längendimension werden zwischen den elektrischen Polen stets mit ihrer Längsrichtung von Pol zu Pol gestellt, unabhängig von ihren sonstigen Eigenschaften. Um die eigenthümliche von der krystallinischen Beschaffenheit der

Körper abhängige Stellung zu untersuchen, ist zunächst jener richtende Einfluſs der Form aufzuheben, was dadurch geschieht, daſs man ihnen die Gestalt einer kreisrunden Scheibe giebt, die horizontal aufgehängt wird. In dieser Form bleibt ein homogener unkrystallinischer Körper unbeweglich zwischen den elektrischen Polen in jeder Lage stehen, welche ihm zufällig durch die Torsion des Fadens ertheilt wird.

Ein Platte von Schwerspath wurde parallel dem Hauptblätterdurchgange abgespalten, auf derselben die Richtung der kurzen Diagonale in dem von den beiden Nebenspaltungen dargestellten Rhombus bezeichnet und diese Platte als kreisrunde Scheibe zwischen den Polen einer trocknen Säule an einem mehr als 1^{m} langen, feinen Seidenfaden aufgehängt. Die Scheibe wurde stets so gedreht, daſs die kurze Diagonale winkelrecht gegen die Verbindungslinie der Pole (axial) sich richtete. Aehnliche Resultate ergaben Scheiben aus andern krystallinischen Substanzen, die nicht dem regulären Systeme zugehören, z. B. Gyps, Salpeter, Doppelspath, Spatheisenstein, Arragonit, Turmalin u. s. f. Bei einigen dieser Substanzen wird die Beobachtung dadurch erschwert, daſs sie als schlechte Leiter der Elektricität durch Vertheilung eine längere Zeit dauernde Ladung annehmen; dies zeigte sich namentlich beim Bergkrystall, Topas, Turmalin. Mit unkrystallinischen aber unhomogenen Substanzen lassen sich analoge Versuche anstellen; Holz z. B. stellt sich mit der Faserrichtung von Pol zu Pol. Die Hauptresultate lassen sich folgendermaaſsen zusammenfassen:

1) Krystalle (Leiter wie Nichtleiter) werden unter dem Einflusse elektrischer Pole auf eine eigenthümliche, von ihrer äuſsern Form unabhängige Weise gerichtet.

2) Dieses Richtungsvermögen zeigen überhaupt alle Körper, in denen die materiellen Theile nicht nach allen Seiten hin gleich weit von einander abstehen; sie werden zwischen den elektrischen Polen so gedreht, daſs die Richtung, in welcher die Theilchen am nächsten bei einander sind, von den Polen sich abwendet.

3) Diejenige Richtung, welche bei magnetischen Krystallen bei der Drehung zwischen den Magnetpolen diesen sich zukehrt,

wird zwischen den elektrischen Polen um 90° von diesen abgewendet.

4) Bei diamagnetischen Krystallen wird dieselbe Richtung, sowohl von den magnetischen, wie von den elektrischen Polen abgewendet. Das unter 2) und 3) Gesagte gilt auch von künstlich comprimirten Substanzen.

Ohne eine Erklärung des in den Körpern zwischen den elektrischen Polen stattfindenden Vorganges aussprechen zu wollen, deutet Hr. Knoblauch doch als aus den Beobachtungen erwiesen an, dafs in den Körpern eine der Richtung nach ungleiche Vertheilung der Elektricität stattfindet, welche, indem sie Drehungserscheinungen veranlafst, der einfachen Massenanziehung entgegenwirkt.

E. Schöbl. Versuche über Verbreitung und Wirkung der freien Elektricität an und in ihren Leitern, nebst Spuren von strahlender Elektricität.

Hr. Schöbl glaubt durch einige Versuche zwei Hauptsätze der Elektrostatik umzustofsen, nämlich 1) den Satz von der Verbreitung der ruhenden freien Elektricität auf der Oberfläche der Körper, 2) den Satz, dafs die Summe der elektrischen Anziehungen auf einen Punkt im Innern eines elektrisirten Körpers gleich Null ist.

Zum Nachweise der Elektricität bedient sich Hr. Schöbl des Knallsilbers, welches er, in dünner Schicht auf einem isolirenden Stäbchen ausgebreitet, dem elektrischen Körper nähert. Die Explosion des Knallsilbers soll die Anwesenheit der Elektricität anzeigen (wozu doch ohne Zweifel gehört, dafs ein Funke auf das Knallsilber überspringt, was Hr. Schöbl nicht ausdrücklich bemerkt). Hr. Schöbl findet nun auf der Innenfläche einer Hohlkugel, in einer Höhlung einer Kugel u. s. f. mit seinem Knallsilberpräparate Elektricität. Dies scheint zu beweisen, dafs ein wirkliches Uebergehen der Elektricität wegen mangelhafter Isolirung des Knallsilberpräparates stattgefunden hat, woraus sich die Störung des elektrischen Gleichgewichtes bei den Versuchen erklärt, und ebenso erklärlich sein wird, wenn an der Richtigkeit der geltenden Sätze kein Zweifel entsteht.

B. Elektrisches Licht. Spitzenwirkung.

J. Löwe. Ueber das Ausströmen der Reibungselektricität aus gebogenen Drähten oder elektrischen Büscheln. Pogg. Ann. LXXIX. 573*.

E. F. August. Rotation durch Reibungselektricität hervorgebracht. Pogg. Ann. LXXXI. 315; Phil. Mag. (4) I. 495; Arch. d. sc. ph. et nat. XVII. 53.

J. Löwe. Ueber das Ausströmen der Reibungselektricität aus gebogenen Drähten oder elektrischen Büscheln.

Lichtbüschel erhielt Hr. Löwe besonders schön, wenn er einen gebogenen Draht mit seinen beiden Enden auf dem Conductor durch Wachs festklebte und in dem innern Raume, zwischen Draht und Conduktor, einen leitenden Cylinder hielt. Die Lichtbüschel führen alsdann, oft 3 und 4 gleichzeitig vom Drahte zu dem Cylinder hin. Nach der Gröfse der Lichtbüschel, welche Hr. Löwe erhalten zu haben angiebt, mufs er eine sehr schwach wirkende Maschine besitzen; bei einer gröfseren Maschine gelingt es leicht, 8 bis 10 Zoll lange Lichtbüschel dauernd dem Conductor entströmen zu lassen.

E. F. August. Rotation durch Reibungselectricität hervorgebracht.

Nähert man einer in Umdrehung versetzten Scheibe einer Elektrisirmaschine eine leicht bewegliche, isolirte Nadel, so geräth diese nach der Beobachtung des Hrn. August nach einigen Schwingungen in Rotation, welche der Drehungsrichtung der Scheibe entgegengesetzt ist. Es ist dies eine Wirkung der elektrischen Anziehung der Scheibe, welche nicht am stärksten in der Richtung von dem Drehpunkte der Nadel senkrecht gegen die Scheibe ist, sondern in einer schrägen den kommenden Theilen der Scheibe zugewendeten Richtung. Diese Theile nämlich sind später vom Reibzeuge abgegangen und haben daher auch eine lebhaftere Elektricität als diejenigen, denen die Nadel zunächst steht. Daher entsteht während der Umdrehung der Scheibe ein schräg gegen dieselbe gerichteter elektrischer Zug, der wieder in der Nähe der Scheibe stärker wirkt, als entfernter von derselben. Die Erscheinung im Finstern bestätigt diese Erklärung. Man sieht einen nicht ganz vollständigen leuchtenden Kreis aus zwei gleichen Gegenbogen gebildet. Der eine Bogen in der Nähe der Scheibe entsteht durch ausströmende negative, der andre breitere und mattere durch die ausströmende positive Elektricität.

C. Leitung, Isolation.

G. Wiedemann. Note sur la conductibilité superficielle des corps cristallisés pour l'électricité de tension. C. R. XXX. 110; Inst. No. 840. p. 42; Ann. d. ch. et d. ph. (3) XXIX. 229. Siehe Berl. Ber. 1849. p. 247.

H. de Senarmont. Sur la conductibilité superficielle des corps cristallisés pour l'électricité de tension. Arch. d. sc. ph. et nat. XIII. 309. Siehe Berl. Ber. 1849. p. 249.

W. Hankel. Ueber das vermeintliche Leitungsvermögen der Marekanite für Elektricität. Leipz. Ber. 1851. p. 118*; Pogg. Ann. LXXXVII. 67*.

W. C. Trevelyan. Glass as a non-conductor. Edinb. J. XLVIII. 369*, s. a. Münch unter D. Erregung.

W. Hankel. Ueber das vermeintliche Leitungsvermögen der Marekanite für Elektricität.

Nach der Angabe von Erman werden Marekanite durch geringe Erhöhungen der Temperatur aus dem leitenden in den isolirenden Zustand übergeführt; die Erwärmung in der Hand oder im Sonnenscheine reicht hierzu aus. Der Einwurf, dafs etwa hygroskopische Feuchtigkeit die Ursache des Leitungsvermögens bei niederen Temperaturen sein möge, wird von Erman zwar berücksichtigt, aber wie Hr. Hankel in der oben angeführten Notiz nachweist, nicht mit der genügenden Sorgfalt experimentell beseitigt. Hr. Hankel zeigt nun grade durch eine Reihe von Versuchen, dafs der Marekanit wie andre glasartige

Fossilien im völlig trocknen Zustande ein Isolator der Elektricität ist, aber durch seine ungewöhnlichen hygroskopischen Eigenschaften schnell bei niederen Temperaturen durch Condensation des Wassers aus der Luft zum Leiter wird.

W. C. Trevelyan. Glas als Nichtleiter angewandt.

Hr. Trevelyan theilt folgende sonderbare Notiz mit. Mahanama, Geschichtsschreiber Ceylon's um das Jahr 477, erzählt, dafs Sanghatissa, König von Ceylon, einen Glasgiebel auf Ruanwelli Dagoba anbringen liefs: „um als Schutz gegen den Blitz zu dienen". Die Folgerung des Hrn. Trevelyan, dafs die Cingalesen die nichtleitende Eigenschaft des Glases gekannt hätten, ist etwas zu kühn.

D. Erregung der Elektricität.

Desbans. Note sur la propriété électrique du papier. C. R. XXX. 612*; Arch. d. Pharm. (2) LXVI. 76*; Inst. No. 854. p. 153*; Dingl. p. J. CXVI. 471*.

N. J. Holmes. An electrical factory. Mech. Mag. LV. 155*; Athen. 1851. p. 858*.

W. M. Buchanan. An instance of the development of electrical action in a factory. Phil. Mag. (4) I. 581; Dingl. p. J. CXXIII. 76.

Elektricitätsentwicklung bei Anwendung von Treibriemen. Dingl. p. J. CXVII. 237*; Amer. annual of scient. disc. 1850. p. 117.

E. Loomis. On the electrical phenomena of certain houses. Sillim. J. (2) X. 321; Krönig J. I. 206; Edinb. J. L. 225; Arch. d. sc. ph. et nat. XVII. 256; Dingl. p. J. CXX. 40; Froriep Tagsber. üb. Phys. u. Chem. I. 168.

W. H. Barlow. Description of a new electrical machine. Phil. Mag. (3) XXXVII. 428*; Krönig J. I. 129*; Dingl. p. J. CXIX. 108.

Münch. Note sur un moyen de faire fonctionner par tous les temps une machine électrique. C. R. XXX. 47; Inst. No. 838. p. 26; Bull. d. l. Soc. d'enc. 1851. p. 156.

Marx. Elektrische Erscheinung. Pogg. Ann. LXXXIII. 600.

Reuben Phillips. On the electricities of steam. Phil. Mag. (3) XXXVI. 503.

Desbans. Elektrische Eigenschaften des Papiers.

Herr Desbans erwähnt in einer kurzen Notiz die (wohlbekannte) starke elektrische Erregbarkeit, deren gut getrocknetes ungeleimtes Papier fähig ist.

N. J. Holmes, W. M. Buchanan. Elektricitätsentwicklung in Fabriken.

Die Hrn. Holmes und Buchanan geben Nachricht von der starken Elektricitätsentwicklung durch die Reibung von Treibriemen in einer Garnfabrik in Glasgow. Die Elektricität ist so bedeutend, dafs die Arbeiter durch besondere Vorrichtungen (ableitende Drähte) gegen die Funken und Schläge gesichert werden müssen. Aehnliches wird von einer Wollenspinnerei zu Lawrence in Massachusets berichtet.

E. Loomis. Ueber elektrische Erscheinungen in Wohnhäusern.

Eine sonderbare Entwicklung der Elektricität wird von Hrn. Loomis beschrieben. In einigen Häusern von New-York zeigten sich starke elektrische Erscheinungen: „wenn ein Fremder, der in ein solches elektrisches Haus kommt, den Bewohnern die Hand reicht, so bekommt er einen durchaus fühlbaren und gar nicht angenehmen Schlag. Damen die sich küssen wollen, erhalten zur Begrüfsung einen Funken", u. s. w. Herr Loomis kommt nach Untersuchung der Sache zu dem Schlusse, dafs die Elektricität von den Bewohnern durch die Reibung der Schuhe an den Teppichen des Hauses erregt wird, indem sie mit schleifendem Schritte über den Teppich gehen.

W H. Barlow. Beschreibung einer neuen Elektrisirmaschine.

Die bekannte Erregbarkeit der Gutta percha für Elektricität leitete Hrn. Barlow darauf, eine Elektrisirmaschine von dieser Substanz zu construiren. Er wendet die zur Dicke des Papiers ausgewalzte Gutta percha an, welche zwischen Kissen, die mit

Seide überzogen sind, gerieben wird. John Westmoreland hat gleichfalls Elektrisirmaschinen mit Gutta percha construirt, aber eine dickere Sorte Gutta percha und Borstenpinsel statt der Reibkissen angewendet.

Münch. Mittel um Elektrisirmaschinen bei jedem Wetter brauchbar zu machen.

Um gewöhnliche Elektrisirmaschinen mit Glasscheiben wieder wirksam zu machen, wenn sie (vermuthlich wegen Feuchtigkeit der Luft) nicht functioniren, genügt es nach Hrn. Münch auf beiden Seiten der Scheibe von der Mitte nach dem Umfange zu einen leichten Strich mit Talg zu machen. Ebenso soll es vortheilhaft sein die stützenden Glasfüſse mit Talg zu bestreichen und dann mit einem trocknen Leinentuche abzureiben.

Marx. Elektrische Erscheinung.

Wenn man zwischen den gläsernen Stöpsel einer Flasche mit weitem Hals und die Glaswand etwas Wasser (oder auch eine andere Flüssigkeit) bringt, und dann den Stöpsel rasch herumdreht, so bemerkt man nach Hrn. Marx im Dunkeln ein phosphorisches Licht, wohl von einer Reibung der Flüssigkeit am Glase herrührend.

E. Entladung der Batterie.

P. Riess. Ueber die Seitenentladung der elektrischen Batterie. Abh. d. Berl. Ak. 1849. p. 1. Siehe Berl. Ber. 1849. p. 251.

Marié Davy. Analyse d'un travail de M. Knochenhauer. Inst. No. 841. p. 51*.

— — Sur les instruments de mesure de l'électricité à haute tension. Inst. No. 841. p. 52, No. 845. p. 87; C. R. XXX. 323.

A. Masson. Études de photométrie électrique (3e mém.). C. R. XXX. 627; Inst. No. 855. p. 161; Ann. d. ch. et d. ph. (3) XXX. 5; Arch. d. sc. ph. et nat. XIV. 134.

— — Études de photométrie électrique (4e mém.). C. R. XXXI. 887;

Inst. No. 887. p. 3; Arch. d. sc. ph. et nat. XVI. 223; Ann. d. ch. et d. ph. (3) XXXI. 295.

A. Masson. Études de photométrie électrique (5e mém.). C. R. XXXII. 127; Inst. No. 892. p. 41; Ann. d. ch. et d. ph. (3) XXXI. 295; Krönig J. II. 68; Arch. d. sc. ph. et nat. XVI. 230; Froriep Tagsber. üb. Phys. u. Chem. I. 208.

A. de la Rive. Observations sur les recherches de M. Masson relatives à la lumière électrique. Arch. d. sc. ph. et nat. XVI. 227*.

K. W. Knochenhauer. Ueber die Correction der Beobachtungen bei Anwendung ungleicher Flaschen zu den elektrischen Batterien. Pogg. Ann. LXXIX. 354*.

P. Riess. Ueber den elektrischen Entladungsstrom in einem dauernd unterbrochenen Schliefsungsbogen. Pogg. Ann. LXXX. 214; Berl. Monatsber. 1850. p. 130*; Abh. d. Berl. Ak. 1850. p. 1.

— — Ueber die Entladung der Franklin'schen Batterie. Pogg. Ann. LXXX. 349; Arch. d. sc. ph. et nat. XIX. 177.

K. W. Knochenhauer. Entgegnung auf die Bemerkung des Hrn. Riess. Pogg. Ann. LXXX. 575.

Marié Davy. Bericht über eine Arbeit von Knochenhauer.

Indem Hr. Marié Davy der Akademie von Montpellier einen Bericht über eine (welche?) Arbeit von Knochenhauer erstattet, gelangt er zu dem Gesetze: „que l'électricité à haute tension circulant dans des fils métalliques y rencontre une résistance proportionelle au carré de l'intensité du courant". Es läfst sich begreiflicherweise über diese Notiz nichts weiter sagen.

Marié Davy. Notiz über Mefsinstrumente für Elektricität hoher Spannung.

Hr. Marié Davy giebt die Resultate an, welche er mit dem Riess'schen Funkenmikrometer, dem er seinen Beifall nicht versagt, erhalten hat. Diese Resultate sind theils nicht neu, theils bedürfen sie wohl eines genauen Nachweises, den Hr. Marié Davy schuldig bleibt, z. B. bei dem Gesetze, dafs die Schlagweite proportional dem atmosphärischen Drucke ist innerhalb der Gränzen von 1031^{mm},6 und 140^{mm},2 Quecksilberdruck.

A. Masson. Untersuchungen über elektrische Photometrie.

Von Hrn. Masson erhalten wir Fortsetzungen seiner Untersuchungen über die Photometrie des elektrischen Lichtes. [1]) Früher hatte Hr. Masson das Gesetz aufgestellt, dafs die Intensität (J) des elektrischen Lichtes proportional dem Quadrate der Schlagweite (d), der Oberfläche (s) des Beleges und umgekehrt proportional der Dicke (e) desselben ist, $J = A\frac{d^2 s}{e}$. In der Constante A sind mehrere noch unbekannte Elemente enthalten, z. B. die Leitungsfähigkeit des Schliefsungsbogens, die Natur des vom Entladungsfunken durchbrochenen Mediums, die Beschaffenheit der Kugeln, zwischen denen der Funke übergeht. Den Einflufs dieser Gröfsen unternimmt Hr. Masson in den vorliegenden Abhandlungen festzustellen. Die wichtigsten Resultate dieser Abhandlungen, welche sich auf Ansichten über die Natur des elektrischen Lichtes erstrecken, stellt Hr. Masson selbst in den C. R. folgendermaafsen zusammen, während die ausführlichen Versuchsreihen in den Ann. d. ch. et d. ph. abgedruckt sind.

Die Intensität des elektrischen Funkens steht im umgekehrten Verhältnisse zum Widerstande des Schliefsungsbogens.

Wenn in demselben Schliefsungsbogen an Unterbrechungen mehrere Funken auftreten, so ist ihre Intensität verschieden, und zwar der Spannung am Punkte der Entladung proportional.

Wenn der negative Pol eines Funkens mit dem Erdboden in Verbindung steht, während der positive Pol isolirt ist, ist die Lichtintensität doppelt so grofs wie im umgekehrten Falle; die Elektricitätsmengen, welche in beiden Fällen zur Entladung kommen, verhalten sich wie $\sqrt{2}:1$ (dieser Satz ist Referenten unverständlich).

Der Widerstand, welchen gasförmige Körper beim Durchbrechen des Funkens leisten, ist ihrem Drucke proportional und unabhängig von der Natur des Gases (gegen die Angabe Faraday's).

Der Widerstand, welchen Flüssigkeiten dem Funken darbieten, ist für verschiedene Flüssigkeiten verschieden.

Ueber die eigenthümliche Natur des elektrischen Lichtes

[1]) Berl. Ber. 1845. p. 418*.

giebt Hr. Masson folgende Sätze als Resultate der Spectralanalysen, welche er bei Funken in Gasen und Flüssigkeiten, unter mannigfaltig veränderten Umständen der Entladung, bei Funken der Reibungselektricität und der galvanischen Säulen anstellte.

1) Elektrische Ströme können sich nicht im vollkommen luftleeren Raume fortpflanzen.

2) Das elektrische Licht ist stets durch einen Strom hervorgebracht, der, indem er sich durch die wägbare Materie und vermittelst derselben fortpflanzt, sie auf dieselbe Weise und nach denselben Gesetzen erhitzt, wie ein Volta'scher Strom einen Metalldraht erhitzt und leuchtend macht. Der Aggregatzustand der Körper ändert in dieser Wirkung nichts.

3) Die hellen Spectrallinien des Funkens entstehen durch Partikelchen, welche bei der Entladung von den Polen abgerissen werden und verbrennen (die Linien sind sehr sichtbar in der Luft, sichtbar im Wasserstoffgase, sie fehlen in Flüssigkeiten und in elektrisch glühenden festen Körpern).

4) Das elektrische Licht besitzt immer dieselben Eigenschaften, von welcher Elektricitätsquelle es auch stamme.

A. de la Rive. Bemerkung zu Masson's Untersuchungen über elektrisches Licht.

In Bezug auf den zweiten Punkt erhebt Hr. de la Rive Prioritätsansprüche.

K. W. Knochenhauer. Ueber die Correction der Beobachtungen bei Anwendung ungleicher Flaschen zu den elektrischen Batterien.

Nachdem Hr. Knochenhauer auf den Einfluſs aufmerksam gemacht hat, welchen die verschiedene Dicke des Glases in den einzelnen Flaschen der Batterie auf die von der Flasche aufgenommene Elektricitätsmenge haben muſs, entwickelt er eine

Formel, mittelst welcher die Gröfse dieses Einflusses sich aus Versuchen ableiten läfst.

P. Riess. Ueber den elektrischen Entladungsstrom in einem dauernd unterbrochenen Schliefsungsbogen.

Hr. Riess hat hierüber Untersuchungen bekannt gemacht, welche neuen Aufschlufs über den Mechanismus der elektrischen Entladung oder über die Natur des elektrischen Stromes geben, und besonders noch in der Beziehung interessant sind, dafs sie, wenigstens für einen bestimmten Fall, den Vorgang des Volta'schen Stromes in einer Weise aufzufassen zwingen, welche sich mit den herrschenden Ansichten von der Beschaffenheit dieses Stromes nicht vereinigen läfst.

Bei den früheren Untersuchungen hatte Hr. Riess zwei Arten der Entladung unterschieden, die continuirliche, welche in einer ununterbrochenen metallischen Schliefsung erfolgt, von der discontinuirlichen, bei welcher die Elektricität in einem Querschnitte stockt, auf einen entfernter liegenden (gewöhnlich durch Luft oder einen andern schlechten Leiter getrennten) Querschnitt durch Influenz wirkt und später die dazwischenliegende Masse durchbricht. Beide Entladungsarten hatten trotz mancher Verschiedenheit in der Wirkung in ihren Gesetzen viel Aehnliches, weshalb Hr. Riess die beiden Momente der discontinuirlichen Entladung experimentell von einander zu trennen unternahm, indem er die Wirkung der Entladung in einem *dauernd unterbrochenen* Schliefsungsbogen untersuchte.

Die Anordnung der Versuche war im Allgemeinen folgende. Von der Innenseite der Batterie wurde eine Metallverbindung, aus einem Entladungsapparate, einem Henley'schen Auslader und einem Drahte bestehend, isolirt zu einem Condensator (einfache Scheibe oder ungeladene Batterie) geführt; und diese Verbindung bildete den *inneren* Theil des Schliefsungsbogens. Von der zweiten Condensatorplatte (die äufseren Belege der ungeladenen Batterie) ging eine ähnliche Metallverbindung zur Aufsenseite der Batterie, den *äufseren* Theil des Schliefsungsbogens bildend. Sobald der Entladungsapparat niederfällt, findet eine Bewegung der Elektricitäten von beiden Batteriebelegungen statt, welche der Kürze wegen Entladung der Batterie heifsen mag, obwohl nur ein kleiner Theil der Ladung wirklich von der Batterie hinweggeführt wird.

Obwohl also wegen des von der Entladung nicht zu durchbrechenden Zwischenraumes keine Ausgleichung der Elektricitäten beider Belegungen der Batterie erfolgen konnte, fand dennoch ein Strom in dem Schliefsungsbogen statt, welchen Hr. Riess nach seiner thermischen und chemischen Wirkung und nach seiner Schlagweite (an einer zweiten Unterbrechung) untersuchte. Es stellte sich heraus, dafs die hier in Rede stehende Entladung der Batterie in jedem Theile eines dauernd unterbrochenen Schliefsungsbogens einen Strom von derselben Richtung erzeugt, als ob die Unterbrechung nicht vorhanden wäre.

Die Stärke dieses Stromes ist von der Gröfse der Oberfläche des eingeschalteten Condensators und von der Beschaffenheit des Schliefsungsbogens abhängig; Hr. Riess weist diese Abhängigkeit nach und bestimmt die Functionen, nach welchen sie sich richtet, und zeigt, dafs die unterbrochene Entladung sich überall unter Berücksichtigung der verschiedenen Bedingungen den Wirkungen der continuirlichen Entladung anschliefst, so dafs in beiden Fällen derselbe Mechanismus der Entladung vorauszusetzen ist. Es mufs also auch hier die Gesammtentladung aus einer grofsen Menge von Partialentladungen zusammengesetzt sein [1]), von welchen jede so lange dauert, bis der elektrische Zustand des Schliefsungsbogens an jedem seiner Enden, welche die Belegungen der Batterie berühren, das andre Ende erreicht hat. Denkt man sich die beiden Condensatorscheiben unendlich nahe gerückt, so erfolgt die continuirliche Entladung. Läfst man die Condensatorscheiben in endlicher Entfernung, steigert aber die Dichtigkeit der Elektricität in der Batterie, so dafs der Zwischenraum zwischen den Scheiben durchbrochen wird, so erhält man die discontinuirliche Entladung. Es folgt also, dafs jeder discontinuirlichen Entladung eine Entladung mit unterbrochenem Bogen vorangeht.

[1]) Pogg. Ann. LXXVIII. 433*; Berl. Ber. 1849. p. 256*.

Bei dem bisher erwähnten Theile der Untersuchung waren die Condensatorscheiben sehr nahe gestellt; entfernt man sie immer mehr von einander, so wird die Wirkung der einen Scheibe auf die andre immer kleiner und zuletzt unmerklich. Auch in diesem Falle ist in beiden Drähten ein elektrischer Strom vorhanden, von dem man sich durch Einschaltung eines Zersetzungsapparates überzeugt. Dieser Strom, der als getrennter Strom bezeichnet werden kann, entsteht durch die allen Entladungsströmen wesentliche Bedingung, durch den Ladungszustand der Batterie, und die durch die beiden Drähte abwechselnd bewirkte Aufhebung und Wiederherstellung dieses Zustandes. Die erste Partialentladung besteht darin, daſs der innere Draht durch Fortführung eines Elektricitätsquantums aus dem Innern der Batterie, den Ladungszustand aufhebt, und der äuſsere Draht durch Fortschaffung eines entsprechenden Quantums von der äuſseren Belegung der Batterie diesen Zustand wiederherstellt; erst wenn beide Drähte wieder unelektrisch geworden, kann die zweite Partialentladung folgen. Sind die beiden Ableitungen in Bezug zur Batterie sehr groſs, so wird diese vollständig entladen und man erhält dann in jeder Ableitung alle Wirkungen, die sich an einem vollen Schlieſsungsbogen zeigen. — Diese letzte Art der Entladung wurde experimentell untersucht, indem die äuſsere Belegung der Batterie mit den Gasröhren des Hauses verbunden, die innere mit einem Drahte entladen wurde, der isolirt bis zum Erdboden geführt, und mit seinem Ende (50 Fuſs Erde zwischen dem ersten) darin versenkt war. Es wurden die thermischen Wirkungen des Stromes nachgewiesen, welche die Ansicht von einer etwaigen Leitung der Erdschicht zwischen den Drahtenden völlig ausschlieſsen. Die Analogie mit dem Strome der galvanischen Kette liegt nahe, und Hr. Riess weist schlieſslich darauf hin, daſs der sogenannte Leitungswiderstand der Erde, von welchem bei Gelegenheit der Telegraphenanlagen so viel gesprochen wurde, wohl nicht existirt, vielmehr der Volta'sche Strom im Telegraphendrahte als ein getrennter Strom in der angegebenen Bedeutung anzusehen ist.

P. Riess. Ueber die Entladung der Franklin'schen Batterie.

Hr. Riess hat eine Abhandlung über die Entladung der Franklin'schen Batterie (Flaschensäule, Cascadenbatterie) bekannt gemacht, deren schliefsliches Resultat ist, dafs zwar die Zunahme der Schlagweite und der Erwärmung mit der Anzahl der mit einander verbundenen Batterieen stattfindet, wie zuerst von Dove [1]) gezeigt wurde, dafs aber die Gröfse dieser Zunahme nicht durch ein einfaches allgemein gültiges Gesetz sich aussprechen läfst. Bei dem von Hrn. Riess angewendeten Apparate verhielten sich zum Beispiel bei der Entladung von 1, 2, 3, 4 Flaschen die Erwärmungen in einer Versuchsreihe wie 1 : 1,7 : 2,0 : 2,9 statt wie 1 : 2 : 3 : 4. In einer andern Reihe, als 3 Batterieen zu Cascadenbatterieen verbunden wurden, fand sich das Verhältnifs der Erwärmungen wie 1 : 1,8 : 2,5. Aehnlich ergab sich auch die Schlagweite geringer (z. B. 4 Flaschen zunehmend wie 1 : 3 : 4,7 : 7,7).

Hr. Riess erklärt diese Abweichung von den Dove'schen Angaben daraus, dafs die Aufgabe keine bestimmte ist, indem bei verschiedener absoluter Gröfse und verschiedener Anordnung der Apparate die Dichtigkeit der Elektricität an verschiedenen Punkten der Batterie, mithin auch die Schlagweite und Erwärmung sich ändern mufs.

K. W. Knochenhauer. Entgegnung auf die Bemerkung des Hrn. Riess.

Eine der vorhergehenden Abhandlung von Riess hinzugefügte Anmerkung gegen die Complicirtheit der Versuche des Hrn. Knochenhauer, welche es nicht zulassen, gültige Gesetze aus ihnen abzuleiten, giebt dem letzteren Veranlassung, in einer Entgegnung die Gültigkeit seiner Beobachtungen zu vertheidigen.

---

[1]) Berl. Ber. 1847. p. 332*.

F. Elektroinduction.

K. W. Knochenhauer. Ueber den Zusammenhang, in welchem die Stromtheilung und der Nebenstrom der elektrischen Batterie mit einander stehen. Pogg. Ann. LXXIX. 255.

P. Riess. Ueber die Wirkung des einfachen Schliefsungsdrahtes der Batterie auf sich selbst. Pogg. Ann. LXXXI. 428; Arch. d. sc. ph. et nat. XVII. 48.

— — Ueber die elektrischen Ströme höherer Ordnung. Pogg. Ann. LXXXIII. 309; Berl. Monatsber. 1851. p. 295*; Inst. No. 938. p. 414; Phil. Mag. (4) III. 173; Arch. d. sc. ph. et nat. XIX. 136.

K. W. Knochenhauer. Ueber den Zusammenhang, in welchem die Stromtheilung und der Nebenstrom der elektrischen Batterie mit einander stehen.

Diese Abhandlung des Hrn. Knochenhauer hat Referent, wie er leider zugeben mufs, durchaus nicht verstehen können, namentlich ist ihm die Bedeutung der „Nebenbatterie" völlig unklar geblieben. In seinem eigenen Interesse würde Hr. Knochenhauer gewifs wohlthun, wenn er, um seine meist sehr complicirten Vorrichtungen anschaulich zu machen, wenigstens eine schematische Abbildung der Apparatenanordnung gäbe, und wenn es ihm gefallen wollte, die Resultate seiner Arbeiten kurz und bündig zu resumiren. Es ist bei dem besten Willen nicht möglich, aus dem Gange der Abhandlungen zu ersehen, wohin der Herr Verfasser strebt, und schliefslich wird dem Leser auch noch zugemuthet, sich das Resultat aus der Darstellung selbst zu abstrahiren.

P. Riess. Ueber die Wirkung des einfachen Schliefsungsdrahtes der Batterie auf sich selbst.

Obwohl schon mehrere einzelne Fälle bekannt sind, in denen eine Induction des Entladungsstromes auf sich selbst stattfindet, so war doch das Gesetz, nach welchem die Verstärkung oder Schwächung des Stromes sich richtet, und welches nur aus den thermischen Wirkungen erkannt werden kann, nicht bekannt, da die Induction nur in der physiologischen (von Dove) und magnetischen Wirkung (von Hankel) und in den Störungen der Zweigströme (von Riess) nachgewiesen wurde. Hr. Riess füllt diese Lücke aus, indem er folgenden Satz experimentell beweist: Zwei einander parallele nahestehende Theile des Schliefsungsbogens der Batterie wirken auf einander ein. Der Entladungsstrom wird durch diese Einwirkung geschwächt, wenn er beide Theile in gleicher, und verstärkt, wenn er sie in entgegengesetzter Richtung durchläuft."

Der Nachweis wird so geführt, dafs die Entladung nach einander durch zwei einander gegenübergestellte Spiralen (die von Hrn. Riess angegebenen Inductionsspiralen) gehen mufs, wobei die Verbindung zwischen den Spiralen abwechselnd so gemacht werden kann, dafs der Strom beide in einer oder in entgegengesetzter Richtung durchläuft. Im ersteren Falle zeigt sich eine Schwächung, im letzteren eine Verstärkung des Stromes an dem im Schliefsungsbogen eingeschalteten Luftthermometer im Verhältnifs zu der Anordnung, bei welcher die Spiralen so gestellt sind, dafs sie auf einander nicht einwirken können.

P. Riess. Ueber die elektrischen Ströme höherer Ordnung.

Die Nebenströme höherer Ordnung hat Hr. Riess zum Gegenstande der Untersuchung gemacht, und sich hierbei, um die Richtung der Nebenströme zu ermitteln, eines ähnlichen Hülfsmittels bedient, wie des in der vorigen Abhandlung angeführten, nämlich den Nebendrähten abwechselnd solche Formen gegeben, dafs, wenn in der einen die Ströme einander gleichlaufend begegnen, sie in der andern Form einander entgegenlaufen müssen. Während nach seinen früheren Versuchen, in denen er die Richtung des Stromes durch die auf einer eingeschalteten Harzplatte erzeugten elektrischen Figuren zu bestimmen suchte, diese Richtung unentschieden blieb, ergaben diese neuen Untersuchungen folgendes Resultat: „Es ist ausgemacht, dafs die Ströme dritter, fünfter und überhaupt ungerader Ordnung dem Hauptstrome gleich gerichtet sind, und dafs die Ströme zweiter, vierter und überhaupt gerader Ordnung eine unter sich gleiche Richtung besitzen. Es ist wahrscheinlich, dafs auch diese letzte Richtung die des Hauptstromes ist, so dafs alle Ströme höherer Ordnung dem Hauptstrome gleich gerichtet sind."

G. Karsten.

3. Thermoelektricität.

Regnault. On the measurement of temperatures by thermo-electric currents. Phil. Mag. (3) XXXVI. 409. Siehe Berl. Ber. 1847. p. 80.

F. C. Henrici. Ueber thermoelektrische Erscheinungen an gleichartigen Metallen. Pogg. Ann. LXXX. 167*.

A. F. Svanberg. Expériences sur le pouvoir thermo-électrique du bismuth et de l'antimoine cristallisés. C. R. XXXI. 250*; Pogg. Ann. Erg. III. 153*; Phil. Mag. (4) III. 89*; Arch. d. sc. ph. et nat. XV. 128*; Inst. No. 868. p. 265*.

R. Kohlrausch. Die elektroskopischen Eigenschaften der Thermokette. Pogg. Ann. LXXXII. 411*.

G. Magnus. Ueber thermoelektrische Ströme. Berl. Monatsber. 1851. p. 179; Pogg. Ann. LXXXIII. 469*; Inst. No. 924. p. 303, No. 933. p. 372*; Arch. d. sc. ph. et nat. XVIII. 285*; Rep. of the Brit. Assoc. 1851. 2. p. 18; Athen. 1851. p. 777; Ann. d. ch. et d. ph. (3) XXXIV. 105*; Phil. Mag. (4) III. 81*; Abh. d. Berl. Ak. 1851. Phys. Abh. p. 1*.

W. Rollmann. Ueber die Stellung von Legirungen in der thermoelektrischen Reihe. Pogg. Ann. LXXXIII. 77*, LXXXIV. 275*.

R. Franz. Untersuchungen über thermoelektrische Ströme. Pogg. Ann. LXXXIII. 374*; Arch. d. sc. ph. et nat. XVIII. 297*; Phil. Mag. (4) III. 90.

J. Goodman. Researches into the identity of light, heat, electricity, magnetism and gravitation. Mem. of the Manch. Soc. (2) X. 155*; Phil. Mag. (4) II. 498*; Inst. No. 952. p. 103*.

Hankel. Mittheilung einiger Versuche über die Elektricität der Flamme, und die hierdurch erzeugten elektrischen Ströme. Pogg. Ann. LXXXI. 213*; Arch. d. sc. ph. et nat. XVII. 5*; Phil. Mag. (4) II. 542*.

H. Buff. Ueber die elektrische Beschaffenheit der Flamme. Lieb. u. Wöhl. LXXX. 1*; Arch. d. sc. ph. et nat. XVIII. 265*; Phil. Mag. (4) III. 145*; Inst. No. 958. p. 151*.

A. F. Svanberg. Försök att förklara orsaken till den dynamiska thermoelektriciteten. Upsala 1851*; Pogg. Ann. Erg. III. 621*.

F. C. Henrici. Ueber thermoelektrische Erscheinungen an gleichartigen Metallen.

Um chemische Veränderungen an den Berührungsflächen zweier Metalle, oder Aenderungen in ihrem krystallinischen Gefüge zu vermeiden, bewirkt Hr. Henrici die thermoelektrischen Ströme nur durch geringe Erwärmung der Berührungsstelle, und bringt diese Erwärmung nicht durch unmittelbaren Einfluſs der Wärmequelle auf die Metalle hervor, sondern dadurch, daſs er einen dünnen Messingstreifen einen der beiden zu untersuchenden Drähte oder Streifen berühren läſst, während dieser Messingstreif in beliebiger Entfernung von der Berührungsstelle durch ein kleines Oellämpchen erwärmt wird. Die beiden Drähte desselben Metalls, das untersucht werden soll, sind winklig gebogen, und ihre matt geschliffenen Endflächen leicht durch Federung mit einander in Berührung zu bringen. Bezeichnet man den vom warmen zum kalten Draht desselben Metalls übergehenden Strom als einen positiven, so zeigt sich ein solcher nach Hrn. Henrici's Untersuchungen bei folgenden Metallen: Kupfer, Messing, Silber (kupferhaltig), Zinn, Cadmium, Platin, Gold, Neusilber, Nickel; hingegen zeigt sich ein negativer Strom bei chemisch reinem Silber, Zink, Eisen, Antimon und Wismuth. Bei Blei und Quecksilber war kein Strom wahrnehmbar. Die gröſste Abweichung der Galvanometernadel bewirkte das Wismuth, nämlich eine Ablenkung von 50°.

Der Herr Verfasser sucht die Becquerel'sche Ansicht, daſs die thermoelektrischen Erscheinungen von einem ungleichartigen Wärmeausstrahlungsvermögen herrühren, auch bei gleichartigen Metallen zur Geltung zu bringen. Melloni hat gezeigt, daſs durch geringe Unterschiede in der physikalischen Beschaffenheit der Metalle Aenderungen ihres Strahlungsvermögens verursacht werden. Durch Ausglühen oder Hämmern der sich berührenden Enden einiger der oben genannten Metalle wurde die Richtung des erhaltenen Thermostromes ebenfalls häufig geändert; so gaben die Drähte von chemisch reinem Silber, als das eine Drahtende *a* erwärmt war, einen positiven Strom, einen negativen bei Erwärmung von *b*. Durch Ausglühen einer kleinen Stelle eines Eisendrahtes wird es bewirkt, dafs diese Stelle sich wie ein fremdes Metall verhält. Aber auch ohne vorhergegangenes Glühen geben Drähte von Kupfer, Messing, Platin, Zink, Neusilber, Eisen und Cadmium, an beliebigen Stellen erwärmt, Ablenkungen am Galvanometer, welche ohne Zweifel in kleinen Verschiedenheiten der physikalischen Beschaffenheit der neben einander liegenden Stellen ihren Grund haben.

Der Herr Verfasser glaubt annehmen zu dürfen, dafs im Innern der Körper, wenigstens da, wo die Continuität der Masse gestört ist, auch eine Störung in der Bewegung der Wärme, d. h. ein Uebergang durch Strahlung stattfinde; vielleicht sei die Störung in der Bewegung der Wärme ein Grund zur Elektricitätsentwicklung.

Zum Schlufs der Abhandlung macht der Herr Verfasser darauf aufmerksam, dafs alle von ihm untersuchten Metalle durch Ausglühen dem Wismuth näher gerückt wurden. Auch zeigte sich in allen Fällen, wo ein stark ausgeglühter Draht mit einem ungeglühten desselben Metalls in Berührung kam, eine Richtung des Stroms vom geglühten zum ungeglühten Draht.

A. F. SVANBERG. Untersuchungen über die thermoelektrische Kraft des krystallisirten Wismuth und Antimon.

In Krystallen von Wismuth und Antimon findet sich senkrecht zur Hauptaxe der Krystallisation eine Spaltungsebene, die sich durch gröfseren Glanz vor den übrigen auszeichnet; eine zweite Spaltungsebene steht der genannten an Glanz wenig nach. Herr SVANBERG schnitt aus gröfseren Wismuth- und Antimonmassen Stücke heraus, deren Länge mit dem Durchschnitt dieser beiden Ebenen zusammenfiel, und andere, deren Länge winkelrecht war zur Spaltungsebene, welche den gröfsten Glanz zeigt. Die erstern Stücke mögen mit *A*, die letzteren mit *B* bezeichnet werden. Der Herr Verfasser hat gefunden, dafs sowohl beim Antimon als beim Wismuth die Stäbe *A* positiver, die Stäbe *B* negativer sind, als jeder andere aus demselben Metall geschnittene Stab. Die thermoelektrische Kraft zwischen den Stäben *A* und *B* desselben

Metalls ist eine ziemlich bedeutende. — Die von Seebeck, Matteucci und Sturgeon beobachteten Ströme in Ketten aus einem einzigen dieser Metalle finden in diesen Beobachtungen ihre Erklärung. Versuche über die Richtung der thermoelektrischen Ströme zwischen heifsem und kaltem Antimon oder Wismuth haben bisher nie zu entschiedenen Resultaten geführt, weil auf die Gleichartigkeit der Structur in beiden untersuchten Stäben desselben Metalls keine Rücksicht genommen wurde.

Die Stäbe waren bei den Versuchen des Hrn. Svanberg mit kupfernen Handhaben, welche mit den kupfernen Drähten eines empfindlichen Galvanometers in Verbindung standen, versehen. Fast bis zu ihrem freien Ende waren die Stäbe mit Schnee bedeckt. Wurde nun das Ende eines der Stäbe ein wenig erhitzt, so ging bei Anwendung der Stäbe Wismuth *A* oder Antimon *A* der Strom vom kalten zum warmen Metall, bei den Stäben *B* aber vom warmen zum kalten. Durch Steigerung der Erwärmung konnte keine Umkehrung des Stroms bewirkt werden.

R. Kohlrausch. Die elektroskopischen Eigenschaften der Thermokette.

Hr. Kohlrausch theilt in der angeführten Abhandlung Versuche mit, die zum Zweck haben, zu zeigen, dafs, wie bei der Hydrokette, so auch bei der Thermokette mit dem Strom zugleich eine besondere Anordnung freier Elektricität auf der Oberfläche der ganzen Kette sich einstellt. Das Resultat seiner Versuche, welche er an einer aus 769 Eisenneusilberpaaren construirten Thermokette anstellt, ist, dafs die Kette an ihren Polen Spannungselektricität besitzt, wenn sie geöffnet ist; ebenso zeigt sich diese Elektricität auf der Oberfläche der geschlossenen Kette, und zwar nach denselben Gesetzen, die für die Hydrokette gelten.

Es ergiebt sich ferner aus den von Hrn. Kohlrausch angestellten Versuchen, dafs die thermoelektrische Kraft einer einfachen, aus $0^{mm},5$ dickem Eisendraht und dünnem Neusilberblech construirten Thermokette, ungefähr $\frac{1}{6600}$ beträgt von der elektromotorischen Kraft einer Daniell'schen Kette, wenn der Temperaturunterschied der Löthstellen und der Enden des Elementes 10—15° beträgt.

G. Magnus. Ueber thermoelektrische Ströme.

Nachdem der Hr. Verfasser die Versuche und Hypothesen über die Entstehung thermoelektrischer Ströme von Seebeck, Nobili, Becquerel, v. Wrede und Henrici kurz angegeben hat, geht er zu der Beschreibung des von ihm zu gleichen Untersuchungen benutzten Galvanometers über. Dasselbe ist ein Multiplicator mit einer so genau wie möglich astatischen Doppelnadel; der Kupferdraht ist eisenfrei, er wurde dadurch erhalten, dafs eine Auflösung von schwefelsaurem Kupferoxyd mit Ammoniak übersättigt, und durch Filtration vom Eisenoxyd befreit wurde; die Flüssigkeit wurde darauf bis zur Trockne eingedampft, das so gereinigte schwefelsaure Kupferoxyd in Wasser gelöst, und auf galvanischem Wege das Kupfer daraus niedergeschlagen. Der gezogene Draht hat eine Dicke von $\frac{2}{8}$ Linien, und ist doppelt aufgewickelt; bei den folgenden Versuchen durchlief der Strom stets den doppelten Draht, dessen Länge 35 Fufs beträgt. Um eine Schwingung zu vollenden bedurfte die Nadel 30 Secunden.

Die Versuche selbst zeigten bald, dafs Verschiedenheit der Härte in einem Drahte desselben Metalls hinreicht, um bei Erwärmung der Gränzstelle des harten und weichen Theils einen thermoelektrischen Strom in dem Drahte hervorzubringen. Durch starkes Erhitzen einer Stelle eines harten Drahtes wurden die Theile desselben weich, durch Hämmern hart gemacht. Es folgt daraus die Nothwendigkeit, bei der Bestimmung solcher Ströme auf ihre Richtung und Intensität sich nicht einer zu starken Wärmequelle zu bedienen, da sonst neue Veränderungen in der Härte entstehen; daher wurde gewöhnlich nur eine Temperatur von 100° C. angewendet. Auch waren Vorsichtsmaafsregeln getroffen, dafs die beiden Berührungsstellen des eingeschalteten Drahtes mit den Multiplicatordrähten auf gleicher Temperatur erhalten wurden.

Becquerel hat zuerst gezeigt, dafs, wenn man in einen Draht einen Knoten macht und einen diesem Knoten benachbarten Punkt erwärmt, ein Strom entsteht, welcher von dem erwärmten Theile des Drahtes zum Knoten geht. Da Becquerel bei diesem Versuche Rothglühhitze anwandte, so war es möglich, dafs der beobachtete Strom von dem Weichwerden der erhitzten Stelle herrührte, während der Draht in dem Knoten seine Härte behalten hatte. Es war indefs wahrscheinlicher, dafs ein Strom jedesmal entstehe, wenn die Berührungsstelle zwischen einem dicken und einem dünnen Draht erwärmt wird. Durch diese letztere Annahme wurde das Phänomen auch allgemein erklärt.

Durch verschiedene Versuche zeigt der Hr. Verfasser, dafs der Unterschied in der Dicke eines und desselben Metalls keinen Grund zur Entstehung eines thermoelektrischen Stromes abgiebt. Der Versuch Becquerel's ist also auf die erste angegebene Weise zu erklären; übrigens erhält man auch in einem mit einem Knoten versehenen Draht keinen Strom, wenn man die Stelle neben dem Knoten nur bis auf 100° C. erwärmt.

Ueberzieht man einen Draht von Neusilber auf ein Stück seiner Länge mit einer dünnen Schicht Kupfer, und erwärmt dann den Draht da, wo er aus der Kupferhülle hervorragt, so entsteht ein ziemlich starker Strom. Dieser Strom kann durch die Berührung der beiden verschiedenen Metalle entstehen, oder es kann der Grund des Stromes darin liegen, dafs das Ausstrahlungsvermögen des Neusilbers ein anderes ist, als das des Kupfers. Jedoch zeigten verschiedene andere Drähte, die zur Hälfte mit einem Ueberzug von Kienrufs, Guttapercha, Holz und dergleichen versehen waren, keinen Strom, wenn sie an der Stelle, wo der Ueberzug begann, erwärmt wurden. Daraus folgt, dafs eine Verschiedenheit in der Ausstrahlung der Wärme keinen thermoelektrischen Strom herbeiführen kann.

Für die Metalle, deren Härteverhältnisse sich leicht verändern lassen, wie die, welche gewalzt oder zu Draht gezogen werden können, hat der Hr. Verfasser die Richtung und die Intensitätsverhältnisse des thermoelektrischen Stromes bestimmt, welcher durch Erwärmung der Gränze zwischen dem harten und weichen Theile des Drahtes entsteht. Es zeigte sich bei den meisten Metallen eine Richtung des Stromes von weichem zu hartem Metall, nämlich bei Messing, Silber (fein), Stahl, Silber mit 25 Proc. Kupfer, Cadmium, Kupfer, Gold mit 9,7 Proc. Kupfer, Platin, Gold mit 2,1 Proc. Silber. Ein Uebergang von dem harten zum weichen Metall fand statt bei Neusilber, Zink, Zinn und Eisen. Die Metalle sind nach der Intensität der Ströme bei einer Erwärmung auf 100° C. geordnet. Die Drähte hatten einen Durchmesser von 0,45 Linien.

Man erhält aber auch einen elektrischen Strom, wenn man zwei Stücke desselben Metalls sich berühren läfst, von denen das eine warm, das andere kalt ist. Bei den Untersuchungen dieser Ströme hat der Hr. Verfasser stets Stücke, die durch Zerschneiden desselben Drahtes erhalten waren, angewendet. Durch ein besonderes Verfahren wurde es dabei erreicht, die Drähte stets mit derselben Kraft in Berührung zu erhalten.

Bei den meisten Metallen geht der Strom vom kalten zum warmen Metalle. Bei einigen ist die Intensität des Stromes, welcher aus dem Unterschied der Härte entspringt, gröfser als die desjenigen, welcher aus dem Unterschied der Temperatur entsteht; z. B. geht beim Silber stets der Strom vom weichen Draht zum harten, welcher von beiden auch vorher erwärmt sein mag. Bei andern Metallen verhält es sich umgekehrt; beim Platin geht der Strom stets an der Berührungsstelle beider Drähte vom warmen zum kalten über, unabhängig von der Härte beider Drähte. Bei den meisten Metallen ist die Intensität des Stromes gröfser für die weichen Drähte als für die harten. Bemerkenswerth ist das Verhalten des Silbers. Während bei dem feinen Silber der Strom stets vom kalten zum warmen Metalle geht, wenn beide gleiche Härte haben, geht er bei dem mit 25 Proc. Kupfer legirten vom warmen zum kalten.

Durch Berührung kalten und warmen Quecksilbers entstand kein Strom, wie HENRICI schon gezeigt hat.

Man könnte, wie viele Physiker gethan haben, den Unterschied in der Abnahme der Temperatur in zwei Metallen als den Grund der Entstehung eines thermoelektrischen Stromes betrachten. Erwärmt man eine Stelle eines homogenen Drahtes, so würde danach die Abnahme nach beiden Seiten hin eine gleiche sein, und so entständen zwei sich aufhebende Ströme. Berührt man hingegen eine warme Stelle eines solchen Drahts mit einem kalten Stück desselben Metalls, so ist die Abnahme der Temperatur in dem kalten eine schnellere, und der resultirende Strom ist die Differenz zweier Ströme. Dann mufste aber die Richtung des beobachteten Thermostroms mit der Richtung der gröfseren Abnahme der Wärme zusammenfallen, was doch nicht immer der Fall ist. Endlich könnte die Verschiedenheit in der Schnelligkeit der Fortpflanzung der Wärme Ursache der Erregung eines thermoelektrischen Stromes sein; man müfste dann aber nach den mitgetheilten Versuchen annehmen, dafs der Wärmecoëfficient für ein und denselben Körper bei verschiedenen Temperaturen verschieden sei, ja dafs er für ein Metall mit der Temperatur zunehme, für ein anderes aber abnehme. Es wurden aber dennoch von dem Hrn. Verfasser Versuche angestellt, welche das Resultat ergaben, dafs ein weicher und harter Messing- und Neusilberdraht ein gleiches Leitungsvermögen für die Wärme besitzen.

Es bleibt sonach nur übrig, als Ursache der thermoelektrischen Ströme eine elektromotorische Kraft anzunehmen, welche bei der Berührung unhomogener Metalle sich entwickelt.

W. Rollmann. Ueber die Stellung von Legirungen und Amalgamen in der thermoelektrischen Reihe.

Der Hr. Verfasser hat in den genannten beiden Abhandlungen verschiedene Legirungen und Amalgame auf ihre Stellung in der thermoelektrischen Reihe untersucht. Er beginnt seine Untersuchungen mit den Wismuthzinnlegirungen, welche er sämmtlich positiver als Wismuth findet, sogar zum Theil positiver als Antimon. Die Legirung, welche zum Antimon am meisten positiv sich verhält, ist diejenige, in welcher sich die Theile Wismuth und Zinn wie 12 : 1 verhalten; auch die Legirungen 16 Bi 1 Sn; 32 Bi 1 Sn; 8 Bi 1 Sn stehen über dem Antimon. Erst wenn mehr als 64 Theile Wismuth mit 1 Theil Zinn verschmolzen werden, nimmt die Legirung ihre Stelle zwischen

Zinn und Wismuth ein. Die übrigen Legirungen stehen zwischen Antimon und Zinn. Die Erwärmung geschah durch die Flamme einer Spirituslampe. Bei höherer Temperatur näherten sich die Legirungen dem Wismuth. Einige der Legirungen zeigten bei erhöhter Erwärmung der Berührungsstelle mit anderen Metallen Umkehrungen des Stroms.

Alle Zinkzinnlegirungen stehen sowohl bei niederer als bei höherer Erwärmung ihrer Berührungsstelle mit Zink oder Zinn zwischen diesen beiden Metallen.

Die Wismuthbleilegirungen zeigen den Untersuchungen des Herrn Rollmann zufolge eigenthümliche Erscheinungen. Das Blei wird durch den kleinsten Wismuthantheil positiver als Blei. Die Legirungen werden positiver, erweichen aber nicht das Kupfer, bis sie mit der Legirung 1 Bi 3 Pb beginnend wieder negativer werden. 3 Bi 2 Pb steht zwischen Eisen und Zink, 2 Bi 3 Pb zwischen Kupfer und Zinn; bei mehr als 8 Theilen Wismuth auf 1 Theil Blei stellen sich die Legirungen zwischen Blei und Wismuth.

Die Legirungen von Antimon und Blei nehmen ihre Stellung zwischen Antimon und Blei ein, jedoch nicht so, dafs jede mehr Antimon enthaltende Legirung positiver wäre als jede weniger Antimon enthaltende.

Die Zinnbleilegirungen stehen zwischen Kupfer und Zinn, während Legirungen von Zinn und Antimon jedem der beiden Metalle, aus denen sie bestehen, um so näher rücken, je mehr sie davon enthalten.

Unter den Antimonwismuthlegirungen haben sich einige negativer als Wismuth gezeigt, die äufserste negative Stellung nimmt nach Hrn. Rollmann's Untersuchungen 1 Sb 32 Bi ein.

Bei Erhöhung der Temperatur des Berührungspunktes wurden vielfach Umkehrungen des Stroms bemerkt.

R. Franz. Untersuchungen über thermoelektrische Ströme.

Der Berichterstatter hat einige Versuche über den Einflufs der krystallinischen Structur auf die Richtung und Intensität der thermoelektrischen Ströme angestellt. Verschiedene Würfel aus Wismuth und Antimon waren so geschnitten, dafs die Hauptspaltungsebene dieser Metalle mit den Würfelflächen parallel lag, oder bestimmte Winkel mit ihnen bildete. Diese Würfel von der Gröfse eines Cubiccentimeters wurden entweder auf die Ströme untersucht, die durch Erwärmung einer Berührungsstelle derselben genannten Metalle erregt wurden, oder auch durch Erwärmung der Berührungsstelle dieser Metalle und anderer aus der thermoelektrischen Reihe. Die Erwärmung geschah durch einen in einem Sandbade erhitzten Glasstab; es war dafür Sorge getragen, dafs die Würfel stets mit derselben Kraft an einander gedrückt wurden. Der Berichterstatter benutzt in seiner Abhandlung die von Faraday eingeführten Bezeichnungen einer äquatorialen und axialen Stellung der Hauptspaltungsebene für die Richtung des Stromes. Hatte die Hauptspaltungsebene des einen Würfels von Wismuth die vertical äquatoriale, die andere die horizontal axiale Lage, so entstand bei der Erwärmung der Berührungsstelle auf 100° ein Strom, der die Doppelnadel des Galvanometers um 45° ablenkte. Beim Antimon war unter gleichen Bedingungen der Ausschlag der Nadeln 12°,4. Ein gegossener Wismuth- und Antimonwürfel gaben bei gleicher Erwärmung einen Ausschlag von 60°—70°. Lagen zwei Würfel desselben Metalls so, dafs die Lage ihrer Hauptspaltungsebene gleichmäfsig gegen das Ende des einen Multiplicatordrahtes geneigt war, so entstand durch Erwärmung irgend einer Linie an der Oberfläche der Würfel ein Strom, der nach der Seite als positiver Strom sich bewegte, nach welcher die Spaltungsebene von der berührenden Stelle aus abfiel. Auch regelmäfsige Wismuthkrystalle zeigen thermoelektrische Ströme von nicht geringer Intensität, sobald eine Fläche oder Kante derselben erwärmt wird, gegen welche die Hauptspaltungsebene sich neigt und die Richtung des Stromes ist von der Neigung dieser Ebene so abhängig, dafs durch die gleiche Erwärmung der gegenüberstehenden Fläche oder Kante stets der entgegengesetzt gerichtete Strom von gleicher Intensität hervorgebracht wird.

Die Ströme, welche bei Erwärmung der Berührungsstelle des Wismuth mit anderen Metallen hervorgebracht werden, sind am gröfsten, wenn das Wismuth mit seiner Hauptspaltungsfläche das andere Metall berührt, während die Intensität derjenigen Ströme, welche das Antimon erregt, die geringste ist, sobald es mit seiner äquatorial liegenden Spaltungsfläche andere Metalle berührt, und die Berührungsstelle erwärmt wird.

J. Goodman. Ueber die Identität von Licht, Wärme, Elektricität, Magnetismus und Schwere.

In der angeführten Abhandlung beschreibt Hr. Goodman die Wirkungen, welche auf ein Galvanometer mit einfacher Magnetnadel hervorgebracht worden sind durch den Einflufs der auf die Spirale wirkenden Sonnenstrahlen. Die Ablenkungen der Nadel waren zu verschiedenen Tageszeiten verschieden, und waren ein Minimum, sobald die Sonnenstrahlen durch einen Schirm abgehalten wurden. Jedoch glaubt der Hr. Verfasser, dafs die Thermoelektricität nicht der Grund der beobachteten Erscheinung sei.

Hankel. Mittheilung einiger Versuche über die Elektricität der Flamme und die hierdurch erzeugten elektrischen Ströme.

Der Herr Verfasser wurde durch die bekannte Erscheinung, dafs das Verbrennen der Körper freie Elektricität erregt, zu Untersuchungen veranlafst, ob der elektrische Gegensatz gewisser Theile der Flamme einen elektrischen Strom hervorzubringen im Stande sei. Als Brennmaterial zur Erzeugung der Flamme wurden Alkohol und Aether benutzt. Diese Flüssigkeiten wurden entweder in eine Porcellanschaale, einen Platin- oder Eisentiegel gefüllt, ein Flocken Baumwolle wurde damit benetzt, oder endlich es wurden damit Lampen mit doppeltem Luftzuge angefüllt.

Zur Wahrnehmung des elektrischen Stromes bediente sich Hr. Hankel eines Galvanometers mit 12076 Umwindungen eines 16454 Fufs langen Drahtes.

Bei Verbindung des einen Drahtendes des Multiplicators mit einer Spirituslampe mit doppeltem Luftzuge, während das andere

Ende mit einem Platinblech in Verbindung stand, das schräg über die Flamme gehalten wurde, zeigte sich ein Ausschlag der astatischen Nadeln um 1°. Der Strom ging dabei in der Flamme von oben nach unten, also von dem Platinblech durch die Flamme zur Lampe. Durch geeignete Anwendung eines eingeschalteten Commutators liefsen sich die Schwankungen der Nadel vergröfsern. Auf diese Weise wurden auch noch Ströme sichtbar gemacht, welche durch eine kleine Flamme der Lampe, oder durch im Platintiegel verbrennenden Aether oder Alkohol entstanden. Durch Einführung eines astatischen Nadelpaares von gröfserer Schwingungsdauer gelang es bei möglichst grofser Flamme der Lampe einen Ausschlag der Multiplicatornadeln um 20° zu bewirken. Bei Verkleinerung der Flamme zeigt sich auch eine Abnahme der Stromintensität. Aber nicht nur die Gröfse der Flamme ist auf die Stromintensität einflufsreich; denn ein neuer Docht brachte stets gröfsere Wirkungen hervor als ein gebrauchter. Die geneigte Lage der Platinplatte erwies sich günstiger als die horizontale Lage derselben, weil die erstere eine lebhaftere Verbrennung gestattete. Bei Anwendung einer Gebläsevorrichtung stieg die Intensität des Stromes bedeutend, der Ausschlag der Nadeln war 116° unter den günstigsten Wirkungen des Gebläses. Wurde das Platinblech durch Eisen- oder Zinkbleche in gleicher Stellung vertauscht, so war der Strom geringer. Auch ohne ein Metall der Flamme zur Ableitung darzubieten, konnte man einen elektrischen Strom zur Erscheinung bringen, indem entweder die mit Wasser benetzte Hand oder ein angefeuchteter Papierstreifen in die Flamme gehalten wurde, während das eine Ende des Multiplicatordrahtes sich in der andern Hand befand, und das andere Ende des Drahtes mit der Lampe in Verbindung stand. Die Gröfse des Widerstandes, den die Flammen dem Strom darbieten, erhellt aus folgenden Versuchen. Drei Lampen, die für sich mit ihrem Platinblech über der Flamme Ausschläge von 8°,3; 3°,8 und einen noch viel geringeren Ausschlag geben, wurden säulenartig hinter einander verbunden und gaben nur einen Ausschlag von 2°,7; dagegen entstand ein Ausschlag von 11°,7 als die drei Lampen an dem einen Multiplicatordraht und die drei Platinbleche an dem andern befestigt waren.

Um zu untersuchen, ob die Vergröfserung des Ausschlags am Galvanometer von einer Vergröfserung der elektrischen Spannung in den einzelnen Theilen der Flamme, oder von einer Verringerung des Leitungswiderstandes herrührte, setzte der Herr Verfasser dem Strome, welchen die Flamme erzeugt, unmittelbar in demselben Kreise einen andern bekannten Strom entgegen. Er schaltete in den Kreis ein Stückchen Zink und Kupfer, welche in ein kleines Gefäfs mit Wasser getaucht waren, ein. Durch einen Commutator konnte der Strom dieses Elements mit dem in der Flamme erzeugten Strom in gleicher und entgegengesetzter Richtung geleitet werden. Es zeigte sich dabei, dafs, während die Flamme nicht die Höhe des Lampenschornsteins erreichte, die elektromotorische Kraft der Flamme (die elektrische Differenz zwischen ihrem Grunde und ihren höher gelegenen Theilen) gröfser war, als die elektromotorische Kraft des eingeschalteten Elements, indem bei entgegengesetzter Richtung beider Ströme die Nadeln einen Ausschlag gaben im Sinne des Flammenstroms. Zwei Zinkkupferelemente überwogen den Strom der Flamme. Anders gestalteten sich die Ausschläge, als die Flamme so gesteigert wurde, dafs sie die Höhe des Schornsteins überragte; in diesem Falle vermochte ein Kupferzinkelement den Ausschlag der Nadeln gegen die Richtung des Flammenstroms zu bedingen. Beide Ströme hatten gleichen Leitungswiderstand zu überwinden; da Zink und Kupfer sich nicht verändert hatten, so mufste die Umkehrung in der Richtung des Ausschlags ihren Grund in der Aenderung der elektromotorischen Kraft der Flamme haben; bei bedeutender Gröfse legt sich die Flamme an die inneren Wände des Schornsteins an, und es entstehen so zwischen dem Platinblech und den verschiedenen Punkten des Schornsteins leitende Flammenfädchen, welche wegen ihrer Kürze und Stellung in der Flamme wohl eine vergröfserte Leitungsfähigkeit, aber eine verringerte Spannung an ihren Endpunkten besitzen. Eben diese Umkehrung des Stroms zeigte bei Entgegensetzung des Elements auch eine Lampe ohne Schornstein, wenn ein Platinstreif mehr oder weniger oberhalb des Drahtes von der Seite in die Flamme gehalten, und mit der Lampe selbst ableitend verbunden wurde, weil auch hier nach der Ansicht des Herrn

Verfassers die elektrische Differenz zwischen den die beiden Bleche umgebenden Flammentheilchen eine geringere war als zwischen Grund und Spitze der Flamme.

Aus diesen Versuchen schliefst Hr. Hankel, dafs die Flamme selbst die Entstehung eines elektrischen Stromes veranlafst; denn, diente die Flamme nur als Leiter eines anderweitig hervorgebrachten Stromes, so könnte durch die Vermehrung der Leitungsfähigkeit, welche einem Theile des elektrischen Kreises zukommt, keine Umkehrung des Ausschlags erfolgen.

Eine Wasserstoffflamme zeigte die umgekehrte Richtung des Stromes als eine Alkohollampe, nämlich die Richtung vom Grunde zur Spitze.

H. Buff. Ueber die elektrische Beschaffenheit der Flamme.

Hr. Buff hat ebenfalls über die Elektricität der Flamme Untersuchungen angestellt, welche er in dem angeführten Aufsatze beschreibt, und aus welchen er folgende Schlüsse, die eine andere als die von Hankel gegebene Erklärungsweise der in der vorher genannten Abhandlung beschriebenen Erscheinung zulassen, ziehen zu dürfen glaubt:

1) Gasförmige Körper, wenn sie durch starke Erhitzung leitend geworden sind, besitzen die Fähigkeit, andere sie berührende Leiter, sowohl feste wie gasförmige Körper, elektrisch zu erregen.

2) Wird eine thermoelektrische Kette gebildet aus Luft mit Wasserstoff, oder Kohlenwasserstoff, Weingeistdampf, Kohle, oder endlich einem Metalle, sei es verbrennbar oder nicht, so entsteht ein elektrischer Strom, der sich in der Richtung von der heifsesten Berührungsstelle durch die Luft zur weniger heifsen bewegt.

3) Die Elektricitätsentwicklungen, welche man bei Verbrennungsprocessen und namentlich in der Flamme wahrgenommen hat, beruhen auf thermoelektrischen Erregungen, und stehen mit dem chemischen Vorgange der Verbrennung in keiner unmittelbaren Beziehung.

4) Die Verbrennungsproducte stehen daher keineswegs, in dem Sinne wie es Pouillet angenommen hatte, in einem elektri-

schen Gegensatze zum Brennstoffe; und wenn sich von einem brennenden Körper mit den aufsteigenden heifsen Gasen zugleich positive Elektricität erhebt, so geschieht es doch nur in dem Maafse, als Brennstoff und Luft noch aufserhalb des Heerdes der Verbrennung, oder vielmehr aufserhalb der heifsesten Berührungsstellen, in irgend leitende Verbindung treten können.

Svanberg. Versuch, die Ursache der Thermoelektricität zu erklären.

Hr. Svanberg geht in seinen theoretischen Untersuchungen von Folgendem aus. Das Gesetz der Contactelektricität sagt: wenn ein Körper A gegen einen andern Körper B positiv ist, und B gegen C ebenfalls, die Spannung zwischen A und $B = A - B$, die zwischen B und $C = B - C$, so ist die Spannung zwischen A und C gleich der Summe beider Spannungen, nämlich $A - C$. Dasselbe Resultat erhält man, wenn die Spannung zwischen A und $B = f(A) - f(B)$ ist; dann wird die Spannung zwischen B und $C = f(B) - f(C)$, und die Summe beider ist $f(A) - f(C)$, d. h. dieselbe, welche durch unmittelbare Berührung zwischen A und C entstehen würde. Ist die Function f für verschiedene Temperaturen verschieden, so kann man sagen, die Spannung zwischen A und B für die Temperatur t ist $f(A,t) - f(B,t)$. Wird die eine Löthstelle zweier Metalle A und B auf der Temperatur t, das andere Ende derselben auf a gehalten, so ist die thermoelektromotorische Kraft

$$K = f(A,t) - f(B,t) + f(B,a) - f(A,a).$$

Dieser Ausdruck gilt unter der Voraussetzung, dafs A und B ihre Stellung in der Contactreihe nicht mit der Temperatur ändern. Sind A und B selbst Functionen der Temperatur, so wird

$$1) \qquad K = \int_a^t \frac{d[f(A,\tau) - f(B,\tau)]}{d\tau} d\tau,$$

wo

$$\frac{d[f(A,\tau) - f(B,\tau)]}{d\tau}$$

den partiellen Differentialcoëfficienten bezeichnet, wenn nur die Temperatur τ variirt. Für die thermoelektromotorische Kraft zwischen B und C und zwischen A und C erhält man eben so

$$K_1 = \int_a^t \frac{d[f(B,\tau)-f(C,\tau)]}{d\tau}\, d\tau,$$

$$K_2 = \int_a^t \frac{d[f(A,\tau)-f(C,\tau)]}{d\tau}\, d\tau,$$

woraus folgt

$$K_2 = K + K_1.$$

Die Formel 1) enthält auch das von Becquerel für die thermoelektrische Reihe aufgestellte Gesetz; bezeichnet man K als Function von a und t durch $K(a,t)$, und beachtet, daſs

$$\int_a^t = \int_a^\vartheta + \int_\vartheta^t$$

ist, so folgt

$$K(a,t) = K(a,\vartheta) + K(\vartheta,t).$$

Nimmt man an

$$2) \qquad y' = \int_a^t \frac{df(A,\tau)}{d\tau}\, d\tau,$$

$$3) \qquad y = \int_a^t \frac{df(B,\tau)}{d\tau}\, d\tau,$$

und betrachtet t als Abscisse, y' und y als Ordinaten, so werden die Gleichungen von den Metallen A und B abhängige Curven darstellen, welche sich auf der Abscissenaxe in einem Punkt, dessen Abscisse a ist, schneiden. $y'-y$ stellt die elektromotorische Kraft zwischen A und B vor. Diese Curven müssen sich in einem zweiten Punkte schneiden, wenn die Metalle A und B der Art sind, daſs sie bei erhöhter Temperatur ihrer Verbindungsstelle die Stromrichtung umkehren. Die entsprechende Curve eines Metalls, das in der thermoelektrischen Reihe zwischen A und B liegt, muſs auch zwischen den in 2) und 3) gegebenen Curven liegen, also eine der beiden Curven ebenfalls vor, oder jedenfalls in dem genannten Durchschnittspunkt durchschneiden, d. h. das Metall selbst muſs mit einem der ersten auch bei erhöhter Temperatur eine Umkehrung des Thermostroms zeigen.

In dem Folgenden zeigt der Hr. Verfasser, dafs die höhere Temperatur der Löthstelle, bei welcher eine Umkehrung der Stromrichtung bei vielen Metallen stattfinde, nicht unveränderlich sei, sondern immer desto niedriger, je höher die Temperatur *a* des andern Endpunktes des Drahts ist.

R. Franz.

---

4. Galvanismus.

A. Theorie, Erregung.

M. Faraday. Experimental researches in electricity. Twenty-fourth series. On the possible relation of gravity to electricity. Phil. Mag. (4) I. 68*; Repert. of pat. inv. XVII. 115*; Inst. No. 893. p. 53*; Krönig J. I. 187*, 502*; Sillim. J. (2) XI. 410*; Pogg. Ann. Erg. III. 64*; Phil. Trans. 1851. p. 1.

Doppler. Versuch einer, auf rein mechanische Principien sich stützenden Erklärung der galvanoelektrischen und magnetischen Polaritätserscheinungen. Wien. Denkschr. I. 1. p. 157*; Münchn. gel. Anz. XXXIII. 676*.

C. G. Page. On the conduction and distribution of the galvanic current in liquids. Sillim. J. (2) XI. 192*; Dingl. p. J. CXXI. 110.

A. Weiss. Die galvanischen Grundversuche, mathematisch erklärt, und die Theorie des Condensators. Anspach 1851*.

R. Kohlrausch. Ueber den Ursprung der elektromotorischen Kraft in der Daniell'schen Kette. Pogg. Ann. LXXIX. 177*.

— — Versuch zur numerischen Bestimmung der Stellung einiger Metalle in der Spannungsreihe. Pogg. Ann. LXXXII. 1; Phil. Mag. (4) III. 321*; Arch. d. sc. ph. et nat. XXII. 105*.

Osann. Ist die Steigerung der Elektricität nach den Enden eine Leitungs- oder Vertheilungserscheinung? Verh. d. Würzb. Ges. II. 272*.

C. Matteucci. Sur le développement de l'électricité dans les combinaisons chimiques et sur la théorie des piles formées avec un seul métal et deux liquides différents. C. R. XXXII. 145*, XXXIII. 663; Krönig J. I. 424; Arch. d. sc. ph. et nat. XVI. 319; Ann. d. ch. et d. ph. (3) XXXIV. 281; Inst. No. 892. p. 41, No. 937. p. 410.

Martens. Piles à acides et alcalis séparés par des corps poreux. Inst. No. 928. p. 333*; Bull. d. Brux. XVIII. 2. p. 17* (Cl. d. sciences 1851. p. 192).

C. Despretz. Septième communication sur la pile à deux liquides. C. R. XXXIII. 185; Inst. No. 920. p. 265; Krönig J. III. 210*; Arch. d. Pharm. (2) LXX. 37; Chem. C. Bl. 1851. p. 911.

Palmieri. Di una pila tutta metallica. Rendic. di Nap. IX. 73*
— — Esperienze elettrochimiche ordinate a dimostrare lo svolgimento della elettricità nelle combinazioni binarie de' corpi simplici. Rendic. di Nap. IX. 161*.

Martens. Considérations sur la théorie électrochimique dans ses rapports avec la loi des substitutions. Inst. No. 900. p. 109.

J. B. Cooke. On the measurement of chemical affinity. Phil. Mag. (4) II. 85*; Krönig J. III. 98*; Arch. d. sc. ph. et nat. XVII. 322*.

Henrici. Elektricitätsbewegung durch Ablöschen erhitzter Metalle. Pogg. Ann. LXXIX. 170*.

M. Faraday. Ueber den möglichen Zusammenhang der Schwerkraft mit der Elektricität.

Hr. Faraday sucht auch die Schwerkraft in die Reihe der Erscheinungen einzuführen, welche um die elektrischen Phänomene gruppirt sind. Um auch in jener einen polaren Gegensatz zu finden, knüpft er an das Annähern und Entfernen gravitirender Körper an, während der Ruhezustand dem der Neutralität entspricht. Zuerst sollte untersucht werden, ob die Hinundherbewegung eines Körpers Ströme erzeugt. Eine Spirale wurde an einer Schnur, die über eine Rolle ging, so befestigt, dafs ihre Axe vertical war. Die Enden der Spirale waren durch lange Drähte mit einem empfindlichen Galvanometer verbunden. Eine Hebung und ein Fallenlassen der Spirale um 36 Fufs erregte keinen Strom. Als ein Kupfercylinder in die Spirale gebracht wurde, zeigte das Galvanometer beim Fallen wie beim Heben schwache aber constante Ablenkungen, die sich jedoch auf die ungleichartige Bewegung der zusammengedreht gewesenen, aber etwas von einander gelösten Leitungsdrähte gegen die Kraftlinien des Erdmagnetismus zurückführen liefsen. Wismuth, Eisen, Glas und Schellack, als die diamagnetischsten, magnetischsten und isolirendsten Stoffe an Stelle des gut leitenden Kupfers, gaben ebenfalls keine Wirkung. Ebensowenig erschien eine solche, als die Körper durch die befestigte Spirale fielen. Um die Wirkung eines plötzlichen Hemmens der Bewegung zu prüfen, wurden Cylinder von Glas, Wismuth, Guttapercha etc. durch eine besondere Vorrichtung schnell auf und ab durch die Rolle bewegt, aber ohne Resultat; die Ströme, welche erhalten wurden, als die Spirale mit dem Cylinder bewegt wurde, entstanden dadurch, dafs, da die Axe der Spirale in einem Kreisbogen von 22 Zoll Radius um eine Axe bewegt wurde, und selbst 2 Zoll Durchmesser hatte, die eine Seite der Windungen in einem Bogen von 21, die andere in einem von 23 Zoll Radius, also beide mit ungleicher Geschwindigkeit fortgeführt wurden. War die Axe der Spirale im mittleren Theile ihrer Bewegung parallel der magnetischen Inclination, so entstand keine Wirkung. Die Resultate sind also bis jetzt noch negativ geblieben.

Doppler. Versuch einer auf rein mechanische Principien sich stützenden Erklärung der galvanoelectrischen und magnetischen Polaritätserscheinungen.

Hr. Doppler möchte die Unwahrscheinlichkeiten, welche in der gewöhnlichen Annahme der Contacterregung der Elektricität liegen, umgehen und dafür eine allgemeine Theorie der Polaritätserscheinungen hinstellen. Seine Grundsätze sind:

1) Sämmtliche Körper sind in ihrem natürlichen Zustande von einer Atmosphäre von elektrischem Fluidum umgeben.

2) Diese Atmosphären sind nicht unbegränzt, sondern haben eine bestimmte Höhe.

3) Diese Höhe ist zwar unabhängig von der absoluten Ausdehnung der Körper, hängt aber von ihrer materiellen Beschaffenheit ab.

Treten zwei Körper von verschiedener elektrischer Beschaffenheit in einen von freier Elektricität erfüllten Raum, so umgeben sich beide mit Atmosphären; der eine *K* habe eine stärkere Anziehung für das Fluidum, als der andere *Z*, so wird die Atmosphäre um *K* höher, als die um *Z*, in gleicher Tiefe von der äufseren Gränze her haben beide Atmosphären gleiche Dichtigkeit, an der Gränze des Körpers *K* ist aber die Dichtigkeit gröfser. Werden jetzt *K* und *Z* an isolirenden Handhaben mit zweien ihrer Flächen an einander gebracht, so werden die zwischenliegenden Theile der Atmosphären verdrängt, ein Theil der Atmosphäre von *K* strömt nach *Z* über, bis die dünnere aber höhere Atmosphäre von *Z* der dichteren aber niedrigeren von *K* das Gleichgewicht hält. Das jetzt eingetretene Gleichgewicht ist aber ein labiles, indem *K* die Kraft und das Bestreben besitzt, sich mit einer höheren Atmosphäre zu umgeben; deshalb zeigt sich *K* jetzt negativ, *Z* dagegen, dessen Atmosphäre die natürliche Höhe überschritten hat, positiv. Werden jetzt *K* und *Z* mittelst isolirender Handhaben schnell getrennt, so haben die Atmosphären nicht die Zeit sich auszugleichen, *K* bleibt negativ, *Z* positiv. Wird dabei *K* mit dem unerschöpflichen Reservoir, der Erde, in Verbindung gebracht, so nimmt es sich so viel zu seiner Atmosphäre wieder hinzu, wie ihm fehlt. Dieser vollständigen Atmosphäre ist die von *Z* nicht gewachsen, auch diese nimmt daher wieder von *K* Elektricität herüber, bis die neue Atmosphäre von *Z* der vervollständigten von *K* das Gleichgewicht hält; deshalb wird jetzt der Spannungsunterschied der doppelte im Vergleich mit dem vorigen. Verbindet man endlich *K*, statt mit der Erde, mit *Z* durch einen Leiter, der aber selbst nicht ein Spannung hervorrufender sein darf, oder beide Körper mit der Erde, so entsteht eine stete Ausgleichung, ein Strom. Dieselbe Ansicht wird auf die Berührung beliebig vieler Körper ausgedehnt.

In den bisher betrachteten Fällen haben sich die besprochenen Zustände auf die ganzen Körper bezogen, und dadurch die Elektricitätserregung bedingt. Ebenso fallen die entsprechenden Erscheinungen an den Molecülen verschiedener Körper der magnetischen Polarität, an den Atomen der Körper selbst der chemischen Verwandtschaft anheim.

Treten zwei Körperatome, z. B. Eisen und Kohle, in Verbindung, so geben die zusammengesetzten Molecüle immer einen polaren Gegensatz. Wäre eine Reihe solcher Molecüle in gleicher Richtung an einander gelegt, so würde man nur die Wirkung der beiden äufsersten wahrnehmen. Sind aber alle Molecüle durch elektrische Atmosphären von einander getrennt, so bildet sich in jedem die Polarität frei aus, und wenn alle durch irgend eine

Einwirkung gerichtet werden, so üben sie, wie die Paare einer Volta'schen Säule ihre Gesammtwirkung aus. Dieser Zustand ist der der Magnetisirung.

C. G. Page. Ueber die Leitung und Vertheilung des galvanischen Stromes in Flüssigkeiten.

Ein Versuch, den Hrn. Page mittheilt, macht die Vertheilung eines Stromes in einer Flüssigkeit, durch welche dieselbe so eingeführt wird, dafs die Elektroden nicht durch die ganze Ausdehnung des Gefäfses reichen, sichtbar. Das Gefäfs ist mit destillirtem Wasser gefüllt, in das der Strom durch zwei Drähte geführt wird. Kleine Quecksilberkugeln sind in das Wasser gebracht; sobald der Strom eintritt, werden alle Kugeln verlängert, wandern nach dem negativen Pole hin, und erscheinen auf der, dem positiven Pole zugekehrten Hälfte mit Bläschen bedeckt. Die Erklärung dieser Erscheinung wird eben aus dieser einseitigen Gasentwickelung genommen, welche einen steten Druck auf die Kügelchen ausübt. Ist das Quecksilber unrein, z. B. zinkhaltig, so gelingt der Versuch nicht, sogar erscheint die andere Hälfte mit Blasen bedeckt, und die Bewegung kann die umgekehrte werden. Für diese zweite Erscheinung weifs Hr. Page keine Stich haltenden Gründe anzugeben.

Prof. Dr. *W. Beetz.*

A. Weiss. Die galvanischen Grundversuche, mathematisch erklärt, und die Theorie des Condensators.

Hr. Weiss geht bei dieser Abhandlung von dem folgenden Satze aus: „Wenn irgend zwei Körper sich berühren, so werden in ihnen vermöge dieser Berührung gewisse Mengen vorher sich neutralisirender entgegengesetzter Elektricitäten getrennt, und diese lagern sich auf den zwei Körpern so, dafs die Intensitäten ihrer elektrischen Zustände einen constanten, von der Materie beider Körper bedingten, Unterschied (die Spannung) behaupten."

Was hierbei unter der Intensität des elektrischen Zustandes eines Körpers zu verstehen ist, geht aus den Anwendungen hervor, die von diesem Satze gemacht werden. Bei der offnen Kette, auf die Herr Weiss seine Betrachtungen beschränkt, ist, wie niemand bezweifelt, Elektricität nur auf der Oberfläche der Leiter vorhanden; die Gesammtmenge der Elektricität, die auf einem Leiter sich befindet, dividirt durch seine Oberfläche, oder, was dasselbe ist, die mittlere Dichtigkeit der Elektricität auf seiner Oberfläche ist mit jenem Namen belegt. Die hiernach durch den Satz ausgesprochene Behauptung ist im Widerspruche mit dem Principe der Elektrostatik; man überzeugt sich davon sehr leicht, indem man denselben auf den Fall anwendet, dafs die beiden sich berührenden Körper von gleicher Substanz sind. Nach dem Satze müfsten dann die mittleren Dichtigkeiten der Elektricität auf beiden Leitern einander gleich sein, welches auch die Elektricitätsmenge wäre, die ihnen mitgetheilt ist, und einerlei, ob andere elektrisirte Körper in der Nähe sich befinden oder nicht. Nach dem Principe der Elektrostatik ist dieses aber nicht der Fall; nach diesem ist das Verhältnifs der beiden mittleren Dichtigkeiten ein von den Gestalten der beiden Leiter abhängiges, wenn kein anderer elektrisirter Körper in der Nähe sich befindet; ist ein solcher vorhanden, so wird durch ihn auch dieses Verhältnifs geändert. Da die Grundlage der Abhandlung hiernach eine unhaltbare ist, so erscheint es überflüssig auf den Inhalt derselben näher einzugehn.

Prof. Dr. *G. Kirchhoff.*

R. Kohlrausch. Ueber den Ursprung der elektromotorischen Kraft in der Daniell'schen Kette.

Die Abhandlung des Hrn. Kohlrausch über den Ursprung der elektromotorischen Kraft der Daniell'schen Kette bildet eine Vervollständigung seiner in diesem Ber. 1849. p. 266 besprochenen Arbeit über die elektroskopischen Eigenschaften der geschlossenen galvanischen Kette. Der erste Theil führt den Beweis, dafs auch bei starken Strömen die Triebkraft der Daniell'schen Kette der

Berührung zwischen Metall und Flüssigkeit zuzuschreiben ist. Es wurde, wie früher, aus der Gleichung $u = \frac{k\lambda}{l}$ die Spannung u zwischen verschiedenen Punkten der geschlossenen Kette bestimmt, wobei k die Spannung zwischen den Polen der geöffneten Kette (nach Hrn. KOHLRAUSCH identisch mit der elektromotorischen Kraft), l die reducirte Länge der ganzen Kette, λ den Widerstand zwischen dem zur Erde abgeleiteten Theil des Apparates und der Condensatorplatte bezeichnet; dann wurde u auch direct gemessen. Die Uebereinstimmung ist auch hier als vollkommen zu betrachten, obgleich der Gesammtwiderstand von 467,4 bis 131,3 Zoll des Rheochorddrahtes geändert wurde.

Der zweite Abschnitt bestimmt die elektrischen Differenzen zwischen Zink-Kupfer und einigen Flüssigkeiten mittelst des Condensators. Wie früher wurden zuerst die Spannungen $Zn|Cu$ und $Zn|\dot{Zn}\ddot{S} - Cu|\dot{Cu}\ddot{S}$ selbst wiederholentlich bestimmt, und genauer die erstere = 4,17, die letztere = 4,51 gefunden. Dann wurde nach dem Vorgange von BUFF als obere Condensatorplatte eine Glasplatte benutzt, und auf diese eine mit der zu untersuchenden Flüssigkeit getränkte Papierscheibe gelegt, während die untere Condensatorplatte aus dem betreffenden Metalle bestand, und durch einen Draht mit der Papierscheibe verbunden werden konnte. So wurde bestimmt

$$Zn|\dot{Zn}\ddot{S} : (Zn|Cu - Cu|\dot{Cu}\ddot{S}) = 4{,}41 : 2{,}94.$$

Werden diese Zahlen auf die Einheit des vorigen Condensators übertragen, so war

$$Zn|\dot{Zn}\ddot{S} = 5{,}21 \text{ und } Cu|\dot{Cu}\ddot{S} = 0{,}70.$$

Directe Messungen dieser beiden Verhältnisse gaben etwas gröfsere Werthe. Dann wurde auch noch die Kraft $Zn|\ddot{S}$ gemessen. Die Ergebnisse als Mittelwerthe zusammengestellt sind

Zink-Kupfer	= 4,17
Zink-Zinkvitriol . . .	= 5,4
Zink-Schwefelsäure . .	= 4,8
Kupfer-Zinkvitriol . .	= 1,5
Kupfer-Kupfervitriol .	= 0,9.

Im dritten Abschnitt werden diese Resultate mit den Angaben von BUFF verglichen, welcher gerade zu der umgekehrten

Folgerung gelangt war, dafs nämlich der Contact zwischen Metall und Flüssigkeiten nur von unbedeutendem Einflufs sei (S. diesen Ber. 1848. p. 286). Eine genaue Vergleichung ist indefs hier deshalb nicht möglich, weil beide Versuchsreihen nicht unter ganz gleichen, auch nicht unter ganz bestimmten Umständen angestellt sind.

Der letzte Abschnitt giebt Aufschlüsse über die Triebkraft der Kette aus Platin, Salpetersäure und Aetzkali. Beide Condensatorplatten waren aus Glas, mit den in den beiden Flüssigkeiten getränkten Papierscheiben beklebt. Die Verbindung wurde durch einen Bindfaden hergestellt. In Wasser getränkt gab derselbe keine Wirkung. Wurde er mit Aetzkali getränkt, so zeigte die Salpetersäure die Spannung +0,78, ebenso wenn der Bindfaden an dem Ende, welches die Salpetersäure berühren sollte, mit Kali, übrigens mit Wasser getränkt wurde. Bei Verbindung der Scheiben durch einen isolirten Platindraht gab Salpetersäure 3,17, bei Verbindung durch Kupfer 2,4, durch Zink 2,0. Die Kraft der Becquerel'schen Kette ist also gewifs nicht der Wirkung der beiden Flüssigkeiten zuzuschreiben, da diese im entgegengesetzten Sinne wirken würden.

R. Kohlrausch. Versuch zur numerischen Bestimmung der Stellung einiger Metalle in der Spannungsreihe.

In seiner zweiten Abhandlung giebt Hr. Kohlrausch Messungen über die Stellung einiger Metalle in der elektromotorischen Spannungsreihe, und zwar ohne die störende Einwirkung der Flüssigkeiten, mit Hülfe des Condensators. Um den Einflufs, den die verschiedene condensirende Kraft verschiedener Condensatoren auf die Beobachtung ausübt, zu eliminiren, wurde folgende Methode angewandt. Die elektrische Differenz zwischen den beiden Condensatorplatten sei d; man legt die Drahtenden einer Hydrokette mit der Spannung k bald in der einen, bald in der anderen Richtung an die beiden Condensatorplatten, so mifst man dadurch die beiden Werthe $k+d=a$ und $k-d=b$; man hat also das Verhältnifs $k:d=\frac{a+b}{2}:\frac{a-b}{2}$. Bei veränderter condensirender Kraft werden zwar die absoluten Zahlen, nicht aber die Verhältnisse geändert. Auf diese Weise könnte man alle Metalle auf eine beliebige Kraft, z. B. $Zn|Cu$ beziehen, wenn man eine ganz constante Hydrokette hätte. Da dies nicht der Fall ist, so werden immer abwechselnd Messungen mit derselben Kette, aber zwei verschiedenen Condensatoren angestellt, deren condensirende Kraft beliebig sein kann, deren Platten einerseits aus Kupfer-Zink, andrerseits aus den beiden zu prüfenden Metallen M und M' bestanden, so dafs man hatte

$$k : Zn|Cu = \frac{a+b}{2} : \frac{a-b}{2} \text{ und}$$

$$k : M|M' = \frac{a_{,}+b_{,}}{2} : \frac{a_{,}-b_{,}}{2}.$$

Wird $Cu|Zn = 100$ gesetzt, so wurde erhalten $Pt|Zn = 107$, $Au|Zn = 115{,}9$, $111{,}3$ und $111{,}0$, im Mittel $= 112{,}7$, $Ag|Zn = 104{,}8$ und $106{,}4$, im Mittel $= 105{,}6$, wobei Platin, Gold und Silber in Gestalt galvanischer Ueberzüge über Messingplatten gebraucht wurden, da sich Hr. Kohlrausch überzeugt hatte, dafs solche Platten sich ganz verhielten wie massive von gleichem Metall. $Fe|Zn$ gab den hohen Werth 77,3 und 72,1, im Mittel 74,7; es war auch galvanisch dargestellt, aber scheinbar oxydfleckig und wohl passiv.

Die Richtigkeit des elektromotorischen Gesetzes geht aus diesen Versuchen nach folgender Zusammenstellung hervor, in der nur der Werth $Fe|Cu$ nicht ganz pafst.

Es soll sein nach dem Gesetz der Spannungsreihe

$Fe|Cu = 25{,}3$; $Fe|Pt = 32{,}3$; $Fe|Au = 38$; $Fe|Ag = 30{,}9$.

Direct wurde gemessen

$Fe\|Cu$	$= 34{,}8$ und $28{,}8$,	im Mittel	31,9
$Fe\|Pt$	$= 33{,}7$, $31{,}6$ u. $31{,}5$	-	32,3
$Fe\|Au$	$= 39{,}8$ und $39{,}56$	-	39,7
$Fe\|Ag$	$= 29{,}8$.		

Blei gab an mehreren Tagen gegen Kupfer ganz verschiedene Werthe, zwischen 92,7 und 74,0, war dann aber auch blind geworden. Auch der für $Sn|Cu$ gefundene Werth 42,3 wird nicht als ganz zuverlässig angesehen.

Osann. Ist die Steigerung der Elektricität nach den Enden eine Leitungs- oder Vertheilungserscheinung?

Die von Hrn. Osann unternommenen Versuche zur Beantwortung der Frage, ob die Steigerung der Elektricität nach den Enden der Säule eine Leitungs- oder Vertheilungserscheinung sei, gehen von dem Irrthume aus, als habe Hr. Kohlrausch bewiesen, die elektrische Spannung an den Polen einer Kette sei deren Stromstärke proportional; wenn daher hier gezeigt wird, dafs diese Spannung bei einer mehrpaarigen Säule nicht der Stromstärke proportional, sondern von der Leitungsfähigkeit der Flüssigkeit unabhängig ist, während die Stromstärke von derselben abhängt, so wundert sich gewifs kein Physiker darüber.

C. Matteucci. Ueber die Entwickelung der Elektricität bei chemischen Verbindungen.

Hr. Matteucci führt seine Untersuchungen über die Becquerel'sche Kette weiter fort, und findet, dafs die Salpetersäure zum grofsen Theil unabhängig von ihrer Verwandtschaft für das Kali wirkt, also ähnlich wie in der Grove'schen Kette. Neue Beispiele wirksamer Verbindungen werden aufgezählt, einige messende Versuche geben aber nur relative Intensitäten, nicht elektromotorische Kräfte an.

Martens. Ueber die Säurealkalikette.

Die Thatsache, dafs auch hier nicht die chemische Verbindung die Quelle der elektromotorischen Kraft ist, hat Hr. Martens weit früher ausgesprochen; derselbe bestreitet aber mit Recht die Beweiskraft der von Hrn. Matteucci beigebrachten Versuche, und theilt dagegen einen neuen, schlagenderen mit. Zwei weite, verticale Glasröhren sind an ihrem Grunde durch ein horizontales, mit Rothkohltinctur gefülltes, an den Enden mit Blase geschlossenes Rohr verbunden, die senkrechten Röhren enthalten bezüglich Kalilösung und Salpetersäure, und beide Platinplatten, die mit einem Galvanometer verbunden sind. So wie der Apparat zusammengestellt ist, beginnt die Galvanometerablenkung, und doch kann man deutlich durch die Färbung im wagerechten Rohr erkennen, dafs die beiden erregenden Flüssigkeiten sich erst viel später berühren.

C. Despretz. Ueber die Säule mit zwei Flüssigkeiten.

Hr. Despretz prüft das Gesetz der festen chemischen Action auch für Ketten mit zwei Flüssigkeiten. Die Ketten und die Voltameter wurden sorgfältig isolirt, damit nicht durch Nebenschliefsungen ein Elektricitätsverlust stattfinden konnte. Sowohl in Bunsen'schen als in Daniells'schen Ketten wurde der Zinkverbrauch, wie zu erwarten, der Gasentwickelung im Voltameter entsprechend gefunden.

Palmieri. Ueber eine ganz metallische Säule.

In der ersten Notiz des Hrn. Palmieri wird eine neue Kette beschrieben, welche für die Frage über die Quelle der Elektricität von Bedeutung sein soll. In Quecksilber wird einerseits eine Eisen-, andrerseits eine Zink-, Kupfer-, Messing- oder Silberplatte getaucht, und dadurch am Galvanometer ein Strom erhalten. Das Eisen war wohl gesäubert. (Die anderen Metalle wahrscheinlich nicht!) Aufserdem wird ein neues Endosmometer beschrieben, mit welchem der Hr. Verfasser Versuche über die gewöhnliche und elektrische Endosmose angestellt hat.

Palmieri. Entwickelung der Elektricität bei chemischen Verbindungen.

Die zweite, ausgedehntere Mittheilung desselben Hrn. Verfassers soll im Allgemeinen die Elektricitätserregung nachweisen, welche bei der Verbindung zweier Elemente stattfindet. Hr. Palmieri will also durch seine Versuche noch viel mehr nachweisen, als sonst die eifrigsten Elektrochemiker anzunehmen pflegen, die doch wenigstens der unmittelbaren Elementarverbindung ohne gleichzeitige Ausscheidung eines Elementes aus einer früheren Verbindung noch keine erregende Kraft zuschreiben. Die Versuche möchten indefs noch manchen Einwurf zu gewärtigen haben. Ein Theil derselben ist mit dem Condensator angestellt, zeigt aber nur, dafs eine chemische Verbindung einen anderen elektrischen Zustand haben kann als eins ihrer Elemente, nicht, dafs der Vorgang der Verbindung selbst die Quelle der Elektricität war. Der andere Theil ist mittelst des Galvanometers gemacht. Um z. B. die Elektricitätserregung bei der Verbindung von Jod mit einem Metalle zu zeigen, wurden in geschmelztes Jod eine Platin- und eine Eisenplatte gebracht. Es entwickelte sich ein Strom, und nachher enthielt das Jod Eisen. Der Leiter möchte hier also, die Abwesenheit jeder Verunreinigung vorausgesetzt, doch wohl ein Elektrolyt gewesen sein, welcher sich erst durch die rein chemische Einwirkung des Jods auf das Eisen entwickelte. Aehnlich ist es auch mit den übrigen Verbindungen, von denen erst die zwischen einem elektropositiven und einem elektronegativen, dann zwischen zwei elektronegativen, endlich zwischen zwei elektropositiven Körpern (Quecksilber und anderen Metallen) besprochen werden. Den Schlufs machen theoretische Vorstellungen über die betrachtete Elektricitätserregung.

Martens. Ueber die elektrochemische Theorie in ihrer Beziehung zum Substitutionsgesetz.

Durch seine Betrachtungen über die elektrochemische Theorie in ihren Beziehungen zum Substitutionsgesetz, in welcher er besonders die elektrische Stellung der zusammengesetzten Radicale in Betracht zieht, gelangt Hr. Martens zu folgenden Schlüssen.

1) Die elektrochemische Theorie ist nicht im Widerspruch mit dem Substitutionsgesetz.

2) Gewöhnlich kann man den elektrischen Zustand einer Verbindung und deshalb ihre saure, basische oder neutrale Beschaffenheit vorhersehen, wenn man den elektrischen Zustand

ihrer Elemente in Betracht zieht und das Gewichtsverhältnifs, in welchem sie in die Verbindung eintreten.

3) Die Elemente, welche in die Verbindung in gröfserem Gewichtsverhältnifs oder mit gröfserem Aequivalent eingehen, und deren chemische Tendenz am meisten ausgesprochen ist, streben ihren elektrischen Zustand auf die Verbindung zu übertragen.

4) Die zusammengesetzten Radicale machen allein eine Ausnahme von der vorhergehenden Regel; ihr elektrischer Zustand ist mehr oder weniger unabhängig von dem ihrer Elemente, weshalb sie selbst unter dem Einflusse eines galvanischen Stromes, welcher gewöhnlich unfähig ist sie zu zersetzen, die Rolle einfacher Körper spielen.

5) Der elektrische Zustand der Körper ist die Hauptursache ihrer chemischen Reaction, und kann nicht geändert werden, ohne die chemische Reaction ebenfalls zu ändern.

6) Wenn man auch voraussetzt, dafs die Molecularanziehung oder Adhäsionskraft, welche zwischen den Molecülen verschiedener Natur ebenso wie zwischen denen gleicher Natur ausgeübt wird, hinreicht, um die chemischen Verbindungen zu erhalten, mufs man zugeben, dafs die elektrischen Anziehungen im Allgemeinen nöthig sind um sie hervorzubringen, sei es auch nur um eine möglichste Annäherung zwischen den constituirenden Molecülen hervorzubringen, wodurch die innige Beziehung erklärt wird, welche wir zwischen den elektrischen Zuständen und ihrer Verwandtschaft bestehen sehen.

7) Um die Reihe der Verwandtschaften der Körper oder ihres Strebens sich zu verbinden, aufzustellen, mufs man nicht allein ihre elektrische Differenz, sondern auch ihren physischen Zustand, der die Verbindung mehr oder weniger begünstigen kann, und vorzüglich ihr Atomgewicht in Betracht ziehen. So hat das Chlor, obgleich weniger elektronegativ als der Sauerstoff, mehr Verwandtschaft zum Wasserstoff und den Metallen, weil er durch eine gröfsere Masse wirkt, oder mit anderen Worten, weil er ein gröfseres Atomgewicht hat als der Sauerstoff.

8) Die Neutralität der metallischen Chloride, Bromide und Jodide, verglichen mit dem basischen Zustand der entsprechen-

den Oxyde, erklärt sich durch den Ueberschufs des Aequivalents des Chlors, Broms und Jods über das des Sauerstoffs.

J. B. Cooke. Ueber die Messung der chemischen Verwandtschaftskraft.

Hr. Cooke versucht, auf die chemische Hypothese des Galvanismus gestützt, die chemische Verwandtschaft der Körper zu messen. Als ein solches Maafs betrachtet er die Elektricitätserregung, welche durch deren gegenseitige Einwirkung hervorgebracht wird, und statt dieser Elektricitätserregung wird wiederum die Stromstärke bei Einschaltung eines so grofsen Widerstandes gemessen, dafs dagegen die übrigen Widerstände unbedeutend sind. Zu dieser Methode gelangt der Hr. Verfasser deshalb, weil er die Poggendorff'sche Compensationsmethode nur für die geschicktesten Experimentatoren berechnet glaubt. Der grofse Widerstand wird durch eine Glasröhre mit Kupfervitriollösung und kupfernen Polplatten geboten. Wenn die Ablenkung am Galvanometer durch eine Zinkkupferkette in Regenwasser hervorgebracht wurde, so nimmt Hr. Cooke als diejenigen Verwandtschaften, deren Kräfteausgleichung der Strom bildet, an: 1) die des Zinks zum Sauerstoff des Wassers, 2) die des Kupfers zu demselben, 3) die des Wasserstoffs und Sauerstoffs im Wasser zu einander, 4) die des im Wasser aufgelösten Sauerstoffs zu den übrigen Elementen der Schliefsung. Die Reihenfolge der Wirkungen in dieser Kette wird so gedacht: Zink nimmt dem nächsten Wassertheilchen seinen Sauerstoff, der Wasserstoff geht zum nächsten Sauerstofftheilchen, der Wasserstoff des letzten Wassertheilchens verbindet sich mit dem vom Wasser aufgelösten Sauerstoff. Die ganze Krafterregung kann hiernach ausgedrückt werden

$$Zn|O - O|H + H|O - (Cu|O - O|H + H|O),$$

woraus die Affinitätsgleichung

$$(Zn - Cu)|O$$

hervorgeht.

Der negative Theil der Formel fällt weg, wenn *Cu* durch *Pt* ersetzt wird, weil dieses Metall weder eine Verwandtschaft zum Sauerstoff noch zum Wasserstoff hat, und es bleibt nur die Verwandtschaft *Zn*|*O* übrig.

Nach diesen Grundsätzen werden verschiedene Kräfte gemessen, und, von der Kraft *Zn*|*O* ausgehend, folgende Verwandtschaften zum Sauerstoff gefunden,

Zink-Kupfer . . .	1
Wasserstoff	2,36
Zink	2,23
Kalium	3,13
Natrium	2,91
Eisen	1,85
Zinn	1,75
Blei	1,7
Wismuth	1,29
Antimon	1,29
Kupfer	1,25
Silber	0,85

welche zwischen 50 und 212° *F.* unverändert zu bleiben scheinen.

HENRICI. Elektricitätserregung durch Ablöschen erhitzter Metalle.

Hr. HENRICI untersucht die schon früher von POUILLET und von REICH bemerkte Elektricitätsentwickelung beim Eintauchen erhitzter Metalle in Flüssigkeiten. Die Wirkung war bald positiv, bald negativ, am stärksten wenn das Metall nahe unter der Rothgluth sich befand, und ein Verspritzen der Flüssigkeit verursachte; doch bemerkt der Hr. Verfasser selbst, dafs wohl die Temperaturerhöhung öfter eine Zersetzung der Flüssigkeit hervorgebracht habe.

B. Fortpflanzungsgeschwindigkeit der Elektricität.

FIZEAU et GOUNELLE. Recherches sur la vitesse de propagation de l'électricité. C. R. XXX. 437*; Inst. No. 850. p. 121*; POGG. Ann. LXXX. 158*; DINGL. p. J. CXVII. 125*; Arch. d. sc. ph. et nat. XIV. 38*; Mech. Mag. LIII. 316*; Chem. C. Bl. 1850. p. 760*; Arch. d. Pharm. (2) LXV. 308*.

WALKER. Velocity of the electric current. GOULD astr. J. I. 49, 105.

MITCHELL. Experiments on the velocity of electric waves or currents performed at the Cincinnati observatory. Astr. Nachr. XXX. 325*; GOULD astr. J. II; POGG. Ann. LXXX. 161*; Phil. Mag. (3) XXXVI. 284*; Inst. No. 871. p. 294*.

FIZEAU. Remarques sur les expériences faites en 1848 et 1849 aux États-Unis par M. S. C. WALKER et M. O. M. MITCHELL pour déterminer la vitesse de propagation de l'électricité. C. R. XXXII. 47*; Inst. No. 889. p. 20*.

B. A. GOULD. On the velocity of the galvanic current in telegraph wires. SILLIM. J. (2) XI. 67, 153*; KRÖNIG J. III. 1; Arch. d. sc. ph. et nat. XIX. 303*; POGG. Ann. Erg. III. 374*; FRORIEP Tagsber. üb. Phys. u. Chem. I. 291*; Cosmos I. 118*.

FIZEAU und GOUNELLE. Untersuchungen über die Fortpflanzungsgeschwindigkeit der Elektricität.

Die Reihe der interessanten Geschwindigkeitsmessungen, deren Anfang im vorigen Bericht mitgetheilt wurde, hat im Jahre 1850 sich bedeutend vergröfsert. Das von Hrn. WALKER eingeführte Princip des Aufzeichnens desselben Signals durch einen MORSE'schen Drucker an verschiedenen Stationen ist zum Theil weiter verfolgt, zum Theil aber ist ein ganz verschiedener Weg eingeschlagen worden. Dies letztere gilt von einem dem Gedanken nach ebenso einfachen als bestimmten Versuch, den die Herren FIZEAU und GOUNELLE an einer Telegraphenleitung von Paris nach Rouen (nicht nach Rom, wie in Mech. Mag. steht!) und von Paris nach Amiens angestellt haben. Die erstere Linie mifst 288, die letztere 314 Kilometer, die erstere besteht zu einem Drittel aus Eisen, zu zwei Dritteln aus Kupfer, die letztere ganz aus Kupfer. Der Versuch wurde auf mehrere Weisen angestellt, am besten wie folgt. Drei Unterbrecher, Scheiben von 50 Millimeter (Durchmesser?), haben auf ihrem Umfange je 36 Abschnitte, abwechselnd 18 von Holz, 1з von Platin. Sie können durch eine Rotationsmaschine mit Zähler gedreht und dabei so gestellt werden, dafs sie von einem Strom entweder gleichzeitig oder abwechselnd durchlaufen werden. Die Anordnung ist nun folgende. Der Strom einer Säule wird durch den

Unterbrecher *A* geführt, dann geht derselbe gleichzeitig nach den beiden anderen Unterbrechern *B* und *C*, und die von diesen weiter geführten Drähte führen durch ein Differentialgalvanometer zur Erde; ebenso geht der andere Poldraht der Säule unmittelbar in die Erde. Wenn die Schliefsungen in *A* und *B* gleichzeitig geschehen, so geht der Strom wirklich auf diesem Wege durch das Galvanometer, wenn *A* und *B* durch einen kurzen Draht verbunden sind, und bringt, obgleich unterbrochen, doch eine stete Ablenkung der Nadel hervor, wenn nur die Folge der Unterbrechungen schnell genug ist. Wird aber *A* mit *B* durch die lange Leitung verbunden, so geht nicht während der ganzen Schliefsungszeit der Strom durch *B*, ja wenn die Zeit, welche der Strom in der Leitung brauchte, gleich ist einer Unterbrechungs- oder Schliefsungsdauer, so geht der ganze Strom durch *C*, welcher gerade dann schliefst, wenn *A* unterbricht; die Nadel macht also das Maximum ihrer Ablenkung nach der anderen Seite. Aus der Zahl der Umdrehungen, bei welcher dies zum ersten, zweiten etc. Mal geschieht, ist die Stromgeschwindigkeit leicht zu finden. Die Ergebnisse der Versuche sind in Folgendem zusammengestellt.

1) In einem Eisendraht von 4^{mm} Durchmesser pflanzt sich die Elektricität mit der Geschwindigkeit von 101710 (rund 100000) Kilometern fort.

2) In einem Kupferdraht von $2^{mm},5$ mit 177722 (rund 180000) Kilometern.

3) Die beiden Elektricitäten pflanzen sich mit gleicher Geschwindigkeit fort.

4) Spannung der Elektricität und Intensität des Stromes haben keinen Einfluſs auf die Geschwindigkeit.

5) In verschiedenen Leitern ist die Geschwindigkeit nicht proportional dem Leitungsvermögen.

6) Discontinuirliche Ströme, welche sich in einem Leiter fortpflanzen, erleiden eine Diffusion, vermöge welcher sie am Orte der Ankunft einen gröſseren Raum einnehmen, als am Ausgange.

7) Die Fortpflanzungsgeschwindigkeit scheint sich nicht mit dem Querschnitt der Leiter zu verändern.

8) Wenn dies richtig ist, so verändert sich die Geschwindigkeit nur mit der Natur des Leiters, und die gegebenen Zahlen stellen die absoluten Geschwindigkeiten in Eisen und Kupfer dar.

Walker. Geschwindigkeit des galvanischen Stromes.

Diese Ergebnisse weichen bedeutend ab von denen, welche Hr. Walker erlangt hatte. Dieser fand zuerst eine Geschwindigkeit von 18800 engl. Meilen in der Secunde, wobei jedoch keine Rücksicht genommen wurde auf den Widerstand, welchen die einzelnen Theile der Leitung (Drähte und Erde) leisteten (S. d. Ber. 1849. p. 273). Eine zweite Beobachtungsreihe gab demselben eine Geschwindigkeit von 16000 Meilen (Astr. Journ. I. 49) und die späteren Versuche, bei denen statt des Morse'schen Druckers der chemische Telegraph angewandt wurde, bestätigte im Allgemeinen die früheren Angaben (Astr. Journ. I. 105).

Mitchell. Ueber die Geschwindigkeit elektrischer Wellen oder Ströme.

Bei den Versuchen des Hrn. Mitchell hatte der Apparat eine gröfsere Genauigkeit erlangt. Das Pendel der astronomischen Uhr auf der Sternwarte von Cincinnati bewegte durch Schliefsen und Oeffnen einer Localbatterie die Anker eines Elektromagnets und bezeichnete dadurch mittelst eines Stiftes die einzelnen Secunden auf einer kreisförmigen Metallscheibe, welche unter dem Stifte mit gleichförmiger Geschwindigkeit rotirte. Derselbe Anker schlofs und öffnete gleichzeitig den Strom einer zweiten Batterie, welche in ganz derselben Weise Eindrücke auf dieselbe Scheibe zeichnete. Dieser zweite Strom konnte aber bald durch einen kurzen Draht, bald durch eine Leitung von der Hauptbatterie auf der O'Reily-Station in Cincinnati zur Sternwarte (1 engl. Meile), von da nach Pittsburg ($302\frac{1}{2}$ Meile) und wieder zurück zur Sternwarte, durch Draht hier in den Erdboden und durch diesen zur Hauptbatterie zurück, geschlossen werden. Geschah das erstere, so folgten die Stöfse des Stiftes dieses

Apparates (Beobachtungsstift) dem des regelmäfsig durch den ersten Magnet bewegten (Normalstift) um die Zeitdauer nach, welche der Anker des zweiten Elektromagnets zur Anziehung brauchte. Geschah das letztere, so wurde der Zwischenraum zwischen beiden Stöfsen vermehrt um die Zeit, welche der Strom zum Durchlaufen der langen Leitung braucht, vorausgesetzt, dafs die Stärke des Stromes in beiden Fällen auf dieselbe Gröfse gebracht war, um die zum Anziehen des Ankers nöthige Zeit gleich zu erhalten. Dies und die nöthige Ajustirung des Stiftganges wurde mit grofser Sorgfalt ausgeführt, und so im Mittel aus drei Reihen mit langer und zwei mit kurzer Leitung (zu je 30 Beobachtungen) die Zeitdauer für die 607 Meilen = 0",02128 gefunden, was einer Geschwindigkeit von 28524 engl. Meilen in der Secunde entspricht. Diese Geschwindigkeit hat indefs Hr. Mitchell nicht mit Bestimmtheit als die Fortpflanzungsgeschwindigkeit der Elektricität angesehen (Ast. Nachr. XXX. 330), er ist vielmehr der Meinung, dafs diese Zeit vergehe, ehe ein durch Schliefsung oder Oeffnung des Stromes gegebenes Signal nach jeder anderen Station mitgetheilt werde, dafs also alle auf dem ganzen Wege liegenden Stationen ihre Signale gleichzeitig erlangen, und zwar erst dann, wenn die beiden elektrischen Fluida ihren ganzen Kreislauf durch die Kette vollendet haben. Er kommt zu diesem Schlufs durch eine in der That auffallende Versuchsreihe, bei der die Zeichen zu ganz derselben Zeit erschienen, der aufzeichnende Magnet mochte 606 Meilen vom negativen, 302½ von jedem oder 606 Meilen vom positiven Pole der Säule entfernt sein. Offenbar war dieser Beobachter im Vortheil gegen die meisten übrigen dadurch, dafs seine Leitung fast ganz aus Draht bestand; er war aber für den vorliegenden Versuch auch im Nachtheil, weil ihm nicht mehr Stationen zur Verfügung standen.

H. Fizeau. Bemerkungen über die Walker'schen und Mitchell'schen Versuche zur Bestimmung der Fortpflanzungsgeschwindigkeit der Elektricität.

Hr. Fizeau hat in seiner zweiten Notiz über diese amerikanischen Beobachtungen die Bemerkungen gemacht:

1) in ihnen kommen mehrere constante oder zufällige Fehlerquellen vor, welche nicht in Rechnung gebracht sind, und welche doch beträchtlich sind im Vergleich mit den zu bestimmenden Gröfsen.

2) Die Ergebnisse sind auf eine der wahrscheinlichsten Theorie der Elektricitätsfortpflanzung widersprechende Art ausgelegt.

3) Die beobachteten Erscheinungen sind nicht im Widerspruch mit der von ihnen (Fizeau und Gounelle) gefundenen Geschwindigkeit, 25000 lieues in der Secunde, für den Eisendraht.

4) Dieser Werth kann sogar aus dem Versuche von Mitchell abgeleitet werden.

5) Die viel kleineren Werthe, welche die Verfasser geben, (12000 bis 5000 lieues) sind nicht zulässig.

B. A. Gould. Ueber die Geschwindigkeit des galvanischen Stromes in Telegraphendrähten.

In einer sehr ausführlichen Abhandlung endlich hat Herr Gould die verschiedenen Methoden früherer Beobachter aufgezählt und beleuchtet. Er zeigt, dafs Wheatstone's Ergebnifs für die Fortpflanzung der Reibungselektricität (288000 Meilen) denen von Walker nicht widerspreche, wenn man annimmt, dafs die Geschwindigkeit mit der Leitungsfähigkeit variirt, dafs dagegen die von Fizeau und Gounelle erhaltenen Resultate den übrigen durchaus entgegenstehen. Weiter bespricht er die möglichen Fehlerquellen in den Methoden, welche nach dem Principe des Druckers ausgeführt sind; bei den späteren Versuchen hatte Walker die Zeit, welche der Anker zu seinem Hub braucht, ganz eliminirt, indem er sich des Bain'schen chemischen Druckers bediente, bei welchem der Papierstreifen in eine Lösung von

Blutlaugensalz getränkt ist, und der druckende Stift beständig auf dem Papiere schleift, wobei also die anfangende oder aufhörende chemische Zersetzung Anfang oder Ende der Schliefsung unmittelbar angeben mufs. Hr. GOULD verwirft aber auch dieses Mittel, weil eine Ausbreitung der chemischen Wirkung im Papier stattfindet; er kehrt zum MORSE'schen Drucker zurück, benutzt aber nur die Enden der Striche, die von der Hubzeit ganz unabhängig und nur von der Zeit abhängig sind, in der das Eisen seinen Magnetismus soweit verloren hat, dafs die Feder den Anker loszudrücken vermag.

Die Fragen, welche durch diesen Apparat gelöst werden sollen, sind:

1) Bekommt jede Station das Signal um so später, je entfernter es von der Säule ist?

2) Wenn dies bejaht ist, auf welchem Wege werden sie vom Strom erreicht, nur durch den Draht oder, wenn diese Leitung die längere ist, durch die Erde?

3) Hat die Intensität des Stromes einen Einflufs auf dessen Geschwindigkeit?

Die Drahtlängen sind = 110 Proc. der gemessenen Entfernung der Stationen genommen, eine Angabe, die eher zu klein als zu grofs sein soll. Die einzelnen Längen in Meilen sind

Washington.				
288	Pittsburg.			
622	334	Cincinnati.		
747	459	125	Louisville.	
1045	757	423	289	St. Louis.

Die Uhr in Seaton gab regelmäfsige Signale, die auf der Seaton-Station in Washington City, Pittsburg, Louisville und St. Louis aufgezeichnet wurden. Die Experimentatoren der einzelnen Stationen gaben in Intervallen von zwei oder drei Secunden willkürliche Signale, welche ebenfalls verzeichnet wurden.

Als ein Beispiel für die Versuche folgen hier die Unterschiede der auf dem Papierstreifen zu Washington und auf demjenigen der übrigen Stationen verzeichneten Intervalle zwischen den Signalpausen und den vorhergehenden Uhrpausen in Mittelwerthen.

Aufzeichnung.		Signalstationen. Pittsburg.	Cincinnati.	Louisville.	St. Louis.
Pittsburg	. .	0,0295	0,0283	0,0373	0,0451
Cincinnati	. .	0,0317	0,0752	0,0843	0,0950
Louisville	. .	0,0347	0,0750	0,1163	0,1343
St. Louis	. .	0,0455	0,0704	0,1108	0,1454

Aus den in St. Louis gegebenen Signalen ergeben die Aufzeichnungen der verschiedenen Stationen die Geschwindigkeit

Pittsburg	12772	engl. Meilen	in der	Secunde
Cincinnati	13095	-	-	-
Louisville	11124	-	-	-
St. Louis	14404	-	-	-
Mittel	12851	-	-	-

Die Aufzeichnungen von St. Louis geben eine weit gröfsere Geschwindigkeit, als die andern. Die Drahtlänge zwischen Washington und St. Louis ist = 1046 Meilen, die gerade Entfernung 742. Der Strom kann also wohl durch die Erde gegangen sein. Die Drahtlänge von Washington bis Louisville ist 747; wenn der Strom hierher durch den Draht, nach St. Louis durch die Erde gegangen wäre, und zwar durch beide mit gleicher Geschwindigkeit, so hätten beide Stationen ihre Signale zugleich erhalten. Nach St. Louis kamen dieselben aber später, aber nicht im richtigen Verhältnifs, um zu glauben, der Strom sei auch hier durch den Draht gegangen; man mufs also wohl annehmen, dafs die Geschwindigkeit in Draht und Erde verschieden ist. Die Beobachtungsfehler sind nicht klein genug, um hierüber mit Bestimmtheit zu entscheiden.

Aus den übrigen Beobachtungen folgen ferner die Ergebnisse nach den Stationen, deren Entfernungen durch die aufgezeichneten Werthe gemessen sind.

Stationen.		Mittleres Intervall.	Zahl der Beobachtungen.	Geschwindigkeit in Meilen.
Pittsburg	.	0″,03567	252	16147
Cincinnati	.	0 ,08289	196	15008
Louisville	.	0 ,12291	147	12155
St. Louis	.	0 ,14510	61	14404

Aus sämmtlichen Beobachtungen ergiebt sich der Mittelwerth = 14900 engl. Meilen. Aufserdem ersieht man aus der letzten

Tabelle, dafs die Signale die Stationen nach einander mit mefsbarer Geschwindigkeit erreichen. In Bezug auf die Fortpflanzung des Stromes durch die Erde nimmt Hr. GOULD an, die Elektricität gehe nicht durch dieselbe von Platte zu Platte, wie durch einen Draht, vielmehr bilde die Erde einen grofsen Behälter für die Elektricitäten, welche Ansicht er durch seine Versuche bestätigt findet. Ob die Signale nur durch die Drähte, oder je nach der Kürze des Weges lieber durch die Erde oder durch die Drähte fortgepflanzt werden, wird aus der folgenden Zusammenstellung bestimmt; die Entfernungen sind für jede der beiden Hypothesen beigefügt, und die daraus berechneten Geschwindigkeiten lassen die Fortpflanzung durch die Erde wenn diese der kürzere Weg ist, sehr unwahrscheinlich erscheinen, weil die Ergebnisse zu ungleich sind.

Signal.	Aufzeichnung.	Entfernung. Erste Hypothese.	Entfernung. Zweite Hypothese.	Geschwindigkeit. Erste Hypothese.	Geschwindigkeit. Zweite Hypothese.
St. Louis	Pittsburg	576	59	12800	1311
Pittsburg	St. Louis	576	59	10473	1073
St. Louis	Cincinnati	1244	727	13097	7651
Cincinnati	St. Louis	1244	727	17771	10386
St. Louis	Louisville	1494	977	11405	7458
Louisville	St. Louis	1494	977	13484	8817
St. Louis	St. Louis	2090	1055	14415	7283

Aus den sämmtlichen Resultaten der Küstenvermessung hat Hr. GOULD alle Fälle, in denen der Strom nur durch den Draht gehen mufste, und alle, in denen die Erde den kürzesten Weg bildete, zu zwei Gleichungen vereinigt, und daraus für die Geschwindigkeit im Draht allein, durch 26 auf 768 Ablesungen beruhende Vergleiche den Werth 15600 Meilen gefunden. Dieser Werth in die andere Gleichung gesetzt, vergröfsert die Uebereinstimmung der Beobachtungen nicht wesentlich, so dafs nur jene eine Beobachtung für die frühere Ankunft des Signals nach St. Louis, als sie durch den Draht erfolgen sollte, für die Fortpflanzung durch die Erde spricht.

Eine Zusammenstellung aller Experimente der Küstenvermessung auf den verschiedenen Linien zeigt folgende Ergebnisse:

Cambridge	. .	18000	Meilen
Cincinnati	. . .	18330	-
St. Louis	. . .	14900	-
Charleston	. .	16856	-

Als wahrscheinlichster Werth ergiebt sich hieraus die Geschwindigkeit von 15890 engl. Meilen in der Secunde.

Die Einwirkung der Stromstärke auf die Geschwindigkeit ist aus den vorliegenden Versuchen nicht mit Bestimmtheit zu erkennen.

C. Leitung und Ladung.

Becker. Ueber die Abhängigkeit des elektrischen Leitungswiderstandes einiger Flüssigkeiten von der Temperatur. Lieb. u. Wöhl. LXXIII. 1*.

C. L. Dresser. Experiments on the conducting power of wires for voltaic electricity. Phil. Mag. (4) II. 198*; Arch. d. sc. ph. et nat. XVIII. 210*.

A. Baumgärtner. Sur la conductibilité électrique du globe terrestre. Arch. d. sc. ph. et nat. XVII. 54. Siehe Berl. Ber. 1849. p. 284.

C. Matteucci. Extrait d'un mémoire sur la conductibilité de la terre. C. R. XXX. 774*; Arch. d. sc. ph. et nat. XVI. 319*; Rep. of the Brit. Assoc. 1850. 2. p. 56*; Inst. No. 876. p. 330*; Sillim. J. (2) X. 406.

— — Recherches expérimentales sur la propagation du courant électrique dans la terre. C. R. XXXII. 511*; Inst. No. 901. p. 115; Ann. d. ch. et d. ph. (3) XXXII. 221*; Arch. d. sc. ph. et nat. XVII. 56*; Dingl. p. J. CXXI. 202*; Krönig J. II. 416*.

J. Napier. On the conductibility of the earth for electricity. Phil. Mag. (3) XXXVII. 390*; Dingl. p. J. CXIX. 74*.

E. Loomis. Experiments on the electricity of a plate of zinc buried in the earth. Sillim. J. (2) IX. 1; Arch. d. sc. ph. et nat. XIII. 265; Inst. No. 883. p. 392*.

F. C. Bakewell. On the conduction of electricity through water. Rep. of the Brit. Assoc. 1851. 2. p. 6*; Athen. 1851. p. 717*.

v. Kobell. Ueber das galvanische Verhalten und die Leitungsfähigkeit der Mineralkörper als Kennzeichen. Erdm. J. L. 76*.

Hittorf. Ueber das elektrische Leitungsvermögen des Schwefelsilbers und Halbschwefelkupfers. Pogg. Ann. LXXXIV. 1*; Ann. d. ch. et d. ph. (3) XXXIV. 124.

Osann. Ueber Gassäulen. Pogg. Ann. LXXIX. 576*.

— — Ueber die Wirkung einer Gassäule, bei welcher nur in dem einen Element Gas vorhanden ist. Verh. d. Würzb. Ges. II. 329*; Arch. d. Pharm. (2) LXX. 296; Erdm. J. LX. 99; Phil. Mag. (4) III. 317; Chem. C. Bl. 1852. p. 84.

E. Edlund. Jakttagelser öfver galvanisk polarisation. Öfvers. af förh. 1851. p. 1*; Pogg. Ann. LXXXV. 209*.

Beetz. Ueber die Wirkung des Erwärmens und Erschütterns der Elektroden auf die Stromstärke. Pogg. Ann. LXXIX. 98*; Arch. d. sc. ph. et nat. XIII. 282*.

Becker. Ueber die Abhängigkeit des elektrischen Leitungswiderstandes einiger Flüssigkeiten von der Temperatur.

Die Versuche des Hrn. Becker über die Abhängigkeit des elektrischen Leitungswiderstandes einiger Flüssigkeiten von der Temperatur sind nicht mit Vermeidung des Polarisationseinflusses, sondern mit gleichzeitiger Bestimmung der Ladung angestellt. In den Strom einer gewöhnlich dreipaarigen Bunsen'schen Kette, wurde ein Rheostat, eine Tangentenbussole, und die zu prüfende Leitungsflüssigkeit geschaltet. Die beiden Ablenkungen α und α' wurden einmal durch blofse Einschaltung verschiedener Rheostatwindungen, n und n' erhalten, das andere Mal durch Einschaltung verschiedener Rheostatwindungen und gleichzeitig der Probeflüssigkeit. Bezeichnet k die elektromotorische Kraft, l den wesentlichen Widerstand der Kette, so können aus den vier Gleichungen

$$\text{tang}\,\alpha = \frac{k}{l+n}, \qquad \text{tang}\,\alpha' = \frac{k}{l+n'},$$

$$\text{tang}\,\alpha = \frac{k-p}{l+r+n_1}, \qquad \text{tang}\,\alpha' = \frac{k-p}{l+r+n'_1},$$

die Werthe k, l, r und p (r der Widerstand der Flüssigkeit, p die Ladung) gefunden werden, wenn man die Ladung als constant annimmt für die Intensitäten tang α und tang α', eine Annahme, welche dadurch ermöglicht wurde, dafs immer grofse Stromintensitäten in der Leitung waren.

Die Hauptergebnisse sind:

Für destillirte Schwefelsäure, verdünnt bis 1,24 spec. Gew., zwischen Platinplatten

t	r	p
21,2	4,36	10,946
26,0	4,02	10,678
30,0	3,72	10,603

t	r	p
55,1	2,35	10,372
74,4	1,77	9,943
100,0	1,45	8,431

wonach r vermittelst der empirischen Formel

$$r = 6,4195 - 0,1099\,t + 0,0007201\,t^2 - 0,000001181\,t^3$$

berechnet werden kann. Ferner bei Anwendung einer anderen Säure (mit geringem Bleigehalt)

t	r	t	r
−20,0	7,31	+ 10,1	2,59
−15,4	5,76	20	2,25
−10,0	4,81	40	1,54
− 5,0	4,65	50	1,22
0	4,01	100	1,07

Für Salpetersäure, verdünnt bis 1,36 spec. Gew., zu berechnen nach der Formel

$$r = 7,10 - 0,20721\,t + 0,0046\,t^2 - 0,0000379\,t^3$$

t	r	p
+ 1,8	6,78	4,435
11,1	5,16	4,616
20,2	4,43	4,491
30	4,05	4,187
40	3,93	3,886
50	3,44	4,004

Für Zinkvitriol, in 100 C.C. Lösung 96,00 Grm. Vitriol enthaltend, zwischen Zinkplatten, wobei nicht die stabilen Ablenkungen, sondern die ersten Ausschläge beobachtet wurden, um den Einfluſs der Oxydschicht, welche sich schnell bildete, zu umgehen

t	r	t	r
9,3	38,62	40	18,01
19,6	28,63	50	17,16
25,2	25,12	60	12,56
31,0	22,72	70	11,54

Daraus die Formel

$$r = 50,1492 - 1,5288\,t + 0,024972\,t^2 - 0,00015756\,t^3.$$

Für dieselbe Lösung, verdünnt mit dem gleichen Volumen Wasser, zu berechnen nach

$$r = 46,017 - 0,9789\,t + 0,0116835\,t^2 - 0,00005426\,t^3$$

t	r	t	r
15	33,78	60	18,65
22,5	29,39	70	16,12
42	21,58	80	14,36
50	19,58	90	12,84

Kupfervitriollösung, 26,49 Proc. krystallisirtes Salz haltend:

t	r	t	r
16,4	22,15	40	13,63
20,7	20,24	50	11,60
25,7	18,56	70	9,43
30,0	15,60	90	8,01
35,0	14,55	100	7,75

Formel $r = 33{,}0445 - 0{,}79254\,t + 0{,}008983\,t^2 - 0{,}00003587\,t^3$.

Kupfervitriollösung, 21,83 Proc. haltend:

t	r	t	r
17,0	24,25	40,5	16,88
19,2	23,33	50	14,69
21,2	22,59	70	11,79
25,0	20,47	90	10,90
31,2	19,22	100	10,91
35,0	18,68		

Formel $r = 32{,}277 - 0{,}55747\,t + 0{,}004848\,t^2 - 0{,}00001461\,t^3$.

Kupfervitriollösung, 14,60 Proc. haltend:

t	r	t	r
14,5	29,66	50	16,51
20,1	27,18	60	15,70
26,0	24,56	80	12,88
30,5	22,03	100	11,86
40,0	19,23		

Formel $r = 40{,}4443 - 0{,}8386\,t + 0{,}0090135\,t^2 - 0{,}00003472\,t^3$.

Kupfervitriollösung, 9,62 Proc. haltend:

t	r	t	r
16,2	36,31	50	20,93
20,5	31,91	65	18,40
27,0	28,62	80	18,59
33,2	25,82	100	16,61
41,0	23,31		

Formel $r = 51{,}661 - 1{,}14555\,t + 0{,}01324\,t^2 - 0{,}000053503\,t^3$.

Es folgt dann eine Tabelle für die Leitungsfähigkeit der Kupfervitriollösungen zwischen 14° und 30° und dem Procentgehalt 8 bis 28. Dann werden die gegebenen Widerstände mit den bekannten Widerständen fester Leiter in Beziehung gebracht. Aus den Versuchsreihen, die mit Kupfervitriollösungen in einem Glasrohr übrigens nach der vorher angewandten Methode angestellt waren, fand sich der Widerstand einer solchen Lösung von 17,89 Proc. bei 13°,3 C. 1469100mal gröfser, als der eines Neusilberdrahts von gleichen Ausmessungen, dieser 12,401 mal schlechter leitend als reines Silber. Bei andern Versuchen, in denen, wie es sonst üblich ist, der Strom auf eine bestimmte Stärke gebracht wird, und dann so lange die Polplatten genähert, und dafür mehr Maafsdraht eingeschaltet wird, bis wieder dieselbe Stromstärke eintritt, wurde für eine Lösung mit 13,5 Proc. Salzgehalt bei 20° im Mittel 1175320 gefunden, während Horsford's Angabe auf dieselbe Einheit bezogen für 20° = 972320, E. Becquerel's für 20° 1305400, aber Lenz's für 14°,5 nur 607400 ist.

C. L. Dresser. Versuche über die Leitungsfähigkeit der Drähte für Volta'sche Elektricität.

Die Versuche des Hrn. Dresser geben Zahlen für die leitende Kraft von Kupfer und Eisendrähten, durch welche das „oft angeführte Gesetz, dafs die Leitungsfähigkeit eines Drahtes seiner Länge umgekehrt proportional sein solle" nicht bestätigt wird, weder für kurze noch für lange Drähte, weder für grofse noch für kleine Stromstärken. Auf welche Weise die vielen Fehlerquellen, die bei solchen Messungen vorkommen, z. B. der Einflufs der Erwärmung, vermieden sind, ist freilich nicht zu bemerken.

C. Matteucci. Experimentaluntersuchungen über die Fortpflanzung des galvanischen Stromes in der Erde.

Durch die sehr ausgedehnte Arbeit des Hrn. Matteucci über die Leitungsfähigkeit der Erde, von welcher der Herr Verfasser selbst sagt, sie werde sich von dem Vorwurfe einer zu grofsen Weitschweifigkeit nicht befreien können, ist es schwer sich hindurch zu finden, da die Ergebnisse von einer grofsen Masse bekannter oder ganz nothwendig zu erwartender Thatsachen, so wie andeutungsweise herangezogener theoretischer Betrachtungen umhüllt sind. Als Hauptergebnisse sind die folgenden Sätze aufgestellt.

1) Die Leitungsfähigkeit einer Erdschicht übertrifft um so mehr diejenige, welche man mit denselben Elektroden in derselben Schicht findet, wenn sie isolirt ist, je gröfser ihre Länge und je schlechter ihr Leitungsvermögen ist.

2) Wenn man die Oberfläche der Elektroden vergröfsert, oder wenn man sie mit einer sehr dünnen und im Vergleiche mit dem Abstande der Elektroden als unendlich klein zu betrachtenden Schicht eines gut leitenden Körpers umgiebt, so wird der Widerstand einer Erdschicht beträchtlich verkleinert, und je nach den Fällen auf die Hälfte bis ein Dreifsigstel reducirt.

3) Der Widerstand einer Erdschicht, dessen Vergröfserung stets mit der Länge abnimmt, und zwar mehr oder weniger rasch je nach der Ausdehnung der Elektroden und nach der Leitungsfähigkeit der Schicht, bleibt constant von 10 bis 100 bis 200 Metern an bis zu 8 Kilometern. Von dieser Länge bis 20 Kilometer an bis zu 77 Kilometern nimmt der Widerstand um eine Gröfse ab, welche zwar sehr klein, aber doch vollkommen bestimmt ist, und mit der Verlängerung der Schicht wächst.

4) Diese Abnahme ist um so bedeutender, je geringer die Leitungsfähigkeit der Schicht ist, und in einigen Ausnahmefällen, wie bei der Berührung mit einer Schicht von einem sehr guten Leiter, beginnt die besagte Abnahme bei vergleichsweise viel kleineren Entfernungen.

5) Der Widerstand einer Erdschicht von 77 Kilometer Länge, welche sich zwischen den grofsen in Brunnen getauchten Elektroden befindet, ist nicht bedeutender, als der Widerstand einer $0^{m},50$ langen und in einem isolirten Canal von gleichem Querschnitt mit den Elektroden enthaltenen Schicht von demselben Wasser.

J. Napier. Ueber die Leitungsfähigkeit der Erde.

Herr Napier bemerkte bei seinen Versuchen, die durch ein in die Erde vergrabenes Plattenpaar erregte Elektricität zu galvanoplastischen Zwecken zu benutzen, dafs die Entfernung der Platten von einander ganz gleichgültig war, und überzeugte sich, dafs die leitende Substanz im Erdboden nur das Wasser war.

E. Loomis. Versuche über die Elektricität, welche eine in die Erde gegrabene Zinkplatte entwickelt.

Die Versuche des Hrn. Loomis geben eine lange Reihe von Messungen über die Stromstärke, welche eine in die Erde gegrabene Zinkplatte und eine in einen Brunnen versenkte Kupferplatte erregen, wenn die Gröfse derselben, die Länge des Drahtes etc., verändert werden. Mit einem solchen Paare von je einem Quadratfufs Fläche konnte mittelst des Morse'schen Druckers, wie mittelst des chemischen Telegraphen, 10 Meilen weit telegraphirt werden. Mit Platten von fünf Fufs Länge und zwei und einem halben Fufs Breite wurde von Washington nach Baltimore telegraphirt.

F. C. Bakewell. Ueber die Elektricitätsleitung durch Wasser.

Herr Bakewell stellt Versuche über die Möglichkeit an, durch ungeschützte Kupferdrähte, welche in Wasser liegen, galvanische Ströme zu leiten. Der Strom ging durch einen 320′ langen dünnen Kupferdraht, der durch das Wasser geführt war, und kehrte durch zwei Kupferplatten von 10 Zoll im Quadrat durch das Wasser zurück, wie sich aus der Ablenkung am Galvanometer, und den Zusätzen von Cyankalium zeigte. Der Versuch wurde noch in veränderter Form wiederholt.

---

v. Kobell. Ueber das galvanische Verhalten und die Leitungsfähigkeit der Mineralkörper als Kennzeichen.

Herr v. Kobell schlägt als eine neue Mineralprobe die Leitungsfähigkeit für Galvanismus vor. Die zu untersuchende Substanz wird mit einem Zinkstreifen verbunden in Kupfervitriollösung auf kurze Zeit getaucht, und aus der Geschwindigkeit, mit der sie sich mit Kupfer überzieht auf ihre Leitungsfähigkeit geschlossen. Von vielen Mineralien ist dabei angegeben, ob sie sich als gute, mässige oder schlechte Leiter gezeigt haben.

Hittorff. Ueber das elektrische Leitungsvermögen des Schwefelsilbers und Halbschwefelkupfers.

Herr Hittorff hat über die von Faraday (Exp. Res. 432 ff.) beobachteten Leitungserscheinungen beim Schwefelsilber genauere Versuche angestellt. Das Schwefelsilber, bei gewöhnlicher Temperatur schwach leitend, wird beim Erwärmen ein immer besserer Leiter, und scheint von einer gewissen Temperatur an wie ein Metall zu leiten. Hr. Hittorff bestätigte nicht nur diese Erscheinung beim Schwefelsilber, sondern fand eine ganz ähnliche beim Halbschwefelkupfer. Dies letztere ist bei gewöhnlicher Temperatur ein sehr schlechter Leiter; es enthält aber leicht etwas Einfachschwefelkupfer, und ist dann um so besser leitend, je mehr es davon enthält; je länger die Substanz bei ihrer Darstellung geschmelzt worden ist, desto gröfser ist ihr Widerstand, desto weniger Schwefel enthält sie aber auch nach der Analyse. Ein Cylinder von Halbschwefelkupfer wurde mit Klemmschrauben versehen und in ein mit Kohlensäure gefülltes Glasrohr geschmelzt, so dafs die Leitungsdrähte herausragten, und damit in ein Oelbad gesetzt. Bei etwa 110° bemerkt man deutlich, dafs die Leitung eine elektrolytische ist, denn es scheidet sich an einem Ende des Cylinders Schwefel, am anderen metallisches Kupfer in Haarform ab. Auch erscheinen die beiden Enden durch die Wirkung der Elektrolyse polarisirt. Dauert der Strom länger, so nimmt der Widerstand immer mehr ab im Maafse, als mit der Bildung von Einfachschwefelkupfer der Cylinder metallische Leitung bekommt. Durch messende Versuche wird gezeigt, dafs die plötzlichste Widerstandsverminderung bei der Temperatur eintritt, bei welcher die Substanz erweicht, und durch andere Versuchsreihen wird bewiesen, dafs in der That bei dieser Temperatur das Latentwerden der Wärme eintritt. Eine ähnliche Erklärung wird für die gute Leitungsfähigkeit gegeben, welche das Schwefelsilber annimmt. Dafs das Schwefelsilber selbst nicht bei höherer Temperatur zum metallischen Leiter wird, zeigt sich dadurch, dafs auch bei 190° die Abscheidungen an den beiden Polen des angewandten Cylinders stattfinden; demnach nimmt Hr. Hittorff an, es bilde sich ein leitender Silberfaden in der Masse, welcher aber nur bei höherer Temperatur als zusammenhängender Leiter auftritt, beim Abkühlen aber zerreifst, so dafs dann nur die elektrolytische Leitung übrig bleibt. Auch hier ist die gröfste Widerstandsabnahme bei der Temperatur des Erweichens.

Schwefelcadmium und Schwefelmangan werden erst bei der Glühhitze, obgleich noch nicht geschmolzen, etwas leitend, Schwefelantimon dicht unter seinem Schmelzpunkte. Selensilber und Halbselenkupfer sind gute metallische Leiter.

Osann. Ueber Gassäulen.

Hr. Osann beabsichtigt durch seine Versuche zu zeigen, dafs Gasketten, gefüllt mit hydroelektrisch entwickelten Gasen, stärker wirken, als mit chemisch dargestellten. Dieser Satz klingt allerdings neu, das aber, was bewiesen wird, ist sehr alt, dafs nämlich die Kraft solcher Ketten eine gröfsere ist, wenn an den Platten derselben selbst die Elektrolyse vorgegangen ist; in diesem Falle wird die Polarisation mit der elektromotorischen Kraft der Gase verglichen, und wir wissen längst, namentlich durch Poggendorff's Arbeiten, dafs für Platinplatten in verdünnter Schwefelsäure jene gröfser ist als diese. Wird die Entwickelung der Gase nicht an den Platten der Kette selbst vorgenommen, so sind nach des Berichterstatters Versuchen beide Kräfte gleich.

Die Erklärung, welche Hr. Osann seinem Versuche giebt, indem er annimmt, beim Durchgange des Stromes bleibe ein Theil Elektricität in den Platinstreifen zurück, dürfte nur wenig Anklang finden.

Osann. Ueber die Wirkung einer Gaskette, bei welcher nur in dem einen Element Gas vorhanden ist.

In der anderen Notiz will Herr Osann nachweisen, dafs in den Gasbatterieen nur der Wasserstoff wirksam ist. Zwei Gasketten (mit Wasserstoff?) wurden statt mit verdünnter Schwefelsäure mit Salzsäure gefüllt, und in einer über das Platin Sauerstoff gebracht. Als jetzt beide Elemente durch ein Galvanometer geschlossen wurden, wich die Nadel weiter ab als bei verdünnter Schwefelsäure. Den Grund hiervon sucht Hr. Osann darin, dafs Salzsäure besser leite als verdünnte Schwefelsäure. Wahrscheinlicher möchte es indefs sein, dafs die Salzsäure chlorhaltig war. Die ganze Frage dürfte übrigens durch die zwei Jahre früher veröffentlichten messenden Versuche des Berichterstatters, welche Herr Osann noch nicht gekannt zu haben scheint, erledigt sein.

E. Edlund. Beobachtungen über die galvanische Polarisation.

Herr Edlund theilt Versuche über die galvanische Polarisation mit, welche durch Ströme von kurzer Dauer hervorgerufen wird. Die Ströme, welche als Stöfse auf die Nadel eines Spiegelgalvanometers wirken, kommen in Bezug auf ihre Intensität und ihre Dauer in Betracht; sie sind daher durch den Ausschlag nur vergleichbar, wenn ihre Dauer genau gleich ist. Um diese Ausgleichung zu umgehen, mifst der Hr. Verfasser einen durch den polarisirenden Strom hervorgebrachten Inductionsstrom, weil bei diesem die Zeitdauer der Schliefsung gleichgültig ist; um aber nicht eine Schwächung der beiden auf einander folgenden Inductionsströme eintreten zu lassen, wird durch eine einfache Vorrichtung die secundäre Leitung geöffnet, ehe die primäre geöffnet ist, und so das Eintreten des Oeffnungsstromes ausgeschlossen.

Auf diese Weise wurde erst die Kraft der Kette allein, und dann dieselbe nach Abzug der Polarisation gemessen. Wird die Kraft einer DANIELL'schen Kette als Einheit genommen, so werden als Mittelwerthe folgende Polarisationen gefunden, die durch eine Schliefsung während $\frac{1}{30}$ Secunde entstanden waren:

Verdünnte	Schwefelsäure	und	Kupfer . . .	= 0,36
-	-	-	Zink	= 0,24
-	Salpetersäure	-	blankes Platin .	= 1,41
-	-	-	Kupfer . . .	= 0,62
-	Kochsalzlösung	-	Zink	= 0,16
-	-	-	Kupfer . . .	= 0,24.

BEETZ. Ueber die Wirkung des Erwärmens und Erschütterns der Elektroden auf die Stromstärke.

Der Berichterstatter hat die schon oft besprochene Wirkung der Erschütterung und Erwärmung der Elektroden auf die Stromstärke genauer untersucht. Die Wirkung der Erschütterung ist im Allgemeinen um so stärker, je gröfser der Werth der Polarisation an der betreffenden Elektrode ist, nur die Erschütterung einer Platinplatte, die durch Sauerstoff polarisirt ist, welche Ladung nach frühern Versuchen der durch Wasserstoff gleich sein sollte, bringt eine viel geringere Stromverstärkung hervor; eine Plattinplatte als negativer Pol in Salpetersäure wirkt sogar stromschwächend, wenn sie erschüttert wird, weil sich an ihr durch secundäre Wirkung salpetrichte Säure entwickelt hat. Das Erwärmen wirkt auf beide Polplatten ziemlich gleich bei starken Strömen, bei schwachen sehr vorherrschend auf die negative Polplatte, ebenso das Erschüttern, weshalb FARADAY, der immer mit starken Strömen arbeitete, den ganzen Unterschied in Abrede stellen mufste. Als Grund dieser Erscheinungen hat der Berichterstatter aufgestellt, dafs auch der schwächste Strom bei der Elektrolyse eine Polarisation, und zwar das Polarisationsminimum hervorbringt, welches gleich ist der elektromotorischen Kraft der betreffenden Gase in der Gasbatterie. Diese Minima sind für Sauerstoff und Wasserstoff sehr verschieden, die Maxima aber, welche durch starke Ströme erregt werden, sind nahezu gleich für beide Gase; die die Polarisation schwächenden Wirkungen des Erwärmens und Erschütterns müssen also bei starken Strömen viel gleichartiger ausfallen als bei schwachen. Um einen Begriff von der Abnahme der Ladungen zu bekommen, wurden die Curven aufgesucht, in denen dieselben abfallen, wenn in verschiedenen Zeiten nach der Unterbrechung des primären Stromes die secundären geschlossen werden. Die Minima stehen in der That im Verhältnifs der elektromotorischen Kräfte. Schliefslich werden noch annähernde Messungen über die Polarisation der Platinplatten in verdünnter Schwefelsäure bei verschiedenen Temperaturen mitgetheilt, welche mit den wenigen Resultaten von Robinson (s. d. Ber. 1848. p. 286) sehr gut übereinstimmen. Die relativen Ergebnisse sind folgende

t	p	t	p
$t = 20°$	$p = 47,4$	$t = 53°$	$p = 45,0$
25	47,5	60	44,8
27	47,3	64	44,6
30	46,9	68	44,3
31	46,2	80	43,6
32	46,1	81	42,1
43	45,9	97	41,1
52	45,3	100	40,7

Diese Messungen sind mittelst der Compensationsmethode und eines kleinen elektromagnetischen Apparates angestellt, welcher eine plötzliche und möglichst momentane Schliefsung des Polarisationsstromes bewirkt.

Die Resultate, welche Hr. Becker in Bezug auf die Einwirkung der Erwärmung auf die Ladung bei seinen Widerstandsmessungen erhalten hat, sind oben bereits mitgetheilt.

D. Messung der Stromstärke und ihrer Factoren.

A. F. Svanberg. Ueber Messung des Leitungswiderstandes für elektrische Ströme und über ein galvanisches Differentialthermometer. Pogg. Ann. LXXXIV. 411. Siehe Berl. Ber. 1849. p. 281.

Jacobi. Communication sur quelques points de galvanométrie. C. R. XXXIII. 277*; Inst. No. 923. p. 289*.

Jacobi. Note préliminaire sur la mesure du courant galvanique par la décomposition du sulphate de cuivre. Bull. d. St. Pét. IX. 333*; Ann. d. ch. et d. ph. (3) XXXIV. 480*.

H. Singer. Bestimmung der elektromotorischen Kraft einer galvanischen Kette. Wien. Ber. VII. 411*; Arch. d. sc. ph. et nat. XX. 140.

Jacobi. Mittheilung über einige Punkte der Galvanometrie.

In einer Mittheilung an die Pariser Akademie, deren Einleitung einen gedrängten historischen Ueberblick über die Entdeckungen und die Methoden enthält, durch welche die Elemente galvanischer Ströme bestimmt werden können, beschreibt Herr Jacobi den Widerstandsetalon, welchen er schon früher mehreren Physikern, welche im Gebiete des Galvanismus experimentiren, zur Vergleichung mit ihren Widerstandsmessern vorgelegt hatte. Er besteht aus einem, in eine Büchse eingeschlossenen, durch Kitt gegen Feuchtigkeit wohl geschützten Kupferdraht von $22^{gr},4932$ Gewicht, $7^{m},61975$ Länge und $0^{m},000667$ Durchmesser. Bei welcher Temperatur, ist nicht gesagt. Der Mechaniker Leyser in Leipzig fertigt Nachbildungen dieses Maafsstabes.

Jacobi. Vorläufige Notiz über die Messung des galvanischen Stromes durch den Kupferniederschlag.

Von demselben Herrn Verfasser sind der Petersburger Akademie Versuche mitgetheilt, welche entscheiden sollen, in wie weit die Elektrolyse einer Flüssigkeit als Maafs für die Stromstärke gebraucht werden kann. Eine Kupfervitriollösung (in 3,5 Theilen Wasser) wurde zwischen zuvor gewägten Kupferplatten in einem Glastroge zersetzt, während der Strom durch ein Agometer auf constanter Stärke erhalten wurde. Die Menge des in gleicher Zeit an der negativen Platte niedergeschlagenen und an der positiven aufgelösten Kupfers wuchs beständig, nahm aber wieder ab, als die Lösung verdünnt wurde, so dafs die freiwillige Verdunstung der Lösung aus dem offenen Gefäfse, und die daraus folgende Concentration als Grund der Gröfse der chemischen Wirkung angesehen wird. Der Kupferniederschlag ist demnach nicht als Maafs für die Stromstärke zu brauchen.

H. Singer. Bestimmung der elektromotorischen Kraft einer galvanischen Kette.

Bei der von Hrn. Singer vorgeschlagenen Methode zur Bestimmung der elektromotorischen Kraft einer Kette braucht man deren wesentlichen Widerstand nicht zu wissen oder vielmehr nicht auszurechnen, da er durch die Methode immer mit gegeben sein mufs. Wenn an einer Tangentenbussole $\tang \alpha = \frac{e}{w}$ und $\tang \alpha' = \frac{e}{w+x}$ gemessen sind, so folgt, wenn der Werth $w = \frac{e}{\tang \alpha}$ in die zweite Gleichung gesetzt wird

$$\tang \alpha' = \frac{e \tang \alpha}{e + x \tang \alpha}.$$

Wird hierin $x = e$, so ist $\tang \alpha' = \frac{\tang \alpha}{1 + \tang \alpha}$; man bringt also die Nadel erst auf eine Ablenkung α, dann auf die α', welche so beschaffen ist, dafs $\tang \alpha' = \frac{\tang \alpha}{1 + \tang \alpha}$ ist, und hat in der einzuschaltenden Rheostatlänge unmittelbar ein relatives Maafs für die elektromotorische Kraft.

E. Galvanische Licht- und Wärmeerregung.

Curtet. Sur quelques nouveaux phénomènes galvaniques. Bull. d. Brux. XVIII. 2. p. 450* (Cl. d. sciences 1851. p. 428); Inst. No. 960. p. 168*; Froriep Tagsber. üb. Phys. u. Chem. I. 320*.

Moigno. Note sur l'apparition constante de la lumière au pôle négatif de la pile. C. R. XXX. 359*; Pogg. Ann. LXXXI. 318*; Sillim. J. (2) XI. 252*.

C. Matteucci. Nouvelles expériences sur l'arc voltaïque. C. R. XXX. 201*; Inst. No. 843. p. 66*, No. 845. p. 83*; Arch. d. sc. ph. et nat. XIII. 233*.

C. Matteucci. Sur l'arc lumineux de la pile. Ann. d. ch. et d. ph. (3) XXXII. 350*; Krönig J. III. 50*; Arch. d. sc. ph. et nat. XVII. 205*.

C. Despretz. Ueber Schmelzung und Verflüchtigung strengflüssiger Körper. Dingl. p. J. CXV. 203, 271, CXVIII. 121*. Siehe Berl. Ber. 1849. p. 286.

— — Cinquième communication sur la pile. Nouvelles expériences sur le charbon. Longueur de l'arc voltaïque. C. R. XXX. 367*; Inst. No. 848. p. 106*; Chem. C. B. 1850. p. 346*.

— — Sixième communication sur la pile. Note sur le phénomène chimique et sur la lumière de la pile à deux liquides. C. R. XXXI. 418*; Inst. No. 872. p. 297*.

J. P. Gassiot. On a peculiar form in a diamond when under the influence of the voltaic arc. Rep. of the Brit. Assoc. 1850. 2. p. 53*; Dingl. p. J. CXVIII. 74*; Chem. C. Bl. 1850. p. 893*; Inst. No. 875. p. 327*.

J. Duboscq. Note sur un régulateur électrique. C. R. XXXI. 807*; Dingl. p. J. CXX. 42.

Staite and Petrie. Improvements in electric light. Mech. Mag. LII. 240, 246, 260*.

Grove. Sur les frais d'éclairage à l'aide de la lumière électrique. Arch. d. sc. ph. et nat. XVI. 142*.

Osann. Ueber das Neef'sche Lichtphänomen. Verh. d. Würzb. Ges. II. 325*.

Curtet. Ueber einige neue galvanische Erscheinungen.

In einem Briefe, welchen Herr Quetelet der Brüsseler Akademie vorgelegt hat, und welcher unterm 22. März 1802 von Curtet an van Mons gerichtet ist, wird zum ersten Mal das glänzende Licht erwähnt, welches die Kohle im galvanischen Strome giebt.

Moigno. Ueber das beständige Erscheinen von Licht am negativen Pol der Volta'schen Säule.

Hr. Moigno berichtet über neue Versuche, den polaren Gegensatz von Licht und Wärme betreffend. Mittelst eines Inductionsstromes wurde der Bogen von Ruhmkorff im luftleeren Raume zwischen Platinkugeln erzeugt. Die negative Kugel war die leuchtende und relativ kalt, die positive dunkel und warm. Bei andern Versuchen, welche Duboscq mit seinem Moderator (siehe unten) anstellte, erschien zuerst immer an der negativen Kohle ein weifses Licht. Dann aber begann die Verbrennung an der positiven Kohle, und nun sandte diese ein weit glänzenderes Licht aus als die negative.

C. Matteucci. Neue Versuche über den Volta'schen Bogen.
— — Ueber den Lichtbogen der galvanischen Säule.

Die Ergebnisse, zu welchen Herr Matteucci in der ersten der oben genannten Mittheilungen gelangt ist, sind folgende. Die Temperaturerhöhung des positiven Poles über den negativen ist um so gröfser, ein je schlechterer Leiter der Stoff der beiden Pole ist. Der aus den fortgeführten Theilchen bestehende Bogen besitzt verschiedene Leitungsfähigkeit je nach den Metallen, welche als Pole dienen; diese Leitungsfähigkeit ist aber nicht der der Metalle proportional, sondern ändert sich mit der Menge des abgelösten Metalles, und da diese bei den schlechteren Leitern gröfser ist, so ist bei diesen auch die Leitungsfähigkeit des Bogens gröfser; während bei ganz metallischer Schliefsung in einer Minute in einem eingeschalteten Voltameter 46 Cubikcentimeter Knallgas entwickelt wurden, gab dieselbe Zusammenstellung bei Einschaltung eines 3 Millimeter langen Lichtbogens zwischen Kupferpolen 23 C.C., zwischen Messing 26, Eisen 27, Coke 29, Zink 35 und Zinn 45. — Die Gewichtsverschiedenheit beider Pole wechselt mit der Temperaturerhöhung. In der Luft sind Temperaturerhöhung, Leitungsfähigkeit des Bogens, und die Menge des fortgerissenen Stoffes gröfser als im verdünnten Raume und im Wasserstoff. Die Menge des zerstörten Stoffes ist am gröfsten, wenn sich der Bogen senkrecht zum magnetischen Meridian gebildet hat. Der Bogen kann, wie der elektrische Funke, Gase, durch welche er geht, zersetzen oder verbinden.

In dem zweiten Aufsatze desselben Hrn. Verfassers werden, aufser manchen schon früher bekannt gemachten Beobachtungen, Betrachtungen über das Entstehen und die Natur des Lichtbogens angestellt. Die Erscheinung des polaren Gegensatzes von Licht und Wärme bleibt unerklärt.

C. Despretz. Neue Experimente über die Kohle. Länge des Volta'schen Bogens.

Hr. Despretz bringt in seiner fünften Mittheilung über die Säule neue Beweise bei für die Schmelzbarkeit der Kohle; dann geht er zum Volta'schen Bogen über, und gelangt zu folgenden Schlüssen. Wenn die Kohlenspitzen in senkrechter Stellung angebracht sind, so wächst die Länge des Bogens in einem gröfseren Verhältnifs als die Zahl der Elemente, wenn diese hinter einander verbunden werden; das Wachsen geschieht schneller bei kleinen, als bei grofsen Bogen. Werden die Elemente neben einander verbunden, so wächst der Bogen langsamer als deren Zahl. Bei diesen Versuchen war der positive Pol oben. Ist er unten, so ist der Bogen kürzer. Wenn die Linie zwischen den Kohlenspitzen horizontal ist, so wird der Bogen schneller unterbrochen. Jetzt ist die Zusammenstellung der Elemente neben einander vorzuziehen. In dieser Stellung entsteht erst die wahre Gestalt des Bogens. In einer auf dem magnetischen Meridian senkrechten Ebene ist der Bogen gröfser, wenn der positive Pol im Osten, als wenn er im Westen ist.

C. Despretz. Ueber das Licht der Säule mit zwei Flüssigkeiten.

Die sechste Mittheilung enthält folgende Resultate. Die Natur des Lichtes der Säule scheint unabhängig von der Zahl und Aufstellung der Säule zu sein. Wenn man eine Linie im Spectrum dieses Lichtes mit dem Fadenkreuz eines Fernrohrs fixirt, so bleibt deren Lage unverändert, wenn die Stromstärke geändert wird. Ein Unterschied in der Art der Wärme bei verschiedenen Stromstärken konnte mittelst eines Steinsalzprismas nicht gefunden werden; Thonerde oder Kieselerde schmolzen eben so wohl bei 20 als bei 600 Elementen, aber die Kugel wurde um so kleiner, je schwächer der Strom war. Die Intensität des Lichtes wächst nur langsam mit der Zahl der säulenartig verbundenen Elemente. Bei einer constanten Zahl wächst sie ziemlich proportional der Plattenoberfläche. Die übrigen Versuche beziehen sich auf die

Arbeit, welche eine Säule je nach der Art ihrer Anordnung hervorbringt, und enthält nur Einzelnheiten, welche man mit Zugrundelegung des Ohm'schen Gesetzes hätte ermitteln können.

J. P. Gassiot. Veränderung des Diamants durch den Lichtbogen.

Hr. Gassiot hat beim Glühen eines Diamants im galvanischen Bogen ganz andere Resultate erhalten als früher Jacquelin, der denselben schwarz, cokeartig und leitend werden sah. Bei dem vorliegenden Versuche lag der Diamant in einer Höhlung des als positiver Pol einer vierzigpaarigen Grove'schen Säule dienenden Kohlenstückes, während der negative Pol von einer Kohlenspitze gebildet war. Als der Diamant stark glühte, nahm er plötzlich an Gröfse zu, drängte sich gegen den negativen Pol, und blieb an demselben haften. Seine Gröfse war etwa achtfach, er blieb glasig, nichtleitend, war aber weifs und undurchsichtig.

J. Duboscq. Elektrischer Regulator.

Der Regulator von Hrn. Duboscq bringt die Kohlenspitzen, wenn der Abstand durch die Abnutzung gröfser geworden ist, immer wieder auf die frühere Entfernung. Die Spitzen stehen über einander, die untere wird durch eine Spiralfeder in die Höhe gedrückt, die obere durch ihr Gewicht herab. Der Strom geht auf seinem Wege um einen Eisenstab, welcher, dadurch zum Magnet gemacht, einen Anker anzieht, der dadurch eine Schraube ohne Ende hemmt. Eine Feder wirkt dieser Hemmung entgegen. Wenn sich nun die Spitzen von einander entfernen, so unterliegt die Kraft des Magnets, die Hemmung wird aufgehoben, und die Schraube ohne Ende nähert die beiden Spitzen einander wieder. Dadurch gewinnt die Hemmung an Kraft, bis eine neue Abnutzung ihre Kraft wieder zerstört. Eine zweite Vorrichtung hat den Zweck, das Licht auf constantem Niveau zu halten.

Staite und Petrie. Verbesserung am elektrischen Lichte.

Diese Mittheilung ist rein technischer Natur.

Grove. Ueber die Kosten der Beleuchtung mit elektrischem Lichte.

Herr Grove berechnet, dafs die Kosten eines elektrischen Lichtes, dessen Stärke gleich dem von 1444 Wachskerzen ist, in einer Stunde die unbedeutende Höhe von zwei Shilling erreichen würden. Prof. Dr. *W. Beetz.*

Osann. Ueber das Neef'sche Lichtphänomen.

Herr Osann bringt zwischen die Kugeln eines allgemeinen Ausladers eine Kerzenflamme, und macht die eine Seite des Ausladers positiv elektrisch, die andere negativ. Es verlängert sich dann die Flamme nach der negativen Seite hin. Ferner erinnert Hr. Osann an die Beobachtung von van Marum, der den elektrischen Funken da, wo er den positiven Conductor verläfst, röthlich, in der Mitte weifs, und da, wo er in den negativen Coductor übergeht, bläulich gefärbt fand.

Aus der ersten Thatsache schliefst Herr Osann, dafs beim Neef'schen Lichtphänomen der Funke von der positiven Seite zur negativen verlängert sein, aus der zweiten aber, dafs an der negativen Seite vorzugsweise blaues Licht auftreten mufs.

A. Krönig.

F. Elektrochemie.

W. Thomson. On the mechanical theory of electrolysis. Phil. Mag. (4) II. 429*.

Fischer. Anwendung der Metallreduction zur Analyse auf nassem Wege. Erdm. J. LIV. 347*; 28. Jahresb. d. schles. Ges. f. vaterl. Cultur; Chem. C. Bl. 1852. p. 203; Chem. Gaz. 1852. p. 170.

Gaultier de Claubry. Entdeckung sämmtlicher giftigen Metalle durch Galvanismus. Arch. d. Pharm. (2) LXVI. 173*; J. d. ph. et d. chem.

W. Thomson. Ueber die mechanische Theorie der Elektrochemie.

Herr Thomson stellt in dem vorliegenden Aufsatz die Beziehungen auf, welche zwischen der Intensität eines Stromes, dem elektrochemischen Aequivalent einer Substanz, welche elektrolysirt wird, und dem mechanischen Aequivalent des chemischen Effectes stattfinden. Wenn der Strom einer magnetoelektrischen Maschine zur Elektrolyse angewandt wird, so wird im ganzen Strome um so viel weniger Wärme erzeugt, als der gethanen Arbeit äquivalent ist, und als gewonnen werden würde, wenn die zersetzten Stoffe sich wieder verbänden. Diese weniger erzeugte Wärme heifse das Wärmeäquivalent der stattgehabten chemischen Wirkung. Ist also das mechanische Aequivalent der Wärmeeinheit $= J$, die in irgend einer Zeit gethane Arbeit $= W$, die gesammte Wärme, welche in der ganzen Kette dadurch erregt worden wäre, $= H$, und das Wärmeäquivalent der chemischen Zersetzung $= \Theta$, so ist

$$H = \frac{W}{J} - \Theta$$

oder

$$W = JH + M,$$

wo $M = J\Theta$ das mechanische Aequivalent des statthabenden Processes bezeichnet.

Die magnetoelektrische Maschine bestehe nun aus einer kreisrunden Metallscheibe, mit dem Radius r, die sich mit der Winkelgeschwindigkeit ω in ihrer Ebene um eine Axe, nicht senkrecht zur Richtung des Erdmagnetismus, dreht. Der Strom wird aufgenommen durch einen Draht, der an den Mittelpunkt, und einen, der an die Peripherie der Scheibe gelegt ist. Diese beiden Drähte sind jetzt mit zweien in einer Flüssigkeit stehenden Platten einer hydroelektrischen Kette oder eines Voltameters in Verbindung, welche für sich ebenfalls einen Strom erzeugen. Bezeichnet noch F die auf die Ebene der Scheibe senkrechte Componente der magnetischen Erdkraft, γ die Stärke des inducirten Stromes, so ist die in der Zeiteinheit gethane Arbeit

$$W = \int_0^r \omega z \cdot F \cdot \gamma \cdot dz = \tfrac{1}{2} r^2 F \cdot \gamma \cdot \omega.$$

Ist ferner E die in der Zeiteinheit abgeschiedene oder verbundene

Menge eines der in der Elektrolyse thätigen Elemente, und ϑ die von der Einheitsmenge dieses Stoffes bei dem chemischen Processe verbrauchte Wärme, so ist

$$\Theta = \vartheta \cdot E \text{ und } M = J \cdot \vartheta E.$$

Ist weiter ε das elektrochemische Aequivalent jenes Elementes, so ist

$$E = \varepsilon\gamma.$$

Mit Benutzung dieser Ausdrücke und des Gesetzes für die Wärmeentwickelung beim Widerstande R

$$H = R \cdot \gamma^2$$

läfst sich die obige Gleichung für H so schreiben:

$$R\gamma^2 = \frac{\frac{1}{2}r^2 F\gamma \cdot \omega}{J} - \vartheta \cdot \varepsilon \cdot \gamma,$$

woraus

$$\gamma = \frac{\frac{1}{2}r^2 F \cdot \omega - J\vartheta\varepsilon}{JR}.$$

Je nach der Drehungsrichtung der Scheibe wird γ positiv oder negativ werden, nur für den Werth $\Omega = \frac{J\vartheta\varepsilon}{\frac{1}{2}r^2 F\omega}$ wird die elektromotorische Kraft des Inductionsstromes gleich dem des entgegenwirkenden hydroelektrischen Stromes, und da die Intensität des ersteren unter obwaltenden Umständen ausgedrückt wird durch $\frac{1}{2}r^2 F\omega$, so folgt für die Kraft der Scheibe, wenn sie gerade die der Kette aufwägt:

$$I = J \cdot \vartheta\varepsilon,$$

d. h. die Intensität eines elektrochemischen Apparates ist, in absolutem Maafse, gleich dem mechanischen Aequivalent derjenigen chemischen Wirkung, welche in einem Strom von der Einheit der Stärke in der Zeiteinheit vorgeht.

Mit Benutzung der von Hrn. Joule mitgetheilten Zahlen für das Wärmeäquivalent bei der Auflösung des Zinks, das elektrochemische Aequivalent dieses Metalles, und das mechanische Aequivalent der Wärme findet Hr. Thomson nach den obigen Betrachtungen, dafs eine Scheibe von 1 Fufs Radius, deren wie oben angelegte Leitungsdrähte an die Pole einer Daniell'schen Kette angelegt sind, über 79803 Umdrehungen in der Secunde machen müfste, um die Kraft jener Kette durch den hervorgebrachten Inductionsstrom zu überwältigen. Ebenso wird mit

Hinzunahme des Wärmeäquivalents für die Abscheidung des Wasserstoffs aus verdünnter Schwefelsäure gefunden, dafs die zu einer solchen Zersetzung erforderliche Kraft die einer Daniell'-schen Kette im Verhältnifs 1,318:1 übertrifft, dafs also zur Wasserzersetzung in einer Zelle zwei Ketten gehören, zur Zersetzung in zehn Zellen (mit Platinelektroden) aber eine 14paarige Säule ausreicht. Nachdem noch einige andere, nicht hierher gehörige, Ableitungen aus dem Obigen gemacht sind, berechnet Hr. Thomson nach der gewöhnlichen Methode aus den ihm von Joule mitgetheilten Beobachtungen das elektrochemische Aequivalent einiger Stoffe, indem er die mittlere Menge der abgeschiedenen Substanz durch die mittlere Stärke der wirkenden Ströme (in absolutem Maafse ausgedrückt) dividirt. Er findet dies Aequivalent für Wasserstoff = 0,002201, für Zink = 0,07284, für Kupfer = 0,07052. Ferner überträgt er die im Repert. VIII. 273. mitgetheilten älteren Bestimmungen aus dem französischen Maafs ins englische, so dafs das elektrochemische Aequivalent des Wassers gefunden ist

nach Weber . . = 0,02034,
- Bunsen . . = 0,02011 und 0,01995,
- Casselmann = 0,02033 und 0,02021,
- Joule . . = 0,01981, 0,02030, 0,02020.

Die verschiedenen Zahlen bei denselben Beobachtern ergaben sich entweder direct aus der Wasserzersetzung, oder berechnet aus dem Aequivalent des Zinks, oder die letzte aus der des Kupfers.

Fischer. Anwendung der Metallreduction zur Analyse auf nassem Wege.

Gaultier de Claubry. Entdeckung sämmtlicher giftigen Metalle durch Galvanismus.

Eine in Fischer's Nachlasse aufgefundene Notiz giebt eine Anleitung zur Analyse auf Metalle durch deren Reduction. Der Gegenstand ist rein chemischer Natur, und es wird deshalb diese Hinweisung genügen.

Dasselbe gilt von der Arbeit des Hrn. Gaultier de Claubry.

G. Technische Anwendungen der Elektrochemie.

Literatur.

H. v. LEUCHTENBERG. Ueber die fabrikmäfsige galvanische Vergoldung im Grofsen und über einige dabei gemachte technisch wissenschaftliche Beobachtungen. Bull. d. St. Pét. VIII. 113*.

BERGEAT. Ueber galvanische Färbung polirter Metalle. DINGL. p. J. CXVII. 122*; BÖTTGER polyt. Notizbl. 1850. No. 11; Bull. d. l. Soc. d'enc. 1851. p. 201; Chem. C. Bl. 1851. p. 496.

BOLLEY. Ueber die Darstellung von schwammigem Blei zur Galvanoplastik. DINGL. p. J. CXVI. 358*.

RUSSEL u. WOOLRICH. Verfahren, das Eisen auf galvanischem Wege mit Cadmium und Kupferlegirungen zu überziehen. DINGL. p. J. CXVI. 217*.

L. ELSNER. Ueber galvanische Löthung. DINGL. p. J. CXV. 131*; Chem. Gaz. 1851. p. 58.

NAPIER. Reduction des Kupfers aus den gerösteten Erzen durch galvanische Wirkung. DINGL. p. J. CXVIII. 106*.

Methode, die Lichtbilder auf galvanischem Wege zu vervielfältigen. DINGL. p. J. CXVI. 245*.

PHILLIPS. Methode, die Kupfervitriollösung bei galvanoplastischen Arbeiten gesättigt zu erhalten. DINGL. p. J. CXV. 465*.

Verfahren, um das Silber auf andere Metalle glänzend niederzuschlagen. DINGL. p. J. CXV. 396*.

DEMIRMONT. Mittel um die Bildung und das Anhaften von Luftblasen auf den Formen bei Anfertigung galvanoplastischer Copieen zu verhindern. DINGL. p. J. CXIX. 157.

HEEREN. Galvanischer Messingüberzug. DINGL. p J. CXXI. 44.

STEELE. Bains pour étamer, bronzer, cuivrer, argenter et dorer les métaux par voie électrique. Monit. industr. 1851; Chem. C. Bl. 1851. p. 780; Bull. d. l. Soc. d'enc. 1852. p. 780; Cosmos II. 165.

PHILIPP. Anwendung des Bremer Blau in der Galvanoplastik. Arch. d. Pharm. (2) LXVII. 77.

F. E. J. KRÜGER. Die Galvanoplastik, den alten Aegyptern bereits bekannt. DINGL. p. J. CXXII. 156.

H. K. GEUBEL. Einfache Methode, Kupferblech oder überhaupt kupferne Gegenstände mit Regenbogenfarben zu überziehen. Arch. d. Pharm. (2) LXVII. 289.

F. v. KOBELL. Ueber die Bildung galvanischer Kupferplatten, vorzüglich zum Zweck der Galvanographie, mittelst des Trommelapparates. Münchn. Abhandl. VI. 345; DINGL. p. J. CXXIII. 197.

H. BOUILHET. Mémoire sur le cyanure double de potassium et d'argent, et sur son rôle dans l'argenture électrochimique. C. R. XXXIII. 613; DINGL. p. J. CXXIII. 220; Arch. d. sc. ph. et nat. XIX. 65; ERDM. J. LV. 169; Chem. C. Bl. 1852. p. 134; Chem. Gaz. 1852. p. 11.

H. Galvanische Apparate.

W. S. WARD. On the comparative cost of making various voltaic arrangements. SILLIM. J. (2) IX. 111*. Siehe Berl. Ber. 1849. p. 293.

H. REINSCH. Sehr stark wirkende, möglichst einfache elektrische Zellen. DINGL. p. J. CXV. 233*. Siehe Berl. Ber. 1848. p. 296*.

C. G. DRESSER. On the application of carbon deposited in the gas retorts as negative plate in the nitric acid voltaic battery. Proc. Roy. Soc. V. 928*; Inst. No. 885. p. 406*; KRÖNIG J. I. 148*; DINGL. p. J. CXVII. 465*; Chem. C. Bl. 1850. p. 846*; Arch. d. Pharm. (2) LXVII. 340.

DELEUIL. Modification apportée à la pile de BUNSEN. Remplacement des colliers de métal par des colliers de ver. C. R. XXX. 451*; Inst. No. 850. p. 122*.

CHALMERS. SMEE's mechanisches Princip sowohl bei der gewöhnlichen Zink- und Kupferbatterie als auch bei der constanten Batterie von DANIELL angewandt. DINGL. p. J. CXVI. 444*.

J. MÜLLER. Ueber den Einflufs, welchen die Durchlöcherung der Kupfercylinder in der DANIELL'schen Batterie ausübt. DINGL. p. J. CXX. 355*.

SHEPHERD. Verbesserung der Batterie des Hrn. SMEE. DINGL. p. J. CXX. 357*; Civ. engin. and archit. J. 1851. p. 203.

OSANN. Ueber eine constante hydroelektrische Kette, welche aus zwei Metallen und einer Flüssigkeit besteht. Verh. d. Würzb. Ges. II. 62.

— — Beschreibung einer VOLTA'schen Säule, mittelst welcher beliebig die elektrische Kraft in der Form der Quantität oder Intensität zur Wirkung gebracht werden kann, und Darlegung mehrerer mit derselben angestellten Versuche. Verh. d. Würzb. Ges. II. 202.

J. L. PULVERMACHER. Improvements in galvanic batteries. Mech. Mag. LII. 494*; Gén. industr. 1851. No. 6; Bull. d. l. Soc. d'enc. 1852. p. 780; DINGL. p. J. CXX. 29.

W. H. WALENN. On the construction and principles of Mr. PULVERMACHER's patent portable hydro-electric chain batteries and some of its effects. Rep. of the Brit. Assoc. 1851. 2. p. 54*; Athen. 1851. p. 778.

H. W. ADAMS. Improved means of generating galvanic electricity. Mech. Mag. LV. 456*.

H. K. GEUBEL. Eine neue galvanische Kette aus Zink und Kupfervitriol. Arch. d. Pharm. (2) LXVII. 147*.

W. PETRIE. Table of the relative and absolute powers of galvanic arrangements. Rep. of the Brit. Assoc. 1850. 2. p. 285*; Edinb. J. L. 64.

C. G. Dresser. Ueber die Anwendung der in den Gasretorten abgesetzten Kohle als negatives Element in der Volta'schen Batterie mit Salpetersäure.

Als negatives Element für Kohlenzinkketten schlägt Herr Dresser eine aufserordentlich harte, wenig oder gar nicht poröse Kohle von steinigem Bruch vor, welche sich unter den Absätzen in den Vercokungscylindern findet. Die Stücke werden mit der Marmorsäge in Prismen oder Platten geschnitten.

Deleuil. Veränderung an der Bunsen'schen Säule.

Hr. Deleuil versieht die Kohlencylinder Bunsen'scher Ketten mit gläsernen, statt mit metallenen Halsringen, mittelst deren er die Zinkstreifen anklemmt, dafs sie dem Einflusse der Säure widerstehen.

Chalmers. Smee's mechanisches Princip auf die Batterieen angewandt.

J. Müller. Ueber den Einflufs, welchen die Durchlöcherung der Kupfercylinder in der Daniell'schen Batterie ausübt.

Hr. Chalmers will das Smee'sche Princip, (die Bedeckung der Silberplatten mit schwammigem Platin) auf Kupferplatten anwenden, und glaubt das zu thun, indem er sie, um sie rauh zu machen, durchlöchert. Er giebt wunderbare Versuche an, welche die hervorragenden Eigenschaften solcher durchlöcherten Kupferbleche auf's Unglaublichste klar machen.

Herr J. Müller hat indefs gezeigt, dafs, wie zu erwarten war der Versuch nichts von dieser hervorragenden Wirksamkeit blicken läfst.

Shepherd. Verbesserung der Smee'schen Batterie.

Hr. Shepherd will in der Smee'schen Batterie die Zinkplatte nur lose in das Gefäfs setzen, und den Boden desselben mit Quecksilber füllen, das sich dann an den Platten heraufzieht, und sie immer amalgamirt erhält, oder auch gleich ein Gemisch von Zink und Quecksilber, geschmelzt und in Formen gegossen, anwenden. Die Gläser sollen dabei geschlossen sein, weil er den Grund davon, dafs die Platten an der Oberfläche der Flüssigkeit stärker angegriffen werden als weiter unten, in der Gegenwart der Luft sucht.

Osann. Ueber eine constante hydroelektrische Kette, welche aus zwei Metallen und einer Flüssigkeit besteht.

Hr. Osann construirt eine Kette aus amalgamirtem Zink, nicht amalgamirtem Zink, und Zinkvitriollösung. Ihre Wirkung war zwar sehr constant, aber schwach.

Osann. Beschreibung einer Volta'schen Säule, mittelst welcher beliebig die elektrische Kraft in der Form der Quantität oder Intensität zur Wirkung gebracht werden kann, und Darlegung mehrerer mit derselben angestellten Versuche.

In der zweiten Mittheilung desselben Hrn. Verfassers wird eine Drahtverbindung angegeben, durch welche man eine Anzahl Ketten schnell neben oder hinter einander schliefsen kann.

J. L. Pulvermacher. Verbesserungen an galvanischen Batterieen.
W. H. Walenn. Ueber die Construction und die Wirkungen der Pulvermacher'schen portablen hydroelektrischen Batterieen.

Die im LII. Bande des Mech. Mag. angegebenen Erfindungen und Verbesserungen an Batterieen von Hrn. Pulvermacher sind nur in der abgerissenen Form der Patentverleihungen angegeben, und daraus nicht klar verständlich. In einer Mittheilung an die Brit. Assoc. beschreibt Hr. Walenn eine dieser Erfindungen, die seitdem allgemein bekannt gewordene Pulvermacher'sche Kette aus Kupfer- und Zinkdrähten, welche um Holzstäbchen gewickelt, an den Enden zu Oesen gebogen, und an einander gehakt sind. Vor dem Gebrauch werden sie in eine leitende Flüssigkeit (Essig) gelegt.

H. W. Adams. Verbesserte Mittel zur Erzeugung galvanischer Elektricität.

Hr. Adams beschreibt praktische Methoden, um herauszufinden, in welcher Zusammenstellung der Elemente eine Säule für ein bestimmtes Experiment den höchsten Nutzeffect giebt.

H. K. Geubel. Eine neue galvanische Kette aus Zink und Kupfervitriol.

Hr. Geubel construirt eine constant sein sollende Säule aus einem Metall, Zink und einer Flüssigkeit, Kupfervitriollösung. In jede Zelle wird eine Zinkplatte getaucht, welche schwammiges Kupfer auf sich niederschlägt, an jede Platte ist ein Zinkstreifen gelöthet, der der nächsten Platte so nahe gebracht ist, dafs er dieses Kupfer berührt.

W. Petrie. Ueber die relative und absolute Stärke verschiedener galvanischer Säulen.

Hr. Petrie giebt folgende Zusammenstellung über die Wirksamkeit verschiedener Säulen, nachdem sie mehrere Stunden thätig waren, wobei die erste Zahlencolumne die Quadratzolle wirksamer negativer Flächen bezeichnet, welche erfordert werden um eine Quantitätseinheit in Bewegung zu setzen, die zweite die permanente elektromotorische Kraft der Ketten:

Gufseisen in Salpetersäure, und Zink in verdünnter Schwefelsäure	$4\frac{1}{3}$	100
Grove's Kette	$4\frac{1}{3}$	102
Petrie's Kette (Kohle in Salpetersäure, unamalgamirtes Zink in Salzlösung)	$4\frac{3}{4}$	112
Daniell's Kette	16	60

SMEE's Kette	$5\frac{1}{4}$	36
Platinirtes Kupfer mit amalgamirtem Zink . .	52	18
- Blei - - - .	104	$23\frac{1}{2}$
Thermoelektrische Kette, Wismuthantimonstäbe, 1″ lang, 90° Temperaturdifferenz, Querschnitt $\frac{2}{9}$		$\frac{1}{4}$

Die Bleibatterie war die constanteste.

Prof. Dr. *W. Beetz.*

5. Elektrophysiologie.[1]

Allgemeine Schriften.

DU BOIS-REYMOND. Untersuchungen über thierische Elektricität. Berlin 1849. Verlag von GEORG REIMER. Bd. II. Abth. I. Mit 4 Kupfertafeln.

Anzeigen und Auszüge davon s. von HEYDENREICH in CANSTATT und EISENMANN's Jahresbericht über die Fortschritte in der Biologie im Jahre 1849. S. 9*; von VALENTIN ebend. S. 128*; von E. HARLESS in den Münch. gel. Anz. 1849. No. 179. S. 393, No. 180. S. 401, No. 203, S. 585, No. 243. S. 905 (nicht vollendet); von E. WARTMANN in den Arch. d. sc. ph. et nat. 1850. XIV. 105*; von J. MÜLLER in seinem Bericht über die neuesten Fortschritte der Physik. Braunschweig 1849 bis 1852. S. 768*; von HELMHOLTZ in der Kieler allgem. Monatsschr. f. Wissensch. u. Liter. April u. Mai 1852. S. 294, 366*.

ALFRED SMEE. Elements of Electro-Biology, or the voltaic Mechanism of Man: of Electro-Pathology, especially of the Nervous System; and of Electro-Therapeutics. London 1849. 8°*.

Zur Geschichte der Elektrophysiologie.

GAVARRET. Étude sur les recherches électro-physiologiques de GALVANI. Ann. d. ch. et d. ph. 1849. (3) XXV. 58*.

I. Einwirkung der Elektricität auf Organismen.

A. Allgemeines.

SCHÖNBEIN. Ueber einige mittelbare physiologische Wirkungen der atmosphärischen Elektricität. HENLE u. PFEUFFER, Zeitschr. f. rationelle Medicin 1851. N. F. I. 384*; Arch. d. sc. ph. et nat. XVIII. 194*.

[1]) Der diesmalige Bericht über diesen Abschnitt umfafst auch das Jahr 1849.

B. Auf Pflanzen.

A. DE LA RIVE. De l'identité du clivage des arbres atteints par la foudre et de celui des arbres atteints par les trombes électriques. Arch. d. sc. ph. et nat. XVI. 313*.

C. Auf Thiere.

a. Reizversuche.

S. MATTEUCCI's Abhandlung in den Phil. Trans. unter II. B. a.

MARSHALL HALL. Ueber die Wirkung einiger physikalischen und chemischen Agentien auf das Nervensystem. FRORIEP Not. (3) IX. 273*.

b. Elektrotherapeutik.

DUCHENNE. Discussion des différents procédés auxquels on a eu recours pour faire intervenir l'électricité comme moyen thérapeutique. Possibilité de limiter l'action électrique à l'organe sur lequel on se propose d'agir. C. R. 1849 XXVIII. 634*; cfr. 268 et 672*.

— — Recherches faites à l'aide du galvanisme sur les propriétés vitales du système musculaire dans l'état de santé et de maladie. C. R. 1849. XXVIII. 779*.

— — Recherches faites à l'aide du galvanisme sur l'état de la contractilité et de la sensibilité électro-musculaires dans les paralysies des membres supérieurs. C. R. 1849. XXIX. 667*.

— — Recherches sur l'état de la contractilité et de la sensibilité électro-musculaires dans les paralysies du membre supérieur, étudié à l'aide de la Galvanisation localisée. Arch. gén. d. Méd. 1850. XXII. 5*.

— — Galvanisation localisée des muscles de la face. Arch. gén. d. Méd. XXII. 484*, 1850. XXIII. 89*.

— — Exposition d'une nouvelle méthode de Galvanisation dite Galvanisation localisée. Arch. gén. d. Méd. 1850. XXIII. 257, 420*, 1851. XXV. 203, 301, 361*.

— — Recherches sur les propriétés physiologiques et thérapeutiques de l'Électricité de frottement, de l'Électricité de contact et de l'Électricité d'induction. Arch. gén. d. Méd. 1851. XXVI. 63*.

Parallelstellen s. auch in den entsprechenden Jahrgängen des Bull. d. l'Acad. nat. d. Méd.

ROMERSHAUSEN. Der einfache galvano-elektrische Bogen als Heilmittel. DINGL. p. J. 1850. CXV. 25*.

SOUBEIRAN. Journ. d. Pharm. 1851. p. 186; DINGL. p. J. CXXII. 262*.

Z. (ZAMMINER?). Die GOLDBERGER'sche Rheumatismuskette. LIEB. u. WÖHL. 1850. LXXIII. 376*; DINGL. p. J. CXVI. 244*.

II. Entwicklung der Elektricität in Organismen.

A. In Pflanzen.

BECQUEREL. Recherches sur les causes qui dégagent de l'Électricité dans les végétaux, et sur les courants végéto-terrestres. C. R. 1850. XXXI.

633*; Inst. No. 879. p. 353*; Ann. d. ch. et d. ph. 1851. (3) XXXI. 40*; Sillim. J. (2) XII. 83*; Dingl. p. J. CXXI. 387*; Mém. d. l'Ac. d. Sciences XXIII. 35; Journ. d. Pharm. Mars 1851. p. 212.

E. Wartmann. Note sur les courants électriques qui existent dans les végétaux. Arch. d. sc. ph. et nat. 1850. XV. 301*; Inst. No. 893. p. 56*; Phil. Mag. 1851. (4) I. 578*; Rep. of the Brit. Assoc. 1851. 2. p. 19*.

Becquerel. Mémoire sur les effets électriques produits dans les tubercules, les racines et les fruits, lors de l'introduction d'aiguilles galvanométriques en platine. C. R. 1851. XXXII. 656*; Inst. No. 908. p. 171*; Arch. d. sc. ph. et nat. XVII. 149*; Dingl. p. J. CXXII. 226*; Froriep Tagsber. üb. Phys. u. Chem. I. 257*; Mém. d. l'Ac. d. Sciences XXIII. 301.

B. In Thieren.

a. Allgemeines.

Geminiano Grimelli. Memoria sul Galvanismo premiata dall' Accademia delle Scienze dell' Istituto di Bologna. Bologna 1849. 4°. 193 pp*.

Matteucci. Nouvelles Recherches sur l'Électrophysiologie. C. R. 1849. XXVIII. 566*; Inst. No. 802. p. 155*; Phil. Mag. (3) XXXIV. 440*; Froriep Not. (3) X. 289.

— — Electro-physiological Researches. Eighth series. Phil. Trans. 1850. p. 287*; Phil. Mag. (3) XXXVI. 468*.

Raffaele Molin. Falsità di un esperimento di Matteucci. Wien. Sitzungsber. VI. 313*.

Carpenter. On the Mutual Relations of the Vital and Physical Forces. Phil. Trans. 1850. II. p. 727*.

b. Muskel- und Nervenstrom.

1849.

1. v. Humboldt. C. R. XXVIII. 570*; Inst. No. 800. p. 138*.

2. du Bois-Reymond. Nouveaux détails sur les expériences .... concernant l'Électricité développée par le fait de la contraction musculaire. C. R. XXVIII. 641*; Inst. No. 803. p. 161*; Arch. d. sc. ph. et nat. XI. 217*; Phil. Mag. (3) XXXIV. 543*; Sillim. J. (2) VIII. 404*; Zantedeschi Ann. di Fis. 1849—50. p. 13*.

3. Despretz. Note relative à l'Électricité developpée dans la contraction musculaire. C. R. XXVIII. 653*; Inst. No. 804. p. 169*; Arch. d. sc. ph. et nat. XI. 217*; Phil. Mag. (3) XXXV. 53; Sillim. J. (2) VIII. 406*.

4. Becquerel. Note relative au développement de l'Électricité dans l'acte de la contraction musculaire. C. R. XXVIII. 663*; Inst. No. 804. p. 170*; Arch. d. sc. ph. et nat. XI. 217*; Phil. Mag. (3) XXXV. 55*; Sillim. J. (2) VIII. 408*.

5. v. Humboldt. Note sur les expériences de M. du Bois-Reymond. C. R. XXIX. 8*; Inst. No. 809. p. 210*.

6. Ducros. C. R. XXVIII. 677*, XXIX. 16, 26, 57*.

7. Rob. Hunt. Animal Electricity. Athen. No. 1128. p. 597*; Mech. Mag. L. 565*.

8. Mousson. Ueber den galvanischen Strom durch Muskelcontraction. Mitth. d. Naturforsch. Ges. in Zürich I. 373*.

9. Matteucci. Note sur les expériences de M. du Bois-Reymond. C. R. XXVIII. 783*; Inst. No. 808. p. 202*.

10. Buff. Bemerkungen über die von du Bois-Reymond entdeckte elektromotorische Kraft der Muskeln. Lieb. u. Wöhl. LXX. 366*; Phil. Mag. (3) XXXV. 288*; Inst. No. 840. p. 48*; Arch. d. sc. ph. et nat. XIII. 148*.

11. — — Ueber die von du Bois-Reymond entdeckte elektromotorische Kraft der Muskeln. Lieb. u. Wöhl. LXXI. 239*.

12. Bancalari. Esperienze ... sulla influenza della contrazione muscolare nell'ago calamitato. Corr. sc. in Roma No. 11. p. 85*.

13. Zantedeschi. Dello sviluppo della elettricità nell'atto della contrazione muscolare. Ann. di Fis. 1849—50. p. 13*; Arch. d. sc. ph. et nat. XIII. 148*.

1850.

14. Ant. Cima. Ricerche sullo sviluppo di elettricità nell'atto della contrazione muscolare volontaria. Ann. di Fis., Chim. e Scienze affini II. 225*.

15. Luigi Magrini. Osservazioni e nuove sperienze sopra un fenomeno avvertito dal Signor du Bois-Reymond. Giornale dell'I. R. Istituto Lombardo di Scienze, Lettere ed Arti ec. Nuova Serie II. 41*.

16. du Bois-Reymond. Note sur la loi du courant musculaire et sur la modification qu'éprouve cette loi par l'effet de la contraction. C. R. XXX. 349*; Inst. No. 847. p. 97*; Ann. d. ch. et d. ph. (3) XXX. 119*; Arch. d. sc. ph. et nat. XIV. 105*.

17. — — Note sur la loi qui préside à l'irritation électrique des nerfs et sur la modification du courant musculaire par l'effet de la contraction. C. R. XXX. 406*; Inst. No. 850. p. 123*; Ann. d. ch. et d. ph. (3) XXX. 178*; Arch. d. sc. ph. et nat. XIV. 105*.

18. Matteucci. Réclamation de priorité à l'occasion des communications récentes de M. du Bois-Reymond. C. R. XXX. 479*; Inst. No. 851. p. 132*.

19. du Bois-Reymond. Réponse à la réclamation de priorité de M. Matteucci. C. R. XXX. 512*; Inst. No. 852. p. 139*.

20. — — Seconde réponse à la réclamation de priorité de M. Matteucci. C. R. XXX. 563*.

21. Matteucci. Réponse aux deux dernières lettres de M. du Bois-Reymond ... et en général à toutes les observations faites par le même auteur sur quelques-unes de mes recherches d'électro-physiologie. C. R. XXX. 699*; Inst. No. 857. p. 178*, No. 859. p. 195. Auch in 8° abgedruckt bei Lemonnier in Florenz.

22. Pouillet. Rapport sur les mémoires relatifs aux phénomènes électro-physiologiques présentés à l'Académie par M. E. du Bois-

Reymond (de Berlin). C. R. XXXI. 28*; Inst. No. 863. p. 224*, No. 864. 235*, No. 866. p. 251*; Arch. gén. d. Méd. (4) XXIII. 528*; Griesinger, Roser u. Wunderlich Arch. f. physiol. Heilk. IX. 663*; Froriep Tagsber. üb. Anat. u. Phys. I. 155*.

23. du Bois-Reymond. Troisième réponse à M. Matteucci. C. R. XXXI. 91*.

Matteucci. Nouvelles recherches sur la cause de la contraction induite et sur celle des courants organiques. C. R. XXXI. 318*; Inst. No. 883. p. 388*; Arch. d. sc. ph. et nat. XV. 134*.

— — Electro-physiological Researches. On Induced Contractions. Ninth series. Phil. Trans. II. p. 645*.

1851.

— — Sur la cause de la contraction induite. C. R. XXXII. 131*.

du Bois-Reymond. Fortsetzung seiner Untersuchungen über thierische Elektricität. Monatsber. d. Berl. Ak. p. 380*; Inst. No. 941. p. 13*; Arch. d. sc. ph. et nat. XIX. 53*; Ann. d. ch. et d. ph. (3) XXXIX. 114*.

Anhang.

Strauss-Dürckheim. Électro-aimant représenté par la fibre musculaire. C. R. 1849. XXVIII. 269*.

Raffaele Paura. Correnti elettro-chimiche misurate e rinvenute in diversi liquidi e solidi organici tolti dagli animali viventi. Napoli 1849. 4°*.

J.-B. Schnetzler. Sur la cause probable du mouvement ciliaire. Arch. d. sc. ph. et nat. 1849. X. 320*.

Reichenbach. Abwehr. Lieb. u. Wöhl. 1850. LXXIV. 362*.

Während des Zeitraums, der hier in Betracht kommt, ist von meinen Untersuchungen über thierische Elektricität die erste Abtheilung des zweiten Bandes erschienen. Auch sind von der Fortsetzung dieser Untersuchungen verschiedene Bruchstücke bekannt gemacht worden. Die Gründe, die sich bei Abfassung des letzten Berichtes (über 1848) einer Besprechung meiner eigenen Arbeiten an dieser Stelle widersetzten, fahren jedoch noch fort zu bestehen. Ich sehe mich dergestalt genöthigt, in diesem Berichte nunmehr die Ergebnisse meiner Untersuchungen als bekannt vorauszusetzen, ohne dafs derselben darin bisher wäre zusammenhängend, geschweige ausführlich, gedacht worden. Diejenigen, die, ohne auf die Quelle zurückzugehen, sich mit jenen

Ergebnissen bekannt machen möchten, verweise ich einstweilen auf die Auszüge aus meinem Werke, die in der Literaturübersicht in dessen Gefolge, zum Theil bereits aus dem Jahr 1852, angeführt sind. Insbesondere empfehle ich den von HELMHOLTZ in der Kieler Monatsschrift, jedoch mit Berücksichtigung einer unten (S. II. B. b. am Schlufs) nachzulesenden Bemerkung, und die von BENCE JONES herausgegebene englische Bearbeitung des MÜLLER'schen Auszuges. [1])

SMEE. Grundzüge der Elektrobiologie u. s. w.

Eine vollständige elektrische Physiologie, Psychologie, Religionsphilosophie, Pathologie und Therapie und noch dazu in klassischem Gewande. Die Physiologie der Sinne heifst electroaïsthenics und zerfällt in electro-opsaisthenics, electro-ousaisthenics, electro-gumaisthenics, electro-rhinaisthenics und electrocaenaisthenics. Das Gehirn ist eine aisthenic-noemic battery etc.

GAVARRET. Studien über GALVANI's elektrophysiologische Untersuchungen.

Hr. GAVARRET hat es in diesem Aufsatz unternommen, seinen Landsleuten ein Bild von GALVANI's Arbeiten zu geben, wie es aus der von der Akademie zu Bologna im Jahre 1841 veranstalteten Sammlung seiner Schriften erhellt. [2]) Deutsche Leser finden eine eben dahin gehende ausführliche Darstellung in dem ersten Kapitel des ersten Abschnittes meines Werkes. [3])

Hrn. GAVARRET's Aufsatz enthält mehrere Ungenauigkeiten. P. 60 wird der Irrthum DUMÉRIL's aufgenommen, wonach SWAMMERDAM bereits einen galvanischen Reizversuch soll angestellt

[1]) On Animal Electricity: being an Abstract of the Discoveries of E. DU BOIS-REYMOND etc. Edited by H. BENCE JONES etc. London 1852*.

[2]) Opere edite ed inedite del Prof. LUIGI GALVANI etc. Bologna 1841. 4°*.

[3]) Untersuchungen über thierische Elektricität. Bd. I. 1848. S. 31 ff.

haben.[1]) Swammerdam wird in die letzte Hälfte des vorigen Jahrhunderts verlegt. P. 70 wird gesagt, Galvani habe, indem er den Muskel mit einer Leydener Flasche verglich, das Rechte getroffen hinsichtlich der vorausgesetzten Vertheilung der Elektricitäten am Muskel. Allein Galvani dachte sich das Aeufsere des Muskels negativ, sein Inneres positiv, also umgekehrt wie es sich in Wirklichkeit bei oberflächlicher Beobachtung darstellt.[2]) P. 71 wird in gewohnter Weise Lehot, dem Verfasser einer ganz unbedeutenden Arbeit über galvanische Reizversuche vom Jahr 1801, das Gesetz der Zuckungen, welches Pfaff gehört, zugeschrieben.[3]) P. 76 führt Hr. Gavarret den Versuch Galvani's an, in welchem Zuckung durch den Nervenstrom erfolgte, hat aber, mit diesem Strom unbekannt, den Versuch nicht verstanden, und leitet die Zuckung vom sogenannter Froschstrom ab, da doch keine Muskeln mit im Kreise waren. Demgemäfs fehlt auch in der Versuchsbeschreibung der wesentliche Umstand, dafs der Nerv des stromprüfenden Schenkels beim Niederfallen auf den andern Nerven den Kreis zwischen dessen Längs- und Querschnitt (boccuccia) schliefse.[4]) P. 77 heifst es: „Galvani avait donc démontré que le courant d'électricité animale dirigé de l'extrémité inférieure des membres vers les nerfs n'était pas propre à la grenouille, mais se retrouvait dans tous les animaux. Cette vérité, longtemps méconnue, a été mise dans tout son jour par les belles expériences de M. Matteucci. L'habile physicien de Pise a généralisé encore cette proposition en prouvant que tout muscle terminé par un tendon long et étroit est traversé par un courant dirigé du tendon au nerf dans l'intérieur du muscle." Diese Auseinandersetzung ist in mehrfacher Beziehung irrthümlich. Die Richtung des Stromes in den Bauchgliedern des Frosches ist erst von Nobili, mittelst seines Multiplicators mit astatischer Doppelnadel, nicht von Galvani, gefunden.[5]) Keinesweges ist diese Richtung in allen Gliedern

[1]) Untersuchungen u. s. w. Bd. I. S. 43.
[2]) Ebendas. S. 49. Anm. 3.
[3]) Ebendas. S. 315 ff.
[4]) Ebendas. S. 85; Bd. II. Abth. I. 1849. S. 273. Diese Berichte Bd. IV. S. 313, 314.
[5]) Untersuchungen u. s. w. Bd. I. S. 104.

aller Thiere die nämliche, der Strom kann an denselben sowohl ab- als aufsteigend sein, und unterhalb einer gewissen Gränze jede mögliche Stärke haben. [1]) Der zweite Satz klingt wie Ironie. Niemand hat jemals an der Allgemeinheit der von GALVANI aufgefundenen Thatsachen gezweifelt als gerade MATTEUCCI, der bekanntlich bis zum April 1845, wo er eingestandenermaafsen durch meine Abhandlung von 1843 eines Bessern belehrt wurde [2]), der Meinung war, dafs allein der Unterschenkel des Wasserfrosches mit dem räthselhaften aufwärts gerichteten Strome begabt sei. [3]) Was den letzten Satz betrifft, so hat zwar MATTEUCCI die ihm zugeschriebene Behauptung aufgestellt, allein sie ist falsch, ja sinnlos, und beruht auf einer mangelhaften Auffassung meines Gesetzes des Muskelstromes. [4])

Im Allgemeinen stimmt Hr. GAVARRET in seinem Aufsatze in den Ton übertriebener Lobpreisung GALVANI's, namentlich gegenüber VOLTA, ein, den GHERARDI, der Herausgeber der gesammelten Schriften GALVANI's, zuerst angeschlagen, und MATTEUCCI nach ihm aufgenommen hat. Abgesehen von dem Antheil, den Bologneser Localpatriotismus an dem Entstehen dieser Sinnesrichtung gehabt haben mag, spiegelt sich darin auch noch die Ungnade ab, in die VOLTA, als Urheber der Contacttheorie, überhaupt bei vielen Gelehrten des Auslandes gefallen zu sein scheint. [5])

I. Einwirkung der Elektricität auf Organismen.

A. Allgemeines.

SCHÖNBEIN. Ueber einige mittelbare physiologische Wirkungen der Luftelektricität.

Die mittelbaren physiologischen Wirkungen, die der Hr. Verfasser im Sinne hat, bestehen in der Zersetzung der Miasmen

[1]) Untersuchungen u. s. w. Bd. I. S. 470.
[2]) Lettre de CHARLES MATTEUCCI à M. H. BENCE JONES etc. Florence. Imprimerie Le Monnier. 1853. 8°. p. 11*.
[3]) S. diese Berichte I. 517.
[4]) Untersuchungen u. s. w. Bd. I. S. 542.
[5]) Vergl. ebendas. S. 36.

und etwa vorhandner Wasserstoffsäuren durch das Ozon, welches, nach Hrn. Schönbein, durch Entladung von Luftelektricität gebildet, wenn auch in wechselnder Menge, doch einen beständigen Bestandtheil der Atmosphäre ausmacht. Der Inhalt der Arbeit gehört folglich nicht hieher.

B. Auf Pflanzen.

de la Rive. Ueber die Aehnlichkeit der Zerschlitzung der vom Blitz und der von elektrischen Tromben getroffenen Bäume.

Hr. de la Rive hat ein neues Beispiel von Zerschlitzung eines Baumstammes durch den Blitz [1]) beobachtet. Es betraf eine 30—40′ hohe, 5—6″ dicke junge Pappel. Die Wirkung des Blitzes war durch voraufgegangene trockene Witterung insofern begünstigt, als der Strom im Innern des Stammes durch keine feuchte Nebenschliefsung längs der Aufsenfläche der Rinde geschwächt wurde.

C. Auf Thiere.

a. Reizversuche.

Hrn. Marshall Hall's Abhandlung ist schon im vorigen Jahresbericht besprochen.

b. Elektrotherapeutik.

Das Gebiet der Elektrotherapeutik ist grofsentheils der Art, dafs an dieser Stelle nur solche Erscheinungen desselben berücksichtigt werden können, welche eine neue Anwendung der Grundsätze der Elektricitätslehre, oder Thatsachen von allgemeinerem physikalisch-physiologischem Interesse in sich schliefsen. Je seltener dergleichen Erscheinungen sind, um so mehr freut es mich diesmal Gelegenheit zu haben, das physikalische Publikum auf

[1]) S. Riess, die Lehre von der Reibungselektricität. Berlin 1853. Bd. II. S. 567. §. 1084*.

eine solche aufmerksam zu machen. Ein Pariser Arzt, Hr. Duchenne (de Boulogne-sur-mer) hat angefangen sich mit grofsem Eifer der Heilanwendung des elektrischen Stromes zu unterziehen, und hat eine ausgedehnte Reihe von Arbeiten über diesen Gegenstand bekannt gemacht, von denen die wichtigeren oben in der Literatur aufgeführt sind. Obschon diese Arbeiten nicht immer ein streng wissenschaftliches Gepräge an sich tragen, und Hrn. Duchenne namentlich die Kenntnifs des Ohm'schen Gesetzes nebst der Fülle der daran sich knüpfenden Einsichten abgeht, so ist doch nicht zu verkennen, dafs, seit der Einführung des Tetanisirens durch Inductionsströme, darin wohl der bedeutendste Fortschritt enthalten ist, der auf dem Felde der Elektrotherapeutik gemacht worden. Einen ausführlichen Auszug aus den angeführten Abhandlungen zu geben, möchte hier kaum angemessen sein. Ich begnüge mich damit, den Leser im Allgemeinen mit ihrem Inhalt bekannt zu machen.

Hrn. Duchenne's Arbeiten beziehen sich im Wesentlichen auf Heilung von Lähmungen durch die sogenannte physiologische Wirkung des elektrischen Stromes. Als Stromesquelle werden Inductionsvorrichtungen angewendet, deren Beschreibung viel zu wünschen übrig läfst. Sie sind theils magneto-elektrischer, theils volta-elektrischer Natur, und im letztern Falle solche mit Selbstunterbrechung durch den Wagner'schen Hammer. [1]) Die Abstufung der Stromstärke an den erstern wird durch Decken des Magnetes mittelst eines durch eine Schraube geführten Ankers bewerkstelligt. An den letztern wird sie vermittelt durch Einschaltung einer Röhre aus Kupferblech zwischen die primäre und secundäre Rolle nach Magnus' Princip. [2]) Dies Verfahren mag ein besseres sein als das ältere, welches darin bestand den Widerstand des primären Kreises durch Veränderung der Länge einer darin eingeschalteten Flüssigkeitssäule zu verändern, doch steht es ohne Zweifel dem von mir angegebenen nach, wobei einfach die Entfernung der beiden Rollen von einander verändert wird. [3])

[1]) Pogg. Ann. XLVI. 107*.
[2]) Pogg. Ann. XLVIII. 98*.
[3]) Untersuchungen u. s. w. Bd. II. Abschn. I. 1849. S. 393*. Anm. 1; diese Berichte II. 462.

Soweit bieten Hrn. DUCHENNE's Leistungen nichts Neues von Erheblichkeit dar. Allein das Wichtige ist nun die Art und Weise, wie Hr. DUCHENNE die Ströme dem menschlichen Körper zuführen lehrte. Bisher pflegte dies im Allgemeinen mit Hülfe metallischer Zuleiter von verschiedener Gestalt zu geschehen, die man unmittelbar der Körperoberfläche anlegte. Der Eine oder der Andere mag auch bereits diese Zuleiter mit feuchten Polstern überzogen, und die Vortheile dieses Verfahrens in gröfserem oder geringerem Umfange gewürdigt haben. Es ist aber ein grofser Abstand von einer solchen zufälligen Anwendung eines Kunstgriffes bis zu dem systematischen Durchbilden und ausdrücklichen Anempfehlen einer neuen Verfahrungsart, und die, welche dergestalt auf halbem Wege stehen geblieben sind, haben es sich selbst beizumessen, wenn die Einführung feuchter Zuleiter, und die Unterscheidung ihrer Wirkungsweise von der metallischer Zuleiter, fortan statt mit dem ihrigen, mit Hrn. DUCHENNE's Namen verknüpft sind.

Hr. DUCHENNE hat gezeigt, dafs bei Anwendung metallischer Zuleiter im Allgemeinen die Wirkung des Stromes auf die Muskeln zurücktritt gegen die auf die Haut, welche sich durch brennenden Schmerz und vorübergehende Röthung äufsert. Diese letztere erscheint um so heftiger und ausschliefslicher, die Muskeln werden gleichzeitig um so weniger ergriffen, je mehr die Berührung in einzelnen, eng umschriebenen Punkten stattfindet, und je trockener die Oberhaut ist. Wird dagegen die Haut angefeuchtet, und werden ihr feuchte Zuleiter angelegt, deren Masse mit der des Körpers in Bezug auf die Leitung des Stromes zu einem stetigen Ganzen verschmilzt, so sinkt die Hautwirkung fast auf Null herab, dafür werden aber jetzt, bei unveränderter elektromotorischer Kraft des Stromes, die Muskeln kräftig ergriffen. Das Wegfallen der schmerzhaften Hautwirkung erlaubt die Berührungsflächen der feuchten Zuleiter mit dem Körper ohne Beschwerde zu verkleinern, und so die Wirkung des Stroms zu einer ganz örtlichen zu machen. Dies nennt Hr. DUCHENNE Galvanisation localisée.

Die Zuleiter, deren sich Hr. DUCHENNE bedient, nehmen demgemäfs, je nachdem sie auf Hervorbringung von Hautwirkungen allein, oder von Zuckungen allein berechnet sind, verschiedene

Gestalten an. Im ersten Falle enden sie in einen Pinsel aus dünnen Metalldrähten, im zweiten in einen metallischen Knopf, der mit feuchtem Schwamm umbunden ist, und je nach dem Grade von Oertlichkeit, den die Wirkung inne halten soll, die Haut in gröfserer oder geringerer Ausdehnung berührt. Die Pinsel lassen, als Elektroden des Magnetelektromotors, die Haut, unter lebhaftem Brennen, geröthet zurück. Mit den Schwämmen dagegen vermag man nach Belieben gröfsere oder kleinere, ja ganz beschränkte Muskelpartieen in tetanische Zusammenziehung zu versetzen. In den Knochen ruft das Tetanisiren mittelst der Schwämme einen eigenthümlichen, tiefen und bohrenden Schmerz hervor.

Die Richtigkeit dieser Angaben bin ich im Stande aus eigener Erfahrung zu verbürgen, da ich nicht nur im Frühjahr 1850 während eines Aufenthaltes in Paris Gelegenheit hatte, mich bei Hrn. Duchenne selber davon zu überzeugen, sondern auch seitdem durch Nachahmung seiner Vorrichtungen hier in Berlin häufig dieselben Ergebnisse ohne Schwierigkeiten erzielte.

Hr. Duchenne hat von der Galvanisation localisée mittelst der Zuleitungsschwämme einen wichtigen Gebrauch gemacht, indem er mit Hülfe derselben die Wirkungsweise einer grofsen Anzahl von Muskeln am lebenden unversehrten menschlichen Körper einer neuen Prüfung unterwarf. Das Einzelne dieser Bestimmungen gehört der speciellen Muskellehre an, und kann hier nicht berücksichtigt werden. Eben so wenig kann ich hier auf die vielen merkwürdigen Beobachtungen über pathologische Veränderung der Muskelerregbarkeit in verschiedenen Arten von Lähmung eingehen, die Hr. Duchenne in den oben angeführten Abhandlungen beschrieben hat. Dagegen mufs ich hervorheben, dafs Hr. Duchenne selber von der verschiedenen Wirkungsweise der an der trocknen Haut angebrachten metallischen Pinsel und der feuchten Schwämme nirgends eine Erklärung giebt. Er scheint sich fälschlich vorzustellen, dafs bei Anwendung der Pinsel die Ausgleichung der Spannungen wirklich nur in der Haut stattfinde, dagegen bei Anwendung der Schwämme der Strom sich durch die Dicke des Gliedmaafses ergiefse. Die richtige Erklärung der Thatsachen liegt nach dem Ohm'schen Gesetz auf der Hand, und ist folgende.

Man weifs, dafs die Oberhaut, besonders die trockene, einen so grofsen Theil des Widerstandes des menschlichen Körpers ausmacht, dafs die Stärke eines durch denselben gesandten Stromes der Ausdehnung der Hautstellen, durch die er ein- und austritt, fast proportional ist.[1]) Bei Anwendung der Pinsel oder irgendwelcher trocknen Metallstücke wird die Haut in mehr oder minder zahlreichen Punkten von geringer Ausdehnung berührt. Wegen der Trockenheit der Haut und des geringen Querschnittes der Strombahn an diesen Punkten ist der Widerstand dabei verhältnifsmäfsig sehr grofs, und der Strom wird sehr geschwächt, so dafs er, obgleich durch die ganze Dicke des Gliedmafses, also auch durch Muskeln und Knochen, sich ergiefsend, doch zu schwach ist, um hier irgend merkliche Wirkungen zu erzeugen. In der Haut aber erlangt der Strom, trotz seiner Schwäche, eben vermöge des geringen Querschnittes seiner Bahn, doch eine solche Dichtigkeit, dafs er allerdings empfindliches Brennen und nachhaltige Röthung bewirkt.

Nun bringe man, an Stelle der Pinsel, die feuchten Zuleiter an. Die Oberhaut wird durchfeuchtet und in grofser Ausdehnung stetig leitend berührt, der Widerstand also weit kleiner, und der Strom kann, bei gleicher elektromotorischer Kraft, so viel stärker ausfallen, dafs die Muskeln und sogar die Knochen davon ergriffen werden. Da aber der Querschnitt der Strombahn in der Haut ein sehr viel gröfserer ist, so fällt auch die Dichtigkeit des Stromes daselbst verhältnifsmäfsig geringer aus, und zwar kann dies so weit gehen, dafs die Dichtigkeit sogar kleiner wird, als bei Anwendung der trockenen Zuleiter, und dafs die Hautwirkungen dergestalt vollständig beseitigt werden.

Hr. Soubeiran handelt ohne hinreichende physikalische und physiologische Kenntnifs von den verschiedenen elektromotorischen Vorrichtungen, die zu ärztlichem Gebrauch angewendet werden können.

Hrn. Romershausen's Aufsatz hat einen zu wenig wissenschaftlichen Character, um hier Berücksichtignug zu verdienen.

[1]) Lenz und Ptschelnikoff in Pogg. Ann. 1842. LVI. 433*; du Bois-Reymond, Monatsber. d. Berl. Ak. 1852. S. 114.

In dem Z. unterzeichneten Artikel der Annalen der Chemie und Pharmacie warnt der Verfasser mit Recht das Publikum gegen die in der Ueberschrift genannte Charlatanerie.

II. Entwicklung der Elektricität in Organismen.

A. In Pflanzen.

Becquerel. Ueber die Ursachen welche Elektricität in den Pflanzen entbinden, und über die Ströme zwischen dem Erdreich und den Gewächsen.

E. Wartmann. Ueber die elektrischen Ströme in den Pflanzen.

Becquerel. Ueber die elektrischen Wirkungen welche bei Einführung der Platinenden des Multiplicators in Knollen, Wurzeln und Früchte beobachtet werden.

Hr. Becquerel und Hr. Wartmann haben unabhängig von einander das Studium der von Alexandre Donné entdeckten Ströme aufgenommen, welche man erhält, wenn man die Platinenden des Multiplicators mit verschiedenen Punkten des Innern von Pflanzen in Berührung bringt. Ihre Abhandlungen enthalten eine grofse Anzahl von thatsächlichen Angaben, welche mir jedoch sämmtlich von geringem Interesse scheinen, indem zunächst nichts weiter daraus hervorgeht, als eine Ungleichartigkeit der Flüssigkeiten, mit denen die metallischen Multiplicatorenden in Verbindung kamen. Von einigen dieser Ströme wollen die Verfasser freilich, dafs sie auch ohne die Gegenwart der Multiplicatorenden in den Pflanzen vorhanden seien. Allein es werden dafür nur schwache Beweise beigebracht, und Hrn. Becquerel insbesondere wäre hier etwas von der unbesiegbaren Skepsis zu wünschen gewesen, die er als Mitglied der Commission für thierische Elektricität (S. unten) entfaltete. Eines Auszuges sind die vorliegenden Abhandlungen nicht gut fähig, eine ausführliche Besprechung aber würde zu viel Platz einnehmen und sich nicht der Mühe verlohnen.

B. In Thieren.

a. Allgemeines.

Grimelli. Ueber den Galvanismus.

Die vorliegende Abhandlung ist die im Bericht über 1848 erwähnte, welcher die Akademie zu Bologna im Jahr 1848 den Preis ertheilte, den sie der dort ausgezogenen Arbeit Antonio Cima's im Jahr 1844 versagt hatte. Ich habe damals gesagt, ich würde den Leser in Stand setzen, selber zu *urtheilen*, mit welchem Rechte die Akademie diese Entscheidung getroffen. Indem ich es aber unternehme, mich dieser Verpflichtung zu entledigen, stofse ich auf Schwierigkeiten in der Darstellung der Grimelli'schen Arbeit, zu deren Ueberwindung ich mich nicht entschliefsen kann. Sie stellt einen Quartband von nahe 200 Seiten vor, und das Ergebnifs der Durcharbeitung derselben ist für mich, dafs Hr. Grimelli nicht weifs, um was es sich heutzutage in der Elektrophysiologie handelt. Hr. Grimelli hat im Jahr 1842 einige gute Beobachtungen gemacht.[1]) Er ist damals, gleichzeitig mit Matteucci und mir, und, wie es scheint, selbständig, aufmerksam geworden auf die besondere Rolle welche der künstliche Querschnitt bei der Zuckung ohne Metalle spielt. Ja er hat die Erscheinung im gewissen Sinne sogar richtiger als Matteucci aufgefafst, indem er, anstatt wie dieser, vom Muskelinnern, wirklich vom Querschnitt, „sezione trasversale", sprach. Allein er ist auf der dergestalt nicht unrühmlich betretenen Bahn nicht ferner mit gleichem Erfolge fortgeschritten. Die vorliegende Abhandlung fördert die Lösung der hier schwebenden Aufgaben nicht um ein Haar breit. Der Verfasser mit seinen Methoden und mit seiner Art zu schliefsen erscheint als Fortsetzer der Bologneser Schule, wie ich sie in dem geschichtlichen Theile meines Werkes geschildert habe. Der Mangel an einigermaafsen erspriefslichen neuen Beobachtungen bei theoretischem Unvermögen wird es rechtfertigen, wenn wir diese Abhandlung in dem Dunkel lassen, in dem sie bisher, gleich den Schriften vieler an-

[1]) Nuovi Annali delle Scienze naturali. Bologna 1843. Anno V. Tomo X. p. 94*.

dern italiänischen Elektrophysiologen minorum gentium, die man in ihr angeführt findet, ohne Schaden für die Wissenschaft, geruht hat.

Matteucci. Neue elektrophysiologische Untersuchungen.

Im Jahr 1847 hatte Hr. Matteucci, in einem Schreiben an die Pariser Akademie, derselben angezeigt, dafs er nunmehr aufhören werde, sich mit thierischer Elektricität zu beschäftigen, und dieselbe feierliche Meldung hatte er in demselben Jahre an die Royal Society ergehen lassen [1]. Wirklich verstrich das Jahr 1848 ohne dafs eine elektrophysiologische Mittheilung seinerseits erfolgt wäre. Im Jahr 1849 hat Hr. Matteucci sich jedoch eines anderen besonnen, und erscheint wieder auf dem Kampfplatz, in voller Entfaltung aller der Eigenschaften, die den Lesern dieser Berichte sattsam bekannt sind. Er kündigt der Pariser Akademie einen elektrophysiologischen Grundversuch von der umfassendsten Bedeutung und gröfsten Wichtigkeit an. Dieser Versuch soll im Folgenden bestehen.

Wenn der Nerv des stromprüfenden Froschschenkels in eine Längswunde eines Muskels gebettet werde, könne man einen ziemlich starken Strom durch den Muskel senden, ohne dafs Zuckung des Schenkels entstehe. Nur müfsten die Elektroden nicht zu nahe dem Nerven sein, und es dürfe keine secundäre Zuckung (contraction induite) stattfinden, d. h. der Muskel dürfe nicht mehr zuckungsfähig sein. Es sei somit bewiesen, dafs, wenn ein Strom einen Muskel durchfliesse, in Folge theils der verhältnifsmäfsig geringen Masse der Nerven, theils ihres gröfsern eigenthümlichen Widerstandes [2], kein merklicher Stromtheil seinen Weg durch die in dem Muskel vorhandenen Nerven nehme.

Lasse man den Strom einer 30—40gliederigen Säule durch den blofsgelegten Oberschenkel eines lebenden Kaninchens, Hundes oder Frosches gehen, so erhalte man bei absteigender Richtung des Stromes eine starke Zuckung des ganzen Beines,

[1] Berl. Ber. III. 412, 445.
[2] Untersuchungen u. s. w. Bd. II. Abth. I. S. 245.

bei aufsteigender Richtung eine schwächere Zuckung allein der unmittelbar betroffenen Muskeln, und eine Schmerzbezeugung von Seiten des Thiers.

Da, nach dem Vorigen, diese Wirkungen nicht herrühren können von einer unmittelbaren Erregung der Nerven durch den Strom, so behauptet Hr. Matteucci dafs sie zuzuschreiben seien einer Induction des Nervenprincipes durch den Strom, welche durch die lebenden Muskeln vermittelt werde. Eine Verbindung zwischen dieser Behauptung und der Hypothese durch die er die contraction induite zu erklären pflegt, bemüht sich Hr. Matteucci nicht weiter herzustellen.

Er macht aber davon folgende Anwendung, der er eben eine so hohe Wichtigkeit zuschreibt. Wie nämlich in diesem Versuch, nach seiner Ansicht, eine Innervationsströmung durch einen elektrischen Strom inducirt werde, so würde in den elektromotorischen Fischen umgekehrt ein elektrischer Strom durch eine Innervationsströmung inducirt. Er scheint sich zu denken, oder er möchte es wenigstens der Académie des Sciences glauben machen, dafs dies ein elektrophysiologisches Grundgesetz sei, ähnlich dem, welches Elektromagnetismus und Induction verknüpft.

Es fragt sich nun vor allen Dingen, und abgesehen von jeder theoretischen Erörterung, ob Hr. Matteucci hier wirklich, wie er vorgiebt, irgendwelche neue Thatsache an's Licht gezogen habe, welche zu neuen Folgerungen drängen könnte.

Die Antwort darauf ist, dafs schon die oberflächlichste Betrachtung genügt, um Hrn. Matteucci's thatsächliche Behauptungen zunächst als ganz unbegründet erscheinen zu lassen. Der unmittelbare Versuch anderer Forscher steht ihnen ferner gerade entgegen, und so löst sich diese mit so vielem Gepränge angekündigte Entdeckung abermals, wie schon so oft bei dem Hrn Verfasser, in eine reine Mystification auf. Die Folge wird für dieses Urtheil die nähern Belege liefern.

Matteucci. Elektrophysiologische Untersuchungen. Achte Reihe.

Einige Zeit nach der eben erwähnten Mittheilung an die Académie des Sciences, überreichte Hr. Matteucci auch der Royal Society wieder eine Abhandlung. Diese Abhandlung ist im Wesentlichen vollkommen einerlei mit der Mittheilung in den Comptes rendus, ohne dafs dieser in jener mit einer Sylbe gedacht würde. Um indefs das neue Eautoplagiat einigermaafsen zu verbergen, hat Hr. Matteucci der „achten Reihe" seiner in den Philosophical Transactions abgedruckten Untersuchungen einige Einzelheiten hinzugefügt, von denen sich aber grofsentheils durchaus nicht einsehen läfst, was an der Stelle, die er ihnen ertheilt, damit gemeint sei.

P. 288 untersucht er z. B. ob an Nerven, die den Strom in einen Elektrolyten fortpflanzen, Ausscheidung der Jonen stattfinde, wie an metallischen Elektroden. Als Elektrolyt wurde eine Jodkaliumlösung angewandt. Der Strom ging von einer fünfzehngliederigen Säule aus. Es zeigte sich keine Spur von Ausscheidung am Nerven. Dieser Versuch steht beiläufig schon in meinen Untersuchungen Bd. I. S. 441. Hr. Matteucci vergifst aber leider bei dieser Gelegenheit auch noch einzugestehen, dafs er in seinem Essai sur les phénomènes électriques des animaux. Paris 1840. p. 78, 79* mit ganz gleicher Zuversicht das gerade Gegentheil von dem behauptet hat, was er jetzt aussagt.

P. 289, 290 führt Hr. Matteucci, um die überlegene Leitung der Muskeln im Vergleich zu den Nerven zu beweisen, folgende Versuche an. Er erinnert an die Modificationen der Erregbarkeit der Nerven durch den Strom, die bekanntlich Ritter entdeckt hat, die aber Hr. Matteucci für seine eigene Entdeckung ausgiebt.[1]) Ist der Nerv durch den aufsteigenden Strom in den Zustand versetzt, wo durch Oeffnen der Kette eine starke Zukkung erfolgt, so genügt es nach einer frühern Bemerkung des Hrn. Matteucci, einen Tropfen Wasser, Salzlösung, Blut, Blutwasser oder von sonst einer leitenden Flüssigkeit auf den Nerven fallen zu lassen, um die Zuckung erfolgen zu sehen.[2]) Jetzt

[1]) Berl. Ber. II. 442; Untersuchungen u. s. w. Bd. I. S. 365 ff.
[2]) Berl. Ber. II. 451.

fügt Hr. MATTEUCCI, ohne jedoch seiner ältern Angaben zu gedenken, hinzu, daſs auch Berührung des Nerven mit einem Stück Muskelfleisch den gleichen Erfolg nach sich ziehe. Hieraus, und aus dem, natürlich bereits von RITTER erkannten Umstande, daſs die in dem Muskelfleisch vergrabene Nervenstrecke den Modificationen der Erregbarkeit entzogen sei [1]), will jetzt Hr. MATTEUCCI auf die gröſsere Leitungsfähigkeit der Muskeln schlieſsen. Ich brauche kaum zu erwähnen daſs dieser Schluſs ganz ungerechtfertigt ist. Die Verminderung der Dichtigkeit des Stromes im Nerven durch Umhüllen des letztern mittelst irgend welcher leitender Stoffe wird zwar um so gröſser sein, je besser diese Stoffe im Vergleich zur Nervensubstanz leiten. Allein sie wird auch bereits mit solchen Stoffen eintreten, die der Nervensubstanz an Leitungsfähigkeit nachstehen.

P. 290 wirft Hr. MATTEUCCI plötzlich, und ohne die leiseste Spur eines Zusammenhanges mit dem Gegenstande seiner Untersuchung, die Frage auf, ob und in wiefern die Stärke der Zusammenziehung die ein Strom durch Reizung der Nerven hervorbringe, durch Verletzung des Rückenmarkes beeinfluſst werde. Er habe in den Comptes-rendus der Pariser Akademie einen Versuch von BOIS SÉGUARD gelesen, durch welchen man zu der Meinung verleitet werden könnte, daſs das Durchschneiden des Rückenmarkes die Erregbarkeit des Ischiadnerven, wenigstens für eine gewisse Zeit, erhöhe. [2])

[1]) Berl. Ber. II. 443, 444; Untersuchungen u. s. w. Bd. I. S. 366, 367.

[2]) Im Philosophical Magazine steht „an experiment by M. DU BOIS-REYMOND." Da ich nun einen Versuch der Art weder in den Comptes-rendus noch anderwärts beschrieben habe, verwahrte ich mich gegen Hrn. MATTEUCCI's Nennung meines Namens bei dieser Gelegenheit (Phil. Mag. 1850. (3) XXXVII. 318*). Darauf erschien die Abhandlung in den Philosophical Transactions mit der wie oben veränderten Lesart des Namens. Ein Schriftsteller BOIS SÉGUARD ist mir unbekannt geblieben. Vielleicht meint Hr. MATTEUCCI den Pariser Physiologen BROWN-SÉQUARD. Auf alle Fälle bin ich im Stande, Hrn. MATTEUCCI für die Ansicht, die er widerlegen will, noch einen Gewährsmann anzuführen, den er freilich zu verschweigen Grund hatte, nämlich Hrn. MATTEUCCI selber. In seinem Essai sur les phénomènes électriques des animaux. Paris 1840. p. 83* heiſst es: „J'ai vu aussi, bien souvent, des grenouilles devenues incapables de se contracter par l'action de leur courant propre, reprendre cette activité quand on avait coupé ou effilé leur moelle épinière."

Um diese Angabe zu prüfen, bediente sich Hr. Matteucci des den Lesern dieser Berichte schon von früher her bekannten Muskelkraftmessers von Breguet's Arbeit. Er kommt zuvörderst nochmals zurück auf die Vorsichtsmafsregeln, die bei der Handhabung desselben zu beachten seien. Leider weifs der Leser, dafs keine Vorsichtsmafsregeln und keine Vollkommenheit der mechanischen Ausführung vermöchten, aus diesem Instrumente etwas brauchbares zu machen, in welchem unerhörterweise die Stärke der Zusammenziehung gemessen wird durch den verschiedenen Grad, in dem ein Gewicht von 0,6gr ein an dem Ischiadnerven aufgehängtes Froschbein im Zustande der Ruhe und in dem der Zusammenziehung auszudehnen vermag. [1])

Wie dem auch sei, Hr. Matteucci beschreibt nun folgende, an diesem Kraftmesser angestellte Beobachtungen. Er bringt in den Kraftmesser einen Frosch, dem nur noch der ausgeweidete Rumpf mit dem Kopf und den Brustgliedern, und ein an dem entsprechenden Ischiadnerven hängendes Bein gelassen sind, und schickt durch den Nerven möglichst kurze Stöfse eines aufsteigenden Stromes in so dichtgedrängter Reihe, dafs er die Stärke der Zuckungen an seiner Vorrichtung noch eben ablesen kann. Diese Stärke nimmt stetig ab, und wird zuletzt beständig. Nun durchschneidet Hr. Matteucci das Rückenmark. Die Stärke und Dauer der Zuckungen bleibt unverändert. Bei dieser Versuchsweise tritt also kein Einflufs der Rückenmarksverletzung auf die Erregbarkeit der Nerven hervor.

Dagegen scheint sich, nach Hrn. Matteucci, ein solcher zu äufsern, wenn man Frösche, deren Rückenmark vor 12—18 Stunden zerschnitten worden, mit solchen vergleicht, die unversehrt geblieben sind; und zwar sind die Zuckungen in dem erstern Fall merklich kräftiger als im letztern. Während sie aber in diesem längere Zeit mit fast gleicher Stärke anhalten, nehmen sie in jenem sehr schnell an Stärke ab, so dafs nach 40′ die Zuckungen an dem Thier mit unversehrtem Rückenmark bei weitem die stärkern sind.

Hr. Matteucci erklärt diese auffallende Erscheinung, indem er sich auf die Beobachtung beruft, dafs die Muskeln der mit

[1]) Berl. Ber. II. 446, III. 418.

unversehrtem Rückenmark zugerichteten Thiere anfänglich in einer Art von Tetanus begriffen seien, in Folge dessen die Zusammenziehungen schwach erschienen.

Ich weifs noch nicht was von diesen Angaben zu halten ist; jedenfalls stehen sie, wie schon bemerkt, mit dem Gegenstande der vorliegenden Abhandlung in keinem ersichtlichen Zusammenhange. Zu diesem Gegenstande kehrt Hr. MATTEUCCI jetzt zurück, und bringt die nämliche Lehre vor, die er bereits der Pariser Akademie mitgetheilt hat. Er läfst sich aber dabei auf einige nähere Einzelheiten ein, die er damals verschwieg. Die Grundlage seiner Schlufsfolgerung ist, wie man sich entsinnt, der Satz, dafs der Nerv des stromprüfenden Froschschenkels innerhalb einer todten Muskelmasse durch einen sie durchfliefsenden Strom nicht erregt werde, während dies, unter denselben Umständen, innerhalb einer lebenden Muskelmasse der Fall sei. Unter den Umständen, die gleich sein müssen, damit der erste Versuch eines Vergleiches mit dem zweiten fähig sei, steht obenan natürlich die Stromdichte im stromprüfenden Nerven. Sie mufs mindestens in beiden Fällen gleich sein; soll aber ein vollwichtiger, vertrauenerweckender Beweis geführt werden dafür, dafs innerhalb der lebenden Muskelmasse der stromprüfende Nerv unter Umständen erregt wird, wo er innerhalb einer todten Muskelmasse nicht erregt worden wäre, so wird die Stromdichte im letztern Falle sogar die im erstern übertreffen müssen.

In Hrn. MATTEUCCI's Mittheilung an die Pariser Akademie, wurde das Verhältnifs der Stromdichten in beiden Versuchen unbestimmt gelassen. Bei lebenden Muskeln wurde der Strom einer 30—40gliederigen Säule angewandt, bei todten ein ziemlich starker Strom. Man mochte sich denken, obschon es nicht so klang, dafs der ziemlich starke Strom doch noch stärker gewesen sei, als der der 30—40gliederigen Säule. In der Abhandlung in den Transactions aber sagt Hr. MATTEUCCI rund heraus, dafs der Versuch mit der todten Muskelmasse mit nur 25—30, der an der lebenden mit 30—40 Gliedern angestellt sei.

Schon dies genügt, um zu zeigen, dafs, wie oben S. 743 gesagt wurde, Hrn. MATTEUCCI's thatsächliche Behauptungen einmal wieder völlig der Begründung entbehren. Es ist klar, dafs aus seinen Angaben vor der Hand nichts weiter zu schliefsen ist, als dafs, der geringeren Gliederanzahl der Säule halber, in dem einen Versuch nicht, wie in dem andern, die hinreichende Stromdichte im Nerven erzielt wurde, um Zuckung zu erhalten. Und wenn es nicht beklagenswerth wäre, dafs die Pariser Akademie und die Royal Society jahrelang zu einer solchen Verspottung der Wissenschaft in ihren Denkschriften die Hand bieten, so könnte es spafshaft sein, am Schlufs von Hrn. Matteucci's Abhandlung folgende Phrase zu lesen: „Satisfied to go forward with a slow but sure step in the vast and very obscure field of electro-physiological science, I cannot but regard as highly important the discovery set forth at the close of this memoir, of the strict correlation existing between the electric current and nervous force." Dies ist eine Captatio benevolentiae für Grove, der die Abhandlung der Royal Society überreichen sollte, und bekanntlich im Jahr 1848 unter dem Titel: „On the Correlation of the Physical Forces" eine Auseinandersetzung in dem Sinne der Erhaltung der Kraft von Helmholtz gegeben hat. [1])

Raffaele Molin. Falschheit eines Versuches von Matteucci.

Hr. Molin hat sich's angelegen sein lassen, die Unrichtigkeit der Behauptungen Matteucci's in seinen vorerwähnten Abhandlungen durch den Versuch zu widerlegen. Er brachte den Nerven des isolirt aufgestellten stromprüfenden Froschschenkels in eine Längswunde eines todtenstarren oder eines gekochten Oberschenkelmuskels von einem Kaninchen, einem neugebornen Kinde, oder einem Hunde, und legte diesen Muskeln, die gewifs nicht mehr zuckungsfähig waren, die Elektroden einer Säule oder die Enden der secundären Rolle meines Schlitten-Magnetelektromotors an. Die Säule bestand aus nur 10—15 Gliedern. Hr. Molin erhielt unter allen Umständen Zuckung beim Schliefsen und Oeffnen des Säulenkreises, und Tetanus durch den Magnetelektromotor so lange die Feder spielte. Es folgt daraus abermals ganz unmittelbar, was bereits aus dem Vorigen einleuchtend war,

[1]) Berl. Ber. IV. 66.

dafs nämlich die Vordersätze zu Hrn. Matteucci's angeblich so wichtigen Schlufsfolgen völlig irrthümlich sind, und dafs es sich mithin der Mühe nicht verlohnt zu zeigen, dafs diese Schlüsse an und für sich, die Richtigkeit der Vordersätze einen Augenblick zugegeben, in der leichtsinnigsten Weise von der Welt gezogen sind.

Carpenter. Ueber die gegenseitigen Beziehungen der Lebenskräfte und der physischen Kräfte.

Angeregt durch Grove's Abhandlung über die Beziehungen der physischen Kräfte zu einander (S. oben), hat Hr. Carpenter die Vorstellung gefafst, dafs etwas Aehnliches auch in Bezug auf die sogenannten Lebenskräfte untereinander und auf dieselben im Verhältnifs zu den physikalischen Kräften stattfinden müsse. Ich brauche wohl kaum zu erwähnen, dafs derselbe Gedanke, viel klarer und bestimmter, sich schon in Helmholtz Erhaltung der Kraft vom Jahr 1847, sogar im Wesentlichen schon in Mayer's Schrift über die organische Bewegung vom Jahr 1845 ausgesprochen findet. Zu der Begründung des Gedankens ist aber in Hrn. Carpenter's Abhandlung kein weiterer Schritt geschehen. Sie bewegt sich in allgemeinen Betrachtungen der Art, wie sie in Deutschland jetzt glücklich aus der physiologischen Literatur verbannt sind. Unter andern wird denn auch (p. 742) hier die Identitätslehre von Nervenprincip und Elektricität so vorgetragen, dafs beide als in einander verwandelbare Kraftformen aufgefafst werden.

---

b. Muskel- und Nervenstrom.

Die Mehrzahl der unter dieser Aufschrift angeführten Aufsätze hat nur ein sehr beschränktes wissenschaftliches Interesse. Es sind darin keine neue Thatsachen mitgetheilt, sondern die, wegen Unkenntnifs meiner voraufgegangenen Arbeiten, mehr oder weniger mifslungenen Bestrebungen, einen meiner Versuche zu wiederholen, der die Aufmerksamkeit der Physiker und Physiologen über die Gebühr auf sich gezogen hatte [1]), und die aus demselben Grunde meist verfehlten Betrachtungen über dessen Bedeutung und Tragweite. Dazu kommen höchst unfruchtbare Prioritätsstreitigkeiten zwischen Matteucci und mir, und endlich ein von einer Commission der Pariser Akademie der Wissenschaften abgestatteter Bericht über meine Untersuchungen, dessen Werth aber, wie unten erhellen wird, gleichfalls durch Unkenntnifs des Thatbestandes sehr beeinträchtigt ist. Eine umständliche Darlegung aller dieser Vorgänge an dieser Stelle würde daher ganz überflüssig sein. Wer davon Kenntnifs nehmen will ohne auf die Quellen zurückzugehen, wird, was er braucht, übrigens in der zweiten Abtheilung des zweiten Bandes meiner Untersuchungen (S. 308 ff.) zusammengestellt finden. In dem Folgenden begnüge ich mich mit einer kurzen Andeutung der in Rede stehenden Verhandlung, indem ich durch eingeklammerte Zahlen auf die in der Literatur aufgeführten, entsprechend numerirten Actenstücke derselben verweise.

Der Versuch, um den es sich hier handelt, ist der, in welchem ich mit beiden Armen und dem Multiplicatordraht einen ursprünglich gleichartigen Kreis herstelle, und dann durch willkürliches Tetanisiren des einen Armes einen Strom erzeuge, der in diesem Arme von der Hand zur Schulter, also aufsteigend, gerichtet ist [2]). Durch diesen Versuch wurde die negative Schwankung des Muskelstromes bei der Zusammenziehung auch am lebenden unversehrten menschlichen Körper bewiesen.

Hr. v. Humboldt, der bereits im September 1847 bei mir Zeuge des Versuches gewesen war, machte im Laufe des Jahres 1849 Arago auf denselben aufmerksam (1). Da in Paris an der Richtigkeit meiner Angaben gezweifelt wurde, hatte Hr. v. Humboldt die Güte, sich nochmals zu mir zu begeben und in Gegenwart der Hrn. Joh. Müller und Helmholtz den Versuch selber anzustellen. Mit Bezug hierauf, und mit einer Nachschrift Hrn. v. Humboldt's versehen, erschien ein Brief von mir an v. Humboldt in den Comptes-rendus (2).

In Folge dieses Briefes versuchten mehrere Gelehrte, die von

[1]) Monatsber. d. Berl. Ak. 1853. S. 121.
[2]) Berl. Ber. IV. 302, 303.

mir angegebene Thatsache zu beobachten. Indessen blieben, wie schon bemerkt, ihre Bestrebungen meist erfolglos und ihre Erörterungen des Gegenstandes ohne Werth, weil sie, ungeachtet der wiederholten Aufforderung v. Humboldt's (1. 2), es versäumten, zuvor Kenntnifs von meinen früheren Arbeiten zu nehmen.

Hr. Despretz stellte eine grofse Menge vergeblicher Versuche an, in denen es ihm nicht gelang, meine Beobachtung zu bestätigen. Meist nahm er dabei die metallischen Multiplicatorenden unmittelbar in die Hand, eine Versuchsweise, auf welche auch noch mehrere andere Forscher geriethen, die aber durchaus zu verwerfen ist, indem, wie ich anderwärts ausführen werde, ein leichter Druck mit der Hand auf die eine Elektrode hinreicht, um einen Strom zu erzeugen, der viel stärker ist als der um den es sich hier handelt, und nichts mit der Muskelzusammenziehung zu schaffen hat[1]). Hr. Despretz begnügte sich nach seinen Versuchen nicht, die Richtigkeit meiner Beobachtung zu bezweifeln, sondern er dehnte seine Zweifel auch noch aus über die thierisch-elektrischen Versuche an Fröschen, von denen ihm aber nur die Matteucci's bekannt waren (4).

Hrn. Becquerel d. Aelt. glückte es eben so wenig wie Despretz, meinen Versuch zu wiederholen. Ohne zu bedenken, dafs dies sehr wohl daher rühren mochte, dafs sein Multiplicator nicht die gehörige Empfindlichkeit besafs, gab Hrn. Becquerel ohne Weiteres zu verstehen, dafs ich mich durch Hautungleichartigkeiten und durch die Ladungen der Platinplatten auf's gröblichste habe täuschen lassen (4).

Um diesem Widerspruch ein Ende zu machen, begab sich Hr. v. Humboldt ein drittes Mal zu mir in Gemeinschaft mit Hrn. E. Mitscherlich, damit auch dieser von der Wahrheit meiner Aussage Zeugnifs ablegen möchte. Das Ergebnifs dieser neuen Prüfung findet sich in einem Briefe Hrn. v. Humboldt's an Arago in den Comptes-rendus (5).

Die Angreifer zogen nach diesem Briefe wenigstens zum Theil ihre Stellungen etwas zurück. Im Uebrigen aber verlautete seitdem in Frankreich nichts mehr von meinem Versuch, nur dafs

[1]) Vergl. Monatsber. d. Berl. Ak. 1853. S. 103, 104; Untersuchungen u. s. w. Bd. II. Abth. II. S. 321.

Hr. Ducros sich seiner annahm, ein Mann, der seit Jahren den Lesern der Comptes-rendus bekannt war durch seine in zahllosen Aufsätzen stets von Neuem vorgebrachten ausschweifenden Behauptungen vornehmlich auf dem Felde der Elektrotherapeutik. Dieser brachte es bald dahin, nicht nur durch den Vorgang des Empfindens, sondern sogar durch den des Denkens, durch arithmetische Operationen nämlich, die Multiplicatornadel in Schwankungen zu versetzen, die um so heftiger sein sollten, je verwikkelter die Operation (6). Die Akademie verschmähte nicht, Kenntnifs von diesen schwer zu bezeichnenden Leistungen zu nehmen, und zuletzt entwickelte sich daraus in ihrem Schoofse zwischen Hrn. Despretz und Hrn. Pouillet ein Streit über den Einflufs, den Luftströmungen auf Stellung und Bewegung der Magnetnadel äufsern können [1]).

Hr. Hunt in England (7) und Hr. Mousson in Zürich (8) hatten keine richtige Kenntnifs von meiner Versuchsweise, und wurden auf dasselbe fehlerhafte Verfahren geführt, wie Despretz. Hr. Mousson erkannte die Täuschung, mit der er hier bedroht war und nahm an dafs ich dieser Täuschung unterlegen sei. Er ist der Erste, welcher bei diesem Versuch die säulenartige Verbindung mehrerer Menschen in Anwendung gebracht hat. Was Hrn. Hunt betrifft, so hat er die von ihm wahrgenommenen Wirkungen, die vom Druck auf die Elektroden herrührten, ohne Weiteres für einerlei mit den von mir beobachteten angesehen.

Hr. Matteucci hat meine Beobachtung nicht erneuern können. Er sagt zuerst: „C'est avec le plus vif intérêt que j'ai répété cette expérience. J'avais espéré qu'elle me tirerait, une fois pour toutes, de l'incertitude dans laquelle je suis depuis la découverte de la contraction induite. Malgré un très-grand nombre d'expériences, dans lesquelles j'ai tâché de découvrir la vraie nature de la contraction induite, j'ai dû à la fin conclure qu'il m'était impossible de décider si la cause était un dégagement d'électricité par la contraction ou un véritable cas d'induction nerveuse": ein Ausspruch welcher unzweideutig zeigt, dafs Hr. Matteucci noch im Sommer 1849 keine Ahnung

[1]) Berl. Ber. V. 329.

besafs von der negativen Schwankung des Muskelstromes bei der Zusammenziehung, die ich im Sommer 1842 entdeckte. Nachdem alsdann Hr. MATTEUCCI seine vergeblichen Versuche geschildert, schliefst er im Gefühl seiner Unfehlbarkeit auf diesem Gebiete: „J'ai donc bien démontré que de l'expérience de M. DU BOIS-REYMOND, il ne résulte pas la preuve du développement de l'électricité par la contraction musculaire" und wendet sich dann gegen DESPRETZ, um die thierisch-elektrischen Versuche überhaupt gegen dessen Angriff in Schutz zu nehmen (9).

Hrn. BUFF in Giessen scheint es gelungen zu sein, mittelst der säulenartigen Anordnung von 16 Menschen an einem Multiplicator von 3000 Windungen eine Wirkung zu erhalten, die nach ihrer Stärke und Richtung diejenige gewesen sein kann, um die es sich hier wirklich handelte (10). An demselben Multiplicator stellte ich einige Wochen später, auf der Durchreise durch Giessen, in Gegenwart mehrerer Gelehrten den Versuch allein an (11).

Aufser MATTEUCCI, der mehr zu den französischen Gelehrten zu rechnen ist, befafsten sich in Italien noch BANCALARI (12), ZANTEDESCHI (13), CIMA (14) und MAGRINI (15) mit Wiederholung meines Versuches, alle vier ohne Erfolg. BANCALARI ist (gleich MOUSSON und BUFF) auch selbständig auf den Gedanken gekommen, durch säulenartige Anwendung eine Verstärkung der Wirkung zu erzielen. Er erhielt, bei scheinbar untadelhafter Versuchsweise, eine Wirkung in umgekehrter Richtung von der, die sie haben sollte. ZANTEDESCHI hat nichts weiter beobachtet als Ströme wegen Drucks auf die Elektroden. Nichtsdestoweniger haben beide Forscher geglaubt, in ihren Versuchen das Richtige zu sehen. CIMA und MAGRINI sind behutsamer gewesen, insofern sie nicht jeden Ausschlag, der sich ihnen darbot, ohne Weiteres für die von mir angekündigte Wirkung nahmen; allein beide läugnen, weil sie nicht damit zu Stande gekommen sind, die Richtigkeit meines Versuches.

So standen die Dinge als ich im Frühjahr 1850 Gelegenheit hatte, mit meinen Instrumenten versehen, mich einige Zeit in Paris aufzuhalten. Ich machte nunmehr der Akademie der Wissenschaften daselbst zwei etwas ausführlichere Mittheilungen (16, 17) die zum Zweck hatten, die Gelehrten des Auslandes einigermafsen über die Art und Weise aufzuklären, wie ich zu jenem Versuch gelangt war, sie abermals auf meine frühern Arbeiten aufmerksam zu machen, und ihnen die Vorstellung zu erwecken, dafs der Versuch nicht auf einer einzelnstehenden zufälligen Wahrnehmung beruhe, sondern ein nothwendiges Glied in der Kette meiner Untersuchungen bilde.

Ich flocht in diese Abhandlungen auch einige neue Thatsachen ein, welche hier hervorzuheben jedoch nicht am Orte wäre.

Die Akademie ernannte eine aus den Herren Magendie, Despretz, Rayer und Pouillet bestehende Commission, um über meine Untersuchungen Bericht zu erstatten. Hr. Becquerel schlofs sich der Commission freiwillig an, und Hr. Pouillet wurde zum Berichterstatter ernannt.

Die Commission wohnte zu verschiedenen Malen meinen Versuchen bei. Mittlerweile verwickelte sich ihre Aufgabe, indem Hr. Matteucci, dem ich in meinen Mittheilungen an die Akademie die strengste Gerechtigkeit hatte widerfahren lassen, in Betreff aller möglichen Punkte in dem bekannten Tone Prioritätsansprüche erhob (18). Ich wurde hiedurch auch in dieser Beziehung zu Erklärungen der Pariser Akademie gegenüber gezwungen, und gab dieselben in zwei kurzen Aufsätzen ab (19. 20), auf welche, wie ich glaubte, Hrn. Matteucci nichts zu antworten übrig blieb. Allein sie reichten nicht hin, ihn zum Schweigen zu bringen. Vielmehr wiederholte er, in einer langen Anklageschrift, seine sämmtlichen Beschwerden mit der gröfsten Unbefangenheit, als wenn er sie zum ersten Male vorbrächte, und rief die Akademie um einen schiedsrichterlichen Spruch an (21).

Dieser liefs denn auch nicht lange auf sich warten (22), fiel jedoch schwerlich so aus, wie Hr. Matteucci es gehofft hatte. Vielmehr wurde ihm, in dem Commissionsberichte, kein Haarbreit mehr zugesprochen, als ich selber von meiner ersten Bekanntmachung an es bei allen Gelegenheiten gethan hatte, und es wurde über die Verwirrung, die er durch Auseinanderhalten von Frosch- und Muskelstrom gestiftet, und über die thörichten Hypothesen, in die er sich zur Erklärung der secundären Zuckung eingelassen, ein ziemlich hartes Urtheil gefällt.

Auf der andern Seite gab die Commission die Richtigkeit aller von mir behaupteten Thatsachen mit vollkommener Freimüthigkeit zu, was ihr insofern zur Ehre gereicht, als zwei ihrer Mitglieder früher einige dieser Thatsachen, nach eigenen erfolglosen Bemühungen, ausdrücklich geläugnet hatten. Sie sprach sich dahin aus, dafs, durch die negative Sckwankung des Muskelstromes bei der Zusammenziehung, Matteucci's Contraction induite vollständig erklärt sei. Sie nahm, in Bezug auf das Gesetz des Muskelstromes, meine Terminologie an, während Hr. Matteucci noch in seiner letzten Streitschrift behauptete, dafs dieselbe nichts als ein Spiel mit Worten sei, um die Einerleiheit meiner Behauptungen, und seiner viel ältern, zu bemänteln.

Weiter indefs ging die Anerkennung seitens der Commission nicht. Ihr Bericht stellte in Abrede, dafs irgend ein Zusammenhang stattfinde zwischen dem Versuch am Menschen, der der Ausgangspunkt der ganzen Verhandlung gewesen war, und der negativen Schwankung des Muskelstromes am Gastroknemius des Frosches, und liefs in Zweifel ob nicht sämmtliche thierisch-elektrische Erscheinungen lediglich von äufseren chemischen Wirkungen herrührten, wie sie sich im Sinne der chemischen Hypothese über den Ursprung des galvanischen Stromes ausdrückt. Der Bericht schliefst mit einer wohlwollenden Ermahnung, mich bei der Fortsetzung meiner thierisch-elektrischen Studien doch ja an immer genauere Methoden heften zu wollen.

Ich habe auf diesen Bericht, einzelne Punkte abgerechnet, über die ich mich zu äufsern nicht vermeiden konnte[1]), nie geantwortet, und gedenke es auch hier nicht zu thun. Der Grund ist, dafs ich den Meinungen, die die Commission darin ausspricht, keine Wichtigkeit beilege, und auch nicht glaube, dafs sonst jemand dies thun wird, der den Fortschritten der Elektrophysiologie in Deutschland gefolgt ist. Die Wahrheit zu sagen, wie es sich in der Wissenschaft geziemt, und bei aller Achtung vor der geistreichen Auffassung und der zierlichen Darstellung des Hrn. Berichterstatters, ich halte die Commission in ihrem damaligen Zustande in der That nicht für fähig, ein berechtigtes Urtheil über meine Arbeiten zu fällen.

[1]) Monatsber. d. Berl. Ak. 1853. S. 104ff.

Sie hatte, um dieselben kennen zu lernen, keine andere Quelle benutzt, als meine beiden der Akademie mitgetheilten Abhandlungen, und die Erläuterungen dazu, die ich theils mündlich, theils schriftlich gegeben hatte. Diese Abhandlungen aber, sowohl als meine Erläuterungen, erstreckten sich nur über einen sehr kleinen Theil meiner gesammten Untersuchungen. Es kam mir vor der Hand nur darauf an, die Akademie und den Theil des wissenschaftlichen Publicums, der zu ihr als höchster Auctorität emporblickt, mit den Grundthatsachen bekannt zu machen, die ich aufgefunden, und auf denen das ganze Gebäude meiner weiteren Forschungen ruht, insbesondere aber, wie schon oben S. 754 bemerkt ist, mit dem Wege auf dem ich zu dem vielfach und im Schoofs der Akademie selber angefochtenen Versuch am Menschen gelangt war. Im Uebrigen verwies ich auf mein deutsches Werk, mit dem ausdrücklichen Bemerken, dafs die damalige Mittheilung sich auf einen einzelnen sehr beschränkten Bruchtheil seines Inhaltes erstrecke.

Die Commission hat indefs mein Werk nicht berücksichtigt. Es findet sich dasselbe in dem Bericht mit keiner Sylbe erwähnt. Niemand hätte übrigens von ihr verlangt, dafs sie sich im Laufe von wenigen Wochen gründlich mit dem Inhalt dieses umfangreichen, und leider nicht immer mit der wünschenswerthen Kürze geschriebenen Buches bekannt machte. Dies wäre um so weniger billig gewesen, als von den Mitgliedern der Commission, soviel mir bewufst, nur Hr. Despretz deutsch liest. Was aber von einer Vereinigung so hochgestellter Männer wohl zu erwarten gewesen wäre, ist, dafs sie ihre Competenz besser abzugränzen gewufst hätten. Da ihre Kenntnifs des Thatbestandes sich auf meine unmittelbaren Mittheilungen an die Akademie beschränkte, so mufste auch ihr Urtheil sich nicht weiter als über diese erstrecken.

Die Folgen ihres Uebergriffes fallen auf die Commission zurück. Wer, durch den Bericht angeregt, meine Abhandlungen, und durch diese veranlafst, mein Werk zur Hand nehmen sollte, wird erstaunt sein, in dem Bericht, der sich anmafst, Andere Vorsicht und Strenge der Methoden zu lehren, zahlreichen Irrthümern der gewichtigsten Art zu begegnen.

Die geschichtliche Auseinandersetzung über die Reizversuche, mit der Hr. Pouillet anhebt, ist eine fortlaufende Reihe von Fehlern, die, seit Jahren in den französischen Lehrbüchern hergebracht, und von dort in die deutschen übergegangen, gerade in meinem Werke zum ersten Mal ausdrücklich hervorgehoben und berichtigt worden sind.

P. 3 wird Lehot das Gesetz der Zuckungen zugeschrieben (S. oben S. 733). Ebendas. wird gesagt, dafs Bellingeri 1816 zuerst Zuckungen durch Anlegen der Elektroden allein an den Nerven beobachtet habe; dieser wichtige Umstand sei vorher von Pfaff, Creve und einigen andern Physikern nur halb gesehen worden (entrevue). p. 4 wird Longet's und Matteucci's Beobachtung über das verkehrte Gesetz der Zuckungen an den vordern Wurzeln erwähnt, ohne dafs Ritter's ausgedehnter Forschungen über das Vorkommen dieses Gesetzes gedacht wird. Die Entdeckung der „Modificationen der Erregbarkeit durch geschlossene Ketten" wird Matteucci zugeschrieben, während sie Ritter gehört (S. oben S. 744).

Die Versehen dieser Art haben natürlich keinen Einflufs gehabt auf das Urtheil der Commission über die Bedeutung der thierisch-elektrischen Versuche. Sie hätten indessen nicht vorkommen dürfen. Viel bedenklicher aber sind die folgenden, den Thatbestand selber betreffenden Irrthümer.

P. 36, No. 4 wird die negative Schwankung des Muskelstromes bei der Zusammenziehung als eine Abnahme des Stromes bezeichnet. Ich hatte doch in meiner zweiten Mittheilung an die Akademie hinreichenden Nachdruck darauf gelegt, dafs es völlig ungewifs sei, ob eine Abnahme, ein gänzliches Verschwinden, oder eine Umkehr des Stromes die Zusammenziehung begleite, und dafs deshalb der Ausdruck „negative Schwankung" bis auf weiteres hier der allein statthafte sei.

Ibid. No. 5, wird der negativen Schwankung des Nervenstromes gedacht, und dann hinzugefügt: „Les actions que l'on exerce sur l'extrémité libre du tronçon nerveux peuvent être, soit un courant direct ou inverse, soit une cautérisation, soit une intoxication, soit un froissement mécanique." Was vom Strome gesagt wird ist falsch. Wenigstens müfste dastehen, dafs der Strom ein stetig unterbrochener sein müsse, denn mit einem beständigen Strome kann man nicht tetanisiren. Dann aber verräth sich hier, wie jeder Kundige sieht, eine vollkommene Unkenntnifs der so merkwürdigen und folgereichen Klasse von Erscheinungen, die ich unter dem Namen des „elektrotonischen Zustandes" der Nerven zusammengefafst habe, deren Studium fast die Hälfte der 1. Abtheilung des zweiten Bandes meines Werkes füllt, und auf welche die wichtigsten Schlüsse in Betreff der Natur der elektromotorischen Kräfte der Nerven gegründet sind.

P. 11. Note 1, wird ein Versuch angeführt, den Hr. Becquerel mich in einer der Commissionssitzungen anstellen liefs, ohne dafs bemerkt wird, dafs dieser Versuch nichts ist, als eine andere und zwar fehlerhafte Art, die elektromotorische Nachwirkung des Tetanus der menschlichen Gliedmafsen zu beobachten, die ich in der ersten der beiden dem Bericht zu Grunde liegenden Abhandlungen zuerst bekannt gemacht hatte [1]).

P. 15 beklagt Hr. Pouillet, mich nicht um Auskunft gebeten zu haben über das Ergebnifs eines Versuches den ich sicher angestellt hätte, betreffend nämlich die Frage wie sich der Nervenstrom verhalte, wenn in der abgeleiteten Nervenstrecke ein Unterband befindlich sei. Ohne sich weiter darüber zu erklären, wie er sich die Möglichkeit davon vorstellt, meint er doch, dafs, wenn in diesem Falle kein Strom erfolge, dies ein guter Beweis sein würde für die Unabhängigkeit des Nervenstromes von äufsern chemischen Ungleichartigkeiten. Der Versuch, dessen Ergebnifs Hr. Pouillet eine so entscheidende Wichtigkeit beilegt, findet sich aber in meinem Werk ausgeführt, und zwar mit einem Erfolg, der mit dem von Hrn. Pouillet verlangten jedenfalls gleiche Bedeutung hat. Es erscheint nämlich der Strom in diesem Falle oft sehr geschwächt, manchmal sogar umgekehrt. Uebrigens ist nicht einzusehn, weshalb Hr. Pouillet dem Erfolg dieses Versuches eine gröfsere Wichtigkeit beilegt, als der negativen Schwankung des Muskel- und Nervenstromes beim Tetanisiren. Wie können äufsere chemische Ungleichartigkeiten durch den Vorgang der Innervation geändert werden? Wie durch den der Zusammenziehung?

[1]) Vergl. Monatsber. d. Berl. Ak. 1853. S. 111.

P. 17 fragt Hr. POUILLET, ob nicht das Zerschneiden der thierischen Theile, ihre Verstümmelung, die elektromotorischen Erscheinungen bedinge; ob nicht die ausgeschwitzten, veränderten, durch Endosmose oder sonst wie übergeführten Flüssigkeiten daran Theil haben? Ich bekenne diesen Satz nicht zu verstehen; wenn aber Hr. POUILLET fortfährt, es bedürfe des thatsächlichen Beweises dafür, dafs die an einzelnen Muskeln erhaltenen Ergebnisse auch auf das unversehrte lebende Thier Anwendung fänden, so kann ich nur abermals bedauern dafs er sich, ehe er sich auf Erörterungen der Art eingelassen, nicht eine umfassendere Kenntnifs der Arbeiten verschafft hat, über die er zu urtheilen sich für berufen hielt. Schon in meiner allerersten Abhandlung ist des Froschstromes am lebenden ganz unversehrten Thiere gedacht[1]) und in der ersten der Akademie vorgelegten Abhandlung sind Versuche beschrieben, in denen die negative Schwankung beim Tetanus am lebenden ganz unversehrten Frosch beobachtet wurde.

Das Angeführte wird hinreichen, um mein Verhalten gegenüber dem in den Augen Vieler so gewichtigen Urtheilsspruch der Pariser Akademie zu rechtfertigen. Ich nehme die schiedsrichterliche Entscheidung der Streitfrage zwischen Hrn. MATTEUCCI und mir an. Ich danke der Commission für das Zeugnifs, welches sie für die Richtigkeit meiner thatsächlichen Behauptungen abgelegt hat. Was aber ihre Zweifel hinsichtlich der Bedeutung und des Zusammenhanges der von mir beobachteten Thatsachen betrifft, so weise ich ihr Urtheil, als das eines incompetenten Gerichtshofes, mit voller Entschiedenheit zurück, und lege dem Berichte des Hrn. POUILLET in dieser Beziehung keinerlei Gewicht bei.

MATTEUCCI. Neue Untersuchungen über die Ursache der inducirten Zuckung und über die der organischen Ströme.

Diese Mittheilung des Hrn. MATTEUCCI ist anzusehen als seine Antwort auf den ihn betreffenden Theil des POUILLET'schen Berichtes über meine Untersuchungen. Der ersten Hälfte der

[1]) POGG. Ann. 1843. LVIII. 3

Abhandlung, über die Ursache der inducirten Zuckung, hat die Akademie den Druck in den Comptes-rendus versagt. In dem zweiten zählt Hr. Matteucci zum hundertsten Male die Ergebnisse seiner Untersuchungen über den Muskelstrom auf. Das einzige Neue, was demnach diese Mittheilung enthält, ist der Ausdruck „courant organique" anstatt Muskelstrom. Dies ist eine Captatio benevolentiae für Hrn. Pouillet, der in seinem Bericht vorgeschlagen hatte, die thierisch-elektrischen Ströme bis auf Weiteres so zu benennen.

Matteucci. Elektrophysiologische Untersuchungen. Ueber die inducirte Zuckung. Neunte Reihe.

Hr. Matteucci beklagt, dafs die Anzeige, die ich der Pariser Akademie von einem von mir herauszugebenden Werk „über das Gesetz des Muskelstromes und über die Veränderung dieses Gesetzes bei der Zusammenziehung" gemacht habe, ihn zwinge, mit einigen, wie er selbst gesteht, noch unreifen Versuchen über die von ihm sogenannte inducirte Zuckung hervorzutreten. Der von Hrn. Matteucci angeführte Titel ist die Ueberschrift meiner ersten Mittheilung an die Pariser Akademie, welche ich am Montag den 25. März 1850 vorlas und die erst am Sonnabend den 30. März in den Comptes-rendus gedruckt zu haben war, da das „Institut" seine Mittheilung darüber, mit Einschlufs des angeführten Titels, auf seine folgende Nummer verschoben hatte. Hrn. Matteucci's Abhandlung, obschon erst am 13. Mai der Royal Society eingereicht, ist von Pisa am 1. April gezeichnet. Man mufs Hrn. Matteucci lassen, dafs er, wenn er will, überraschend schnelle Kunde von den Arbeiten Anderer erhält.

Er fängt damit an neue und vergebliche Versuche zu schildern, die er angestellt hat, um meine Beobachtung über die negative Schwankung des Muskelstromes an den Armen des Menschen zu wiederholen. Er setzte, nach Mousson's, Buff's, Bancalari's Vorgange (S. oben S. 752, 753) Säulen aus dreifsig bis vierzig Menschen zusammen, und prüfte sie sowohl am Multiplicator als am stromprüfenden Froschschenkel. Obschon der Kreis leitend genug war, um Zuckung des stromprüfenden Schenkels durch nur wenige Glieder einer Muskelsäule zu gestatten, fand keine Spur von Wirkung statt, und Hr. MATTEUCCI schliefst deshalb von Neuem auf die gänzliche Fehlerhaftigkeit meiner Verfahrungsarten und Unrichtigkeit meiner Ergebnisse.

Die in dieser Abhandlung beschriebenen Versuche über die secundäre Zuckung enthalten zwar von Hrn. MATTEUCCI's Standpunkt aus eine Art von Fortschritt, insofern er endlich dazu gelangt, den stromprüfenden Nerven nicht mehr blofs den primär zuckenden Muskeln entlang zu legen, sondern ihn einen Theil eines Bogens bilden läfst, der jene Muskeln mit seinen beiden Enden berührt. Von dem Standpunkt aus, den ich in dieser Angelegenheit seit 1842 einnehme, haben aber jene Versuche zum gröfsten Theil gar kein Interesse, da sich ihr Ergebnifs nach meiner Erklärung der secundären Zuckung fast stets von selbst versteht. Das einzige Erhebliche, was mir aufstöfst, ist folgendes.

In Vers. 5 breitet Hr. MATTEUCCI den Nerven über die Fufswurzeln eines GALVANI'schen Präparates, und erhält secundäre Zuckung bei Reizung der Ischiadnerven auf elektrischem Wege oder bei Verletzung des Rückenmarkes. Dies zeigt nur, was leicht vorherzusehen war, dafs aus irgend welchem Grunde die elektromotorischen Wirkungen der beiden Beine während der Zusammenziehung sich nicht das Gleichgewicht hielten. In Vers. 10 bildet Hr. MATTEUCCI einen Kreis aus feuchten Leitern in den der stromprüfende Nerv eingeschaltet ist, und legt die Enden dieses Kreises dem Unterschenkel des Frosches oben und unten an. Er behauptet dafs, während bei der einen Lage des Nerven im Kreise die secundäre Zuckung leicht erfolge, sie bei der umgekehrten Lage ganz ausbleibe, oder nur kurze Zeit hindurch erhalten werde. In der ersten Lage würde, so viel man urtheilen kann, der stromprüfende Nerv von dem Strom des Gliedmaafses auf-, in der zweiten absteigend durchflossen sein. Ich habe einen solchen Unterschied in dem Erscheinen der secundären Zuckung je nach der Richtung des Muskelstromes im stromprüfenden Nerven nie wahrgenommen, und dies dadurch erklärt, dafs es sich bei der secundären Zuckung um ein schnelles Sinken, gefolgt von einem ebenso schnellen Wiederumanschwellen des Muskelstromes handele. So lange also Erregbarkeit des Froschschenkels, und Stärke der Erregung noch das Verhältnifs zu einander haben, wie es sich in Nobili's dritter Stufe der Erregbarkeit ausspricht [1]), so lange mufs unter allen Umständen Zuckung erfolgen. Indefs könnte, bei längerer Dauer des Versuches, auch ein Zustand eintreten, der Nobili's vierter Stufe der Erregbarkeit entspräche, und alsdann wären allerdings verschiedene Fälle denkbar, in welchen die secundäre Zuckung nur noch bei einer bestimmten Richtung des Stromes im stromprüfenden Nerven möglich sein würde. Die nähere Zergliederung würde hier zu weit führen, und sich, ohne eine entsprechende Versuchsreihe, nicht der Mühe verlohnen.

Hinsichtlich der Theorie der Erscheinung bleibt Hr. Matteucci jetzt bei dem Schlusse stehen, dafs die Ursache der secundären Zuckung eine die Zusammenziehung begleitende Entstehung verschiedener elektrischer Zustände auf den verschiedenen Punkten des Muskels sei, die sich durch den stromprüfenden Nerven abgleichen. Und er fragt bereits: „Is the cause of this discharge a phenomenon analogous to that of electrical fish, or does it consist in a change in the natural conditions of the muscular current, produced by contraction?" Noch neigt er zur ersteren Ansicht; indefs bereitet er offenbar den Uebergang zur letzteren vor, die er ohne Zweifel bald, mit anmafslichem Prunk, als seine neueste wichtige Errungenschaft an zehn Stellen bekannt machen wird.

Matteucci. Ueber die Ursache der inducirten Zuckung.

Ein Eautoplagiat an der vorigen Abhandlung, der Pariser Akademie überreicht. Enthält durchaus nichts Neues, nur dafs Hr. Matteucci jetzt, nach erfolgtem Spruch über meine Untersuchungen seitens der Akademie, es nicht mehr für rathsam hält Zweifel an den dergestalt beglaubigten Thatsachen zu äufsern. Er meint die negative Schwankung des Muskelstromes sei ihm entgangen, weil er keinen so empfindlichen Multiplicator gehabt

[1]) Untersuchungen u. s. w. Bd. I. S. 364.

habe wie ich. Dies ist ein vollkommner Irrthum, da die Erscheinung sich an dem Multiplicator von 4500 Windungen in solchem Maafsstabe zeigt, dafs ich sie noch mit gröfster Leichtigkeit an seinen Multiplicatoren von 2500—3000 Windungen darstellen könnte. Hr. Matteucci wiederholt hier gegen meine Erklärung der inducirten Zuckung einen Einwand, den er schon früher vorgebracht hat, nämlich dafs die Zuckung auch bei solchen Lagen des stromprüfenden Nerven auf den primär zuckenden Muskeln erfolgt, bei denen keine Galvani'sche Zuckung ohne Metalle stattfand. Allein meine Beobachtungen über die parelektronomische Schicht der Muskeln und über das Verhalten derselben bei der negativen Schwankung beseitigen diese Schwierigkeit völlig, wie man sogleich sehen wird.

E. du Bois-Reymond. Fortsetzung seiner Untersuchungen über thierische Elektricität.

In dieser Abhandlung, welche einen gedrängten Auszug aus den ersten elf Bogen der zweiten Abtheilung des zweiten Bandes meines gröfsern Werkes darstellt, ist der Beweis geführt, dafs der elektromotorische Gegensatz zwischen Längs- und Querschnitt der Muskeln auch am lebenden unversehrten Thiere gegenwärtig ist. Zunächst handelt es sich natürlich nur darum, dies am Frosch zu zeigen.

Bei dem Versuch, den Muskelstrom am lebenden unversehrten Frosch zu beobachten, stöfst man auf Schwierigkeiten, welche auf den elektromotorischen Wirkungen der Haut beruhen. Diese Wirkungen werden erforscht, und Mittel ergeben sich, sich ihrer zu entledigen. Es gelingt, den Muskelstrom am lebenden unversehrten Thier zu beobachten, aber er zeigt sich auffallend schwach. Durch diesen Umstand wird die Aufmerksamkeit auf ein eigenthümliches Verhalten gelenkt, welches dem Strom zwischen Längsschnitt und natürlichem Querschnitt im Vergleich zu dem zwischen Längsschnitt und künstlichem Querschnitt eigen ist.

Dieser letztere nämlich erscheint im Allgemeinen stets gleich stark und hält stets im Multiplicatordraht die Richtung vom

Längs- zum Querschnitt ein. Hingegen der Strom zwischen Längsschnitt und natürlichem Querschnitt zeigt sehr verschiedene Stärke, erreicht selten oder nie die des Stromes mit künstlichem Querschnitt und ist oft sehr viel schwächer. Werden die Frösche 24 Stunden lang auf Null erkältet, so verhält sich sogar der natürliche Querschnitt neutral gegen den Längsschnitt. Werden sie, unter gewissen Umständen, noch tiefer erkältet, so verhält er sich wieder ungleichartig, aber statt negativ, wie im normalen Zustande, positiv gegen den Längsschnitt. Wird aber der natürliche Querschnitt von irgend welchem Einflufs betroffen, der das Muskelgewebe seiner Lebenseigenschaften und somit seiner elektromotorischen Leistungsfähigkeit beraubt, so tritt die normale Negativität des Querschnitts sofort hervor. Gleichviel welche vorher die Gröfse und Richtung des Stromes war, es erscheint jetzt plötzlich ein Strom von angemessener Stärke in der Richtung vom Längs- zum Querschnitt im Multiplicatordraht.[1])

Dieser Vorgang beruht, wie im Verfolg der Abhandlung gezeigt wird, darauf, dafs am natürlichen Querschnitt der Muskeln eine Schicht Muskelsubstanz vorhanden ist, deren elektromotorische Wirkung die des übrigen Muskels bekämpft, und sie, je nach verschiedenen Zuständen der Entwicklung worin sie sich befindet, bald nur schwächt, bald ganz aufhebt, bald endlich überwiegt.

Ich nenne diese Schicht, weil sie dem Gesetze des Muskelstromes zuwider wirkt, die parelektronomische Schicht des Muskels, und gebe eine durch Versuche an einem Kupferzinkschema bestätigte, aufserordentlich einfache Theorie ihrer Wir-

[1]) Dieser Punkt ist von meinem Freunde Hrn. H. Helmholtz in seiner sonst so lichtvollen und treffenden Darstellung meiner Untersuchungen in der Kieler Monatsschr. (S. oben S. 732) dahin mifsverstanden worden, dafs Muskeln überhaupt so lange unwirksam seien, als der natürliche Querschnitt nicht von irgend welchen verderblichen Einflüssen betroffen worden. Dies ist, wie ich nochmals ausdrücklich hervorhebe, der Fall nur für die Muskeln solcher Frösche, die eine gewisse Zeit lang einer gewissen Temperaturerniedrigung ausgesetzt worden. Frösche, welche diesen Einflufs nicht erfahren haben, liefern ohne alle Verletzung des natürlichen Querschnittes mehr oder minder stark positiv wirksame Muskeln, Frösche, die noch tiefer erkältet worden, negativ wirksame Muskeln.

kungen, gegründet auf die Annahme dipolar elektromotorischer Molekeln als der Ursache des Muskelstromes.

Unter den vielen höchst räthselhaften Erscheinungen, welche durch dieses Ergebnifs aufgeklärt werden, befindet sich auch die scheinbare Schwäche des Muskelstromes am lebenden unversehrten Thiere und seine Verstärkung durch das Enthäuten. Die Schwäche beruht auf der Gegenwart der parelektronomischen Schicht; die Verstärkung rührt daher, dafs, bei der Prüfung der enthäuteten Froschgliedmaafsen auf einen Strom am Multiplicator, es sich insgemein begiebt, dafs sie mit der als Zuleitungsflüssigkeit angewendeten Kochsalzlösung überschwemmt werden. Da die Kochsalzlösung die Muskelsubstanz chemisch angreift, so vernichtet sie die die der normalen Wirkung des Muskels entgegenstehenden Kräfte der parelektronomischen Schicht, und läfst die Negativität des Querschnittes rein hervortreten.

Sehr bemerkenswerth ist endlich das Verhalten der parelektronomischen Schicht bei der Zusammenziehung. Ihre Kraft nämlich bleibt beständig, während die Kraft des übrigen Muskels die bekannte negative Schwankung erleidet. So geschieht es dafs Muskeln, die wegen hoher Entwickelung der parelektronomischen Schicht während der Ruhe völlig unwirksam verharren, während der Zusammenziehung stark negativ wirksam werden; und dafs solche, welche wegen noch höherer Entwickelung der Schicht schon während der Ruhe negativ wirkten, während der Zusammenziehung noch stärker negativ wirksam werden. Dies erklärt, weshalb nicht stets auch in den Lagen des stromprüfenden Nerven, bei denen secundäre Zuckung erfolgt, nothwendig Galvani'sche Zuckung ohne Metalle hat beobachtet werden müssen (S. oben S. 763).

Anhang.

Strauss-Dürkheim. Vergleich der Muskelbündel mit Elektromagneten.

Der berühmte Zergliederer des Maikäfers und der Hauskatze ergeht sich in Vermuthungen über die elektromagnetische Natur der Kräfte, welche bei der Zusammenziehung thätig sind. Der Werth dieser Vermuthungen wird durch die Beschaffenheit der thatsächlichen Voraussetzungen bezeichnet, die denselben zu Grunde liegen. Hr. Strauss-Dürkheim glaubt dafs auch voltaïsche Säulen sich gleich Muskeln zusammenziehen, und dafs ihre Wirkung nur einen Augenblick lang dauert wie die einer Leydener Flasche.

Paura. Elektrochemische Ströme, gemessen und entdeckt in verschiedenen organischen Flüssigkeiten und Geweben.

Unter diesem Titel beschreibt Hr. Paura aus Neapel in einem prachtvollen Quartbande eine grofse Anzahl von Versuchen, die er mit Blut, Gehirn, Rückenmark, Saamen, den Eiflüssigeiten, Galle, Lebersubstanz, Milch, Harn, Speichel, Schweifs und Schleim im Allgemeinen folgendermaafsen angestellt hat. Er hatte von Melloni einem Multiplicator mit 3000 Windungen geliehen, und tauchte von dessen Platinenden erst das eine, dann das andere, in die organische Substanz. Die Ausschläge wegen ungleichzeitigen Eintauchens, die Hr. Paura erhielt, betrachtet er als Anzeichen eines in den organischen Flüssigkeiten vorhandenen Stromes, der von den im Schoofse derselben stattfindenden chemischen Vorgängen herrührt. Ueber die Unstatthaftigkeit dieser Vorstellung, und über die Werthlosigkeit der dergestalt gewonnenen Ergebnisse, brauche ich wohl kein Wort zu verlieren.

Schnetzler. Ueber die muthmafsliche Ursache der Wimperbewegung.

Hr. Schnetzler hat beobachtet dafs wenn ein Haar aus dem Schweif des Myrmekophaga jubata in feuchtem Zustand auf dem Leiter einer Elektrirmaschine befestigt wird, es beim Drehen der Scheibe, anstatt eine bestimmte Stellung anzunehmen, sich abwechselnd krümmt und wieder aufrichtet. Er führt in dem vorliegenden Aufsatz aus, dafs der Art wohl der Mechanismus der Wimperbewegung sein könne, eine Vermuthung, in der man ihm schwerlich beistimmen kann.

---

v. REICHENBACH. Abwehr.

Wenn hier schliefslich nochmals eines Aufsatzes des Hrn. v. REICHENBACH Erwähnung geschieht, obschon diese Aufsätze kein wissenschaftliches Interesse haben, sondern höchstens ein widerwärtig psychologisches, so geschieht es nur um abermals dem Erstaunen darüber Worte zu geben, dafs die Annalen der Chemie und Pharmacie fortfahren, dem Od ihre Spalten zu öffnen.

E. du Bois-Reymond.

---

6. Elektrodynamik.

W. WEBER. Elektrodynamische Maafsbestimmungen, insbesondere Widerstandsmessungen. Abh. d. Leipz. Ak. I. 197*; POGG. Ann. LXXXII. 337*.

W. THOMSON. Applications of the principle of mechanical effect to the measurement of electro-motive forces and of galvanic resistances in absolute units. Phil. Mag. (4) II. 551*.

J. H. LANE. On the law of the induction of an electric current upon itself when developed in a straight prismatic conductor, and of discharges of machine electricity through straight wires. SILLIM. J. (2) XI. 17*; Arch. d. sc. ph. et nat. XIV. 211.

CELLÉRIER. De la loi générale des actions électrodynamiques. C. R. XXX. 693*.

ROMERSHAUSEN. Ein neues Galvanometer zur Ergänzung des OERSTED'schen Fundamentalversuchs, nebst einigen Bemerkungen über elektromagnetische Richtungs- und Drehungsverhältnisse. DINGL. p. J. CXVII. 321*.

W. Weber. Elektrodynamische Maaſsbestimmungen, insbesondere Widerstandsmessungen.

Die Intensität eines elektrischen Stromes kann man durch Beobachtung seiner magnetischen Wirkungen nach absolutem Maaſse messen, nachdem Gauss in seiner Abhandlung „Intensitas vis magneticae terrestris ad mensuram absolutam revocata; Göttingae 1833" eine magnetische Kraft nach einem solchen zu bestimmen gelehrt hat. Da nach dem Ohm'schen Gesetze die Intensität des Stromes einer geschlossenen Leitung gleich der elektromotorischen Kraft derselben, dividirt durch ihren Widerstand ist, so hat man hiernach für elektromotorische Kräfte und für Widerstände absolute Maaſse, sobald man für eine dieser Gröſsen ein solches hat. Bisher benutzte man, wo es sich um die Angabe des absoluten Werthes einer elektromotorischen Kraft oder eines Widerstandes handelte, eine Einheit für den Widerstand, die man definirte als gleich dem Widerstande eines Drahtes von gewissen Dimensionen aus einem gewissen Metalle, z. B. aus Kupfer; es hat sich diese Methode aber als unzureichend bewiesen, indem sich gezeigt hat, daſs die Leitungsfähigkeit eines und desselben Metalls, selbst wenn es chemisch rein ist, sehr bedeutenden Schwankungen unterworfen ist, die von Umständen abhängen, die man nicht kennt. Hr. Weber hat nun gezeigt, wie man elektromotorische Kräfte und Widerstände auf eine Weise absolut messen könne, die frei von jeder Unbestimmtheit ist. Er bespricht drei verschiedene Maaſssysteme, welche bei den in Rede stehenden Messungen Anwendung finden können, das elektromagnetische, das elektrodynamische und das allgemein elektrische (oder, wie er es nennt, das allgemein mechanische); praktisch brauchbar sind gegenwärtig aber nur die beiden ersten, die Benutzung des dritten ist bis jetzt unmöglich, weil eine gewisse, später näher zu definirende Gröſse noch unbekannt ist. Alle drei Maaſssysteme beruhen auf den Gesetzen der Induction elektrischer Ströme; bei einem jeden wird nämlich für elektromotorische Kräfte eine Einheit festgesetzt, die gleich der elektromotorischen Kraft eines unter gewissen Umständen inducirten Stromes ist.

Die Definitionen, welche Hr. WEBER für das elektromagnetische Maafssystem aufstellt, sind die folgenden.

Die Einheit des magnetischen Moments eines Magnetstabes ist das magnetische Moment, das der Stab haben mufs, damit er aus grofser Entfernung R auf einen andern ihm gleichen Magnetstab — dessen magnetische Axe derjenigen Geraden parallel ist, welche die Mittelpunkte der beiden Magnete verbindet, während seine eigene magnetische Axe dagegen senkrecht ist — ein Drehungsmoment ausübt, welches sich zur Einheit des Drehungsmoments wie $1:R^3$ verhält.

Die Einheit für eine magnetische Kraft — für die erdmagnetische an einem bestimmten Orte z. B. — ist diejenige Kraft, die auf einen Magnetstab, dessen magnetisches Moment = 1 ist, und dessen magnetische Axe mit ihrer eigenen Richtung einen rechten Winkel bildet, ein Drehungsmoment ausübt, das der Einheit gleich ist.

Diese beiden Definitionen sind der Abhandlung von GAUSS „Intensitas vis magneticae etc." entlehnt.

Die Einheit für die Stromintensität ist die Intensität desjenigen Stromes, der, wenn er eine Ebene von der Gröfse der Flächeneinheit umläuft, die nämlichen Wirkungen in die Ferne ausübt, wie ein Magnetstab, dessen magnetisches Moment = 1 ist. Diese Definition ist dieselbe, welche in den „Resultaten aus den Beobachtungen des magnetischen Vereins im Jahre 1840" p. 86 gegeben ist.

Die Einheit für die elektromotorische Kraft ist die elektromotorische Kraft des Stromes, welcher in einem geschlossenen Leiter von der Einheit der magnetischen Kraft inducirt wird, wenn jener so gedreht wird, dafs die von seiner Projection auf eine gegen die Richtung der Kraft senkrechte Ebene begränzte Fläche während der Zeiteinheit um die Flächeneinheit zunimmt oder abnimmt.

Die Einheit für den Widerstand ist hier, wie in den beiden andern Maafssystemen, der Widerstand einer geschlossenen Leitung, in der die Einheit der elektromotorischen Kraft die Einheit der Stromintensität hervorbringt.

Die Definitionen für das elektrodynamische Maafssystem sind die folgenden.

Die Einheit für die Stromintensität ist diejenige Intensität, welche ein Strom besitzt, der — indem er eine der Flächeneinheit gleiche Ebene umläuft, und auf einen gleichen Strom, der eine eben solche Ebene umläuft, aus einer grofsen Entfernung R wirkt, und bei rechtwinkliger Lage beider Ebenen, bei welcher die verlängerte erste Ebene die zweite halbirt — auf den letzteren Strom ein Drehungsmoment ausübt, welches sich zur Einheit des Drehungsmoments wie $1:2R^3$ verhält. Gleichbedeutend hiermit ist: Die Einheit der Stromintensität ist die Intensität, welche ein Stromelement besitzt, wenn es auf ein gleiches, paralleles und auf der Verbindungslinie senkrechtes Stromelement aus einer der Einheit gleichen Entfernung eine Anziehungskraft ausübt, welche sich zur Krafteinheit verhält wie das Quadrat der Länge jener Stromelemente zur Flächeneinheit. Diese Definition beruht auf dem von Ampère gegebenen Ausdrucke für die Abstofsungskraft zweier Stromelemente. Sind α und α' die Längen der Elemente, i und i' ihre Intensitäten, r ihre Entfernung, θ und θ' die Winkel, die die Stromrichtungen mit der Richtung von r bilden, ε der Winkel der beiden Stromrichtungen, so ist dieser Ausdruck

$$-\frac{\alpha\alpha'}{r^2}\, ii'(\cos\varepsilon - \tfrac{3}{2}\cos\theta\cos\theta').$$

Die Einheit der elektromotorischen Kraft ist die elektromotorische Kraft des Stromes, welcher von einem Strome, der eine der Flächeneinheit gleiche Ebene umläuft, aus grofser Entfernung R in einem geschlossenen Leiter inducirt wird, der eine der Flächeneinheit gleiche Ebene begränzt, die senkrecht auf der Ebene des Stromes steht und von ihr halbirt wird, wenn der Leiter mit der Einheit der Drehungsgeschwindigkeit um die Durchschnittslinie beider Ebenen gedreht wird, und die Intensität des inducirenden Stromes sich zur eben definirten Einheit verhält wie $2R^3:1$. Statt dessen kann man auch sagen: Die Einheit der elektromotorischen Kraft ist diejenige elektromotorische Kraft, welche ein Stromelement in einem gleich langen, darauf senkrechten, der Verbindungslinie parallelen Leiterelement aus einer der Längeneinheit gleichen Entfernung inducirt, wenn seine Intensität sich zur Einheit verhält, wie die Flächeneinheit zum Quadrat der Länge jener Elemente, während das Leiterelement mit der Einheit der Geschwindigkeit der Stromrichtung entgegengesetzt parallel verschoben wird. Diese Definition ergiebt sich aus der folgenden Festsetzung.

Wenn ein Leiterelement α' mit der Geschwindigkeit v verschoben wird in der Nähe eines ruhenden Stromelements α, dessen Intensität i, dessen Entfernung von α' r ist, dessen Richtung mit der Richtung der Verschiebung den Winkel ε, mit der Richtung von r den Winkel θ macht, und wenn die Richtung der Verschiebung mit r den Winkel θ' bildet, so wird in dem bewegten Elemente eine elektromotorische Kraft inducirt, die die beiden Elektricitäten in der Richtung von r und in der entgegengesetzten zu bewegen strebt, und die den Werth

$$-\frac{\alpha\alpha'}{r^2}vi(\cos\varepsilon-\tfrac{3}{2}\cos\theta\cos\theta')-\tfrac{1}{2}\frac{\alpha\alpha'}{r}\cos\theta\frac{di}{dt}$$

hat; von dieser elektromotorischen Kraft kommt nur die Componente nach der Richtung des Leiterelements zur Wirksamkeit; diese wird erhalten durch Multiplication mit dem Cosinus des Winkels, den die Richtung von r mit der Richtung des Leiterelements bildet.

In der ersten Abhandlung über elektrodynamische Maafsbestimmungen hatte Hr. WEBER einen Ausdruck für die eben bezeichnete elektromotorische Kraft aufgestellt [1]), der sich von dem hier angegebenen nur durch einen constanten, dort mit a bezeichneten Factor unterscheidet. Man kann diesen Factor fortlassen, wenn man die Einheit der elektromotorischen Kraft passend wählt. Behält man den Factor a bei, so setzt man dadurch eine andere Einheit für die elektromotorische Kraft fest; diese Einheit ist die des allgemeinen elektrischen Maafssystemes; sie beruht auf dem folgenden Ausdrucke für die Abstofsungskraft zweier elektrischen Massen e und e', die in der Entfernung r sich befinden:

$$\frac{ee'}{r^2}\left[1-\frac{a^2}{16}\left(\frac{dr}{dt}\right)^2+\frac{a^2}{8}r\frac{d^2r}{dt^2}\right];$$

sie setzt also voraus, dafs man diejenige Elektricitätsmasse $= 1$ setze, die auf eine gleiche Masse in der Einheit der Entfernung bei relativer Ruhe eine Kraft ausübt, die der Einheit gleich ist.

[1]) Berl. Ber. 1846. p. 502, 504*.

Die Bedeutung der Gröfse a läfst sich folgendermaafsen angeben: setzt man $\frac{a^2}{16} = \frac{1}{c^2}$, also $a = \frac{4}{c}$, so ist c derjenige constante Werth der relativen Geschwindigkeit zweier Elektricitätsmassen, bei der diese gar keine Wirkung auf einander ausüben.

Die Einheit der Stromintensität in diesem Maafssysteme setzt Hr. WEBER als diejenige Stromintensität fest, bei der in der Einheit der Zeit die Einheit der elektrischen Masse durch einen Querschnitt der Leitung geführt wird.

Die Einheiten für Intensität, elektromotorische Kraft und Widerstand sind in diesen drei Maafssystemen nicht dieselben; es bestehen zwischen ihnen folgende Relationen. Sind J, E, W die Einheiten nach elektromagnetischem Maafse, J', E', W' nach elektrodynamischem, und J'', E'', W'' nach allgemeinem elektrischen, und bedeutet c die eben bezeichnete Geschwindigkeit, so ist

$$J = \sqrt{2}\,J' \qquad J' = \frac{c}{4}\,J''$$

$$E = \frac{1}{\sqrt{2}}\,E' \qquad E' = \frac{4}{c}\,E''$$

$$W = \frac{1}{2}\,W' \qquad W' = \frac{16}{c^2}\,W''.$$

Gleichbedeutend hiermit ist: Sind i, i', i'' — e, e', e'' — w, w', w'' die Zahlen, welche eine Stromintensität, eine elektromotorische Kraft, einen Widerstand nach elektromagnetischem, elektrodynamischem, allgemeinem elektrischen Maafse ausdrücken, so ist

$$i = \frac{1}{\sqrt{2}}\,i' \qquad i' = \frac{4}{c}\,i''$$

$$e = \sqrt{2}\,e' \qquad e' = \frac{c}{4}\,e''$$

$$w = 2\,w' \qquad w' = \frac{c^2}{16}\,w''.$$

Hr. WEBER hat die Widerstände zweier Drähte nach elektromagnetischem Maafse durch Versuche direct bestimmt. Er bediente sich dabei zweier verschiedenen Methoden; bei der ersten wurde die auf eine Magnetnadel ausgeübte Wirkung des Stromes beobachtet, der in einer Drahtrolle durch den Erdmagnetismus bei ihrer Drehung um eine verticale Axe inducirt wurde, bei der zweiten die Dämpfung, die die Schwingungen einer Magnetnadel, welche im Mittelpunkte einer geschlossenen Drahtrolle aufgehängt war, durch diese erlitten.

Bei der Ausführung der ersten Methode war der „Erdinductor", d. h. die Drahtrolle, in der der Erdmagnetismus Ströme induciren sollte, gebildet aus 16535 Grammen mit Wolle übersponnenen Kupferdrahtes, der in 145 Windungen um einen Holzrahmen von $3^{m},17$ Umfang geführt war; dieser Holzrahmen war mit einer Vorrichtung versehen, vermöge deren er aus einer Stellung, bei der seine Ebene dem magnetischen Meridiane parallel war, um eine verticale Axe um einen rechten Winkel nach dieser und nach jener Richtung gedreht werden konnte. Der Draht des Erdinductors war in Verbindung gesetzt mit dem Drahte einer zweiten Rolle, in deren Mittelpunkte eine Magnetnadel an Seidenfäden aufgehängt war, dem „Multiplicator". Zu diesem waren 157430 Grammen mit Wolle besponnenen Kupferdrahtes verwendet, der in 1854 Windungen um einen Holzcylinder von $303^{mm},51$ Radius geführt war; die Magnetnadel war ein Cylinder von 60^{mm} Länge und $6^{mm},2$ Durchmesser, und war mit einem Spiegel versehen. Die Verbindung der Drähte beider Rollen war durch dicke Kupferdrähte bewerkstelligt. Mit diesen Instrumenten wurden folgende Versuche gemacht. Es wurde der Inductor so gestellt, dafs seine Ebene mit dem magnetischen Meridiane zusammenfiel, und die Magnetnadel zur Ruhe gebracht. Darauf wurde der Inductor plötzlich um 90^{0} gedreht. Dadurch wurde die Nadel in Schwingung gesetzt, und es wurde der Stand der Nadel bei ihrer gröfsten, positiven, Elongation, welchen sie nach einer halben Schwingungsdauer erreichte, beobachtet. Nach Verlauf von $1\frac{1}{2}$ Schwingungsdauer gelangte die Nadel zu ihrer gröfsten negativen Elongation, welche ebenfalls beobachtet wurde. Hierauf wurde in dem Augenblicke, wo die wieder vorwärts schwingende Nadel ihren ursprünglichen Ruhestand passirte, d. h. zwei Schwingungsdauern nach Beginn der Versuche, der Inductor rückwärts um 180^{0} gedreht; die schwingende Nadel wurde dadurch mitten in ihrer Bewegung arretirt, und rückwärts geworfen, worauf nun wieder ihre gröfste negative und sodann ihre gröfste positive Elongation beobachtet wurde. Nach Verlauf von vier Schwingungsdauern, in dem Augenblicke, wo die Nadel von ihrer letzten Elongation zurückkehrend ihren ursprünglichen Ruhestand passirte, wurde der Inductor wieder um 180° vorwärts bewegt, worauf die nämlichen Elongationsbeobachtungen gemacht wurden wie das erste Mal. Aus diesen, eine Zeitlang fortgesetzten Beobachtungen wurden die Unterschiede der gröfsten positiven und negativen Elongationen oder die Gröfse der ganzen Schwingungsbogen berechnet. Aus den am Inductor und Multiplicator genommenen Abmessungen, dieser Gröfse der Schwingungsbogen und der Schwingungsdauer der Nadel konnte — nach Anbringung geringer Correctionen wegen der Dauer der Drehungen des Inductors, der Verschiedenheit des Erdmagnetismus am Orte des Inductors und der Magnetnadel in dem nicht eisenfreien Locale, der Torsionskraft des die Nadel tragenden Fadens und der endlichen Länge der Nadel — der Widerstand der ganzen Leitung nach elektromagnetischem Maafse hergeleitet werden; es ergab sich derselbe

$$= 2166 \cdot 10^8 \frac{\text{Millimeter}}{\text{Secunde}}.$$

Bei der Ausführung der zweiten Methode wurde der Multiplicator, der zu den eben beschriebenen Versuchen gedient hatte, in sich selbst geschlossen; die Magnetnadel wurde durch eine kräftigere ersetzt, die aus neun parallelepipedischen Magnetstäben bestand, jeder 90^{mm} lang und 9^{mm} breit und dick, welche mit parallel gerichteten Axen, und durch 5^{mm} weite Zwischenräume von einander geschieden, zu einem festen Systeme verbunden waren. Es wurde die Schwingungsdauer der Nadel und das logarithmische Decrement ihrer Schwingungsbogen bei geschlossenem und bei geöffnetem Multiplicator beobachtet; ferner wurde der magnetische Zustand der Nadel nach der von Gauss in seiner Intensitas vis … angegebenen Methode bestimmt, indem man eine Boussole möglichst nahe an der Stelle aufstellte, an der die schwingende Nadel sich befunden hatte, und die Ablenkungen beobachtete, die diese bei jener hervorbrachte, wenn sie aus verschiedenen Entfernungen auf sie wirkte. Hierbei wurde die Voraussetzung gemacht, dafs es erlaubt wäre, die magnetischen

Flüssigkeiten der Nadel in zwei Punkten concentrirt zu denken. Aus diesen Versuchen ergab sich der Widerstand des Multiplicatordrahtes (wenn 1 Millimeter = 1 und 1 Sekunde = 1)

$$= 1898 \cdot 10^8.$$

Bei einer andern Versuchsreihe, bei der die bei der letzten gebrauchte Magnetnadel durch einen besonders kräftigen natürlichen Magnet von nur 24^{mm} Länge ersetzt war, ergab sich derselbe Widerstand

$$= 1900 \cdot 10^8.$$

Um die Uebereinstimmung der nach den beiden beschriebenen Methoden gewonnenen Resultate zu prüfen, und mit Hülfe dieser die Widerstände anderer Drähte nach absolutem Maafse zu finden, hat Hr. Weber eine neue Methode zur Vergleichung zweier Widerstände benutzt. Statt der Ströme einer Hydrokette hat er momentane, durch die Bewegung eines Magnets inducirte Ströme angewendet, um die Unsicherheiten zu vermeiden, die in der Polarisation und in der durch dauernde Ströme hervorgebrachten Temperaturerhöhung ihren Grund haben. Der Elektromotor hatte die folgende Einrichtung. Zwei cylindrische Magnetstäbe von 300^{mm} Länge und 15^{mm} Dicke waren in einer hölzernen Röhre so befestigt, dafs sie einander die Nordenden zukehrten, jedoch durch einen 150^{mm} weiten Zwischenraum von einander getrennt waren. Die hölzerne Röhre konnte durch einen mit dem Fufse in Bewegung zu setzenden Hebelapparat senkrecht gehoben und wieder gesenkt und durch die Höhlung einer Inductorrolle hin- und hergeschoben werden, die selbst unbeweglich auf der oberen Seite eines am Fufsboden angeschraubten Gestells befestigt war. Die Holzröhre war auf beiden Seiten mit überstehenden Deckeln versehen, der Art, dafs der obere Deckel an die Inductorrolle anstiefs, wenn die Röhre so weit gesenkt war, dafs der Mittelpunkt des oberen Magnetstabes in die Mitte der Inductorrolle gekommen war, und dafs ebenso der untere Deckel anstiefs, wenn die Röhre so weit gehoben war, dafs der Mittelpunkt des unteren Magnetstabes diesen Ort erreicht hatte. Als Galvanometer diente ein mit Spiegel versehener Magnetstab von 100^{mm} Länge, der mit einem Multiplicator von 720 Windungen und mit einem kräftigen Dämpfer umgeben war. Wird der Draht der

Inductionsrolle mit dem des Multiplicators, unmittelbar oder mit Einschaltung anderer Leiter, verbunden, so wird die Magnetnadel bei einem Inductionsstofse, d. h. bei einer Hebung oder Senkung der Magnetstäbe, zu einem Ausschlage aus ihrer Ruhelage angetrieben werden, und dieser Ausschlag wird ein Maafs für die Intensität des Stromes gewähren, der den Multiplicatordraht durchflossen hat. Um eine gröfsere Genauigkeit zu erzielen, zog Hr. Weber aber der einfachen Beobachtung der Elongation ein System von Elongationsbeobachtungen vor, bei dem der Nadel wiederholte Inductionsstöfse in Augenblicken ertheilt wurden, in denen sie durch ihre Gleichgewichtslage ging. Er benutzte zwei verschiedene Methoden, die Multiplicationsmethode und die Zurückwerfungsmethode. Bei der ersteren war das Verfahren das folgende. Die Nadel im Galvanometer war Anfangs in Ruhe, und ihr Stand wurde beobachtet. Der erste positive Inductionsstofs ertheilte darauf der Nadel eine positive Geschwindigkeit, und es wurde die gröfste Elongation beobachtet, die die Nadel erreichte. Der zweite, negative Inductionsstofs wurde gegeben in dem Augenblicke, wo die zurückschwingende Nadel den Ruhestand passirte, und es wurde der niedrigste Stand beobachtet, welchen die Nadel hierauf erreichte. Der dritte, wieder positive Inductionsstofs wurde in dem Augenblicke gegeben, wo die wieder vorwärts schwingende Nadel den Ruhestand passirte, und es wurde nun wieder der höchste Stand beobachtet, welchen die Nadel hierauf erreichte. Auf diese Weise wurden die Beobachtungen in der Regel bis zum zwölften Inductionsstofs fortgesetzt, und zuletzt, als die Nadel wieder zur Ruhe gekommen war, ihr Stand nochmals bemerkt. Die beobachteten Elongationen wuchsen am Anfange schnell, näherten sich aber bald einem Gränzwerthe in Folge des, mit der Schwingungsweite wachsenden, Einflusses des Dämpfers. Diesem Gränzwerthe, der aus den Beobachtungen mit Hülfe des aus einer besonderen Versuchsreihe ermittelten logarithmischen Decrements der Schwingungsbögen berechnet werden konnte, und der mit g bezeichnet werden möge, ist die Intensität des Stromes, der den Multiplicator bei jedem Inductionsstofse durchflofs, proportional; doch hängt der Factor, mit dem jener zu multipliciren ist, um diese zu geben, von dem

Widerstande der Schliefsung, von der der Multiplicator einen Theil ausmacht, noch insofern ab, als die Dämpfung des Multiplicators durch diesen Widerstand bedingt ist. Diese Methode, die Intensität eines Inductionsstromes zu messen, empfiehlt Herr Weber bei schwacher Dämpfung; bei starker Dämpfung hält er die Methode der Zurückwerfung für genauer, die von Gauss angegeben ist [1]). Bei dieser Methode läfst man auf die Nadel, nachdem sie in Bewegung gesetzt ist, in einem Augenblicke, in dem sie ihre Gleichgewichtslage passirt, einen Inductionsstofs wirken, der sie nach der Seite, von der sie kommt, zurückwirft, beobachtet die Elongation, zu der sie gelangt, läfst sie nun ungestört eine Schwingung vollenden, beobachtet die Elongation, und wirft sie, wenn sie wieder ihre Ruhelage passirt, durch einen entgegengesetzten Inductionsstofs wieder nach der Seite, von der sie kommt, zurück, beobachtet wieder die Elongation, zu der sie gelangt, läfst sie eine Schwingung vollenden, beobachtet die Elongation, und wirft, wenn sie durch die Gleichgewichtslage geht, sie durch einen dem ersten gleichen Inductionsstofs zurück. Auf diese Weise setzt man die Beobachtungen fort. Wenn man die ersten Beobachtungen aus der Berechnung der Resultate fortläfst, so ist es gleichgültig, auf welche Weise die Nadel ursprünglich in Bewegung gesetzt ist, da der Einflufs derselben durch die Dämpfung schnell verschwindet. Man sieht dann, dafs die correspondirenden Beobachtungen, nämlich die erste, fünfte, neunte ..., die zweite, sechste, zehnte ..., die dritte, siebente, elfte ..., die vierte, achte, zwölfte ..., sich sehr schnell vier Gränzwerthen nähern. Bezeichnet man den Unterschied des ersten und dritten Gränzwerthes mit b, den Unterschied des zweiten und vierten mit a, so ist $\frac{a}{b}$ dem Verhältnifs zweier auf einander folgenden Schwingungsbögen gleich, also, wenn λ das logarithmische Decrement bedeutet

$$\lambda = \log \text{nat} \frac{a}{b}.$$

Ferner ist die Geschwindigkeit c, welche der Nadel von jedem Inductionsstofs ertheilt wird,

[1]) Resultate 1838. p. 98 ff.

$$c = \frac{\pi}{2T} \frac{a^2 + b^2}{\sqrt{(ab)}} e^{-\frac{\lambda}{\pi} \operatorname{arc\,tg} \frac{\lambda}{\pi}},$$

wo T die Schwingungsdauer der Nadel ohne Dämpfung bezeichnet. Diese Geschwindigkeit c ist der Intensität des Inductionsstromes proportional, und der Factor, mit dem sie multiplicirt werden mufs, um diese zu geben, ist unabhängig von dem Widerstande der Schliefsung, da der Einflufs der Dämpfung durch die Beobachtungen eliminirt ist.

Zur Vergleichung der Widerstände zweier Drähte hat Herr Weber theils die eine, theils die andere dieser beiden Methoden in folgender Weise benutzt. Es seien α und β die beiden Drähte; dann verband er den Inductordraht mit dem Multiplicatordraht zu einer Schliefsung, und fügte zwischen ihre Verbindungsstellen, als Nebenschliefsung,

einmal den Draht α,
dann den Draht β,
dann die Drähte α und β neben einander,
endlich die Drähte α und β hinter einander.

Bezeichnen A, B, C, D resp. die Intensitäten der Ströme, welche bei diesen vier Anordnungen durch den Multiplicatordraht während eines Inductionsstofses fliefsen, so folgt aus den Gesetzen der Stromtheilung, dafs, wenn α und β die Widerstände der gleichnamigen Drähte bezeichnen,

$$\frac{\beta}{\alpha} = \frac{AB - AC}{AB - BC}$$

und

$$\frac{\beta^2}{\alpha^2} = \frac{AB - BD}{AB - AD}.$$

Bei Anwendung der Zurückwerfungsmethode sind für A, B, C, D die entsprechenden Werthe der mit c bezeichneten Gröfse zu setzen; Hr. Weber weist nach, dafs bei Anwendung der Multiplicationsmethode für A, B, C, D auch einfach die entsprechenden Werthe der mit g bezeichneten Gröfse gesetzt werden dürfen. Man erhält dadurch zwei Werthe für $\frac{\beta}{\alpha}$, deren Uebereinstimmung ein Urtheil über die Genauigkeit der Versuche gewährt. Bei allen Versuchen, die Hr. Weber auf diese Weise angestellt hat, hat er die Drähte α und β so gewählt, dafs ihre Widerstände nahe gleich waren.

Um die Widerstände der Drähte, die er nach absolutem Maafse gemessen hatte, zu vergleichen, verfuhr er folgendermaafsen. Der Widerstand des Erdinductors sei B, der Widerstand des bei den absoluten Messungen benutzten Multiplicators A, der Widerstand der Verbindungsdrähte C; durch jene Messungen war $A+B+C$ und A gefunden worden. Um A und B, deren Verhältnifs ungefähr das von 7 : 1 war, zu vergleichen, wurden drei neue Drähte von den Widerständen a, b, c zu Hülfe gezogen, die so gewählt waren, dafs die Verhältnisse

$$\frac{B}{c}, \quad \frac{b}{B+c}, \quad \frac{a}{B+b+c}, \quad \frac{A}{B+a+b+c}$$

nicht viel von 1 verschiedene Werthe hatten; diese Verhältnisse wurden bestimmt, und aus ihnen $\frac{A}{B}$ berechnet. Um hieraus $\frac{A+B+C}{A}$ ermitteln zu können, war nur noch eine ungefähre Kenntnifs von C nöthig, da dieses nur klein war; es genügte $\frac{B}{C}$ aus der Bemerkung zu berechnen, dafs der Querschnitt des Drahtes C dreimal so grofs als der des Drahtes B, die Länge jenes $\frac{1}{30}$ der Länge dieses war, und beide Drähte aus gleichem Metall bestanden. So ergab sich

$$\frac{A+B+C}{A} = 1{,}138.$$

Berechnet man hieraus und aus dem für $A+B+C$ gefundenen absoluten Werthe den absoluten Werth von A, so ergiebt sich dieser, wenn wieder Millimeter und Secunde als Einheiten festgesetzt werden,

$$= 1903 \cdot 10^8,$$

was mit den beiden direct gefundenen Zahlen, $1898 \cdot 10^8$ und $1900 \cdot 10^8$, sehr nahe übereinstimmt.

Im Jahre 1848 hatte JACOBI in Petersburg einen Widerstandsetalon, der aus einem Kupferdrahte von 25′ englisch Länge und 0″,02625 Dicke besteht, verschiedenen Physikern mitgetheilt, und sie aufgefordert, ihre Widerstandsmesser mit demselben zu vergleichen. Hr. WEBER hat den Widerstand dieses Etalons, der mit J bezeichnet werden möge, nach absolutem Maafse bestimmt, indem er denselben mit Hinzuziehung eines Hülfsdrahts mit c verglich, dessen Werth aus den früheren Versuchen schon bekannt war; es ergab sich

$$J = 598 \cdot 10^7 \frac{\text{Millimeter}}{\text{Secunde}}.$$

Diese Angabe, so wie die früheren, bezieht sich auf die Temperatur von 20° R. des Kupferdrahtes.

Der Inspector Leyser in Leipzig hat eine Anzahl Copieen des Jacobi'schen Etalons dargestellt, deren Widerstand nach genauer von Quintus Icilius ausgeführter Prüfung sowohl in Theilen des Jacobi'schen als des absoluten Maafses angegeben ist.

Der Berichterstatter hat in seiner Abhandlung „Bestimmung der Constanten, von welcher die Intensität inducirter elektrischer Ströme abhängt" [1]), ein Resultat erhalten, welches mit dem des Hrn. Weber vergleichlich, und von diesem verglichen worden ist. Das Resultat des Berichterstatters, das aus Versuchen über Voltainduction hergeleitet ist, war: Es ist die Constante ε (nach der Bezeichnung von Neumann) $= 1$, wenn man als Einheit der Geschwindigkeit die Geschwindigkeit von 1000 Fufs in der Secunde, als Einheit des Widerstandes den Widerstand eines Kupferdrahtes von einer Quadratlinie Querschnitt und 0,434 Zoll Länge annimmt. Der Definition von ε, die Neumann gegeben hat, liegt eine Einheit der Stromintensität zu Grunde, und zwar die des elektrodynamischen Maafssystemes; setzt man $\varepsilon = 1$, so setzt man dadurch eine Einheit für die elektromotorische Kraft fest, und zwar auch die Einheit des Weber'schen elektrodynamischen Maafssystemes; es folgt daraus, dafs die vom Berichterstatter bezeichnete Einheit des Widerstandes mit der Widerstandseinheit des elektrodynamischen Maafssystemes übereinstimmen, also doppelt so grofs sein mufs, als diejenige, in welcher Hr. Weber den Widerstand des Jacobi'schen Etalons ausgedrückt hat. Berechnet man aus dem Resultate des Berichterstatters und den von Jacobi angegebenen Dimensionen seines Drahtes den Widerstand dieses nach elektromagnetischem Maafse, also J, indem man die Leitungsfähigkeit des Jacobi'schen

[1]) Pogg. Ann. LXXVI. 412; Berl. Ber. 1849. p. 300*.

Drahtes und des vom Berichterstatter benutzten als gleich voraussetzt, so findet man

$$J = 573 \,.\, 10^7 \,\frac{\text{Millimeter}}{\text{Secunde}}.$$

Die Abweichung dieses Werthes von dem von Hrn. WEBER gefundenen ist so gering, dafs sie sich genügend aus einer Verschiedenheit der Leitungsfähigkeiten beider Drähte würde erklären lassen, wenn diese nicht einer directen Vergleichung wären unterworfen worden. Eine solche hat Hr. WEBER vorgenommen, nachdem ihm der Berichterstatter seinen Draht übersandt hatte. Hr. WEBER fand, dafs ein Stück dieses Drahtes, der einen Querschnitt von 0,4061 Quadratlinien preufsisch hatte, von 13,573 Zoll preufs. Länge, einen Widerstand besafs, der

$$\frac{J}{106}$$

war; berechnet man hieraus und aus den Versuchen des Berichterstatters den Werth von J, so findet man

$$J = 512 \cdot 10^7 \,\frac{\text{Millimeter}}{\text{Secunde}}.$$

Diese Zahl ist etwa um $\frac{1}{7}$ kleiner, als die von Hrn. WEBER gefundene. Dieser Unterschied beruht ohne Zweifel zum Theil in der vom Berichterstatter angewandten Methode, die nicht geeignet war, eine grofse Genauigkeit des Resultats zu gewähren; zum Theil aber ist sie wohl auch dem Umstande zuzuschreiben, dafs bei den Versuchen des Berichterstatters die Temperatur, die er in seiner Abhandlung nicht angegeben hat, wenige Grade über dem Nullpunkte war, während die Angabe von Hrn. WEBER sich auf die Temperatur von 20° R. bezieht.

Bei Gelegenheit der besprochenen Vergleichung giebt Herr WEBER die specifischen Widerstände verschiedener Kupferdrähte an, die er untersucht hat; unter dem specifischen Widerstande eines Drahtes versteht er den Widerstand der Längeneinheit bei der Einheit der Masse; die specifischen Widerstände von JACOBI's Draht, KIRCHHOFF's Draht, WEBER's Draht, eines Drahtes von galvanoplastisch niedergeschlagenem Kupfer ergaben sich resp. 2310000, 1916000, 1865600, 1684000, wobei Millimeter, Milligramme, Secunde als Einheiten gesetzt, und der Widerstand nach elektromagnetischem Maafse gemessen ist.

Ist eine Stromintensität, ein Widerstand oder eine elektromotorische Kraft nach elektromagnetischem oder elektrodynamischem Maafse gemessen, so könnte der gefundene Werth auf allgemeines elektrisches Maafs zurückgeführt werden, wenn die oben mit *c* bezeichnete relative Geschwindigkeit bekannt wäre, bei der zwei elektrische Massen keine Wirkung auf einander ausüben. Hr. Weber deutet an, wie diese durch Vergleichung elektroskopischer und galvanometrischer Messungen bestimmt werden könne. Die Möglichkeit dieser Bestimmung beruht auf der, aus dem allgemeinen elektrischen Grundgesetze hergeleiteten Theorie der galvanischen Kette. Hr. Weber zeigt, dafs die Ohm'sche Theorie der galvanischen Kette, trotz der Richtigkeit und praktischen Bedeutung ihrer Resultate, eine unhaltbare ist, da sie im Widerspruche mit dem elektrischen Grundgesetze steht, und stellt eine andere Theorie an die Stelle, die in ihren Grundlagen übereinstimmt mit derjenigen, welche der Berichterstatter entwickelt hat.[1]) Es ist nach dieser Theorie möglich, den Werth der elektromotorischen Kraft einer Kette durch elektroskopische Messungen nach allgemeinem elektrischen Maafse ausgedrückt zu erhalten; mifst man am Galvanometer die elektromotorische Kraft derselben Kette nach elektromagnetischem oder elektrodynamischem Maafse, so erhält man durch Vergleichung beider Messungen jene Gröfse *c*.

Das Ohm'sche Gesetz bezieht sich nur auf den Fall, dafs der Strom einer Kette stationär geworden ist; in einem, freilich kurzen, Zeitraume, der auf den Schlufs der Kette folgt, kann dieser stationäre Zustand noch nicht eingetreten sein; über den Vorgang in der Kette während dieses Zeitraums läfst sich vorläufig etwas Sicheres nicht angeben; aber von einer gewissen Hypothese ausgehend gelangt Hr. Weber auch in Beziehung auf diesen Vorgang zu einem Resultate, dessen experimentelle Prüfung denkbar ist. Die Hypothese ist die, dafs der Strom einer Kette, die geschlossen wird, von derjenigen Stelle, wo der Schlufs vorgenommen wird, nach beiden Seiten hin in der Weise fortschreitet, dafs an irgend einer Stelle der Leitung der Strom nicht

[1]) Pogg. Ann. LXXVIII. 506*; Berl. Ber. 1849. p. 267*.

allmälig wächst, sondern plötzlich diejenige Stärke erlangt, die ihm bei dem stationären Zustande zukommt; so dafs es in jedem Augenblicke auf jeder Seite der Schliefsungsstelle einen Querschnitt der Leitung giebt, welcher denjenigen Theil der Leitung, in dem noch gar kein Strom vorhanden ist, trennt von demjenigen, in welchem der Strom in voller Stärke schon entwickelt ist. Die Geschwindigkeit, mit der einer dieser Querschnitte fortschreitet, ist die Geschwindigkeit der Stromverbreitung. Diese Geschwindigkeit läfst sich durch die folgende Erwägung theoretisch bestimmen. Es werde der Einfachheit wegen angenommen, dafs vor dem Schlusse der Kette keine freie Elektricität in der Leitung vorhanden sei; nach dem Eintritte des stationären Zustandes ist überall auf der Oberfläche der Leiter solche angehäuft; die Kräfte, welche von dieser ausgehen, sind es, welche dann die Strömung an jeder Stelle constant erhalten. Die Vertheilung dieser freien Elektricität zu finden, ist nur eine Aufgabe der Mathematik, und Hr. Weber zeigt, wie man diese näherungsweise für den Fall linearer Leiter immer lösen könne. Während nun der Strom von einem Querschnitte bis zu einem zweiten fortschreitet, mufs auf der Oberfläche des zwischen beiden liegenden Stückes der Leitung so viel Elektricität sich ansammeln, als diesem Stücke beim stationären Zustande zukommt; diese Elektricität wird durch den Strom selbst herbeigeführt, sie ist gleich derjenigen Elektricitätsmenge, welche in dem betrachteten Zeitraume durch den ersten Querschnitt gegangen ist. Es ergiebt sich durch diese Betrachtung ein Ausdruck für die Geschwindigkeit der Stromverbreitung, welcher von jener Gröfse c abhängt; derselbe zeigt, dafs die Geschwindigkeit an verschiedenen Stellen der Kette verschieden, und zwar umgekehrt proportional mit dem Widerstande desjenigen Theiles der Leitung ist, durch welchen der Strom sich bereits fortgepflanzt hat.

Von der Geschwindigkeit der Stromverbreitung ist die Geschwindigkeit des Stromes, d. h. die Geschwindigkeit, mit der die Elektricitätstheilchen sich bewegen, wohl zu unterscheiden. Ueber diese weifs man gar nichts; ihre Bestimmung scheitert vorzüglich an der gänzlichen Unkenntnifs derjenigen Masse positiver oder negativer Elektricität, die in einem der Längeneinheit gleichen

Stücke des Leiters enthalten ist. Bezeichnet *e* diese Masse, *u* die Geschwindigkeit des Stromes, so ist *eu* gleich der nach allgemeinem elektrischen Maafse gemessenen Stromintensität; die Möglichkeit, über die Werthe von *e* und *u* einzeln Auskunft zu erhalten, würde, wie es scheint, darauf beruhen, dafs der Widerstand eines Leiters, welcher bisher nur aus seinen Wirkungen definirt worden ist, auch aus seinen Ursachen näher definirt werden könnte. Auch in Beziehung auf diese stellt Hr. Weber einige Erörterungen an. Der Widerstand wirkt den elektromotorischen Kräften im Strome entgegen, und macht, dafs trotz der Fortdauer dieser Kräfte eine Beschleunigung der Elektricitätstheilchen nicht stattfindet; er mufs daher in Kräften beruhen, die auf die Elektricitäten ausgeübt werden. Diese Kräfte können herrühren von den Elektricitäten selbst, oder von den ponderabeln Theilen der Leiter. Offenbar ist die erstere Annahme die einfachere; Hr. Weber zeigt, dafs bei dieser Annahme der Widerstand sich erklären läfst durch die Anziehungskräfte, die nach dem elektrischen Grundgesetze die entgegengesetzten Elektricitäten auf einander ausüben. Denkt man sich in einem Leiter die entgegengesetzten Elektricitäten durch elektromotorische Kräfte nach entgegengesetzten Richtungen in Bewegung gesetzt, und nimmt man an, dafs diese Kräfte plötzlich aufhören, so werden zwei Theilchen entgegengesetzter Elektricität, die einander zunächst liegen, sich um einander bewegen nach Gesetzen, die den Kepler'schen Gesetzen analog sind; jedem Fluidum für sich ist bei seiner Bewegung Beharrung zuzuschreiben, beiden Fluidis zusammen kommt aber bei ihrer Bewegung im Doppelstrome keine Beharrung zu. Der verschiedene Widerstand verschiedener Leiter würde nach dieser Vorstellung von einer verschiedenen Dichtigkeit der Elektricitäten in ihnen herrühren.

Schliefslich hebt Hr. Weber den scheinbaren Widerspruch, welcher zwischen seiner Theorie der Induction und der von Neumann aufgestellten bestanden hatte für diejenigen Fälle, in denen in der Bahn des inducirenden Stromes Gleitstellen vorkommen [1]). Er zeigt, dafs nach seiner Theorie die plötzliche

[1]) Berl. Ber. 1847. p. 459*.

Aenderung der Bewegung, die die Elektricitätstheilchen erleiden, welche aus dem einen der in der Gleitstelle in Berührung stehenden Leiterstücke in das andere übergehen, wesentlich zur Induction beiträgt; und dafs, wenn man die hierdurch inducirte elektromotorische Kraft hinzufügt zu derjenigen, welche durch die Bewegung der bewegten Stromelemente und durch das Entstehen des Stromes in den neu eingeführten Bahnelementen hervorgebracht wird, man einen Ausdruck erhält für die gesammte inducirte elektromotorische Kraft, welcher übereinstimmt mit dem aus Neumann's Theorem hergeleiteten. Dieser Ausdruck ist schon von Neumann durch Versuche geprüft; die Versuche, durch die dieses geschehen ist, hat Hr. Weber sowohl in derselben, als in etwas abgeänderter Form wiederholt, und das Neumann'sche Resultat bestätigt gefunden.

W. Thomson. Anwendung des Princips vom mechanischen Effect zur Bestimmung von elektromotorischen Kräften und galvanischen Widerständen nach absolutem Maafse.

Es ist von Hrn. Thomson [1]), und schon früher von Helmholtz [2]) gezeigt worden, dafs die Gesetze der Induction elektrischer Ströme sich ableiten lassen aus dem Principe des mechanischen Effects, oder, wie Helmholtz es nennt, dem Principe der Erhaltung der Kraft, wenn man das von Lenz und Joule entdeckte Gesetz der Wärmeerregung elektrischer Ströme zu Hülfe zieht; man kann nach diesem Principe aus dem mechanischen Aequivalent der Wärmeeinheit die Intensität des Stromes, der unter gegebenen Verhältnissen in einem Leiter inducirt wird, berechnen, sobald die Wärmemenge bekannt ist, die ein Strom von gegebener Intensität in einer gewissen Zeit in diesem Leiter entwickelt. Weber hat gezeigt, wie man den Widerstand eines Leiters nach absolutem (elektromagnetischem) Maafse finden kann, indem man die Intensität des Stromes beobachtet, der in demselben unter bestimmten Bedingungen inducirt wird; mit

[1]) Berl. Ber. 1849. p. 308*.
[2]) Berl. Ber. 1847. p. 244*.

Hülfe des genannten Princips ist es daher auch möglich den Widerstand eines Leiters nach demselben Maafse zu finden, indem man die Wärmemenge beobachtet, die in ihm durch einen Strom von gemessener Intensität in einer gewissen Zeit entwickelt wird. Hr. Thomson zeigt, dafs der Widerstand eines Leiters nach elektromagnetischem Maafse gleich ist dem Producte aus der Wärmemenge, die in ihm in der Einheit der Zeit durch die Einheit des Stromes erregt wird, in das mechanische Aequivalent der Wärmeeinheit. Mit Hülfe dieser Gleichung hat derselbe den Widerstand eines Silberdrahtes und eines, in einer Glasröhre befindlichen Quecksilberfadens, mit denen Joule Versuche über die Wärmeentwickelung angestellt hatte, berechnet, und daraus den specifischen Widerstand des Silbers und Quecksilbers hergeleitet. Er giebt den specifischen Widerstand bezogen auf die Einheit des Volumens, d. h. den Widerstand der Einheit der Länge bei der Einheit des Volumens, und den specifischen Widerstand bezogen auf die Einheit der Masse, d. h. den Widerstand der Einheit der Länge bei der Einheit der Masse, an. Der letztere stimmt überein mit dem, was Weber schlechthin den specifischen Widerstand nennt. Bei Zugrundelegung des englischen Fufses, der Masse eines Grains und der Secunde als Einheiten der Länge, der Masse und der Zeit, ist der specifische Widerstand, bezogen auf die Einheit des Volumens, bei Silber 1,903, bei Quecksilber 119,1; der specifische Widerstand, bezogen auf die Einheit der Masse, bei Silber 8671000, bei Quecksilber 648400000. Diese Zahlen beziehen sich auf eine Temperatur von ungefähr 10° C. Das mechanische Aequivalent der Wärmemenge, welche die Masseneinheit Wasser um 1° C. erwärmt, ist dabei = 44758 angenommen, welcher Werth sich ergiebt aus dem Resultate von Joule, dafs die Wärmemenge, die ein Pfund Wasser von 0° auf 1° C. erwärmt, mit 1390 Fufspfund äquivalent ist, wenn man die Intensität der Schwere = 32,2 setzt. Das Verhältnifs der Leitungsfähigkeiten von Quecksilber und Silber ist hiernach 0,01744, was mit der Angabe von Becquerel sehr gut stimmt, nach der dasselbe 0,01786 ist. Nach einer Angabe desselben Physikers ist das Verhältnifs der Leitungsfähigkeiten von Kupfer und Silber 0,915; berechnet man hieraus und aus dem specifischen

Widerstande des Silbers den specifischen Widerstand des Kupfers, so erhält man einen Werth, der sehr nahe übereinstimmt mit dem specifischen Widerstande des aus galvanoplastisch niedergeschlagenem Kupfer gebildeten Drahtes, den WEBER untersucht hat. (Vergl. p. 781.)

Wenn man den Widerstand eines Drahtes nach absolutem Maafse kennt, so kann man die elektromotorische Kraft einer Kette nach demselben Maafse berechnen aus gewissen Versuchen, die mit dem Drahte und der Kette angestellt sind. Hr. THOMSON giebt Zahlen für die elektromotorischen Kräfte der DANIELL'schen und SMEE'schen Kette nach elektromagnetischem Grundmaafse an, die aber aus Versuchen ganz anderer Art hergeleitet, und noch hypothetisch sind. Nach dem zu Anfange genannten Principe mufs die Wärmemenge, welche in einer gewissen Zeit in einer geschlossenen Hydrokette entwickelt wird, so grofs sein als die Wärmemenge, welche aufserhalb der Kette durch die chemischen Processe entwickelt sein würde, die in jener Zeit in der Kette stattgefunden haben; nur der Ort, wo die Wärme auftritt, ist ein anderer; finden die Processe aufserhalb der Kette statt, so tritt die Wärme in den Producten derselben auf, in der Kette zeigt sie sich in der ganzen Schliefsung. Nimmt man an, dafs die auftretende Wärmemenge in allen Theilen der Schliefsung (also auch in den Flüssigkeiten der Kette) nach dem LENZ'schen Gesetze sich richtet; so ist die gesammte Wärmemenge, die in der Zeiteinheit erregt wird, bei Zugrundelegung des elektromagnetischen Maafssystemes, wenn E die elektromotorische Kraft, J die Stromintensität, M das mechanische Aequivalent der Wärmeeinheit bezeichnet,

$$= \frac{EJ}{M}.$$

Indem man diese Wärmemenge derjenigen gleich setzt, die durch die chemischen Processe, welche in der Zeiteinheit in der Kette stattfinden, aufserhalb derselben entwickelt worden wäre, welche Wärmemenge durch W bezeichnet werden möge, erhält man den Werth der elektromotorischen Kraft

$$E = \frac{WM}{J}.$$

Wenn aber aufser der Wärmeentwickelung, die nach dem LENZ'schen Gesetze sich richtet, an einigen Stellen der Kette noch eine andere vorhanden ist, und, wenn in Folge dieser in der Zeiteinheit die Wärmemenge W' auftritt, so ist

$$\frac{EJ}{M} + W' = W,$$

also

$$E = \frac{(W - W')M}{J}.$$

Die chemischen Processe, die in der DANIELL'schen Kette in der Zeiteinheit bei einem Strome, dessen Intensität = 1 ist, stattfinden, sind die folgenden. Es wird 0,07284 Grain Zink mit Sauerstoff zu 0,09076 Grain Zinkoxyd vereinigt, und dieses mit verdünnter Schwefelsäure verbunden; ferner wird 0,08894 Grain Kupferoxyd aus seiner Verbindung mit verdünnter Schwefelsäure geschieden, und aus ihm die darin enthaltenen 0,07085 Grain Kupfer von dem Sauerstoff abgetrennt. Bei diesen Zerlegungen wird so viel Wärme verbraucht, als bei den entsprechenden Verbindungen erregt worden wäre; nach Versuchen von ANDREWS sind die Wärmemengen, welche bei den vier chemischen Processen entwickelt werden

94,77 26,88 —21,34 —42,87,

wo die Wärmeeinheit die Wärmemenge ist, die erfordert wird ein Grain Wasser von 0° auf 1° C. zu erwärmen. Die ganze Wärmemenge ist daher 57,44. Nimmt man an, dafs aufser der Wärmeentwickelung nach dem LENZ'schen Gesetze keine andere in der Kette stattfindet, so ergiebt sich hieraus die elektromotorische Kraft der DANIELL'schen Kette = 2570300. Nach einer anderen aufgestellten Hypothese findet die Wärmeentwickelung bei Auflösung des Zinkoxyds in der Säure, und die Wärmeverschluckung bei Abtrennung des Kupferoxyds von der Säure in der Kette neben der Wärmeentwickelung nach dem LENZ'schen Gesetze so statt, wie sie aufserhalb der Kette vor sich gehen würde; nach dieser Hypothese ergiebt sich die elektromotorische Kraft der DANIELL'schen Kette = 2322500.

In der SMEE'schen Kette (Zink und platinirtes Silber in verdünnter Schwefelsäure), oder in irgend einer andern Kette, die aus Zink und einem weniger oxydabeln Metalle in verdünnter Schwefelsäure besteht, bringt die Einheit des Stromes in der Zeiteinheit die Auflösung von 0,07284 Grain Zink und die Abtrennung von 0,00224 Grain Wasserstoff von seinem Sauerstoff hervor; die Wärmemenge, die durch diese Processe aufserhalb der Kette hervorgebracht werden würde, ist

$$94{,}77 + 26{,}88 - 75{,}70$$

d. h. 45,95. Die elektromotorische Kraft einer solchen Kette wäre daher, wenn in der Zelle keine andere Wärmeentwickelung aufser der nach dem Lenz'schen Gesetze stattfindet, 2056200, und, wenn die der Auflösung des Zinkoxyds entsprechende Wärmemenge in der Kette wie aufserhalb derselben auftritt, 853190. Die elektromotorische Kraft wäre nach der einen wie nach der andern Hypothese unabhängig von Natur und Oberflächenbeschaffenheit des negativen Metalls; da diesem die Erfahrung widerspricht, so mufs irgendwo noch eine andere Wärmeentwickelung stattfinden, die von dem negativen Metall abhängig ist; es ist am natürlichsten anzunehmen, dafs diese an der negativen Platte vor sich geht. Hr. Thomson glaubt, dafs dieselbe an platinirtem Silber sehr klein, oder ganz verschwindend ist; um für verschiedene Metalle sie zu messen, schlägt er vor, einen und denselben Strom durch mehrere gleichgeformte Zersetzungszellen, die sich nur durch die Natur der Elektroden unterscheiden, zu leiten, und die Temperaturerhöhungen derselben zu beobachten.

J. H. Lane. Ueber die Induction eines elektrischen Stromes in Beziehung auf sich selbst, und die Entladungen von Maschinenelektricität.

Hr. Lane stellt eine Hypothese auf in Bezug auf die elektrischen Ströme, die durch Intensitätsänderung eines Stromes inducirt werden, und wendet diese an auf die Induction eines unendlich langen geraden Stromes in Beziehung auf sich selbst. Er nimmt an, dafs auf einen unendlich langen prismatischen Leiter in einem Augenblicke eine elektromotorische Kraft zu wirken beginne, die in allen Querschnitten und in allen Punkten eines Querschnittes denselben Werth hat; er denkt sich den Cylinder in Elemente zerlegt, von denen ein jedes, wie der ganze Leiter, unendlich lang ist, aber einen unendlich kleinen Querschnitt besitzt; in den verschiedenen Punkten eines dieser Elemente wird dann die Dichtigkeit des Stromes in einem Augenblicke dieselbe sein; sie ändert sich aber mit der Zeit, und — nach der Hypothese des Hrn. Verf. — ist sie in einem Augenblicke verschieden für die verschiedenen Elemente. Die Stromdichtigkeit ist zu bestimmen als Function der Zeit und der Gröfsen, welche die Lage des Elementes angeben, indem man sie proportional setzt der Differenz der gegebenen und der durch die andern Elemente inducirten elektromotorischen Kraft; hinzuzufügen ist die Bedingung, dafs in dem Augenblicke, in dem die elektromotorische Kraft zu wirken beginnt, die Stromdichtigkeit überall $= 0$ ist. Es ergiebt sich, dafs in einem auf diesen Augenblick folgenden Zeitraume die Stromdichtigkeit viel gröfser in der Nähe der Oberfläche des Drahtes ist als in seiner Mitte. Hr. Lane schliefst daraus, dafs, wenn die elektromotorische Kraft nur eine kurze Zeit hindurch wirkt, wie es der Fall ist bei dem Entladungsstrome einer Batterie, die Elektricität zum gröfsten Theile an der Oberfläche des Drahtes bleibt, und dafs daher der Widerstand eines Drahtes, wenn er einen solchen Entladungsstrom leitet, von seinem Umfange abhängt, während derselbe bei dem stationären Strome einer galvanischen Kette durch den Querschnitt bedingt ist.

Die Hypothese, die zu diesem Schlusse geführt hat, ist die, dafs die elektromotorische Kraft, die in dem Elemente eines Leiters ds' inducirt wird von einem Stromelemente ds, in dem die Intensität mit der Geschwindigkeit $\frac{di}{dt}$ wächst, proportional mit

$$ds\,ds'\,\frac{\sin\theta\cos\tau}{r^2}\,\frac{di}{dt}$$

ist, wo r die Verbindungslinie beider Elemente, θ den Winkel zwischen ds und r, τ den Winkel zwischen ds' und derjenigen Linie bezeichnet, die senkrecht auf r in der durch r und ds gelegten Ebene gezogen ist.

Diese Hypothese ist aber eine falsche; nach den von NEUMANN und WEBER entdeckten Inductionsgesetzen ist jene elektromotorische Kraft proportional mit

$$ds\,ds'\,\frac{\cos\theta\cdot\cos\theta'}{r}\,\frac{di}{dt},$$

wo θ' den Winkel zwischen ds' und r bedeutet. Mit der Hypothese fallen alle auf dieselben gebauten Schlüsse; denkt man sich einen in sich geschlossenen Leiter von beliebiger Form, aber überall gleichem und gegen die Länge kleinem Querschnitte in ähnlicher Weise in Elemente zerlegt wie Hr. LANE seinen Cylinder, und nimmt man an, dafs auf denselben eine in allen Punkten gleiche elektromotorische Kraft wirke, so folgt aus den Inductionsgesetzen, dafs in einem Augenblicke in allen Elementen eine gleiche Stromdichtigkeit stattfindet.

CELLÉRIER. Ueber das Gesetz der elektrodynamischen Wirkungen.

Die AMPÈRE'sche Theorie der elektrodynamischen Wirkungen beruht auf der Hypothese, dafs zwei Stromelemente eine Kraft auf einander ausüben, die die Richtung ihrer Verbindungslinie hat. Es mufs die Wirkung zweier Stromelemente angesehen werden als hervorgehend aus einer sehr grofsen Zahl von Kräften; es ist denkbar, dafs diese Kräfte nicht eine Resultante liefern, die die Richtung der Verbindungslinie hat, ja dafs sie überhaupt keine Resultante haben. Hr. CELLÉRIER hat der Akademie eine Abhandlung übergeben, in der er, ohne jene Hypothese zu machen, für die Wirkung eines geschlossenen Stromes, „der einzigen, die zu beobachten ist", denselben Ausdruck als AMPÈRE hergeleitet hat; für die Wirkung zweier Stromtheile ergiebt sich ein von dem AMPÈRE'schen verschiedener Ausdruck, der noch eine unbekannte Function enthält.

Romershausen. Ein neues Galvanometer zur Ergänzung des Oersted'schen Fundamentalversuchs, nebst einigen Bemerkungen über elektromagnetische Richtungs- und Drehungsverhältnisse.

Hr. Romershausen beschreibt ein neues Galvanometer; eine kleine Magnetnadel (etwa sechs Linien lang) ist in ihrer Mitte an dem einen Ende eines Neusilberdrahtes rechtwinklig gegen denselben befestigt; dieser Draht ruht mit einer Stahlspitze auf einem Achathütchen, welches neben einem Multiplicator befestigt ist, so, dafs der Draht und die Nadel horizontal sind, und dafs die letztere in dem Multiplicator sich befindet, das zweite Ende des Neusilberdrahtes spielt über einer horizontalen Kreistheilung, deren Mittelpunkt mit der Stahlspitze zusammenfällt. Hr. Romershausen sagt von seinem Galvanometer: „Bei der Kleinheit und besonderen Aufhängungsweise seiner Magnetnadel ist die Einwirkung des galvanischen Stromes auf dieselbe vollkommner und umfassender, daher es wenigstens eben so empfindlich und weit bequemer und sicherer zu behandeln ist als das gewöhnliche Galvanometer mit astatischer Nadel." Trotz dieser Behauptung kann der Berichterstatter keinen andern Zweck ersehen, den Hr. Romershausen bei der Construction seines Apparats verfolgt hätte, als den, etwas Neues zu erfinden, da ein Nutzen der Vorrichtung nicht ersichtlich ist.

Was die Bemerkungen des Hrn. Verfassers „über elektromagnetische Richtungs- und Drehungsverhältnisse" betrifft, so schliefsen sich diese an die Ansichten an, welche er in seiner Schrift „der dynamische Antagonismus" auseinandergesetzt hat, und welche schon in diesen Berichten so vollständig charakterisirt sind [1]), dafs es nicht nöthig ist über ihre weitere Ausführung ein Wort zu verlieren.

Prof. Dr. G. *Kirchhoff.*

[1]) Berl. Ber. 1846. p. 320*.

7. Induction und Magnetoelektricität.

C. G. Page. Singular property, and extraordinary size and length of the secondary spark. Sillim. J. (2) X. 349; Krönig J. I. 242*; Dingl. p. J. CXIX. 463*; Phil. Mag. (4) I. 170; Froriep Tagsber. üb. Phys. u. Chem. I. 272.

— — On the time required to raise the galvanic current to its maximum in coiled conductors, and its importance in electro-mechanics. Sillim. J. (2) XI. 86; Krönig J. I. 249*; Dingl. p. J. CXXI. 105*.

— — On the direction of the spark from secondary currents under the influence of helices or magnets. Sillim. J. (2) XI. 191*.

E. Wartmann. Huitième mémoire sur l'induction. Arch. d. sc. ph. et nat. XIII. 35*.

E. Verdet. Note sur les courants induits d'ordre supérieur. Ann. d. ch. et d. ph. (3) XXIX. 501*. Siehe Berl. Ber. 1849. p. 308.

— — Recherches sur les phénomènes d'induction produits par le mouvement des métaux magnétiques ou non magnétiques. Ann. d. ch. et d. ph. (3) XXXI. 187*; Krönig J. I. 364*.

A. Lallemand. Étude des lois de l'induction à l'aide de la balance électrodynamique. Ann. d. ch. et d. ph. (3) XXXII. 432*; Krönig J. III. 139*.

H. Helmholtz. Ueber die Dauer und den Verlauf der durch Stromesschwankungen inducirten elektrischen Ströme. Berl. Monatsber. 1851. p. 287; Pogg. Ann. LXXXIII. 505*; Inst. No. 938. p. 414.

Sinsteden. Eine wesentliche Verstärkung des magnetoelektrischen Rotationsapparats. Pogg. Ann. LXXXIV. 181*.

W. Willward. Improvements in electro-magnetic and magneto-electric apparatus. Mech. Mag. LV. 198; Dingl. p. J. CXXII. 354*.

C. G. Page. Besondere Eigenthümlichkeit und aufserordentliche Gröfse des secundären Funkens.

Hr. Page hat eine elektrische Spirale von einem Fufs im Durchmesser construirt, welche in Verbindung mit einer gewissen galvanischen Batterie im Stande war, aus einer Entfernung von 10 Zoll eine Eisenstange von 300 Pfund senkrecht in die Höhe zu heben. Oeffnete er den Strom dieser Spirale in einiger Entfernung von dem magnetischen Pol, so erschien ein secundärer Funken von 6 bis 8 Zoll Länge ohne ein besonderes Geräusch;

je näher die Unterbrechung dem magnetischen Pole war, desto kürzer, breiter und geräuschvoller war der secundäre Funken, der zuletzt Handbreite erreichte und den Knall einer Pistole hervorbrachte.

C. G. Page. Ueber die Zeit, welche ein galvanischer Strom in einem gewundenen Leiter erheischt um sein Maximum zu erreichen, und ihre Wichtigkeit in der Elektromechanik.

In der ziemlich oberflächlichen Notiz berichtet Hr. Page, dafs er durch grofsartige Experimente schlagend bewiesen habe, dafs ein galvanischer Strom allmälig bis zu seinem Maximum zunehme, und eben so allmälig bei der Oeffnung der Kette abnehme. Die Zeit, welche der Strom zur Entwicklung seines Maximums gebrauchte, wurde dadurch bestimmt, dafs die Zeit gemessen wurde, welche der Strom geschlossen sein mufste, damit der Oeffnungsfunken die gröfste Intensität erreichte. Bei einer kräftigen Grove'schen Batterie, welche durch Spiralen von 600 bis 3000 Fufs geschlossen wurde, dauerte die Zu- und Abnahme des Stromes $\frac{1}{6}$ bis $\frac{1}{5}$ Secunde, wenn sich in den Spiralen keine Eisenstange befand, und $\frac{1}{2}$ bis $\frac{3}{4}$ Secunde, wenn Eisen angewendet wurde. Wie die Dauer der Abnahme gemessen worden ist, geht nicht klar hervor; indessen so viel läfst sich ersehen, dafs eine Spirale mit einem Eisenkerne plötzlich aufser Stromverbindung gesetzt wurde, und dann die Dauer beobachtet, nach welcher die Enden derselben bei ihrer Trennung noch Funken gaben. Das Experiment ergab ungefähr $\frac{1}{2}$ Secunde. Mit wie starken Strömen gerirt wurde, geht aus der Angabe hervor, dafs eine Spirale eine Eisenstange von 532 Pfund mit solcher Kraft in sich hineinzog, dafs noch 508 Pfund nöthig waren, um sie herauszuziehen.

C. G. Page. Ueber die Richtung, welche der Funken des secundären Stromes unter dem Einfluſs von Spiralen oder Magneten verfolgt.

Hr. Page sagt, eine genaue Beobachtung habe ihm gezeigt, daſs der Funken derselben tangentialen oder rotatorischen Wirkung unterworfen sei wie der Leiter selbst. Der Hr. Verfasser fügt zur Erläuterung eine Figur und ein Beispiel hinzu, allein es ist mir nicht gelungen, daraus die Erscheinung in der Allgemeinheit aufzufassen, daſs ich es wagen könnte, sie mit andern Worten zu bezeichnen, als oben geschehen ist.

E. Wartmann. Achte Abhandlung über Induction.

In dem ersten Theil dieser Arbeit giebt Hr. Wartmann an, wie man die Veränderungen in der Intensität der verschiedensten galvanischen Ströme mit Hülfe eines sehr empfindlichen Multiplicators mit Doppelwindungen und astatischer Nadel wahrnehmen kann, ohne dem Instrumente zu schaden; mäſsige Ströme leitet er ganz vollständig durch die Multiplicatorwindungen, aber so, daſs jeder Draht einen besonderen Zweig bildet, und beide auf die Magnetnadel entgegengesetzt wirken; bringt er dann durch Einschaltung eines Rheostaten in den einen Multiplicatordraht eine Ablenkung der Nadel von 40 bis 50 Grad hervor, so befindet sich die Nadel in einer Lage, in welcher sie die kleinsten Schwankungen in der Stromintensität angiebt. Ist der zu beobachtende Strom sehr stark, so spaltet er den Strom in zwei Zweige, von denen der eine das ganze Multiplicatorgewinde und einen Rheostat durchströmt; mit Hülfe des letzteren kann der durch den Multiplicator gehende Stromtheil auf die dem Instrumente angemessene Gröſse gebracht werden. Die Veränderungen dieses Stromtheils offenbaren sich am Multiplicator, und zeigen dadurch die Intensitätsänderung des ganzen Stroms an.

In dem zweiten Theil führt Hr. Wartmann eine Anzahl Experimente an, durch welche er festzustellen suchte, ob eine magnetische oder diamagnetische Erregung einen Körper zu einem bessern oder schlechtern Elektricitätsleiter macht. Er hat sowohl magnetische als diamagnetische, sowohl flüssige als feste Körper der Induction eines starken Elektromagneten ausgesetzt, und zwar sowohl in axialer als auch in äquatorialer Richtung, und sie dabei von einem galvanischen Strom durchfliefsen lassen, aber nie eine Veränderung in ihrer elektrischen Leitungsfähigkeit wahrgenommen. Eben so wenig zeigten Körper, auf deren optisches Verhalten der Magnetismus einen entschiedenen Einflufs hat, unter der Wirkung eines Elektromagneten irgend eine Aenderung in ihrem elektrischen Leitungsvermögen.

E. Verdet. Untersuchungen über die Inductionserscheinungen in Folge der Bewegung magnetischer und nichtmagnetischer Metalle.

Breguet hat an diamagnetischen Metallen inducirende Kräfte gefunden, wodurch jene sich von den magnetischen Metallen nicht unterscheiden [1]. W. Weber [2] aber hat am Wismuth eine inducirende Kraft beobachtet, welche der an magnetischen Körpern entgegengesetzt wirkt, wie er es an diamagnetischen Körpern vermuthete, und wie es der von Reich [3], Weber, Poggendorff [4] beobachteten diamagnetischen Polarität entspricht. Faraday [5], dessen eigene Ansicht vom Diamagnetismus durch diese Beobachtungen unterstützt wurde, hat dieselben Versuche mit den äufsersten Vorsichtsmaafsregeln wiederholt, und insonderheit die Reich'schen und Weber'schen Beobachtungen nicht bestätigt gefunden; er hat vielmehr, indem er die elektrische inducirende Kraft und die Induction durch diamagnetische Polarität in ihren Wirkungen zu trennen wufste, sehr entschieden gezeigt, dafs die beobachteten inducirenden Kräfte diamagnetischer Metalle auf gewöhnliche elektrische Induction hinauskommen.

[1] Berl. Ber. 1846. p. 516*.
[2] Pogg. Ann. LXXIII. 241*; Berl. Ber. 1847. p. 493*.
[3] Pogg. Ann. LXXIII. 60*; Berl. Ber. 1847. p. 492*.
[4] Pogg. Ann. LXXIII. 475*; Berl. Ber. 1847. p. 496*.
[5] Pogg. Ann. LXXXII. 75, 232*.

Hr. VERDET hat dieselben Erscheinungen zum Gegenstand seiner Untersuchungen gemacht, hat sich aber nicht einer so einfachen und übersichtlichen Beobachtungsmethode bedient, sondern ist im Allgemeinen dem BREGUET'schen Experimente gefolgt; er kommt jedoch durch eine Erörterung der beobachteten Erscheinungen zu dem von FARADAY ausgesprochenen Resultat.

Die Anordnung seiner Versuche war folgende. Vor den Polflächen eines hufeisenförmigen Stahlmagneten, dessen Schenkel mit Drahtspiralen umgeben waren, liefs er einen Stab des zu untersuchenden Metalls, parallel den Polflächen, rotiren und zwar mittelst einer Vorrichtung, welche wegen ihrer Symmetrie auf den Magneten ohne Einflufs war. In die Schliefsung der Spiralen war ein Galvanometer und ein an der Axe des Rotationsapparats befindlicher Commutator eingeschaltet, welcher nach jeder halben Umdrehung, wo der Metallstab mit der Pollinie des Magnets denselben Winkel machte, den während einer Drehung von 20° inducirten Strom durch das Galvanometer leitete. Bei einem andern Commutator betrug dieser Winkel 35°. Durch Drehung des Commutators um die Axe war es möglich, die an den verschiedensten Theilen der Kreisbewegung inducirten Ströme mit dem Galvanometer zu untersuchen. Wird der Winkel, welchen der rotirende Metallstab mit der Pollinie des Magneten in irgend einem Zeitmoment macht, mit positiv bezeichnet, wenn er im Zunehmen, mit negativ, wenn er im Abnehmen ist, und wird der Inductionsstrom mit positiv und negativ unterschieden, je nach dem er dem Strome eines Solenoïds, welches den Stahlmagneten vertreten könnte, gleich oder entgegengesetzt gerichtet ist, so lassen sich die beobachteten Erscheinungen im Allgemeinen so aussprechen. Bei der Rotation eines Stabes von magnetischem Metalle wurde in jedem negativen Winkel ein negativer, und in jedem positiven Winkel ein positiver Strom inducirt, es mochte der Stahlmagnet oder ein ihn ersetzendes Solenoïd angewendet werden. Bei der Rotation eines diamagnetischen Metallstabes war der Inductionsstrom sowohl in positiven als negativen Winkeln positiv, und nur bei dem Uebergang aus negativen Winkeln in positive zeigte er sich negativ. In dieser Bestimmtheit stellten sich die Gränzen zwischen den Stromwechseln jedoch nur bei geringer Umdrehungsgeschwindigkeit ein (bei 5 bis 20 Umdrehungen in einer Secunde) und bei Anwendung eines Solenoïds statt des Stahlmagnets. Bei grofser Umdrehungsgeschwindigkeit (20 bis 40 Umdrehungen in einer Secunde) und unter Einflufs eines Stahlmagnets verschoben sich diese Gränzen, was sich aber durch den Einflufs der Zeit auf die Entwicklung des Magnetismus und der Inductionsströme erklären liefs. Der Hr. Verfasser erörtert insonderheit die Erscheinungen bei diamagnetischen Körpern genauer, und zeigt, nachdem er bemerkt, dafs hierbei die Inductionsströme mit der elektrischen Leitungsfähigkeit des rotirenden Metalls wachsen, durch Betrachtungen, wie sie Faraday bei der Erklärung des Rotationsmagnetismus angewendet, dafs die gegenseitige Wirkung der in dem rotirenden Metalle entstehenden elektrischen Ströme und der Spiralen gleich Null ist, wenn der Metallstab und die Pollinie des Magneten einander parallel oder auf einander senkrecht sind; er schliefst aus der Symmetrie je zweier Stellungen des rotirenden Metalls zu beiden Seiten der Pollinie, in welchen die gegenseitige Wirkung der Spiralen und der elektrischen Ströme im Metallstabe gleich und entgegengesetzt ist, dafs dieselbe während einer Umdrehung wenigstens ein Maximum und ein Minimum von gleichen aber entgegengesetzten Werthen hat, und während einer ganzen Umdrehung vier Zeichenwechsel, die an den Maximum- und Minimumstellen liegen, dafs sie dagegen bei dem Durchgang durch die Pollinie im steten Abnehmen oder Zunehmen ist, so dafs sich das Zeichen der Ströme in den Spiralen hierbei nicht ändert. Hiermit stimmen allerdings die oben gegebenen Erscheinungen überein, ohne dafs man diamagnetische Polarität zur Erklärung nöthig hat, während die Breguet'schen Beobachtungen sich daraus erklären, dafs der angewendete Commutator den Strom während einer Umdrehung viermal und während eines gröfsern Drehungswinkels schlofs; aber das Resultat ist nach Faraday's gründlichen Untersuchungen kein neues.

Indessen die Erwähnung des Umstandes, dafs die gegenseitige Wirkung der elektrischen Ströme in dem rotirenden Metallstabe und den Spiralen gleich Null ist, wenn jener auf der Pollinie senkrecht oder mit derselben parallel ist, und dafs die elektrischen Ströme in dem Metallstabe in den bezeichneten Stellungen eben so wenig auf den Magneten wirken — erinnert an die von FARADAY[1]) gemachte Beobachtung, dafs ein Kupferstab in äquatorialer oder axialer Stellung zwischen den Polen eines Elektromagneten durch Erregung des Magnetismus oder Vernichtung desselben nicht afficirt wurde, wohl aber, wenn er einen Winkel mit diesen beiden Stellungen machte.

A. LALLEMAND. Untersuchungen der Gesetze der Induction vermittelst der elektrodynamischen Torsionswage.

Der Hr. Verfasser hat schon früher mit einem ähnlichen Instrument Untersuchungen über elektrische Induction durchgeführt und bekannt gemacht[2]), aber dabei keine Messungen vorgenommen. In der vorliegenden Abhandlung dagegen sind viele Messungen in Bezug auf das Verhältnifs zwischen dem inducirenden Strome und dem inducirten enthalten. Der dazu angewendete Apparat ist folgender. Die Ablenkungsnadel einer Torsionswage trägt an ihren Enden zwei gleiche ebene Drahtspiralen, die beide in der Ebene des Aufhängedrahtes und der Ablenkungsnadel liegen, und so zu einem Drahte verbunden sind, dafs der Erdmagnetismus auf die Stellung der Nadel keinen Einflufs haben kann. Die freien Enden tauchen senkrecht unter dem Aufhängungspunkt in zwei getrennte Quecksilbernäpfchen. Ein gleiches Spiralenpaar ist diesen parallel und fest so aufgestellt, dafs, wenn ein Ende der festen und ein Ende der beweglichen Spiralen mit den Polen einer galvanischen Batterie, und die andern Enden unter sich verbunden werden, die Nadel der Torsionswage abgestofsen wird. Die Torsion, durch welche die beweglichen Spiralen den festen bis auf eine bestimmte Entfernung genähert werden, ist ein Maafs für die gegenseitige Abstofsung je zweier Spiralen und für das Quadrat der Stromintensität in denselben. Während nun der Hr. Verfasser durch die eine Spirale einer Inductionsrolle den Strom einer constanten Kette intermittirend

[1]) Berl. Ber. 1846. p. 554*.
[2]) Berl. Ber. 1848. p. 315*; Ann. d. ch. et d. ph. (3) XXII. 19.

hindurchleitet, verbindet er die Enden der andern Spirale mit der Torsionswage, und mifst damit die Intensität des inducirten Stroms. Indem er nun diese mit der Intensität des primären Stromes vergleicht, welche mit einer Sinusbussole gemessen und vermittelst einer eingeschalteten Kupfervitriollösung verändert wurde, findet er „dafs der Bogen, dessen Tangente gleich der Intensität des inducirenden Stromes ist, mit grofser Genauigkeit die Intensität des secundären Stromes ausdrückt" und bildet die empirische Formel

$$J = K \operatorname{tang} D,$$

worin J die Intensität des inducirenden Stroms, D die des secundären und K eine Constante ist. Aus den nachfolgenden Tabellen ergiebt sich aber die Formel

$$J = \operatorname{tang} K \cdot D,$$

und zwar mit solcher Bestimmtheit, dafs letztere für die richtige zu halten ist, obwohl nachher noch mehrere Mal in Bezug auf die erstere Formel von einem constanten Verhältnifs zwischen der Intensität des inducirenden Stroms und der Tangente der Intensität des inducirten gesprochen wird.

Die Gröfse K ist nur constant, wenn die angewendete galvanische Batterie dieselbe bleibt, bis auf die Intensitätsveränderungen durch die eingeschaltete Kupfervitriollösung. Selbst wenn D' die Intensität eines inducirten Stromes dritter oder vierter Ordnung bezeichnet, so gilt nach den angeführten Beobachtungstabellen noch die Formel $J = \operatorname{tang} K \cdot D'$, nur dafs K für die Ströme verschiedener Ordnung verschiedene Werthe hat; es mufs also $D = K'D'$ sein, worin K' einen constanten Factor bezeichnet. Da nun $J = \operatorname{tang} KD$ sich als gültig erweist, während J durch Aenderung der eingeschalteten Kupfervitriollösung, also durch Verlängerung der Schliefsung, vermindert wird, dagegen $D = K'D'$ sich ergiebt, wenn D ohne Verlängerung der Schliefsung sich ändert, so ist zu folgern, dafs auch $J = KD$ sein würde, wenn J ohne Verlängerung der Schliefsung geändert werden könnte (wie bei thermoelektrischen Strömen).

Versuche über das Verhältnifs, in welchem der Inductionsstrom zunimmt, wenn die auf denselben Theil seines Leitungsdrahtes einwirkende Drahtlänge der inducirenden Schliefsung verdoppelt wird, ergaben für ein und dieselbe Elektricitätsquelle ein constantes Verhältnifs, das aber kleiner war als 1 : 2. Welchen Einflufs der Querschnitt und das Leitungsvermögen des Theils der inducirten Leitung, welcher der inducirenden Wirkung ausgesetzt ist, auf die Intensität des inducirten Stromes hat, ist nicht ermittelt, obwohl darüber Versuche angestellt worden sind.

Um den Einflufs zu untersuchen, welchen verschiedene Einschaltungen in dem Leiter des Inductionsstroms ausüben, bestimmte der Hr. Verfasser den Widerstand in dem Leiter und den Drähten an der Torsionswage, nach Längen eines bestimmten Messingdrahtes, und maafs die Intensität der durch eine constante Kette inducirten Ströme, während noch verschiedene Drahtlängen eingeschaltet waren. Berechnete er dann aus diesen Intensitäten nach dem Gesetze, dafs sie sich umgekehrt wie die Widerstände verhalten, den Widerstand des ursprünglichen inducirten Leiters, so fand sich dieser mehr als noch einmal so grofs, als er factisch war, und nahm, wenn die Einschaltungen in schwefelsaurer Kupferoxydlösung bestanden, mit deren Wachsen noch zu. Der Hr. Verfasser giebt über diese Erscheinung keinen Aufschlufs, weil die Zahl der darauf bezüglichen Experimente noch zu gering ist; jedoch spricht er die Meinung aus, dafs vielleicht das Leitungsvermögen der Metalle für die inducirten Ströme ein anderes, oder dafs das Ohm'sche Gesetz auf diese Ströme nicht anwendbar sei.

H. Helmholtz. Ueber die Dauer und den Verlauf der durch Stromesschwankungen inducirten elektrischen Ströme.

Der Hr. Verfasser giebt in dieser Abhandlung theils die mathematische Entwicklung des Zusammenhanges, in welchem die beim Schliefsen einer Kette sich entwickelnde Stromintensität zu der Zeit steht, während welcher dies bis zum Maximum geschieht, theils eine umfangreiche experimentelle Bestätigung dieser Theorie. Indessen der Inhalt ist von der Art, dafs hier weder die mathematischen Formeln bis zu der für die experimentelle Bestätigung nöthigen Entwicklung geführt, noch die Ausführungen der Versuche beschrieben werden können; das Allgemeinste der mathematischen, und die Resultate der experimentellen Untersuchung müssen genügen.

Ist J die Intensität eines Batteriestromes, W der Widerstand der Leitung in absoluten Einheiten, wie sie Kirchhoff bestimmt hat[1]), P das nur von den geometrischen Verhältnissen abhängige Potential der Spirale auf sich selbst, i die Intensität des inducirten Stroms in derselben Spirale, und t die Zeit, so ist der durch den inducirten Strom allein hervorgebrachte Ablenkungswinkel eines Magneten proportional der Gröfse

$$\int_0^\infty idt = \frac{P}{W}J.$$

Der Batteriestrom bringt in der Zeit t eine Ablenkung hervor, welche proportional

$$\int_0^t Jdt = Jt.$$

Da dieser Werth gleich dem ersten wird, wenn $t = \frac{P}{W}$, so mufs, da i kleiner als J sein mufs, bei gleicher Wirkung auf den Magneten die Dauer des inducirten Stromes gröfser als $\frac{P}{W}$ sein.

Der Werth von $\frac{P}{W}$ ist, wie der Hr. Verfasser zeigt, nur von der Masse und der Gestalt der Spirale abhängig, von der Anzahl der Windungen aber fast unabhängig, wenn W nur den Widerstand der Spirale bezeichnet, und der Widerstand aufser derselben so gut wie Null ist. $\frac{P}{W}$, also auch die Dauer von i, läfst sich daher durch Vermehrung der Drahtmasse so vergröfsern, dafs die Fortpflanzungsgeschwindigkeit der Elektricität auch gegen solche Zeittheilchen verschwindet, während welcher die Intensität i sich nicht merklich ändert, so dafs das Ohm'sche Gesetz, welches für Ströme von constanter Intensität gilt, auf den inducirten Strom angewendet werden kann. Ist daher A die elektromotorische Kraft des Volta'schen Elements, welches den Strom J erregt, so ist unter der Voraussetzung, dafs die elektromotorische Inductions-

[1]) Pogg. Ann. LXXVI. 426*.

kraft mit den inducirenden Stromesschwankungen gleichzeitig ist, diese Kraft $P\frac{dJ}{dt}$, und nach dem Ohm'schen Gesetz

$$JW = A - P\frac{dJ}{dt},$$

woraus sich durch Integration, wenn $J = 0$ für $t = 0$ gesetzt wird, ergiebt

$$J = \frac{A}{W}\left(1 - e^{-\frac{W}{P}t}\right);$$

dadurch ist die Rückwirkung des inducirten Stromes auf den primären bestimmt, und gezeigt, dafs dieser mit wachsendem t sich dem nach dem Ohm'schen Gesetz gegebenen Werthe $\frac{A}{W}$ nähert.

Der Hr. Verfasser stellt nun noch nach der von Kirchhoff gegebenen Methode die Gleichungen auf, welche zur Entwicklung dieser Beziehung für verzweigte Strome nöthig sind, indem er die verzweigten Ströme in ganze Umgänge zerlegt, welchen allein Potentiale zukommen; er bemerkt aber, dafs, wenn die Verzweigungen nicht innerhalb der Spiralen, sondern aufserhalb liegen, jede Spirale als ein geschlossener Umgang, dem ein Potential zukommt, betrachtet, und die Inductionskraft der ausgestreckten Stromtheile vernachlässigt werden kann. Die Anwendung der Kirchhoff'schen Formeln wird dadurch ohne Zerlegung der Ströme nach den Umgängen auf die einzelnen Zweige möglich.

Was nun die Versuche selbst betrifft, durch welche die Anwendbarkeit der theoretischen Entwicklungen geprüft wurde, so ist zu bemerken, dafs dabei die Zeit nicht direct, sondern an der Wirkung gemessen wurde, welche ein während derselben thätiger galvanischer Strom auf einen Magneten ausübte, wobei die von Pouillet gegebene Methode etwas modificirt angewendet wurde. Bei den meisten Versuchen wurde die Wirkung, welche der ansteigende Strom während einer gewissen vorläufig noch unbekannten Zeitdauer hervorbringt, und dann die Intensität bestimmt, welche er im Augenblick der Unterbrechung erlangt hatte; aus einer Reihe solcher Bestimmungen der Intensität und ihres Integrals nach der Zeit läfst sich dann bestimmen, welche Function der Zeit die Intensität ist. — Um die Zeit, welche zwischen der Schliefsung und Oeffnung eines Stromes vergeht, beliebig verändern und auch wieder constant erhalten zu können und mannigfache Verbindungen der galvanischen und inducirten Ströme zu bewirken, bediente sich der Hr. Verfasser einer sinnreich construirten Wippe, die in der Abhandlung ausführlich beschrieben ist. Wie dieses Instrument mit der galvanischen Batterie, dem Multiplicator etc. für die einzelnen Versuche zu verbinden ist, wird nicht klar ausgesprochen, sondern ist nur aus der Natur des Instruments und dem zu erreichenden Zweck zu entnehmen.

Durch die Versuche wird die Intensität nicht direct als Function der Zeit bestimmt, wie die Theorie es verlangt, sondern nur die Abhängigkeit zwischen der Intensität und ihres Integrals nach der Zeit. Daher zeigt der Hr. Verfasser, dafs aus der experimentell erwiesenen Abhängigkeit zwischen jenen zwei Gröfsen sich analytisch die Intensität als die verlangte Function der Zeit ohne Zweideutigkeit ableiten läfst.

Die Voraussetzung, dafs die inducirte elektromotorische Kraft in demselben Momente vorhanden sei, wo die inducirende Stromesschwankung stattfindet, wird durch die Uebereinstimmung der darauf basirten mathematischen Folgerungen und der Versuche sehr bestätigt.

Die Gleichzeitigkeit der inducirenden Stromesschwankungen und der inducirten elektromotorischen Kraft hat der Hr. Verf. auch bei Stromesunterbrechungen direct beobachtet, wobei die inducirenden Schwankungen auf die Dauer des Funkens beschränkt sind. Er fand nämlich in der Nebenschliefsung einer Spirale weder eine magnetische noch eine physiologische Wirkung, wenn zwischen der Oeffnung des galvanischen Stroms und der Schliefsung der Nebenverbindung die geringste Zeit verstrich, welche mit den elektromagnetischen Mitteln hätte gemessen werden können. Den Widerspruch, in welchen er hierin zu Marianini und E. du Bois-Reymond geräth, läfst er dahingestellt sein, bemerkt jedoch, dafs die Rückwirkung, welche ein in einem nahe geschlossenen Leiter inducirter Strom bei seinem Verschwinden auf den primären ausübt, als eine inducirende Nachwirkung des letztern erscheinen kann. Darauf führt er denn auch die inducirende

Nachwirkung zurück, welche an einer Spirale beobachtet wird, wenn sich ein Eisenkern darin befindet; denn Spiralen mit Eisenkernen, die aus dem feinsten isolirten Blumendraht bestanden, zeigten diese Nachwirkung eben so wenig wie leere Spiralen, obgleich ihre physiologische Wirkung viermal stärker war als die der letztern.

Den Umstand, dafs die Dauer der unmittelbaren Nachwirkung des inducirenden Stroms gegen die Dauer des inducirten verschwindet, benutzt der Hr. Verfasser bei folgender Entwicklung. Es sei J die Intensität eines Stroms in einer Spirale, deren Potential gegen eine andere Spirale Q sei; der Widerstand der letztern sei W und ihr Potential auf sich selbst P; dann giebt die Unterbrechung von J in der zweiten Spirale einen Inductionsstrom von der Gröfse $\frac{J \cdot Q}{W}$. So wie die Kraft des inducirenden Stroms geschwunden ist, nimmt jener seinen selbstständigen Verlauf, der durch die Gleichung

$$iW = -P\frac{di}{dt},$$

und deren Integral

$$i = Ce^{-\frac{W}{P}t}$$

bestimmt ist.

Die Constante C bestimmt sich, wenn man im Integral des Stromes die der Periode der unmittelbaren Nachwirkung angehörenden Stromtheile vernachlässigt (was erlaubt ist, da diese Periode gegen die Dauer des Stromes verschwindet), und

$$\int_0^\infty idt = \frac{P}{W}C = \frac{JQ}{W}$$

setzt. Hiernach erhält man

$$i = \frac{JQ}{P}e^{-\frac{W}{P}t},$$

welche Formel zeigt, dafs der inducirte Strom für $t = 0$, das ist bei Oeffnung des inducirenden Stroms, plötzlich auf $\frac{JQ}{W}$ steigt, und dann allmälig abnimmt. Diefs bestätigt sich dadurch, dafs die physiologische Wirkung nicht im Geringsten geschwächt wird, wenn man die Leitung des inducirten Drahtes durch den menschlichen Körper auch noch so schnell nach der Oeffnung des inducirenden unterbricht, bis sie bei völliger Gleichzeitigkeit beider Unterbrechungen ganz verschwindet. Eine Uebereinstimmung damit findet sich darin, dafs die physiologischen Wirkungen um so stärker sind, je schneller die Unterbrechung des Stroms geschieht, und je härter die sich trennenden Metalle sind.

Schliefslich macht der Hr. Verfasser darauf aufmerksam, dafs bei Bestimmungen der Elektricitätsgeschwindigkeit auf die Verzögerung, welche der Hauptstrom durch den Extracurrent erleiden mufs, Rücksicht zu nehmen ist, und die Versuche von Walker und Mitchel [1]) daher ganz illusorisch sein können, dafs dagegen bei den Versuchen von Fizeau und Gounelle [2]) von dieser Seite keine vollständige Täuschung zu befürchten ist.

Sinsteden. Eine wesentliche Verstärkung des magnetoelektrischen Rotationsapparats etc.

Hr. Sinsteden bemerkt, dafs die Verstärkung einer magnetoelektrischen Maschine durch Vermehrung der Magnetpole und der entsprechenden Anzahl von Inductionsrollen kein wesentlicher Fortschritt in der Construction dieser Maschinen ist, weil dadurch zwar die Kraft vermehrt, aber nicht vortheilhafter benutzt wird, indem dabei jeder Magnetpol nach einer Richtung müfsig ist; denn entweder wächst unter seinem zunehmenden Einflufs in dem Eisenkern der sich nähernden Inductionsrolle die magnetische Kraft, oder sie nimmt in dem sich entfernenden Eisenkern der Inductionsrolle durch die Abnahme jenes Einflusses ab; und doch kann, wenn die Zahl der Inductionsrollen gleich der doppelten Anzahl der Magnetpole ist, wie in einem colossalen Apparat von Woolrich, sowohl die Zunahme als die Abnahme des Einflusses zu gleicher Zeit benutzt werden. Auf dieses Princip ist der Hr. Verfasser eingegangen und hat, ohne den erwähnten Apparat gesehen oder eine genaue Beschreibung desselben gelesen zu haben, zunächst erkannt, dafs, wenn die Ströme der einzelnen

[1]) Pogg. Ann. LXXX. 161*. Siehe oben p. 694.
[2]) Pogg. Ann. LXXX. 158*. Siehe oben p. 692.

Inductionsrollen zu einem Gesammtstrome vereinigt werden sollen, sie alle zu gleicher Zeit anfangen, ihr Maximum erreichen und aufhören müssen. Indem der Hr. Verfasser nun an seiner magnetoelektrischen Maschine mit einem hufeisenförmigen Magneten vier Inductionsrollen anbrachte, suchte er durch die Stellung derselben zu den Magnetpolen diese Bedingung so gut wie möglich zu erfüllen, und erreichte dadurch, dafs seine Maschine mehr als doppelt so viel leistete wie vorher. Sie entwickelte in 1 Minute $2\frac{2}{3}$ Cubiczoll Knallglas, während eine Stöhrer'sche Maschine mit 3 Magneten und 6 Inductionsrollen in 92 Secunden nur 3 Cubiczoll lieferte [1]). Einem Elektromagneten, dessen Schenkel 5 Zoll lang und $1\frac{1}{2}$ Zoll dick waren, gab sie eine Tragkraft von 400 Pfund, ja von 450 Pfund, wenn die Polflächen für einen bessern Anschlufs des Ankers vorgerichtet waren. Dabei hatte der Stahlmagnet der Maschine nur eine constante Tragkraft von 200 Pfund. Der Hr. Verfasser sieht darin ein Mittel die magnetische Kraft und die magnetoelektrischen Ströme zu steigern, so dafs sie selbst die hydroelektrischen Ströme bei Kraftmaschinen ersetzen können. Sollte aber nicht die Bewegung der Inductionsrollen so theuer sein wie die Unterhaltung einer hydroelektrischen Kette? oder sollte mit einer bewegenden Kraft eine gröfsere bewegende Kraft erzeugt werden können? — dann wäre das Perpetuum mobile fertig.

Bei der speciellen Anordnung des Apparats nahm der Herr Verfasser nicht nur auf die oben genannten Bedingungen Rücksicht, sondern auch auf die von Lenz [2]) und Weber gemachte Beobachtung, dafs mit zunehmender Rotationsgeschwindigkeit die Wirkung einer magnetoelektrischen Maschine nur bis zu einem Maximum sich steigere. Er bleibt aber bei der gewöhnlichen Ansicht, dafs die Ursache dieser Erscheinung der Widerstand sei, welchen die Coërcitivkraft des Eisens der Magnetisirung entgegensetzt, und sucht daher die Durchmesser seiner Magnetpole im Verhältnifs zu den Eisenkernen der Inductionsrollen so einzurichten, dafs bei der gröfsten Rotationsgeschwindigkeit die Eisenkerne hinreichende Zeit vor den Magnetpolen verweilen,

[1]) Pogg. Ann. LXXVII. 470.
[2]) Bull. d. St. Pét. VII. 257*; Pogg. Ann. LXXVI. 494*.

um den Sättigungspunkt ihres Magnetismus zu erreichen. Zu dem Ende liefs er seine Inductionsrollen vor Magnetpolen rotiren, deren Fläche durch seitwärts angeschraubte weiche Eisenstücke bedeutend erweitert waren, und bestimmte nun mit Hülfe eines an der Axe angebrachten Unterbrechers den Theil der Kreisbahn vor den Polflächen, bei dessen Durchlaufen der Magnetismus der Eisenkerne constant blieb, also keinen Strom inducirte; daraus war dann die nothwendige Ausdehnung der Polflächen zu entnehmen und durch Anschrauben angemessener weicher Eisenstücke herzustellen. Auf ähnliche Weise bestimmte Hr. Sinsteden die Punkte des Annäherns und Entfernens, in welchen die beiden entsprechenden Inductionsströme beginnen und aufhören; der erstere Strom trat ein, wenn die Polfläche des Inductionskerns zur Hälfte der Magnetpolfläche gegenüberstand, der letztere Strom dagegen fing an, wenn die Polfläche des Inductionskernes mit dem nachfolgenden Rande die Magnetpolfläche gerade verliefs. Dies machte es nöthig bei einem z. B. horizontal liegenden hufeisenförmigen Magneten den einen Pol nach oben, den andern nach unten durch Ansätze auszudehnen, wenn in den vier Inductionsrollen, welche die ganze Kreisbahn in vier Quadranten theilten, die Ströme zu gleicher Zeit anfangen und aufhören sollten. Einige Versuche zur Widerholung der Lenz'schen Beobachtungen gaben bei einer Zunahme der Rotationsgeschwindigkeit von 210 bis 1260 Umdrehungen in einer Minute mit einer solchen Maschine eine fast proportionaliter zunehmende Wasserzersetzung, wenn der Commutator alle Ströme zu einem einzigen ziemlich continuirlichen vereinigte, ohne dafs, wie Lenz vorschlägt, bei verschiedenen Geschwindigkeiten die Stellen des Stromwechsels verändert wurden. Hr. Sinsteden wendet sich daher sowohl gegen die Versuche als auch gegen die Erklärung der Erscheinungen, wie sie Lenz giebt; gegen die Versuche, weil sie mit einem Commutator angestellt sind, der die ganze Verwicklung der Extracurrents mit in die Beobachtung zieht, und weil sie z. B. das Resultat geben, dafs bei grofser Geschwindigkeit sich der Stromwechsel erst einstellt, wenn die Inductionsrollen von den betreffenden Magnetpolen schon um 30° abweichen, während die Magnetpole selber nur um 60° von einander abstehen, dafs also die Induction während der Annäherung von 30° bis 0° und der Entfernung von 0° bis 30° gleich gerichtet bleibt. In seinen Behauptungen gegen das letztere Resultat geht der Hr. Verfasser zu weit, wenn er sagt „der Magnetismus der Eisenkerne hängt absolut und allein von der Einwirkung der Magnetpole ab; in ihrer gröfsten Nähe sind die Eisenkerne am stärksten magnetisch, so wie sie sich von den Polen entfernen, nimmt ihr Magnetismus ab"; denn auch der Construction seiner Maschine liegt der Satz zum Grunde, dafs eine magnetische Kraft in gewissen Gränzen um so stärkern Magnetismus erzeugt, je länger sie zu wirken Zeit hat; dafs also auch eine schwächere magnetische Kraft in einer gewissen Zeit mehr Magnetismus erzeugen kann als eine stärkere magnetische Kraft in einer kürzern Zeit; und darauf kommt jene Erscheinung nach der gewöhnlichen Ansicht von der Coërcitivkraft des Eisens hinaus.

Die Lenz'sche Erklärung dieser Erscheinung beruht auf der Annahme, dafs der erste Inductionsstrom in den Eisenkernen einen secundären Magnetismus hervorrufe, dessen Verschwinden einen secundären Inductionsstrom erzeuge; die Summe dieses und des ersten gebe den Totalstrom, dessen Intensität bei gröfserer oder geringer Umdrehungsgeschwindigkeit Null, wenn die Inductionsrolle schon mehr oder weniger von dem inducirenden Magnetpol entfernt ist. Bei der graphischen Darstellung dieser theoretischen Ansicht stellt Lenz die Kreisbahn als eine Gerade dar, deren Mitte den Südpol und deren beide Enden den Nordpol bezeichnen. Die magnetische Intensität eines Eisenkerns während eines Kreislaufes giebt dabei eine Wellenlinie, welche die Gerade in der Mitte zwischen Nord- und Südpol zweimal schneidet. Indem Lenz nun das Abnehmen des Südmagnetismus und das darauf folgende Zunehmen des Nordmagnetismus als eine stetige Zu- oder Abnahme des Magnetismus überhaupt ansieht, stellt er den dadurch inducirten Strom als eine stetige Wellenlinie dar, welche an den Polen die Gerade schneidet, und für die Abscissen die gröfsten Ordinaten hat, für welche die Ordinaten der magnetischen Curve Null sind. — Diese Darstellung bezeichnet der Hr. Verfasser als eine, die von anderer Seite nicht leicht Zustimmung finden dürfte, und behauptet dagegen, dafs, während der Südmagnetismus im Eisenkern bis Null schwindet, der inducirte Strom bis zu einem Maximum wachse, dann plötzlich auf Null falle, und wieder bis zu einem Maximum nach derselben Richtung ansteige, während der Nordmagnetismus von Null bis zu seinem Maximum anwachse. Während der Magnetismus des Eisenkerns vor dem Magnetpol stationär wird, sinkt der Inductionsstrom wieder plötzlich auf Null. Dieselbe Veränderung wiederholt sich dann aber nach entgegengesetzter Richtung. — So wenig sich auf den ersten Blick vom Standpunkt der Theorie, nach welcher die Abnahme des Südmagnetismus nur als Zunahme des Nordmagnetismus anzusehen ist und unmittelbar in diese übergeht, gegen die Lenz'sche Darstellung sagen läfst, eben so wenig kann man vom Standpunkt der Praxis gegen Hrn. Sinsteden's Darstellung des Vorgangs einwenden, weil in der Praxis gewifs der Uebergang von Südmagnetismus zu Nordmagnetismus eine merkliche Zeit dauert, während welcher die magnetische Kraft constant Null ist, und keinen Strom inducirt.

W. Willward. Verbesserungen an elektromagnetischen und magnetoelektrischen Apparaten.

Die eine Verbesserung bezieht sich auf die Methode stählerne und eiserne Stangen zu magnetisiren, und besteht darin, dafs der Hr. Verfasser sich eines Elektromagneten zur Magnetisirung bedient, der durch den Strom einer magnetoelektrischen Maschine activ gemacht wird.

Zur Beurtheilung der Dimensionen, in welchen sein Apparat ausgeführt war, will ich nur anführen, dafs die weiche Eisenstange des Elektromagneten 500 Pfund, und jeder der wenigstens vier Stahlmagnete an seiner magnetoelektrischen Maschine 240 Pfd. wog.

Die Angaben über Verbesserung der magnetoelektrischen Maschine sind zu kurz, als dafs die wesentlichen Veränderungen klar würden.

C. G. Jungk.

---

8. Elektromagnetismus.

J. Dub. Ueber die Anker der Elektromagnete. Phil. Mag. (4) I. 194; Sillim. J. (2) XI. 418. Siehe Berl. Ber. 1848. p. 353.

Jacobi. Sur la théorie des machines électro-magnétiques. Bull. d. St. Pét. IX. 289; Krönig J. III. 377*; Ann. d. ch. et d. ph. (3) XXXIV. 451; Fechner C. Bl. 1853. p. 145; Froriep Tagsber. üb. Phys. u. Chem. I. 275; Dingl. p. J. CXXV. 438.

— — Détermination de l'épaisseur du noyau de fer d'un électro-aimant donné. C. R. XXXIII. 297*.

v. Feilitsch. Ueber den Magnetismus elektrischer Spiralen von verschiedenem Durchmesser. Pogg. Ann. LXXIX. 564*.

J. Müller. Ueber die Magnetisirung von Eisenstäben durch den galvanischen Strom. Pogg. Ann. LXXIX. 337*; Phil. Mag. (4) I. 198.

Buff u. Zamminer. Ueber die Magnetisirung von Eisenstäben durch den galvanischen Strom. Lieb. u. Wöhl. LXXV. 83*; Sillim. J. (2) XI. 106; Phil. Mag. (4) I. 200.

J. Müller. Ueber den Sättigungspunkt der Elektromagnete. Pogg. Ann. LXXXII. 181*.

v. Feilitsch. Ueber das Eindringen des Elektromagnetismus in weiches Eisen und über den Sättigungspunkt desselben. Pogg. Ann. LXXX. 321*; Sillim. J. (2) XI. 105; Arch. d. Pharm. (2) LXV. 106.

J. Tyndall. On the laws of magnetism. Phil. Mag. (4) I. 265; Pogg. Ann. LXXXIII. 1*; Sillim. J. (2) XII. 427; Lieb. u. Wöhl. LXXX. 189.

J. C. Poggendorff. Ueber die Erscheinungen bei geschlossenen Elektromagneten. Berl. Monatsber. 1851. p. 665; Pogg. Ann. LXXXV. 147*; Inst. No. 955. p. 126; Arch. d. sc. ph. et nat. XX. 293.

J. Dub. Anziehende Wirkung der Elektromagnete. Pogg. Ann. LXXX. 494, LXXXI. 46.

J. P. Joule. Account of experiments demonstrating a limit to the magnetizability of iron. On the use of electro-magnets made of iron wire for the electro-magnetic engine. Investigations in magnetism and electro-magnetism. On electro-magnetic forces. Phil. Mag. (4) II. 306*, 447.

Hankel. Messungen über die Gröfse der Kraft, welche zwischen einer elektrischen Spirale und einem in ihrer Axe befindlichen Eisenkerne in der Richtung dieser Axe wirkt. Leipz. Ber. 1850. p. 78*.

E. Romershausen. Der verstärkte Elektromagnet. Dingl. p. J. CXX. 358*.

Jacobi. Ueber die Theorie elektromagnetischer Maschinen.

Diese Abhandlung enthält nichts, was der Hr. Verfasser nicht schon früher, wenn auch nicht in einem solchen Zusammenhang, bekannt gemacht hätte; allein da diese Veröffentlichung vor die Zeit dieses Jahresberichts fällt, so wird eine Anführung des wesentlichsten Inhalts dieselbe Rechtfertigung finden wie das Erscheinen der Abhandlung selbst.

Als Bestandtheile der elektromagnetischen Maschine nimmt der Hr. Verfasser 1) Rollen von isolirtem Draht mit oder ohne weiche Eisenkerne, welche zu festen und beweglichen oder auch nur beweglichen Systemen geordnet sind, wobei das eine System auch durch Stahlmagnete ersetzt sein kann, 2) einen Commutator, und 3) eine galvanische Säule. Die Construction der Maschine kann eine rotirende oder eine geradlinige Bewegung bedingen, immer mufs, wenn eine gleichförmige oder periodisch gleichförmige Bewegung eingetreten ist, während jeder Periode, nach welcher die Maschine ihre anfängliche Geschwindigkeit wieder annimmt, die Summe der bewegenden Arbeit gleich der Summe der Widerstandsarbeit sein. Daher mufs auch, wenn μ' die während der Bewegung wirkende mittlere magnetische Anziehung, und R den Widerstand der Maschine bezeichnet,

$$1) \quad R = \mu' = m'^2 = \beta^2 i'^2$$

sein, wobei m' die während der Bewegung in jedem der sich anziehenden Systeme wirkende magnetische Kraft bezeichnet (was freilich nicht gut angenommen werden kann, wenn das eine System aus Stahlmagneten besteht), β die Anzahl der Windungen der Drahtrollen und i' die Intensität des Stromes ist während der Bewegung. Der Strom i' ist die Differenz des galvanischen Stroms i während die Maschine ruht, und des durch die Bewegung erzeugten magnetoelektrischen Gegenstroms i_1, also

$$2) \quad i' = i - i_1.$$

Bezeichnet k die elektromotorische Kraft eines galvanischen Paares, n die Anzahl der Paare, und ϱ den Widerstand der ganzen Stromleitung, so ist

$$3) \quad i = \frac{nk}{\varrho}.$$

Der magnetoelektrische Gegenstrom i_1 ist proportional der magnetischen Kraft m', der Anzahl der Windungen β, dem umgekehrten Werthe von ϱ, und der Geschwindigkeit v. Den unbekannten Einflufs, welchen die Qualität der weichen Eisenkerne, ihre Dimensionen und allgemein das System der Construction auf den Gegenstrom ausüben, bringt der Hr. Verfasser durch einen unbestimmten Coëfficienten in Rechnung, der hier mit c bezeichnet werden mag. Demnach ist

$$4) \quad i_1 = \frac{cm'\beta v}{\varrho},$$

und

$$5) \quad i' = \frac{nk}{\varrho + c\beta^2 v}.$$

Aus diesen Gleichungen ergiebt sich dann

$$6) \quad R = \frac{\beta^2 n^2 k^2}{(\varrho + c\beta^2 v)^2},$$

und die Arbeit der Maschine

$$7) \quad T = Rv = \frac{v\beta^2 n^2 k^2}{(\varrho + c\beta^2 v)^2},$$

und

$$8) \quad T = \frac{\beta nk\sqrt{R} - R\varrho}{c\beta^2}.$$

Hieraus ergiebt sich dafs $T = 0$, wenn $R = 0$, also $v = \infty$ und $i' = 0$; die Maschine bewegt sich dann ohne Hülfe einer magnetischen Kraft blofs durch die erhaltene lebendige Kraft. Der Fall, dafs $i' = 0$ oder $i = i_1$, kann also nur eintreten, wenn $v = \infty$ wird. T wird aber auch $= 0$, wenn $v = 0$, also $R = \frac{\beta^2 n^2 h^2}{\varrho^2}$ ist. $\frac{\beta nk}{\varrho}$ ist $= \beta i = m$ gleich der magnetischen Kraft in jedem der beiden sich anziehenden Systeme, während die Maschine ruht, also $R = \frac{\beta^2 n^2 k^2}{\varrho^2} = \beta^2 i^2 = m^2 = \mu$ gleich der gegenseitigen Anziehung der beiden magnetischen Systeme.

Die Ausdrücke für T in 6) und 7) zeigen, dafs T ein Maximum hat für

$$9) \quad v = \frac{\varrho}{c\beta^2} = v_0,$$

und

$$10) \quad R = \frac{\beta^2 n^2 k^2}{4\varrho^2} = \tfrac{1}{4}\mu = R_0,$$

also wenn R gleich dem vierten Theil der Kraft ist, mit welcher die beiden magnetischen Systeme im ruhenden Zustande der Maschine einander anziehen. Das Maximum der Arbeit selbst ist

$$11)\quad T_0 = \frac{n^2 k^2}{4\varrho c},$$

ein Ausdruck, der, wie der Hr. Verfasser bemerkt, kein Element enthält, das von der besondern Construction der Maschine, von der Art, wie die Spiralen mit einander combinirt sind, u. s. w. abhängig ist. Allein der Ausdruck enthält den Factor c, von dem der Hr. Verfasser sagt, dafs er den unbekannten Einflufs des Systems, nach welchem die Maschine construirt ist, auf den Gegenstrom ausdrückt, insonderheit aber den Einflufs der Coërcitivkraft in den weichen Eisenkernen, so dafs es für den Werth des Maximums wenigstens nicht gleichgültig sein könnte, ob man Spiralen mit oder ohne Eisenkerne anwendet, und welche Dimensionen man diesen giebt. Ja selbst die Anzahl der Spiralwindungen, welche in dem Ausdruck des Maximums nicht enthalten ist, kann dadurch bei Anwendung weicher Eisenkerne für den Werth des Maximums möglicherweise von Einflufs werden; abgesehen von diesen Bedenken zeigen 9) und 10), dafs mit wachsenden β die Kraft wächst und die Geschwindigkeit abnimmt, und umgekehrt mit abnehmenden β. Die experimentelle Bestätigung dieser theoretischen Folgerung zeigt, dafs wenigstens zwischen β und c kein einflufsreicher Zusammenhang ist.

Die Unterhaltungskosten, der Verbrauch an Zink z. B. sind der Anzahl der galvanischen Elemente und der Stromstärke proportional. Bezeichnet nun q'_0 das dem Maximum der Arbeit entsprechende verbrauchte Zink, und i'_0, v_0 die gleichzeitige Stromstärke und Geschwindigkeit der Maschine, so ist

$$12)\quad q'_0 = ni'_0 = \frac{n^2 k}{\varrho + c\beta^2 v_0} = \frac{n^2 k}{2\varrho} \quad [5), 10)]$$

und

$$13)\quad T_0 = \frac{kq'_0}{2c}.$$

Die letztern Formeln zeigen, dafs das Maximum der Arbeit der elektromotorischen Kraft und dem Zinkverbrauch, also dem Quadrat der elektromotorischen Kraft, proportional ist, während q'_0 nur im einfachen Verhältnifs zur elektromotorischen Kraft steht, dafs also diejenigen Metalle zu wählen sind, welche die gröfste elektromotorische Kraft geben. 1 Pfund Zink giebt z. B. in einer GROVE'schen Batterie $1\frac{3}{4}$mal mehr Arbeit, als in einer DANIELL'schen.

Der ökonomische Effect

$$13)\quad E = \frac{T_0}{q'_0} = \frac{k}{2c}$$

ist von der Anordnung der Batterie, und, wie der Hr. Verfasser bemerkt, von der Anordnung der Spiralen durchaus unabhängig. Wegen der Gröfse c beschränkt der Hr. Verfasser die Constanz des ökonomischen Maximumeffects für dieselbe Art von elektromagnetischen Maschinen, während die Gröfse k dieselbe VOLTA'-sche Combination voraussetzt.

Da der Gesammtwiderstand ϱ, wenn σ die Gesammtoberfläche der Säule, λ den Widerstand einer Flächeneinheit eines Paares, n die Anzahl der Paare, und λ' den Widerstand der Spiralen bezeichnet, durch

$$\varrho = \frac{n^2\lambda}{\sigma} + \lambda'$$

ausgedrückt werden kann, so ergiebt sich

$$T_0 = \frac{\sigma n^2 k^2}{4c(n^2\lambda + \lambda'\sigma)},$$

woraus für ein so grofses n, dafs $\lambda'\sigma$ gegen $n^2\lambda$ Null ist, als Gränzwerth des Arbeitsmaximums

$$T_0 = \frac{\sigma k^2}{4c\lambda}$$

folgt. Die Hälfte dieses Gränzwerthes erreicht T_0, wenn man $\lambda' = \frac{n^2\lambda}{\sigma}$ macht, so dafs das Maximum der Magnetisirung eintritt; es wird dann $\varrho = \frac{2n^2\lambda}{\sigma}$ und

$$T_0 = \frac{\sigma k^2}{8c\lambda};$$

in diesem Fall erhält man also das Maximum der Kraft an der Maschine, ohne dafs man sich vom Arbeitsmaximum sehr entfernt.

Während sich T_0 mit wachsendem n einem Gränzwerth nähert, nimmt die ihm entsprechende Geschwindigkeit

$$v_0 = \frac{\varrho}{c\beta^2} = \frac{n^2\lambda + \sigma\lambda'}{c\beta^2\sigma}$$

mit wachsendem n immer mehr zu. Wie sehr man in der Praxis v vergröfsert, hängt von dem Verhältnifs ab, in welchem sich die in T_0 mit begriffenen schädlichen Widerstände dadurch vermehren.

Ob eine Maschine die Geschwindigkeit hat, welcher bei demselben galvanischen Apparat das Maximum der Arbeit entspricht, läfst sich experimentel lleicht entscheiden, denn nach 5), 9) und 3) ist die dem Maximum entsprechende Stromintensität

$$i'_0 = \frac{nk}{\varrho + c\beta^2 v^0} = \frac{nk}{2\varrho} = \tfrac{1}{2} i.$$

Die Formel 13) für den ökonomischen Effect, welcher freilich noch die schädlichen Widerstände mit einschliefst, lehrt, dafs für die Einführung der elektromagnetischen Maschinen in die Praxis alles darauf ankommt, den Quotienten $\frac{T_0}{q'_0} = \frac{k}{2c}$ so grofs wie möglich zu machen, und der Hr. Verfasser meint, dafs für jetzt dazu kein anderes Mittel in Aussicht ist, als die Verminderung der Unterhaltungskosten durch Verwerthung der Nebenproducte.

Schliefslich berührt der Hr. Verfasser eine interessante Uebereinstimmung zwischen dem Werthe des Arbeitsmaximums und dem Werthe der in der ganzen galvanischen Schliefsung entwickelten Wärme, welchen Joule und Lenz in Bezug auf einen Theil der metallischen Schliefsung gefunden und Poggendorff auf die ganze Schliefsung ausgedehnt hat. Der Ausdruck für die Wärme ist nämlich $\frac{n^2k^2}{\varrho}$, wenn die Maschine ruht. Da nun während der Bewegung die Stromintensität oder die elektromotorische Kraft k durch den Gegenstrom sich vermindert, und für das Arbeitsmaximum auf die Hälfte reducirt wird, so ist $\frac{n^2k^2}{4\varrho}$ die Wärme, welche dem Arbeitsmaximum $T_0 = \frac{n^2k^2}{4\varrho c}$ entspricht, und von diesem nur durch den Factor $\frac{1}{c}$ sich unterscheidet.

Jacobi. Bestimmung der Dicke des Eisenkerns eines gegebenen Elektromagneten.

Unter der Voraussetzung, dafs der Magnetismus eines Elektromagneten der Stromstärke, der Anzahl der Windungen und dem Durchmesser des Eisenkerns direct proportional ist, entwickelt Hr. Jacobi mit Anwendung des Ohm'schen Gesetzes eine Formel für den Magnetismus eines Elektromagneten, an welchem der Durchmesser der Spirale $= d$, der Durchmesser des Eisenkerns $= x$, die Länge des Eisenkerns $= l$, die Stromstärke $= c$, und der Widerstand in der Spirale gleich dem Widerstand in der gegebenen Säule $= r$ also der Widerstand für das Maximum des Effects ist. Die Formel ist

$$M = \frac{c}{4}\sqrt{(l\cdot r\cdot \pi)}\cdot x\frac{\sqrt{(d-x)}}{\sqrt{(d+x)}} = \beta x\frac{\sqrt{(d-x)}}{\sqrt{(d+x)}}.$$

Bei der Entwickelung wird jedoch noch vorausgesetzt, dafs zwischen Spirale und Eisenkern kein Zwischenraum ist, und die Masse der Spirale $= \frac{(d^2-x^2)l\pi}{4}$ gesetzt werden kann. Aus der Formel für M ergiebt sich, dafs M ein Maximum, wenn

$$x = d\frac{\sqrt{5}-1}{2} = 0{,}618d,$$

ein Werth, welcher, geometrisch construirt, der halbe Unterschied der Hypotenuse und der kleinern Kathete eines rechtwinkligen Dreiecks ist, in welchem die eine Kathete $= 2d$ und die andere $= d$ ist.

v. Feilitzsch. Ueber den Magnetismus elektrischer Spiralen von verschiedenem Durchmesser.

Hr. v. Feilitzsch hat in einer frühern Abhandlung [1]) eine Methode angegeben galvanische Ströme nach absolutem Maafse zu messen, welche darauf beruht, dafs die Wirkung einer Draht-

[1]) Pogg. Ann. LXXVIII. 21*; Berl. Ber. 1849. p. 274*.

spirale, welche von dem zu messenden Strome durchflossen wird, auf eine senkrecht gegen die Axe der Spirale gerichtete und im magnetischen Meridian befindliche Magnetnadel mit der Wirkung eines nach absolutem Maafse bestimmten Magneten verglichen wird, der gegen die Magnetnadel eine ähnliche Lage hat. Es wird dabei die Spirale von demselben Durchmesser genommen und als ein Magnet betrachtet, dessen Pole in den Endflächen liegen. In der gegenwärtigen Abhandlung wird die magnetische Wirkung einer elektrischen Spirale bestimmt, indem zugleich auf den Durchmesser derselben Rücksicht genommen wird. Der Hr. Verfasser geht hierbei nicht wie in obiger Abhandlung von der Wirkung eines vollständigen Magneten aus, sondern legt den Einflufs zu Grunde, welchen ein Stromelement der Spirale auf ein aufserhalb der Spirale, aber in der Axe derselben befindliches nordmagnetisches Theilchen ausübt. Indem er diesen Einflufs oder diese Abstofsung, welche senkrecht gegen die Abstandslinie beider Elemente und senkrecht gegen die Richtung des Stromelements ist und dem Quadrate des Abstandes umgekehrt proportional gesetzt wird, mit der Wirkung eines zweiten Stromelements verbindet, welches in derselben Spiralwindung dem ersten diametral entgegengesetzt liegt, ergiebt sich für die Resultante der Werth

$$m = \frac{2hi}{(e^2 + h^2)^{\frac{3}{2}}},$$

worin i die Gröfse der Abstofsung eines Stromelements für die Entfernung = 1, h den Halbmesser der Spirale, e den senkrechten Abstand des nordmagnetischen Elements von dem Durchmesser der Spirale bezeichnet, an dessen Enden die beiden Stromelemente liegen. Die Richtung der Resultante ist die Axe der Spirale.

Unter der Annahme, dafs alle Stromelemente einer Windung in einer Ebene liegen, die senkrecht auf e steht, was schon bei der obigen Entwicklung anzunehmen war, erhält man aus obigem Werthe die Wirkung einer ganzen Windung, deren Ebene von dem magnetischen Element um e absteht, wenn man mit πh multiplicirt, also

$$m' = \frac{2\pi h^2 i}{(e^2 + h^2)^{\frac{3}{2}}}.$$

Hat die ganze Spirale die Länge $2a$, und ist der Mittelpunkt ihrer Axe vom magnetischen Element um r entfernt, so ergiebt sich, wenn man den letzten Werth mit $-de$ multiplicirt und nach e zwischen den Gränzen $r-a$ und $r+a$ integrirt, die Wirkung der ganzen Spirale

$$M' = \pi h^2 i\left[\left(\frac{1}{(r-a)^2}-\frac{1}{(r+a)^2}\right)-\tfrac{3}{4}h^2\left(\frac{1}{(r-a)^4}-\frac{1}{(r+a)^4}\right)+\cdots\right].$$

Befindet sich an der Stelle des nordmagnetischen Elements eine kleine Magnetnadel, so ist die Kraft, mit welcher sich diese zu drehen strebt, mit Vernachlässigung der höhern Potenzen von $\frac{1}{r-a}$ und $\frac{1}{r+a}$,

$$M = 2\pi h^2 i\left(\frac{1}{(r-a)^2}-\frac{1}{(r+a)^2}\right).$$

In der oben erwähnten Abhandlung hat der Hr. Verfasser für den Einfluſs einer solchen Spirale auf eine Magnetnadel den Ausdruck entwickelt

$$J'\left(\frac{1}{(r-a)^2}-\frac{1}{(r+a)^2}\right),$$

worin J' die Intensität des durch die elektrische Spirale auf eine bewegliche Magnetnadel wirkenden Magnetismus bezeichnet; also ist

$$J' = 2\pi h^2 i.$$

Der Hr. Verfasser hat diese Formel experimentell bestätigt, indem er die Wirkung von acht Spiralen von verschiedenem Durchmesser nach seiner Methode mit der Wirkung eines Magneten verglich, daraus J' berechnete und durch h^2 dividirte. Diese Quotienten $\frac{J'}{h^2} = 2\pi i$ fanden sich ziemlich constant, wie die Theorie es verlangt, wenn der galvanische Strom constant ist.

J. Müller. Ueber die Magnetisirung von Eisenstäben durch den galvanischen Strom.

Hr. Müller untersucht durch diese Arbeit das von Lenz und Jacobi [1]) aufgestellte Gesetz, dafs der im weichen Eisen durch galvanische Ströme hervorgerufene Magnetismus diesen Strömen genau proportional ist, findet es nicht bestätigt, und stellt ein anderes empirisches Gesetz hin. Diese maafsen den galvanischen Strom mit der von Becquerel vorgeschlagenen, von ihnen aber etwas abgeänderten elektromagnetischen Wage nach Milligrammen, und den erregten Magnetismus durch den Ausschlag, welchen der durch das Verschwinden dieses Magnetismus inducirte elektrische Strom an einer Galvanometernadel hervorbrachte. Hr. Müller mifst den galvanischen Strom mit einer Tangentenboussole, und reducirt seine Messungen auf Zahlen, denen als Einheit zu Grunde liegt ein Strom, der in einer Minute ein Cubiccentimeter Knallgas von 0° und 760^{mm} Spannkraft entwickelt. Den entwickelten Magnetismus bestimmt er durch die Ablenkung einer Boussole, durch deren Mittelpunkt die Axe des Elektromagneten senkrecht gegen die Nadel in ihrer Ruhelage hindurchgeht. Sowohl Lenz und Jacobi als Hr. Müller bringen dabei die Wirkung der Spirale ohne Eisenkern in Abzug. Jene wandten genau abgedrehte Eisencylinder von 8″ Länge und $\frac{1}{2}$, 1, $1\frac{1}{2}$, 2, $2\frac{1}{2}$ und 3″ engl. [2]) im Durchmesser an, Hr. Müller gebrauchte Stäbe von 510^{mm} Länge und 9^{mm}, 12^{mm}, 15^{mm} und 44^{mm} Durchmesser, welche aus gewalztem Eisen und nicht abgedreht waren. Die magnetisirende Spirale hatte eine Axenlänge von 532^{mm}. Er findet durch zahlreiche Versuche gegen das Gesetz von Lenz und Jacobi die empirische Formel

$$p = 220 d^{\frac{3}{2}} \operatorname{tang} \frac{m}{0{,}00005 d^2}$$

bestätigt, worin p die magnetisirende Kraft oder das Product aus der Stromstärke und der Anzahl der wirksamen Windungen, d den Durchmesser des Eisenkerns und m den Magnetismus des

[1]) Pogg. Ann. XLVII. 244*.
[2]) 12″ engl. = 0,3047945 Meter.

Eisenkerns bezeichnet. Aus dieser Formel ergiebt sich für $p = \infty$ das Maximum des Magnetismus $m = 90 \cdot 0{,}00005 d^2$. Ferner bemerkt der Hr. Verfasser, dafs, wenn Stäbe verschiedenen Durchmessers denselben Theil ihres absoluten Maximums erhalten sollen, für alle diese Stäbe $\frac{m}{0{,}00005 d^2}$ denselben Werth haben, also $p : p_1 = d^{\frac{3}{2}} : d_1^{\frac{3}{2}}$ sein mufs. Für sehr kleine Werthe von $\frac{m}{0{,}00005 d^2}$ läfst sich $p = a \cdot 220 d^{\frac{3}{2}} \frac{m}{d^2}$, also $m = \frac{p \sqrt{d}}{a\, 220}$, setzen, worin a eine zu bestimmende Constante ist. Daher spricht der Hr. Verfasser das Gesetz aus: „So weit man den Stabmagnetismus der Stromstärke proportional setzen kann, ist der durch gleiche Ströme in verschiedenen Eisenstäben erzeugte Magnetismus der Quadratwurzel aus den Stabdurchmessern proportional", während Lenz und Jacobi gefunden haben, dafs bei massiven Eisencylindern von gleicher Länge und mehr $\frac{1}{8}''$ Durchmesser die durch galvanische Ströme von gleicher Stärke und durch Spiralen von einer gleichen Anzahl Windungen ertheilten Magnetismen dem Durchmesser dieser Cylinder proportional sind [1]). Die Abweichungen von seinem Gesetz, welche Hr. Müller gefunden, erklärt er aus Beobachtungsfehlern in der Bestimmung der Dicke der Stäbe, die um so schwieriger war, als die Stäbe nicht abgedreht waren. Leider erklären, wie der folgende Bericht zeigt, andere Experimentatoren aus diesem Umstande, warum diese neuen Resultate von den aus der Lenz'schen und Jacobi'schen Arbeit hervorgegangenen abweichen.

Buff und Zamminer. Ueber die Magnetisirung von Eisenstäben durch den galvanischen Strom.

Hr. Buff hat schon früher das Gesetz, dafs der Elektromagnetismus der angewandten Stromstärke proportional ist, als richtig befunden, jedoch seine Untersuchung als eine blofse Bestätigung

[1]) Pogg. Ann. LXI. 262*.

eines schon bekannten Gesetzes nicht ausführlich bekannt gemacht. Durch die vorstehende Arbeit von Müller auf demselben Gebiete, aber mit ganz andern Resultaten, veranlafst haben die Herren Buff und Zamminer diese Untersuchung wieder aufgenommen, haben wie Müller den Magnetismus durch die Ablenkung einer Magnetnadel bestimmt und den galvanischen Strom nach denselben Einheiten gemessen, haben aber jenes Gesetz wieder bestätigt gefunden, obgleich sie magnetisirende Kräfte anwandten, welche die von Müller benutzten nicht nur an absolutem Werthe überstiegen, sondern auch einen gröfsern Spielraum in der Verschiedenheit boten. Zu diesem Unterschied der magnetisirenden Kräfte gelangen sie, indem sie für ihre und die Müller'schen Untersuchungen die Producte aus den Stromstärken und der Anzahl Windungen vergleichen, welche 10^{mm} des Eisenkerns bedecken. Bei ihrem kürzesten Eisenstab hatte die magnetisirende Spirale eine Axenlänge von 86^{mm}, bei den übrigen von 110^{mm}. Sie legen ihren Untersuchungen ein gröfseres Gewicht bei, weil sie nur Eisenstäbe von 108^{mm} Länge und 55^{mm} Durchmesser, 131^{mm} Länge und 38^{mm} Durchmesser, 131^{mm} Länge und 19^{mm} Durchmesser, 200^{mm} Länge und 9^{mm} Durchmesser, und nicht wie Müller so lange Eisenstäbe angewendet haben, welche selten von Coërcitivkraft frei zu erhalten sind, und weil ihre Stäbe durch Abdrehen von der harten Oberfläche befreit waren, welche immer einige Coërcitivkraft besitzt. Um den Werth dieser Gründe zu beurtheilen, stellten die Herren Verfasser Versuche an mit Stäben, welche einige Coërcitivkraft hatten, und fanden, dafs, wenn sie mit zunehmenden Strömen vorgingen, der Magnetismus mehr als der Stromstärke proportional zunahm, und dafs, wenn sie mit abnehmenden Strömen operirten, der Magnetismus weniger als der Stromstärke proportional abnahm. Die Herren Verfasser erklären dies dadurch, dafs im erstern Falle die stärkern Ströme immer mehr die Coërcitivkraft überwinden, und dafs im letztern Falle die Coërcitivkraft etwas von dem durch die stärkern Ströme erregten Magnetismus zurück behält. Die Müller'schen Resultate könnten daher vielleicht dadurch erhalten sein, dafs der Eisenstab vorher von einem stärkern Strome umflossen war, ehe der Magnetismus für schwächere Ströme gemessen wurde. Dieser Arbeit sind jedoch wieder andere entgegengetreten.

J. Müller. Ueber den Sättigungspunkt der Elektromagnete.

Gegen die Behauptungen von Buff und Zamminer macht Hr. Müller in der genannten Abhandlung eine neue Versuchsreihe bekannt, bei welcher er einerseits durch Anwendung eines Magnetometers eine genauere Messung des Magnetismus erzielte, andererseits sich auch versicherte, dafs seine Eisenstäbe von Coërcitivkraft frei waren. Bei der ersten Versuchsreihe wirkt eine Spirale von 155^{mm} Länge und 310 Windungen mit verschiedenen Stromstärken

1)	auf einen Stab von	167^{mm}	Länge und	$12^{mm},1$	Durchmesser
2)	- -	167^{mm}	-	6^{mm}	-
3)	- -	167^{mm}	-	$2^{mm},9$	-

Bei der zweiten Versuchsreihe wirkt eine Spirale von 300^{mm} Länge und 380 Windungen mit verschiedenen Stromstärken

1)	auf einen Stab von	330^{mm}	Länge und	$44^{mm},5$	Durchmesser
2)	- -	330^{mm}	-	$22^{mm},8$	-
3)	- -	330^{mm}	-	15^{mm}	-
4)	- -	330^{mm}	-	6^{mm}	-

Bei der dritten Versuchsreihe wirkt eine Spirale von 588^{mm} Länge und 408 Windungen mit verschiedenen Stromstärken

1)	auf einen Stab von	588^{mm}	Länge und	12^{mm}	Durchmesser
2)	- -	588^{mm}	-	9^{mm}	-
3)	- -	588^{mm}	-	$7^{mm},1$	-

In den angeführten Tabellen sind für die Stromstärken die trigonometrischen Tangenten der Ablenkungen an der Tangentenboussole angeführt, welche mit 70 zu multipliciren sind, wenn sie auf die in der frühern Abhandlung gebrauchte Stromeinheit gebracht werden sollen. Durch eine graphische Darstellung, wobei die angegebenen Stromstärken als Abscissen und die entsprechenden Magnetismen als Ordinaten abgetragen sind, macht der Hr. Verfasser anschaulich, dafs in der ersten Versuchsreihe der Stab No. 1 für eine Stromdifferenz von 0,18 bis 0,975 der Stromstärke ziemlich proportional bleibt, der Stab No. 2 für die Stromstärke 0,983 sich sehr seinem Maximum nähert, und der Stab No. 3 mit der Stromstärke 0,834, ja schon mit der Stromstärke 0,411 sein Maximum erreicht. In der zweiten Versuchsreihe bleiben die ersten drei Stäbe bei den Stromdifferenzen von 0,170 bis 0,809, von 0,172 bis 1,035 und von 0,176 bis 1,076 den Stromstärken ziemlich proportional, aber der vierte Stab erreicht mit der Stromstärke 0,798 sein Maximum. In der dritten Versuchsreihe erreicht der dritte Stab innerhalb der Gränzen 0,188 und 1,150 sein Maximum, und die beiden ersten nähern sich demselben sehr stark. Die neuen Resultate mit der von ihm aufgestellten Formel zu vergleichen, behält sich der Hr. Verfasser noch vor, und führt nur noch an, daſs in der dritten Versuchsreihe der dritte Stab für die Stromstärke 0,188 den Magnetismus 4,65, und für die Stromstärke 1,07 den Magnetismus 6,73 annimmt, während er im letztern Falle nach dem Lenz'schen Gesetz den Magnetismus 26,4 zeigen müſste. Eine solche Differenz kann weder durch die Coërcitivkraft noch durch Beobachtungsfehler hervorgebracht werden.

Daſs das Gesetz der Proportionalität zwischen Elektromagnetismus und der Stromstärke nicht für Eisenstäbe von beliebig kleinem Durchmesser gültig ist, wird wohl niemand bezweifeln, und aus den Beobachtungen des Hrn. Verfassers geht auch hervor, daſs die Abweichung von diesem Gesetz bei desto kleineren Stromstärken hervortritt, je dünner die Eisenstäbe, und je länger die Eisenstäbe und die sie bedeckende Spiralen sind. Darin könnte, abgesehen von der geringen Uebereinstimmung verschiedener Stromeinheiten, wohl der Grund liegen, warum Lenz und Jacobi selbst an ihrem $12^{mm},7$ dicken Eisenstab das Gesetz wahrnahmen, während Müller's 12^{mm} dicker Eisenstab von diesem Gesetze abweicht, denn jener war $203^{mm},2$ lang, dieser dagegen 588^{mm}; und warum Buff und Zamminer an ihrem 9^{mm} dicken aber nur 200^{mm} langen Eisenstabe jenes Gesetz wiederfinden, während Hr. Müller an seinem Eisenstabe von 9^{mm} Dicke aber 588^{mm} Länge eine entschiedene Abweichung davon beobachtet.

v. Feilitzsch. Ueber das Eindringen des Elektromagnetismus in weiches Eisen und über den Sättigungspunkt desselben.

Auch Hr. v. Feilitzsch hat Bedenken dagegen, dafs der Elektromagnetismus bei gleicher Anzahl Windungen und gleicher Länge der Eisenkerne einerseits der Stromstärke, andererseits dem Umfange der Eisenkerne proportional ist, weil die Proportionalität des Elektromagnetismus mit der Stromstärke die Annahme eines Sättigungspunktes entschieden ausschliefst, und die Proportionalität mit dem Umfange den Schlufs rechtfertigt, dafs der Magnetismus sich nur an der Oberfläche des Eisens hervorrufen lasse. Er unternahm es daher zuerst für weitere Umfänge der Stromstärke, als es von Lenz und Jacobi geschah, zu prüfen, ob der Elektromagnetismus in denselben Eisenkernen den Stromstärken immer proportional bleibe; und ob er sich bei verschieden dicken aber gleich langen Eisenkernen und bei gleicher Stromstärke verhalte wie die Umfänge der Eisencylinder. Darauf untersuchte er, ob hohle und massive Eisencylinder von übrigens gleichen Dimensionen eine gleiche Quantität von Magnetismus bei gleichen Stromstärken annehmen. Da letzteres aber nur für geringe Stromstärken der Fall war, dagegen von gröfseren Stromstärken die massiven Cylinder einen stärkern Magnetismus annahmen als die hohlen, so wurde für verschiedene Stromintensitäten die Zunahme des Magnetismus untersucht, wenn in den ersten hohlen Cylinder ein zweiter, in diesen ein dritter, in diesen ein vierter etc. hineingesteckt wurde, bis sieben hohle Cylinder in einander steckten. Die Stromstärken wurden nach der in einer frühern Abhandlung [1]) angegebenen Methode in absolutem Maafse bestimmt, und ebenso die Gesammtwirkung der Ströme und des durch sie hervorgerufenen Magnetismus, woraus der erzeugte Elektromagnetismus in absolutem Maafse ausgedrückt gefunden wurde. Der Hr. Verfasser wandte sechs verschiedene Ströme von 0,110 bis 8,499, worin jede Einheit gleich 10588000 Einheiten des absoluten Maafses, und sechs volle Eisencylinder von $94^{mm},9$ bis $42^{mm},9$ Umfang und 110^{mm} Länge an, während

[1]) Pogg. Ann. LXXVIII. 21*; Berl. Ber. 1849. p. 274*.

Lenz und Jacobi [1]) acht verschiedene Stromstärken anwandten, zwischen den Gränzen 400 bis 3300. Obgleich in beiden Fällen die Stromeinheiten nicht dieselben sind, so ist doch im ersten Falle das Verhältnifs der beiden Gränzen gröfser als im letztern; trotzdem hat der Hr. Verfasser gefunden, dafs für die angewandten galvanischen Ströme die Magnetismen in den weichen Eisenkernen den Stromstärken proportional sind, und dafs für jeden angewandten galvanischen Strom die Magnetismen den Umfängen der cylindrischen Eisenkerne proportional sind. Die Dimensionen der Eisenkerne sind von der Art, dafs auch dieses Resultat nicht direct gegen das so eben besprochene Müller'sche spricht. Bei den Versuchen mit den hohlen Eisencylindern, welche aus Blech von $0^{mm},53$ Dicke zusammengelöthet waren, wurden zehn verschiedene Stromstärken angewendet, welche sich zueinander verhielten wie 0,187 : 0,270 : 0,449 : 0,790 : 1,212 : 1,826 : 2,975 : 5,150 : 6,783 : 8,510. Für alle diese Ströme zeigte sich eine Zunahme des Magnetismus, wenn in den ersten Cylinder ein zweiter und in diesen ein dritter etc. hineingeschoben wurde. Bei den ersten vier Strömen betrug diese Zunahme nur Hundertel, höchstens Zehntel, der angewandten Einheit, welche zugleich die Einheit der Stromstärken ist, und wurde nur bis auf drei ineinander geschobene Cylinder verfolgt. Bei den übrigen Strömen wurden die Versuche bis auf sieben in einander gesteckte Cylinder ausgedehnt, weil sich für die letztern Ströme die Zunahme des Magnetismus beim Hineinschieben des zweiten Cylinders bis auf fünf Einheiten steigerte. Nach diesen Versuchen läfst sich verfolgen, wie der Magnetismus des äufsersten oder der zwei äufsersten etc. Cylinder mit den galvanischen Strömen zunimmt. Eine graphische Darstellung, wobei die Stromstärken als Abscissen, die Magnetismen als Ordinaten abgetragen sind, macht es übersichtlich, dafs sich der Magnetismus mit zunehmender Stromstärke um so eher einem Maximum nähert, je weniger Eisencylinder angewendet sind, dagegen um so mehr der Stromstärke proportional wächst, je mehr solcher Cylinder magnetisirt werden; so dafs sich allgemein behaupten läfst:

[1]) Pogg. Ann. XLVII. 235*.

1) Der Elektromagnetismus dringt in das Innere des weichen Eisens ein, und zwar um so mehr, je stärker der galvanische Strom ist.

2) Jede Schicht des weichen Eisens hat einen Sättigungspunkt.

3) Der Magnetismus in hohlen und massiven Cylindern von gleicher Eisensorte ist bei gleichen Stromstärken gleich stark, wenn überhaupt genug Eisenmasse zur Entwickelung desselben vorhanden ist.

Vergleicht man nach denselben Versuchen für ein und dieselbe Stromstärke den Magnetismus der äufsersten Schicht mit dem der zweiten, dritten etc., so zeigt sich, dafs man das Gesetz der Abnahme durch die Gleichung $y=\beta-\alpha x$ ausdrücken kann, wenn y die Gröfse des Magnetismus in einer Schicht bezeichnet, welche von der Oberfläche um x entfernt ist. Der Hr. Verfasser hat für jede der vier letzten Stromstärken die Constanten β und α aus den Beobachtungen berechnet und findet β für alle vier Stromstärken nahehin gleich, und α den entsprechenden Stromstärken umgekehrt proportional, so dafs also $\frac{\beta}{\alpha}$ denselben direct proportional ist; er spricht daher die Sätze aus:

„Die Dichtigkeit des Elektromagnetismus ist an der Oberfläche des weichen Eisens für alle Stromstärken dieselbe Gröfse"; und

„Die Tiefe, bis zu welcher der Elektromagnetismus in das weiche Eisen eindringt, ist der Stromstärke proportional".

Schliefslich giebt der Hr. Verfasser noch an, wie die mit seiner Spirale gewonnenen Stromstärken mit solchen verglichen werden können, die mit andern Spiralen gemessen worden. Haben nämlich die einzelnen Lagen einer mehrfachen Spirale die Radien $h_1, h_2, h_3 \ldots$ und ist J' die mit dieser Spirale gemessene Stromstärke; haben ferner $k_1, k_2, k_3 \ldots$ und J' dieselbe Bedeutung für eine zweite Spirale, so mufs, wenn beide Spiralen von gleichen Strömen durchflossen sein sollen, die Gleichung stattfinden

$$\frac{J'}{h_1^2+h_2^2+h_3^2+\ldots}=\frac{J''}{k_1^2+k_2^2+k_3^2+\ldots}.$$

Dies ergiebt sich aus der oben erwähnten Abhandlung des Hrn. Verfassers „Ueber den Magnetismus elektrischer Spiralen von verschiedenem Durchmesser".

J. Tyndall. Ueber die Gesetze des Magnetismus.

Hr. Tyndall veröffentlicht hiermit eine mit grofser Umsicht angestellte Untersuchung über die Kraft, mit welcher ein Elektromagnet eine weiche Eisenmasse anzieht. Er beschränkt sich dabei allerdings auf eine sehr specielle Form des Ankers, nämlich die Kugel, gelangt aber eben dadurch mit grofser Bestimmtheit zu einfachen Gesetzen, die er am Ende seiner Abhandlung folgendermaafsen ausspricht.

1) Die wechselseitige Anziehung zwischen einem Elektromagneten und einer Kugel von weichem Eisen, wenn beide sich unmittelbar berühren, ist der Stärke des Magneten oder dem magnetisirenden Strom direct proportional.

2) Wenn eine constante, dem Magneten entgegenwirkende Kraft an der Kugel angebracht wird, so mufs, um dieser Kraft bei wechselndem Abstande zwischen Kugel und Magneten das Gleichgewicht zu halten, die Stärke des letzteren wie die Quadratwurzel der Entfernung variiren.

3) Die wechselseitige Anziehung zwischen einer Kugel von weichem Eisen und einem Magneten, der durch einen constanten Strom erregt wird, verhält sich umgekehrt wie die Entfernung zwischen Kugel und Magnet.

4) Die gegenseitige Anziehung eines Elektromagneten und einer Kugel von weichem Eisen, wenn beide von einander durch einen bestimmten Zwischenraum getrennt sind, ist dem Quadrate des erregten Magnetismus proportional.

Durch No. 4 wird das von Lenz und Jacobi ganz unzweideutig ausgesprochene Gesetz [1]) bestätigt, und No. 1 wird vielleicht verhindern, dafs Lenz und Jacobi immer wieder wie von Müller [2])

[1]) Pogg. Ann. XLVII. 409*.
[2]) Müller's Bericht I. 531*.

mifsverstanden werden; es wird durch diese beiden Bestimmungen deutlich dargethan, dafs das Gesetz, nach welchem die gegenseitige Anziehung von der Stromstärke oder dem Magnetismus abhängig ist, in ganz geringer Entfernung vom Magneten eine Aenderung erfährt. Der Hr. Verfasser führt auch im Laufe der Abhandlung als Grund dieser Gesetzesänderung den Umstand an, dafs zwei Magnetpole, welche, von einander getrennt, in Bezug auf eine Magnetnadel sich als entgegengesetzte erweisen, es nicht mehr sind, wenn sie mit einander in inniger Berührung sind. Ferner liefse sich als ein Zeichen dieser Veränderung des Gesetzes anführen, dafs ein Magnetstab in zwei Stücke zerbrochen zwei vollständige Magnete giebt.

Bei der Bestimmung des Magnetismus legte Hr. Tyndall das von Lenz und Jacobi gegebene Gesetz zum Grunde, dafs der Elektromagnetismus der Stromstärke proportional ist; er wandte deshalb einen Elektromagneten an, für dessen Dimensionen auch Müller das Gesetz bestätigt gefunden hat. Die Anziehung wurde durch das Gewicht bestimmt, welches nöthig war die Kugel vom Mittelpunkt der Polfläche loszureifsen, wobei die aus ungleicher Berührung hervorgehenden Fehler durch eine saubere Politur der Oberflächen auf ein Minimum reducirt waren. Der gröfsern Sicherheit halber suchte Hr. Tyndall nicht das Gewicht für einen bestimmten Strom, sondern den Strom für ein bestimmtes Gewicht, indem er auf die Wageschaale aufser dem Gewicht, welches der Kugel das Gleichgewicht hielt, auch das Gewicht legte, welches die Anziehung messen sollte, dann die Kugel mit voller Stromstärke anziehen liefs, und mit Hülfe eines Rheostaten die Stromstärke oder den Magnetismus suchte, für welchen das aufgelegte Gewicht die Kugel abrifs. Auf diese Weise fand er den Quotienten aus Magnetismus oder Stromstärke dividirt durch das Gewicht für verschiedene Gewichte constant oder das Gesetz No. 1.

Um das Gesetz No. 2 zu finden, wandte er ein constantes Uebergewicht an, und bestimmte wie vorher die Stromstärken, für welche dieses Gewicht die Kugel abrifs, wenn die Kugel von der Polfläche 0,001, 0,002 ... oder 0,024 Zoll entfernt war. Die Entfernung wurde durch Papierblättchen gemessen, von denen jedes nach einer Messung mit dem Sphärometer 0,001 Zoll dick war. Es fand sich der Quotient aus der Stromstärke dividirt durch die Quadratwurzel der Entfernung constant.

Um auch bei der Bestimmung des dritten Gesetzes das Abreifsen durch Verminderung der Stromstärke zu bewirken, wurde durch ein allerdings umständliches Suchen für jede Entfernung das Gewicht so bestimmt, dafs die Kugel jedes Mal für dieselbe Stromstärke abgerissen wurde. Die Producte aus Gewicht und Entfernung fanden sich constant, so wie die Entfernung 0,007 überschritt.

Da sich wegen Nr. 2 die Entfernungen wie die Quadrate der Magnetismen verhalten, wenn die Anziehungen gleich sind, und nach Nr. 3 umgekehrt wie die Anziehungen, wenn die Magnetismen gleich sind, so müssen sich die Anziehungen wie die Quadrate der Magnetismen (Stromstärken) verhalten, wenn die Entfernungen gleich sind. Zwei Versuchsreihen bestätigten dieses Gesetz merkwürdig genau; die constanten Entfernungen sind dabei nicht angegeben.

Um die Fehler zu bestimmen, welche bei der Methode, das Abreifsen der Kugel herbeizuführen, durch vorhandene Coërcitivkraft des Elektromagneten in die Resultate gebracht werden konnten, stellte der Hr. Verfasser in Bezug auf die beiden ersten Gesetze zwei Versuchsreihen an, wobei die Kugel nicht jedes Mal mit der vollen, sondern nur mit einer sehr wenig gröfsern Stromstärke angezogen wurde als die, bei welcher sie abrifs. Die Untersuchungen ergaben beim Vorgehen von schwächern zu stärkern Strömen in der That eine Abnahme der oben erwähnten Quotienten, die für den Quotienten des zweiten Gesetzes gröfser war als für den des ersten. Allein eine weitere Untersuchung lehrte, dafs bei dieser Abweichung von den früheren Resultaten keine Coërcitivkraft im Spiele war, und dafs die nach der ersten Methode gewonnenen Resultate als die richtigeren anzusehen sind. Denn bei der Bestimmung des zweiten Gesetzes ist der Unterschied zwischen z. B. 15 Papierstärken und der Dicke 15 zusammengelegter Papierblättchen gröfser, wenn die zweite, als wenn die erste Methode angewendet wird, und bei der Bestimmung des ersten Gesetzes giebt die erste Methode zwischen

Magnet und Kugel eine innigere Berührung als die zweite; eine Abnahme der genauen Berührung mufs aber den Uebergang zum vierten Gesetze vermitteln. Der Hr. Verfasser hat auch die Gränzen dieses Uebergangs zu bestimmen gesucht, indem er nach und nach sechs feine Collodiumschichten auf den Pol auftrug und nach dem Auftragen jeder neuen Schicht einen Versuch anstellte; das Resultat war, dafs vor der ersten Schicht das erste und nach der sechsten das vierte Gesetz Geltung bekommt, zwischen diesen Gränzen aber kein Gesetz sichtbar wird.

J. C. Poggendorff. Ueber die Erscheinungen bei geschlossenen Elektromagneten.

Hr. Poggendorff führt in dieser Arbeit nicht besonders genau messende Versuche an, eröffnet aber einen neuen Weg, dem Gesetze nachzuforschen, welches das Verhältnifs der Stromstärke zur Tragkraft in dem Falle bestimmt, wenn Anker und Magnet in unmittelbarer Berührung sind, d. h. wenn der hufeisenförmige Elektromagnet ein geschlossener ist. Die grofse Abweichung des Verhältnisses, nach welchem sich die Tragkraft mit der Stromstärke ändert, wenn Anker und Magnet von einander getrennt sind, von dem Verhältnisse, nach welchem sich die Tragkraft mit der Stromstärke bei unmittelbarer Berührung zwischen Anker und Magnet ändert, hat nach dem Hrn. Verfasser ihren hauptsächlichen Grund „in der Reaction, welche der Anker auf seinen Magneten ausübt, und vermöge welcher dieser einen höhern Grad von Magnetismus annimmt, als ihm durch alleinige Wirkung des galvanischen Stromes eingeprägt sein würde". Diese zusammengesetzte Kraft in ihre einzelnen Theile zu zerlegen, ist nun das nächste Ziel des Hrn. Verfassers. Zu dem Ende schiebt er auf jeden Schenkel eines hufeisenförmigen Magneten eine Inductionsrolle, verbindet beide zu einer, leitet durch den einen Draht derselben den magnetisirenden, und bestimmt in dem andern Drahte den inducirten Strom *a*, wenn das offene (nicht durch einen Anker geschlossene) Hufeisen durch Schliefsen des Stroms magnetisirt wird, *b*, wenn das durch einen Anker geschlossene Hufeisen durch eine erste Schliefsung des Stroms magnetisirt wird, *c*, wenn das geschlossene Hufeisen durch eine zweite Schliefsung magnetisirt wird, und *d*, wenn der Anker, nachdem der magnetisirende Strom erst geschlossen und wieder geöffnet, vom Magneten abgerissen wird. Bringt man in den drei ersten Fällen die Stromtheile in Abzug, welche durch die Spiralen allein inducirt werden, so müssen die Ströme *a* dem Magnetismus des offenen Magneten, die Ströme *b* dem totalen Magnetismus, der durch die Kraft des Stromes und durch den Einflufs des Ankers erzeugt wird, die Ströme *c* der Differenz zwischen dem totalen und dem remanenten Magnetismus, und die Ströme *d* dem remanenten Magnetismus proportional sein. Versuche ergaben, dafs diese verschiedenen Inductionsströme nach abnehmender Stärke in der Ordnung *b d c a* auf einander folgten. Der Hr. Verfasser hielt nun die Ströme *b* für diejenigen, deren Quadraten die Tragkraft bei unmittelbarer Berührung proportional sein könnte; allein die angestellten Messungen, welche freilich, wie der Hr. Verfasser selbst bemerkt, nicht die zu wünschende Genauigkeit boten, zeigten doch deutlich, „dafs die temporären Tragkräfte, d. h. die totalen, weniger die permanenten, bei weitem nicht proportional gehen dem Quadrat der Inductionsströme *b*, sondern vielmehr dem einfachen Verhältnifs dieser Ströme oder der einfachen Kraft des Magnets nahe kommen". Dieses Gesetz, dessen Werth der Hr. Verfasser mit genaueren Apparaten erst noch zu bestimmen denkt, will er jedoch nicht mit dem von Tyndall gefundenen (siehe vorigen Bericht) identisch genommen wissen, weil bei des letzteren Versuchen die Stärke des Magnets der Stromstärke proportional genommen ist, und wegen der Kleinheit der Eisenkugeln auch proportional genommen werden konnte, während hier die Stärke des Magnetismus wegen des Einflusses vom Anker bedeutend erhöht ist.

Im Verlauf der Untersuchung vergleicht der Hr. Verfasser in Bezug auf ungehärteten Stahl und weiches Eisen die totale Tragkraft mit der remanenten und permanenten, und findet, dafs die remanente Tragkraft, so wie sie unmittelbar beobachtet worden, beim ungehärteten Stahl gröfser ist als beim weichen Eisen, dafs sich aber dieses Verhältnifs umkehrt, so wie man von ihr die permanente Tragkraft abzieht.

Ferner macht Hr. Poggendorff darauf aufmerksam, dafs der grofse Unterschied in den Strömen *b* und *c* und die Erfahrung, dafs, wenn man hinter einander zwei Ströme *b* erregt, den zweiten aber mit umgekehrtem Strome, dieser fast doppelt so stark ist als der erste, es nothwendig oder vielmehr vortheilhaft machen, die magnetisirenden Ströme nicht nur zu unterbrechen, sondern auch umzukehren, wenn man mit geschlossenen Magneten starke Inductionsströme erhalten will.

Schliefslich bemerkt der Hr. Verfasser, dafs vollkommene Eisenringe die Stelle geschlossener hufeisenförmiger Magneten durchaus vertreten.

J. Dub. Anziehende Wirkung der Elektromagnete.

Hr. Dub giebt hiermit über die Wirkung der Elektromagnete auf Anker, welche mit ihnen nicht in unmittelbarer Berührung stehen, eine eben so umfangreiche Untersuchung, wie er über die Anziehung derselben bei directer Berührung angestellt hat.[1]) Allein der Hr. Verfasser hat sich dabei mehr die Aufgabe gestellt, alle möglichen Anhaltspunkte für eine praktische Anwendung zu suchen, als eine bestimmte Gesetzmäfsigkeit der Erscheinungen genau zu ermitteln. Die Anziehung wird wie bei der frühern Untersuchung durch das Gewicht gemessen, welches zum Losreifsen des Ankers nöthig ist; die Entfernung des Elektromagneten vom Anker wird durch die Drehung dreier Schrauben bestimmt, welche die Füfse eines an den Anker anzuschraubenden Dreifufses bilden und auf der erweiterten Endfläche des Magneten stehen. Eine ganze Umdrehung der Schrauben entfernt den mit dem Magneten sich berührenden Anker um $\frac{2}{61}$ Zoll, und der Hr. Verfasser hat seine Untersuchungen im Allgemeinen bis auf neun ganze Umdrehungen

[1]) Pogg. Ann. LXXIV. 465*; Berl. Ber. 1848. p. 353*.

ausgedehnt, deren Resultate er am Schlufs seiner Abhandlung wie folgt, zusammenstellt.

1) Die Anziehung nimmt mit dem Wachsen der Entfernung vom Magneten sehr schnell ab.

2) Die Anziehung nimmt durch Zunahme der Entfernung um so mehr ab, je geringer sie bei der Berührung ist, wenn die Berührungsflächen dieselben bleiben.

3) Von einiger Entfernung ab ist die Anziehung um so geringer, je dünner Anker oder Magnet oder beide werden.

4) Zugespitzte Anker und Magnete zeigen in der Entfernung geringere Anziehung als cylindrische von demselben Durchmesser.

5) Die Anziehung der Anker und Magnete von gleichem Durchmesser wächst (in Berührung wie in Entfernung) mit der Länge derselben.

6) Bei gleichem Gewicht der Anker und Magnete nimmt die Anziehung mit zunehmender Entfernung um so langsamer ab, je kürzer und dicker sie werden.

7) Anker von gleichem Gewicht ziehen von einiger Entfernung ab gleich viel.

8) Magnete von gleichem Gewicht ziehen in der Entfernung gleich viel, wenn bei demselben galvanischen Effect die Spirale den Magneten seiner ganzen Länge nach umgiebt.

9) Bei gleicher Berührungsfläche ziehen Anker und Magnet sowohl in der Entfernung als bei Berührung gleich viel.

10) Die Anziehung ist den Quadraten der Windungszahlen der elektrischen Spirale proportional.

11) Die Anziehung verhält sich wie die Quadrate der magnetisirenden Ströme [von Lenz und Jacobi gefunden [1])].

12) Die Anziehung wächst, wenn sämmtliche Spiralwindungen der Endfläche des Magneten bis zu einer gewissen Gränze genähert werden. Diese Gränze liegt der Endfläche sehr nahe.

13) Die Anziehung wächst mehr, wenn die Spirale dieselbe bleibt und nur der Eisenkern verlängert wird, als wenn bei Verlängerung desselben auch dieselbe Anzahl Windungen über die ganze Länge des Eisenkerns ausgebreitet wird.

[1]) Pogg. Ann. XLVII. 409*.

14) Bei derselben Gröfse der Berührungsfläche bleibt die Anziehung in der Entfernung dieselbe, wenn sie bei der Berührung dieselbe ist, mögen Magnet und Anker eine Form haben welche sie wollen.

15) Die Anziehung bleibt dieselbe, wenn die Durchmesser von Magnet und Anker gewechselt werden.

16) Die Anziehung bleibt dieselbe, wenn der Anker zum Magneten und der Magnet zum Anker gemacht wird, wenn nur die Spirale bei demselben galvanischen Effect den Eisenkern in seiner ganzen Länge umgiebt.

17) Bei verschiedenen Systemen von gleicher Länge und Durchmesser findet das Maximum der Anziehung statt, wenn Anker und Magnet gleich lang.

J. P. Joule. Ueber Elektromagnete.

Die oben citirten Arbeiten des Hrn. Joule sind wiederholte Abdrücke von Abhandlungen aus den Jahren 1839 und 1840[1]). Sie enthalten Untersuchungen über die Tragkraft und die Anziehung aus der Ferne bei verschiedenen Elektromagneten und mit verschiedenen Stromstärken, wobei sich dasselbe Gesetz ergiebt, welches Lenz und Jacobi zwei Monat früher in Petersburg veröffentlicht hatten. Abweichungen von diesem Gesetz bei gröfseren Stromstärken erklärt der Hr. Verfasser hierbei durch die Annahme eines Sättigungspunktes. Die Priorität dieses Gedankens sich zu retten ist nach den einleitenden Worten der Zweck der wiederholten Veröffentlichung.

Hankel. Messungen über die Gröfse der Kraft, welche zwischen einer elektrischen Spirale und einem in ihrer Axe befindlichen Eisenkern in der Richtung dieser Axe wirkt.

Hr. Hankel hat mit dieser Arbeit elektromagnetische Kräfte zum Gegenstand seiner Untersuchung gemacht, durch welche

[1]) Annals of electricity IV. 58, 131.

Page bei der Construction elektromagnetischer Maschinen zu einem erwünschten Ziele zu gelangen hofft [1]). Er hat sich dazu der von Becquerel zu Strommessungen vorgeschlagenen elektromagnetischen Wage bedient, indem er entweder den zu magnetisirenden Eisencylinder senkrecht feststellte, die Spirale, welche ihn magnetisiren sollte, an einer Wage in's Gleichgewicht brachte, und dann das Gewicht bestimmte, welches nöthig war, das Gleichgewicht zu erhalten, wenn der Strom durch die Spirale ging, oder indem er die Spirale feststellte und den Eisencylinder an einer Wage ins Gleichgewicht brachte, und dann wie oben verfuhr. Die letztere Methode wurde nur bei hufeisenförmigen Magneten angewendet. Die Resultate der Untersuchung sind im Wesentlichen folgende.

Liegen die obern Endflächen der an der Wage befestigten Spirale und des Eisencylinders in einer Ebene, so ist die Kraft, mit welcher die Spirale auf den Cylinder gezogen wird, dem Quadrate der durch die Spirale gehenden Stromstärke proportional, diese Spirale mag allein wirken oder noch eine andere von dieser getrennte und nicht an der Wage befestigte Spirale am andern Ende des Magneten in demselben Sinne von demselben Strome durchflossen werden.

Die Kraft, mit welcher die Spirale auf den Eisenkern gezogen wird, ist am gröfsten, wenn die obern Endflächen beider in derselben Ebene liegen, und ist Null, wenn die Mitte der Spirale mit der Mitte des Eisencylinders zusammenfällt. Für eine Spirale, welche den vierten Theil der Eisenstablänge überschritt, trat insofern eine Abweichung hiervon ein, als das Maximum schon eintrat, als die obere Endfläche der Spirale noch über der obern Endfläche des Eisenstabes stand.

Die Kraft, mit welcher eine Spirale, deren obere Endfläche mit der obern Endfläche des Eisenstabes in einer Ebene liegt, auf den Stab gezogen wird, ist um so gröfser, je mehr eine zweite, am andern Ende des Stabes und in derselben Richtung wirkende Spirale herauf gerückt wird.

Werden diese beiden Spiralen gleichzeitig so verschoben, dafs sie von den respectiven Enden des Eisenstabes gleichen

[1]) Berl. Ber. 1846. p. 526*. Siehe die unten p. 840 citirten Aufsätze.

Abstand haben, so ist die Kraft, mit welcher die obere an der Wage befindliche Spirale auf den Stab gezogen wird, ein Maximum, sowohl wenn jede Spirale das entsprechende Ende des Eisenstabes erreicht, als auch wenn beide in der Mitte zusammenstofsen, und zwar ist das letztere Maximum gröfser als das erstere und nicht durch die Anziehung der Spiralen zu erklären.

Versuche in Bezug auf den Durchmesser der Eisenstäbe gaben kein einigermaafsen sicheres Resultat, und die Versuche mit hufeisenförmigen Eisenstäben ergaben, so weit sie mit den Versuchen an geraden Stäben zu vergleichen waren, nur eine stärkere Anziehung.

E. Romershausen. Der verstärkte Elektromagnet.

Der Hr. Verfasser führt in der Abhandlung aus, dafs bei der bisherigen Construction der Elektromagnete nur die Hälfte der vorhandenen elektrischen Kräfte benutzt worden sei, und giebt an, dafs ein Cylinder aus weichem Eisen von 84^{mm} Länge und 9^{mm} Durchmesser, umgeben von einer Drahtspirale, welche den Strom eines Bunsen'schen Elements leitete, nur 6 Loth trug, dagegen 384 Loth, wenn er mit der Spirale in einen genau passenden Cylinder aus weichem Eisen von derselben Länge und 2^{mm} Eisenstärke gesteckt war, und an beiden Enden angeschliffene Anker die Endflächen des vollen und hohlen Eisencylinders verbanden.

Ein voller Eisencylinder von dem Gewichte des ganzen Apparats und mit derselben Drahtwindung und Stromstärke armirt, trug nur 15 Loth. In Bezug auf die Theorie, welche das aufserordentliche Uebergewicht dieser zusammengesetzten Elektromagnete über die einfachen erklärt, mufs ich auf die Abhandlung selbst und eine frühere in demselben Journal [1]) verweisen, will jedoch bemerken, dafs sie nicht eine mathematisch begründete ist.

C. G. Jungk.

[1]) Dingl. p. J. CXVII. 321*.

9. Technische Anwendungen des Elektromagnetismus.

Literatur.

SIEMENS. Ueber telegraphische Leitungen und Apparate. POGG. Ann. LXXIX. 481*; DINGL. p. J. CXVII. 23, 200*; Mech. Mag. LIII. 356*.

DUJARDIN. Expériences faites sur la télégraphie électrique. C. R. XXX. 151*; Inst. No. 841. p. 50*; Mech. Mag. LII. 181*.

KRAMERS. Neue Telegraphenschreibapparate. DINGL. p. J. CXIX. 231*; Eisenbahnz. 1850. No. 45.

STEINHEIL. Beschreibung und Vergleichung der galvanischen Telegraphen Deutschlands. Münchn. Abh. V. 607*.

BAIN. Sur quelques améliorations récemment introduites dans la télégraphie. C. R. XXX. 478, 525*; Inst. No. 851. p. 131*.

HENLEY. Télégraphe électrique dans lequel les piles sont remplacées par des électro-aimants. C. R. XXX. 412*.

SIEMENS. Mémoire sur les télégraphes électriques. C. R. XXX. 434*; Arch. d. sc. ph. et nat. XIV. 41*; Ann. d. ch. et d. ph. (3) XXIX. 385*.

POUILLET. Rapport sur les appareils télégraphiques de M. SIEMENS. C. R. XXX. 500*; DINGL. p. J. CXVII. 200*; Inst. No. 855. p. 162*.

— — Sur les télégraphes électriques de M. FROMENT. C. R. XXX. 562*; DINGL. p. J. CXVI. 405*.

BAIN and BAKEWELL. Electro-chemical copying telegraph. Mech. Mag. LII. 101, 143, 163, 187, 217, 223, 273, 359*; DINGL. p. J. CXVII. 40*.

DUMONT. Anwendung der elektrischen Telegraphie für den Verkehr in grofsen Städten. DINGL. p. J. CXVIII. 233*.

FARDELY. Elektromagnetischer Telegraph. DINGL. p. J. CXVIII. 71*.

LOGEMAN. Elektrischer Telepraph. DINGL. p. J. CXVI. 89.

BAGGS. Electro-chemical telegraph. Mech. Mag. LII. 163, 217, 248, 223*.

MORSE. Improvements in electric telegraphs. Mech. Mag. LII. 197*.

WESTBROOK and ROGERS. Electro-chemical telegraphs. Mech. Mag. LIII. 279*.

HIGHTON. Improvements in electric telegraphs. Mech. Mag. LIII. 118*.

BROWN and WILLIAMS. Improvements in electric and magnetic apparatus for indicating and communicating intelligence. Mech. Mag. LIII. 218.

THOMAS. Improvements in electric telegraphs. Mech. Mag. LIII. 278*.

QUETELET. Sur les télégraphes électriques. Bull. d. Brux. XVII. 1. p. 425.

Maunoir. Première idée du télégraphe électrique. Arch. d. sc. ph. et nat. XIII. 150*.

The first idea of the electric telegraph. Phil. Mag. (3) XXXVI. 401, XXXVII. 470*; Pogg. Ann. LXXXII. 335; Inst. No. 892. p. 48; Dingl. p. J. CXIX. 463; Mech. Mag. LIV. 429.

Effects of the atmospheric electricity upon the wire of the magnetic telegraphe. Phil. Mag. (3) XXXVII. 78*.

Rutter. Electric clock and indicator. Mech. Mag. LIII. 253, 296*.

Penn. Elektrische Uhr. Dingl. p. J. CXVI. 471.

Description of the electric clock. Mech. Mag. LIII. 118*.

Submarine communication between England and France. Mech. Mag. LIII. 196, 215, 233, 274, 296*.

Extension to Ireland and America. Mech. Mag. LIII. 196, 328*.

H. Schellen. Ueber die Stöhrer'schen telegraphischen Apparate. Dingl. p. J. CXIX. 30.

F. C. Bakewell. On a copying electric telegraph. Sillim. J. (2) XII. 278; Rep. of the Brit. Assoc. 1851. 2. p. 11; Athen. 1851. p. 746; Dingl. p. J. CXIX. 75; Inst. No. 919. p. 263.

G. P. Bond. Historical sketch of the progress of improvement in the application of electro-magnetism to geodetical and astronomical purposes. Phil. Mag. (4) II. 51.

A. Dumont. Note sur l'application de la télégraphie électrique à la banlieue de Paris. 2e partie. C. R. XXXII. 870.

H. Gersheim. Ueber die Guttapercha und deren Anwendung im vulcanisirten Zustande zur Isolirung der Kupferdrähte. Dingl. p. J. CXX. 463.

Brisbart-Gobert et Béguet fils. Appareil télégraphique. Bull. d. l. Soc. d'enc. 1851. p. 171.

C. Dupin. Moyens d'assurer la communication entre la France et l'Angleterre, au moyen de la transmission électro-magnétique. C. R. XXXIII. 133; Inst. No. 919. p. 257; Dingl. p. J. CXXI. 392.

A. Kramer. Ueber das Project der galvanischen Uhren zu Berlin. Dingl. p. J. CXXI. 111.

Allan. Improvements in electric telegraphs. Mech. Mag. LV. 81.

Hipp. Neuester Schreibtelegraph. Dingl. p. J. CXXI. 234.

— — Neuer Buchstabenschreibtelegraph. Dingl. p. J. CXXII. 41.

W. Siemens. Kurze Darstellung der an den preufsischen Telegraphenlinien mit unterirdischen Leitungen bis jetzt gemachten Erfahrungen. Dingl. p. J. CXXII. 76.

The submarine telegraph. Mech. Mag. LV. 253.

Dick. Protection of telegraph wires. Mech. Mag. LV. 237.

G. Little. Improvements in electric telegraphs. Mech. Mag. LV. 256; Polyt. C. Bl. 1853. p. 443.

Gloesener. Mémoire sur la télégraphie électrique. Bull. d. Brux. XVIII. 2. p. 137; Inst. No. 936. p. 398.

P. A. L. de Fontainemoreau. Improvements in electric telegraphs. Mech. Mag. LV. 394.

G. Froment. Description d'un télégraphe électrique à clavier. Bull. d. l. Soc. d'enc. 1851. p. 319, 446; Polyt. C. Bl. 1853. p. 1; Dingl. p. J. CXXII. 36.

Sömmering. Erfinder der Telegraphie. Arch. d. Pharm. (2) LXVIII. 124.

Gintl. Der transportable Telegraph für Eisenbahnzüge. Wien. Ber. VI. 461; Froriep Tagsber. üb. Phys. u. Chem. I. 249.

J. D. Botto. Note sur un nouveau système de télégraphie électrique. Mem. dell' Accad. di Turino XI. 183.

J. Nicklès. Sur un mode d'emploi de l'électricité dynamique dans la télégraphie et dans l'indication du temps. C. R. XXXIII. 692; Inst. No. 938. p. 410.

C. G. Page. On electro-magnetism as a moving power. Sillim. J. (2) X. 343*; Krönig J. I. 127, 233*; Phil. Mag. (4) I. 161; Dingl. p. J. CXVIII. 29*, CXIX. 430; Mech. Mag. LIII. 196; Arch. d. sc. ph. et nat. XVI. 54, 231.

W. R. Johnson. Report on Prof. Page's electro-magnetic engine. Sillim. J. (2) X. 473; Krönig J. I. 243.

Hunt. Application of electro-magnetism as a moving power. Phil. Mag. (3) XXXVI. 550*; Dingl. p. J. CXVIII. 26, 74*; Mech. Mag. LIII. 46; Arch. d. sc. ph. et nat. XIV. 312*; Arch. d. Pharm. (2) LXVII. 383.

Pulvermacher. Electro-magnetic engine. Mech. Mag. LIII. 239; Dingl. p. J. CXXII. 27.

W. Petrie. On the dynamic equivalent of current electricity, and on a fixed scale for electromotive force in galvanometry. Edinb. J. L. 64; Dingl. p. J. CXIX. 424; Arch. d. sc. ph. et nat. XVI. 140. Siehe oben p. 726.

— — On the application of electricity and heat as moving powers. Edinb. J. L. 66; Dingl. p. J. CXIX. 426.

Amberger, J. Nicklès et Cassal. Application de l'électro-magnétisme dans la locomotion et dans les transmissions de mouvement. C. R. XXXII. 682; Inst. No. 912. p. 203; Dingl. p. J. CXXI. 1; Arch. d. sc. ph. et nat. XVII. 258; Bull. d. l. Soc. d'enc. 1852. p. 434.

Paine. Magneto-electric machine and light. Mech. Mag. LIV. 181.

Shepherd. The electric clock of the great exhibition. Mech. Mag. LIV. 212.

Shepard. Patent electro-magnetic and heat, light, and motive-power machines. Mech. Mag. LIV. 361.

Trial of Page's electro-magnetic locomotive. Mech. Mag. LIV. 375; Dingl. p. J. CXXI. 314; Krönig J. II. 550.

Fessel. Elektromagnetischer Motor. Pogg. Ann. LXXXIII. 463; Arch. d. sc. ph. et nat. XVIII. 326; Phil. Mag. (4) III. 155; Dingl. p. J. CXXIV. 17.

A. Dumont. Expériences sur l'application de l'électro-magnétisme comme force motrice. C. R. XXXIII. 224; Inst. No. 921. p. 273; Arch. d. sc. ph. et nat. XVIII. 40; Bull. d. l. Soc. d'enc. 1851. p. 581; Phil. Mag. (4) III. 158; Dingl. p. J. CXXIV. 16.

F. Nollet. Elektromagnetische Maschine zu Schmelzversuchen, zur Beleuchtung und zur Erzeugung einer Triebkraft. Dingl. p. J. CXXI. 198.

C. G. Page. The prospects of electro-magnetism as a motive power. Mech. Mag. LV. 11.

— — Electro-magnetic locomotive. Sillim. J. (2) XII. 139.

G. P. Bond. Description of the apparatus for observing transits, by means of a galvanic current, now used at the observatory of Cambridge, U. S. Phil. Mag. (4) II. 323; Inst. No. 950. p. 88.

Martin. Note sur un pendule électro-magnétique destiné à mesurer des instants très-courts. Inst. No. 928. p. 331.

On the value of electro-magnetism as a moving power. Mech. Mag. LV. 295.

Harrison. Electro-magnetic engine. Mech. Mag. LV. 365.

J. J. Greenough. Electro-magnetic engine. Mech. Mag. LV. 394.

---

10. Eisenmagnetismus.

A. Delesse. Ueber die magnetische Kraft der Mineralien und Gebirgsarten, und den Einflufs derselben bei der Bildung gewisser Gesteine. Erdm. J. LIII. 139*.

— — Note sur le pouvoir magnétique des verres provenant de la fusion des roches. C. R. XXXV. 84*; Inst. No. 839. p. 33*; Mech. Mag. LIII. 116*.

Poggendorff. Kräftige Stahlmagnete von W. A. Logeman. Pogg. Ann. LXXX. 175*.

D. Brewster. Sur quelques aimants établis d'après un procédé dû à M. Elias, et fabriqués par M. Logeman. Inst. No. 882. p. 384*.

J. N. Hearder. Ueber die Anwendung des Gufseisens zur Construction sehr kräftiger permanenter Magnete. Dingl. p. J. CXX. 233*; Polyt. C. Bl. 1851. p. 78*; Mining J. No. 789. p. 470.

C. Kohn. Ueber das Schwächerwerden der künstlichen Magnete durch das öftere Trennen des Ankers von denselben. Not.- u. Intelligenzbl. d. Ing. Ver. 1851. No. 1. p. 1*; Dingl. p. J. CXX. 393*; Polyt. C. Bl. 1851. p. 635*.

J. Lamont. Ueber den allmäligen Kraftverlust der Magnete, mit besonderer Rücksicht auf die Bestimmung der Variationen der erdmagnetischen Intensität. Pogg. Ann. LXXXII. 440*; Arch. d. Pharm. (2) LXVIII. 74.

J. Frick. Entgegnung. Pogg. Ann. LXXXII. 160*.

E. J. Johnson. On the effect of the telescopic funnels of steam ships on their compasses. Athen. 1851. p. 776*; Inst. No. 923. p. 296*; Rep. of the Brit. Assoc. 1851. 2. p. 8.

H. vom Kolke. Ueber eine neue Methode, die Intensität des Magnetismus zu bestimmen, nebst einigen mit Hülfe derselben gefundenen Resultaten. Pogg. Ann. LXXXI. 321*.

J. Lamont. Ueber die Vertheilung des Magnetismus in Stahlstäben und die Maafsbestimmung der magnetischen Intensität durch die Kraft, womit ein weiches Eisenstück angezogen wird. Erster und zweiter Aufsatz. Pogg. Ann. LXXXIII. 354*, 364*.

W. Thomson. Sur la théorie mathematique du magnetisme. Inst. No. 848. p. 110*.

— — A mathematical theory of magnetism. Phil. Trans. 1851. p. 243*.

T. Rankin. Sur le laiton magnétisé. Inst. No. 839. p. 40*.

W. S. Harris. On induced and other magnetic forces. Phil. Mag. (4) II. 493*; Inst. No. 952. p. 101.

Zusammenstellung der in den letzten Jahren in dem Gebiete des Magnetismus gemachten Entdeckungen. Erdm. J. XLIX. 1*.

A. Delesse. Ueber die magnetische Kraft der Mineralien und Gebirgsarten, und den Einflufs derselben bei der Bildung gewisser Gesteine. (Nach einigen Abhandlungen des genannten Verfassers im Auszuge mitgetheilt von T. Scheerer.)

— — Note über die magnetische Kraft der beim Schmelzen verschiedener Gesteine gewonnenen Verglasungen.

Die von Scheerer zusammengestellten Untersuchungen beziehen sich auf Arbeiten des Hrn. Delesse, welche in den vorhergehenden Jahrgängen dieser Berichte schon ihre Erledigung und nähere Besprechung gefunden haben[1]).

Die mit den verglasten Steinen und Erzen vorgenommenen Untersuchungen des Hrn. Delesse können als Fortsetzung der früher besprochenen Arbeiten betrachtet werden. Die der Hitze

[1]) Berl. Ber. 1848. p. 370; 1849. p. 316.

eines Glasschmelzofens 18 Stunden lang ausgesetzten Gesteine wurden in Beziehung auf ihre magnetische Kraft untersucht, und zu dem Ende wurden die Schmelzproducte mit den Erzen, aus welchen sie gewonnen wurden, verglichen. Die Resultate dieser vom Hrn. Delesse vorgenommenen Untersuchungen waren folgende:

1) Die magnetische Kraft der Erze wird durch das Schmelzen geändert, und zwar ist der Magnetismus der Schmelzproducte bald gröfser, bald kleiner, als jene der Erze selbst.

2) Der Glasschaum ist, obgleich er einen geringen Eisengehalt hat, stark magnetisch. Sehr geringen Magnetismus im Verhältnisse zu den Steinverglasungen hat das Flaschenglas.

3) Diejenigen Producte, welche aus Felsenarten gewonnen wurden, die Eisenoxydul enthalten, haben kleinere magnetische Kraft, als die Gesteine selbst.

4) Bei Kieselverbindungen (verschiedener Familien) entscheidet in Beziehung auf magnetische Kraft der Gehalt an Eisenoxyd. Dieser Eisengehalt kann schon an der Farbe der Mineralien erkannt werden.

Poggendorff. Kräftige Stahlmagnete von Logeman.

D. Brewster. Ueber einige starke Magnete, nach dem Verfahren von Elias verfertigt von Logeman zu Harlem.

Die von Hrn. Poggendorff mitgetheilte Anzeige enthält Näheres über die von Hrn. Logeman verfertigten Stahlmagnete. Diese Magnete sollen auch nach dem Abreifsen des Ankers ihre constante Kraft behalten, und letztere ist im Vergleiche zum Gewichte einzelner der Magnete sehr grofs. So besitzt ein aus einer Lamelle bestehender Magnet von 0,5125 Kil. Gewicht eine Tragkraft von 14,75 Kilogrammen. Die in dem angeführten Preisverzeichnisse angegebenen Magnete mit einer Lamelle, drei und fünf Lamellen, besitzen Tragkräfte von 25 bis 400 preufs. Pfunden, und es soll Hr. Logeman derlei Magnete von noch gröfserer Tragkraft anzufertigen im Stande sein. Die geraden Magnetstäbe des Hrn. Logeman sollen eine ähnliche relative

Tragkraft besitzen, wie die hufeisenförmigen. Welche Stahlsorte für diese Magnete verwendet wurde, welcher speciellen Behandlung der Stahl für den vorliegenden Zweck unterworfen wird, und welche Aenderungen diese Magnete durch Einwirkung der Wärme erfahren, ist nicht näher bekannt geworden.

Die Herren Brewster, Scoresby, Hunt, Waugh und Petrie beschäftigten sich ebenfalls mit der Untersuchung der Logeman'schen Magnete, und es finden in ihren Angaben die von Hrn. Poggendorff gemachten Mittheilungen ihre volle Bestätigung.

N. Hearder. Ueber die Anwendung des Gufseisens zur Construction sehr kräftiger permanenter Magnete.

Aus einer in der Royal Cornwall Polytechnic Society vorgetragenen Abhandlung wurde entnommen, dafs Hrn. Hearder es gelungen sei, gufseiserne Magnete von bedeutender Tragkraft anzufertigen. Ein aus 24 Platten zusammengesetzter Hufeisenmagnet wurde, indem die einzelnen Lamellen mittelst Drähte vereinigt worden waren, durch Anwendung eines Elektromagneten hergestellt. Anfänglich konnte die Tragkraft bis gegen 100 Pfund gesteigert werden; dieselbe sank aber nach wiederholtem Abreifsen des Ankers bis auf die Hälfte wieder herab. Nach wiederholtem Magnetisiren und Anlegen von sogenannten falschen Polen aus weichem Eisen brachte man die Tragkraft auf 250 Pfund; diese sank aber dann auf 150 Pfd., und betrug nach Verlauf von vier Jahren, nachdem der Magnet durch sechs Monate unarmirt liegen blieb, nur noch 80 Pfd. Die Summe der Tragkräfte der einzelnen Lamellen betrug aber in dem letzteren Falle nur 11 Pfd., während beim ersten Magnetisiren die stärkste Lamelle nicht mehr als 4 bis 5 Pfd., die schwächste nur 2 Pfd. tragen konnte. Der ganze Magnet wog 72 Pfd., und es sollen die Herstellungskosten desselben nicht $\frac{1}{6}$ derjenigen betragen, welche ein Stahlmagnet mit derselben Tragkraft erfordert. Es wäre wichtig die bei der Behandlung des Gufseisens für gegenwärtigen Zweck beobachteten Umstände, die Beschaffenheit des Gufsmateriales (welches nach unserem Vermuthen wohl Schmiedeeisen war, da bekanntlich bei Anwendung derartiger Formen das Gufseisen einen hohen Härtegrad erreicht), sowie die Gestalt der einzelnen Lamellen und die zugehörigen Dimensionen zu kennen, wovon in der vor uns liegenden Abhandlung nicht die Rede ist.

C. Kohn. Ueber das Schwächerwerden der künstlichen Magnete durch das öftere Abreifsen des Ankers von denselben.

Um die Gränze der Schwächung eines hufeisenförmigen Magneten zu ermitteln, die derselbe durch öfteres Losreifsen des Ankers erfährt, untersuchte Hr. Kohn eine hufeisenförmige Lamelle von 6″ Höhe, 1″ Breite und 3‴ Dicke (Wiener Maafs). Das Tragvermögen dieses Magneten war vor dem Versuche 4 Pfd., und die an einem Magnetometer durch denselben hervorgebrachte Ablenkung betrug 19°. Nach viermaligem Abreifsen blieben die Tragkraft und Ablenkung unverändert. Nach zehnmaligem Abreifsen waren die Aenderungen 3 Loth und 0°,5, nach dreifsigmaligem aber 4 Loth und 0°,8; nach 100 Trennungen konnte hingegen eine weitere Schwächung nicht wahrgenommen werden. — Nun wurde der Magnet am Cylinderdeckel einer Dampfmaschine so befestiget, dafs bei jedem Kolbenhub der Anker den Magneten vollkommen berührte, hierauf aber rasch wieder losgerissen wurde. Nachdem während 6 Stunden 16220, hierauf während 30 Stunden 86100, endlich nach 200 Stunden 512000 Ankertrennungen eingetreten waren, und jedesmal bei diesen drei Versuchen die Tragkraft und die Ablenkung nach den erwähnten Beobachtungszeiten untersucht worden waren, fand man, dafs die Tragkraft beim ersten Versuche auf 2 Pfund, die Ablenkung auf 8°, beim zweiten Versuche die Tragkraft auf 1 Pfd., die Ablenkung auf 7° sank, hingegen während des letzten Versuches ein weiterer Kraftverlust nicht eintrat.

J. Lamont. Ueber den allmäligen Kraftverlust der Magnete, mit besonderer Rücksicht auf die Bestimmung der Variationen der erdmagnetischen Intensität.

Der am allgemeinsten zur Geltung gekommenen Ansicht nach kann man zu jeder Zeit die Beziehung zwischen dem Kraftverlust eines Magneten und der statthabenden Temperatur herstellen, wenn beim Magnetisiren darauf Rücksicht genommen wurde, dafs ein von der Zeit abhängiger Kraftverlust nicht mehr eintreten kann. Wenn nämlich die Stahlstäbe während des Magnetisirens abwechselnd in Wasser von höherer und niederer Temperatur getaucht werden, so sollen dieselben auf die Dauer eine constante magnetische Kraft annehmen. Ermittelt man dann den Temperaturcoëfficienten eines auf diese Weise behandelten Magneten, so sollte man die einer jeden Temperatur angehörige Kraft des Magneten aus jener bei einer bestimmten Normaltemperatur ermitteln können. Allein die von Hrn. Lamont gemachten Erfahrungen zeigen, dafs ein Magnet niemals constante Kraft annimmt, und dafs auch aufserdem jede Temperaturerhöhung gleichsam eine Erschütterung des magnetischen Gleichgewichtes hervorbringt, deren Wirkung noch länger andauert, wenn auch sogleich wieder eine Temperaturerniedrigung eingetreten ist. Aufserdem üben auch Feuchtigkeit und Luftbewegung ihren Einflufs auf den Kraftverlust aus, und es möchten daher die an der Oberfläche des Stahlmagneten eintretenden chemischen Aenderungen auch theilweise das Nachlassen der Magneten bedingen.

Die von Hrn. Lamont angestellten Untersuchungen über den Kraftverlust der Ablenkungsmagnete der Hauptintensitätsinstrumente des magnetischen Observatoriums zeigen, dafs der Kraftverlust eines Magneten von der Temperatur etc. des Raumes, in dem er sich befindet, abhängig ist, in den Wintermonaten (Januar bis März) am kleinsten und regelmäfsigsten, in den Sommermonaten (Juni, Juli, August und September) am gröfsten ausfällt, und in der letzten Hälfte des Sommers sein Maximum erreicht, im Frühjahre und Spätherbste hingegen die Kraftabnahme bald gröfser, bald kleiner, überhaupt sehr ungleichmäfsig sich zeigt. Die vom Jahre 1846 bis 1850 vorgenommenen Messungen gaben für den gröfsten Kraftverlust im Sommer der einzelnen Jahre die Zahlen 102, 66, 56, 49 und 42, und es möchte hieraus der Schlufs gezogen werden, dafs die Maxima der Verluste der einzelnen Jahre in fast regelmäfsiger Progression abnehmen. Allein die Erfahrungen der letzten Jahre zeigen, dafs von einer solchen stetigen Abnahme nicht blofs keine Rede sein kann, sondern auch überhaupt, dafs eine Beziehung zwischen dem Kraftverluste eines Magneten und der zugehörigen Temperatur mittelst der bisherigen Erfahrungen wohl kaum ermittelt werden könne. Um brauchbare Angaben der Variationsinstrumente zu erhalten, führt daher Hr. Lamont die Nothwendigkeit der zeitweisen Vornahme von absoluten Messungen an, ohne welche weder die tägliche noch die jährliche Periode der Intensität des Erdmagnetismus richtig ermittelt werden könne [1]).

Die „Entgegnung" des Hrn. Frick eignet sich nicht für eine weitere Besprechung, und wir führen deshalb nur an, dafs sich dieselbe auf die im vorigen Jahresberichte (p. 328) besprochenen Untersuchungen des Hrn. Frick bezieht.

E. J. Johnson. Ueber die Einwirkung der nach Art der Zugröhrenperspective in einander gehenden Röhren der Kamine der Dampfschiffe auf die Angaben der Boussole.

Hr. Johnson macht (in einem Briefe an Colonel Sabine) auf die Wichtigkeit der Bestimmung der Einwirkung der Kaminröhren der Dampfschiffe auf die Abweichungen der Nadel der Boussole

[1]) Näheres über diesen Gegenstand findet man in nachbenannten Abhandlungen:

Lamont. Ueber das Verhalten des Nadelmagnetismus bei Temperaturveränderungen. Münchn. gel. Anz. XIII. 105.

Hansteen. De mutationibus virgae magneticae. Christian. 1842.

Hansteen u. Lamont. Ann. f. Meteor. u. Erdmagn. I. 188.

Lamont. Einflufs der Temperatur auf Magnete. Rep. VII. p. XXXVIII.

— — Magnetische Ortsbestimmungen an verschiedenen Punkten des Königreichs Bayern. München 1854.

aufmerksam, und führt unter anderem an, dafs bei Abweichungen, wie sie bei den Schiffen „Ajax" und „Blenheim" vorkommen, bedeutend irre führen könnten. Um über die Gröfse dieser Abweichungen und die hierdurch entstehenden Fehler entscheiden zu können, liefs Hr. Johnson drei hohle eiserne Cylinder anfertigen, die man in einander stecken konnte, und beobachtete ihre Einwirkung, nämlich die Einwirkung des inducirten Magnetismus auf die Angaben der Boussole, auf die Schwingungsdauer eines Hansteen'schen Intensitätsapparates und auf die Neigung der Nadel eines Inclinatoriums. Nachdem mittelst eines Collimators die Ebene des magnetischen Meridians bestimmt worden war, wurde der gröfsere Cylinder, nämlich No. 1, auf der Ostseite des magnetischen Meridians unterhalb der Niveauplatte der Nadel so angebracht, dafs über die Ebene dieser Platte der obere Rand des Cylinders um $2\frac{1}{2}''$ noch hervorragte; es zeigte sich nun eine Abweichung der Nadel gegen Osten von 10° 10'; wurde nun Cylinder No. 1 in No. 2 gesteckt, so steigerte sich die Abweichung auf 12° 15'; endlich beim Einsetzen von Cylinder No. 2 in No. 3 wurde eine Abweichung von 14° 15' beobachtet. — Die Schwingungsdauer der Nadel des Intensitätsapparates unter einem Ausschlage von 18° war vor Anbringung jener Röhren 6' 57", bei Anbringung des Cylinders No. 1 6' 51", beim Einstecken von No. 2 in No. 1 6' 47", endlich unter Einwirkung der drei in einander gesteckten Röhren 6' 45". — Aehnlich wurden die Angaben des Inclinatoriums in diesen vier Fällen beobachtet; im ersten Falle war die Inclination 68° 37', im zweiten 70° 10', im dritten 70° 27', im vierten 70° 37'. Diese Angaben bestätigen also die von Hrn. Johnson aufgestellte Behauptung.

H. vom Kolke. Ueber eine neue Methode, die Intensität des Magnetismus zu bestimmen, nebst einigen mit Hülfe derselben gefundenen Resultaten.

Ein für manche Untersuchungen sehr zweckmäfsiges Verfahren zur genäherten Bestimmung der Intensität des freien

Magnetismus von Elektromagneten sowohl als auch von Stahlmagneten wurde schon vor längerer Zeit von Hrn. Kolke in seiner Dissertation („De nova magnetismi intensitatem metiendi methodo ac de rebus quibusdam hac methodo inventis") veröffentlicht, durch welches der Hr. Verfasser zu gleicher Zeit auf einige Eigenschaften der Magnete aufmerksam gemacht wurde, welche bisher wenig beachtet sind. Obgleich dieses Verfahren, seitdem es bekannt geworden ist, schon öfters angewendet und beschrieben wurde, so halten wir es doch nicht für überflüssig, dasselbe hier in Kürze mitzutheilen und die von Hrn. Kolke gefundenen Thatsachen aufzuführen.

Für die Untersuchung der Elektromagnete wendete Hr. Kolke einen hufeisenförmigen cylindrischen Eisenkern von 84 Kilogr. Gewicht an, dessen Durchmesser 102^{mm} betrug, und an welchem die Mittelpunkte der Polflächen um 284^{mm} von einander abstanden. Die Drahtspirale bestand aus vier Lagen von je 92 Windungen, welche so den Magneten umgaben, dafs der Strom je nach Bedarf entweder durch alle oder nur durch mehrere Lagen, oder endlich nur durch ein System von Windungen sich bewegen konnte.

Die Vertheilung des Magnetismus an den Polflächen sowohl wie auch an Ankern von verschiedener Form zu bestimmen, war der Zweck der Untersuchung. Um den Magnetismus an den Polflächen zu bestimmen, wurde ein an einem Ende zugespitzter eiserner Cylinder gewählt, der an dem anderen Ende mit dem einen Wagbalken einer sehr empfindlichen Wage in Verbindung stand, und mit seiner Spitze die einzelnen Stellen der Polflächen berühren konnte. Aus den Gewichten, welche in die Wagschale der vorher äquilibrirten Wage gelegt werden mufsten, um diesen cylindrischen Anker abzureifsen, konnte man auf die Intensität der einzelnen Stellen der Polflächen schliefsen. Dieses an und für sich sehr einfache Verfahren läfst sich — wie diefs auch in letzterer Zeit von mehreren Gelehrten geschehen ist — zur Aufsuchung der Intensität des freien Magnetismus von Magneten überhaupt anwenden, wenn man auf den in dem conischen Anker durch Induction erzeugten Magnetismus gehörig Rücksicht nimmt. — Die Anker, an welchen die Vertheilung untersucht wurde, waren theilweise von parallelepipedischer, theils von cylindrischer und conischer Form; jedoch beziehen sich die meisten Versuche nur auf Anker der erstgenannten Form.

Wurde der Elektromagnet durch ein GROVE'sches Element erregt, und durch Einschaltung eines Rheostaten die Abweichung der Nadel einer Tangentenboussole constant (bei den meisten Versuchen bei einem Winkel von 20°) erhalten, wurde ferner jede der Polflächen durch concentrische Kreise und Kreisausschnitte in möglichst kleine Streifen zerlegt, und in jedem bezeichneten Punkte das Abreifsen eines 16mm langen und 4mm,5 dicken Eisenstäbchens vorgenommen, so zeigten sich folgende Erscheinungen.

a) Der Magnetismus war an den Rändern stets stärker, als in der Mitte der Polfläche des Elektromagneten.

b) Bei ungleichnamig erregten Polen sind jene Randtheile der Polflächen am stärksten magnetisch, welche einander zugekehrt sind, während die von einander abgewendeten Ränder schwächeren Magnetismus zeigen.

c) Die Stelle von geringster magnetischer Kraft liegt an jeder Polfläche nicht in der Mitte derselben, sondern näher gegen den freien Rand hin.

Aehnliche Resultate ergaben sich auch, wenn beide Pole gleichnamig waren, und dann noch, wenn nur ein Pol oder vielmehr ein Schenkel des Hufeisens (unmittelbar) magnetisch erregt worden war. Jedoch zeigten sich in diesen Fällen die Stellen des Maximums und Minimums des freien Magnetismus an den Polflächen entweder an entgegengesetzten oder an denselben Stellen wie im ersten Falle, je nachdem beide Pole gleichnamig oder ungleichnamig waren.

Wurde ein Anker genau symmetrisch über beide Pole gelegt, die Längenrichtung desselben in 16 gleiche Theile getheilt, und nach der genannten Methode jede einzelne Stelle des Ankers untersucht, so zeigte sich hier nicht blofs, dafs in der Mitte des Ankers sich ein Indifferenzpunkt befindet, dafs ferner der Magnetismus gegen beide Enden hin zunimmt, wenn beide Pole in gewöhnlicher Weise erregt wurden, sondern auch, dafs unter sonst gleichen Umständen der Magnetismus an den Kanten stärker war als an der Mittellinie, dafs aber diese Zunahme gegen die Kanten hin nicht in stetiger Weise eintrat.

Die Erscheinungen, welche die verschiedenen Stellen des Ankers zeigten, wenn beide Pole gleichnamig magnetisirt, oder in dem Falle, wo ein Schenkel des Magneten für sich erregt, der andere aber durch Induction magnetisch wurde, sind im Allgemeinen dieselben wie jene des vorigen Falles; die Verschiedenheiten, welche durch diese specielle Anordnung herbeigeführt wurden, sind jene, welche sich im voraus erwarten liefsen. Wurden aber zwei Halbanker angewendet, d. h. wurde jede Polfläche mit einem eigenen Anker versehen, und die Einrichtung getroffen, dafs diese Halbanker bis zur Berührung an einander gebracht und wieder von einander entfernt werden konnten, so zeigten sich zwar in Beziehung auf die Anordnung des Magnetismus von der Mittellinie aus gegen die Kanten dieselben Erscheinungen, wie in den vorher betrachteten Fällen, aber die indifferente Stelle fiel nicht in die Berührungsfläche beider Ankerhälften, sondern jeder Ankertheil zeigte seinen eigenen Pol, und von hier an nahm die Intensität des Magnetismus gegen die Berührungsstelle hin ab.

Die Untersuchungen an permanenten Stahlmagneten führten zu folgenden Resultaten.

1) An einem Stahlmagneten ist die Zunahme des Magnetismus von der Mitte aus gegen die Pole hin keine stetige; diese Zunahme findet nämlich anfangs langsam (fast regelmäfsig), in der Nähe der Enden aber weit rascher statt. Auch hier findet sich nämlich eine stärkere magnetische Intensität an den Kanten, als gegen die Mittellinien, es wird daher nicht blofs an den Kanten in der Nähe der Pole der Magnetismus viel stärker sein, als auf den Flächen des Magneten selbst, sondern es wird auch der stärkste Grad freien Magnetismus an den Ecken zu finden sein, und die Zunahme der magnetischen Kraft von einer bestimmten Stelle aus in der Nähe eines jeden Magnetendes gegen das Ende selbst hin wird in discontinuirlicher Weise nothwendig erfolgen müssen.

2) Die Stärke des freien Magnetismus an den einzelnen Stellen eines Magneten ist von der Stärke des letzteren sowohl als auch von dem Verhältnisse der Längen- zur Breitenausdehnung

des (parallelepipedischen) Stabes abhängig, und von diesen Elementen sind (wohl unter sonst gleichen Umständen) die Aenderungen der Intensitätscurve eines Stahlmagneten abhängig.

Zum Schlusse seiner Mittheilungen giebt Hr. KOLKE noch einige Bemerkungen über die magnetische Induction durch gröfsere Eisenmassen und einige mit der Induction zusammenhängende Erscheinungen an, auf die wir jetzt nicht näher eingehen können. Dafs, wie Hr. KOLKE bemerkt, das beschriebene Verfahren in manchen Fällen mit Nutzen angewendet werden kann, um die Veränderungen, welche ein Magnet durch irgend welche Einflüsse erfährt, direct zu veranschaulichen, wird im Allgemeinen zugegeben werden müssen, es dürfte auch wohl weit gröfsere Sicherheit und gründlichere Anhaltspunkte zur Beurtheilung der Stärke eines Magneten liefern als die noch von Zeit zu Zeit zum Vorschein kommende Armirungsmethode; was aber den Grad der Genauigkeit betrifft, welchen das sonst sehr sinnreiche Verfahren des Hrn. KOLKE liefert, so können hierüber erst dann Anhaltepunkte gegeben werden, wenn gröfsere Versuchsreihen bekannt geworden sind. Diese werden dann auch zeigen können, in wie ferne die Intensität und die Vertheilung des Magnetismus an einem Magnetstabe von der Gestalt des Querschnittes und seiner Längendimension abhängig ist.

J. LAMONT. Ueber die Vertheilung des Magnetismus in Stahlstäben und die Maafsbestimmung der magnetischen Intensität durch die Kraft, womit ein weiches Eisenstück angezogen wird (Erster und zweiter Aufsatz).

Schon im Jahre 1842 stellte Hr. LAMONT die Grundgesetze dar (in seiner Abhandlung „über die Bestimmung des Gesetzes, nach welchem der Magnetismus in Stahlstäben vertheilt ist", Ann. f. Meteor. u. Erdmagn. IV. 206), durch deren Benutzung man mit Hülfe geeigneter Beobachtungsmittel zur Kenntnifs der Vertheilung des Magnetismus in Stahlstäben gelangen könnte. Später wurde (im Jahre 1847) ein eigener Ablenkungsapparat construirt, der so eingerichtet war, dafs man die von dem zu untersuchenden Magnete an einer kleinen Nadel hervorgebrachten Richtungsveränderungen zu messen im Stande war, wenn der Stab in verschiedene Lagen gegen die Nadel gebracht und verschiedene Stellen desselben der letzteren zugekehrt waren. Die Einrichtung dieses Apparates, dessen Hauptbestandtheil eine leicht bewegliche etwa 4''' lange Magnetnadel war, die um eine verticale Axe sich drehen, und welche man durch eigenthümliche Constructionen von dem Ablenkungsmagnete afficiren lassen konnte, wurde im Jahre 1850 verbessert, und die wiederholt mit diesem Instrumente vorgenommenen Versuche gaben befriedigende und sehr brauchbare Beobachtungsresultate. — Später benutzte Hr. LAMONT zur Untersuchung der Vertheilung des Magnetismus in Stahlstäben einen Apparat, dessen Einrichtung das vom Hrn. KOLKE angewandte Princip zu Grunde liegt. Ein Faden wurde nämlich an einem Ende aufgehängt und durch ein an seinem unteren Ende angehängtes Gewicht vertical gespannt; derselbe trug ein kleines Eisenstückchen an einer oberhalb des Gewichtes und in der Nähe des letzteren befindlichen Stelle, und der Suspensionspunkt konnte mittelst einer Schraube so verschoben werden, dafs, wenn das Eisenstückchen von einem in die Nähe desselben gebrachten Magneten angezogen wurde, ein Trennen des Eisens vom Magneten in gehöriger Weise vorgenommen werden konnte. Aus der Entfernung des Eisenstückes von der zugewendeten Fläche des Magneten nach dem Losreifsen und der Distanz dieses Eisenpendels vom Aufhängungspunkte läfst sich das zum Losreifsen erforderliche Gewicht berechnen. Wenn nämlich diese Entfernungen beziehungsweise s und r sind, f das Gewicht des Fadens, q das des Eisenstückchens und p das spannende Gewicht ist, so wird $P = \frac{p+q+f}{r} s$ das zum Losreifsen erforderliche Gewicht sein.

Mit Zugrundelegung naturgemäfser Hypothesen wurde von Hrn. LAMONT die vom Magneten gegen das Eisenstückchen ausgeübte Anziehung näher untersucht und entwickelt. Nimmt man an, dafs sowohl im Magnetstabe als auch im weichen Eisen der Magnetismus im Innern (während der Berührung) vollkommen neutralisirt ist, so dafs nur an der Oberfläche die magnetischen Erscheinungen sich zeigen können, nimmt man ferner die im Eisen erregte Quantität freien Magnetismus der erregenden Kraft proportional an, ist Xdm der Magnetismus des Stabes für ein Element dm, dm' ein körperliches Element des weichen Eisens, ϱ die Distanz zwischen diesen beiden Elementen, der Winkel den diese Verbindungslinie von dm und dm' mit der magnetischen Axe des Eisenstäbchens bildet $= \alpha$, V die Menge des im weichen Eisen erregten Magnetismus, und wäre die Vertheilung von der Mitte aus im weichen Eisen gegen Nord- und Südpol hin gleichmäfsig, so dafs die magnetische Intensität der Entfernung von der Mitte direct proportional wäre, so hätte man für ein cylindrisches Eisenstückchen von der Länge λ an einer um u vom Ende entfernten Stelle die Intensität $= 8V\frac{\frac{1}{2}\lambda - u}{\lambda^2}$; folglich wird

$$P = 8\int VX\frac{(\frac{1}{2}\lambda - u)\,du\,dm}{\lambda^2\varrho^2}\cos\alpha.$$

Da man nun für den Umfang eines bestimmten Querschnittes des Magneten die Gröfse X nahezu als constant betrachten darf, so wird, wenn K^2 eine Function gewisser Dimensionen des Stabes und des Eisencylinders bedeutet,

$$P = K^2X^2(1 + aX + bX^2 + \ldots.),$$

und daher

$$X = \frac{1}{K}\sqrt{P}(1 + a'\sqrt{P} + b'P + \ldots.).$$

Unter Voraussetzung vollkommener Inductionsfähigkeit des Eisens würde also aus dem Vorhergehenden gefolgert werden können, dafs die magnetische Kraft an verschiedenen Stellen eines Magnetstabes der Quadratwurzel des zum Losreifsen erforderlichen Gewichtes proportional gesetzt werden darf, wofür aber in der Wirklichkeit die Hinzufügung einer den Umständen entsprechenden Constanten nöthig ist. Zur Bestimmung der Constanten wendet Hr. Lamont gleichzeitig verschiedene Methoden an, um das magnetische Moment des Stabes zu ermitteln. Es werden nämlich, indem der Magnetstab in gleiche Theile abgetheilt wird, einmal die zum Abreifsen des Eisenstückchens vom Magnetstabe an verschiedenen Stellen erforderlichen Gewichte bestimmt, und diese mit dem magnetischen Momente des Stabes in Beziehung gebracht; **hierauf** wird das magnetische Moment als Function der Ablenkung einer in grofser Entfernung vom Magnete befindlichen Declinationsnadel und der Lage und Distanz des Stabes etc. angesetzt, und hierdurch werden die Beziehungen zwischen den Constanten, den Abreifsungsgewichten, Ablenkungswinkeln etc. hergestellt, so dafs jene Correctionen mittelst geeigneter Beobachtungen sich jedesmal auffinden lassen. An zwei vierpfündigen Magnetstäben von gleicher Form und unter Anwendung eines Cylinders von weichem Eisen von 6‴,5 Länge und 1‴,9 Durchmesser wurden Versuche angestellt, und wird durch die auf beschriebene Weise erhaltenen Beobachtungsresultate das Verfahren näher erläutert.

Mit Benutzung dieser Versuche zeigt Hr. LAMONT, dafs P immer kleiner als K^2X^2 ist, dafs also die Intensität des Magnetismus an irgend einer Stelle des Stabes nicht eine direct proportionale Quantität Magnetismus im weichen Eisen hervorruft, sondern dafs diese Quantität abnimmt, wenn X zunimmt, dafs ferner bei Versuchen genannter Art nur kleine Eisenstücke verwendet werden dürfen, dafs endlich die Gröfse X für Stellen, an welchen zwei Flächen zusammenstofsen, nicht gröfser wird, dafs also die Zunahme des Magnetismus gegen die Kanten des Stabes hin, nur eine scheinbare sei.

Um die in den vorstehend erwähnten Untersuchungen unerörtert gebliebenen Umstände näher zu entwickeln wurde die Vertheilung des in einem weichen Eisenstäbchen inducirten Magnetismus näher geprüft, und es benutzte hierzu Hr. LAMONT Eisencylinder von 3‴ Dicke und 3″, 6″ bis 9″ Länge, dann solche von $\frac{1}{4}$ bis $\frac{3}{4}$″, die mit starken Magneten in Berührung gebracht oder diesen genähert wurden, und an welchen mittelst Anwendung einer sehr feinen Nadel die Stellung des Indifferenzpunktes beobachtet werden konnte. Der Verlauf dieser Untersuchungen machte es nöthig, die Einwirkung einer magnetisirten Platte auf ein kleines Eisenstück der Rechnung zu unterwerfen, und die erhaltenen Resultate mit den Ergebnissen der Erfahrung zu vergleichen.

Am Schlusse dieser Erörterungen theilt Hr. Lamont die Versuchsresultate mit, welche unter Anwendung der genannten Methode die Vertheilung des Magnetismus an drei runden ungehärteten Stahlstäben zeigen. Die Cylinder No. 1 und No. 2 hatten gleiche Dimensionen, jeder war 225‴,1 (par. Maafs) lang, 10‴,7 dick; Cylinder No. 3 hatte die Länge 151‴,4 und den Durchmesser 6‴,5. Diese Stäbe wurden mittelst des Doppelstriches magnetisirt, und der zum Abreifsen angewandte Eisencylinder war 12‴,8 lang und 2‴,0 dick. Die mitgetheilten Versuchsreihen liefsen auch erkennen, in wie weit die Biot'sche Formel zur Bestimmung der Vertheilung des Magnetismus in Stahlmagneten ihre Anwendung finden könne. — Als Hauptergebnisse aller dieser Untersuchungen des Hrn. Lamont möchte das Folgende angeführt werden dürfen.

1) Wird ein Cylinder in die Nähe einer magnetischen Fläche gebracht, so fällt die durch Induction entstandene Magnetisirung so aus, dafs die indifferente Stelle sehr nahe an das dem Magneten zugewendete Ende zu liegen kommt, wobei die Länge des Stäbchens keinen Einflufs zu haben scheint.

2) Nimmt man an, dafs der eine Magnetismus des Eisenstäbchens an der Berührungsstelle concentrirt sei, während der andere von diesem Ende aus bis zum entgegengesetzten stetig zunehme, so liefert die Gleichung

$$P = 2VX\int\frac{(\beta-u)u\,du\,dx\,dy}{\beta^2\varrho^2} + 2VX\int\frac{(\beta-u)u\,du\,dx\,dy}{(\lambda-\beta)^2\varrho^2}$$

$\left(\text{wo } V = UX\int\frac{u\,du\,dx\,dy}{\varrho^2}\right.$, β die Entfernung der indifferenten Stelle des Eisenstäbchens von dem Ende, welches dem Magneten zugekehrt ist, x, y die Coordinaten eines Punktes der magnetischen Fläche bedeuten, den Ursprung im Berührungspunkte des Cylinders und Magneten angenommen$\Big)$ das Ergebnifs, dafs der anliegende Pol ebenso stark von den einzelnen Punkten der magnetischen Fläche angezogen, als der entfernte abgestofsen wird.

3) Wird also ein magnetisches Element von einer unbegränzten magnetischen Fläche angezogen, so bleibt die Anziehung von

der Entfernung des Punktes unabhängig. Es wird also eine magnetisirte Platte von überall gleicher Dicke keine Anziehung ausüben, es mag der Magnetismus blofs an der Oberfläche oder auch im Innern sich befinden.

Die hier eintretende scheinbare Anomalie, vermöge welcher die einzelnen Punkte einer magnetischen Platte keine Anziehung äufsern sollen, während doch jede Stelle einer ausgedehnten magnetischen Fläche auf ein mit ihr in Berührung gebrachtes Eisentheilchen Anziehung ausübt, mufs dahin erklärt werden, dafs bei der gänzlichen Berührung andere Verhältnisse eintreten, als wenn der angezogene Eisencylinder in gröfsere Entfernung vom Magneten gebracht wird. Bei eingetretener Berührung scheinen moleculare Einwirkungen, durch den gegenseitigen Einflufs der einander magnetisch afficirenden Theile erregt, aufzutreten; in gröfserer Entfernung aber wirken alle Theile der magnetischen Fläche gleichzeitig auf das weiche Eisen ein, und bringen so die erwähnte Wirkung hervor.

4) In Beziehung auf die Vertheilung des Magnetismus in einem gleichartigen Stahlmagneten kann man die zuweilen als Näherung gebrauchte Hypothese einer gleichmäfsigen Zunahme des Magnetismus von der Mitte aus gegen beide Enden nicht in Anwendung bringen.

5) Die BIOT'sche Formel stellt die Intensitäten, wenn man die Endpunkte des Stabes nicht berücksichtiget, so genau dar, dafs die zu Grunde gelegte Hypothese als richtig anerkannt werden mufs; für die Endpunkte dagegen erhält man nach der BIOT'schen Formel die Intensitäten fast um $\frac{1}{6}$ zu klein.

Die BIOT'sche Hypothese bedarf daher zu ihrer Vervollständigung eines Zusatzes, wodurch die Zunahme an den Enden erklärt wird.

W. THOMSON. Ueber die mathematische Theorie des Magnetismus.

Die im vorigen Jahresberichte erwähnte Ankündigung der neuen Bearbeitung einer „Theorie des Magnetismus", gegründet auf die speciellen Untersuchungen COULOMB's über die Lehre vom

Magnetismus und ohne Berücksichtigung der hypothetischen magnetischen Flüssigkeiten dargestellt, ist in einer ausgedehnten und allgemein gehaltenen Abhandlung, die schon im Jahre 1851 erschienen ist, enthalten.

Der von Hrn. Thomson bei dieser Bearbeitung eingeschlagene Weg hat im Allgemeinen viel Aehnlichkeit mit der bei der Bearbeitung dieses Gegenstandes von Poisson angewandten Methode (Mémoire sur la théorie du magnétisme. Mém. d. l'Ac. Roy. d. Scienc. d. l'Inst. d. France 1821 et 1822. p. 247).

Die Abhandlung des Hrn. Thomson zerfällt in zwei Theile, wovon der erste die Vertheilung des Magnetismus in Körpern überhaupt und die allgemeinen Ausdrücke der Gesetze der magnetischen Kraft, der zweite die Theorie der Magnetisirung durch Influenz zum Gegenstande der Betrachtung hat. Die nicht unbedeutende Ausdehnung dieser gründlichen und vollständigen Bearbeitung in Bezug auf allgemeine Betrachtungen über die Lehre vom Magnetismus setzt der Besprechung dieser Abhandlung für den vorliegenden Zweck gewisse Gränzen, innerhalb welcher wir uns bewegen müssen, wenn wir nicht weitläufig den Gegenstand behandeln sollen. Wir begnügen uns daher mit der Heraushebung einiger Entwickelungen, welche als Hauptresultate einzelner von Hrn. Thomson betrachteten Aufgaben angesehen werden können. Der Inhalt des ersten Theiles dieser Abhandlung erstreckt sich

1) auf allgemeine Betrachtungen über die Natur und Wirkungsweise der magnetischen Kraft (Cap. I),

2) auf die allgemeine Betrachtung (der Anziehungsgesetze überhaupt) der Gesetze der magnetischen Kraft und die Vertheilung des Magnetismus in magnetischer Materie (Cap. II),

3) auf Betrachtungen über die eingebildete magnetische Materie, durch welche die Polarität der magnetischen Körper vorgestellt werden kann (Cap. III),

4) auf Bestimmung der gegenseitigen Einwirkung zweier gegebenen Theile magnetischer Materie (Cap. IV).

Der zweite Theil behandelt die „solenoïdale und lamellare Vertheilung des Magnetismus" (Cap. V).

Aufser den allgemeinen Thatsachen und Grundgesetzen, die

im I., II. und III. Capitel niedergelegt sind, legt zur Begründung seiner Theorie Hr. THOMSON noch folgende Voraussetzungen vor, die wir hier gedrängt zusammenstellen wollen.

1) Die beiden Arten der eingebildeten magnetischen Materie repräsentiren beziehungsweise die nördliche und südliche Polarität des Körpers oder die ähnlichen Polaritäten irgend eines Magneten. Gleiche Portionen stoſsen sich ab, ungleiche ziehen sich an.

2) Bei einem gleichförmig magnetisirten dünnen Stabe kann man den im Nord- oder Südpole concentrirten Magnetismus als die magnetische Kraft der Nadel betrachten. — Wenn ein einfacher unendlich dünner Stab in einem zusammengesetzten Magneten von derselben Lage den Magnetismus m erzeugen kann, so ist seine magnetische Kraft durch m ausgedrückt.

3) Zwei Einheiten der magnetischen Materie, welche in der Einheit der Entfernung neben einander sind, wirken mit der Einheit der Kraft auf einander ein. — Wenn die Magnetismen m und m' in Punkten concentrirt sind, die in der Distanz f von einander sich befinden, so ist die Einwirkung derselben ausgedrückt durch $\frac{mm'}{f^2}$.

Da nun jede magnetische Masse als aus unendlich kleinen Magnetstäben zusammengesetzt betrachtet werden kann, so reducirt sich die gegenseitige Einwirkung zweier Magnete auf einander auf die Attraction oder Repulsion zwischen zwei Theilen der magnetischen Materie, welche ihre Polflächen vorstellen. (Als Magnete betrachtet Hr. THOMSON den Stahlmagneten, den natürlichen Magneten und den Schraubendraht, welcher eine galvanische Kette schlieſst.)

4) Das Product aus der Länge eines unendlich dünnen, gleichförmig und longitudinal magnetisirten Stabes in seine Kraft wird das magnetische Moment des Stabes genannt. Aus den Momenten der unendlich kleinen Magnetstäbchen, in welche ein Magnet zerlegt gedacht werden kann, kann man das Moment des Stabes selbst finden.

5) Das magnetische Moment irgend eines Theils einer gleichförmig magnetisirten Masse ist dem Volumen proportional.

6) Das magnetische Moment eines gleichförmig magnetisirten

Körpers von beliebiger Form ist gleich dem Producte aus dem Volumen in die Intensität der Magnetisirung, wobei man unter der Intensität der Magnetisirung das magnetische Moment der Volumeinheit zu verstehen hat.

7) Die Intensität der Magnetisation an irgend einer Stelle *P* (eines in irgendwelcher Weise magnetisirten Körpers), von welcher nach allen Richtungen hin die Vertheilung des Magnetismus gleichförmig betrachtet werden kann, erhält man, indem man das magnetische Moment dieses Theilchens durch das zugehörige Volumen dividirt, „und eine durch *P* mit irgend einer der Linien der Magnetisirung gezogene Parallele giebt die Richtung der Magnetisation von *P*".

8) Bei einer magnetischen Vertheilung irgend einer Art über eine Fläche erhält man die oberflächliche Dichtigkeit (superficial density) irgend einer Stelle durch den Quotienten aus der Quantität des Magnetismus dieser unendlich kleinen Stelle dividirt durch den Inhalt der Oberfläche derselben.

9) Die Resultirende eines der Einwirkung eines Magneten ausgesetzten Punktes ist die Kraft, welche der nördliche oder südliche Magnetismus ausübt, wenn er sich in diesem Punkte befindet, und wenn alle magnetische Materie durch die entsprechende Vertheilung derselben ersetzt wird.

Diese Principien zu Grunde legend, entwickelt Hr. Thomson zuerst die Grundgleichungen für die magnetische Dichtigkeit einer Stelle der Oberfläche und die Vertheilung in dem Körper, und geht sodann auf die gegenseitige Einwirkung zweier Magnete über.

Denkt man sich nämlich den Körper in kleine magnetische Elemente von parallelepipedischer Form zerlegt, sind α, β, γ die drei Kanten eines solchen Parallelepipedons, sind ferner x, y, z die senkrechten Coordinaten des Mittelpunktes desselben, und l, m, n die Projectionszahlen der magnetischen Axe durch *P* (direction cosines of magnetization at *P*), so findet Hr. Thomson als Totalausdruck der Vertheilung über die Oberfläche dieses Stückes *P*

$$-2\left[\frac{d(il)}{dx}+\frac{d(im)}{dy}+\frac{d(in)}{dz}\right]\alpha\beta\gamma,$$

worin i die Intensität der Magnetisation des Körpers ist

Nennt man nun die Dichtigkeit an irgend einem Punkte der Oberfläche ϱ, $[l]$, $[m]$, $[n]$ die zugehörigen Projectionszahlen, $[i]$ die Intensität der Magnetisation der Oberfläche, λ, μ, ν die Projectionszahlen der Normale dieses Punktes der Oberfläche, ist ferner k die Dichtigkeit der magnetischen Materie des Elementes P, so wird

$$1)\qquad \varrho = [il]\lambda + [im]\mu + [in]\nu,$$

und

$$2)\qquad k = -\left[\frac{d(il)}{dx} + \frac{d(im)}{dy} + \frac{d(in)}{dz}\right],$$

wodurch die Vertheilung an der Oberfläche und die durch den ganzen Körper gefunden werden kann. Ist von einem gegebenen Magneten an irgend einer Stelle, deren Coordinaten $[x]$, $[y]$, $[z]$, der Inhalt des Flächenelementes $= dS$, die Distanz desselben von einem beliebigen Punkte P gleich $\triangle$, sind die Coordinaten dieses Punktes durch ξ, η, ζ bezeichnet, und ist V das gegebene Potenzial des Punktes P, so entwickelt Hr. THOMSON

$$V = \iint \frac{[il]\lambda + [im]\mu + [in]\nu}{[\triangle]} dS$$

$$- \iiint \frac{\frac{d(il)}{dx} + \frac{d(im)}{dy} + \frac{d(in)}{dz}}{\triangle} dx\,dy\,dz,$$

worin

$[\triangle] = (\xi - [x])^2 + (\eta - [y])^2 + (\zeta - [z])^2$ die Distanz des Punktes P vom Punkte $[x]$, $[y]$, $[z]$ der Oberfläche,

$\triangle = (\xi - x)^2 + (\eta - y)^2 + (\zeta - z)^2$ die Distanz des Punktes P vom Punkte x, y, z im Körperelemente.

Sind daher X, Y, Z die Componenten der Resultirenden parallel zu den Axen genommen, so findet man

$$X = -\frac{dV}{d\xi};\quad Y = -\frac{dV}{d\eta};\quad Z = -\frac{dV}{d\zeta}.$$

Mit Hülfe der obigen Betrachtungen 1) und 2) entwickelt nun der Hr. Verf. die Einwirkung des Magneten auf einen dünnen magnetischen Stab, und bestimmt so die sechs Grundgleichungen der Resultirenden, die sodann durch einen Ausdruck ersetzt werden, welcher die Differentialquotienten einer Function der gegenseitigen Lage enthält.

Der zweite Theil bezieht sich auf die Vertheilung des Magnetismus in Solenoïden.

Unter einem magnetischen Solenoïde versteht der Hr. Verfasser einen unendlich dünnen Stab von irgend einer Form, der longitudinal mit einer Kraft magnetisirt ist, welche im umgekehrten Verhältnisse des Inhaltes der Normalschnitte an verschiedenen Stellen wechselt. Ein unendlich dünner geschlossener Ring in dieser Weise magnetisirt, heifst ein geschlossenes Solenoïd. — Eine unendlich dünne Platte von irgend einer Form, normal magnetisirt mit einer Kraft, die im umgekehrten Verhältnisse der Dicke der einzelnen Theile wechselt, heifst eine magnetische Schaale. Indem nun der Hr. Verfasser von diesen Erklärungen ausgehend die allgemeinste Form der Solenoïde betrachtet, entwickelt er die Vertheilung des Magnetismus in diesen Körpern und ihre gegenseitige Einwirkung. Da der Hr. Verfasser neuerdings diesen Gegenstand fortgesetzt hat, und eine Bearbeitung auf den ganzen Abschnitt „Elektromagnetismus" ausdehnt, so wird es geeigneter sein, diesen Theil für den VIII. Jahrgang aufzunehmen.

T. Rankin. Ueber das magnetisirte Messing.

Die von Hrn. Rankin in Bezug auf die magnetische Wirkung der westlichen Hälfte eines messingenen Meridianringes eines Globus mitgetheilte Notiz enthält nichts Neues, und zwar um so weniger, als schon in früherer Zeit nachgewiesen worden ist, dafs selbst reines Messing und Kupfer durch Induction magnetisch werden können, und dafs hierzu sogar schon die Einwirkung einer empfindlich angeordneten und aufgehängten Magnetnadel ausreicht. Die vom Berichterstatter im Jahre 1847 angestellten Untersuchungen über den Magnetismus der Metalle (worüber eine Anzeige in Pogg. Ann. LXXI. 124 erschienen ist) bestätigten ebenfalls diese Thatsache.

W. S. Harris. Ueber Induction und andere magnetische Kräfte.

Von den Untersuchungen des Hrn. Verfassers, die einen Zusammenhang zwischen den Erscheinungen der magnetischen Induction und jener anderer Agentien anbahnen sollen, heben wir folgende von Hrn. Harris durch das Experiment nachgewiesene Thatsachen heraus, die für die Erforschung der Gesetze des inducirten Magnetismus von Wichtigkeit sind.

Wird mittelst Anwendung einer magnetischen Wage der inducirte Magnetismus eines Eisenstabes oder Cylinders, welcher dem Einflufse eines Magneten ausgesetzt ist, näher geprüft, so zeigt sich,

1) dafs die Intensität der Induction nicht von der Masse, sondern lediglich von der Oberflächengröfse des Eisens abhängig ist, und zwar, dafs diese Intensität zunimmt, wenn der Inhalt der inducirten Fläche — unter sonst gleichen Umständen — abnimmt. Man kann sich hiervon überzeugen, wenn man einen hohlen Cylinder aus weichem Eisen wählt, in welchen ein anderer genau pafst und in jenem hin und hergeschoben werden kann. Wird der erste Cylinder durch den zweiten ausgefüllt, so ist der inducirte Magnetismus derselbe, als wenn der erstere hohl wäre; wird hingegen der zweite Cylinder theilweise aus dem ersten herausgezogen, und dieses System der Einwirkung eines Magneten ausgesetzt, so ist die Induction geringer, als im ersten und zweiten Falle. Das Verhalten des inducirten Magnetismus ist also in dieser Beziehung dem für die elektrische Dichte einer über eine Fläche ausgebreiteten Elektricitätsmenge ähnlich.

2) Der im Eisen inducirte Magnetismus wirkt gleichsam bindend auf den magnetischen Zustand der Stahlmagneten ein, und diefs veranlafst wahrscheinlich auch Hrn. Harris den Magnetismus eines Stahlmagneten mit dem gebundenen elektrischen Zustande der Belege einer Leidner Flasche oder der Platten eines Condensators etc. zu vergleichen. Wenn man in einen hohlen gehärteten Stahlcylinder einen massiven Stahlkern schiebt, und jenen in gewöhnlicher Weise magnetisirt, so behält dieser seinen natürlichen Zustand; schiebt man aber in jenen Stahlcylinder einen Kern aus weichem Eisen, so läfst sich jener nicht magnetisiren. — Ebenso zeig tsich, dafs, wenn man in einen hohlen cylindrischen Stahlmagneten einen Kern aus weichem Eisen schiebt, sein Magnetismus in ähnlicher Weise geschwächt wird, als brächte man in jene Höhlung einen permanenten Magneten so, dafs die ungleichnamigen Pole der beiden in einander steckenden Cylinder nach einer und derselben Seite hin gekehrt sind.

3) Die in einem weichen Eisenstabe durch Einwirkung eines Magneten inducirte magnetische Kraft ist nicht blofs von der Gröfse der Oberfläche des Eisens, sondern auch von der Stärke des inducirenden Magneten, von der Inductionsfähigkeit des Eisens und von der Entfernung des Magnetpoles von dem zugekehrten Ende des Eisenstabes abhängig.

Die Stärke des inducirten Magnetismus ist, wie bereits erwähnt, dem Inhalte der Oberfläche des Eisenstabes verkehrt proportional; sie steht aber in geradem Verhältnisse mit der Stärke des inducirenden Magneten. In Beziehung auf die Distanz wechselt die Kraft innerhalb der Inductionsfähigkeit oder der Gränze der gröfsten Einwirkung des Magneten auf das Eisen (of the limit of action). Zwischen $\frac{2}{5}$ und $\frac{5}{6}$ dieser Wirkungsfähigkeit ist die Kraft der dritten Potenz der Entfernung, zwischen $\frac{2}{5}$ und $\frac{3}{5}$(?) der $\frac{5}{2}$ten Potenz, innerhalb $\frac{1}{8}$ und $\frac{3}{5}$(?) der 2ten, zwischen $\frac{1}{5}$ und $\frac{1}{2}$(?) der $\frac{3}{2}$ten, endlich von $\frac{1}{5}$ an der ersten Potenz der Entfernung verkehrt proportional. Die Totaleinwirkung des Magnetes und des Eisenstückes steht aber im quadratischen Verhältnisse mit dem inducirten Magnetismus (wofür aber wahrscheinlich in der Praxis eine Correction angefügt werden dürfte).

4) Für den Magnetismus eines Stabes läfst sich ein absolutes Maafs finden. Die wirkliche Quantität des Magnetismus ist nämlich der Quadratwurzel derjenigen Kraftäufserung direct proportional, mit welcher ein durch Induction magnetisirter Eisencylinder und ein Magnetstab auf einander einwirken. Wenn man daher einen Eisenstab mit Spiralen, die von einander isolirt und unabhängig, sonst aber in gleicher Weise angeordnet sind, umgiebt, jede Spirale in eine Batterie einschaltet, so wird, wenn die Batterieen von ganz gleicher Anordnung sind, und eine Batterie mit einer Spirale die magnetische Kraft = 1 erzeugt, durch zwei Batterieen und zwei Spiralen in der eisernen Ruthe die magnetische Kraft = 2 etc. erzeugt werden. Indem nun der Hr. Verfasser eine auf diese Weise angeordnete eiserne Ruthe unter dem Prüfungscylinder eines Magnetometers (under the trial cylinder of the magnetometer) anbrachte (wahrscheinlich mit einem Ablenkungs- oder mit einem Schwingungsapparate verbunden, um durch Ablenkungs- oder durch Schwingungsversuche die

Stärkezunahme des Cylinders zu prüfen) brachte, konnte die Stärke des Magnetismus mit der Stromstärke verglichen werden etc.

Hr. Harris erinnert aufserdem daran, dafs die von Hawksbee, Brook Taylor, Whiston, Muschenbroek und anderen angestellten Untersuchungen über den Magnetismus die gröfste Aufmerksamkeit verdienen, und wie die von diesen Männern, dann von Lambert, Coulomb etc. aufgestellten Gesetze als die wichtigsten Anhaltspunkte zur Erforschung der magnetischen Kraft angesehen werden müssen, so wie dafs diese Gesetze mit Einschlufs der von Newton geahnten Thatsachen als Folgerungen der von ihm gefundenen Gesetze der inducirten magnetischen Kraft seien.

Aufserdem hält der Hr. Verfasser es nicht für unwahrscheinlich, dafs durch künftige Untersuchungen Aufschlüsse über die Identität des Ursprunges der magnetischen Kraft und der Schwere gefunden werden können: „es könnte nämlich eine diffuse Ema„nation in dem Raume verbreitet sein als Quelle der Schwere „und anderer Centralkräfte, und es wäre dann nicht unmöglich, „dafs die Beziehungen dieses Mediums zu den Partikeln der ge„wöhnlichen Materie eine beträchtliche Modification oder Wechsel „gestatten, welche die Ursache jener eigenthümlichen Kraft sein „könnte, die sich an jenen Körpern zeigt, welche wir Magnete „nennen". Der Hr. Verfasser entwickelt weiter in seinen Betrachtungen, dafs die sämmtlichen magnetischen Wirkungen, welche wir unter so oft wechselnden Umständen zu beobachten Gelegenheit haben, nur inducirte seien, und dafs ohne die Induction keine magnetische Wirkung denkbar sei. Diese letztere Ansicht, obgleich dieselbe schon längst bestätiget ist, läfst aus der Bestimmtheit, mit welcher sie vom Hrn. Verfasser ausgesprochen wurde, erkennen, welchen Unterschied er zwischen den Eigenthümlichkeiten eines permanenten Magneten und den Erscheinungen, welche sich an demselben erkennen lassen etc. machen will.

Der in Erdmann's Journal (XLIX. 1) enthaltenen Zusammenstellung über die im Laufe der letzten Jahre im Gebiete des Magnetismus gemachten Entdeckungen nähere Erläuterungen hier zu widmen, halten wir nicht für nöthig, indem die in dieser

Abhandlung benutzten Materialien theilweise schon in den früheren Jahrgängen dieser Berichte besprochen wurden, theils aber ihre Erledigung in dem gegenwärtigen Bande gefunden haben.

Kuhn.

L. A. Colding. Ueber die Wirkung des Magneten auf weiches Eisen.

Hr. Colding hat, um später das mechanische Wärmeäquivalent durch magnetelektrische Versuche bestimmen zu können, vorläufige Versuche über die magnetische Induction kleiner Eisendrähte gemacht. Er schliefst daraus, dafs die Stärke des durch Vertheilung hervorgerufenen Magnetismus umgekehrt proportional sei nicht der zweiten, sondern der ersten Potenz der Entfernung des magnetisirenden Körpers. Die Versuche sind so angestellt, dafs die Schwingungsdauer eines kleinen weichen Eisenstabs in verschiedenen mässigen Entfernungen von den Polen eines grofsen Elektromagneten bestimmt wurde. Aus der Form der durch Eisenfeile dargestellten magnetischen Curven dieses Elektromagneten, welche mit den theoretischen Curven dieselbe Gestalt zu haben schienen, schlofs der Hr. Verf., dafs die beiden Pole wie zwei magnetische Punkte nach aufsen wirkten, was aber doch kaum als erwiesen zu betrachten sein möchte. Indem der Hr. Verfasser nach dieser Hypothese die Richtkraft berechnete, konnte er aus der gemessenen Schwingungsdauer die relative Magnetisirung des Eisenstäbchens berechnen, und fand, wie vorher angegeben, dafs diese am besten zu der Annahme stimmte, sie sei umgekehrt der ersten Potenz des Abstandes proportional. Auf die Möglichkeit, dafs Magnetismus von früheren Versuchen zurückgeblieben sei, oder die Sättigungsgränze des Eisenstäbchens beinahe erreicht sein konnte, ist nicht Rücksicht genommen. Prof. *H. Helmholtz.*

---

11. Para- und Diamagnetismus.

Der Bericht über dieses Capitel folgt am Schlusse des Bandes.

Sechster Abschnitt.

Meteorologie
und
physikalische Geographie.

1. Beobachtungen zur meteorologischen Optik.

Literatur.

A. Allgemeines.

R. Clausius. Uebersichtliche Darstellung der in das Gebiet der meteorologischen Optik gehörenden Erscheinungen. Grunert Beitr. z. meteor. Opt. I. 367*.

B. Regenbogen, Ringe, Höfe.

J. H. Valtin. Observation d'un parasélène. Bull. d. Brux. XVII. 2. p. 409 (Cl. d. sciences 1850. p. 341*); Krönig J. I. 431; Inst. No. 898. p. 94.

Renou. Note sur quelques halos vus à Vendôme en février, mars et avril 1850. C. R. XXX. 529*.

de Chavagneux. Observation d'un phénomène météorologique. C. R. XXXI. 729*.

E. de Selys-Longchamps. Phénomène d'optique météorologique. Inst. No. 843. p. 70*; Bull. d. Brux. Cl. d. sciences 1849. p. 462.

R. Wolf. Beobachtungen von Nebensonnen am 27. Mai 1850. Mitth. d. naturf. Ges. in Bern. 1850. p. 98.

Chevallier. Regenbogen nach Untergang der Sonne. Pogg. Ann. LXXXII. 406; Rep. of the Brit. Assoc. 1849. 2. p. 16.

de Launay. Parhélie observé à Valence, département de la Drôme. C. R. XXXII. 725; Inst. No. 906. p. 156; Krönig J. II. 378.

E. Renou. Halos et parhélies observés à Vendôme le 5 et 6 juin 1851. C. R. XXXII. 861; Inst. No. 910. p. 185.

A. Bravais. Sur un halo observé le 25 juin 1851. C. R. XXXII. 952; Inst. No. 914. p. 220.

Dufourmault. Parhélie observé à Uzès le 9 mai 1851. C. R. XXXIII. 22; Inst. No. 914. p. 220.

J. K. Watts. Account of a lunar rainbow. Rep. of the Brit. Assoc. 1851. 2. p. 41.

Bucquet. Observation d'un halo solaire. Inst. No. 939. p. 419.

C. Luftspiegelung.

C. F. Lyon. On some phaenomena of mirage on the east coast of Forfarshire. Rep. of the Brit. Assoc. 1850. 2. p. 42*.

C. Dufour. Observation d'un cas de mirage où l'image n'était pas symétrique. C. R. XXXIII. 121.

D. Vermischte Beobachtungen.

H. Schlagintweit. Bemerkungen über die Durchsichtigkeit der Atmosphäre und die Farbe des Himmels in gröfseren Höhen der Alpen. Pogg. Ann. LXXXIV. 298; Astr. Nachr. XXXI. 339; Phil. Mag. (4) III. 1, 92. Siehe Berl. Ber. 1849. p. 414.

A. v. Humboldt. Ueber die Beobachtung des Schwankens der Sterne. Berl. Monatsber. 1851. p. 194; Inst. No. 933. p. 374.

Gaultier de Claubry. Sur une apparence très-singulière du ciel pendant un orage. C. R. XXXIII. 630.

E. J. Lowe. On some unusual phaenomena. Rep. of the Brit. Assoc. 1851. 2. p. 33.

H. Twining. On some of the appearances which are peculiar to sunbeams. Rep. of the Brit. Assoc. 1851. 2. p. 35.

E. Wartmann. On atmospheric shadows. Phil. Mag. (4) II. 160; Arch. d. sc. ph. et nat. XII. 40.

de Selys-Longchamps, Quetelet. Phénomènes météorologiques. Bull. d. Brux. XVIII. 1. p. 150 (Cl. d. sciences 1851. p. 64); Inst. No. 917. p. 245.

J. G. Galle. Beobachtungen von Irrlichtern. Pogg. Ann. LXXXII. 593.

Stampfer. Abhandlung über die Farbenzerstreuung der Atmosphäre. Wien. Ber. IV. 34*.

E. Sternschnuppen, Feuermeteore, Meteorsteine.

J. F. J. Schmidt. Ueber Sternschnuppenbeobachtungen. Pogg. Ann. LXXX. 422*.

Laugier. Sur le météore du 12 juin 1850. C. R. XXX. 758*.

J. Pierre. Météore lumineux observé à Caen, dans la soirée du 5 juin 1850. C. R. XXX. 781*.

Bourdin. Observation d'un météore lumineux à Choisy-le-Roi (Seine) dans la soirée du 6 juin. C. R. XXX. 781*.

Maillard. Apparition d'un météore lumineux suivi d'une détonation, observé le 6 juin 1850, vers 9^h 30^m du soir, sur plusieurs points du département de l'Oise. C. R. XXX. 782*.

Trublet de Bois-Thibaud. Observation d'une étoile filante. C. R. XXX. 753*.

Préaux. Détails sur le météore lumineux du 5 juin 1850. C. R. XXX. 832*.

Dufour. Observation du météore lumineux du 5 juin faite à Travant près Beaugency (Loiret). C. R. XXXI. 11*.

Ronmy. Détails sur le météore lumineux du 5 juin. C. R. XXXI. 221*.

Coulvier-Gravier. Sur les étoiles filantes du mois d'août. C. R. XXXI. 219.

Tremblay. Météore lumineux observé à l'Aigle (Orne) le 24 juin, vers 10 heures du soir. C. R. XXXI. 11*.

Arago. Renseignements relatifs à un météore lumineux observé, en plein jour, le 6 juin par plusieurs habitants de Bretanières (canton de Genlis, Côte-d'Or). C. R. XXX. 11*.

Coulvier-Gravier et Saigey. Note sur les étoiles filantes. C. R. XXXI. 655, 727*.

R. Anglès. Étoiles filantes observées dans la nuit du 10 au 11 août 1850. C. R. XXXI. 253*.

Larrey. Observation d'un météore lumineux faite à Toulouse le 7 septembre 1850, à 9 heures du soir. C. R. XXXI. 431*.

R. Wolf. Der Juli-August-Sternschnuppenstrom von 1850. Mitth. d. naturf. Ges. in Bern 1850. p. 121*; C. R. XXXI. 494*.

— — Der November-Sternschnuppenstrom. Mitth. d. naturf. Ges. in Bern 1850. p. 134*.

v. Humboldt. On the periodical appearance of shooting stars from the 13th to the 15th of November. Phil. Mag. (3) XXXVI. 75*; C. R. XXIX. 637.

J. Glaisher. On the meteor which appeared on Monday, the 11th of February 1850, at about 10^h 45^m P. M. Phil. Mag. (3) XXXVI. 221*.

— — Additional observations on the meteor of February 11, 1850, and deduction of the results from all the observations. Phil. Mag. (3) XXXVI. 249*.

— — On the meteor of November 5, 1849. Phil. Mag. (3) XXXVI. 381*.

J. D. Forbes. Account of a remarkable meteor, seen December 19, 1849. Phil. Mag. (3) XXXVII. 357*.

Lowe. Quelques remarques sur les étoiles filantes. Inst. No. 844. p. 79.

A. Quetelet. Observations sur les étoiles filantes vers l'époque périodique du 10 août 1850. Inst. No. 873. p. 312*.

Capocci. Observation d'un metéore. Bull. d. Brux. XVII. 1. p. 2 (Cl. d. sciences 1850. p. 2*).

P. Smyth. Luminous meteors and aurorae. Edinb. J. L. 357.

de Renesse de Breidbach. Incendie occasionné par un bolide. Bull. d. Brux. Cl. d. sciences 1850. p. 129; Inst. No. 865. p. 248*.

J. v. Pettko. Ueber ein bei Schemnitz gesehenes Feuermeteor. Haid. Ber. VII. 41*.

E. C. Henrick. Shooting stars of August 10, 1850. Sillim. J. (2) XI. 130.

— — Meteor seen in full daylight. Sillim. J. (2) XI. 131.

Bond and Hoadley. Meteor of September 30, 1850. Sillim. J. (2) XI. 131.

C. B. Forshey. Periodical meteors of August, 1848 and 1849. Sillim. J. (2) XI. 133.

A. Lange. Feuerkugel von grünem Licht. Pogg. Ann. LXXXII. 600.

J. F. J. Schmidt. Beschreibung eines in der Nacht vom 8. zum 9. Januar 1850 gesehenen Feuermeteors. Pogg. Ann. LXXXIII. 158.

B. Powell. Observations of luminous meteors. Rep. of the Brit. Assoc 1850. 1. p. 89; 1851. 1. p. 1; Inst. No. 919. p. 263.

E. Liais. Note sur un bolide observé à Cherbourg le 21 août 1851. C. R. XXXIII. 271; Inst. No. 922. p. 282.

— — Observation d'un météore. Inst. No. 934. p. 378.

Coulvier-Gravier. Etoiles filantes périodiques du mois d'août 1851. C. R. XXXIII. 248; Inst. No. 921. p. 276.

Quetelet, Capocci, A. Perrey. Sur les étoiles filantes du mois d'août 1850. Bull. d. Brux. Cl. d. sciences 1850. p. 325; Inst. No. 898. p. 94; Sillim. J. (2) XI. 293.

H. Hennessy. On the distribution of shooting stars in the interplanetary spaces. Rep. of the Brit. Assoc. 1850. 2. p. 24.

Navez, A. De Vaux. Renseignements au sujet d'un météore lumineux. Bull. d. Brux. XVIII. 1. p. 228 (Cl. d. sciences 1851. p. 72).

R. A. Smith. Description of a meteorite which fell at Allport in Derbyshire. Mem. of the Manch. Soc. (2) IX. 146*.

Liais. Observation d'un bolide faite à Cherbourg. C. R. XXX. 208*.

Petit. Observation de deux bolides faite à Toulouse le 6 et le 8 juillet 1850. C. R. XXXI. 73*.

A. Perrey. Note sur une détonation aérienne, entendue à Dijon le 6 juin 1850, et qui a coïncidé sensiblement avec l'apparition d'un bolide. C. R. XXXI. 177*.

J. H. Gibbon. Chute d'une pierre météorique dans la Caroline du Nord. Inst. No. 857. p. 183*.

Petit. Recherches analytiques sur la trajectoire et la parallaxe des bolides. C. R. XXXII. 488.

Le Verrier. Remarques à l'occasion de la dernière communication de M. Petit sur les bolides. C. R. XXXII. 561; Inst. No. 903. p. 129.

Petit. Réponse aux remarques faites par M. le Verrier, à l'occasion de sa dernière communication sur les bolides. C. R. XXXII. 663; Inst. No. 905. p. 147.

Faye. Sur la traînée lumineuse des bolides. C. R. XXXII. 667; Inst. No. 905. p. 147; Pogg. Ann. LXXXIII. 467.

Petit. Réponse aux remarques présentées par M. Faye. C. R. XXXII. 790.

Faye. Remarques à l'occasion de cette communication. C. R. XXXII. 791.

Richardson. Shower of aeroliths in Tunis. Edinb. J. L. 181.

C. U. Shephard. On meteorites. Sillim. J. (2) XI. 36.

G. Rose. Ueber eine neuerdings bei Schwetz aufgefundene Meteoreisenmasse. Berl. Monatsber. 1851. p. 104; Phil. Mag. (4) I. 517; Chem. C. Bl. 1851. p. 300; Inst. No. 912. p. 208; Pogg. Ann. LXXXIII. 594.

Stohlmann. Ueber den am 17. April 1851 zu Gütersloh in Westphalen herabgefallenen Meteorstein. Pogg. Ann. LXXXIII. 465; Berl. Monatsber. 1851. p. 269.

G. Rose. Ueber den bei Gütersloh gefallenen Meteorstein. Berl. Monatsber. 1851. p. 287.

C. Rammelsberg. Ueber das Meteoreisen von Schwetz an der Weichsel. Pogg. Ann. LXXXIV. 153*.

W. Sartorius. Ueber einen Meteorstein von Bishopville in Südcarolina. Lieb. u. Wöhl. LXXIX. 369.

F. Nordlicht, Zodiakallicht.

Wallmark. Om en norrskenbåge. Öfvers. af förhandl. 1849. p. 45*.

R. Wolf. Einige Beobachtungen des Zodiakallichtes im Frühjahr 1850. Mitth. d. naturf. Ges. in Bern 1850. p. 97.

Heis. Aurores boréales, étoiles filantes et lumière zodiacale observées à Aix-la-Chapelle en 1849. Bull. d. Brux. XVII. 1. p. 96 (Cl. d. sciences 1850. p. 32*).

Olmsted. Sur les lois de l'aurore boréale. Inst. No. 884. p. 399*; Liter. Gaz. No. 1758. p. 708.

J. Mac Ginn. An account of a remarkable aurora borealis seen at Montreal on the 13th of August 1849. Proc. of the Roy. Soc. V. 911*.

Lefroy. Preliminary report on the observations of the aurora borealis, made by the non-commissioned officers of the royal artillery, at the various guard-rooms in Canada. Phil. Mag. (3) XXXVI. 457*.

E. Highton. Sur un équivalent mécanique approximatif pour l'action de l'aurore boréale des 17 et 18 novembre 1848. Inst. No. 844. p. 80.

J. A. Broun. New theory of the polar lights. Edinb. J. L. 179.

J. Browne. Makerstoun observations of the aurora borealis. Sillim. J. (2) XI. 139.

A. de la Rive. Observations sur un travail de M. Olmsted intitulé „Lois de l'aurore boréale". Arch. d. sc. ph. et nat. XVI. 112; Inst. No. 899. p. 102.

Liais. Sur la hauteur des aurores boréales; méthode pour déterminer cette hauteur. C. R. XXXIII. 302; Inst. No. 924. p. 299.

E. Heis. Étoiles filantes, aurores boréales et lumières zodiacales observées à Aix-la-Chapelle en 1850. Bull. d. Brux. XVIII. 2. p. 47 (Cl. d. sciences 1851. p. 225); Inst. No. 929. p. 343.

O. Aurora borealis. Sillim. J. (2) XII. 442.

J. K. Watts. Notice of aurora borealis seen at St. Ives, Hunts, October 1, 1850. Rep. of the Brit. Assoc. 1851. 2. p. 41.

D. Olmsted. Observations on the zodiacal light, with an inquiry into its nature and constitution, and its relation to the solar system. Sillim. J. (2) XII. 309.

G. Sonnenfinsternisse.

Arago. Sur l'éclipse totale de soleil observée le 8 août 1850 à Honolulu (île Sandwich), et recommandations relatives aux observations qu'il sera convenable de faire pendant l'éclipse totale du 28 juillet 1851. C. R. XXXII. 577; Inst. No. 904. p. 139.

Faye. Sur l'éclipse totale du 28 juillet. C. R. XXXII. 733; Inst. No. 907. p. 163; Phil. Mag. (4) II. 81.

Parès. Note sur l'éclipse de soleil, du 8 juillet 1842. C. R. XXXII. 782; Inst. No. 911. p. 195.

H. Faye. Remarques sur les observations de M. Parès. C. R. XXXII. 784; Inst. No. 911. p. 195.

— — Sur les éclipses totales. C. R. XXXII. 886; Inst. No. 915. p. 227.

Secchi. Sur les flammes rougeâtres vues en dedans du bord de la lune, dans la dernière éclipse. C. R. XXXIII. 15; Inst. No. 914. p. 218.

G. B. Airy. On the total solar eclipse of 1851, Juli 28. Edinb. J. LI. 76; Athen. 1851. p. 557.

Suggestions to astronomers for the observation of the total eclipse of the sun, of July 28, 1851. Edinb. J. LI. 154.

C. P. Smyth. The total eclipse of the sun. Edinb. J. LI. 178.

S. Stampfer. Ueber die am 28. Juli bevorstehende Sonnenfinsternifs. Wien. Ber. VII. 228.

Mauvais. Premières nouvelles de l'observation de l'éclipse totale du 28 juillet 1851, faite à Dantzig par les astronomes français. C. R. XXXIII. 127; Inst. No. 918. p. 249.

Sire. Observations thermométriques et barométriques faites à Besançon pendant l'éclipse du 28 juillet dernier. C. R. XXXIII. 158.

E. Renou. Observations faites à Vendôme, le 28 juillet 1851. C. R. XXXIII. 160.

Mauvais. Éclipse totale de soleil observée à Dantzig, le 28 juillet 1851. C. R. XXXIII. 169; Inst. No. 922. p. 283.

Goujon. Observation de l'éclipse totale de soleil du 28 juillet 1851, faite à Dantzig. C. R. XXXIII. 178; Inst. No. 922. p. 285.

Faye. Remarques à propos des communications précédentes. C. R. XXXIII. 181; Inst. No. 920. p. 265.

Arago. Sur diverses communications relatives à des observations de l'éclipse du 28 juillet 1851, faites dans des lieux où cette éclipse n'était pas totale. C. R. XXXIII. 201.

C. Mathieu, J. Duboscq, Porro. Observations de l'éclipse de soleil du 28 juillet dernier. Inst. No. 918. p. 250.

A. Baudrimont. Observations sur la pénombre produite par la lumière solaire, faites pendant l'éclipse du 28 juillet 1851. C. R. XXXIII. 265; Inst. No. 922. p. 281.

Secchi. Expériences photographiques faites pendant l'éclipse solaire du 28 juillet. Siehe oben p. 527.

Faye. Remarques sur cette communication. C. R. XXXIII. 287; Inst. No. 924. p. 301.

Dove. Temperaturveränderungen während der Sonnenfinsternifs. Berl. Monatsber. 1851. p. 490.

Galle, Brünnow, Wolfers. Beobachtung der totalen Sonnenfinsternifs vom 28. Juli 1851 zu Frauenburg in Ostpreufsen. Berl. Monatsber. 1851. p. 602; Inst. No. 948. p. 70.

A. Quetelet, Duprez, Montigny, Maas, Morren. Note sur l'éclipse solaire du 28 juillet 1851. Bull. d. Brux. XVIII. 2. p. 157 (Cl. d. sciences 1851. p. 257); Inst. No. 938. p. 411.

J. W. Good. Total eclipse of the sun, Juli 28, 1851. Edinb. J. LI. 361.

J. Adie. On the total eclipse of the sun, as observed a Göteburg in Sweden. Edinb. J. LI. 371.

C. P. Smyth. The total eclipse of Juli 28. Edinb. J. LI. 377.

O. Struve. Beobachtung der totalen Sonnenfinsternifs am 28 (16) Juli 1851 in Lomsa. Bull. d. St. Pét. X. 1.

Columbus. Die Sonnenfinsternifs am 28. Juli 1851. Wien. Ber. VII. 407.

W. Swan. The total eclipse of the sun. Athen. 1851. p. 741.

D'Arrest. Bericht über die Beobachtung der totalen Sonnenfinsternifs zu Königsberg in Preufsen am 28. Juli 1851. Leipz. Ber. 1851. p. 86.

Selander. Solförmörkelsen den 28. Juli 1851. Öfvers. af förhand. 1851. p. 111.

Solförmörkelsen den 28. Juli. Öfvers. af förhandl. 1851. p. 187, 288.

E. Sang. Account of observations on the solar eclipse of Juli 28, 1851, made at Sebastople. Edinb. J. LII. 103.

R. Wolf. Beobachtung der partialen Sonnenfinsternifs am 28. Juli 1851. Mitth. der naturf. Ges. in Bern 1851. p. 180.

C. L. v. Littrow. Zur Beobachtung der totalen Sonnenfinsternifs vom 28. Juli 1851. Astron. Nachr. XXXII. 395.

Lehmann. Beobachtung der totalen Sonnenfinsternifs auf der Redlauer Höhe bei Zoppot. Astr. Nachr. XXXIII. 13.

G. Weyer. Beobachtung der Sonnenfinsternifs 1851, Juli 28, in Kiel. Astron. Nachr. XXXIII. 27.

G. Santini. Beobachtung der Sonnenfinsternifs 1851, Juli 28, in Padua. Astron. Nachr. XXXIII. 27.

C. Rümker, Quetelet, R. Wolf, H. Karsten, Petersen. Beobachtungen der Sonnenfinsternifs 1851, Juli 28, auf der Hamburger Brüsseler, Berner Sternwarte, in Rostock, auf der Sternwarte in Altona. Astron. Nachr. XXXIII. 35.

Beobachtung der Sonnenfinsternifs 1851, Juli 28, auf der Göttinger Sternwarte. Astron. Nachr. XXXIII. 47.

P. van Galen. Beobachtung der totalen Sonnenfinsternifs 1851, Juli 28, zu Traheryd in Schweden. Astron. Nachr. XXXIII. 53.

A. Reslhuber. Beobachtung der Sonnenfinsternifs am 28. Juli 1851 auf der Sternwarte zu Kremsmünster. Astron. Nachr. XXXIII. 59.

Secchi. Observation de l'éclipse de soleil faite à Rome. Astron. Nachr. XXXIII. 71.

A. Erman. Einige Beobachtungen während der Sonnenfinsternifs am 28. Juli 1851. Astron. Nachr. XXXIII. 119.

Gerling. Beobachtung der Sonnenfinsternifs 1851, Juli 28, in Marburg. Astron. Nachr. XXXIII. 123.

C. L. v. Littrow. Beobachtungen der totalen Sonnenfinsternifs vom 28. Juli 1851, von der Wiener Sternwarte aus veranlafst. Astron. Nachr. XXXIII. 129.

Lorey. Beobachtung der Sonnenfinsternifs 1851, Juli 28, auf dem Paulsthurm in Frankfurt a. M. Astron. Nachr. XXXIII. 143.

Total eclipse of the sun. Astron. Nachr. XXXIII. 145, 151.

L. Feldt. Die Sonnenfinsternifs am 28. Juli 1851, beobachtet in Frauenburg. Astron. Nachr. XXXIII. 161.

L. U. Jürgensen. Beobachtung der Sonnenfinsternifs 1851, Juli 28, in Kopenhagen. Astron. Nachr. XXXIII. 165.

E. Dembowski. Fenomeno osservato nell' ecclisse solare del 28 luglio 1851. Astron. Nachr. XXXIII. 201.

C. Jelinek, C. Fritsch. Beobachtung der Sonnenfinsternifs vom 28. Juli 1851 an der Sternwarte zu Prag. Astron. Nachr. XXXIII. 203.

D'Arrest. Beobachtung der totalen Sonnenfinsternifs 1851, Juli 28, auf der Königsberger Sternwarte. Astron. Nachr. XXXIII. 205.

Olufsen. Beobachtung der totalen Sonnenfinsternifs am 28. Juli 1851 in Calmar. Astron. Nachr. XXXIII. 219.

Ravn. Beobachtung der totalen Sonnenfinsternifs 1851, Juli 28, auf auf dem grofsen Thurme zu Christiansö. Astron. Nachr. XXXIII. 221.

Busch. Beobachtungen der Sonnenfinsternifs am 28. Juli 1851 in Rixhöft. Astron. Nachr. XXXIII. 229.

C. Fearnley. Beobachtung der totalen Sonnenfinsternifs am 28. Juli 1851. Astron. Nachr. XXXIII. 233.

J. M. Agardh. Beobachtung der totalen Sonnenfinsternifs 1851, Juli 28, auf der Festung Carlsten. Astron. Nachr. XXXIII. 249.

F. T. Blomstrand. Beobachtung der totalen Sonnenfinsternifs 1851, Juli 28, in Hestra, im mittlern Schweden. Astron. Nachr. XXXIII. 251.

M. Wichmann. Beobachtung der totalen Sonnenfinsternifs am 28. Juli 1851 an dem Königsberger Heliometer. Astron. Nachr. XXXIII. 309.

2. Atmosphärische Elektricität.

Reuben Phillips. On the connexion of the electricity of condensation with lightning and the aurora. Phil. Mag. (3) XXXVI. 103*.

W. R. Birt. On the connexion of atmospheric electricity with the condensation of vapour. Phil. Mag. (3) XXXVI. 161*.

D. Olmsted. On the late periodical visitation of the aurora borealis in North America. Edinb. J. LI. 293*.

Phillips. Report of a committee appointed to examine the effects produced by lightning on a tree near Edinburgh. Rep. of the Brit. Assoc. 1850. 2. p. 13*.

C. Martins. Note sur un chêne foudroyé à Edmonstone près Edimburg, dont le clivage était identique à celui des arbres atteints par les trombes électriques de Monville et de Chatenay. Inst. No. 879. p. 359; Annu. météor. d. l. France 1851. 1. p. 237; Arch. d. sc. ph. et nat. XVI. 313*; Froriep Tagsber. üb. Phys. u. Chem. I. 183.

H. Rice. Effects of lightning during a storm. Sillim. J. (2) XII. 239; Inst. No. 952. p. 104*.

Schafhaeutl. Ueber die Veränderungen der Messingdrahtseile bei Blitzableitern. Dingl. p. J. CXVI. 348*.

J. P. Joule. On a remarkable appearance of lightning. Phil. Mag. (3) XXXVII. 127*; Arch. d. sc. ph. et nat. XIV. 205; Pogg. Ann. LXXXII. 598.

P. Clare. An account of some thunder-storms and extraordinary electrical phaenomena that occurred in the neighbourhood of Manchester on tuesday the 16th of July 1850. Phil. Mag. (3) XXXVII. 329; Rep. of the Brit. Assoc. 1850. 2. p. 31*.

A. Quetelet. Sur les orages du 15 août 1850. Bull. d. Brux. XVII. 2. p. 317 (Cl. d. sciences 1850. p. 349*); Krönig J. I. 145*.

— — Aurore boréale du 2 octobre 1851. Bull. d. Brux. XVIII. 2. p. 279 (Cl. d. sciences 1851. p. 317*); Inst. No. 939. p. 423.

E. Loomis. On the proper height of lightning rods. Sillim. J. (2) X. 320*; Dingl. p. J. CXX. 39; Krönig J. I. 555*; Froriep Tagsber. üb. Phys. u. Chem. I. 176.

Quetelet. De l'influence de l'électricité sur les hauteurs barométriques. Bull. d. Brux. XVIII. 1. p. 151 (Cl. d. sciences 1851. p. 65*); Krönig J. I. 427; Arch. d. sc. ph. et nat. XVI. 310; Inst. No. 917. p. 245; Froriep Tagsber. üb. Phys. u. Chem. I. 296; Annu. météor. d. l. France 1851. 1. p. 298.

F. Piper. Das St. Elmsfeuer. Pogg. Ann. LXXXII. 317*.

Quetelet. Sur l'électricité de l'air pendant ces dernières années et sur les moyens d'obtenir des observations comparables. Bull. d. Brux. XVIII. 1. p. 269 (Cl. d. sciences 1851. p. 83*); Inst. No. 919. p. 261.

Peltier fils. Sur l'électricité atmosphérique. Bull. d. Brux. XVII. 1. p. 5 (Cl. d. sciences 1850. p. 5*); Inst. No. 849. p. 118.

Lamont. Theorie und Beschreibung eines Elektrometers. Münchn. Abhandl. VI. 433*.

R. Göppert. Blitzschlag zu Sprottau in Niederschlesien am 15. August 1850. Pogg. Ann. LXXXI. 467.

Grebel. Merkwürdiger Blitzschlag. Pogg. Ann. LXXXI. 577.

Porro. Substitution d'un tube de plomb à la corde métallique communément employé comme conducteur pour les paratonnerres. C. R. XXX. 86; Inst. No. 839. p. 34.

— — Deuxième note sur les paratonnerres. Inst. No. 853. p. 149.

C. Prevost. Phénomènes produits par la foudre à Enghien-les-Bains. C. R. XXX. 732.

Jomard. Effets d'un coup de foudre. C. R. XXXI. 8; Inst. No. 861. p. 211.

Mène. Phénomènes d'électricité atmosphérique observés à Vaugirard pendant l'orage du 26 juin 1850. C. R. XXXI. 9; Inst. No. 861. p. 210.

Leitch and W. Thomson. On some remarkable effects of lightning, observed in a farm-house near Moniemail, near Cupar-Fife. Phil. Mag. (3) XXXVII. 53; Inst. No. 868. p. 271.

E. Highton. Action de l'électricité atmosphérique sur les télégraphes électriques. Inst. No. 844. p. 80.

Matteucci. Expérience sur l'électricité atmosphérique. Bull. d. Brux. XVII. 1. p. 4 (Cl. d. sciences 1850. p. 4).

W. Sturgeon. On lightning and lightning conductors. Mem. of the Manch. Soc. (2) IX. 56.

Leclercq, Cantraine. Phénomènes d'électricité atmosphérique. Inst. No. 896. p. 78.

Quetelet. On atmospheric electricity, especially in 1849. Phil. Mag. (4) I. 329; Arch. d. sc. ph. et nat. XVI. 307; Krönig J. III. 117.

Steam-boats and lightning storms. Mech. Mag. LIV. 213.

Casaseca. Cas de foudre observé à la Havane. C. R. XXXIII. 209.

Reuben Phillipps. Ueber den Zusammenhang der Condensationselektricität mit dem Blitz und dem Nordlicht.

W. R. Birt. Ueber den Zusammenhang der atmosphärischen Elektricität mit der Condensation des Dampfes.

D. Olmsted. Ueber das letzte periodische Erscheinen des Nordlichtes in Nordamerika.

Wenn gleich über die Natur des Blitzes kein Zweifel besteht, so sind die Ansichten über die Umstände, unter welchen die Entladungen zu Stande kommen, und die Art und Weise, wie die Elektricität in die Wolken gelangt oder daselbst erzeugt wird, keineswegs bis jetzt noch übereinstimmend. Hr. Phillips hat eine Reihe von Versuchen angestellt über die Elektricität des aus einem Dampfkessel ausströmenden Dampfes, und bei dieser Gelegenheit auch den Erfolg untersucht, welcher zu Stande kommt, wenn man Luft oder Wasser in den Dampfstrom bringt. Dabei gelangt er zu dem Schlusse, dafs „Condensationselektricität entwickelt wird durch Wassertropfen, wenn sich diese entweder nach der Richtung des Elektrocondensationsstroms, oder gegen jene Richtung bewegen". Hieraus folgert er weiter, dafs zur Entstehung des Blitzes Regentropfen nothwendig sind, und drückt seine Uebereinstimmung mit Birt (Phil. Mag. (3) XXXV; Berl. Ber. 1849. p. 258) hinsichtlich des Zusammenhanges zwischen Blitz und Regen, dann mit de la Rive (Phil. Mag. (3) XXXIV) hinsichtlich des Zusammenhanges zwischen dem Nordlichte und den Dünsten aus.

Hr. Birt giebt eine umständliche Darstellung der Meinungen verschiedener Physiker über das Verhältnifs der Condensation der Dünste zu der atmosphärischen Elektricität, wobei er auf die eben erwähnte Arbeit des Hrn. Phillips Bezug nimmt, und wie es scheint, eine weitere Ausdehnung der Versuche für nöthig erachtet.

Die Arbeit des Hrn. Olmsted hat auf das Vorhergehende in so fern Bezug, als er einen Zusammenhang der Elektricität mit dem Nordlichte gänzlich in Abrede stellt. Er betrachtet das Nordlicht als veranlafst durch kleine Wolkenmassen, welche im

Weltraume um die Sonne sich bewegen, und von Zeit zu Zeit in die Attractionssphäre der Erde kommen. Die Gründe, die er für seine Ansicht anführt, können wir wohl unberührt lassen, da es kaum einen Physiker geben dürfte, der sie als befriedigend anerkennen wird.

PHILLIPS. Bericht einer Commission zur Untersuchung der Wirkungen eines Blitzschlages auf einen Baum in der Nähe von Edinburg.

C. MARTINS. Notiz über eine vom Blitz getroffene Eiche in Edmonstone bei Edinburg, welche in derselben Weise zerspalten war wie die in Monville und Chatenay von den elektrischen Tromben getroffenen Bäume.

Ein Blitzschlag hatte eine grofse Eiche in der Nähe von Edinburg zersplittert, und es wurde eine Commission ernannt um nähere Untersuchung darüber anzustellen; Hr. PHILLIPS als Berichterstatter beschreibt die wahrgenommenen Erscheinungen, und kommt zu dem Schlusse, dafs der durchfahrende Blitz den Saft des Baumes in Dampf verwandelt, und auf solche Weise eine Explosion veranlafst habe, wodurch Risse in den Richtungen der geringsten Cohäsionskraft entstanden seien.

In dem zweiten oben angeführten Aufsatze werden mehrere Thatsachen ähnlicher Art erwähnt, und dieselbe Erklärung dafür gegeben.

H. RICE. Wirkungen eines Blitzschlages in einem Wohnhause.

Am 1. Juli 1851 schlug während eines heftigen Gewitters der Blitz in das Wohnhaus des Hrn. DRAPER und gelangte, wie gewöhnlich den bessern Leitern folgend, in das Zimmer, wo Hr. DRAPER mit seiner Frau, seiner Tochter und Hrn. BARNEY sich befanden. Hr. DRAPER allein wurde getroffen. Die andern drei Personen trugen ihn in ein anstofsendes Zimmer, waren aber kaum dahin gelangt, so erfolgte ein zweiter Blitzschlag, wodurch sämmtliche Anwesende mehr oder weniger beschädigt wurden.

Es wird eine umständliche Darstellung der zum Theile nicht uninteressanten Einzelnheiten dieses Vorfalles gegeben; in dieser Beziehung müssen wir indessen den Leser auf das Original verweisen, da ohne zu große Weitläufigkeiten ein Auszug nicht gegeben werden kann.

Schafhäutl. Ueber die Veränderungen der Messingdrahtseile bei Blitzableitern.

Die Blitzableitung auf dem neuen Bürgerspital in St. Gallen zeigte brüchige Stellen in der Nähe der Kamine. Auf die deshalb geschehene Anfrage erstattete Hr. Schafhäutl einen Bericht an den polytechnischen Verein in München, worin er bemerkte, dafs man in England Versuche angestellt habe, denen zufolge Messingdrähte durch fortdauernde Spannung und Erhitzung (selbst wenn die Temperatur sich wenig über die Siedhitze des Wassers erhebt) ihren Aggegratzustand ändern, und ein krystallinisches Gefüge zeigen. Unter solchen Verhältnissen reifsen die Drähte leicht ab. Ein ähnlicher Erfolg wird herbeigeführt wenn der galvanische Strom lange Zeit einen gespannten Draht durchläuft, wie sich bei der galvanischen Vergoldung erwiesen hat (Dingl. p. J. CXIV. 358). Auch thermoelektrische Ströme, meint Hr. Schafhäutl, könnten dieselbe Wirkung haben.

Da die Blitzableiterseile des Bürgerspitals in St. Gallen nur an bestimmten Stellen, nämlich in der Nähe der Kamine sich brüchig gezeigt haben, so möchte in diesem Falle die Wirkung der Elektricität kaum in Betracht zu ziehen sein.

J. P. Joule. Ueber eine merkwürdige Blitzerscheinung.

P. Clare. Beschreibung von einigen Gewittern und aufserordentlichen elektrischen Erscheinungen in der Nähe von Manchester.

Die bisherigen Untersuchungen über die Entladung oder Ausgleichung der atmosphärischen Elektricität hat sich hauptsächlich auf die Grundsätze im Allgemeinen bezogen, nach welchen der Erfolg zu Stande kommt. Dafs die grofse Verschiedenheit der Gestalt und Beschaffenheit der Wolken mannigfache Modificationen herbeiführen müssen, läfst sich von vorn herein erwarten. Hierher gehört die Theilung der Blitze in verschiedene Zweige, und die andauernde Erleuchtung einer Stelle des Himmels, desgleichen die Lichtströme und langsam sich bewegenden Elektricitätsmassen, wie sie von Joule und Clare während eines ungewöhnlich starken Gewitters am 16. Juli 1850 in Manchester beobachtet wurden. Erst wenn die eben erwähnten Modificationen genauer studirt und classificirt werden, können die Beobachtungen von den Herren Joule und Clare entsprechende Benutzung finden; vorläufig stehen sie ganz isolirt, blofs als historische Notizen, da.

Quetelet. Notiz über die Gewitter vom 15. August 1850.

Hr. Quetelet liefert nähere Angaben über die aufserordentliche Regenmenge, welche in Brüssel und an andern Punkten Belgiens am 14. bis 16. August 1850 gefallen ist. In Brüssel betrug die Höhe des gefallenen Regens im Zeitraum von 48 Stunden nicht weniger als 126¼ Millimeter, was nahe dem sechsten Theile der Regenmenge des ganzen Jahres gleich kommt.

Quetelet. Ueber das Nordlicht vom 2. October 1851.

Hr. Quetelet giebt eine umständliche Beschreibung der Erscheinungen, welche das Nordlicht vom 2. October 1851 dargeboten hat, und fügt zugleich Notizen von Hrn. Montigny in Namur und Hrn. Mac Leod in Ostende, wo ebenfalls der ganze Verlauf war beobachtet worden, bei.

Das Nordlicht war sehr glänzend, hat übrigens keine Eigenthümlichkeit gezeigt, die man nicht bei früheren Gelegenheiten beobachtet hätte. Die meteorologischen Instrumente zeigten nichts Besonderes, an den magnetischen war eine grofse Bewegung wahrzunehmen, es sind übrigens nur wenige Stände aufgezeichnet worden.

Loomis. Ueber die zweckmäfsige Höhe der Blitzableiter.

Hr. Loomis beginnt mit der Bemerkung, dafs nach den Vorschriften der französischen Akademie ein Blitzableiter einen Umkreis beschützen soll, dessen Radius der doppelten Höhe des Blitzableiters gleich kommt, und zeigt dann, dafs diese Regel nicht als allgemein gültig zu betrachten sei, indem sich ein Fall in Nordamerika ereignet habe, wo unmittelbar neben einem mit Blitzableiter versehenen Hause der Blitz in einen trockenen Haufen Sägespähne eingeschlagen habe. Wir stimmen mit dieser Ansicht vollkommen überein, und könnten, wenn es nöthig wäre, nicht einen, sondern viele Fälle anführen, wo der Blitz in der Nähe eines vollkommen zweckmäfsig construirten Blitzableiters tiefer liegende Gegenstände getroffen hat.

Quetelet. Ueber den Einflufs der Elektricität auf die Barometerhöhe.

Hr. Quetelet giebt eine monatliche Zusammenstellung seiner meteorologischen Beobachtungen, woraus hervorgeht, dafs, wenn die positive Elektricität über dem Mittel steht, ein höherer, wenn sie unter dem Mittel steht, ein niederer Barometerstand stattfindet. Bei negativer Elektricität (die jedoch an wenigen Tagen vorkommt), hat man stets einen tiefen Barometerstand.

Wie Hr. Quetelet selbst sehr richtig bemerkt, hat man zwischen dem Luftdruck und der Elektricität wohl nur einen mittelbaren Zusammenhang anzunehmen, in der Weise nämlich, dafs bei heiterer Luft eine gröfsere elektrische Spannung und ein höherer Barometerstand eintreten.

Die Resultate der Münchener Beobachtungen bestätigen in so fern die Angaben des Hrn. Quetelet; sie zeigen zugleich, dafs in der Regel nur bei ausbrechenden Gewittern die Elektricität negativ wird, woraus dann von selbst das Zusammentreffen mit einem niedern Barometerstand sich erklärt.

F. Piper. Das St. Elmsfeuer.

Dies ist eine mehr etymologisch-antiquarische als eine physikalische Abhandlung, und hat den Zweck das Dunkel, welches bisher die Geschichte des St. Elmsfeuers in dem ganzen christlichen Zeitalter bis an die Gränze der neuern Zeit umhüllte, aufzuklären. Wir begnügen uns in dieser ganz allgemeinen Weise den Inhalt anzuzeigen, da wir befürchten, dafs die weitere Auseinandersetzung der darin vorkommenden (allem Anscheine nach mit Gründlichkeit durchgeführten) Disquisitionen für den blofsen Physiker kaum grofses Interesse haben dürfte.

Quetelet. Ueber die Elektricität der Luft während der letzten Jahre und die Mittel die Elektricitätsmessungen vergleichbar zu machen.

Hr. Quetelet theilt Hrn. Faraday die Resultate der Brüsseler Beobachtungen der atmosphärischen Elektricität von 1844 bis 1851 mit, und drückt den Wunsch aus, eine weitere Untersuchung darüber angestellt zu sehen, in wie fern die (von Hrn. Faraday entdeckten) magnetischen Eigenschaften des Sauerstoffes der Atmosphäre für die Variationen der Elektricität eine Erklärung geben möchten.

Da die Tabellen eine allmalige Abnahme der Elektricität von Jahr zu Jahr nachweisen, so bemerkt Hr. Quetelet dafs möglicherweise dieser Umstand einer Aenderung (und zwar einer Zunahme) des Magnetismus in dem kleinen Magnet, der die Directionskraft giebt, zugeschrieben werden könne, und zeigt, wie in dieser Beziehung bei den künftigen Untersuchungen eine Sicherheit zu erlangen sei. Man braucht nämlich blofs den kleinen

Magnet von Zeit zu Zeit schwingen zu lassen, und die Schwingungsdauer zu bestimmen.

In meiner Abhandlung über das an der Münchener Sternwarte gebrauchte Elektrometer hatte ich zu gleichem Zwecke Ablenkungen (die sicherer und leichter ausführbar sind) in Vorschlag gebracht und angewendet.

Peltier. Ueber atmosphärische Elektricität.
Lamont. Theorie und Beschreibung eines Elektrometers.

In München wurden Beobachtungen der Luftelektricität im Monat Mai 1850 angefangen; zum Behufe dieser Beobachtungen construirte ich das Elektrometer, welches in der oben angezeigten Abhandlung beschrieben wird. Im Wesentlichen ist das Elektrometer eine Torsionswage, und in den Haupttheilen mit dem Elektrometer von Peltier übereinstimmend. Die Form der Theile ist aber sehr verschieden. Es ist dabei der Zweck im Auge behalten worden, den Werth der Theilstriche möglichst der Gröſse derselben proportional, und genau bestimmbar zu machen. Was die Art und Weise betrifft, die atmosphärische Elektricität durch Zahlen darzustellen, so wird ein Weg befolgt, der von den frühern wesentlich abweicht.

Ein Elektrometer muſs einen festen Steg und eine freie mit geringer Directionskraft begabte Nadel haben. Bringt man auf irgend eine Weise Elektricität in das Instrument, so vertheilt sie sich gleichzeitig über den Steg und die Nadel, und es findet eine Abstoſsung statt. Peltier hat nun übereinstimmend mit dem von Anderen befolgten Gebrauche die vorhandene Elektricität dieser Abstoſsung proportional angenommen. Dieſs ist jedoch — den allgemein angenommenen Begriffen von Kraftmessung gegenüber — ein ganz irriges Verfahren. Da die Abstoſsung dem Producte der abstoſsenden Elektricitäten proportional ist, und hier dieselbe Elektricität im bestimmten Verhältnisse über den festen Steg und die Nadel sich verbreitet, so wird in diesem Falle die Abstoſsung dem Quadrate der elektrischen Kraft proportional sein. Das neue Elektrometer ist hiernach construirt, und wird mit ganz befriedigendem Erfolge seit vier Jahren auf der Münchener Sternwarte angewendet.

Gleich beim Beginn der Beobachtungen erkannte ich, dafs eine Luftelektricität nach der gewöhnlichen Vorstellung nicht zulässig sei. Ich gelangte in Folge dessen zu einer Hypothese, die in meiner Denkschrift näher erklärt ist, und die im Wesentlichen (d. h. in so fern der Erde negative Elektricität zugeschrieben wird) mit der Hypothese des Hrn. Peltier, wovon wir eine nähere Darlegung hier gleich anschliefsen wollen, übereinstimmt.

Im Jahre 1849 hat Hr. Quetelet die Resultate seiner Elektricitätsbeobachtungen in Brüfsel veröffentlicht (Sur le climat de la Belgique 3me partie), und aus diesem Anlasse ist ein Schreiben von Hrn. Peltier an ihn gerichtet worden, worin neue und höchst beachtenswerthe Ansichten und Andeutungen über die Luftelektricität enthalten sind.

Hr. Peltier bemerkt zuerst, dafs er nicht eine Luft-, sondern eine Erdelektricität — und zwar eine negative — als existirend annehme, alsdann entwickelt er seine Vorstellung über die Art und Weise, wie die Angaben des Elektrometers aus dieser Hypothese hervorgehen. Man nehme bei ganz trockener Luft ein gewöhnliches Elektrometer, und führe in einer gewissen Höhe durch Berührung des Knopfes eine Ausgleichung herbei; man erhöhe hierauf das Instrument um 1 Meter, so gehen die Goldblättchen auseinander und zeigen das Vorhandensein positiver Elektricität an. Hier hat die im Gestelle des Elektrometers (welches mit der Erde verbunden ist) enthaltene negative Elektricität in dem isolirten Theile eine Trennung der Fluida herbeigeführt, so zwar, dafs die negative Elektricität in die Kugel, die positive in die Goldblättchen zurückgedrängt wird.

Ist die Luft mit Dünsten erfüllt, so geht die negative Elektricität der Erde in mehr oder weniger beträchtlichem Verhältnisse auf diese über, und so entstehen verschiedene Modificationen des oben erwähnten Versuches. Da durch die Temperatur der Luft die Dunstmenge theilweise bedingt wird, so wird auch diese mit der beobachteten elektrischen Spannung zusammenhängen.

Diese verschiedenen Verhältnisse werden von Hrn. PELTIER näher erläutert, und durch eine graphische Darstellung der Brüsseler Beobachtungen die Uebereinstimmung der Hypothese mit der Natur nachgewiesen.

Lamont.

---

3. Erdmagnetismus.

M. F. MAURY. On the probable relation between magnetism and the circulation of the atmosphere, especially the trade winds. Edinb. J. LI. 271*.

L. F. KÄMTZ. Resultate magnetischer Beobachtungen in Finnland. Proc. of the Roy. Soc. VI. 45*; Phil. Mag. (4) II. 71; Mém. d. sav. étr. d. l'Ac. d. St. Pét. VI. 349*.

A. SAWELJEFF. Kurzer Bericht über magnetische Beobachtungen und geographische Ortsbestimmungen, angestellt im Jahre 1850 auf einer Reise von Kasan nach Astrachan. Bull. d. St. Pét. X. 43; Inst. No. 962. p. 187*.

BINET SAINTE-PREUVE. Note relative à l'influence de l'inertie des aiguilles magnétiques sur la variation diurne de la déclinaison et de l'inclinaison. Inst. No. 903. p. 132*.

J. A. BROUN. On the mechanical compensation of the bifilar and balance magnets for variations of the magnetic moment with temperature. Rep. of the Brit. Assoc. 1850. 2. p. 9*.

C. BROOKE. On the automatic temperature-compensation of the force magnetometers. Phil. Mag. (4) II. 156; Inst. No. 941. p. 15*.

DOPPLER. Bemerkungen und Anträge, die Einsendungen magnetischer Beobachtungen aus Joachimsthal, Freiberg, Pribram, Leoben, Ischl und Salzburg betreffend. Wien. Ber. IV. 336*.

Bericht des Klagenfurter Oberbergamtsvorstandes, enthaltend den Nachlafs des verstorbenen Markscheiders FLORIAN über magnetische Abweichungen. Wien. Ber. IV. 370*.

LAMONT. Die registrirenden magnetischen Instrumente der Münchner Sternwarte. Münchn. Abh. VI. 399*.

SABINE. Report of the Kew magnetographs. Rep. of the Brit. Assoc. 1851. 1. p. 325*; SILLIM. J. (2) XII. 271; Inst. No. 921. p. 278; Athen. 1851. p. 748.

J. WELSH. Report on the performance of his three magnetographs during the experimental trial at the Kew observatory, April 1 till October 1, 1851. Rep. of the Brit. Assoc. 1851. 1. p. 328*.

F. Ronalds. Report concerning the observatory of the British Association at Kew, from August 1, 1850 to July 1, 1851. The magnetographs. Rep. of the Brit. Assoc. 1851. 1. p. 358*.

J. H. Lefroy. On the application of photography to the selfregistration of magnetical and meteorological instruments. Sillim. J. (2) IX. 319.

M. Faraday. Experimental researches in electricity. Twenty-sixth series. § 33. Atmospheric magnetism. Phil. Trans. 1851. p. 42; Arch. d. sc. ph. et nat. XVI. 134; Phil. Mag. (4) I. 72; Inst. No. 893. p. 55; Krönig J. I. 191, II. 39, 169, 385*; Sillim. J. (2) XI. 414, XII. 69; Pogg. Ann. Erg. III. 130, 187; Edinb. J. L. 180, LI. 62; Athen. 1851. p. 529.

— — Experimental researches in electricity. Twenty-seventh series. § 33. On atmospheric magnetism — continued. Phil. Trans. 1851. p. 85; Phil. Mag. (4) I. 74; Inst. No. 893. p. 55; Krönig J. I. 194, II. 296, 394*; Sillim. J. (2) XI. 416; Pogg. Ann. Erg. III. 481.

E. Sabine. On periodical laws discoverable in the mean effects of the larger magnetic disturbances. Phil. Trans. 1851. p. 123*; Phil. Mag. (4) I. 498; Krönig J. III. 63; Inst. No. 923. p. 292; Arch. d. sc. ph. et nat. XVIII. 33; Proc. of the Roy. Soc. VI. 30.

— — On the annual variation of the magnetic declination at different periods of the day. Phil. Trans. 1851. p. 635*; Phil. Mag. (4) II. 491; Inst. No. 951. p. 94, No. 965. p. 210; Arch. d. sc. ph. et nat. XIX. 31.

Lamont. Beschreibung der an der Münchener Sternwarte zu den Beobachtungen verwendeten neuen Instrumente und Apparate. Das Differentialinclinatorium. Münchn. Abhandl. VI. 463*.

J. A. Broun. On the construction of silk suspension threads for the declination magnetometer. Rep. of the Brit. Assoc. 1850. 2. p. 10*.

Lion. Observations relatives à l'intensité du magnétisme terrestre, faites à Beaune, pendant l'éclipse du 28 juillet 1851. C. R. XXXIII. 202*; Inst. No. 918. p. 250, No. 919. p. 259; Pogg. Ann. LXXXIV. 319; Krönig J. III. 226*.

C. M. Elliot. Magnetic survey of the eastern Archipelago. Phil. Trans. 1851. p. 287*; Phil. Mag. (4) I. 339; Proc. of the Roy. Soc. VI. 15; Inst. No. 869. p. 278, No. 909. p. 182.

J. A. Broun. On the effect of the height in the atmosphere on the diurnal variation of magnetic declination. Rep. of the Brit. Assoc. 1850. 2. p. 7*.

Lamont. Ueber die zehnjährige Periode, welche sich in der Gröfse der täglichen Bewegung der Magnetnadel darstellt. Pogg. Ann. LXXXIV. 572*; Inst. No. 968. p. 235; Phil. Mag. (4) 428; Arch. d. sc. ph. et nat. XIX. 306*; Froriep Tagsber. üb. Phys. u. Chem. I. 248; Cosmos I. 117.

E. Sabine. On the means adopted in the british colonial magnetic observatories for determining the absolut values, secular change and annual variation of the terrestrial magnetic force. Phil. Trans. 1850. p. 201*; Krönig J. I. 331; Arch. d. sc. ph. et nat. XVIII. 119.

E. Sabine. Ueber die Veränderung des Magnetismus der Erde in der jährlichen Periode. Pogg. Ann. LXXIX. 478*.

C. Kreil. Ueber den Einflufs der Alpen auf die Aeufserungen der magnetischen Erdkraft. Wien. Denkschr. I. 265*; Münchn. gel. Anz. XXXIII. 661.

Phillips. On isoclinal magnetic lines in Yorkshire. Rep. of the Brit. Assoc. 1850. 2. p. 14*.

Lamont. Ueber die zur magnetisch-meteorologischen Erforschung des Königreichs Bayern im Jahre 1850 unternommenen Excursionen. Bull. d. Münchn. Ak. 1851. p. 73*; Inst. No. 908. p. 174.

J. A. Broun. On the combined motions of the magnetic needle, and on the aurora borealis. Proc. of the Edinb. Soc. II. 334*; Edinb. Trans. XIX. Part. II. 1845 and 1846*. (Die Beobachtungen nehmen den ganzen Band ein.)

E. Sabine. Observations made at the magnetical and meteorological observatory at Hobarton in Van Diemen Island. London 1850*.

— — Observations made at the magnetical and meteorological observatory at the Cape of good hope. London 1851*.

H. Schwarz. Entwurf eines Apparates zur Erleichterung der Zeitbestimmung bei magnetischen Beobachtungen. Pogg. Ann. LXXXI. 268.

W. A. Norton. On the diurnal and annual variations in the declination of the magnetic needle, and in the horizontal and vertical magnetic intensities. Sillim. J. (2) X. 330; Arch. d. sc. ph. et nat. XVII. 146; Froriep Tagsber. üb. Phys. u. Chem. I. 164.

A. T. Kupffer. Rapport relatif à l'observatoire physique central. Bull. d. St. Pét. VIII. 174.

W. H. Barlow. Cause of the diurnal variations of the magnetic needle. Sillim. J. (2) IX. 445. Siehe Berl. Ber. 1849. p. 357.

S. Beswich. Further illustrations of a method for computing magnetic declination, on the principle proposed by Gauss. Phil. Mag. (3) XXXVI. 183.

Observations de la déclinaison et de l'inclinaison magnétiques faites à Paris. Inst. No. 839. p. 40.

Déclinaison et inclinaison magnétiques à Paris à la fin de 1849. Arch. d. sc. ph. et nat. XIII. 138.

Quetelet. Sur les variations annuelles du magnétisme terrestre à Bruxelles. Bull. d. Brux. XVII. 1. p. 424 (Cl. d. sciences 1850. p. 190).

Termins-observationer på magnetiska declinations-variationer i Stockholm 1849. Öfvers. af förhandl. 1850. p. 53.

C. Kreil. Ueber das auf der Prager Sternwarte aufgestellte Inductionsinclinatorium und über ein autographes Thermometer aus Zinkstangen. Wien. Ber. V. 37.

Bericht des Berggerichtes zu Schemnitz über magnetische Declinationsbeobachtungen. Wien. Ber. V. 81.

D'Arrest. Bestimmung der Declination im magnetischen Observatorium zu Leipzig. Leipz. Ber. 1850. p. 100.

J. A. Broun. On the probable cause of the diurnal variation of magnetic variation. Edinb. J. L. 180; Proc. of the Edinb. Soc. II. 342.

Quetelet. État du magnetisme terrestre à Bruxelles. Bull. d. Brux. XVIII. 1. p. 368 (Cl. d. sciences 1851. p. 148); Inst. No. 924. p. 148.

J. Welsh. Description of a sliding rule for converting the observed readings of the horizontal and vertical force magnetometers into variations of magnetic dip and total force. Rep. of the Brit. Assoc. 1851. 2. p. 20.

C. Kreil. Einflufs des Mondes auf die magnetische Declination. Wien. Denkschr. III. 1. p. 1.

Doppler. Ueber die in neuester Zeit in Freiberg in Sachsen aufgefundenen Declinationsbeobachtungen aus älterer Zeit. Wien. Ber. VII. 160.

M. F. Maury. Wahrscheinlicher Zusammenhang der Circulation der Atmosphäre mit dem Magnetismus.

Bei der höchst problematischen Natur der Schlüsse, zu welchen Hr. Maury gelangt, dürfte es kaum zweckmäfsig sein, eine eigentliche Analyse der vorliegenden Arbeit zu geben; wir halten es vielmehr für hinreichend den Gang der Untersuchung im Allgemeinen zu bezeichnen.

Der erstaunlichen Beharrlichkeit und Ausdauer des Hrn. Maury ist es gelungen, aus mehr als 4000 Schiffsregistern die Verhältnisse der Windrichtung auf verschiedenen Theilen des Oceans zu ermitteln, und auf Karten zu verzeichnen (Berl. Ber. 1849. p. 444). Aus diesen Resultaten leitet er die stattfindende Strömung der Atmosphäre ab. Hierbei führt schon die Erklärung der Calmen zu der nothwendigen Annahme, dafs Luftströme, die einmal in der Tiefe sich fortbewegten, später in gröfserer Höhe ihre Bewegung fortsetzen müssen. Hierzu kommt noch ein neuer Anhaltspunkt. Wenn auf einem Landstriche (wie dies z. B. im Mississippithal der Fall ist) der Südwestwind Regen bringt, so ist es nothwendig, dafs die Dünste von einer südwestlich liegenden Wasserfläche entnommen werden; und läfst sich nachweisen, dafs von den südwestlichen Wasserflächen der Wind an der Erdoberfläche sich nicht fortbewegt, so mufs eine Strömung in den höheren Luftschichten stattfinden.

Einen fernern Anhaltspunkt geben die Substanzen, die von Zeit zu Zeit mit dem Regen herabfallen; wenn man nachweisen kann, welchem Theile der Erde diese angehören, so weifs man, dafs der Wind, der diese Substanzen gebracht hat, von jenem Theile der Erde kommt.

Durch solche Schlüsse verfolgt Hr. MAURY die verschiedenen Strömungen der Atmosphäre. Er zeigt endlich, dafs eine von Südwest kommende Strömung über den Wendekreis des Krebses in die nördlichen Regionen gelangt, daselbst ihren Weg immer langsamer fortsetzt, bis sie zuletzt gegen die Bewegung der Uhrzeiger (schraubenwidrig) sich umdrehend den entgegengesetzten Weg einschlägt. In gleicher Weise gelangt eine nordwestliche Strömung in die südlichen Regionen und kehrt, nach der Bewegung der Uhrzeiger (schraubenrecht) sich umwendend, wieder gegen den Aequator zurück. Diesen Verlauf sucht nun Hr. MAURY mit den von FARADAY nachgewiesenen magnetischen und diamagnetischen Eigenschaften der Bestandtheile der Atmosphäre in Verbindung zu bringen. Wir hegen jedoch die Ueberzeugung, dafs bestimmtere Grundlagen gewonnen werden müssen, ehe die Forschung in dieser Richtung mit Erfolg fortgesetzt werden kann.

L. F. KÄMTZ. Resultate magnetischer Beobachtungen in Finnland.

A. SAWELJEFF. Kurzer Bericht über magnetische Beobachtungen und geographische Ortsbestimmungen, angestellt im Jahre 1850 auf einer Reise von Kasan nach Astrachan.

Hr. KÄMTZ hat die Constanten der GAUSS'schen Reihen für die verticale und die zwei horizontalen Componenten des Erdmagnetismus genauer zu bestimmen gesucht, dann die Theorie mit der Beobachtung verglichen; die in seinem Schreiben an Hrn. SABINE (Proc. of the Roy. Soc. VI. 45) enthaltenen Mittheilungen betreffen blofs die verticale Componente.

Als Anhang giebt er eine sehr schätzbare Reihe von Messungen der Intensität (Schwingungsversuche) und Inclination, welche er in den Jahren 1847 bis 1849 in Finnland unternommen hat. Die umständliche Darstellung der Messungen von 1847 ist uns erst in neuester Zeit durch die Denkschriften der Petersburger Akademie (Mémoires présentés par divers savants) zugekommen. Die Uebereinstimmung der einzelnen Resultate zeigt, dafs die Genauigkeit so grofs war, als man überhaupt von den angewendeten Hülfsmitteln erwarten konnte. Auch magnetische Declinationen sind bestimmt worden; jedoch hat Hr. Kämtz vorläufig nicht für zweckmäfsig gehalten sie bekannt zu machen, bis er Gelegenheit gefunden hat, eine genauere Untersuchung des angewendeten Instrumentes vorzunehmen. Die Zahl der Stationen beträgt im Ganzen 71; sie erstrecken sich bis 71° nördl. Breite, und bilden einen sehr erwünschten Beitrag zu den jetzt noch ziemlich unvollständigen Materialien, welche wir zur Herstellung einer magetischen Karte von Europa besitzen.

Nicht minder schätzbar, aber weit weniger zahlreich, sind die von Hrn. Saweljeff ausgeführten Bestimmungen. Hr. Saweljeff hatte den Auftrag erhalten, die meteorologischen Stationen im Bezirke der Universität Kasan zu inspiciren, und benutzte diese Gelegenheit um an elf Punkten zwischen Kasan und Astrachan die Intensität (mittelst eines kleinen Weber'schen Magnetometers) und die Inclination (mit einem Inclinatorium von Ney) zu bestimmen. Das Verzeichnifs der Endresultate ist mitgetheilt, zugleich wird das spätere Erscheinen der näheren Nachweisungen in den „Gelehrten Nachrichten" der Kasaner Universität angekündigt.

Binet Sainte-Preuve. Einflufs des Trägheitsmoments der Nadeln auf die tägliche Aenderung der magnetischen Declination und Inclination.

Hr. Binet Sainte-Preuve legt der Pariser Akademie als Auszug aus einer gröfsern Arbeit und um sich die Priorität der Entdeckung zu sichern, einige Sätze vor, deren Bedeutung wir nicht recht einzusehen vermögen. Da auch seither von diesen Sätzen keine Rede gewesen ist, so darf wohl angenommen werden, dafs ein Mifsverständnifs zu Grunde lag.

J. A. Broun. Wärmecompensation des Bifilars und der magnetischen Wage.

C. Brooke. Compensation des Temperatureinflusses bei Magnetstäben.

Da die Einwirkung der Wärme auf das Bifilar von drei Bedingungen abhängt, von der Länge der beiden Suspensionsfäden, von ihrer gegenseitigen Entfernung und von dem Temperaturcoëfficienten des Magnetstabes, da ferner die zwei letztern Bedingungen im entgegengesetzten Sinne der ersten wirken, so folgert Hr. Broun ganz richtig, dafs bei gehöriger Wahl der verschiedenen Dimensionen und Temperaturcoëfficienten der Gesammteinflufs der Wärme (innerhalb kleinerer Gränzen) eliminirt werden kann; dabei giebt er über die zu treffenden Einrichtungen specielle Regeln.

Für die magnetische Wage von Lloyd schlägt Hr. Broun ebenfalls eine mechanische Compensation vor, bestehend in einem parallelen Messingstab, der an dem Magnetstabe so zu befestigen ist, dafs der Befestigungspunkt am Südende sich befindet, der Messingstab dagegen nach Norden frei sich ausdehnen kann. Der Zweck wird allerdings erfüllt, dabei aber das Trägheitsmoment des Magnets und die Reibung der Messerschneide beträchtlich vermehrt.

Hr. Brooke hat ebenfalls eine mechanische Compensation der Temperatur für Magnetometer erfunden, die im Wesentlichen von dem eben erwähnten Vorschlage wenig abweicht. Wenn man einen Glasstab nimmt, und an jedem Ende einen Messingstab festmacht, der nicht ganz bis zur Mitte des Glasstabes hereinreicht, so werden die einwärts gekehrten Enden der Messingstäbe näher stehen, wenn es warm ist, und von einander sich entfernen, wenn es kalt wird. Dieses Mittel benutzt nun Hr. Brooke um die Entfernung der Fäden des Bifilars so gut zu reguliren, dafs die Einwirkung der Temperatur compensirt wird.

Bei der magnetischen Wage schlägt er vor, ein Quecksilberthermometer mit dem Magnetstabe zu verbinden, so dafs die Ausdehnung und Zusammenziehung der Quecksilbersäule, dem Einflufs der Temperatur auf das magnetische Moment des Stabes das Gleichgewicht hält.

Die Herren Broun und Brooke machen übrigens bezüglich auf die Compensation der Wärme bei den magnetischen Instrumenten blofs Vorschläge; von den praktischen Hindernissen, die stets sich zeigen, wenn zur Ausführung geschritten wird, ist vorläufig nicht die Rede.

Schliefslich bemerke ich, dafs ich vor ungefähr einem Decennium eine mechanische und eine magnetische Temperaturcompensation nicht blofs vorgeschlagen, sondern auch in Anwendung gebracht habe, und beide jetzt noch im Münchener Observatorium gebraucht werden.

Doppler. Bemerkungen und Anträge, die Einsendungen magnetischer Beobachtungen aus Joachimsthal, Freiberg, Pribram, Leoben, Ischl und Salzburg betreffend.

Bericht des Klagenfurter Oberbergamtsvorstandes, enthaltend den Nachlafs des verstorbenen Markscheiders Florian über magnetische Abweichungen.

In Folge eines von Hrn. Doppler ausgegangenen Antrages (worüber bereits im Berl. Ber. 1849. p. 367 Erwähnung geschehen ist) waren die sämmtlichen Vorstände der Bergämter in Oesterreich schon im Jahre 1849 durch die Regierung aufgefordert worden, die in den Archiven vorhandenen Angaben über die Abweichung der Magnetnadel an die Akademie einzusenden. Auf solche Weise ist ein sehr umfassendes Material zusammengetragen worden, welches die Wiener Akademie in ihren Sitzungsberichten aufgenommen hat. Bei genauerer Untersuchung wird man übrigens finden, dafs aus den vorhandenen Angaben, für sich allein betrachtet, Resultate von gröfserer Bedeutung nicht abzuleiten sind; ist aber einmal durch neuere Beobachtungen eine Grundlage gewonnen, und das Gesetz der magnetischen Aenderungen ermittelt, dann werden die älteren Messungen als sehr erwünschte Anhaltspunkte sich erweisen.

In dem vom Oberbergamt Klagenfurt mitgetheilten Nachlasse des verstorbenen Markscheiders Florian finden sich Declinationsmessungen zu Bleiberg-Kreuth vom Jahre 1782 anfangend, dann eine Zusammenstellung der beobachteten Declinationen für Paris, London, Kopenhagen, Alexandrien, Cap der guten Hoffnung, Magellanische Strafse. Aus diesen Beobachtungen wird abgeleitet, dafs die Oscillation der Magnetnadel von der östlichsten bis zur westlichsten Richtung 440 Jahre betrage, und eine empirische Formel (bestehend aus zwei periodischen Gliedern) gegeben, welche die allmälige Zu- und Abnahme der Declination (näherungsweise) darstellt.

Lamont. Die registrirenden magnetischen Instrumente der Münchener Sternwarte.

Sabine. Bericht über die Magnetographen in Kew.

J. Welsh. Bericht über das Resultat der mit seinen Magnetographen vom 1. April bis 1. October 1851 im Observatorium in Kew angestellten Beobachtungen.

F. Ronalds. Bericht über das Observatorium der Brittischen Gesellschaft in Kew vom 1. August 1850 bis zum 1. Juli 1851. Die Magnetographen.

J. H. Lefroy. Ueber Anwendung der Photographie zur Registrirung magnetischer und meteorologischer Beobachtungen.

Das Princip der Münchener Registrirung ist sehr einfach. Ein Magnet von ungefähr 15 Zoll Länge hat an beiden Enden feine abwärts gerichtete Spitzen, unter den Spitzen befinden sich Cylinder von Zinn mit geschwächter Oberfläche. Die Entfernung zwischen den Cylindern und den Spitzen beträgt kaum eine Pariser Linie. Der Magnet hängt an einem feinen Drahte, dessen oberes Ende an einer Metallfeder befestigt ist. Drückt man die Feder etwas herunter, so senkt sich der Magnet, die Spitzen kommen an die Cylinder und machen feine Punkte, welche unter dem Mikroskop sehr gut abgelesen werden können. Dafs die Markirung mit dem wirklichen Stande des Magnets genau übereinstimmt, habe ich durch zahlreiche Versuche nachgewiesen.

Zur Markirung wird nicht ganz eine Secunde Zeit erfordert. Die bezüglich auf die Registrirung geführten Untersuchungen lieferten auch das bemerkenswerthe Resultat, dafs Kupfer, wenn es zur Beruhigung angewendet wird, die tägliche Periode beträchtlich modificirt, und demnach unbrauchbar ist. Ich habe ein neues Beruhigungsmittel gefunden, und mit Erfolg angewendet.

In England haben die Herren Brooke und Ronalds sich mit der Registrirung der magnetischen Variationen befafst, dabei aber ein anderes Princip angewendet. Die Ablesungen werden photographisch registrirt, und zwar ununterbrochen. Die Hauptbestandtheile sind eine intensive Lampe die immerfort brennt, und eine präparirte Daguerreotypplatte, oder ein präparirtes Papier, worauf die Bewegungen sich abbilden. Die Erhaltung eines gleichmäfsigen hinreichend intensiven Lichtes ist nicht blofs schwierig, sondern auch kostspielig. Weit gröfsere Kosten als die Beleuchtung verursacht die Herbeischaffung der Daguerreotypplatten; was die Registrirung auf Papier betrifft, so kann erst davon die Rede sein, wenn man die Fixirung vornehmen kann, ohne das Papier nafs zu machen, wodurch stets die Dimensionen und die Gestalt eine nicht unbeträchtliche Aenderung erleiden. In Kew sind unter der Aufsicht des Hrn. Welsh sechs Monate hindurch registrirende Instrumente der eben erwähnten Art (nach der Construction von Hrn. Ronalds verfertigt) versuchsweise zur Registrirung angewendet worden, und sowohl Hr. Sabine als Hr. Welsh betrachten das Resultat als vollkommen befriedigend. Nur ein Umstand wird von Hrn. Sabine hervorgehoben, der zwar möglicherweise mit der Zeit beseitigt werden kann, aber jetzt noch als ein erheblicher Nachtheil zu betrachten sein möchte. Damit die Daguerreotypplatte einen hinreichenden Eindruck erhalte, ist es nothwendig, dafs die Beleuchtung $1\frac{1}{2}$ Minute andaure, während die magnetischen Bewegungen nicht selten weit rascher vor sich gehen.

Die von Hrn. Lefroy angewendeten Instrumente sind nach der Construction von Brooke eingerichtet; von besonderm Interesse ist die nähere Bezeichnung der Mittel, wodurch die sich ergebenden praktischen Schwierigkeiten beseitigt worden sind.

M. Faraday. Der Experimentaluntersuchungen über Elektricität siebenundzwanzigste Reihe. § 33. Atmosphärischer Magnetismus.

Die merkwürdige Untersuchung, wodurch Hr. Faraday das Verhalten des Sauerstoffes und Stickstoffes gegen die magnetische Kraft erkannt hat, führte ihn weiter auf den Gedanken, dafs, da die Atmosphäre der Erde Sauerstoff und Stickstoff in bestimmter Menge enthält, diese auf den Stand und die Aenderungen des Erdmagnetismus Einflufs äufsern müssen. Insbesondere bemüht er sich den ganzen Betrag der täglichen Variationen aus dem eben genannten Grunde abzuleiten. Da indessen diese Deduction nicht etwa durch eine streng und consequent zusammenhängende Reihe von Schlüssen bewerkstelliget wird, sondern vielmehr der ganze umfangreiche Aufsatz aus geistreichen Andeutungen möglicher Einflüsse und muthmafslicher Wirkungen besteht, so ist es völlig unmöglich ohne grofse Weitläufigkeit einen Begriff von dem Inhalt zu geben. Wer die Ideen des Hrn. Faraday gehörig verfolgen will, mufs den Aufsatz selbst zum Gegenstande seines Studiums machen; dabei möge übrigens bemerkt werden, dafs diejenigen, welche sich bisher am meisten mit der Untersuchung der magnetischen Variationen befafst haben, nicht geneigt scheinen die Ansichten des Hrn. Faraday als zur Erklärung genügend zu betrachten, wie folgende Stelle aus der Präsidentenrede Sabine's bei Eröffnung der Brittischen Association am 1. September 1852 hinreichend beweist:

„It may indeed be difficult to suppose that the magnetic phaenomena which we measure at the surface of the globe, should not be in any degree influenced by the variations in the magnetic conditions of the oxygen of the atmosphere in different seasons and at different hours of the day and night; but whether that influence be sensible or not, whether it be appreciable by our instruments or inappreciable by them, is a question which yet remains for solution by the more minute sifting of the accumulated facts which are now undergoing examination in so many quarters."

E. Sabine. Ueber die Periodicität der mittleren Wirkungen der gröfseren magnetischen Störungen.

Es gab eine Epoche in der Untersuchung des Erdmagnetismus, wo die Ansicht allgemeine Geltung hatte, dafs die vorkommenden Bewegungen in zwei Klassen zerfallen, regelmäfsig wiederkehrende Perioden und Störungen. Die erstern wurden als zusammenhängend mit Jahres- und Tageszeit anerkannt, den letztern war man geneigt eine zufällige Entstehung und eine gleichzeitige Verbreitung über die ganze Erdoberfläche zuzuschreiben. Die weiter fortgesetzte Beobachtung hat indessen diese letztere Annahme wesentlich modificirt. Bei genauerer Vergleichung fand man nämlich, dafs nicht blofs die Aehnlichkeit der Bewegungen bei sehr grofsen Entfernungen verschwindet, sondern auch die Häufigkeit der Störungen, die Gröfse der Bewegung und die Richtung, nach welcher die Bewegung stattfindet, mehr oder weniger mit der Jahres- und Tageszeit zusammenhängt (vergl. Berl. Ber. 1847. p. 556). Diese Verhältnisse bezüglich auf die Declination in Toronto und Hobarton näher zu erörtern und festzustellen ist der Zweck der vorliegenden Abhandlung des Hrn. Sabine. Man ersieht daraus, dafs an beiden Stationen, also an zwei fast diametral einander gegenüber liegenden Punkten der Erdoberfläche, ein ganz ähnliches Verhältnifs der Störungen zu den Tages- und Jahreszeiten sich offenbart.

E. Sabine. Ueber die jährliche Variation der magnetischen Declination zu verschiedenen Tageszeiten.

Die Absicht des Hrn. Sabine geht dahin nicht, bestimmte Gesetze aus den Beobachtungen abzuleiten, sondern einen richtigen Begriff von dem Verlaufe der Erscheinung selbst zu geben. Dazu wählt er die graphische Darstellung. Um die tägliche Bewegung der einzelnen Monate zu repräsentiren, hat man sonst das Monatmittel von den Beobachtungen der einzelnen Stunden abgezogen. Hr. Sabine zieht dagegen das jährliche Mittel ab, und verzeichnet dann die täglichen Curven der Monate an einer Abscissenlinie, welche das jährliche Mittel vorstellt. Es werden dabei die Resultate von St. Helena, Hobarton, Toronto und Cap der guten Hoffnung zusammengestellt.

So schätzbar die Arbeit an und für sich ist, so scheint es mir sehr zweifelhaft, ob aus der Declination allein — ohne gleichzeitige Rücksicht auf die Aenderungen der Intensität und Inclination — erhebliche theoretische Folgerungen abgeleitet werden können.

Lamont. Differentialinclinatorium.

Die Messung der absoluten magnetischen Inclination bietet jetzt noch aufserordentliche Schwierigkeiten dar. Im Jahre 1842 brachte Hr. Lloyd die Anwendung weicher Eisenstäbe in Vorschlag, jedoch ohne zu einem in der Praxis brauchbaren Resultate zu gelangen. Dasselbe Princip ist von mir nun benutzt worden, um Unterschiede der Inclination an verschiedenen Orten zu messen. Zwei Eisenstäbe werden an dem magnetischen Theodoliten in symmetrischer Stellung links und rechts von einem freien Magnet angebracht, und veranlassen eine Ablenkung des Magnets, aus deren Betrag die Inclination berechnet wird. Durch die in neuester Zeit in Bayern und den angränzenden Staaten ausgeführten magnetischen Messungen hat sich die Vorrichtung als vollkommen dem Zwecke entsprechend erwiesen. Zwei neue Thatsachen haben sich dabei rücksichtlich der Induction herausgestellt, dafs nämlich die Induction von der Temperatur in sehr beträchtlichem Maafse abhängt, und dafs bei einem Eisenstabe eine allmälige Abnahme der Inductionsfähigkeit — analog mit dem Kraftverluste der Magnete — stattfindet.

J. A. Broun. Ueber ein neues Verfahren, Suspensionsfäden für Magnetstäbe herzurichten.

Hr. Broun bemerkt, dafs die Fadensuspension im Jahre 1777 durch Coulomb erfunden wurde, und Dominique Cassini der erste war, der sie bei seinen magnetischen Beobachtungen gebraucht hat. Cassini präparirte seine Fäden auf eigenthümliche Weise; unterdessen fanden noch häufige Uebelstände durch die immer übrig bleibende Torsion und die ungleiche Spannung der Fäden statt. Nervander suchte diese Uebelstände zu beseitigen, jedoch ohne das erwünschte Ziel vollkommen zu erreichen. Neue Versuche sind nun von Hrn. Broun in gleichem Sinne gemacht worden, aber auch wieder nur mit theilweisem Erfolge.

Es giebt nur ein Mittel um eine zweckmäfsige Suspension herzustellen; man macht die Magnete so klein, dafs sie durch einen einzigen Coconfaden getragen werden können, dann hören nicht blofs alle Uebelstände der Suspension auf, sondern es werden auch sonst rücksichtlich der Genauigkeit der Beobachtungen wesentliche Vortheile erlangt.

Lion. Beobachtungen über die Intensität des terrestrischen Magnetismus, angestellt zu Beaune während der Sonnenfinsternifs vom 28. Juli 1851.

In der Wahl und Anordnung der Beobachtungen zeigt Hr. Lion gleich von vorn herein, dafs er von den Arbeiten, die man in neuerer Zeit bezüglich auf den Magnetismus der Erde ausgeführt hat, insbesondere aber von den Hülfsmitteln, die zu richtiger Intensitätsmessung anzuwenden sind, keine Kenntnifs besitzt. Deshalb verdient auch das von ihm gefundene Resultat, wonach die Intensität während der Finsternifs zugenommen hat, keine Beachtung.

Schliefslich will ich bemerken, dafs während der grofsen Sonnenfinsternifs vom 8. Juli 1842 in dem magnetischen Observatorium in München Beobachtungen angestellt wurden, woraus sich ergab, dafs Abweichungen von dem gewöhnlichen Gange durch das eben erwähnte Phänomen nicht herbeigeführt wurden.

C. M. Elliot. Magnetische Ortsbestimmungen im östlichen Archipel.

Hr. Elliot wurde von dem Directorium der Ostindischen Compagnie beauftragt, an verschiedenen Punkten im östlichen Archipel magnetische Messungen anzustellen. Er begab sich zu diesem Zwecke von der Centralstation Singapore aus nach Borneo, Java, Sumatra, Mindarao, Celebes, Cocosinsel, Penang, Nicobar, Moulmein und Madras, und führte während der Jahre 1846 bis 1848 theils stündliche Beobachtungsreihen, theils einzelne Bestimmungen der magnetischen Constanten aus. Auch zur See wurden Beobachtungen angestellt; im Ganzen beträgt die Zahl der Stationen 170.

Auffallend ist, daſs, während Hr. Elliot sonst reichlich mit Instrumenten versehen war, er für die Beobachtung der Variationen der Inclination keine Hülfsmittel mitgenommen hat. Die Bestimmung der Inclinationsvariationen bildet gerade eine der wichtigsten Grundlagen für die theoretische Untersuchung des Erdmagnetismus. Wo Variationsbeobachtungen vorgenommen werden sollten, stellte Hr. Elliot drei Declinationsinstrumente auf, und zeichnete die Stände der Declination dreifach auf. Dieses Verfahren verdient besondere Anerkennung; für die Richtigkeit magnetischer Variationen giebt es nur einen vollgültigen Beweis, nämlich die Uebereinstimmung mehrerer Instrumente unter sich. Im gegenwärtigen Falle aber fehlt diese Uebereinstimmung in merkwürdigem Grade. Es giebt Fälle, wo der tägliche Gang aus 20 bis 30 Tagen abgeleitet ist, und die Angaben der verschiedenen Instrumente um $1\frac{1}{2}$ Minuten von einander abweichen.

Aehnliche Abweichungen treten hervor bei der Vergleichung des transportablen Bifilars mit dem Bifilar des Observatoriums in Singapore. Hr. Elliot begnügt sich einfach diese Unterschiede der Veränderlichkeit der Torsion bei den zur Suspension angewendeten Fädenbündeln zuzuschreiben. Dieſs ist, wenn auch nicht die einzige, doch die Hauptursache[1]); wie war es aber

[1]) Aus sonstigen Untersuchungen ist bekannt, daſs die Strömung der Luft in den Magnetkästen, und der Einfluſs des zum Beruhigen angewendeten Kupfers ähnliche Wirkungen erzeugen.

möglich, dafs zu einer kostspieligen und höchst mühsamen wissenschaftlichen Expedition Einrichtungen haben gewählt werden können, deren Unzweckmäfsigkeit überall, wo genaue Beobachtungen gemacht wurden, erkannt worden ist; wie war diefs insbesondere möglich, wenn man bedenkt, dafs es so leicht gewesen wäre, Magnete von geringerem Gewichte zu construiren, und sie an einfachen Fäden, deren Torsion unbedeutend ist, aufzuhängen? Man würde darüber sich wundern müssen, wenn die Erfahrung uns nicht tagtäglich darüber belehrte, dafs die praktische Ausführung überall gegen die theoretische Erkenntnifs weit zurückbleibt.

Der Hauptheil der Arbeit des Hrn. Elliot besteht in der Bestimmung der magnetischen Constanten, und in dieser Hinsicht mufs man den Erfolg als vollständig betrachten; es ist dadurch an einem Theile der Erdoberfläche, wo früher Bestimmungen fehlten, ein höchst werthvoller Beitrag für die Theorie des Erdmagnetismus geliefert worden.

J. A. Broun. Einflufs der Höhe auf die tägliche Variation der Magnetnadel.

Hr. Broun hat im Jahre 1850 gleichzeitige Beobachtungen der Declinationsnadel in Makerstoun (im Observatorium von Sir Th. Brisbane) und auf dem höchsten Punkte des Cheviotgebirges, 2440 Fufs über der ersten Station, im Sommer 1850 ausgeführt, und schliefst aus der Vergleichung der Beobachtungen, dafs die Gröfse der täglichen Bewegung an beiden Punkten gleich ist, während die Wendepunkte an der höhern Station früher eintreten.

Die Resultate sind sehr bemerkenswerth, beruhen übrigens nicht auf so sicherer Grundlage, dafs nicht eine weitere Bestätigung wünschenswerth schiene.

Lamont. Ueber die zehnjährige Periode, welche sich in der Gröfse der täglichen Bewegung der Magnetnadel darstellt.

Die Vergleichung der Resultate der in neuerer Zeit errichteten magnetischen Observatorien hatte schon gleich in den ersten Jahren ihres Bestehens die unmittelbare Nachweisung geliefert, dafs die Gröfse der täglichen Bewegung der Magnetnadel von einem Jahre zum andern sich beträchtlich ändert. Schon vor zehn Jahren, als Hansteen in seinen Intensitätsbeobachtungen eine 19jährige Periode erkannte, kam ich auf die Idee, dafs bei der Gröfse der Declinationsbewegung eine analoge periodische Aenderung stattfinden möchte. Ich stellte deshalb sämmtliche Beobachtungen älterer Zeit zusammen, ohne jedoch bei den vorhandenen höchst unvollständigen Materialien zu einem Resultate zu gelangen. Bessern Erfolg hatte eine ähnliche Untersuchung im Jahre 1851; die ununterbrochen fortgesetzte Reihe der Münchener Beobachtungen zeigte das Vorhandensein einer Periode von ungefähr zehn Jahren mit aller Bestimmtheit an, und die früheren Beobachtungen (bis zu dem Jahre 1784 zurückgehend) liefsen sich sehr genügend hiermit vereinigen, und gewährten zugleich eine sichere Grundlage zur Ermittelung der wahren Länge der Periode; sie beträgt hiernach $10\frac{1}{3}$ Jahr. Dieses höchst merkwürdige Resultat hat seither verschiedenartige Bestätigung gefunden.

E. Sabine. Ueber die in den magnetischen Observatorien der brittischen Colonieen angenommenen Mittel zur Bestimmung der absoluten Werthe, der säcularen und der jährlichen Veränderungen der Magnetkraft.

— — Ueber die Veränderung des Magnetismus der Erde in der jährlichen Periode.

Die erstere sehr gediegene Abhandlung beginnt Hr. Sabine mit folgenden Worten:

„Es haben sich so viele von den magnetischen Observatorien, welche das von der Royal Society empfohlene Beobachtungssystem anzunehmen und verfolgen zu wollen erklärt hatten, ohne, wie es scheint, etwas Umfassenderes auch nur zu beabsichtigen, einzig auf eine Untersuchung der täglichen Veränderungen der magnetischen Elemente und der sogenannten magnetischen Störungen beschränkt, dafs es nicht ungeeignet scheinen mag, die Aufmerksamkeit auf das von der Royal Society beabsichtigte weit ausgedehntere Beobachtungssystem zurück zu lenken.

Die täglichen Veränderungen und die magnetischen Störungen bilden allerdings einen Theil, und zwar einen wichtigen Theil des zu untersuchenden Gegenstandes, allein sie können nur als die Effecte geringerer Kräfte betrachtet werden, welche zu der viel intensiveren und bedeutungsvolleren Wirkung des eigentlichen Erdmagnetismus hinzutreten, von dem sie wahrscheinlich sowohl ihrer Natur als ihrem Ursprunge nach verschieden sind."

Im weitern Verfolge der Abhandlung weist Hr. Sabine nach, dafs die ursprünglich in Beziehung auf die Instrumente getroffenen Einrichtungen theilweise sich als ungenügend erwiesen haben. In Folge der an den Instrumenten haftenden Fehlerquellen können die Beobachtungen der ersten Jahre nur unter mehrfachen Beschränkungen Benutzung finden. Hr. Sabine läfst sie deshalb vorläufig hier weg, und fängt vom Jahre 1845 an, wo eine vollständige Reorganisation der brittischen Observatorien stattgefunden hat.

Zuerst stellt er die mittlere Horizontalintensität und die mittlere Inclination der verschiedenen Monate vom Januar 1845 bis April 1849 zusammen, und folgert daraus, dafs die erstere Gröfse um 0,0042 jährlich abnehme, die letztere um 0',074 jährlich zunehme. In den einzelnen Jahren stellen sich übrigens nicht unbeträchtliche Abweichungen dar.

Hierauf wird die jährliche Variation untersucht. Es zeigt sich, dafs die Inclination im Winter gröfser ist als im Sommer, während bei der Horizontalintensität gerade das Gegentheil stattfindet. Dies ist allerdings sehr merkwürdig, da auch sonst eine Zunahme der Inclination mit einer Abnahme der Intensität gewöhnlich vorkommt und zusammenhängt. Gleichwohl läfst sich nicht in Abrede stellen, dafs die Resultate noch erhebliche Zweifel zulassen. Die ganze Bewegung der Inclination im Verlaufe des Jahres beträgt 3',3, und wer je ein Inclinatorium angewendet hat wird wissen, wie schwer es ist mittelst eines so unsichern und so leicht veränderlichen Apparates über eine so geringfügige Gröfse zu entscheiden. Was die Horizontalintensität betrifft so treten zwei Umstände ein, die beachtenswerth sind. Einmal ist die Temperatur im Sommer und Winter sehr verschieden; wenn demnach die Gesammteinflüsse der Temperatur nicht genau ermittelt werden, so kommt schon dadurch ein verschiedener Werth in den verschiedenen Jahreszeiten zum Vorschein. Ferner ist aber auch die allmälige Abnahme der Kraft der Magnete nach den Jahreszeiten verschieden, und sehr schwankend mit der Temperatur. Wenn demnach auch zugegeben wird, dafs Hr. Sabine in den erwähnten Beziehungen plausible Voraussetzungen gemacht hat, so kann andrerseits wiederum nicht in Abrede gestellt werden, dafs nach dem gegenwärtigen Stande der Untersuchung auch andere Voraussetzungen und eine andere Behandlung der Zahlen zulässig wäre.

Der zweite Aufsatz, dessen Titel oben angeführt wurde, ist blofs eine kurze briefliche Mittheilung an Hrn. Dove, worin die eben dargelegten Resultate theilweise angedeutet sind.

C. Kreil. Ueber den Einflufs der Alpen auf die Aeufserungen der magnetischen Erdkraft.

Phillips. Ueber die Inclinationscurven in Yorkshire.

Lamont. Bericht über die zur magnetisch-meteorologischen Erforschung des Königreichs Bayern im Jahre 1850 unternommenen Excursionen.

In dem Maafse als sich die Untersuchung des Erdmagnetismus ausbreitet, tritt immer mehr die Nothwendigkeit hervor, das Locale bezüglich auf die bedingenden Ursachen zu erforschen, und von dem Allgemeinen zu scheiden (vergl. Berl. Ber. 1847, p. 553). Ohne dieses Erfordernifs ist eine Theorie des Erdmagnetismus unmöglich. Leider sind bisher nur sehr wenige Landstriche nach so detaillirtem Maafsstabe untersucht worden, dafs daraus Localeinflüsse gehörig erkannt werden könnten. In England wurden bereits vor 25 Jahren Beobachtungen der Inclination und Intensität von den Herren Sabine und Phillips ausgeführt, und letzterer bemerkte in einem Berichte vom Jahre 1836, „dafs in Yorkshire in den Inclinationscurven Einbeugungen vorkommen, welche mit der Gestalt der Landesoberfläche zusammenzuhängen scheinen, so zwar, dafs sie auf der südlichen Seite unmittelbar an dem Gebirgszuge sich diesem nähern, und an weiter entlegenen Punkten sich entfernen" (Rep. of the Brit. Assoc. 1836. p. 51). Hr. Phillips hat nun mittelst eines neuen Inclinatoriums die betreffenden Messungen nochmals wiederholt, und das eben erwähnte Resultat bestätiget gefunden. Zugleich weist er auf das Vorhandensein ähnlicher Verhältnisse in Irland hin.

Hr. Phillips glaubt aufserdem durch Beobachtung wahrgenommen zu haben, dafs in solchen Gegenden, wo die Inclinationscurven von dem regelmäfsigen Verlaufe beträchtlich abweichen, auch die tägliche Variation ein verschiedenes Gesetz befolge. Wenn man jedoch bedenkt, dafs zu dieser Untersuchung das gewöhnliche Inclinatorium gebraucht wurde, so wird man kaum geneigt sein in das Resultat besonderes Vertrauen zu setzen.

Weit vollständiger und methodisch richtiger ausgeführt ist die Untersuchung des Hrn. Kreil über den Einflufs der Alpen, wovon ich bereits das Wesentlichste im Jahre 1849 der Berl. Ber. p. 366 erwähnt habe. Aus der Gesammtheit seiner Beobachtungen bestimmt er zuerst unter Anwendung der Methode der kleinsten Quadrate den regelmäfsigen Lauf der magnetischen Curven, und zeigt dann, dafs man in der Nähe der Alpen nicht etwa zufällige Differenzen, sondern eine systematische Abweichung von dem regelmäfsigen Laufe antrifft. Bemerkenswerth ist, dafs die Störung nicht etwa bei der einen oder andern Constante, sondern bei allen drei Constanten (Declination, Inclination und Intensität) zugleich sich äufsert.

Hinsichtlich der von Hrn. Kreil gefundenen Resultate ist zu bemerken, dafs ein Theil der angewendeten Declinationsbestimmungen einer nicht unbedeutenden Verbesserung wegen der Torsion bedarf, und in Folge dessen die gefundene Einbeugung der Declinationscurven beträchtlich vermindert werden mufs.

Hr. Kreil zeigt, dafs nicht blofs die Alpenkette auf die magnetische Kraft Einflufs ausübt, sondern dafs auch an den Karpathen ein ähnlicher Erfolg wahrgenommen wird.

Vom Jahre 1849 angefangen, habe ich in verschiedenen Gegenden Bayerns magnetische Ortsbestimmungen vorgenommen, und dabei nicht blofs den von Hrn. Kreil entdeckten Einflufs der Alpen bestätigt gefunden, sondern auch an andern Punkten beträchtliche Störungen erkannt. Da übrigens die Untersuchung jetzt noch im Gange ist, so scheint es zweckmäfsiger die Erwähnung der Resultate einer künftigen Gelegenheit vorzubehalten.

J. A. Broun. Resultate der magnetischen Beobachtungen in Makerstoun.

E. Sabine. Resultate der magnetischen Observatorien in Hobarton und am Cap der guten Hoffnung.

Hr. Broun hat nach dem Beispiele Airy's eine vollständige Darstellung der Resultate seiner magnetischen Beobachtungen gegeben, alle hervortretende Eigenthümlichkeiten der magnetischen Bewegungen und ihren mannigfaltigen Zusammenhang umfassend. Aehnliche Zusammenstellungen findet man in der Einleitung zu den Beobachtungen von Hobarton und vom Cap der guten Hoffnung, die Hr. Sabine herausgegeben hat.

Die Resultate selbst sind zu mannigfaltig und bisher mit theoretischen Lehrsätzen zu wenig in Verbindung gebracht worden, als dafs es möglich wäre in wenig Worten eine Uebersicht davon zu geben oder etwas hervorzuheben, was allgemeineres Interesse darbieten könnte; wir begnügen uns deshalb diejenigen, welche speciell mit Magnetismus sich beschäftigen, darauf zu verweisen.

Hr. Broun hat auch über den Einfluſs des Mondes auf die magnetische Kraft und über die Natur und Häufigkeit der Nordlichter Untersuchungen ausgeführt, wovon er die Ergebnisse mittheilt.

Lamont.

---

4. Physikalische Geographie.

Hooker. The table land of Thibet. Sillim. J. (2) IX. 298. Siehe Berl. Ber. 1849. p. 461.

H. Schlagintweit und A. Schlagintweit. On the physical geography of the Alps. Edinb. J. L. 287; Sillim. J. (2) XIV. 359; Froriep Tagsber. üb. Phys. u. Chem. I. 165, 270. Siehe Berl. Ber. 1849. p. 398 und diesen Band unten.

Agassiz. The erratic phaenomena about Lake Superior. Sillim. J. (2) X. 83*.

C. Martins. Upon the identity of the marks of glacial action on the rocks in the environs of Edinburgh, with those observed by the author on the continent of Europe and in Spitzbergen. Edinb. J. L. 301*.

J. Bryce jun. On striated and polished rocks and „roches moutonnées" in the Lake district of Westmoreland. Rep. of the Brit. Assoc. 1850. 2. p. 76*; Phil. Mag. (3) XXXVII. 486.

J. D. Dana. On the degradation of the rocks of New-South-Wales and formation of valleys. Sillim. J. (2) IX. 289*.

On the lagoons of Tuscany. Phil. Mag. (3) XXXVII. 72*; Sillim. J. (2) IX. 431; Bull. d. l. Soc. géol. 1848. Déc. p. 147.

Boué. Retrospective über die verschiedene Charakteristik der mechanischen Ablagerungen der Flüsse, der Süſswasserseen und der Meere, besonders in der Alluvialzeit. Wien. Ber. VI. 122*.

H. Hennessy. The figure and primitive formation of the earth, or researches in terrestrial physics. Phil. Trans. 1851. p. 495; Arch. d. sc. ph. et nat. XX. 307*; Sillim. J. (2) XIII. 271.

B. Studer. Neue langsame Hebungen und Senkungen des Bodens in der Schweiz. Leonhard u. Bronn Jahrb. f. Miner. 1850. p. 221*; Edinb. J. LI. 357*; J. of the geol. Soc. VII. No. 27. p. 103.

Leycester. Sur le groupe volcanique de Milo. Inst. No. 936. p. 399*.

W. Buist. Indications of upheavals and depressions of the land in India. Rep. of the Brit. Assoc. 1851. 2. p. 55*; Arch. d. sc. ph. et nat. XVIII. 168*; Inst. No. 929. p. 344.

Nilson. Sur l'exhaussement graduel du sol de la Scandinavie. Inst. No. 900. p. 112*; Arch. d. sc. ph. et nat. XVI. 149; Edinb. J. LI. 392.

L. Becker. On the constant increase of elevation of the beds of rivers. Rep. of the Brit .Assoc. 1850. 2. p. 72*; Inst. No. 880. p. 366.

C. H. Davis. Mémoire sur l'action géologique des marées et des autres courants de l'Océan. Arch. d. sc. ph. et nat. XVI. 328*; Mem. of the Amer. Acad. of arts and sciences (2) IV.

Chambers. On terraces and other proofs of changes in the relative level of sea and land in Scandinavia. Edinb. J. XLVIII. 68*.

— — Geology of the Baltic. Edinb. J. XLVIII. 350*.

Rochet d'Héricourt. Mémoire sur l'état constant de soulèvement du golfe Arabique et de l'Abyssinie. C. R. XXX. 24*.

R. Bunsen. Einflufs des Drucks auf die chemische Natur der plutonischen Gesteine. Pogg. Ann. LXXXI. 562*.

A. Schlagintweit. Untersuchungen über die Thalbildung und die Formen der Gebirgszüge in den Alpen. Pogg. Ann. LXXXI. 177*.

J. Durocher. Recherches sur la structure des montagnes de la Scandinavie et sur les phénomènes qui les ont produites. C. R. XXX. 738*; Inst. No. 858. p. 185.

S. Macadam. Remarks on the central heat and density of the globe, as also the causes of volcanic phaenomena. Rep. of the Brit. Assoc. 1850. 2. p. 88; Edinb. J. L. 127.

L. Becker. Remarks as to the earlier existence of the binnen or inland lake. Rep. of the Brit. Assoc. 1850. 2. p. 73*; Inst. No. 880. p. 367.

R. Austen. On recent changes of sea-level. Rep. of the Brit. Assoc. 1850. 2. p. 71*.

E. Hitchcock. On terraces and ancient sea beaches, especially those on the Connecticut river and its tributaries in New England. Rep. of the Brit. Assoc. 1850. 2. p. 87*; Inst. No. 880. p. 366.

Baer. Ueber nothwendig scheinende Ergänzungen der Beobachtungen über die Bodentemperatur in Sibirien. Bull. d. St. Pét. VIII. 209*; Pogg. Ann. LXXX. 242*.

N. J. Coleman. Indiana cave. Sillim. J. (2) XI. 283*.

R. J. Murchison. On the vents of hot vapour in Tuscany, and their relations to ancient lines of fracture and eruption. Sillim. J. (2) XI. 199*.

G. Bischoff. Ergebnisse neuester Untersuchungen zur Erklärung der Kohlensäureexhalationen. Leonhard u. Bronn Jahrb. f. Miner. 1849. p. 725*; Verh. d. Niederrhein. Ges. zu Bonn 1849. Febr. 23; Arch. d. sc. ph. et nat. XVI. 61*; J. of the geol. Soc. of London VI. 40; Edinb. J. L. 182.

R. Mallet. First report of earthquake phaenomena. Rep. of the Brit. Assoc. 1850. 1. p. 1*.

— — Second report on the facts of earthquake phaenomena. Rep. of the Brit. Assoc. 1851. 1. p. 272*; Inst. No. 928. p. 335; Arch. d. sc. ph. et nat. XVIII. 236; Sillim. J. (2) XII. 421.

A. Perrey. Tremblements de terre ressentis en 1850. Bull. d. Brux. Cl. d. sciences 1851. p. 105; Inst. No. 920. p. 269*.

Boué. Ueber die Nothwendigkeit die Erdbeben und vulcanischen Erscheinungen genauer als bis jetzt beobachten zu lassen. Wien. Ber. VII. 363*.

v. Baumgartner. Bemerkungen zu obigem Vortrage. Wien. Ber. VII. 570*.

M. Hamilton. Brief notices of earthquakes in South America in 1844, 1845, 1846 and 1847. Rep. of the Brit. Assoc. 1850. 2. p. 82*; Inst. No. 882. p. 381.

R. Budge. Communication relative to the great earthquake experienced in Chile, April 2, 1851. Rep. of the Brit. Assoc. 1851. 2. p. 85*; Inst. No. 935. p. 391; Sillim. J. (2) XII. 424.

W. Bollaert. Observations on this communication. Rep. of the Brit. Assoc. 1851. 2. p. 85*; Inst. No. 935. p. 392; Sillim. J. (2) XII. 425.

Pujo. Sur un tremblement de terre qui s'est fait sentir à Mayorke le 15 mai 1851. C. R. XXXIII. 23; Inst. No. 925. p. 308*.

P. Laurent. Tremblement de terre dans le département des Vosges. C. R. XXXIII. 69; Inst. No. 916. p. 236*.

H. de la Jonquière. Sur un tremblement de terre qui a été ressenti à Gelos, près de Pau. Inst. No. 930. p. 349*.

E. J. Morris. On the earthquake in Calabria. Sillim. J. (2) XII. 443*.

Person. Tremblement de terre ressenti à Besançon, le 24 août 1851. C. R. XXXIII. 272*.

A. Boué. Ueber das Erdbeben, welches Mittel-Albanien im October 1851 so schrecklich getroffen hat. Wien. Ber. VII. 776*.

J. D. Dana. Historical account of the eruptions on Hawaii. Sillim. J. (2) IX. 347*.

— — On the volcanic eruptions of Hawaii. Sillim. J. (2) X. 235*.

C. S. Lyman and T. Coan. On the recent condition of Kilauea. Sillim. J. (2) XII. 75*.

A. Scacchi. Relazione dell' incendio accaduto nel Vesuvio nel mese di Febbraio del 1850, seguita dai giornalieri cambiamenti osservati in questo vulcano dal 1840 sin ora. Rendic. di Nap. IX. 13*.

B. Silliman jun. Present condition of Vesuvius. Sillim. J. (2) XII. 256*.

Bailleul. Remarques sur quelques circonstances de la dernière éruption du Vésuve. C. R. XXXI. 8*.

Wisse et G. Moreno. Exploration du volcan de Sangaï. Inst. No. 864. p. 234*.

J. D. Dana. On coral reefs and islands. Sillim. J. (2) XII. 25*, 165*, 329*.

Whittlesey. On the natural terraces and ridges of the country bordering lake Erie. Sillim. J. (2) X. 31*.

Kupffer. Ueber Höhenmessungen mit dem Barometer. Bull. d. St. Pét. VIII. 327*.

A. SENONER. Zusammenstellung der bisher gemachten Höhenmessungen in den Kronländern Oesterreich ob und unter der Enns und Salzburg. Jahrb. d. geol. Reichsanst. 1850. p. 522*.

— — Zusammenstellung der bisher gemachten Höhenmessungen im Kronlande Tirol. Jahrb. d. geol. Reichsanst. 1851. 1. p. 59*, 1851. 2. p. 133*.

— — Zusammenstellung der bisher gemachten Höhenmessungen im Kronlande Steiermark. Jahrb. d. geol. Reichsanst. 1851. 3. p. 64*.

— — Zusammenstellung der bisher gemachten Höhenmessungen im Lombardisch-Venetianischen Königreiche. Jahrb. d. geol. Reichsanst. 1851. 3. p. 78*.

A. HAWLICZECK. Trigonometrische Höhenbestimmungen in dem k. k. Kronlande Schlesien. Jahrb. d. geol. Reichsanst. 1850. p. 77*.

J. HAEGHENS. Hypsométrie de la France. Tableau des coordonnées géographiques et des altitudes des sols aux principaux points de la nouvelle carte de France. Annu. météor. d. l. France 1851. 1. p. 41*.

J. LAMONT. Verzeichnifs der vorzüglichsten im Königreiche Bayern gemessenen Höhenpunkte. Ann. d. Münchn. Sternw. III. p. LXXIV; Arch. d. sc. ph. et nat. XX. 307*.

A. SCHLAGINTWEIT. Höhenbestimmungen in den Umgebungen des Grofsglockner.

S. BAUP. Détermination barométrique de l'altitude de plusieurs localités dans les cantons de Vaud, Fribourg et Valais. Arch. d. sc. ph. et nat. XIII. 24*.

W. DOELLEN. Bestimmung der Höhe über dem Meere für einige in der Umgegend von Pawlowsk gelegene, in geologischer Beziehung wichtige Punkte. Bull. d. St. Pét. VIII. 261*.

R. STRACHEY. On the geography of Kumáon and Garhwál in the Himálaya mountains. Rep. of the Brit. Assoc. 1851. 2. p. 92*; Inst. No. 935. p. 391*; Arch. d. sc. ph. et nat. XVIII. 238; Athen. 1851. No. 1238.

— — On the limit of perpetual snow in the Himalaya. SILLIM. J. (2) XI. 244*; J. of the Asiat. Soc. of Bengal (2) XXVIII. 287.

HUTTON. Remarks on the snow-line in the Himalaya. Edinb. J. L. 93*; J. of the Asiat. Soc. of Bengal (2) XXXIII. 954.

J. D. FORBES. Sixteenth letter on glaciers. 1) Observations on the movement of the mer de glace down to 1850. 2) Observations by Balmat, in continuation of those detailed in the fourteenth letter. 3) On the gradual passage of ice into the fluid state. 4) Notice of an undescribed pass of the Alps. Edinb. J. L. 167*.

A. DE LA RIVE. Sur l'apparition et la disparition sucessives de grands glaciers sur la surface actuelle du globe terrestre. C. R. XXXIII. 439; Inst. No. 935. p. 387*; Arch. d. sc. ph. et nat. XVIII. 5; Edinb. J. LII. 165; FRORIEP Tagsber. üb. Phys. u. Chem. I. 267.

H. SCHLAGINTWEIT. Untersuchungen über die Gletscher. Aus H. und A. SCHLAGINTWEIT, Untersuchungen über die physikalische Geographie der Alpen. Leipzig 1850. p. 1*; POGG. Ann. LXXX. 177*.

R. Chambers. On the glacial phaenomena of the neighbourhood of Edinburgh, with some remarks on the general subject. Rep. of the Brit. Assoc. 1850. 2. p. 78*; Sillim. J. (2) XI. 119; Athen. No. 1189; Inst. No. 877. p. 343.

C. Maclaren. On traces of ancient glaciers in Glenmessan. Rep. of the Brit. Assoc. 1850. 2. p. 90*.

Simony. Gletscherspuren am Radstadter Tauern. Haid. Ber. VII. 135*.

Eishöhle in den Saalbergen. Pogg. Ann. LXXXI. 579*.

Faye. Appareil pour sonder à de grandes profondeurs. C. R. XXXII. 65*; Inst. No. 890. p. 25.

— — Addition à une note antérieure sur un appareil destiné à sonder en mer à de grandes profondeurs. C. R. XXXII. 164*.

L. Lalanne. Note sur d'anciens appareils de sondage ayant divers points de ressemblance avec celui de M. Faye. C. R. XXXII. 244*.

Ferdinand. Sondages en mer à de grandes profondeurs. Réclamation de priorité adressée à l'occasion des communications de M. Faye, sur un appareil destiné à cet usage. C. R. XXXII. 383*.

Faye. Réponse à cette réclamation. C. R. XXXII. 385*.

J. P. Joule. On a method of sounding in deap seas. Rep. of the Brit. Assoc. 1851. 2. p. 22*.

Le Coentre. Plomb de sonde. C. R. XXXII. 551*.

H. Walferdin. Sur la mesure des plus grandes profondeurs de la mer et sur leur température. Nouvel hydrobaromètre. C. R. XXXII. 138*; Inst. No. 892. p. 42; Sillim. J. (2) XIII. 269.

Bourdaloue. Relative level of the Red Sea and Mediterranean. Sillim. J. (2) XI. 142*; Inst. No. 874. p. 313.

Maury. On the currents of the Atlantic, and the existence of the north-west-passage. Edinb. J. LI. 51.

W. Whewell. On our ignorance of the tides. Rep. of the Brit. Assoc. 1851. 2. p. 27*; Inst. No. 921. p. 279.

— — Researches on the tides. Fourteenth series. Phil. Trans. 1850. p. 227; Inst. No. 871. p. 292*.

Babinet. Théorie des courants de la mer. C. R. XXVIII. 749*; Edinb. J. XLVIII. 160.

A. G. Findley. Action of waves. Edinb. J. LI. 191*.

A. A. Hayes. On the different chemical conditions of the water at the surface of the Ocean and at the bottom, on soundings. Sillim. J. (2) XI. 241*.

v. Bibra. Untersuchung von Seewasser des stillen und atlantischen Oceans. Lieb. u. Wöhl. LXXVII. 90*.

H. Schlagintweit. Notiz über Hrn. v. Bibra's Beobachtungen der Meerestemperatur im atlantischen und stillen Ocean. Pogg. Ann. LXXXIV. 583*; Froriep Tagsber. üb. Phys. u. Chem. I. 248.

H. D. Rogers. On the origin of salt and salt lakes. Edinb. J. LI. 130*.

B. SILLIMAN jun. Sulphur lake of the Campagna, near Tivoli. SILLIM. J. (2) XII. 258*.

Rise and fall of lake Erie. SILLIM. J. (2) XII. 143*.

J. THOMPSON. On the sudden disappearance of the ice on lake Champlain, at the breaking up of winter. SILLIM. J. (2) XII. 22*.

F. SIMONY. Ueber die Seen des Salzkammergutes. Wien. Ber. IV. 542*.

P. L. L. VALLÉE. Note sur les ladières du lac de Genève, sur les seiches et sur les raz-de-marée. C. R. XXXII. 758*.

SPENCER. Niveau du lac Ontario et de la rivière de Niagara. Arch. d. sc. ph. et nat. XVI. 39*; FRORIEP Tagsber. üb. Phys. u. Chem. I. 208.

Lacs cratériformes de Manlius. Arch. d. sc. ph. et nat. XVI. 43*.

H. SCHLAGINTWEIT. Ueber die Regenverhältnisse der Alpen. POGG. Ann. LXXVIII. 145*.

A. DUMONT. Note sur une application de la géologie à la recherche d'eaux souterraines. Bull. d. Brux. Cl. d. sciences 1851. p. 47; Inst. No. 914. p. 223*.

A. SCHLAGINTWEIT. Untersuchungen über die Isogeothermen der Alpen. POGG. Ann. LXXVII. 305*; Inst. No. 935. p. 389; FRORIEP Tagsber. üb. Phys. u. Chem. I. 270; HAID. Ber. VII. 10.

O. SENDTNER. Berichtigung einiger Angaben SCHLAGINTWEIT's in Betreff der Isogeothermen der Alpen. Jahrb. d. geol. Reichsanst. 1850. p. 301*; Flora 1850. No. 7.

A. v. MORLOT. Ueber die geologischen Verhältnisse von Oberkrain. Jahrb. d. geol. Reichsanst. 1850. p. 389*.

J. D. FORBES. Further remarks on the intermitting brine springs of Kissingen. Edinb. J. LI. 139*.

J. COGSWELL. Notice of a remarkable spring or fountain in Hollis, now Phipsburg, Maine, about seven miles from Saco and Kennebunk. SILLIM. J. (2) XI. 137*.

T. S. HUNT. On the mineral springs of Canada. No. 3. SILLIM. J. (2) XI. 174*.

R. PETER. On the blue licks spring, Licking river, Ky. SILLIM. J. (2) XI. 284*.

J. L. SMITH. On some of the thermal waters of Asia Minor. SILLIM. J. (2) XII. 10*, 366*.

F. RAGSKY. Die Herkulesbäder im Banat. Jahrb. d. geol. Reichsanst. 1851. 2. p. 93*.

M. PETTENKOFER. Chemische Untersuchung der Adelheidsquelle zu Heilbrunn in Oberbayern. LIEB. u. WÖHL. LXXVII. 183*.

HATTIER. Études sur les eaux de Bourbon-l'Archambault. C. R. XXXII. 20*.

A. BOBIERRE et E. MORIDE. Recherches sur la composition de la source ferrugineuse de Kirouars (Seine-Inférieure). C. R. XXXII. 376; Inst. No. 898. p. 91*.

A. Bobierre et E. Moride. Source ferrugineuse de la Bernerie (Loire-Inferieure); examen de cette eau. C. R. XXXIII. 322; Inst. No. 925. p. 306*.

P. Ormancey. Recherches sur les eaux minérales de la France. C. R. XXXII. 945*.

C. S. C. Deville. De la répartition des eaux minérales de la France. C. R. XXXIII. 3; Inst. No. 914. p. 219*; Arch. d. sc. ph. et nat. XVIII. 59.

Dumas. Note sur les résultats signalés, relativement à la composition des eaux, dans l'ouvrage intitulé: Annuaire des eaux de la France. C. R. XXXIII. 182; Inst. No. 920. p. 265*.

Eaux salines de la Virginie. Inst. No. 917. p. 248*.

Sources thermales de la Washitta, dans l'état d'Arkansas. Arch. d. sc. ph. et nat. XVI. 40*.

Salines d'Onondaga. Arch. d. sc. ph. et nat. XVI. 42*.

J. Dickinson. On the supply of water from the chalk stratum in the neighbourhood of London. Phil. Mag. (4) I. 423*; Inst. No. 916. p. 240.

F. Shepherd. Observations on the Pluton geysers of California. Sillim. J. (2) XII. 153*; Edinb. J. LIII. 241; Zeitschr. f. Naturw. I. 120.

A. Schmidl. Ueber den unterirdischen Lauf der Recca. Wien. Ber. VI. 655*.

C. Fritsch. Ueber die constanten Verhältnisse des Wasserstandes und der Beeisung der Moldau bei Prag, so wie die Ursachen, von welchen dieselben abhängig sind, nach mehrjährigen Beobachtungen. Wien. Ber. VI. 156*.

V. Streffleur. Einiges über Wasserstands-(Pegel-) Beobachtungen und deren Aufzeichnung. Wien. Ber. VII. 745*.

A. D. Bache. Notes of a discussion of tidal observations made in connection with the coast survey, at Cat Island, in the gulf of Mexico. Sillim. J. (2) XII. 341.

F. Beaufort. Report of further observations upon the tidal stream of the North Sea and English Channel, with remarks upon the laws by which those streams appear to be governed. Phil. Trans. 1851. p. 703.

W. v. Qualen und Neese. Die schwimmende Insel auf dem Gute Festen in Livland. Rigaer Correspond. Bl. IV. 77.

Agassiz. Erratische Erscheinungen um den Oberen See.

In einem Capitel seines Werks „Lake Superior, its physical characters etc. Boston 1850", bespricht Hr. Agassiz die erratischen Erscheinungen am Oberen See. Er sucht auch an ihnen zu erweisen, dafs seine bekannte Annahme einer Eiszeit, in welcher Gletscher sich über die nördlichen Theile der Continente verbreiteten, allein im Stande sei, jene Phänomene zu erklären, da strömende Gewässer jene eigenthümliche Anhäufung von Geröllen im Verein mit Streifungen und Furchungen des Bodens nicht bewirken konnten. Eben so wenig waren nach seiner Ansicht herumschwimmende Eisberge dieses im Stande, wie auch in dem nachfolgenden Aufsatz Martins darzuthun versucht hat.

Ueber den Geröllen der Eiszeit liegen in der Umgegend des Oberen Sees, wie auch an andern ähnlichen Orten in Europa, Schichten mit Meeresconchylien, und Hr. Agassiz nimmt daher an, dafs nach der Absetzung der Gerölle zuerst eine Senkung des Bodens eintrat, während welcher lange Zeit hindurch die Gerölle vom Meer bedeckt waren, späterhin aber erhob sich der Boden allmälig und die Conchylienschicht liegt jetzt also mehrere 100 Fufs über dem Meere. Diese Niveauveränderung wird am Oberen See noch angedeutet durch die gewaltigen Seeränder und amphitheatralisch über einander liegenden Terrassen, welche vermöge ihrer Configuration durchaus die Vermuthung abschneiden, als ob nicht das Land gehoben, sondern das Meer sich gesenkt habe.

Die Frage, ob jene erratischen Phänomene in den nördlichen Theilen Amerikas, Asiens und Europas gleichzeitig mit denen in den Alpen, Pyrenäen, Vogesen und im Schwarzwald waren, ist Hr. Agassiz zu bejahen geneigt, weil die klimatischen Verhältnisse der gemäfsigten Zone durch die massenhaften Eisanhäufungen an dem Nordpol nicht unberührt bleiben konnten.

C. Martins. Ueber die Identität der Beweise für Gletscherwirkungen an den Felsen der Umgebungen Edinburgs, mit denen auf dem Continent Europas und in Spitzbergen.

Auf der Versammlung brittischer Naturforscher 1850 wurde die Frage, wie die unzweideutigen Gletscherspuren in der Nähe Edinburgs zu erklären seien, ob durch in den Thälern sich herabbewegende Gletscher oder durch vom Meere herangetriebene Eisblöcke, vielfach discutirt, ohne dafs man sich für die eine der beiden Ansichten entschieden aussprach. Hr. Martins sucht nun in Erwägung aller localen Erscheinungen und mit Hinblick auf die bekannten Thatsachen betreffend die jetzigen Gletscher und ihre Art der Wirkung die Ansicht als die ausschliefslich richtige zu behaupten, vermöge deren einst Gletscher von Schottlands Bergen herabstiegen, als ein Theil der Insel noch unter Wasser stand, und alsdann am Schlufs jener Periode (der Eiszeit) das Land sich zu seiner jetzigen Höhe aus dem Meere erhob.

Zunächst zeigt Hr. Martins das Unzulässige der Vorstellung von schwimmenden Eisbergen, welche jene Wirkung der Gletscher ausgeübt haben sollten. Abgesehen von der überraschenden Thatsache, dafs zufolge der auf den Höhen Schottlands angehäuften Seemuscheln und gestreiften Felsen das Land 1400 Fufs tief im Meere versenkt gewesen, also sich nachher um eine dreifach bedeutendere Gröfse als Scandinavien erhoben haben müfste, so stimmt gar nicht die Art, wie wir jetzt Eisberge entstehen, sich lösen und herumtreiben sehen, mit der überein, wie sie die Gletscherwirkungen verlangen. Das Poliren und Streifen von so harten Felsen, wie Granite, Klingsteine u. dergl. sind, verlangt, dafs zwischen dem Gletscher und dem zu streifenden Gestein kleine Kiesel- oder andere Steine oder feiner Sand sich befinden. So zeigt es sich auch bei allen gegenwärtigen Gletschern. Wenn aber ein Eisberg von einem Gletscher in die See herabsteigt, so wird das Seewasser bald seine untere Fläche so anfressen und abschmelzen, dafs die etwa daselbst eingebacken gewesenen Steinchen herausfallen, wenn nicht etwa gar durch Veränderung des Schwerpunkts der Eisberg die zum Poliren fähige Seite nach oben oder seitwärts kehrt. Nun ist es zwar Thatsache, dafs in der

Baffinsbai unabgeschmolzene Eisberge sich herumtreiben; dann können auch Steinchen eingebacken bleiben, dann mufs aber die Temperatur des Seewassers nicht über 0° kommen. Dies angenommen würde sich für jene Periode, wo Schottland die Einwirkung der Eisberge erfuhr, eine so ungewöhnlich niedrige Temperatur der Erde ergeben, dafs man den Vertheidigern der Eiszeit keine Vorwürfe mehr über ihre niedere Temperatur machen könnte. Andererseits ist es ferner sehr unwahrscheinlich, dafs die schwimmenden Eisberge, selbst wenn sie von heftigen Meeresströmen getrieben werden, eine solche Wirkung auf feste Gesteine sollten hervorbringen können, wie wir sie durch den Druck und die Bewegung gewaltiger Gletschermassen ausgeübt sehen. Dafs nach Forchhammer auf feuchtem thonigem Sand, und nach Lyell in weichem Sandstein Streifen hervorgebracht werden durch Eisblöcke, ist für ersteren wohl zuzugeben, für letzteren jedenfalls noch zu bestätigen. Uebrigens ist die Uebereinstimmung im Aussehen der geglätteten und gestreiften Felsen in Schottland mit denen der Schweiz so grofs, dafs man unwillkürlich auf die Identität der Ursachen beider geführt wird. Dazu kommt noch eine Localität, welche von der Annahme der Eisberge aus nicht wohl erklärt werden kann. Am Fufse nämlich der südlichen Seite des Blackfordhügels am Ufer des sogenannten Braids-Burn-Strombett befindet sich ein Klingsteinblock, um einen Winkel von 40° überhängend und eine Höhle bildend, dessen überhängende Fläche 30 Fufs weit gestreift und polirt ist, und zwar in der Richtung WNW. nach OSO.

Die Uebereinstimmung des schottischen Gletscherterrains mit dem der heutigen findet sich ferner darin, dafs die gestreiften Felsen mit einem Thon überlagert sind, der gestreifte Rollsteine enthält. Genau dasselbe findet man unter dem Grindelwald- und Rosenlauigletscher. Solche gestreifte Rollsteine stürzen oft von den Enden des Gletschers in den Gletscherbach, und dann verlieren sie in nicht grofser Entfernung vom Gletscher ihre Streifen, wenn sie im Wasser gerollt werden. Der Thon entspricht dem heutigen Gletscherschlamm.

Das Fehlen der Moränenblöcke in jenen schottischen Gletscherthälern ist kein Einwand gegen die Gletscherwirkung; denn wenn die Seitenwände des Thales, in denen ein Gletscher sich bewegt, niedrig sind und keine hohen Gipfel besitzen, die aus dem Eis und Schnee hervorragen, so ist die Gelegenheit zur Moränenbildung abgeschnitten. Solche Gletscher giebt es auch heut zu Tage in Spitzbergen.

Will man sich nun ein Bild jener Gegend Schottlands machen, wo damals die Gletscher lagen, so ist es ungefähr folgendes.

Ein grofser Gletscher stieg von den Gruppen Benledi, Benchochan und Benclach in die Thäler des Forth und Teith herab, indem er sich von Benlomond ostwärts kehrte und alle Umgebungen des Forthbusens von Stirling bis Edinburg bedeckte. (Darauf deutet die Richtung der Streifen an den Felsen zu beiden Seiten des Busens NW. zu SO.) Ein anderer nicht minder grofser Gletscher wendete sich westlich von Benlomond, Benunack, Benlochen, Benvaigo und Benviolay, und füllte die Vertiefungen des Loch Lomond, Loch Long, Loch Goil und Loch Gare aus; dann breitete er sich über die Ebene von Glasgow aus, traf hier den grofsen Forthgletscher und stiefs diesen vorwärts nach O. (Daher erklären sich die west-östlich gerichteten Streifen südlich von Edinburg.) Trennten sich Gletscherblöcke an der Zunge des Gletschers und fielen ins Meer, so liefsen sie all den Schlamm und die gestreiften Steine fallen, welche ein Lager auf der darunter befindlichen Muschelwelt bildeten, und als nochmals das Land sich hob, konnte man auf einer Meeresschöpfung Thonschlamm mit gestreiften Steinen wahrnehmen.

Dafs die Muscheln in jenen Schichten unter dem Thongeröll in der That einem arktischen Meere angehörten, haben Smith und nachher Forbes nachgewiesen.

J. Bryce jun. Ueber gestreifte und polirte Felsen im Seedistrict von Westmoreland.

Hr. Wakefield von Birklands entdeckte längs der Eisenbahnlinie von Kendal und Windermere zwei Localitäten, wo sich das Phänomen der Streifung und Politur am ausgezeichnetsten unter den bisher bekannten auf den brittischen Inseln beobachten läfst. Der eine Ort liegt ungefähr eine Meile südlich von der Station Staveley, 50 Yards von der Eisenbahn an der Nordostseite, und an der Nordecke des sogenannten Jakobwaldes. Die Streifen in einem harten und zähen Gestein sind sehr zahlreich und meist fein, bisweilen auch gröber, und es giebt auch Gruben verschiedener Weite. Die Richtung der Streifen geht 10° westlich vom magnetischen Nordpol genau nach der Oeffnung des Kentmere. Die Oberfläche ist in drei oder vier abgerundete Erhabenheiten zertheilt, die in hohem Grade polirt die vollkommensten Exemplare der roches moutonnées darbieten.

Aehnlich ist die Erscheinung bei der Station Birthwaite. Hier laufen die Streifen und Vertiefungen in der Richtung des Thales, d. h. sehr nahezu des magnetischen Nordens, also südlicher wie die vorher erwähnten. Auch bei Birthwaitekirche und im Thale zwischen Staveley und Birthwaite finden sich Streifen mit derselben Richtung.

Da alle erratischen Phänomene des Seedistricts sich nicht aus Gletscherwirkungen erklären lassen, so schreibt der Hr. Verfasser die oben erwähnten der Einwirkung mit Geröll beladener Wasserströme zu. Die Richtung der Streifen stimmt mit der von grofsen strahlenförmig ausgehenden Spalten überein, die später zu den jetzigen Thälern wurden, und die Wirkung der Wasserströme erfuhren. Daher haben die Streifen beim Jakobswald eine mehr östliche Richtung, und die Kieshügel in der offenen Gegend südlich von Kendal haben eine entsprechende Richtung, denn sie enthalten Detritus, der nur aus nördlich gelegenen Felsen entstanden ist.

J. D. Dana. Ueber die Zerstörung der Felsen von Neu-Süd-Wales und die Bildung der Thäler.

Die Thäler in Neu-Süd-Wales, die in grofser Ausdehnung und Anzahl das Land durchschneiden, haben meist an einer Seite Abstürze von 1000 bis 3000 Fufs Höhe, sie sind tiefe Golfs, begränzt von Bänken horizontal geschichteter Sandsteine. Ihre Sohle ist flach und eben, sie erweitern sich oft nach ihrem Ursprung zu und verengern sich an ihrem Ende, sie enthalten kein Trümmermaterial.

Darwin nennt die Ansicht, dafs diese Thäler durch Auswaschung von Regenwässern entstanden seien, abgeschmackt. Dennoch sucht sie Hr. Dana zu vertheidigen, theils aus der Betrachtung der Wirkung fallenden Wassers, theils aus der geologischen Configuration, aus der Einwirkung auf die Gesteine. Wir verweisen in Bezug der durch eine Zeichnung erläuterten Details auf das Original.

Die Lagunen Toscanas.

Die Erscheinungen an einigen der Soffioni Toscanas benutzt der Hr. Verfasser zur Erklärung bisher dunkler geologischer Phänomene.

Die mit Schwefelwasserstoff geschwängerten Dämpfe brechen bei Monte Cerboli und Castel nuovo durch einen thonigen Kalkstein, welcher nach und nach auf einen grofsen Umkreis hin in Gyps umgeändert ist. Der reine Kalkstein, welcher unter dem thonigen liegt, ist theilweis in ganze Lager von Gyps verwandelt, welche nun mitten in der secundären Formation liegen.

Aehnliche Ursachen mögen zur Entstehung der in Thonmassen eingebetteten Gypsbruchstücke bei Roquevaire und Digne (provençalische Alpen) Anlafs gegeben haben, die auf keine andre Art so gut erklärt werden können.

Man sieht bisweilen Bruchstücke von Albarese, vom Wasser aus den Höhen herabgeschwemmt, in die Lagunen hineinfallen; diese werden ebenfalls in Gyps verwandelt und backen mit dem thonigen Schlamm der Lagune zu einer Thon-Gyps-Breccie zusammen. Analog sollen sich nach dem Hrn. Verfasser die in Gyps verstreuten Boracite bei Lüneburg gebildet haben.

A. Boué. Retrospective über die verschiedene Charakteristik der mechanischen Ablagerungen der Flüsse, der Süfswasserseen und der Meere, besonders in der Alluvialzeit.

Hr. Boué behauptet, dafs die Thäler in den Gebirgen, welche Terrassen und Schuttanhäufungen zeigen, vorzüglich Längenthäler sind (Walliser Rhonethal, Innthal, Mur- und Mürzthal), während die Querthäler meist frei von Terrassen u. s. w. sind. Beide aber waren einst Süfswassersee- oder Meeresboden, und ihre Terrassen sind hauptsächlich der Entstehung in Seen, Lagunen, Meerbusen, Fjorden und Buchten zuzuschreiben, nicht, wie andere Geologen behaupten, der Einwirkung einfacher Flufsablagerungen. Eben so wenig sollen die jetzigen Gewässer im Stande gewesen sein, die sogenannten Auswaschungsthäler, wie in den Süfswassermergeln der Auvergne, zu bilden. Mündeten grofse Flüsse ins Meer, und wurde der Boden alsdann gehoben, so entstanden ebenfalls grofse Terrassen. Die Flüsse waren in der Regel nicht im Stande, durch harte Felsen sich Bahn zu brechen, ohne dafs letztere spalteten, und höchstens konnten sie in loseren Gebilden Rinnsale sich aushöhlen.

H. Hennessy. Untersuchungen über die Physik der Erde.

Ausgehend von der Voraussetzung, dafs die Erde ursprünglich eine heterogene flüssige Masse war, mit allen dem Flüssigen zukommenden Eigenschaften begabt, und dafs sie jetzt ein Revolutionsellipsoid darstellt, hat der Hr. Verfasser eine Reihe analytischer Betrachtungen angestellt, deren Resultat wesentlich folgendes ist.

1) Die Stabilität der Erdumwälzungsaxe vermehrt sich in dem Maafse, wie die Erstarrung des flüssigen Kerns fortschreitet.

2) Die Dicke der festen Erdrinde ist zwischen 6 bis 200 Lieues.

3) Die Ellipticität der Erde war geringer, als sie noch vollständig flüssig war; jedenfalls ist aber die Differenz eine zu vernachlässigende Gröfse.

4) Wenn eine Zone geringerer Störung beim Parallelkreis des mittleren Drucks lag, so mufsten die Richtungen der grofsen

Erhebungslinien im Allgemeinen parallel mit oder senkrecht auf den Aequator sein. Dies ist erfahrungsmäfsig nicht der Fall, also überwog der variable Druck nicht den constanten. Ja, man kann sogar das Umgekehrte behaupten, und daher mufsten die Erhebungslinien in ihrer Richtung willkürlich sein.

5) Uebereinstimmend mit Hopkins' Resultaten stellt sich heraus, dafs an der Berührungsfläche der Rinde und des Kerns eine Reibung und ein beträchtlicher Druck vorhanden sind.

6) Die Menge elastischer an der Oberfläche des Kerns ausgestofsener Gase nimmt schnell ab in dem Maafse, wie die Dicke der Rinde sich vermehrt.

7) Der Ausdruck für die Variation der Schwere zeigt, dafs, wenn die Winkelgeschwindigkeit der Erdumdrehung unveränderlich bliebe, die Gewässer der Oberfläche sich am Aequator anzuhäufen bestrebt sein würden; denn die Vermehrung der Schwere vom Aequator nach den Polen würde mit zunehmender Dicke der Rinde abnehmen.

Studer. Neue langsame Hebungen und Senkungen des Bodens in der Schweiz.

Die Versteinerungen der Molasse, die in allen Tiefen dieselben sind, wenn auch meerische mit Süfswasserthieren untermischt sind, weisen auf langsame Bildung in geringer Tiefe hin. Die Mächtigkeit der Molasseschichten nimmt mit zunehmender Entfernung von den Alpen immer mehr ab. Daraus schliefst Hr. Studer, dafs der Molasseboden sich fortwährend langsam gesenkt habe. Andererseits, meint er, ist auch eine Hebung eingetreten, weil die Aar bei Bern, die Sarine bei Freiburg in altem Alluvium fliefsen, unter welchem oft im Grunde der Flüsse zehn Meter hohe senkrechte Molassewände stehen, während die Seitenbegränzung der Flufsbetten steile Wände sind. Nun fliefsen aber jene Flüsse in Schlangenwindungen und dies zeigt an, dafs sie einst ruhiger flossen und ihren jetzigen Lauf nicht in die Gebirge eingeschnitten haben. Es sei daher anzunehmen, dafs der obere Lauf der Flüsse durch eine continentale Hebung sich erhöht hat. Demnach sind die Reihenfolgen der Bewegungen

1) Emporheben des Alpenlandes vor der Molassebildung.

2) Bodensenkung am Rande der Alpen während der Molassebildung.

3) Emporhebung der Molassen und Aufrichtung ihrer Schichten.

4) Absatz der alten Alluvionen in Alpen- und Molassethälern.

5) Absatz des erratischen Gebirges.

6) Continentale Hebung des Alpenlandes und der Umgegend.

Leycester. Ueber die vulcanische Gruppe von Milo.

Die Structur dieser Insel scheint anzudeuten, dafs sie noch in historischen Zeiten aus dem Meere gehoben ist. Nach dem Zeugnifs des Prof. M'Coy sind die daselbst gefundenen Muscheln alle noch lebende Arten, und die Erhebung mufs daher vergleichsweise neu sein.

W. Buist. Zeichen für Erhebungen und Senkungen im Boden Indiens.

Als 1815 in Calcutta der Dhurrumtollahteich ausgetieft wurde, stiefs man 24 Fufs unter der Oberfläche auf ein Sandlager voll ausgewachsener Bäume, deren Stämme 3 bis 4 Fufs über der Wurzel abgeschnitten zu sein schienen. Die Strünke standen senkrecht und hatten wohl $1\frac{1}{2}$ Fufs Durchmesser. Etwas Aehnliches zeigte sich bei Austiefung der Docks und verschiedener Teiche auf des Flusses anderer Seite. In Dum Dum, 8 Meilen aufwärts, fand man nicht blofs Baumstämme, sondern auch Thierknochen und Hörner. In Bombay fand sich 4 Fufs unter der Fluthmarke ein blauer Thon, ähnlich dem jetzigen Schlamm der Küsten, und dieser war voll stehender Baumstrünke, augenscheinlich Mangroven, die stets zwischen Hoch- und Tiefwasser am liebsten wachsen.

Aehnliches fanden Fulljames bei Gogo (Meerbusen von Cambay) und Vicary bei Kurrachee, ungefähr 20 Fufs unter der Oberfläche, und längs der Küste finden sich noch zahlreiche derartige Beispiele.

Am besten erklären sich die bekannten grofsen Deltabildungen durch Erhebung des Bodens, denn der Hr. Verf. findet es unwahrscheinlich, dafs unter den gegenwärtigen Bedingungen die Deltas ein so hohes, über die höchsten Fluthen erhabenes Niveau hätten erreichen können, wenn nicht der feine suspendirte Schlamm mit dem denselben enthaltenden Wasser beträchtliche Zeiten der Ruhe zum Absetzen gefunden hätte. Auf dieselbe Weise glaubt auch der Hr. Verfasser die zahlreichen Coralleninseln zwischen dem Cap der guten Hoffnung und Ceylon über die Meeresfläche emporgehoben.

Nur die anfängliche Senkung und nachmalige Hebung ist nach Hrn. Buist völlig die Entstehung der Corallenriffe zu erklären im Stande.

Die bemerkenswertheste Thatsache ist aber das Vorkommen eines ausgedehnten Lagers von Süfswassermuscheln, frisch und gut erhalten, 15 Fufs unter der Oberfläche längs des Moolla und Motamoola in der Nähe von Poona.

Nilson. Ueber die allmälige Bodenerhebung Scandinaviens.

Der Hr. Verfasser theilt folgende Thatsache mit. Ein Felsen im Hafen von Fjellbacka, bekannt unter dem Namen Gudmundssjöra, in 58° 35′ nördl. Breite war 1532 zwei Fufs unter der Oberfläche des Wassers, 1662 stand derselbe sieben bis acht Zoll, 1742 zwei Fufs, und 1844 vier Fufs über dem Niveau des Meeres. Dies macht auf je 50 Jahre ein Fufs Erhebung.

L. Becker. Ueber die beständig zunehmende Erhöhung der Flufsbetten.

In Bezug auf den Rhein beobachtete dies Hr. Becker an mehreren Erscheinungen in der Stadt Mainz. Das alte Strafsenpflaster in der Fischgasse, nahe am Ufer, welches von 1050 herrührt, liegt 5,9 Fufs unter dem jetzigen. Unter dem neuesten Pflaster auf dem Quai in der Nähe jener Gasse giebt es zwei alte Pflaster, eines $2\frac{1}{2}$, das andere 6 Fufs unter der heutigen Oberfläche. In der 1750 unter dem Schutt der eingeäscherten Kathedrale begrabenen Quaimauer gingen kleine Stufen hinab zum Flufs, von denen die beiden obersten sehr betreten zu sein scheinen, die andern wenig oder gar nicht. Der bei der St. Signaticus(?)kirche in den Rhein fallende Bach mündete einst, wie die alten Einbettungsmauern desselben verrathen, 6 Fufs tiefer als jetzt. Endlich lag der Punkt des Pegels, welcher den mittleren Wasserstand angiebt, 1750 $8\frac{5}{8}$ Zoll tiefer als jetzt.

Aus diesen Thatsachen folgt, dafs das Rheinbett sich in jedem Jahrhundert um $8\frac{5}{8}$ engl. Zoll erhöht hat.

C. H. Davis. Ueber die geologische Wirksamkeit der Ebbe und Fluth und anderer Ströme des Oceans.

Im Studium des Einflusses von Ebbe und Fluth auf frühere Formationsbildungen an den Küsten der Continente beschäftigt sich Hr. Davis zunächst mit den Sandbänken der Insel Nantucket, welche Ebbe und Fluth unter Wasser aufgebaut haben. Die Absätze der Baien, Barren und flachen Ufer entstehen um die Erdzungen und Vorgebirge auf etwas andere Art.

Die Sandbänke um das Cap Cod sind von 1778 bis 1844 sechsmal gemessen und haben während dieser Zeit stets unregelmäfsige Ausdehnung erfahren.

Nicht minder scheinen die Formationen der Kreide, des Diluviums, so wie die tertiären und postpliocenen der Vereinigten Staaten und die grofsen Ebenen beider Amerikas der Einwirkung von Ebbe und Fluth unterworfen gewesen zu sein. Ein Gleiches gilt von den tertiären Schichten Languedocs, Belgiens und der Pariser und Londoner Becken. Spuren solcher Einwirkung soll man selbst noch in der Juraformation finden, und für die Schweiz hat sie Gressli als facies vaseux und facies de charriage bezeichnet.

R. Chambers. Ueber Terrassen und den Wechsel des relativen Niveaus von See und Land in Scandinavien.

Im nördlichen Theile Norwegens, den der Hr. Verfasser einer genauern Untersuchung unterworfen, zeigen sich an vielen Orten beträchtlich über dem jetzigen Meeresufer erhaben die unzweideutigen Spuren früherer Einwirkung des Meeres, und er fand die Ansicht Bravais' bestätigt, nach welcher jener Theil des Landes zwei verschiedene Hebungen erlitten hat.

Die Thatsachen, welche er durch Messungen ermittelt hat, sind folgende.

In Finmarken giebt es einen Landstrich von 40 geographischen Meilen Ausdehnung, der an einem Ende 58 Fufs gesunken, am andern 96 Fufs gehoben ist. Die Linie dieses Senkens und Hebens weicht nicht sehr vom magnetischen Meridiane (11° westl.) ab. Die Hebung ist überraschend gleichmäfsig über die bezüglichen Theile des Strichs vor sich gegangen, und beträgt zwischen Hammerfest und Komagfjord ungefähr 4 Fufs auf die geographische Meile.

Der Hr. Verfasser besuchte auch den berühmten Block von Löfsgrund bei Gefle, an dem Lyell zuletzt 1834 Zeichen angebracht hat. Er fand die letztern 2 Fufs 7 Zoll unter denen von 1731, und die Seefläche 6 Zoll unter dem Zeichen von Lyell, d. h. 3 Fufs unter dem vor 118 Jahren gemachten.

Das Zeichen bei Flumen auf der Grasöeklippe unweit Öregrund, welches 1820 gemacht war, stand bei sehr ruhiger See 11 Zoll über der Meeresfläche. Hiernach hätte sich also das Land in 28 Jahren um 11 Zoll gehoben.

R. Chambers. Zur Geologie der Ostsee.

Die Theorie für die zeitweilige Senkung und Hebung Schwedens glaubte Lyell noch durch eine besondere Thatsache stützen zu können. Als der Södertelje-Canal gegraben wurde, stiefsen die Arbeiter in 60 Fufs Tiefe auf ein Haus, welches im Niveau der Ostsee lag, und durch Seebildungen überschüttet war, die vollkommene Schichtung bei welliger Bildung der einzelnen Schichtenflächen zeigten.

Gegen Lyell's Ansicht, dieses Haus habe sich mit dem Boden 60 Fufs unter das Meer versenkt und sei nach der Verschüttung mit dem Boden wieder gehoben, führt Hr. Chambers eine Stelle aus Laing's Werk über Schweden an, welche merkwürdigen Aufschlufs über jenes Haus oder wenigstens über eine historische Thatsache in jener Gegend giebt.

Die Worte der Stelle, in welcher Laing von dem Theil des Mälarsees spricht, von welchem der Canal ausgeht, lauten: „an dieser Stelle des Mälar war es, wo im 11. Jahrhundert St. Olaf bei einer seiner Piraterieen durch die vereinigten Flotten Schwedens und Dänemarks eingeschlossen wurde, um ihn auszuhungern und zur Uebergabe zu zwingen. Er aber machte einen Canal vom See zum baltischen Meere, entschlüpfte durch diesen mit seinen Schiffen ins Meer, und liefs seine Feinde jene Bucht des Sees ruhig blokiren."

Die Linie jenes alten Canals ist nun, wie Hr. Chambers meint, genau die des neuen, und in einer Vertiefung des alten mag damals ein Haus gebaut sein, welches später durch Flugsand u. dergl. wieder verschüttet sein mag.

Rochet d'Héricourt. Ueber die fortdauernde Erhebung des arabischen und abyssinischen Meerbusens nebst wissenschaftlichen Resultaten seiner Reise.

Der Theil Abyssiniens, den der Hr. Verfasser durchreist hat, erstreckt sich von Massuah am rothen Meer bis dahin, wo der Nil den See Tsana durchfliefst, liegt also zwischen 15° und 12° nördl. Breite und 37° bis 34° östl. Länge (von Paris), und umfafst eine Ausdehnung von 160 Lieues. Mitten durch diesen Strich fliefst der Takasseh, dessen Hauptzuflüsse zwischen dem rothen Meer und ihm die Richtung von NO. nach SW. haben, wie er selbst. Nachdem er das Hochland von Semen umflossen, ergiefst er sich 27 Lieues nördlich von Meroe, ostwestlich fliefsend in den Nil. Das herrschende Gebirge in diesem Theil heifst Kamby, 8 Lieues nördlich von Gondar, und erhebt sich 2597 Meter übers Meer; es dreht sich nach dem See Tsana nordsüdlich, und nach Ras-Guna südnördlich ab. Von Massuah nach dem See Tsana erhebt sich der Boden allmälig bis zur Hochebene von Semen, der höchsten Abyssiniens, welche im Gebirge Ras-Buahite mit 4330 Meter Meereshöhe ihre höchste Gipfelung erreicht.

Diese Gebirgsketten, die sich im Allgemeinen von ONO. nach WSW. erstrecken, sind die Wirkung vulcanischer Erhebungen, und dies zeigt sich am interessantesten bei Momullu, einem Dorfe 1 Lieue westlich von Massuah, bei Heylate im Grund des Golfs von Zula, an den östlichen Gränzgebirgen der Provinz Amasen, 17 Lieues südwestlich von Massuah, an den Gebirgen, zwischen denen der Takasseh fliefst, am Gebirge Malmon bei Gondar, am See Tsana, und den Bergen Ras-Guna, Ras-Lévau und Ras-Buahite.

Die Temperatur der Quellen von Momullu, in der Nachbarschaft erloschener Vulcane, ist 34°,3, und die einer Quelle bei Heylate 65°,2; das Wasser ist klar und enthält viel schwefelsaures Natron und schwefelsaure Magnesia, es fliefst über Trapgestein. Bei Hatefete, im Grund des Meerbusens von Zula, $\frac{3}{4}$ Lieues westlich von den Ruinen Adulis, entspringen drei Quellen aus einer zelligen Lava mit 44° Wärme und reichem Gehalt derselben Salze. Bei Guel, $\frac{3}{4}$ Lieues östlich von Adulis, kommen 18 kleine Thermen aus der Basis eines alten Vulcans zum Vorschein, deren Temperatur zwischen 58°,4 und 69°,8 ist.

Die Stadt Adulis im Grunde des Golfs von Zula ist augenscheinlich durch vulcanische Erhebungen zerstört, die sich noch auf dem entgegensetzten Ufer des Golfs, bei Yambo, bemerklich machen. Bei Ouedche, 55 Lieues nördlich von Yambo, finden sich im Boden Muscheln mit fast natürlicher Farbe, deren Arten den jetzt im rothen Meer lebenden ähnlich sind. Geht man vom kleinen Hafen Demerah, 12 Lieues nördlich von Ouedche, nach dem Golf von Akaba, so sieht man am Meeresufer eine Menge pyramidaler Erhöhungen, die erst seit wenigen Jahren entstanden sind.

Die Gränzgebirge Amasens, 17 Lieues westlich von Massuah, bilden einen engen Pafs, an dessen Eingang ein erloschener

Vulcan steht und innerhalb des Passes bemerkt man hier und da basaltische Lavaströme. Die den Takasseh einschliefsenden Gebirge sind ausnehmend zerrissen, erheben sich fast senkrecht bis zu 617 Meter Höhe und bestehen aus Trapgesteinen. Lavaströme bilden ein Drittel des Gebirges Malmon, einen der erhabensten Punkte des Plateaus. Gondar steht auf einem alten Vulcan und beträchtliche Lavaströme bedecken den Marktplatz.

Der See Tsana, 10 Lieues südlich von Gondar, ist 30 Lieues lang und 12 bis 14 Lieues breit (an der weitesten *Stelle*), erfüllt ungefähr ein Becken von 100 Lieues, und ist nichts als ein ungeheurer Krater. Seine hauptsächlichsten Inseln sind alte erloschene Vulcane. Seine gröfste Tiefe ist im Norden unweit der Insel Matraha, wo bei 197 Meter noch kein Grund zu erreichen war. Die ihn umgebenden Gebirge sind ebenfalls erloschene Vulcane; die Gesteinsschichten bilden Winkel von 17 bis 65° mit der horizontalen. Um ihn herum giebt es 25 Thermen.

Ras-Guna, eines der höchsten Gebirge dieser Gegend, ist der Gipfel eines bedeutenden Vulcans, in dessen südlichem Theil sich ansehnlich dicke Lavaströme finden und in einer Höhe von 3948 Meter die Wachsbäume.

Ras-Lévau, 21 Lieues nördlich von Ras-Guna, ist ebenfalls vulcanischen Ursprungs, sehr zerrissen, und begränzt südlich die Provinz Belessa, deren Boden die Spuren unterirdischen Feuers überall trägt.

Ras-Buahite ist eine Anhäufung von Vulcanen, die östlich und westlich von tiefen Kratern durchbohrt sind.

Der See Tsana liegt 1750 Meter über dem Meere.

Ras-Buahite, südlich im Semen, ist 4330 Meter hoch, und hatte im Februar 1849 noch etwas Schnee unter geschützten Felsenstellen. Der Schnee beginnt am Ende des Juli hier zu fallen, und verschwindet erst völlig im Monat März.

Aus der grofsen Anzahl heifser Quellen, aus den hoch erhobenen Muscheln, deren Arten noch jetzt im rothen Meer leben, aus der grofsen Zahl vulcanischer Kegel, Laven und Ruinen zerstörter Städte schliefst der Hr. Verf., dafs Arabiens und Abyssiniens Meerbusen in noch fortdauernder Erhebung begriffen ist.

R. Bunsen. Einfluſs des Drucks auf die chemische Natur der plutonischen Gesteine.

Eine Reihe sorgfältiger chemischer Analysen hatte den Hrn. Verfasser zu der Ansicht geführt, daſs die ursprünglichen Gesteine des isländischen und wahrscheinlich auch des armenischen Vulcanensystems auf zwei Heerde zurückzuführen seien, von denen der eine trachytische, der andere pyroxenische liefert. Aus beiden entstanden eine Reihe Mittelglieder, die er tracheopyroxenische nennt, Gebilde, die in Bezug auf ihre Lagerung, ihr Alter und ihre petrographische und mineralogische Natur oft so verschieden sind, daſs man in ihnen eine im Durchschnitt gleich zusammengesetzte Silicatmasse nicht vermuthen sollte. Es muſs also beim Erstarren einer solchen Silicatmasse ein Grund obgewaltet haben, daſs so mineralogisch verschiedene Gebirgsarten daraus entstanden, und als solcher Grund bot sich zunächst der Einfluſs ungeheurer Druckkräfte während des Erstarrens der feurig flüssigen Gesteine dar. Es war zu muthmaſsen, daſs, da der Kochpunkt der Körper eine Function des auf ihnen lastenden Drucks ist, dieses auch beim Erstarrungspunkt sich so verhalten werde, und in Bezug darauf hat der Hr. Verfasser Versuche angestellt.

In einem sehr dickwandigen fuſslangen Glasrohr mit strohhalmsdickem Lumen wurde, nachdem dasselbe an einem Ende zu einer 15 bis 20 Zoll langen sehr feinen, am andern Ende zu einer $1\frac{1}{2}$ Zoll langen etwas weitern Haarröhre ausgezogen war, ausgekochtes Quecksilber aufgesogen und als das Rohr damit gefüllt war, die längere Haarröhre zugeschmolzen. Aus der untern kleineren Haarröhre, die (parallel mit dem Glasrohr) aufwärts gebogen war, lieſs man durch Erwärmen ein wenig Quecksilber austreten, füllte an dessen Stelle die zu untersuchende Substanz ein und schmolz darnach zu. Hierauf wurde das obere lange Capillarrohr wieder geöffnet und durch Erwärmen von 1 bis 2° über den Schmelzpunkt der Substanz etwas Quecksilber ausgetrieben, worauf auch dieser Theil nach dem Abkühlen und Notiren des Barometer- und Thermometerstandes wieder zugeschmolzen wurde. Ein ganz ähnlich vorgerichteter Apparat, aber mit oben offener Capillarröhre, wurde neben dem vorigen auf einem Brett befestigt in ein Wasserbad eingesenkt, so dafs die unteren aufwärts gebogenen, die Substanz enthaltenden Capillarröhren dicht neben die Kugel eines sehr empfindlichen Thermometers zu stehen kamen. Man erwärmte das Wasserbad einige Grade über den Schmelzpunkt der Substanz, und beobachtete die Temperaturdifferenz der Erstarrung im geschlossenen und offenen Rohr. An dem vorher durch einen Spiegelmaafsstab calibrirten geschlossenen obern Capillarrohr konnte der Druck (bis auf einige Atmosphären genau) abgelesen werden.

Der Versuch wurde mit Wallrath und Paraffin angestellt, und lieferte folgendes Resultat:

Atmosphärendruck	1	29	85	96	100	141	156	
Erstarrungspunkt in Graden C.	47,7	48,3	—	49,7	—	50,5	50,9	Wallrath
	46,3	—	48,9	—	49,9	—	—	Paraffin.

Am augenfälligsten zeigte sich der Einflufs des Drucks, wenn die Substanz, nur 1 bis 3° über den Schmelzpunkt erhitzt, in beiden Röhren geschmolzen und nun tiefer in das Wasserbad eingetaucht wurde; dann erstarrte die im geschlossenen Rohr befindliche sogleich wieder, während sie im offenen flüssig blieb.

A. Schlagintweit. Untersuchungen über die Thalbildung und die Formen der Gebirgszüge in den Alpen.

Der Hr. Verfasser hat zu seinem Studium einige Tyroler Thäler gewählt, und zwar von den Querthälern der Centralkette das Oetzthal, das Möllthal, das Fuschthal, von den Längsthälern des Drauthal, Unter-Pusterthal. Die Betrachtungen sind durch Profilzeichnungen erläutert, rücksichtlich deren wir auf das Original verweisen. Die Resultate lassen sich in folgenden Sätzen zusammenfassen.

1) Sowohl die Quer- als Längsthäler bestehen aus einer Reihe von Becken, welche durch längere Thalengen oder steilere Senkungen verbunden sind. Das Oetzthal hat sieben Becken: bei Oetz, Umhausen, Lengenfeld, Sölden, Zwieselstein, Heiligenkreuz und Vent; das Möllthal drei: bei Döllach, Pockhorn und

Heiligenblut; das Fuschthal hat zwei Becken: bei Fehrleiten und bei Fusch; das Drauthal drei: bei Lienz, Sillian und Inichen; das Unter-Pusterthal drei: bei Brunecken, Ollang und Welsberg-Niederndorf.

2) Diese Becken bilden an den obern Enden der Thäler weite Mulden, welche in den Hochalpen die Lagerstätte der Firnmeere sind.

3) Beim Zusammenstofs zweier Thäler liegt sehr oft die Sohle des kleinern höher als die des relativen Hauptthales, und dies zeigt sich besonders bei den secundären Querthälern. Unter letztern versteht der Hr. Verfasser die oft sehr hoch über den oben bezeichneten Querthälern gelegenen Thaleinschnitte, welche meist eine weit bedeutendere Neigung als das Hauptquerthal besitzen und fast rechtwinklig auf dessen Richtung sich erstrecken.

4) Die mittlere Neigung der Thäler wird um so gröfser je näher dem Ende. Im Speciellen ist die Neigung in den Becken stets geringer als in den sie verbindenden Thalengen.

5) In den Längenthälern ist sowohl die Neigung im Allgemeinen als in einzelnen Becken und Thalengen weit kleiner als in den Querthälern.

6) Die Längenthäler umgränzen die einzelnen Gruppen der Gebirgsstöcke, und nehmen die verschiedensten Richtungen an. Ihre Lage ist tiefer als die der Querthäler, ihre Thalsohlen sind breiter und die Becken weiter.

7) Die Querthäler sind durch parallele Höhenzüge getrennt, die sich keilförmig nach der Centralkette erstrecken und dieser sich nähernd immer höher werden, in dem hintern Theile auch stets breiter, so dafs das Thal dazwischen immer enger wird. Mit der Näherung an die Centralkette nimmt auch die absolute Höhe der Thalsohle zu, und zwar schneller als die der Thalwände.

8) Die Höhe der Thalsohlen steht im Allgemeinen im Verhältnifs zur mittleren Erhebung des Gebirges; besonders die Querthäler erreichen die höchste Höhe da, wo die bedeutendsten und höchsten Gebirgsmassen sind.

9) Am Ausgange der Querthäler sind die sie begränzenden Thalwände breit und enthalten viel secundäre Querthäler; gegen

die Centralkette zu bilden sie Kämme, in denen meist die hervorragenden Bergspitzen liegen.

10) Einzelne Berge in der Schieferformation haben in den obern Theilen (in der Nähe der Gipfel) die gröſste Neigung, dachen sich aber nicht gleichmäſsig nach unten ab, sondern in Gestalt flacher Stellen (Sättel) und abwechselnd jäher Abfälle. Die obersten Enden der Kalkberge sind oft zu Hochebenen verflacht und unmittelbar von steilen Wänden umgeben.

11) Die Bildung der Thäler in den Alpen scheint durch eine Reihe von successiven Hebungen, verbunden mit theilweisem Zurücksinken der Massen, da, wo jetzt Mulden und Thäler sind, bewerkstelligt worden zu sein.

12) Die Wirkungen des Wassers scheinen auf die Form der Thäler und die Gestalt der Alpen keinen groſsen Einfluſs gehabt zu haben. Die Auswaschungen in den Becken und Fluſsbetten der Thalengen sind im Vergleich zur Masse des Gebirgs unbedeutend.

J. Durocher. Ueber die Structur der scandinavischen Gebirge und die Hebungserscheinungen, welche sie hervorgebracht haben.

Die Hochgebirge Scandinaviens bilden keine wirklich fortlaufende geradlinige Kette, sondern sie bestehen aus welligen Hochebenen und aus bald isolirten, bald zu Gruppen vereinigten Gipfeln. Sie zeichnen sich im Allgemeinen, namentlich im südlichen Norwegen, durch die Abwesenheit zusammenhängender Kämme und geradliniger Axen aus; die Firstlinien und die Wasserscheidungslinien sind gekrümmte und sehr unregelmäſsige Curven.

Man kann zwei Hauptgruppen hoher Gebirge unterscheiden. Die südlichere liegt zwischen 59° und 63° nördl. Breite, sie enthält groſse Hochebenen von 1300 bis 2000 Meter Höhe und mehr oder weniger spitze Piks von 1500 bis 2600 Meter Höhe. Das Dovrefjeld, ein welliges Plateau, schlieſst sich an die südliche Gruppe an, und wird von der nördlichen Zone durch eine groſse

Senkung geschieden, aus welcher sich isolirte Gipfel erheben, und die mit grofsen Seen bedeckt ist, von wo der Glommen und der Fämund ausströmen.

Die zweite Gebirgszone erstreckt sich zwischen 61° bis 71° nördl. Breite von SSW. nach NNO. und hat mehr Aehnlichkeit mit wirklichen Ketten als die südliche. Die Hochebenen sind weniger erhaben, und die niedrigeren Theile der Mittellinie wechseln zwischen 600 bis 800 Meter Höhe. Aufser dem Sulitelma (von 1883^{m}) und dem Syltfjellet (von 1789^{m}) sind fast alle Gipfel unter 1300^{m} hoch.

Die scandinavischen Hochebenen sind merkwürdig wegen der Kleinheit ihrer Abfälle nach der östlichen Seite und der steilen Abstürze nach dem atlantischen Meere zu. Tiefe Spalten von steilen manchmal über 1000^{m} hohen Wänden begränzt erstrecken sich über 10 bis 20 Myriameter Länge, und gestatten dem Meere Zutritt bis zu den schneebedeckten Hochebenen und zum Fufs der culminirenden Gipfel. Aus dieser Gestaltung, der Folge zahlreicher Hebungen, erklärt sich der grofse Reichthum an Seen in Norwegen, Schweden und Finnland.

Die hauptsächlichsten Systeme dieser Hebungen, welche die azoischen und paläozoischen Gesteine aufgerichtet haben, sind aufser den schon bekannten folgende:

1) Das System von Arendal oder Nieder-Tellemarken, welches nahezu von NO. nach SW. gerichtet ist, es hat die Ablagerung der Eisenerze und der Schiefer jenes Landstrichs bedingt und ist vorsilurisch.

2) Das System des Kjölew, ebenfalls vorsilurisch, hat die erste Hebung der Gränzgebirge zwischen Norwegen und Schweden nach der Richtung NNO. verursacht; auch kann man ihm die Anordnung gewisser metallführenden Gesteine und mehrerer Eisenerzlagerstätten im Innern Schwedens beimessen.

3) Ein sehr altes System, welches dem Aequator fast parallel geht, hat in der Richtung ONO., N. und NNW. Aufrichtungen und Bruchlinien hervorgebracht, die von den schon bekannten Systemen verschieden zu sein scheinen. Aufserdem haben besondere Fluthen ihre Eindrücke auf den silurischen Schichten Scandinaviens hinterlassen, von denen die eine in Jemteland und

Schwedisch-Lappland eine grofse Anzahl Erhöhungen und Vertiefungen verursachte, die nun von Seen mit einer Richtung West 30° bis 40° N. ausgefüllt sind. Theilweise ist der Boden dieser Gegenden auch in der Richtung N. 15° O. aufgerichtet.

4) Ein anscheinend neueres System hat die paläozoischen Schichten von Christiania, Hedemarken und West-Dalekarlien in der Richtung NNW. gehoben und verworfen, ähnlich wie später in den französischen Alpen das System des Monte Viso.

S. Macadam. Ueber Centralhitze und Dichtigkeit der Erde, so wie über die vulcanischen Erscheinungen.

Der Hr. Verfasser sucht zur Erklärung sowohl des wider Erwarten geringeren spec. Gewichtes der Erde als auch der im Vergleich mit dem Kern tiefern Temperatur der festen Erdrinde den sphäroïdalen Zustand der innern dem Mittelpunkt zugekehrten Seite der festen Rinde zu Hülfe zu nehmen. Er stellt sich daher die Erde unter dem Bilde eines Eies vor; das Eigelb entspricht dem feurigflüssigen Kern, die Schaale der festen Rinde, und das Eiweifs einem Raum, welcher mit Dämpfen von Mineral-(?) Wasser angefüllt ist. Die innere Seite der Schaale nun strahlt (da alle sphäroïdalen Körper absolut die Wärme reflectiren) die vom flüssigen Kern erhaltene Wärme zurück, und daher bleibt das Aeufsere der Schaale weit unter der Temperatur des Kerns.

Um das durch Versuche gefundene spec. Gewicht der Erde zu erklären, bleibt dem Hrn. Verfasser natürlich hinreichender Spielraum, da er den mit Dämpfen erfüllten Raum zwischen Kern und Rinde beliebig grofs nehmen kann.

In Bezug auf die Erklärung vulcanischer Phänomene enthält die obige Hypothese nichts Neues, obwohl Hr. Macadam einen wesentlichen Unterschied derselben darin zu finden glaubt, dafs die erste Aeufserung des Vulcanismus sich durch die Verdampfung grofser Wassermengen geltend machen soll, während die zweite eine chemische Einwirkung sei. Der Hr. Verfasser nimmt nämlich an, dafs nahe bei den Vulcanen unserer Erde im Innern beckenartige Höhlungen metallischer Körper in hoher Temperatur existiren, die die ersten Theile des auf sie einsickernden Wassers in den sphäroïdalen Zustand versetzen, während die nachfolgenden Theile Wasser die Temperatur jener Metallschaalen so herabstimmen, dafs nun zwischen ihnen und dem Wasser eine chemische Thätigkeit eintritt, welche die Mineralmassen schmilzt.

L. Becker. Ueber das frühere Vorhandensein von Binnenseen.

Im Jahre 1846 wurde behufs der Aufführung einiger Gebäude in Mainz an der Stelle einer altrömischen Burg die Seite eines Hügels von jungem tertiären Kalk abgetragen. In der Tiefe von 50 Fufs fanden sich zahlreiche Reste von Fischen (Perca), Krokodilen, Schildkröten und Mikrotherium in einem Thonlager, auf welchem zerbrochene Kalkschichten und Paludinen lagen. Der Thon hatte Spalten und Löcher von 10 bis 30 Fufs Breite und 20 bis 50 Fufs Tiefe, die mit Sand, Feuersteinen und Kieseln ausgefüllt waren; darunter befanden sich Reste von Pferden, Murmelthieren, Hirschen und andere. Dieses sind ohne Zweifel die Merkzeichen des frühern Wasserstands. Das Rheinthal von Strafsburg bis Bingen war einst ein Binnensee, dessen mittlere Wasserhöhe zwischen der tertiären und der Diluvialformation lag, also 115 engl. Fufs höher als das jetzige Rheinbette. Dafür spricht auch die gegenwärtige Gestalt der steilen Gebirgsabfälle, welche diesen See umgaben; sie tragen 10 Fufs auf- und abwärts die Spuren der auswaschenden Wellen und der reibenden Eisblöcke. Auch findet man auf 100 Meilen Erstreckung Diluviallehm, Feuersteine und Gerölle, jedoch nie über 115 Fufs hoch gelegen; aller darüber befindliche Sand ist Flugsand. Vor einiger Zeit wurde am Zusammenflufs des Rheins und Mains ein Bohrversuch bis zu 240 Fufs Tiefe gemacht, und man traf kein anstehendes Gestein, sondern nur Alluvium. Der Abflufs dieses grofsen Sees war augenscheinlich bei Bingen wahrscheinlich durch einen grofsen Wasserfall, und von hier aus ergofs sich später beim Durchbruch des natürlichen Damms die mächtige Wassermasse in die tiefere Ebene.

R. Austen. Neue Veränderungen der Seeoberfläche.

Ein unterrichtendes Beispiel für die Veränderung des Meeresniveaus bietet nach Hrn. Austen die Südküste von Cornwall dar westlich von Falmouthshafen. Hier stehen die Schichten des Schiefers an der Küste fast senkrecht und werden vom Wellenschlag vermöge ihrer ungleichen Härte ungleich ausgewaschen, so dafs sich Vertiefungen und scharfe Rücken von der Marke des Hochwasserstands bis zu der des Tiefwassers bilden, bei welchem letzteren die übliche Anhäufung von Küstensand und Geröllen wahrnehmbar ist. Die Höhe der Fluth beträgt daselbst ungefähr 18 Fufs.

Bei niedrigem Wasser sieht man zwei Zonen, eine niedrigere, welche durch die dicke Ablagerung von Fucus vesiculos., und eine höhere, welche durch die völlige Reinheit der Gesteinsoberfläche charakterisirt ist. Letztere bezeichnet den höchsten Wellenschlag, ihre Vertiefungen sind gelegentlich mit Sand und grofsen Rollblöcken angefüllt. Oberhalb derselben beginnt die mehr oder minder steile Erhebung der Klippen oder Küstenwände.

Oberhalb dieser Zone findet sich eine in Gestalt ihr genau gleichende, die sich gebildet haben mufs, als die Brandung jene Höhe noch erreichte. Sie besteht aus nackten Schieferfelsen, deren Oberfläche mit grauen und orangefarbenen Flechten überdeckt ist, während in ihren Spalten und Vertiefungen Plantago marit. und Gräser wachsen. Ihre niedrigste Schicht wird jetzt nie vom Hochwasser erreicht.

An der Grundfläche der senkrechtern Klippen, welche hier und anderwärts diesen emporgehobenen Seerand überhängen, erstrecken sich unter ihnen landeinwärts Lager von Sand und Gerölle, die genau mit denen des gegenwärtigen Strandes übereinstimmen.

Im Thale des Exe, östlich von der vorhin beschriebenen Localität und in dem des Ouse an der Küste von Sussex finden sich ebenfalls Lager von jetztzeitigen Seemuscheln, und wenn sich noch mehr ähnliche Beispiele beibringen lassen, so darf man wohl schliefsen, dafs die Emporhebung sich auf die ganze Südküste Englands erstreckt hat.

E. Hitchcock. Ueber Terrassen und alte Seeufer, namentlich die vom Connecticut und dessen Zuflüssen in Neu-England.

Die Thalwände der Flüsse Neu-Englands, namentlich des Connecticut, bestehen von oben nach unten aus folgenden Materialien:

1) Unverändertes Geschiebe, bisweilen von anstehenden Felsen durchbrochen.

2) Dasselbe Material mehr abgerundet, doch gröber und einigermaafsen in eine Fläche vertheilt in der Richtung des Thals, ähnlich neuen Seeufern.

3) Nicht blofs abgerundetes, sondern auch mehr oder weniger in Kies- und Sandlagen sortirtes Material, welches an den Thalseiten Franzen bildet und auf der Spitze oft unregelmäfsige Wälle, ähnlich den Moränen, zeigt.

4) Terrassen von abgerundetem und sortirtem Material, Kies, Sand und Lehm mit ebener Oberfläche.

5) Alluvialwiesen bisweilen überfluthet.

Meist enthält das höchste Ufer oder Terrasse grobes, oft sehr grobes Geschiebe wie Kies, das nächst niedrigere groben und feinen Sand, das nächste Thon und das unterste Lehm oder ein Gemisch aus Sand und Thon. Liegen diese Materialien längs eines Flufsufers oder alten Flufsbetts, so dafs sie bei höherem Stande des Flusses, als seine Abzüge versperrt waren, sich absetzten, dann machen sie Terrassen aus. Entstanden sie aber, wenn der Flufs mit dem Meere in Verbindung stand, dann sind sie Ufer.

Die Flufsterrassen unterscheidet der Hr. Verfasser in Seitenterrassen, längs der Flüsse, wo Wiesen sind, Deltaterrassen an der Mündung, Schluchtterrassen, die oft an beiden Enden einer vom Flufs durchbrochenen Schlucht sind, und Glacisterrassen, die als eine Brustwehr auf Alluvialwiesen vorkommen.

Die Terrassen und alten Seeufer im Thal des Connecticut sind nach der Geschiebezeit entstanden, denn sie liegen über den modificirten Geschieben und den gefurchten Felsenoberflächen. Nach der Geschiebezeit also bedeckte Wasser das Connecticutthal bis zur Höhe von wenigstens 1200 Fufs über der Fluthhöhe (so hoch sind die alten Ufer in Shutesbury), und das soll Meerwasser gewesen sein, denn der Hr. Verfasser hält eine Ansammlung süfsen Wassers in solcher Höhe für unwahrscheinlich.

Die Deltabildung geschah nach dem Hrn. Verfasser mit Ausnahme der Localität bei Glen Roy langsam und ruhig ohne stürmische Wechsel. Die Geschiebeformation ging hauptsächlich vor sich in einem mit grofsen Eisbergen beladenen Ocean.

Baer. Ueber nothwendig scheinende Ergänzungen der Beobachtungen über die Bodentemperatur in Sibirien.

Bekanntlich hatte die Commission der Petersburger Akademie, welche mit der Ermittelung der Bodentemperatur und Wärmeleitungsfähigkeit des Erdbodens in Sibirien beauftragt war, den alten Scherginschacht bei Jakutsk für ihre Versuche gewählt, gleichzeitig aber auch eine Anzahl neuer Gruben und Bohrlöcher zu dergleichen Versuchen angelegt. Es hatte sich nämlich die Vermuthung aufgedrängt, dafs die Wände des Scherginschachts eine wesentliche Abkühlung erlitten haben könnten, und diese hat der Hr. Verfasser durch die Versuche in den neuen Gruben und Bohrlöchern bestätigt gefunden, in höherem Grade als irgend ein Mitglied der Commission geglaubt haben würde.

In der Nähe von Jakutsk wurden auf dem linken Lenaufer, 350 Fufs über dem Eingang des Scherginschachts erhaben, drei neue Gruben angelegt, 6 Fufs im Quadrat und am Boden mit Bohrlöchern versehen. Die Leontjewgrube war 20 Fufs tief, zeigte hier am 19. Juni —4° R., während im Scherginschacht in derselben Tiefe — 6° R. mindestens beobachtet wurden. Die Mangangrube zeigte in 20 Fufs Tiefe 1 Fufs weit von der Wand im Innern —6°,3 R. im März, Ende Mai —4°,6 R., in 50 Fufs Tiefe im Mai —3°,2 bis —3°,3. Die Schilowgrube, 35 Fufs getrieben und 25 Fufs gebohrt, zeigte in 50 Fufs Tiefe am 7. April —2°,5 und zuletzt am 14. Mai —3°; im nächsten Jahr in derselben Tiefe im April, Mai und Juni —3°,1 bis —3°,2. Im Scherginschachte dagegen wurde in 50 Fufs Tiefe an dem nähern,

d. h. 1 Fufs in die Wand eingelassenen Thermometer zwischen — 6°,9 und — 9°,1 R. abgelesen, und an dem entfernteren, d. h. 7 Fufs eingelassenen Thermometer zwischen — 6°,5 bis — 6° R. Die Beobachtungen in den neuen Gruben und ihren Bohrlöchern stimmen gut unter einander überein und weichen sehr von denen in dem Scherginschacht ab, denn in der Schilow- und Leontjewgrube war am 18., resp. 19. Juni genau — 4° R., am Scherginschacht am 21. Juni in derselben Tiefe — 9°,4 am nähern, und — 9°,3 am entfernteren Thermometer.

Analoge Uebereinstimmung zeigt sich auch in den neuen Gruben von Amginsk, Ust-Maisk, Olekminsk, Witimsk mit denen bei Jakutsk und bedeutende Abweichung von den Beobachtungen im Scherginschacht. Daraus schliefst Hr. Baer, dafs die Wände des Scherginschachts um mehrere Grade kälter als der allgemeine Boden jener Gegend seien und fortwährend in niedrigerer Temperatur erhalten werden. Diese allmälige Abkühlung läfst sich auch aus den rationell zusammengestellten Beobachtungen wohl ersehen, und wenn v. Middendorff sie übersah, so lag es blofs darin, dafs er alle frühern und spätern Beobachtungen vereint und nach dem Jahrescyclus gruppirt hat. Da nun aber Decemberbeobachtungen nur vom Jahre 1844, Novemberbeobachtungen von 1844 und 1845, jedoch von 1846 keine existiren, so werden nach Monaten summirt (wenn die Abkühlung bis 1846 zunahm) der November und December bedeutend wärmere Temperaturen zeigen müssen als die andern Monate, die 1844 entweder fehlen, oder 1846 noch vorkommen; es tritt also die Sonderbarkeit ein, dafs in einer dem Einflufs der Jahreszeiten nicht mehr unterworfenen Tiefe an den 7 Fufs eingesenkten Thermometern im November eine Erwärmung beginnt, die im December so auffallend ist, dafs sie nicht mehr auf Ablesungsfehlern beruhen kann. Es wird am besten einleuchten, wenn wir die Tabelle der Beobachtungen hinsetzen.

Mittel der Temperatur an den 7 Fufs in die Wand des Schachtes von Jakutsk eingelassenen Thermometer, aus chronologischen Gruppen abgeleitet, in Graden R.

Beobachtungen.	Tiefe von 50 Fuss. Mittel.	Tiefe von 100 Fuss. Mittel.	Tiefe von 150 Fuss. Mittel.	Tiefe von 200 Fuss. Mittel.
1844. April, November, December	— 6°,41	— 5°,13	— 4°,515	— 3°,85
1845. Januar bis Mai	— 6°,64	— 5°,24	— 4°,62	— 3°,90
1845. Juni bis November . . .	— 6°,67	— 5°,195	— 4°,66	— 4°,38
1846. Februar bis Juni	— 6°,63	— 5°,30	— 4°,60	— 4°,50

Beobachtungen.	Tiefe von 250 Fuss. Mittel.	Tiefe von 300 Fuss. Mittel.	Tiefe von 350 Fuss. Mittel.	Tiefe von 382 Fuss. Mittel.
1844. April, November, December	— 3°,34	— 2°,972	— 2°,615	— 2°,395
1845. Januar bis Mai	— 3°,33	— 3°,02	— 2°,73	— 2°,411
1845. Juni bis November . . .	— 3°,33	— 3°,195	— 2°,778	— 2°,40
1846. Februar bis Juni		— 3°,25	— 2°,80	

Nicht minder zeigte die Vergleichung der neuern mit den Beobachtungen Erman's und selbst mit den wenn auch nicht so genauen des älteren Schergin, dafs dessen Schacht eine so beträchtliche allmälige Abkühlung erlitt, dafs in 50 Fufs Tiefe 1 Fufs von der Wand entfernt die letztere von 1829 bis 1845 sich fast um 3° R. abgekühlt hatte. Es scheint selbst aus Middendorff's Beobachtungen hervorzugehen, dafs auch die neu getriebenen Gruben von Amginsk, Olekminsk dieser Abkühlung schon unterliegen. Sie findet statt durch die oft — 30° R. kalte Luft des Jakutsker Winters, und machte sich schon während des Treibens des Schachtes geltend, wo selbst in der Tiefe des Nullpunkts der gewöhnlichen Bodentemperatur wegen des langsamen Fortschreitens der Arbeit immer in Eis gearbeitet wurde. Dafs die Luft der wärmeren Jahreszeit diese durch den Winter geschehene Abkühlung nicht wieder ausgleichen konnte, ist aus den Eigenschaften kalter und warmer Luft erklärlich. Dafs aber im Schacht selbst, auch wenn er verschlossen, Strömungen eintreten mufsten, ist eben so begreiflich, und dadurch sind wohl Erscheinungen zu erklären wie die, dafs unterhalb 200 Fufs Tiefe die 1 Fufs eingesenkten Thermometer eine höhere Temperatur anzeigten als die 7 Fufs weit eingelassenen, während in den Stationen über 200 Fufs hinauf das Verhältnifs umgekehrt war, und zwar in allen Jahreszeiten.

Aus dem Angeführten folgt nun

1) dafs aus den Temperaturen in der Wand des Schergin-schachtes (wie es noch v. Middendorff neuerlich gethan hat) nicht einmal annähernd auf die Bodentemperatur in verschiedenen Tiefen unter Jakutsk geschlossen werden darf,

2) dafs eben so wenig die Wärmeleitungsfähigkeit gefrornen Bodens aus Beobachtungen in jenem Schacht abzuleiten ist, wir dieselbe also noch gar nicht bis jetzt kennen,

3) dafs wir die Mächtigkeit des Eisbodens nicht schätzen können, selbst wenn man die Temperaturbeobachtungen in den neuen Gruben als maafsgebend betrachtet.

Es sind demnach neue Versuche anzustellen.

N. J. Coleman. Indianahöhle.

Kürzlich besuchte Hr. Coleman die grofse Indianahöhle und entdeckte, dafs in ihr sich eine zweite öffnet, die ungefähr 40 Fufs tiefer liegt, und an sie schliefsen sich wiederum andere an.

Die neue Höhle, welche 4 bis 5 (engl.) Meilen verfolgt wurde, enthielt Lager von Bittersalz (Epsomsalz), auch Salpeter, Gyps, Alabaster und andere Mineralien.

R. J. Murchison. Ueber die Ausströmungsöffnungen heifser Dämpfe in Toscana, und ihre Beziehungen zu alten Bruch- und Hebungslinien.

Bekanntlich sind die heifsen Wasserdämpfe, welche in den Toscanischen Maremmen der Erde entströmen und von den Einwohnern lagoni, fumacchi, fumarole, soffioni, mofetti und selbst volcani genannt werden, mit Borsäure beladen, und um letztere zu gewinnen sind in letzter Zeit an neun Orten industrielle Anlagen gemacht worden, nämlich Monte Cerboli, Lustignano, Monte rotondo, Sasso, il Lago, Castel nuovo, S. Federigo und S. Ippolito. Alle diese Orte liegen am linken Ufer der Cecina, und der Strich, wo die Gase ausströmen, erstreckt sich von NNW. nach

SSO. auf acht geographische Meilen Länge und von WSW. nach ONO. auf fünf Meilen Breite. Das Ganze liegt zwischen 43° 8′ und 43° 16′ nördl. Breite. Das Gestein, aus welchem die Dämpfe ausströmen, ist Alberese (Kreideformation) und Macigno (Nummiliten), durchsetzt von NW. nach SO. von Gabbro, Serpentinen und andern (wie sich Hr. MURCHISON ausdrückt) plutonischen Gesteinen. Nahe an der Berührungsstelle beider entspringen mehrere jener heifsen Gasquellen, beladen mit Kohlensäuregas, und meist in der Zusammensetzung der andern mineralischen Bestandtheile sich gleichend, so fern sie in einer und derselben Linie liegen, wie die zwischen Monte Cerboli und Lardarello.

Die gegenwärtigen Lagunen sind an der Ausströmungsstelle künstlich gebildet, und indem man zur Regulirung hier und da Erde und Thon auf die Oeffnung geworfen, haben sich künstliche Schlammvulcane gebildet. Der eine vom Hrn. Verfasser am besten untersuchte war völlig zirkelrund, ungefähr 15 Schritt im Durchmesser und warf breite Kugeln aus seiner wallenden Oberfläche, während die heifse Masse immer über den Rand des kleinen Kraters überzufliefsen sich bestrebte. Wo die Dämpfe kein Hindernifs finden, steigert sich die Temperatur sehr erheblich (nach PILLA auf 140° R.), und die Kraft, mit welcher sie ausströmen, ist so grofs, dafs sie nicht ganz leichte Steine einige Fufs hoch in die Luft schleudern.

Nach Hrn. MURCHISON stehen die Suffioni und Mineralquellen in nächster Beziehung zu aller vulcanischer Thätigkeit des Bodens in Toscana. Sie befinden sich auf Spalten der tertiären Schichten, die von NW. nach SO. gehen und sich wahrscheinlich zwischen der Bildung der eocenen und miocenen Schichten gebildet haben, und in denen auch Gabbro, Grünstein und Serpentin heraufgebrochen sind. (Der Hr. Verfasser zählt nämlich den Serpentin mit zu den plutonischen Gebirgsarten.) In derselben oder ihr parallelen Linie sind auch die Granite Piombinos hervorgekommen, und finden die hauptsächlichsten Wirkungen der heutigen Erdbeben statt.

G. Bischoff. Ergebnisse neuester Untersuchungen zur Erklärung der Kohlensäureexhalationen.

Da schon durch siedendes Wasser allein kohlensaure Magnesia unter Entwicklung von Kohlensäure zersetzt wird, da dasselbe unter Mithülfe der Kieselsäure, z. B. des Quarzes, auch beim kohlensauren Kalk und Spatheisenstein stattfindet, so glaubt Hr. Bischoff die Ursache der Kohlensäureaushauchungen des Monte Cerboli (Toscana), des Laacher See und in der Eifel nicht in gröfserer Tiefe als 8600 Fufs suchen zu müssen, denn hier ist Thonschiefer, also die erforderliche Kieselsäure, und die nöthige Temperatur, während die kohlensauren Salze von dem durch die Kalkformation eindringenden Tagwasser mitgebracht werden.

R. Mallet. Erster und zweiter Bericht über die Thatsachen, welche die Erdbeben betreffen.

In der zu Edinburg (Juli und August 1850) abgehaltenen Versammlung der brittischen Naturforscher giebt der Hr. Verf. einen ersten ausführlichen Bericht über die Erscheinungen bei Erdbeben, in welchem eine gründliche historische Einleitung über die Relationen und Ansichten von den Erdbeben seit den ältesten Zeiten vorangeschickt ist. In Bezug auf diese interessante Zusammenstellung verweisen wir auf das Original. Die allgemeinen Sätze, welche aus der historisch kritischen Untersuchung des Hrn. Verfassers sich ziehen lassen, hat er selbst schon früher (im Report von 1849) mitgetheilt, und sie finden sich auch in unserm Jahresbericht (Jahrgang 1849. p. 489). Diese Sätze sind in dem gegenwärtigen Bericht durch zahlreiche Beispiele erläutert, deren Kenntnifsnahme wir den Lesern im Original überlassen müssen, und wir fügen nur die etwaigen Modificationen und nöthigen Erörterungen des Hrn. Verfassers hinzu, indem wir uns auf die unter den laufenden Zahlen 1 bis 24 (in unserm vorigen Bericht Jahrgang 1849.) aufgeführten Sätze beziehen.

Zu 4) Doch scheint ein Theil der Erdrinde eine gewisse Periodicität im Erdulden von Erdbeben gehabt zu haben, indem auf lange Perioden der Ruhe kürzere, wiewohl immer lange Zeiträume der Erschütterung folgten.

Zu 9) Nach v. Humboldt erweitert sich bisweilen der Bezirk einer erschütterten Gegend in Folge eines frühern heftigen Erdbebens. Seit der Zerstörung Cumanas 1797 z. B. wird jede Erschütterung der Südküste in dem Glimmerschiefer der Halbinsel Maniguarez gefühlt.

Zu 12) Mit dem Wort Stofs pflegt in den gewöhnlichen Erzählungen über Erdbeben grofser Mifsbrauch getrieben zu werden, und meist verstehen die Berichte unter Stöfsen von mehreren Minuten oder gar Stunden eine Reihenfolge kurzer Stöfse mit wechselnden Zwischenräumen. Wahrscheinlich kann man die einzelnen Erdstöfse nur unterscheiden, wenn ihre Anzahl weniger als 16 in einer Secunde beträgt; sind es mehr, so fühlt man nur eine fortdauernde Schwingung oder hört einen Laut. Daher kommt es wahrscheinlich, dafs Berichterstatter über Erdbeben von zwei unterschiedenen Arten von Stöfsen, explosiven und vibrirenden, reden, wozu v. Humboldt noch den wirbelnden fügte. Es scheint aber nur eine Art Erdwelle (Stofs) zu geben, die normale, begleitet vielleicht von kleinen transversalen Schwingungen, die der Reflexion, Dispersion und dem Geschwindigkeitswechsel unterworfen sind.

Zu 13) Bei dem stärksten Erdbeben sind die gewaltigsten Stöfse, aber nur wenige an Zahl; bisweilen ist es nur einer, gewöhnlich nicht mehr als drei oder vier, aber diese sind die unheilbringendsten. Sie kehren in gröfsern unregelmäfsigen Zwischenräumen wieder, und zwischen ihnen giebt es mehrere kleinere Stöfse, die meist kurz vor und nach den grofsen eintreten, auch mit letztern gleichzeitig. Die Ansicht v. Humboldt's, dafs lang dauernde Erschütterungen nur an Orten, weit von Vulcanen entfernt, vorkommen, wird durch das Erdbeben von Neu-Seeland October 1848 widerlegt. Eine Wiederkehr leichter Erschütterungen innerhalb nahezu regelmäfsiger Intervalle beobachtete v. Humboldt am Vesuv und Pichincha, 20 bis 30 Secunden vor jedem Auswurf von Asche und Dampf.

Zu 18) Die Beweise, welche man für eine wirbelnde Bewegung anzuführen pflegt (die Drehung des Calabrischen Obelisk, des Kirchthurms von Invernefs und der Bäume bei Riobamba), hält der Hr. Verfasser nicht für stringent, und er glaubt jene Erscheinungen auch durch die geradlinige Bewegung erklären zu können.

Zu 20) Die Begränzungen der Erdwelle hängen von der ersten Kraft des Anstofses, der Beschaffenheit des zu durchlaufenden Stoffes und von der durchlaufenen Entfernung ab.

Zu 21) Für die Fortpflanzungsgeschwindigkeit der Erdwelle beim Lissaboner Erdbeben hat MITCHELL annähernd 20 engl. Meilen in der Minute = 1760 Fufs in der Secunde berechnet, v. HUMBOLDT nimmt 5 bis 7 deutsche (= 20 bis 28 engl.) Meilen in der Minute an. Keine mittlere Geschwindigkeit kann richtig sein, weil die Welle nach Maafsgabe des verschiedenen Materials, welches sie durchschreitet, mit der wechselnden Elasticität des letztern sich in ihrer Geschwindigkeit ändern mufs.

Zu 23) Die Art des Schalles wird so verschieden beschrieben, dafs man vermuthen mufs, es seien verschiedene Töne bei verschiedenen Gelegenheiten.

Die Zeit, in welcher die Tonwelle fortschreitet, ist augenscheinlich verschieden je nach dem Mittel, durch welches sie zum Ohr gelangt, ob durch Land oder See. Durch Wasser macht sie ungefähr 4700 Fufs in der Secunde, durch festes Land und zwar durch

Liaskalkstein . . .	3640	Fufs
Kohlensandstein .	5248	-
Oolith	5723	-
Urkalkstein . . .	6696	-
Kohlenkalk . . .	7075	-
Harte Schiefer . .	12757	-

in der Luft dagegen 1140 Fufs in der Secunde. Für Granit und plutonische Gesteine existiren noch keine Messungen, aber die Geschwindigkeit mag noch gröfser sein als in jedem der vorher genannten Gesteine.

Bei einigen grofsen Erdbeben (Neu-Granada 1827) hat man lange Zeit nach dem Stofs in vergleichsweise regelmäfsigen Zwischenräumen noch Töne gehört, die von keiner merklichen Bewegung des Bodens begleitet waren. Diese Erscheinung ist der

Hr. Verfasser geneigt dem periodischen Zerreifsen neu gebildeter vulcanischer Gesteine unter oder nahe bei dem Beobachtungsort zuzuschreiben.

Dafs es auch unterirdische Geräusche giebt ohne das Gefolge von Erdstöfsen, ist bekannt.

Die Wirkungen der Erdbeben, welche der Hr. Verfasser aufzählt, sind folgende.

1) Es finden mächtige Erdfälle statt.

2) Es bilden sich neue Seen und Strombetten, während alte sich verstopfen.

3) Neue Thäler werden ausgehöhlt, nicht durch langsame Einwirkung neu entstandener Strombetten, sondern durch Erdschlipfe.

4) Spalten verschiedener Gröfse entstehen in der Erdrinde, und zwar unmittelbar in dichten festen Gesteinen, mittelbar in loseren.

5) Im Augenblick des Oeffnens der Spalten hat man Feuer und (anscheinend) Rauch daraus hervorkommen gesehen. (Wirklicher Rauch im gewöhnlichen Wortsinn ist von glaubwürdigen Augenzeugen nie beobachtet worden. Die Gase sind nur Wasserdampf, Wasserstoff, Chlorwasserstoff und schweflige Säure, die allenfalls fein vertheilte feste Materien, wie Sand u. dergl., mit sich emporreifsen.)

6) Wasser spritzt oft aus Spalten, Brunnen und Quellen in die Höhe oder springt an unerwarteten Stellen aus dem Boden im Moment des Erdstofses; auch wälzt es sich aus der Mündung grofser Spalten oft trübe und mifsfarbig hervor, bisweilen selbst lange Zeit nach dem Erdbeben.

7) Die grofse Seewelle, wenn sie nach dem Erdbeben ans Ufer kommt, bringt grofse Verwüstungen des Landes hervor.

In Bezug auf Jahreszeit, Tageszeit und Wetter vor dem Erdbeben ergeben sich aus den historischen Nachforschungen keine allgemeinen Schlüsse. Einwirkungen auf Thiere und Menschen, die sich als ängstliches Vorgefühl des nahenden Erdbebens kund geben, werden von einigen wenigen Schriftstellern angeführt, Hunde heulen, Pferde wiehern ungewöhnlich, Federvieh flattert rastlos hin und her, Gänse schnattern und verlassen das Wasser; an Menschen äufsert sich das Vorgefühl durch Neigung zum

Schlafen (in einer Schule zu Philadelphia), durch Ekel und Brechen.

Das Barometer zeigt weder ungewöhnliches Steigen noch Fallen vor oder bei dem Erdbeben, soweit die Beobachtungen von zuverlässigen Forschern angestellt sind, natürlich ausgenommen die Bewegung, welche ein heftiger senkrechter Stofs auf die Quecksilbersäule ausüben mufs. Zu den von Kries (de nexu inter terrae motum et statum atmosphaerae etc. Leipzig 1832) bis zu 1826 gesammelten Beispielen fügt der Hr. Verfasser noch einige spätere hinzu, welche sowohl ein starkes Fallen als auch ein hohes Steigen darthun.

Nicht minder unzulässig sind die Schlüsse, welche man aus den Thermometerschwankungen auf die Temperatur bei Erdbeben hat machen wollen.

Beobachtungen an Regenmessern und Elektrometern sind zur Zeit nur wenige vorhanden. Ueber die Einwirkungen auf die Magnetnadel stehen sich die Angaben v. Humboldt's (ohne Wirkung) und Arago's, Biot's, Capocci's und Lloyd's (afficirt) noch entgegen.

Zusammenhang zwischen Wind und Erdbeben scheint nicht vorhanden zu sein. Es gab Erdbeben bei völlig ruhiger und sehr bewegter Atmosphäre.

Meteore und Nordlichter sind sehr oft bei Erdbeben beobachtet, andere atmosphärische Erscheinungen ungewöhnlicher Art hier und da.

Zu den Ursachen, welche dem Erdbeben unmittelbar zu Grunde liegen, ist der Hr. Verfasser folgende vier zu rechnen geneigt.

1) Die plötzliche Entstehung von Wasserdampf, der unter dem Druck des Meerwassers wieder condensirt wird.

2) Die Entwickelung von Dampf durch Spalten und dessen unregelmäfsige (per saltum) Condensation unter dem Druck des Meerwassers.

3) Grofse Brüche und Verwerfungen in der Erdrinde, entstanden durch von unten oder in anderer Richtung wirkenden Druck.

4) Gelegentlich, aber selten, den Rückstofs von mächtigen Explosionen im vulcanischen Heerd.

In einem zweiten Bericht (Report 1851) theilt der Hr. Verf. die Versuche mit, welche er mit einem sehr empfindlichen Seismoskop über die Fortpflanzungsgeschwindigkeit der Erdwelle angestellt hat. Das Terrain, welches erschüttert wurde, war einerseits ein Sandboden an der Küste nahe bei Dublin, andererseits Granit auf der Insel Dalkey. Die Erschütterung wurde durch Explosion von 25 Pfund in geeignete Patronen verpacktes Pulver bewerkstelligt, welches durch einen Platindraht galvanisch entzündet wurde. Rücksichtlich der genauern Angaben über die Methoden der genauen Abmessung einer Meile, der Construction der Zündvorrichtung und der Patronen, so wie der übrigen zeitmessenden Apparate, welche alle durch Zeichnungen erläutert sind, verweisen wir auf das Original, und beschränken uns nur auf die Beschreibung des Seismoskops. Dieses Instrument besteht aus einer gufseisernen Platte, 20 Zoll lang, 4 Zoll breit, $\frac{1}{2}$ Zoll dick, auf deren Oberfläche in der Mitte ein viereckiger gufseiserner Trog, 12 Zoll lang, 4 Zoll breit und 2 Zoll tief, genau geebnet und äufserlich schwarz gefirnifst, steht. An jedem Ende des Trogs ist auf der Platte ein messingener Ständer eingeschraubt, in welchem sich auf- und abwärts in der verticalen Ebene und rund um die Axe des Ständers herum ein Fernrohr bewegen läfst. Beide Fernröhre sind achromatisch und haben Objective von gleicher Oeffnung; das eine hat im Focus ein Fadenkreuz, das andere einen einfachen verticalen Faden. Der Trog wird 1 Zoll tief mit reinem Quecksilber angefüllt und dieses mit einer durchbohrten und geschwärzten Zinnplatte überdeckt, so dafs nur das durch das mit dem Fadenkreuz versehene Teleskop einfallende Licht die Quecksilberoberfläche trifft, und das Bild davon in das andere Fernrohr reflectirt wird. Machen die beiden Fernröhre mit der Quecksilberfläche einen Winkel von 45° und unter einander also 90°, so erscheint bei ganz ruhigem Stand das Fadenkreuz des einen im Ocular des andern, bei der geringsten Bewegung aber flattert das Bild und verschwindet für Augenblicke ganz. Das Instrument ist so empfindlich, dafs auf festem Granitboden ein Tritt mit dem Fufs 50 bis 60, und ein Schlag mit dem Hammer 100 Yards weit, auf dichtem Sand oder Thon aber ein Pferdetritt $\frac{1}{4}$ Meile weit bemerklich war.

Die Zeit, welche zwischen der Entzündung des Schiefspulvers und der Explosion desselben verfliefst (also die Zeit des sogenannten Nachbrennens) und diejenige zwischen dem Moment der Entzündung und der Ankunft der Erdwelle am Seismoskop wurde durch zwei vorher geprüfte und verglichene Chronographen (nach Wheatstone) bestimmt, die mit geeigneten elektromagnetischen Vorrichtungen zum Auslösen in Verbindung standen. Die Entzündung geschah durch eine galvanische Batterie, und das Schliefsen der Kette war der Ausgangspunkt für die Zeit des Nachbrennens, als deren Ende das Sichtbarwerden der Explosion für eine bestimmte Person galt. Eine doppelte Hebelvorrichtung schlofs gleichzeitig die Kette, welche die Mine zur Explosion brachte, und eine andere, welche den Chronographen am entfernten Beobachtungsort für die Fortpflanzungsgeschwindigkeit der Erdwelle auslöste. Das Arretiren des letzteren geschah durch die Hand des in das Fernrohr des Seismoskop Sehenden zur geeigneten Zeit.

Acht Versuche in der Station am Meeresufer (im Sand) ergaben als mittlere Fortpflanzungsgeschwindigkeit der Erdwelle für 1 Secunde 906,705 Fufs, welche Gröfse aber noch corrigirt werden mufs durch die Zeit des Durchgangs der Elektricität durch die Feuerungs- und Auslösungsdrähte, ferner durch die Zeit desselben Durchgangs der Quecksilberwelle im Seismoskop und durch die Personalgleichungen für beide Beobachter. Von diesen Correctionen ist aber nur die mittlere berücksichtigenswerth, erstere und letztere zu vernachlässigen.

Die Zeit von dem Schliefsen der Zündungskette bis zur Explosion von 25 Pfund Schiefspulver betrug 0,050513 Secunden.

Im Granit betrug die Fortpflanzungsgeschwindigkeit der Erdwelle für 1 Secunde 1220,44 Fufs.

Die Correction für den halben Durchgang der Quecksilberwelle im Seismoskop auf den ersten Versuch angebracht, giebt statt 906,705 Fufs 965,461 Fufs, und auf den zweiten Versuch (im Granit) statt 1220,44 Fufs 1299,74 Fufs. Diese Zahl gilt aber für einen Theil des Granits, welcher anscheinend mehr zerklüftet war als der andere, und für diesen erhielt der Hr. Verfasser die corrigirte Zahl 1661,36.

Diese Zahlen für die Fortpflanzungsgeschwindigkeit im Sand und Granit fand der Hr. Verfasser so weit unter seiner Voraussetzung, dafs er im Granit wegen der starken durchgängigen Zerklüftung (die übrigens bei allen, selbst den dichtesten Gesteinen anzunehmen ist) vielfältige Reflexion der Welle als Grund der langsamen Fortpflanzung vermuthet. Diese Reflexion erklärt auch die sonderbare Erscheinung in manchen Bergwerken, wo leichte Stöfse in einer bestimmten Schicht, und weder darüber noch darunter, gefühlt wurden. In gröfsern Tiefen der Erde mag das Material dichter und weniger zerklüftet, also die Fortpflanzungsgeschwindigkeit gröfser sein. Die Theorie gewährt uns aber noch keine Grundlagen zur Beurtheilung der Geschwindigkeit, wenn eine Welle aus einem elastischen in einen weniger elastischen Stoff übergeht.

Das aber scheinen die Beobachtungen zu beweisen, dafs die nahezu senkrecht fortgepflanzten Erdwellen, die wahrscheinlich aus grofser Tiefe kommen, durch ihre Heftigkeit und Schnelligkeit bemerkenswerth sind. (In dem Erdbeben von Riobamba wurden Menschen mehrere Fufs hoch in die Luft geschleudert.)

Die Tiefe, in welcher der Impuls zu einem Erdbeben ausgeht, glaubt der Hr. Verfasser ungefähr schätzen zu dürfen gleich dem sinus versus eines Bogens, welcher die äufsersten Punkte, an denen auf der Erdoberfläche das Erdbeben gemerkt worden ist, mit einander verbindet.

Durch die verschiedene Schnelligkeit der normalen und transversalen Welle werden sich wohl auch später die bekannten Erscheinungen der doppelten Erdstöfse erklären lassen.

Nachstehend eine Zusammenstellung der Fortpflanzungsgeschwindigkeit der Erdwelle bei einigen Erdbeben, über welche einigermaafsen sichere Berichte vorliegen.

Orte.	Annähernde Geschwindigkeit in Fuss pro Secunde.	Formation, so weit sie bekannt oder gemuthmasst wurde.	Quelle.
Nach MITCHELL's Ansichten über das Lissaboner Erdbeben.	1760	Seeboden, wahrscheinlich auf Schiefern, secundären und krystallinischen Gesteinen.	J. MITCHELL.
v. HUMBOLDT's Ansichten über die südamerikanischen Erdbeben.	1760 bis 2464	Gröfstentheils vulcanische Gesteine.	HUMBOLDT.
Lissabon. Erdbeben 1761.			
Von Lissabon nach Corunna.	1994	Uebergangs-, Kohlengebirge und granitisches.	Annual register.
Von Lissabon nach Cork	5228	Uebergangs-, Kohlengeb., krystallin. Schiefer und granit., wahrscheinlich unter dem Meere.	Annual register.
- - - Sta Cruz		Ebenso mit einigen Veränderungen.	Annual register.
Antillen.			
Pointe à Pitre nach Cayenne (?).	6586	Wahrscheinlich vulcanisches Gestein unter dem Meere.	ITIER und PERRY. Mem. Dijon.
Indien.			
Von Cutch nach Calcutta 1819.	1173	Alluvium, secund., granitisch., später plutonisches Gestein.	Royal Asiatic. Journ.
Nepaul und Gangesbecken 1834.			
Von Rungpur nach Arrah	2314	Tiefes Alluvium, gelegentlich m. Uebergangsgestein, kohlenführd., granitisch. und dann pluton. Gestein.	Royal Asiatic. Journ.
Von Monghyr nach Gorackpur.	3520		
Von Rungpur n. Monghyr	990		
- - - Calcutta	1210		
Schiffe Rambler und Millwood zur See 1851.			
Zwischen 16° 30′ nördl. Br., 54° 30′ westl. Länge und 23° 30′ nördl. Breite, 58° westl. Länge	1056	Seeboden auf unbekanntem Gestein ruhend.	Nautical Magazine.

A. PERREY. Verzeichnifs von Erdbeben.

Die nachfolgenden Mittheilungen betreffen das Jahr 1850, und sind dem Hrn. Verfasser zum Theil durch FERRAT in Dijon, PISTOLESI in Pisa, COLLA in Parma, MEISTER in Freising, MERIAN in Basel und DALGUE-MOURGE in Aïn-Hamadé (Syrien) zugekommen. Im Jahre 1850 waren Erdbeben

Monat und Datum.	Ort.	Landschaft.	Bemerkungen.
Januar			
1.	Catania	Sicilien	leichter Stofs.
—	Belpasso u. Bianca-Villa	Sicilien	heftiger Stofs.
4.	Catania	daselbst	
5.	Borgotaro	Herzogthum Parma	
16.	San-Francisco	Californien	
17. 19.	Borgotaro	Herzogthum Parma	starke Erschütterung.
21.	Livorno	Toscana	
22.	Pisa, Borgotaro, Livorno	Toscana	von N. nach S. in Pisa.
23.	Vesuvausbruch	Neapel	
27.	Pisa	Toscana	
28.	Frosinone	Kirchenstaat	
29, 30.	Monte St. Angelo	Capitanata (Neapel)	
30, 31.	Graz	Steyermark	
Februar			
1, 2.	Graz	Steyermark	
5. bis 12.	Vesuvausbruch	Neapel	
8, 12.	Borgotaro	Herzogthum Parma	
9.	Algier		
12.	Beyruth	Syrien	
15.	San-Francisco	Californien	
25.	Borgotaro	Parma	
27, 28.	Monte St. Angelo	Capitanata (Neapel)	
März			
22.	Matera	Basilicate	
22, 23.	Acciana	Toscana	von S. nach N.
28.	Bojano	Grafschaft Molise (Neapel)	
April			
3, 5. 12, 19. 30.	Smyrna	Türkei	von NW. nach SO. starke Erschütterungen mehrmals im Tage. Beschädigung des Thurmes St. Demetrius. Spaltung des Gebirgs bei Nymphio. Uebertreten des Flusses. Eben so in Gallipoli, Lissabon u. Scio.
8.	Martinique		von S. nach N.

Monat und Datum.	Ort.	Landschaft.	Bemerkungen.
April.			
9. bis 12.	Messina	Sicilien	mehr als 40 Stöfse.
10. bis 11.	Reggio	Calabrien	zwei Stöfse.
11, 12, 14.	Borgotaro	Parma	
13.	Obrovazzo u. Zara	Dalmatien	drei heftige Stöfse von SW. nach NO.
14.	Ragusa und Zara	daselbst	heftige Stöfse. Dauer 7 bis 8 Secunden.
12. bis 29.	Stagno	daselbst	vom 12. bis 19. mehr als 50 Stöfse, vom 19. bis 29. mit Detonationen. Viel Schaden.
15.	Zara und Livorno	Dalmatien u. Toscana	
17.	Monte Leone		
19, 20.	Bucarest	Wallachei	
Mai.			
3.	Smyrna, Stagno, Ragusa	Türkei, Dalmatien	Der Bach Wippau verschwand ganz u. kam nach ½ Stunde wieder zum Vorschein.
14.	Laybach	Illyrien	
16.	Pesth	Ungarn	heftige Stöfse, 7 bis 8 in 2 bis 3 Minuten.
—	Livorno	Toscana	plötzliches Fallen, dann Steigen des Meeres.
29.	Livorno und Pisa	daselbst	leichter Stofs am Leuchtthurm.
Juni.			
5.	Follonica	daselbst	leichte Erschütterung.
9.	Siena	daselbst	
—	Hornberg	Berg in Sachsen-Altenburg	zwei starke Stöfse; es öffnet sich der Gipfel des Bergs, und ein Strom warmen süfslichen Wassers ergiefst sich.
9. bis 10.	Breisach	Breisgau	mehrere starke Stöfse
12.	Smyrna	Türkei	
13.	Aquila	Abruzzen	
17, 26, 27.	Ragusa	Dalmatien	
Juli.			
7.	Stagno	daselbst	
10.	Udine, Triest, Görtz Constantinopel	Illyrien	
14.	Elbogen	Böhmen	
15.	Falknau b. Carlsbad	daselbst	wiederholte starke Stöfse von NW. nach SO.
16.	Cosenza	Calabrien	
17.	Reggio	daselbst	zwei starke Stöfse.
19, 20.	Monte Leone	daselbst	
25, 26.	Urbino	Kirchenstaat	zwei starke Stöfse in der Richtung des Meridians.
28, 29, 30.	Stagno	Dalmatien	

Monat und Datum.	Ort.	Landschaft.	Bemerkungen.
August			
2.	Stagno	Dalmatien.	
5.	Bad Weilbach	Nassau	
14.	Smyrna	Türkei	
15.	Siena	Toscana	von O. nach W.
17.	Hökensär	Schweden	viele und starke Stöfse von SO. nach NW., jeder von 20 bis 25, selbst 35 Secunden.
19, 26, 27, 29.	Stagno	Dalmatien.	heftig.
21.	Livorno	Toscana	
30.	Algier		
September			
1.	Detenstein	Tyrol, Pusterthal	stark. Denselben Tag Bergsturz in Graubünden.
4, 5.	Pisa	Toscana	
5, 8, 10.	Algier		
9, 10, 11.	Triest		
17. bis 18.	Bologna, Modena, Reggio		von SO. nach NW. so stark, dafs Glocken tönten.
October			
13.	Smyrna	Türkei	
15.	Livorno, Leuchtthurm	Toscana	am 20. und 21. Anschwellen und Fallen des Meeres.
28, 29.	Reggio	Calabrien	
30.	Martinique		zwei leichte Stöfse.
November			
4, 5.	Bussières	Département Haute Marne	
17.	Bagnères à Pau	Fufs der Pyrenäen	ziemlich stark, Richtung SO. nach NW.
18, 23, 25.	Borgotaro	Parma	
22, 27.	Stagno	Dalmatien	
28.	Arth	Canton Schwytz	5 Stöfse von O. nach W., starker Stofs, Bergsturz, die Quelle Salis vermindert sich u. wird kälter.
Dezember			
1.	Lourdes		
3.	Aberfeld	Rheinpreufsen	Bergsturz am Klusenkopf.
17.	Bona und Guelma	Algerien	ziemlich stark von O. nach W.
—	Heliopolis	daselbst	noch stärker.
—	Cherbourg		heftiges Fallen des Meeres 3mal.
30.	Avezzano u. Chieti	Toscana	zwei Stöfse.

Boué. Ueber die Nothwendigkeit die Erdbeben und vulcanischen Erscheinungen genauer als jetzt beobachten zu lassen.

v. Baumgartner. Erwiederung darauf.

Indem Hr. Boué in der Sitzung der Akademie vorschlägt, die vulcanischen Erscheinungen und Erdbeben in ihrer Beziehung zu den meteorologischen periodischen genauer beobachten zu lassen als es bisher geschehen, empfiehlt er unter den bekannten Seismometern das Forbes'sche als bestes. Um die verticalen Stöfse anzugeben, hält er es für zulänglich eiserne Stangen in den Erdboden zu schrauben, an deren oberem Ende Kreidestücke neben Schreibtafeln befestigt sind.

Hr. v. Baumgartner erwiedert Hrn. Boué, dafs die Instructionen an die meteorologischen Institute Oesterreichs schon dahin lauten, auch andere in und auf der Erde und in ihrer Atmosphäre vor sich gehende periodische Erscheinungen zu beobachten. Da aber bis jetzt noch keine empfindlichen und zuverlässigen Seismometer existirten, so seien zur Zeit noch keine angeschafft.

M. Hamilton. Kurze Berichte über Erdbeben in Süd-Amerika während der Jahre 1844, 1845, 1846 und 1847.

Am 18. October 1844 wurden die Provinzen Salta Tucuman, Santiago del Estero und andere von einem zerstörenden Erdbeben heimgesucht, welches über eine Landstrecke von 1000 Meilen Länge von N. nach S. und einige 100 Meilen Breite fühlbar war.

In Salta trat es ein 10½ Uhr Abends, und liefs fast kein Haus unbeschädigt; auch zerrissen die unterirdischen Behälter des Zuckersaftes. In der Nähe der Stadt öffnete sich die Erde, und warf mit vulcanähnlichen Explosionen Mengen von Wasser und verschiedenfarbigen Sand aus. Während der Nacht bis zu Sonnenaufgang fiel ein schwerer Regen. Ehe der Stofs gefühlt wurde, fingen die Hunde an zu bellen, und die Lastthiere stellten sich stehend bleibend so, als wollten sie sich gegen das Fallen sichern; in der Atmosphäre war tiefe Ruhe. In den Districten Xuxuy und Tucuman trat das Erdbeben zu derselben Zeit ein, und richtete ebenfalls grofsen Schaden an.

Am 26. November 1846 trat in Chili ein neuer Vulcan in Thätigkeit, dessen erste Eruption durch manchen Knall, über einen Umkreis von 12 Leguas hörbar, angekündigt wurde. Er liegt auf einem der höchsten Punkte der Cordillere Cerro azue, 30 Leguas von Talca, Mitte Wegs zwischen Talcahuana und Santiago.

Am 19. Januar 1847 beschädigte ein starkes Erdbeben Copiapo, indem auf den ersten Stofs innerhalb vier Stunden noch 14 andere folgten; sie waren meist senkrecht.

Am 26. Mai 1847 war eine starke Bewegung des Wassers im Hafen von Callao, welche von einem submarinen Erdbeben herrührte. Dieses bemerkte der Capitain des amerikan. Wallfischfängers Acushuett 60 Meilen WSW. von der Insel San Lorenza am 24. Mai 3 Uhr früh. Die Bewegung in der Bai von Callao dauerte mehrere Stunden und war so heftig, dafs drei Schiffe in Sicherheit gebracht werden mufsten.

Der Brief eines Offiziers aus Ayacucha am 10. Mai meldet, dafs die Stadt Huancarania vier Tage lang ein Erdbeben aushielt, wobei die Erde sich öffnete und verschiedene Thiere zu Grunde gingen.

Am. 28. Juni 1847 fand ein heftiges Erdbeben zu Ica statt, welches mit Unterbrechungen zwei Tage dauerte. Die Stöfse waren schwingend und senkrecht, und richteten an der Stadt viel Schaden an.

Tacna den 10. September 1847, 10 Uhr Abends, zweitägiger Regen, der dort selten ist; das Barometer fiel um $\frac{1}{20}$. Den 11. 3 Uhr Nachts ein heftiges Erdbeben von $\frac{1}{2}$ Minute Dauer mit senkrechter oscillatorischer Bewegung und Geräuschen gleich einer Reihe von Knallen oder Explosionen. Das Barometer wie am Abend vorher. Noch fiel Regen, und die Atmosphäre war dick und schwer. An demselben Tage 5 Minuten vor 3 Uhr Nachts wurden zwei starke Stöfse in Arequipa, 200 Meilen von Arica entfernt, gefühlt.

Am 8. October 1847 bemerkte man ein Erdbeben durch ganz Chili von N. nach S. und zwar am heftigsten in Melepilla (zwischen

Valparaiso und Santiago), wo die Erde zwei Tage lang in Schwingung war und mehrere hundert Stöfse verspürt wurden.

Personen in Arica und Tacna versicherten, dafs sie das Herannahen heftiger Stöfse voraus spürten durch einen eigenthümlichen unangenehmen Geruch oder Zustand der Atmosphäre. Der Hr. Verfasser bemerkt, dafs 1826 und folgende Jahre vor einigen heftigen Erdstöfsen seine Geruchsorgane von einer unbekannten Substanz getroffen wurden, die etwas Aehnlichkeit mit dem Geruch verwesender Thiere und Pflanzen hatte; die eingebornen Peruaner nennen das „Olor de tierra". Ein anderes Vorgefühl des Erdbebens soll die tiefe Ruhe der Atmosphäre gewähren, in welcher ein so leises Wehen auftritt, dafs es nur besonders empfindlichen Personen bemerkbar wird.

Das Bergbarometer, welches der Hr. Verfasser 1843 in Tacna aufgestellt, wurde durch gewöhnliche Erdbeben nicht afficirt. Das Pendel des Seismometers war für die Angabe der Richtung eines Erdstofses nur von geringem Nutzen. Aber das Sandglasinstrument bewährte sich gut, namentlich bei schwachen Stöfsen.

R. Budge. Mittheilungen über das grofse Erdbeben in Chili, 2. April 1851.

W. Bollaert. Bemerkungen dazu.

Lassen wir die Erklärungsweise des Hrn. Budge, zufolge deren das angedeutete Erdbeben kein anderes als ein elektrisches gewesen sein könne, bei Seite, so sind folgende Thatsachen hervorzuheben.

Der Stofs ging von Ost nach West, die Wasserbehälter entleerten sich nach O., die von O. nach W. gerichteten Mauern spalteten sich, die von O. nach W. schwingenden Uhrenpendel blieben stehen, die 40 bis 60 Meilen weit im Meere befindlichen Schiffe spürten den Stofs zu einer der Längendifferenz entsprechenden Zeit.

Die in den Häusern befindlichen Gegenstände wurden um einen Winkel von 20° gedreht, aber nicht umgeworfen. Ein breiter oben mit Eisenstangen gestützter Ziegelschornstein wurde in einer gewissen Höhe zerspalten, und der obere Theil über dem untern ungefähr um denselben Winkel gedreht.

Barometer und Thermometer zeigten nichts Abweichendes und Ungewöhnliches; am dritten Tage nach dem Stofs trat ein zwölfstündiger Regenschauer ein, der nicht unerwartet kam.

Santiago, Casa Blanca, Quillota scheinen eben so viel wie Valparaiso gelitten zu haben.

Hr. Bollaert fügt einige Notizen über frühere Erdbeben hinzu, in denen stets vulcanische Thätigkeit von schrecklichen Erdbeben begleitet wurde. Die heftigste Katastrophe war im Februar 1600 in der Gebirgskette Ornate, 22 Leguas von Arequipa entfernt. Am 15. Februar brach der Vulcan aus unter stetem Schwanken des Erdbodens, am 18. Abends beschleunigte sich die Bewegung, um 10 Uhr weckte ein heftiger Stofs alle Schläfer, und von da an kam alle 5 Minuten ein Stofs, am 19. Morgens ein fürchterlicher, der nur noch von dem am 28. desselben Monats übertroffen wurde. Der Himmel war schwarz von Wolken ausgeworfener Massen, und weifse Asche bedeckte gleich Schnee die umliegende Gegend. Das entsetzliche Erdbeben vom 28. zerstörte die Städte Quinistacas, Ornate und viele Dörfer der Umgegend, während 90 Meilen vom Vulcan entfernt noch Asche niederfiel.

Am 26. September 1829 Nachmittags 2 Uhr 25 Minuten trat ein Erdbeben in Santiago ein, dessen Hauptstofs $1\frac{1}{2}$ Minuten dauerte; die Bewegung schien von SO. zu kommen. Eine halbe Stunde darauf kam ein Regenschauer und $4\frac{1}{2}$ Uhr noch einer. Die Nacht vom 26. gab es leichte Stöfse, eben so die beiden folgenden Tage. Am 1. October $12\frac{1}{2}$ und $1\frac{1}{2}$ Uhr wurden zwei Stöfse bemerkt, und gleichzeitig sah man einen Vulcan in Dehsa hinter der ersten Cordillerenreihe und einen andern in den Maipugebirgen ausbrechen.

In der Provinz Tarapaca (Peru, 20° südl. Breite) pflegen 2 bis 3 Erderschütterungen monatlich statt zu haben, oft von einem rumpelnden unterirdischen Geräusch begleitet. Einmal beobachtete Hr. Bollaert in den Silberbergwerken Guantajaya (einige Meilen östlich von Yquique, 2000 bis 3000 Fufs über dem Meere) in einer Tiefe von 100 Yards ein von einer horizontalen schwingenden Bewegung gefolgtes rumpelndes Geräusch, welches von den Anden zu kommen und nach W. zu gehen schien. Auf die horizontale Bewegung folgte eine verticale und dann ein Gemisch aus beiden, dann war Alles ruhig.

Für die Erdbeben in Chili und Peru sucht Hr. Bollaert die Ursache allein in der vulcanischen Andenkette.

Pujo. Erdbeben in Majorka.

Am 15. Mai 1851 um $1^h\ 45^m$ Morgens wurde in Majorka eine von einem dumpfen Geräusch begleitete Erderschütterung gefühlt, die 8 bis 10 Secunden dauerte. Sie bestand aus senkrechten und horizontalen Schwingungen, letztere von NNO. nach SSW. gerichtet. Gegen 5 Uhr erneuerten sich die Stöfse, mehrere Gebäude, unter andern der Thurm von Ange, wurden beschädigt oder umgestürzt. Am 20., 21., 22. und 25. schwächere Wiederholungen der Erdstöfse.

Im Widerspruch mit der Annahme mehrerer Geschichtsschreiber, dafs auf den Balearen Erdbeben unbekannt seien, behauptet Hr. Pujo, dafs auf Majorka sich die Erinnerung an ähnliche Katastrophen vom 18., 19. und 26. März 1660, den 22. Februar 1749 und auch an das Lissaboner Erdbeben von 1755 wohl erhalten habe, und auch seit Beginn des 19. Jahrhunderts habe man schon mehrere Erdbeben gespürt.

P. Laurent. Erdbeben im Vogesendepartement.

Sonnabend den 12. Juli, 3½ Uhr Nachmittags, wurde ein deutlicher Erdstofs in Remiremont (bei St. Amé in den Vogesen) empfunden, dessen Erstreckung in der Richtung NO. 12 Kilometer weit ging. Jene Gegend besteht aus granitischem Gestein, auf welchem bunter Sandstein, Puddingstein und Serpentin lagert.

H. de la Jonquière. Erdbeben in Gelos bei Pau.

Am 22. October 1851 um $4^h\,45^m$ Morgens bemerkte man in Gelos (Nieder-Pyrenäen) eine Erderschütterung, die von einem Geräusch gleich entferntem Donnerschlag begleitet war. Das Wetter war ruhig, der Himmel sehr heiter. Thermometerstand 8° C., Barometerstand 28 Zoll 1 Linie, drei Tage vorher 3 Linien höher.

E. J. Morris. Ueber das Erdbeben in Calabrien.

Die Erschütterung, welche sich am 14. Juli 1851 von den nördlichen Gränzen Calabriens bis zum Kirchenstaat hin bemerkbar machte, scheint vom Monte Vulture, dem alten erloschenen Vulcan, ausgegangen zu sein.

Die Stadt Melfi, vom Vultur durch einen tiefen Abgrund geschieden, auf einem Hügel von grauer Lava, Travertin, Asche, Sand und Tuff liegend, stürzte beim ersten Erdstofs in Trümmer zusammen. Unter den benachbarten Ortschaften haben Rionero und Barile sehr stark gelitten, demnächst Atella und Rapolla, in der Gemeinde Bari die Oerter Cerato, Minervino, Spinazzola, Andria und Trani mehr oder weniger. Bei den spätern Stöfsen wurde die Stadt Venosa (Venusia) zerstört.

Das Erdbeben begann mit einem scharfen Stofs, auf welchen eine wellenförmige Bewegung folgte. Der erste Stofs dauerte ungefähr 60 Secunden. In Melfi wurden sechs Stöfse beobachtet, der erste $5\frac{1}{4}$ [1]) Uhr Nachmittags, der zweite $3\frac{1}{4}$, der dritte $4\frac{1}{4}$ Uhr, der vierte 10 Uhr Nachmittags, der fünfte 3 Uhr früh und der sechste 7 Uhr. Vormittags. Gegen 2500 Menschen kamen dabei um.

In der Wohnung des Hrn. Morris, 80 Meilen von Melfi entfernt, wurde der Stofs ebenfalls bemerkt, und 10 Minuten vorher fingen die Hunde an zu heulen, die Hühner gackerten und flatterten und ein Paar Truthühner flogen in der Luft im Kreise herum.

[1]) Sollte dies nicht ein Druckfehler sein?

Person. Erdbeben zu Besançon am 24. August 1851.

In der Nacht vom Sonnabend zum Sonntag um 2 Uhr Morgens fühlten einige Personen, namentlich Hr. Bretillot, Vorsitzender des Generalraths, einen leichten Erdstofs. Bei Hrn. Marc, nahe bei der Citadelle wohnhaft, wurde eine Commode 1 Centimeter von ihrem Platz gerückt.

In den Umgebungen der Stadt fühlte auch Hr. Narey, Eigenthümer von Fontaine-Argent den Stofs.

A. Boué. Ueber das Erdbeben in Mittel-Albanien im October 1851.

Der Hr. Verfasser theilt nach einer geognostischen Skizzirung der Gebilde Dalmatiens u. s. w. folgende Relation über das fragliche Erdbeben mit, und ersucht zugleich die Akademie, genauere Erkundigungen durch die kaiserl. Consularagenten in Korfu, Janina, Atlona, Durazzo und Skutari über Zeit, Dauer, Richtung und Umwälzungen des Erdbebens einziehen zu lassen.

Berat, Elbassan, Tirana und Avlona wurden stark getroffen. Am 19., 20., 24. und bis zum 30. und 31. October merkte man auch Stöfse nicht blofs in Stagno, sondern bis Agram und Kreutz (Croatien), und der Hr. Verfasser glaubt am 19. selbst in Vöslau schwache Erschütterungen wahrgenommen zu haben. Ein Gleiches bemerkte man in jenen Tagen im Königreich Neapel, in Melfi, Rapella, Rionero, Ascoli, Drenero.

In Berat zerstörte das Erdbeben am 12. October die auf einem Berge liegende Festung und einen Theil der Stadt, und von dem südlich gelegenen weifsen Berge (Kreidekalk) löste sich der Gipfel los und stürzte herab. (Daher der schwarze Rauch und die kochende schweflige Lava der Zeitungsnachrichten.)

Elbassan, Tirana und Durazzo sind inselartig durch Moräste von Albanien getrennt. Elbassan steht auf Alluvium.

J. D. Dana. Ueber die vulcanischen Ausbrüche auf Hawaii.

Der tiefe Krater des Mount Loa, von den Eingebornen Mokua-weo-weo genannt, war, als ihn Capitain Wilkes besuchte, nahezu elliptisch gestaltet. Seine Wände waren sehr steil, fast senkrecht und an der Westseite 700 Fuſs hoch, an der Ostseite 470 Fuſs. Auſser ihm gab es noch drei andere kleinere Krater. Gegen den Gipfel hin standen einige kleine Kegel nördlich und südlich vom Mokua-weo-weo. Am 20. Juni 1832 geschah ein Ausbruch, der 2 bis 3 Wochen dauerte, im Januar 1843 ein neuer an der NO.seite in 13000 Fuſs Höhe, von den Herren Andrews und Coan beschrieben; die Lava ergoſs sich in zwei Strömen herab, westwärts nach Kona und nordwärts nach dem Fuſs des Mount Kea, und bildete nach dem Erstarren Wälle von 30 bis 60 Fuſs Höhe und an 20 Meilen Länge. Am 9. März floſs die Lava noch in der Ebene fort, wiewohl sehr langsam. Auf dem Gipfel fanden die Reisenden zwei ungeheure Krater nahe bei einander in heftiger Thätigkeit.

Der Winkel, unter welchem die Lava vom Gipfel nach der nördlichen Basis des Mauna Loa abfloſs, ist 6°, weiter unten 10°, 15° bis 25°.

Der Kilauea, welcher an der Seite des Mount Loa 10000 Fuſs tiefer liegt, blieb in dieser Zeit des Ausbruchs in seinem gewöhnlichen Zustand der Thätigkeit.

C. S. Lyman und T. Coan. Ueber den neuen Zustand des Kilauea.

Der Zustand dieses Vulcans, der in einem frühern Aufsatz (siehe den vorigen Bericht) beschrieben ist, wie er 1846 im Juli und August war, ist nun von Hrn. Coan neuerdings untersucht worden, und zeigte folgende Veränderungen.

Der ganze Theil des Kraters innerhalb des schwarzen Randes war 1846 ausgefüllt oder emporgehoben bis zu mehr als 400 Fuſs. Diese Erhebung nahm besonders bei dem sogenannten groſsen See zu, und im Juli 1847 war der groſse See voll und durchaus thätig, und an manchen Stellen floſs die Lava über.

1848 bildete sich eine dicke Kruste Lava, und diese erhob sich bald zu einer Wölbung von 200 bis 300 Fufs Höhe über den ganzen See, hier und da zerspalten. Durch diese Spalten ergofs sich glühende Masse an der Wölbung herab, und hierauf versank der Vulcan in Unthätigkeit bis zum April 1849, wo heftige Detonationen aus dem Erhebungskegel erschollen, und aus der Spitze desselben ein Strom Lava bis zu 50 bis 60 Fufs Höhe sich ergofs; glühende Steine wurden ausgeworfen, und der ganze Boden des Vulcans bebte und krachte. Darauf beruhigte er sich und entliefs blofs Dämpfe, die seit Dezember 1850 sehr zugenommen haben sollen.

Unmittelbar auf den Ausbruch des Kilauea folgte der des Mauna Loa.

A. Scacchi. Bericht über den Ausbruch des Vesuvs im Monat Februar 1850.

B. Silliman jun. Gegenwärtiger Zustand des Vesuvs.

Nachdem der Vulcan seit dem letzten Ausbruch von 1839 die bekannten gelinden Erscheinungen vulcanischer Thätigkeit mehr oder weniger oft gezeigt hatte (die Hr. Scacchi genauer aufzählt), begannen am 23. Januar 1850 ernste Vorzeichen eines nahen Ausbruchs sich bemerklich zu machen, heftige Explosionen im Innern des Kegels, partielle Erschütterungen seines Gipfels und Versiegen des Wassers in den Brunnen von Resina und Torre del Greco. Am 5. Februar spaltete sich die östliche Seite seines grofsen Kegels, und es bildete sich wenig über der Mitte seiner Höhe eine Art Grotte, worin sich viel Kochsalzstalaktiten ansammelten; plötzlich brach durch dieselbe Oeffnung mit gewaltigem Getöse ein reicher Lavastrom, und ergofs sich in wenigen Minuten ins atrio del cavallo, gegenüber der sogenannten punta della neve (auf der neuen Vesuvkarte des Neap. typogr. Instit. il Vitello genannt). Am selbigen Tage entstand, wenig von der oben genannten Spalte entfernt, an der Basis des Kegels eine neue Oeffnung, aus der sich ein kleiner Lavastrom ergofs. Bald aber hörten die Ströme auf, indem keine neue Lava mehr nachdrang, und nun begannen im Gipfel des Vesuvs unaufhörlich heftige Explosionen. In der Nacht vom 7. zum 8. Februar wurde die erstarrte Lava der vorigen Tage an drei Stellen der Basis des Kegels durchbrochen, und es entstanden schnell durch die ausgeworfenen Massen zwei schlanke Kegel und eine Grotte, denen mit aufserordentlicher Schnelligkeit über den östlichen Theil des atrio del cavallo ein Lavastrom bis in die bebauten Felder hinab (nahe bei der Lava von 1834) entströmte. Darauf begann im Gipfel des Bergs ein donnerähnliches Geräusch unter der punta del palo, welches in Neapel in der Nacht zum 9. deutlich vernommen wurde, und in dieser Nacht barst östlich von der genannten punta die äufsere nördliche Seite des Vesuvs vom Gipfel an; es bildete sich eine geräumige Spalte, und diese vereinigte sich mit der am 5. entstandenen, tiefer unten gelegenen.

Am 9. Morgens strömten zwei dichte gelbliche Rauchstreifen aus nach der Richtung der Insel Capri, der obere aus dem Gipfel, der untere aus den vorher erwähnten neu entstandenen drei Oeffnungen. Die Rauchwolke hatte nicht die Gestalt einer Pinie, sondern bestand aus fortwährend aufsteigenden weifslichen Kreisen, aus deren Mitte bei jedem Hervorschleudern von glühenden Steinen ein dichter Kegel schwarzen Rauchs emporquoll. Gegen Abend senkte sich aus der Zone des oberen Rauchs ein Staubregen nieder in der Richtung Torre dell' Annunziata.

Das polternde Geräusch im Vesuv dauerte fort, und kam aus dem Gipfel, wo die grofsen Rauchwolken gleichzeitig ausströmten. Dabei war keine Erschütterung des Bodens bemerklich, und das Geräusch schien auch nicht stets von Steinauswürfen begleitet zu sein. Es ähnelte nicht sowohl dem Donner, als vielmehr dem Geheul gegen Klippen stürmender Wellen. Daher glaubt der Hr. Verfasser, dafs das am 8. und 9. Februar in Neapel vernommene Gepolter nicht vom Hervorstofsen der Lava durch Gase, sondern von wirklichen elektrischen Entladungen über dem Krater herrührte, die zu dem Ausströmen der dichten Rauchwolken in naher Beziehung stehen.

Die grofse früher erwähnte Spalte glich mehr einem Erdfall mit weitem etwas concaven Boden, der mit gewaltigen herabgefallenen Steinblöcken bestreut war. Die östliche Wand desselben, anfangs wenig gekrümmt, dann schnell steil in die Tiefe abfallend, war durch die Verlängerung der Spalte in zwei Theile getheilt, und enthielt einige Gänge von Leucitophyr.

Am 9. Februar gegen 5½ Uhr Abends brach unweit des westlichen Randes der grofsen Spalte im untern Sechstel der Höhe des Kegels ein neuer Lavastrom aus, und mit diesem liefs das heftige Getöse im Hauptkrater nach, so dafs man es nicht mehr in Neapel hören konnte.

Am 10. Abends flofs nach dem Bericht des Hrn. Fonseca die neue Lava noch fortdauernd aus einer länglichen Vertiefung, parallel mit der gröfsern Spalte; man hörte in der Höhe des Berges deutlich zwei verschiedene Geräusche, das eine fortdauernd und einem Gemurmel ähnlich, das andere intermittirend, starken Schüssen gleichend und oft von Auswürfen glühender Steine begleitet. Am 12. Abends fand Fonseca die neueste Lava im atrio del cavallo erstarrt, die vom 9. aus der Grotte noch fliefsend, und sah zeitweilig in der Mitte der Rauchwolken einige krumme (zackige) Lichtstreifen von wiederholten Knallen begleitet, welche die Vesuvführer ebenso ferrilli nennen wie gewisse zugespitzte Lavastücken (vulcanische Bomben), deren Auftreten sie mit jener Erscheinung in Verbindung setzen.

Vom 10. Februar an nahm die Heftigkeit der Explosionen und das Auswerfen glühender Steine ab, ebenso das Strömen der Lava; dagegen nahmen die Ausbrüche des feinen Sandes (Asche) und der kleinen Steinchen unausgesetzt bis zum 15. zu, und beschädigten namentlich die Felder von Ottajano und Torre dell' Annunziata. Am 16. schlofs diese Periode des Ausbruchs mit zwei sehr heftigen Detonationen, die ungefähr 12½ Mittags Hr. Tenoro im botanischen Garten vernahm.

Als Hr. Scacchi im nächsten Monat nach dem Vesuv zurückkehrte, fand er, dafs die Configuration desselben sich wesentlich verändert hatte, verglichen mit der im August 1847 (wir verweisen auf das Original, wo sich Zeichnungen über beide befinden). Es hatten sich im Innern zwei Erhebungskrater gebildet, zwischen denen eine hohe Spitze, an der Basis mit dem alten Kraterrand in Verbindung, hervorragte, die um 50 Meter höher war als die punta del palo. Es fand sich also auch bei dieser Eruption bestätigt, was der Hr. Verfasser schon früher ausgesprochen, dafs kleine Ausbrüche den Kegel des Vulcans erhöhen, während grofse ihn zerstören. Die grofse Spalte auf der N. und NO.seite des Vesuvs ging gerade auf den Vorsprung des Monte Somma, il Vitello genannt, zu, und war an der Basis 160 Meter, oben gewifs noch viel mehr breit. Die am 5. Februar ausgeflossene Lava hatte sich am Fufs des Vitello gestaut, und zwar mindestens auf 50 Meter Höhe. An der nördlichen Seite hatte sich der Vesuv ebenfalls an mehreren Stellen geöffnet und Lavaströme ausgeschickt. Die Hitze auf der geflossenen Lava war an manchen Stellen nach einem Monat noch so bedeutend, dafs die Krusten von Kochsalz und Chlorkalium auf der Oberfläche derselben schmolzen.

Unter den Substanzen, welche sich vermöge der ausströmenden Dämpfe bildeten oder durch sie in die Höhe gebracht wurden, ist besonders bemerkenswerth eine nicht unbeträchtliche Menge Gyps. Der Hr. Verfasser glaubt, dafs derselbe aus dampfförmig aufgestiegenem Chlorcalcium entstanden, welches mit dem schwefligsauren Gas und Wasserdampf in Berührung kam. Ferner fanden sich die sonst beobachteten Auswitterungen von Alaun, schwefelsaurer Magnesia, Eisenchlorid, Schwefel und Kupferchlorid. Ammoniaksalz (Salmiak) war nur bemerkbar, wo die Lava über bewachsenen Boden geflossen war.

Die vulcanische Asche war so fein vertheilt, dafs ihr oryktognostischer Charakter nicht erkennbar war; ein anderer Theil des ausgeworfenen Sandes bestand aus Körnchen von Augit und Leucit, vermischt mit wenigen Glimmerblättchen und Partikelchen Titaneisens. Die Laven enthielten wie gewöhnlich viele Krystalle von Augit und einige von Leucit, bisweilen auch einige Glimmerblätter.

Am bemerkenswerthesten ist die Länge des Weges, den die Laven bei diesem Ausbruch des Vesuvs zurückgelegt haben. Sie beträgt 9000 Meter, eine Gröfse, welche in 1800 Jahren von keiner Lava dieses Vulcans erreicht ist.

Den Schlufs dieses Berichts macht ein Journal über die Veränderungen des Vesuvs von 1840 bis 1850, auf welches wir verweisen müssen, da dasselbe nicht auszugsweise sich mittheilen läſst.

Hr. Silliman jun. schätzt die Tiefe des einen der neuen Kratere zu 800 bis 1000 Fuſs, und sagt, daſs nicht in ihn hinab zu steigen sei wegen der steilen Neigung der Wände. Die Ränder beider sind so scharf, daſs kaum zwei Personen neben einander darauf stehen können. Die nach dem Somma herabgeflossene Lava war ganz erkaltet und Hr. Silliman sammelte auf ihr reiche Mengen Aphthitalit ($\dot{K}\ddot{S}$). In der Nähe sind zwei neue Fumarolen, deren eine nahe an 10 Fuſs Oeffnung hat.

Bailleul. Bemerkungen über einige Umstände beim letzten Ausbruch des Vesuvs.

In einem Brief an Arago d. d. Neapel 4. Juni 1850 theilt der Hr. Verfasser mit, daſs noch fünf Wochen nach dem Ausbruch das groſse Lavafeld so heiſs war, daſs man kaum mit starken Schuhen darauf gehen konnte. Hier und da gab es Stellen von weiſser Oberfläche mit gelben Flecken besäet, von denen bisweilen kleine Tromben sich erhoben, mächtig genug, um die auf granitischen Massen liegenden Laven bei Seite zu schieben, und wenn sie benachbarte Bäume erreichten, deren Blätter zu bewegen oder selbst davon herabzureiſsen.

Während die der Lava benachbarten Pappeln durch die Hitze und Dämpfe nicht gelitten hatten, sondern im Frühjahr wie gewöhnlich, nur etwas später, sich entwickelten, sind die selbst mehrere hundert Meter von der Lava entfernten Pinien alle abgestorben. Vielleicht haben die Blätter der letztern, die während des Winters nicht abfallen, die schädlichen Dämpfe aufgenommen und sind durch diese zu Grunde gegangen.

Wisse und G. Moreno. Untersuchung des Vulcans Sangaï in der Republik Aequator.

In Begleitung des Hrn. Moreno ging Hr. Wisse im December 1849 auf den Sangaï, um ihn genauer zu untersuchen.

Der Vulcan erhebt sich auf einer Gruppe der steilsten und abgerissensten Hügel, und die Reisenden mufsten ungefähr 300 Meter unterhalb des Gipfels Halt machen, weil die fortdauernden Auswürfe das Weitervordringen verhinderten.

Die schwachen Eruptionen werfen die steinigen Massen nicht aufserhalb des Kraters, die starken dagegen hoch über den Gipfel, und bei den aufserordentlichen, von denen die Reisenden aber nur eine sahen, bedeckt sich der ganze Umfang des Kegels mit einem Feuergürtel, der bis an die ersten Abhänge herabsteigt.

Die meisten Auswürflinge fallen wieder in den Krater zurück, und selbst die starken Ausbrüche senden fast nie Auswürflinge nach Süden; deshalb scheint der Heerd im NO. des Kraterkegels, und zwar tiefer als die Kante des Gipfels zu liegen.

Die Dauer eines Auswurfs war zwischen 3 und 4 Secunden, die Anzahl der gröfseren ausgeworfenen Steine nicht beträchtlich. Der Rauch ist bald grau, bald orangefarbig, und strömt in mächtigen Säulen mit grofser Geschwindigkeit heraus, aber nur im Augenblick einer Eruption.

Das Geräusch des Vulcans ähnelt dem Donner, aber kein Ausbruch versetzt den Boden in Schwankungen. Unweit der Krateröffnung hört man in den Pausen zwischen den Ausbrüchen fast ununterbrochen ein dumpfes Geräusch wie ferner Donner oder Brausen sich brechender Meereswogen. Bei aufserordentlichen Eruptionen entsteht ein grelles, heftiges Getöse ohne Echo, ohne Nachklang, wie ein Bataillonfeuer.

Die Reisenden zählten 267 Eruptionen in einer Stunde, jedoch in ungleichen Intervallen. Die höchsten Auswürflinge brauchten 14 Secunden zum herabfallen, hatten sich also bis 238 Meter Höhe erhoben.

Die Explosionen des Sangaï werden sehr gut in Quito (50 Lieues weit) des Nachts, mitunter auch am Tage gehört, selbst auf dem stillen Meere (100 Lieues weit) bei günstigem Wind und trotz der dazwischenliegenden westlichen Andenkette.

Obwohl innerhalb der Region ewigen Schnees bleibt doch der Gipfel des Vulcans nicht von Schnee bedeckt, weil die heifsen Auswürflinge ihn wieder schmelzen, und nur des Morgens bemerkt man an hervorspringenden Kanten des Kegels Spuren von Schnee und Eis.

Die Höhe des Kegels über den Hügeln, die seine Basis bilden, mag 600 Meter betragen; sein Gipfel scheint nicht über 150 Meter breit zu sein. Der Abhang des Kegels wechselt zwischen 40° und 70°.

Rücksichtlich der geologischen Mittheilungen über die Beschaffenheit der Gebirgsmasse, die den Vulcan ausmacht, und der Lava verweisen wir auf das Original.

J. D. Dana. Ueber die Corallenriffe und Inseln.

Aus dem geologischen Bericht der Expedition unter Capitain Wilkes theilt Hr. Dana die Untersuchungen über die Coralleninseln mit, denen wir nur einiges Allgemeine entnehmen.

Was die Structur und Gestalt der überaus zahlreichen Atolls anlangt, so sind sie hinlänglich bekannt, und wir führen nur hier eine kleine Anzahl der von der Expedition besuchten an, deren Oberfläche mit Rücksicht auf Bewohnbarkeit bemerkt ist.

	Länge (in Meilen)	Grösste Breite (in Meilen)	Oberfläche (in Quadratmeilen)	Bewohnbarer Theil (in Quadratmeilen)
Carlshoff, Paumotusgruppe .	27	13	200	10
Wolchonsky, - .	15	3	40	3
Raraka, - .	15	10	90	8
Manhii, - .	14	6½	50	9
Nairsa oder Deans, Paumotusgruppe	50	19	1000	16
Takaafo, Unionsgruppe . . .	7½	4½	20	2½
Clarence, - . . .	8½	5½	27	2
Taputeouea, Kingsmillsgruppe .	33	6	60	6
Tarawa, - .	20	10	130	8
Namouti, - .	22	9	125	7
Tari-tari, - .	18	11	110	4

Die Sondirungen um die Coralleninseln ergaben, wie schon die frühern Untersuchungen, eine grofse Tiefe der See in 'einer

Entfernung von dem Atoll, nur bei Lisiansky (NW. von Hawaii) und Christmefsinsel verflachte sich der Boden allmäliger.

Während die Chagos-Bank ein Beispiel für ein versunkenes Corallenriff ist, bietet Metia ein Beispiel für eine gehobene Insel dar. Dieser Atoll, auch Aurorainsel genannt, gehört zur westlichen Paumotugruppe und besteht aus einem dichten weifsen Kalkstein, der Tropfsteinhöhlen von 6 Fufs Durchmesser besitzt. Die Eilande der Paumotugruppe sind Erdbeben unterworfen und werden bisweilen dadurch ganz unter Wasser gesetzt.

Die Zusammensetzung der Corallenriffe von einer der Sandwichsinseln war nach Hrn. SILLIMAN folgende:

Kohlensaurer Kalk	95,84
Erdige Theile	2,05
Organische Stoffe	2,11

Von den erdigen Theilen bestanden 100 aus

Kieselerde	22,00
Kalk	13,03
Magnesia	7,66
Fluorcalcium	7,83
Fluormagnesium	12,48
Phosphors. Magnesia	2,70
Thonerde (und Eisen)	16,00
Eisenoxyd	18,30

Die riffebauenden Corallen leben in gutem Gedeihen, wie es scheint, nur in einem Meere, dessen Temperatur nicht unter $+18^0$ C. sinkt. Diese Gränztemperatur findet sich nahe bei 28^0 Breite. Einige Species sind in engere Gränzen eingeschlossen, während andere bis zum Aequator vorkommen. Die aufser dem Corallenriffmeere sich findenden Arten (Riffe bauender) gehören meist nur zu den Caryophyllien. Die Beobachtung QUOY-GAYMARD's, EHRENBERG's und der spätern Forscher, dafs die Corallen nur höchstens bis 25 Faden tief leben, wurde bestätigt gefunden.

Die Entstehung der Corallenriffe geht folgendermaafsen vor sich. Zahllose Zoophyten befestigen sich auf dem Boden, und treiben ihre steinigen Stämme und Blätter in die Höhe. Die Wellen zertrümmern einen Theil dieser Schöpfung, und füllen mit dem Schutt davon und mit Sand und Muschelschaalen die Zwischenräume des Uebriggebliebenen aus. Diese Bestandtheile verkitten sich unter einander, und so entsteht eine Schicht der Bank, auf welcher neue Zoophyten denselben Prozefs wiederholen. So ist das Meer der Baumeister für die Verarbeitung des Materials, welches die Zoophyten liefern.

Whittlesey. Ueber die natürlichen Terrassen und Hügelreihen der Gegend am Eriesee.

Aus den Messungen der Ingenieure hat Hr. Whittlesey die Höhen der vier Hügelketten am südlichen Ufer des Eriesees erhalten, und daraus ergiebt sich, dafs keine derselben sich über 203 Fufs erhebt. Die Hügel bestehen aus grobem oder feinem gelben Sand, der oft die zertrümmerten Bruchstücke naheliegender Felsen enthält, gemischt mit zerstreuten Stücken Quarz, Feuerstein, Granit, Trapgestein, Kalk und Eisenstein.

Aus den Gesammterscheinungen zieht Hr. Whittlesey den Schlufs, dafs jene Hügelketten nicht die Ufer oder Terrassen alter Seen seien, sondern untermeerische Absätze.

Kupffer. Ueber Höhenmessungen mit dem Barometer.

Der Hr. Verfasser hat eine Formel gegeben, nach welcher aus dem Siedepunkt des Wassers die Barometerhöhe leicht berechnet werden kann.

Die Höhenunterschiede verhalten sich wie die Unterschiede der Logarithmen der Barometerhöhen; ebenso ist es nahezu zwischen den Temperaturunterschieden und Druckhöhen des Wasserdampfs, die Höhenunterschiede verhalten sich aber nahezu wie die Temperaturunterschiede.

Wenn daher, von 100° abwärts gezählt, t die Temperatur in Graden C. und z die Höhe des Standpunkts über demjenigen Ort bedeutet, wo der Kochpunkt des Wassers = 100° oder die Barometerhöhe auf 0° reducirt = 760^{mm} ist, so hat man nahezu

$$z = 300 \cdot t,$$

wenn die Höhe nicht 150 Meter übersteigt, die Luft = 9°,3 C. angenommen, die Barometerhöhen auf 0° reducirt.

Die Abweichung der so approximativ gefundenen Zahlen von den genauen zeigt nachstehende Tabelle.

t	Höhe nach der approximativen Formel	Höhe nach genauer Rechnung
1	300	295
2	600	594
3	900	894
4	1200	1196
5	1500	1500

Diese Formel gilt nur unverändert, wo der mittlere Barometerstand am Meere 760^{mm} ist; sonst mufs man zu jeder berechneten Höhe noch eine constante Gröfse hinzufügen, ungefähr 10 Meter für jedes Millimeter, um welches der mittlere Barometerstand am Meere gröfser als 760^{mm} ist.

A. SENONER. Zusammenstellung der bisher gemachten Höhenmessungen in den Kronländern Oesterreich ob und unter der Enns und Salzburg, Tirol, Steiermark und im Lombardisch-Venetianischen Königreiche.

Es sind eine grofse Anzahl Höhenmessungen, auf welche wir hier aufmerksam machen, geordnet nach Bezirkshauptmannschaften und Bezirksgerichten. Eben so auf

A. HAWLICZECK. Trigonometrische Höhenbestimmungen in dem k. k. Kronlande Schlesien.

J. HAEGHENS. Höhenmessungen in Frankreich.

Hr. HAEGHENS theilt als Fortsetzung eine Reihe von Höhenmessungen der hauptsächlichsten Punkte, die auf der neuen Karte Frankreichs verzeichnet sind, mit. Die Resultate sind tabellarisch zusammengestellt neben den geographischen Längen und Breiten der betreffenden Orte, und wir verweisen auf diese sehr umfangreichen Tabellen, indem wir nur bemerken, dafs auch Höhenmessungen aus einigen Cantons der Schweiz sich mit darunter befinden.

J. Lamont. Verzeichnifs der vorzüglichsten in Bayern gemessenen Höhenpunkte.

Unter der Zahl der trigonometrisch gemessenen Höhen in Bayern führt Hr. Lamont noch die Messungen des Grofsglockner und Venediger in Kärnthen auf. Der Grofsglockner hat 11669 par. Fufs und der Venediger 11310 Fufs Höhe.

A. Schlagintweit. Höhenbestimmungen in den Umgebungen des Grofsglockner.

Dieselben sind theils barometrisch theils hypsometrisch gemacht. Für den Grofsglockner ergab sich die Höhe zu 12158,2 par Fufs. Hiernach ist der Irrthum in der Höhenangabe des Hrn. Verfassers, der sich in Berghaus geogr. Jahrb. 1850 eingeschlichen hat, zu berichtigen.

S. Baup. Barometrische Höhenbestimmungen mehrerer Orte in den Cantons Waadt, Freiburg und Wallis.

Die Bestimmungen sind mit einem Bunten'schen Heberbarometer ausgeführt, welches mit dem des Observatoriums in Genf verglichen war, und nach den Tafeln Oltmanns mit zu Grunde gelegten gleichstündigen Beobachtungen in Genf und auf dem St. Bernhard berechnet, wobei die Höhe des Genfer Observatoriums = 407, und die des St. Bernhard = 2491 Meter angenommen wurde. Indefs wurden nur die östlichern Orte auf den St. Bernhard bezogen.

Die Zahlen sind in Fufsen nach Waadtländischem Maafs angegeben, wovon 3⅓ auf 1 Meter gehen, und 3 Decimeter 1 Fufs ausmachen. Die Höhen sind über dem Meer; will man sie auf Höhen über dem Genfersee reduciren, so mufs man 1250 Fufs abziehen.

Oestlicher Theil des Waadtlandes.

	Meter.	Fuss.	
Alliaz (Bäder)	1045	3483	Boden d. Gebäudes; 2½ Lieues NO. von Vevey.
Anzcindaz (Sennhütten)	1899	6330	im Juli beobachtet. De Candolle 1914^{m},7.
— (Pafs)	2054	6847	nahe an d. Gränze von Wallis.
Arpille (Pafs)	1750	5833	im Juli beobachtet.
Avant (Wirthshaus)	994	3313	3 Lieues NO. von Vevey. Mai, Juli.
Barussel-Genton (über Jongni)	780	2600	1½ L. N. von Vevey. October, September.
Belmond-Fayod (über Bex)	850	2833	1½ L. O. von Bex. Juli.
Bévieux (Saline)	488	1626	½ L. N. von Bex. Terrasse des Hauses des ehemaligen Salinendirectors.
Bex (Boden der Kirche)	434	1447	Mai.
— (Gruben, Gallerie Bouillet)	588	1960	1½ L. NO. von Bex. Eingang der grofsen Gallerie.
— (Gruben, Gallerie Coulaz)	732	2440	⅛ L. N. von Bouillet. Eingang der grofsen Gallerie.
— (Gruben, Gallerie Puits du jour)	868	2893	Juni. Oberes Ende.
Blonay (Schlofs)	643	2143	1¼ L. NO. von Vevey, Boden der Terrasse gegen N.
Bret (See)	674	2247	October.
Brettaie (See)	1788	5960	am Fufs d. Chamosaire (aux Ormonts). Juli.
Chamosaire (Gipfel)	2130	7100	Februar, Juli, October.
Chardonne (Boden der Kirche)	588	1960	Februar, Juli, October.
Chatillon (Felsen oberhalb Bex)	1847	6157	September.

	Meter.	Fuss.	
Chexbres (Boden der Kirche)	591	1970	October.
Clef au Moine (im Jorat)	819	2730	Boden der Herberge, 1¼ Lieues O. von Lausanne. Juni.
Cubli (Berg)	1196	3987	2½ L. O. von Vevey. August.
Devens (Saline)	497	1657	¾ L. NO. von Bex. Boden vor dem Directorialhaus. Juli, August, September.
Doin (Four de)	558	1860	½ L. O. von Bex. August. Basis des Thurms.
Folly (Berg)	1735	5783	4 L. NO. von Vevey, 1¼ L. von Alliaz. Juli.
Forchex (Weiler)	744	2480	2 L. NO. von Bex.
Frénières (Dorf)	885	2950	2 L. N. von Bex; steinernes Haus über der Sägemühle, linkes Ufer d. Avançon.
Gourze (Thurm)	929	3097	2 L. N. von Cully; mittlerer Boden d. Thurms. October.
Grion	1107	3690	Boden der Kirche. August, September.
Huémoz	1024	3413	2½ L. NO. von Bex. Boden der Kirche.
Jaman (Pafs)	1515	5050	Höchster Punkt des Passes. Mai, Juli.
— (See)	1572	5240	Wasseroberfläche.
Javernaz (Kreuz)	2112	7040	Oberhalb Bex, Gebirge Dreusenaz.
— (nördl. Gipfel, genannt Golette)	1960	6533	Gelegen zwischen Javernaz (Kreuz) u. Chatillon. Octbr.
Jongni (Ziegelei)	766	2553	1 L. N. von Vevey, höchster Punkt auf d. Weg nach Oron.
Lavey	433	1443	Stube über der Therme, am rechten Ufer der Rhone, 10 Min. von d. Bädern. Mai.
Lécherette (Wirthshaus)	1390	4633	August.

	Meter.	Fuss.	
Leysin (Boden der Kirche)	1264	4213	Aux Ormonts. October.
Molar (Berg)	1748	5826	¾ Lieues NO. von Folly. Juli.
Monchalet du Thon	478	1593	Bei Bex.
— —	648	2160	Polirter und gestreifter Block bei Monchalet.
— —	1710	5700	Letzte erratische Blöcke oberhalb des Orts.
Montet (Signal)	670	2233	¾ L. NW. von Bex. Mai, Octbr.
— (Berggipfel)	689	2297	Auf den erratischen Granitblöcken.
Morcles (Dorf)	1180	3933	Mittlerer Theil.
— (Coursinaz)	1862	6207	1 L. O. vom Dorf.
Mosses (Paſs)	1449	4830	Höchster Punkt, 2 L. N. von Sepey, ½ Stunde von la Lécherette.
Nan-Burnat	572	1907	Oberhalb Vevey.
Ortières	1401	4670	Gipfel, ¼ L. N. vom Berg Playau. Juli.
Parts (aux)	1450	4833	Alte Moräne unterhalb Anzendaz.
Pélerin (Berg)	1074	3580	Gipfel. October.
Plan-Chatel	1524	5080	Gipfel zwischen Alliaz u. Berg Folly.
Plans (Weiler)	1118	3727	1 L. oberhalb Frénières.
Playau (Berg)	1359	4530	2½ L. NO. von Vevey. Juli.
— (Sennhütte)	1222	4073	Genannt die Pleïaden.
Pont de Nan	1270	4233	Erste Hütte, 1 L. über Plans, rechts nach dem Gletscher des Martinets zu.
Sepey	1057	3523	Boden der Kirche. October.
—	987	3290	Altes Wirthshaus. October.
—	998	3327	Neu-Sepey, im Rathhaus. October.
Vers l'Eglise	1155	3850	Oberhalb Ormonds; erstes Stock im Wirthshaus.

	Meter.	Fuss.	
Veyge (Weiler)	1120	3733	Boden der ersten Häuser (aufwärts steigend).
Yvorne	466	1553	Boden der Kirche.
Canton Freiburg.			
Attalens (Boden d. Wirthshauses)	778	2593	1½ Meter über der Thürschwelle des Schlosses.
Chatel St. Denis	824	2747	Boden der Kirche. September.
Dent de Lys	1991	6637	August.
Niremont	1497	4990	Südl. Theil, sichtbar von Vevey. August.
Remaufens	799	2663	Boden d. neuen Kirche. Septbr.
Canton Wallis.			
Cornette de Bise	2450	8167	Gränze nach Savoyen, südlich von St. Gingolph.
Finnelen (Sennhütte)	2221	7403	An der Eck, 3 L. O. von Zermatt. August.
Gorner-Grat	3170	10567	Gipfel, N. vom Riffelhorn.
Monthey	435	1450	Boden d. gepflasterten Platzes.
—	540	1800	La Pierre des Marmetes, oberhalb Monthey, Basis des erratischen Blocks.
Morgens	1322	4407	Wirthshaus d. Gemeinde, 3 L. O. von Monthey.
Neubruck	712	2373	Boden der neuen steinernen Brücke, unterhalb Stalden.
Plambuit	1680	5600	Sennhütten unterhalb d. grofsen erratischen Blöcke von Plan-y-Beuf.
Riffelhorn	3032	10107	Gipfel des Berges, bestimmt auf dem Gorner, im Niveau des Gipfels vom Riffelhorn.
St. Bernhard	2491	8303	Im Observatorium, 8 Meter über dem Boden.
St. Maurice	422	1406	Boden der Brücke, unter dem alten Thor.

	Meter.	Fuss.		
Sembranchier	740	2467	Boden der Kirche.	November.
Stalden	821	2737	Boden der Kirche.	August.
Zermatt	1628	5427	Boden der Kirche.	August.

W. Doellen. Bestimmung der Höhe über dem Meere für einige in der Umgegend von Pawlowsk gelegene, in geologischer Beziehung wichtige Punkte.

Der Ausgangspunkt für diese geodätische Operation war das Kreuz auf der Kuppel des sogenannten alten Palastes in Zarsko-Selo, dessen Höhe selbst durch die auf geometrischem Nivellement beruhende bekannte Höhe der Hauptsternwarte in Pulkowa bestimmt war. Die Höhenunterschiede wurden aus Zenithdistanzen erschlossen und zu gröfserer Sicherheit für die entfernter liegenden Punkte in der Mitte neue Ausgangspunkte, wie der Telegraph bei Perelesino, der Thurm in Zarskaja Slawanka und die Kirchenkuppel in Fedorowsk geschaffen. Die horizontalen Coordinaten und die für Herleitung der Höhenunterschiede aus Zenithdistanzen erforderlichen Entfernungen wurden durch Messen der Horizontalwinkel zwischen bekannten Objecten (Pothenot'sche Aufgabe) gewonnen. Daher genügte für die geodätische Excursion ein kleines Universalinstrument nebst Stativ für die Winkelmessung, ein Mefsband nebst einigen Signalstangen und eine Specialkarte der Gegend, nebst einem Handfernrohr.

Die Resultate der Messungen sind in russischen Fufsen angegeben.

	Höhe. Fuss.	Bemerkungen.
Pulkowa	247,6	Obere Fläche der steinernen Treppe.
Zarsko	352	Querstab im höchsten Kreuz der Kuppel der Schlofskirche.
Telegraph	339,3	Drehungspunkt des Telegraphen in der Nähe des Dorfs Perelesino, 8 Werst südlich von Pulkowa.
Slawanka	339,7	Mittelpunkt der Kugel auf dem Glockenthurm der Kirche.

		Höhe. Fuss.	Bemerkungen.
Fedorowsk		287,4	Höchster Punkt der Kuppel auf dem Glockenthurm.
Jummalasaari		163,5	Höchste Stelle des Kalksteinbruchs.
Katlina		228,6	Am Wege von Pawlowsk, hart am Kalksteinbruch.
Popowo	*A*	175,1	Auf der Sandgrube näher am Bach Popow.
	B	168,8	Auf der rothen Thonschicht im Kalkstein, jenseits des Bachs.
	C	120,5	Wasserspiegel des Bachs.
Slawanka	*A*	214,8	Eine Grube mit Grünsand am Wege nach Pawlowsk, links.
	B	158,7	Kalkbruch am letzten Haus des Dorfs Andropschina.
	C	113,1	Wasserspiegel an der NW.ecke d. Kirchhofs.
Ganbolowa	*A*	226,7	Sandgrube vor dem Dorfe links am Wege von Pokrowskaja.
	B	239,8	Pfosten mit dem Namen des Dorfs auf derselben Seite.
Ontolowa	*A*	193,1	Am rechten Ufer des Bachs auf dem höchsten Punkt.
	B	169,8	Linker hoher Uferrand.
Marjina	*A*	218,4	Höchste Stelle des Granitblocks nahe beim Kalkbruch.
	B	190,6	Kalkbruch mit Fischresten, tiefe Stelle.
An der Ishora		195,9	Vorspringender Dachrand des höchsten Gebäudes diesseits des Bachs.
Fedorowsk	*B*	201,4	Sandgrube am Nordende des Dorfs.
Podolowo		114,6	Schiefer am Sandsteinbruch am linken Ufer der Ishora bei der Papierfabrik.
Samsonowsk		84?	Mitten auf der Strafse längs dem Absturz zur Ishora.
Raikolowo		122?	Kleiner Balkon an der Nordseite der Mühle.

R. Strachey. Ueber die Geographie von Kumáon und Garhwál im Himalaya.

Die Ebenen des nördlichen Indiens erstrecken sich längs des südlichen Randes des Himalaya über ungefähr 500000 Quadratmeilen, nicht über 1200 Fufs Meereshöhe erhaben. Von ihnen aus steigen die Gebirge jäh auf, deren äufsere Reihe, die Siwaliks, kaum 3000 Fufs übersteigt. Unmittelbar über den Längsthälern Dún längs des nördlichen Abhangs erheben sich die ersten Reihen der grofsen Bergregion, die nach Norden 200 Meilen breit sich ausdehnt. Piks von 28000 (engl.) Fufs Höhe findet man längs einer Linie 80 bis 90 Meilen vom südlichen Rücken der Kette entfernt, welche in Kumáon nicht mit der Wasserscheide zusammenfällt, durch tiefe Schluchten zerrissen ist und nur mittelst Querjöcher mit der 20 bis 30 Meilen nördlicher liegenden Wasserscheidekette in Verbindung steht. Letztere bildet die Gränze zwischen Tibet und dem brittischen Indien, und jenseits derselben stöfst man auf eine 150 Meilen lange, 36 bis 40 Meilen breite Hochebene, die 16000 Fufs am südlichen Abfall und 14500 Fufs in ihren mittleren Theilen erhoben und hier vom Sutlej durchflossen ist. Ungeheure Schluchten durchfurchen das Alluvialterrain dieser Ebenen, und die des Sutlej ist z. B. 3000 Fufs tief. Die diese Ebene nördlich begränzenden Gebirge gehen kaum über die Schneelinie, denn der berühmte Pik von Kailás, der höchste, ist kaum 22000 Fufs hoch. In dem östlichen Ende der Ebene liegen die Seen Rákas, Tál und Mánasarowar in 15200 Fufs Höhe. Die Formation der Ebene besteht aus tertiären Schichten, und diese führen Ueberreste von Elephanten und Rhinoceros (in 14000 bis 15000 Fufs Meereshöhe). Gletscher steigen zahlreich von allen schneebedeckten Bergen herab. Die bekannte Differenz in der Höhe der Schneegränze, welche an dem nördlichen Abfall des Himalaya 4000 Fufs höher liegt als am südlichen, erklärt der Hr. Verf. aus dem Umstand, dafs die Schneemenge, welche auf die nördlichen Gipfel fällt, weit geringer ist als die auf die südliche Seite fallende. Bis 4000 Fufs ist die Vegetation noch tropisch, obwohl schon bei 3000 Fufs Formen des gemäfsigten Klimas angetroffen werden. Bis 7000 Fufs bilden Eichen, Rhododendrons und Andromeda einen grofsen Theil der Wälder, wiewohl Pinus longifol. auch Abhänge zwischen 3000 bis 6000 Fufs bekleidet, aber erst zwischen 8000 bis 11500 Fufs herrschend wird. Von 12000 bis 14000 Fufs Höhe wird die Vegetation krautartig, und hat man über die nördlichen Kämme hinweg die Ebene Tibets betreten, so breitet sich eine Wüste aus, wo Pflanzen kaum 1 Fufs Höhe erreichen. Erst zwischen 17000 bis 18000 Fufs Höhe verschwindet die Vegetation ganz. In 14000 Fufs Höhe baut man noch Cerealien mit Vortheil.

Strachey. Ueber die Gränze des ewigen Schnees im Himalaya.

T. Hutton. Bemerkungen über die Schneelinie im Himalaya.

Hr. Strachey hat einige trigonometrische Messungen der untersten Schneegränze an vorspringenden Theilen des Treslú- und Nandádevipiks von Almorah und Binsar aus gemacht, und zwar im November 1848, ehe der Winterschnee eingetreten. Das Resultat ist, dafs am südlichen Abfall des Berggürtels die Höhe der Schneelinie an den vorspringenden Gebirgspartieen 16000 Fufs, und an den zurückspringenden 15000 Fufs, im Mittel also 15500 Fufs beträgt. Diese Gröfse stimmt auch sehr wohl mit den Untersuchungen Dr. Gerard's in der Bissahirkette überein. Derselbe fand bei seinem Verweilen auf dem Shatulpafs (vom 9. bis 15. August 1822) in 15500 Fufs Höhe, dafs der südliche Abhang der Kette im Allgemeinen frei von Schnee war; auf der Spitze des Passes selbst war auch kein Schnee, aber am nördlichen Abhang lag er bis ungefähr 14000 Fufs. Daher meint Gerard, dafs an der Südseite der Bissahirkette die Schneelinie in 15000 Fufs Höhe liege.

Zur weitern Bestätigung seiner Ansicht führt Hr. Strachey noch folgendes an. Er fand im Anfang Mai östlich vom Rámgangaflufs bei Námik den Boden des Rückengipfels Champwá in 12000 Fufs Höhe mit Caltha, Ranunc. polypetal. und Primulus bedeckt, der Schnee lag 12500 Fufs hoch. — Gegen Ende Mai war die Oberfläche des Gletschers, aus welchem der Fluſs Pindur entspringt, frei von Schnee in 13000 Fuſs Höhe. Mitte October waren aber in derselben Höhe deutliche Zeichen einer üppigen Vegetation und der Schnee erst liegend in 15000 bis 16000 Fuſs Höhe. — Gegen Ende August war auf dem Barjikangpaſs zwischen Rálam und Juhár in 15300 Fuſs Höhe keine Spur von Schnee zu sehen am südlichen Abhang bis zu der Höhe von 17000 Fuſs, und auf dem Gipfel des Passes selbst gab es eine reichliche Vegetation (Spec. von Potentilla, Delphin., Corydal., Sedum, Saxifr., Thalictr. Ranunc. etc.).

Von Almorah aus sieht man zwei Gebirge: Rigoli-gúdri in Garhwal zwischen dem Kailganga und Nandákni, und Chipula in Kumáon zwischen Gori und Dauli (Darma); an diesen sieht man oberhalb 13000 Fuſs Höhe den Schnee lange vor Ende der Sommermonate verschwinden, und sie werden gewöhnlich bis spät im December nicht wieder mit Schnee bedeckt.

Hr. Strachey behauptet, daſs die Annahmen der Herren Webb, Colebrooke, Hodgson, A. Gerard und Jacquemont über die Schneelinie durchaus zu verwerfen seien, weil diese Herren nicht Schnee von Gletscher zu unterscheiden gewuſst.

Die Beobachtungen über die Schneegränze am nördlichen Abfall des Gürtels hat Hr. Strachey im September 1848 auf dem Wege von Milam in Hundes über Untadhúra, Kyungar-ghát und Balch-dhúra und auf dem Rückwege über Lakhur-ghát angestellt. Alle drei Pässe, welche hinwärts überstiegen werden muſsten, liegen in 17000 Fuſs Höhe; sie waren ebenso wie der 18500 Fuſs hohe Paſs Lakhur, der auf dem Rückwege überschritten wurde, frei von Schnee. Man kann daher die Schneegränze am nördlichen Abfall auf 18500 Fuſs und in den Gebirgen nördlich vom Sutledj sogar auf 19000 Fuſs Höhe setzen.

Gegen das absprechende Urtheil des Hrn. Strachey über die Bemerkungen des Hrn. Hutton rücksichtlich der Schneelinie am Nord- und Südabfall des Himalaya bemerkt letzterer, daſs jenes Urtheil theils auf Unkenntniſs theils auf Miſsverständniſs beruhe. Denn in jenen Gegenden, wo Hr. Hutton beobachtete, in Kunawur zwischen 31° 30′ und 32° nördl. Breite war Hr. Strachey niemals, und was Hr. Hutton den wahren Himalaya nennt d. h. die Kette nördlich von der Bissahirkette, hat Hr. Strachey für letztere genommen.

Hr. Hutton bleibt daher bei seiner Behauptung, die überdies noch durch die Beobachtungen von Cunningham (in den tartarischen Districten), Gerard und Jack (in der Bissahirkette, Borendopafs) und Lord (Hindu-Kush) bestätigt wird, dafs nördlich von der Bissahirkette die Schneelinie am nördlichen Abfall der Berge tiefer liege als an dem südlichen. v. Humboldt's verallgemeinerte Ansichten über die Höhe der Schneelinie sind daher zu beschränken auf gewisse locale Verhältnisse, und gelten z. B. für Kumáon, wo sie Hr. Strachey auch nach Webb's und anderer Beobachtungen von Neuem bestätigt hat.

J. D. Forbes. Sechzehnter Brief über Gletscher.

Der Hr. Verf. ergänzt und berichtigt zunächst seine früheren Messungen über das Eismeer und den Gletscher du Géant und giebt neue Thatsachen zur Beurtheilung der Geschwindigkeit der Gletscher.

Der sehr charakteristische Block „la pierre platte", welchen Hr. Forbes von 1842 an schon beobachtet, ist bis zum 12. Juli 1850 im Ganzen 2520 Fufs von seinem Platz vorwärts bewegt. Bis zum 21. Juli 1846 hatte er 1212 Fuss zurückgelegt, also in den letzten vier Jahren 1308 Fufs. Genauer beträgt

	1842 b. 1843	1843 b. 1844	1844 b. 1846	1846 b. 1850
die tägliche Bewegung	9,47	8,56	10,65	10,81 Zoll
die jährliche Bewegung	288,3	260,4	323,8	328,8 Fufs.

Der Block mitten auf dem Eismeer gegenüber les Ponts war vom 30. Juli 1846 bis zum 13. Juli 1850 um 3255 Fufs vorgeschritten, also im Mittel in 365 Tagen um 822,8 Fufs d. h. täglich um 27,05 Zoll.

Nachstehende Tabelle enthält die Beobachtungen Balmat's über die tägliche Bewegung des Bois- und Bossonsgletscher. Die Spalte, welche die Temperaturen enthält, ist von Hrn. Forbes aus den Genfer und St. Bernhard-Mittheilungen berechnet.

Dauer der Beobachtungen.	Mittel der täglichen Bewegung in engl. Zollen.				Temperatur C. der Luft.	Bemerkungen.
	Bois No. I.	Bois No. II.	Bossons No. I.	Bossons No. II.		
1845.			westl. Seite			
Vom 16. November b. zum 16. December	14,0	10,9	30,2	6,4	— 1,47	
Vom 16. December b. zum 19. Januar 1846.	12,0	5,7	18,8	10,0	— 4,19	
Vom 19. Januar bis zum 19. Februar	16,1	5,1	16,9	13,0	— 0,16	
			östl. Seite			
Vom 12. October bis zum 19. November	21,8		10,8		1,65	16. Octbr. Schnee auf dem Montanvert.
Vom 19. November b. zum 20. December	24,0		13,1		— 4,41	
Vom 20. December b. zum 18. Januar 1847.	24,5		12,8		— 5,88	
Vom 18. Januar b. zum 4. März	31,5		14,5		— 4,82	Viel Schnee und Lawinen.
Vom 4. März bis zum 12. April	34,5		13,9		— 1,08	
Vom 12. April bis zum 14. Mai	37,3		19,7		3,10	
Vom 14. Mai bis zum 2. Juli	34,2		22,6		9,97	Schnee verschwindet auf Bossons in d. zweiten, auf Bois in d. dritten Woche des Mai.
Vom 2. bis zum 23 Juli	30,5		23,1		13,88	
Vom 23. Juli bis zum 16. August	34,0		25,8		11,89	
Vom 16. August bis zum 9. September	44,7		23,5		9,65	
V. 9. bis zum 28. September	37,7		22,6		7,95	
Vom 28. September b. zum 18. October	32,2		21,5		5,34	
Vom 18. October bis zum 6. November	30,7		14,5		3,41	
Vom 6. b. z. 27. November	30,2		10,7		0,24	
Vom 27. November b. zum 10. Januar 1848.	24,4		10,5		— 3,74	
Vom 10. Januar bis zum 19. Februar	26,5		14,5		— 5,79	
Vom 19. Februar bis zum 1. April	23,5		12,6		— 0,64	
Vom 1. April bis zum 3. Mai	33,8		18,8		4,93	
Vom 3. Mai b. z. 6. Juni	35,3		17,6		8,68	
Vom 6. bis zum 30. Juni	43,8		17,6		11,57	

Hr. Forbes wird durch die Versuche von Person, dafs das Eis nicht unmittelbar schroff aus dem festen in den flüssigen Zustand zurückkehrt, sondern bei einer Temperatur von ungefähr 2° unter seinem Schmelzpunkt anfängt weich zu werden, in der Aufrechthaltung seiner frühern Annahme bestätigt, zufolge deren der Gletscher sich in einem Zustand der Quasi-Fluidität oder Plasticität befinden soll. Er fügt zur Unterstützung dieser Ansicht noch eine Reihe von Erscheinungen hinzu, welche sehr wahrscheinlich machen, dafs die grofse Masse des Gletschers im Durchschnitt eine Temperatur zwischen 28 bis 32° F. habe.

Endlich giebt Hr. Forbes einige Notizen zur Bereicherung unserer Kenntnisse über die östlichen Umgebungen des Mont Blanc. Die Gletscher Argentière und la Tour sind durch einen felsigen Rücken von einander getrennt, aber der la Tour- und Trientgletscher vereinigen sich in ihren höchsten Theilen, die Kette zwischen ihnen sendet nur einen kleinen Ausläufer nach dem Col de Balme. Merkwürdig ist die starke Erhebung der Axe der Kette am obersten Ende der Gletscher la Tour und Trient, sie ist barometrisch 4044 Fufs über der Hütte des Col de Balme, also 2220 Meter über dem Meere. Daher ist die granitische Axe an ihrem niedrigsten Punkt zwischen den Gletschern la Tour und Salena 11335 engl. Fufs erhaben; directe Messungen ergaben 11284 Fufs. An dem Pafs über den Gletscher Salena nach Orsières stehen die durch die erratische Blöcke von Monthey berühmten Protogynfelsen an.

A. de la Rive. Ueber das Erscheinen und allmälige Verschwinden der Gletscher.

Wie Prevost, glaubt auch Hr. de la Rive die gewaltige Ausdehnung von Gletschern zu einer gewissen Zeit der Erdoberflächenbildung auf die noch jetzt thätigen einfachen Ursachen der Schnee- und Eisbildung zurückführen zu können, ohne dazu der Annahme einer sogenannten Eisperiode zu bedürfen.

Es ist die Verdunstung einer grofsen Menge Wasser, welche unter sehr günstigen Verhältnissen, nämlich aus einem eben frisch aus dem Wasser hervorgetauchten ganz durchtränkten Erdreich, vor sich ging, welche in jener Zeit Jahre mit aufserordentlichen Regenmengen hervorrief. Die Verdunstung des niederfallenden Regens erzeugte starke Temperaturerniedrigung, und eine lange Reihe solcher feuchten und kühlen Jahre vermochte die Schneeanhäufung und allmälige Gletscherbildung von solcher Ausdehnung zu erzeugen, wie sie einst das Rhonethal ausfüllten. Welchen Einflufs kalte und regnerische Jahre auf das Vorschreiten der jetzigen Gletscher ausüben, ist aus den Beobachtungen Pictet's 1816 und 1817 am Bossons- und Boisgletscher (Chamounithal) und späterer Forscher bekannt.

Dafs aber dieser regnerische Zustand und die zunehmende Ausdehnung der Gletscher eine Gränze fand, lag nach Herrn de la Rive in der jung entstandenen und in jenen ersten Zeiten gewaltig schnell sich entwickelnden Vegetation. Nach Chevandier's Untersuchungen läfst sich berechnen, dafs abgesehen von der mechanisch eingeschlossenen Feuchtigkeit das Holz auf 1 Hectare Wald jährlich eine Summe an Sauerstoff und Wasserstoff verzehrt, die = 1800 Kilo Wasser ist, dafs also jene Oberfläche Wald in 100 Jahren eine Quantität Wasser absorbirt hat, die bei 10° C. eine Schicht Luft von 1 Hectare Oberfläche und 1800 Meter Höhe sättigen würde.

Würde jetzt auf einmal alle Vegetation von der Erde verschwinden, so meint Hr. de la Rive könnten auch wieder die Gletscher wie früher solche Ausdehnung gewinnen. Denn die Einwirkung der Wälder auf das Klima, die heutzutage bekanntlich eine entgegengesetzte der von ihm oben angenommenen ist, sei nur local und leicht mit der frühern zu vereinigen.

G. Werther.

H. Schlagintweit. Untersuchungen über die Gletscher.

Im Folgenden schliefse ich dem Berichte, den Hr. Buys-Ballot in den Fortschritten der Physik für 1849[1]) zu übernehmen die Güte hatte, einige Bemerkungen an, welche sich zunächst

[1]) Pag. 398 ff.

auf unsere Beobachtungen über die Gletschermassen der östlichen Alpen beziehen.

Es sind hier die Resultate zusammengefafst, welche sich in unserem Buche am Schlusse jedes Capitels befinden.

Cap. I. Physikalische Eigenschaften des Eises.

§ 1. Sowohl Gletscher- als Wassereis zerfällt unter dem wechselnden Einflusse der Wärme und Kälte in Körner von ganz gleichen Formen. Die Luftblasen betheiligen sich sehr wesentlich bei der Bildung der Körner und wirken auf die Gestalt aller freien Oberflächen ein, indem durch die unregelmäfsige Vertheilung der Luftblasen die verschiedenen Theile der Oberfläche mit ungleicher Schnelligkeit abschmelzen.

§ 2. Die deutliche Körnerbildung erreicht mit Ausnahme der blauen Bänder eine Tiefe von 3 Metern im Maximum. Die Infiltration aber dringt in unregelmäfsig vertheilten Canälen und in einzelnen Haarspalten noch weit tiefer ein.

§ 3. Die im weifsen Eise eingeschlossene Luft beträgt im Durchschnitte 6 Proc. Volumen. Das Schmelzwasser absorbirt Luft bis zur Sättigung. Die vom Wasser absorbirte Luft ist sauerstoffreicher, die beim Schmelzen des Eises austretende (der nicht absorbirte Rest) sauerstoffärmer als die Atmosphäre. Es enthielt in Volumtheilen: Im Schmelzwasser absorbirte Luft

29,0 Proc. Sauerstoff, 71,0 Stickstoff.

Der nicht absorbirte, als Bläschen durch das Schmelzwasser aufsteigende Theil

16,4 Proc. Sauerstoff, 83,6 Stickstoff.

§ 4. Die blaue Farbe der Vertiefungen in Schnee, Firn und Eis rührt nicht von reflectirtem Lichte des Firmaments her, sondern ist die eigenthümliche Farbe des Wassers im festen Zustande. Sie ist im Mittel identisch mit einem Gemenge von 74,9 Proc. Kremserweifs, 24,3 Proc. Kobalt und 0,8 Proc. gebranntem Ocker, daher stets heller als das Blau der Atmosphäre im Zenith für mittlere Breiten.

§ 5. Das Eis zeigt überall die Eigenschaften eines festen, ja sogar spröden Körpers. Eiswürfel, welche dem Drucke einer hydraulischen Presse ausgesetzt wurden, splitterten bereits, als der Druck auf den Quadratzoll 150 Pfund betrug; es dürfte nicht uninteressant sein, damit zu vergleichen, daſs die schlechtesten Ziegelsteine 300 bis 400 Pfd., festere Felsenarten 10000 bis 40000 Pfd. Druck widerstehen, ehe sie splittern. Jene Verschiebbarkeit der Masse, welche man am Gletscher aus der Structur und der Bewegung erkennt, scheint durch die feine Zersplitterung des Eises bedingt zu sein, welche durch den Druck der bedeutenden Massen und ihre Reibung gegen die Unterlage entsteht.

Cap. II. Die Firnregionen.

§ 6. Die Ausdehnung des Firnmeeres ist in der Regel gröſser als die Oberfläche des dazu gehörigen Gletschers.

§ 7. Das tiefste Vorkommen des Firnes in den Alpen kann bis 2500 Fuſs herabreichen; auch nach der Höhe hat er Gränzen, indem er in Höhen über 11000 Fuſs in Hocheis übergeht. Indem sich der Schnee allmälig in Firn verwandelt, wird er immer körniger und zugleich um so schwerer schmelzbar, je älter er wird.

§ 8. Die Region der Staublawinen beginnt über der Waldgränze, und reicht nur in einzelnen Fällen bis in die montane Region herab.

Die Streifung der Firnmeere durch Schneerädchen ist nur oberflächlich, aber sie zeigt, daſs selbst wenig geneigte Firnmeere aus vielen kleineren Mulden zusammengesetzt sind.

§ 9. Der Firn ist überall geschichtet; eine Jahreslage hat 0,75 bis 1 Meter Höhe.

§ 10. Auf Kalk ist es verhältniſsmäſsig sehr selten, daſs der Firn in gröſseren Massen in Gletschereis übergeht; die zwei wesentlichsten Bedingungen zur Gletscherbildung, weite Mulden und eine wasserdichte Unterlage, sind in den Kalkalpen weit weniger vorhanden als in den aus krystallinischen Gesteinen bestehenden Centralalpen.

Cap. III. Topographie der Gletscher.

§ 11. Die Bildung von Gletschern findet im Allgemeinen in allen Gebirgen der Erde statt, welche sich über die Schneelinie bedeutend erheben. Die Entstehung von gröſseren Gletschern ist jedoch nicht allein durch Temperatur und Feuchtigkeit, sondern auch durch die Thalbildung wesentlich bedingt.

Die geringste mittlere Neigung eines Gletschers ist 3°; 5° bis 7° ist die Neigung an Gletschern erster Ordnung von ihrem unteren bis zum oberen Ende mit Einschlufs der Firnmeere.

§ 12. In einem Hochalpenthale, das von einem Gletscher erfüllt ist, läfst sich Folgendes unterscheiden. Der eigentliche Gletscher — festes Eis; die ausgedehnten, weiten Firnmeere — körniger Schnee. Beide sind wenig geneigt, und hängen innig zusammen. Die Wände der umgebenden Berge sind von Hocheis und Hörnerschnee bedeckt, die vom Firnmeere durch tiefe kreisförmige Spalten (Bergschründe, Rimayes) wesentlich getrennt sind.

§ 13. Jeder gröfsere Gletscher ist aus mehreren Zuflüssen zusammengesetzt, die entweder durch oberflächliche Steinbedekkungen, Steinmoränen, oder durch eingelagerte langgezogene Firnmassen, Firnmoränen, getrennt sind. Die Bildung von kleinen Firnmoränen findet sich an mehreren Gletschern, deren Firnmulden sehr gleichförmig gestaltet sind, und bei denen Felsenkämme zwar unter dem Firne vorhanden sind, aber nicht über das Niveau desselben emporragen. Eine der schönsten grofsen Firnmoränen, welche sich bis nahe dem unteren Gletscherende deutlich erhält, findet sich auf der Pasterze, einem grofsen Gletscher am Fufse des Grofsglockners.

Cap. IV. Structur.

§ 14. Der Gletscher ist lamellenförmig, aus Lagen von weifsem (blasenreichen) und blauem (luftblasenfreien) Eise zusammengesetzt.

An einem Längendurchschnitte des Gletschers zeigen sich diese Lagen, von der Firnlinie gegen das Ende allmälich immer flacher; sie bilden immer spitzere Winkel mit der horizontal gedachten Unterlage des Gletschers, je mehr man sich dem Ende des Gletschers nähert.

§ 15. Durch die ungleiche Schmelzbarkeit des weifsen und blauen Eises werden an der Oberfläche des Gletschers Curven sichtbar, die Ogiven. Sie sind die besten Kriterien für das allgemeine Sreichen der blauen Bänder an der Oberfläche.

Die Ogiven werden auf einzelnen Zuflüssen und an einfachen Gletschern mit der Entfernung von dem Firnmeere immer spitzer; an zusammengesetzten vereinigen sie sich immer mehr zu einer einfachen Curve.

§ 16. Die Bänder sind unabhängig von der Schichtung des Firnes. Sie entstehen erst im festen Eise, und zwar durch kleine Spaltungen in Folge der Spannung, welche das Eis durch die Bewegung nach abwärts erleidet. Sie finden sich unter günstigen Umständen selbst am Wassereise.

Der Ort ihrer Entstehung ist vorzugsweise in der Nähe der Firnmeere; dort ist ihre Richtung fast rechtwinklig auf die Gletscheraxe, und sie fallen dabei senkrecht in die Tiefe. Die Veränderung ihrer Form in den mehr nach abwärts gelegenen Theilen des Gletschers läſst sich aus der ungleichen Vertheilung der Schnelligkeit in der Masse des Gletschers herleiten.

In einiger Entfernung vom Firnmeere scheinen sie nicht neu zu entstehen, sondern die vorhandenen erweitern sich nur etwas mehr.

§ 17. Wenn locale Hindernisse der Bewegung sich entgegenstellen, entstehen Spalten und Risse, die nicht selten eine bedeutende Breite erreichen. Haben sie aber einmal den Ort ihrer Entstehung verlassen, so schlieſsen sie sich bald wieder.

Auch das Ausbreiten des Gletschers in einem weiteren Thale giebt zur Spaltenbildung Veranlassung. Diesem sind die Längenspalten und die Zerklüftungen an den Ausgängen der Gletscher zuzuschreiben.

Cap. V. Bewegung.

§ 18. An allen Gletschern bewegt sich der Rand schneller als die Mitte.

Unter den regelmäſsigsten Verhältnissen ist die Schnelligkeit nahe dem Ende geringer als an den höher gelegenen Theilen; allein Unregelmäſsigkeiten der Thalsohle, Senkungen oder gröſsere Mulden haben groſsen Einfluſs auf die Veränderungen der Geschwindigkeit.

§ 19. Das Maximum der Schnelligkeit fällt in die ersten Sommermonate; die Schnelligkeit des Herbstes kommt an allen Gletschern dem Jahresmittel am nächsten. [1])

Eine Bewegung von 30 bis 40 Centimetern in 24 Stunden kommt an einzelnen Stellen aller gröfseren Gletscher vor; das absolute Maximum, was bisher (von Forbes am Glacier des Bois) beobachtet wurde, betrug 132 Centimeter den Tag.

§ 20. Die Richtung der Bewegung fällt in der Regel mit der Längenaxe des Gletschers sehr nahe zusammen; jedoch können auch, durch locale Verhältnisse bedingt, seitliche Abweichungen sowohl gegen den Rand als gegen die Mitte stattfinden.

Kleinere Gletscher (also besonders die secundären) bewegen sich langsamer als gröfsere, weil bei geringerer Dicke des Eises der Einflufs der Reibung verhältnifsmäfsig gröfser wird.

§ 21. Das Eis ist überall, wo wir demselben begegnen, ein fester, selbst spröder Körper. Die Phänomene der Bewegung am Gletscher scheinen mit der Verschiebbarkeit der Eismassen im Grofsen zusammenzuhängen, welche durch die feine Zersplitterung derselben in Folge ihrer Sprödigkeit, des bedeutenden Druckes und der Reibung an der Unterlage bedingt wird. Die Schnelligkeit der Bewegung wird durch die Neigung der Unterlage und durch die verticale Höhe des Eises, auf welche sich der hemmende Einflufs der Reibung vertheilt, wesentlich verändert.

§ 22. Wärme, oder bedeutende atmosphärische Niederschläge beschleunigen die Bewegung, indem durch das Eindringen des (Schmelz- oder Regen-) Wassers in die Canäle das absolute Gewicht des Gletschers vermehrt wird.

Die Bewegung erleidet zwar durch die Reibung des Eises an der Unterlage eine bedeutende Verzögerung; jedoch ist der Gletscher gewöhnlich nicht an den Boden festgefroren.

Cap. VI. Oscillationen.

§ 23. Die Oscillationen der Gletscher hängen mit den Schwankungen der mittleren Jahrestemperatur zusammen; specieller mit

[1]) Vergl. die Angaben einzelner Beobachtungen in Buys-Ballot's Bericht. Fortschritte der Physik 1849. p. 399.

der Gröfse der Temperatur im Sommer und der Schneemenge des Winters.

§ 24. Bedeckungen von Schutt und verwittertem Gesteine schützen die Gletscher sehr wesentlich vor dem Abschmelzen, und tragen dadurch sehr bedeutend dazu bei, dafs sie in (unregelmäfsigen) Perioden eine gröfsere Ausdehnung erreichen.

§ 25. Erreicht dann ein Gletscher stark geneigte Stellen der Thalsohle, so tritt bisweilen eine bedeutende Zerklüftung der Masse ein, und macht noch mehr eine plötzliche und ausgedehnte Vergröfserung möglich.

Cap. VII. Substanzverlust der Gletscher.

§ 26. Die Masse des Eises wird durch Abschmelzen im Sommer bedeutend verringert; doch erhalten die Gletscherbäche auch während eines grofsen Theils des Winters noch beständigen Zuflufs durch allmäliges Entleeren der Canäle im Eise.

Bei der Bildung grofser Gletscherthore sind besonders die Luftströmungen an den Austrittsstellen der Bäche von grofsem Einflusse; es ist für ihre Entstehung besonders günstig, wenn noch eine zweite, eine Gegenöffnung existirt.

§ 27. Kleine Körper, einzeln auf der Oberfläche zerstreut, befördern die Abtragung; aber in gröfseren Massen zusammengehäuft, verhindern auch kleine Körper das Abschmelzen eben so gut als die gröfseren Blöcke der Moränen. Es können so im Laufe des Sommers und Herbstes bedeutende locale Erhöhungen des Eises über das allgemeine Niveau des Gletschers entstehen.

§ 28. Die jährliche Abtragung beträgt an der unbedeckten Oberfläche des Gletschers im Mittel zwischen 3 und 3,5 Meter.

§ 29. Die Abtragung wird grofsentheils durch die Bewegung der Gletscher, verbunden mit der specifischen Neigung derselben, ersetzt; zum Theil wird demnach der stationäre Zustand in der mittleren Gröfse der Gletschermasse von einem Jahre zum andern dadurch erhalten, dafs am Anfange des Sommers durch die Bewegung an einer bestimmten Stelle während des Winters Masse vorgeschoben wurde, welche früher weiter oben sich befand und demnoch wegen der specifischen Neigung des Gletschers dicker war.

Jedoch scheint die Abtragung an manchen Stellen auch dadurch sehr wesentlich ersetzt zu werden, dafs in Folge der ungleichen Vertheilung der Schnelligkeit der Bewegung Anhäufungen und Zusammenschiebungen der Gletschermassen eintreten.

H. Schlagintweit.

R Chambers. Ueber die Gletscherspuren in der Nähe von Edinburg.

Der Corstorphinehügel besteht aus Trap, auf Sandstein ruhend, schiefst nach Westen ein, und hat eine Klippe in der Richtung NS. Auf dem 470 Fufs über dem Meere erhabenen Kamme sind nur transversale Spalten. Auf der westlichen Seite ist die Oberfläche des Hügels abgerundet (moutonné), geglättet und gefurcht. Furchen und Spalten gehen alle nach derselben Richtung auf einen Punkt im NO. Oestlich vom Hügel sind lange Höhlungen abwechselnd mit Erhebungen, ebenfalls in derselben Richtung laufend; auch finden sich auf dieser Seite Sandsteinoberflächen merkwürdig abgeflacht und geglättet, hier und da gestreift, alle in der nämlichen Richtung. Dasselbe zeigt sich an den Sandsteinoberflächen im Forththal von Pentlands nach Fife, von Linlithgow nach Dunbar. Die Traphügel in diesem Thal sind alle lang und schmal, meist nicht abschüssig an den Seiten, westlich oft abgeschabt, östlich meist sanft abfallend, gestreift in der Richtung ONO. Mit einem Wort, wenn eine tiefe Eisfluth durch dies Thal zog, so läfst sich erwarten, dafs sie alle die angeführten Erscheinungen hervorbrachte.

C Maclaren. Ueber alte Gletscherspuren in Glenmessan.

Das Thal von Glenmessan (Argyleshire), 3 Meilen NW. von Kilmun, ist in seinem obern Theil eng und steilwandig, und östlich und westlich von wahrscheinlich 1500 Fufs hohen Bergen begränzt. Zwei Rücken von Thon und Kies, Seite bei Seite, durchkreuzen diesen Theil rechtwinklig auf die Längsrichtung, der eine 77, der andere 40 Fufs über der Thalsohle erhaben. Letzterer, der nördlichere, ist 350 Fufs lang, ersterer 320 Fufs. Sie sind beide bewachsen. An den abgestumpften Enden sieht man Thon- und Kieslager mit wenigen gröfsern Steinblöcken ohne anscheinende Schichtung.

Unterhalb dieser Rücken erweitert sich das Thal zu einer welligen Ebene, in welcher sich ½ Meile südlich vier einzelne Hügel erheben, von denen zwei scharfrückig, 200 Fufs lang und 30 Fufs hoch, quer durch das Thal gehen, während die beiden andern in der Gestalt 20 bis 30 Fufs hoher flacher Wälle schief auf der Längsrichtung des Thals stehen. Auf diesen Hügeln liegen einige breite Mauern, deren Material, Lage und Ansehn zu dem Gedanken führt, dafs sie Endmoränen der Grampiansthäler seien. Dafür sprechen auch die Zeichen gewaltiger Reibung an den Thalwänden und horizontale Streifen und Vertiefungen, die sich nicht wohl anders als durch Gletscherwirkung erklären lassen.

SIMONY. Gletscherspuren am Radstadter Tauern.

Den Beweis, dafs einst der Gebirgsstock am Radstadter Tauern Gletscher führte, hat Hr. SIMONY an wellig abgeschliffenen Kalkfelsen und abgerundeten Felsenköpfen von feinkörnigem Grauwackenkalkstein gefunden. Erstere umfassen 10 Klafter Fläche, auf denen sich zahllose Ritze, alle mehr oder minder der Neigung der Thalschlucht parallel befinden; sie liegen 3500 Fufs über dem Meere am südlichen Abfall des Gebirges. Letztere trifft man unmittelbar am südlichen Ausgang des abgeschlossenen Hochthals, durch welches der höchste Theil der Strafse führt.

Eishöhle in den Saalbergen.

Zwischen Saalburg und der Burgk, den Bleibergen gegenüber am Eichert in den Saalbergen, ist eine kleine Stelle an der Oberfläche des Bodens, wo sich vom Juni bis Mitte August Eis bildet, während nach den Erzählungen der Landleute im Winter kein Eis und Schnee sich dort findet.

Jene Stelle liegt in einer kleinen Abebnung des Berghanges gegen Westen unter sehr mäfsiger Beschattung. Im Juli lag das Eis über ½ Fufs stark, und wich weder Regen noch Sonnenschein; im August lag unter lockerm Steingerölle reichliches Eis, aber nicht an der Oberfläche, und 1 Fufs tief waren die Steine fest an einander gefroren.

Die Quelle, aus welcher diese Mittheilungen entnommen sind, hat Hr. Poggendorff nicht angeführt.

Faye. Apparat zur Sondirung in grofsen Tiefen.
— — Zusatz zu dieser Notiz.
L. Lalanne. Ueber alte Sondirungsapparate und ihre Aehnlichkeit mit dem des Hrn. Faye.
Ferdinand. Sondirung in grofsen Tiefen. Prioritätsreclamation gegen Hrn. Faye.
Faye. Antwort hierauf.
J. P. Joule. Methode des Sondirens in tiefer See.

Die neue Sonde des Hrn. Faye hat nicht nur den Zweck, die verticale Tiefe, sondern auch die Geschwindigkeit und Richtung untermeerischer Ströme, ferner die Temperatur des Meeres in beliebigen Tiefen zu messen, und endlich Wasser zu schöpfen von wo man es zu haben wünscht. Sie hat den Vorzug, dafs sie keines Taues bedarf, von selbst wieder an die Oberfläche kommt, und den senkrecht wie horizontal durchlaufenen Raum (sogar des letztern Richtung) selbst registrirt, dafs sie den Druck von mehr als 1000 Atmosphären aushält ohne verunstaltet zu werden, und dafs sie wohlfeil ist.

Der Apparat besteht aus einem geschlossenen Cylinder von Stahl- oder Kupferblech, der an seinem untern Theile über dem Boden ein kleines Loch hat. Er ist mit einer Flüssigkeit, die leichter als Wasser und mit diesem nicht mischbar ist, gefüllt, damit er leicht wieder an die Oberfläche steigen könne. Das kleine Loch läfst, wenn die Flüssigkeit im Innern durch Temperaturerniedrigung sich zusammenzieht, Meerwasser eintreten und wenn später die Temperatur wieder steigt, so fliefst statt dessen von der Flüssigkeit aus. Das Volum des zurückgebliebenen Meerwassers bestimmt auf diese Art das Minimum der Temperatur.

An dem Cylinder sind zwei schwere Kugeln mittelst eines Ringes an kleinen doppelten Schnüren aufgehängt, deren Enden oben und unten durch zwei bewegliche Pflöcke gehalten werden. Diese werden beim Aufstofsen der Kugeln durch einen verticalen Stab herausgestofsen, und die Schnüre sammt den Kugeln lösen sich vom Cylinder. Die Sonde steigt alsdann. Will man in einer bestimmten Tiefe sondiren, so befestigt man an dem Apparat einen Woltmann'schen Flügel mit vorher regulirtem Zähler, welcher die Kugeln zur gewünschten Zeit auslöst, und zugleich die erlangte Tiefe bestimmen läfst.

Um die horizontale Bewegung und ihre Richtung zu ermitteln, läfst man da, wo die Sonde ausgeworfen wird, ein Zeichen schwimmen und bestimmt die Entfernung dieses von der wieder auftauchenden Sonde. Um übereinander liegende Ströme zu bestimmen, wirft man mehrere Sonden zugleich aus, die auf verschiedene Tiefen gestellt sind.

Das Schöpfgefäfs für das Wasser ist senkrecht umgekehrt durch eine der Schnüre der Kugeln gehalten. Seine Ventile, schwerer als Wasser, bleiben offen. Wenn die Kugeln aber ausgelöst sind, schlägt das Gefäfs um, die Ventile schliefsen sich, und das Wasser wird von jener Stelle unvermischt in die Höhe gebracht.

Zur genauern Bestimmung der Temperatur kann man ein senkrecht stehendes mit Quecksilber bei der Temperatur der Oberfläche gefülltes Rohr anbringen, welches oben geschlossen ist und unten nur eine ganz feine Oeffnung hat, durch welche Wasser eindringen und Quecksilber ausfliefsen kann, wenn die Temperatur sinkt. Natürlich ist dieses Thermometer nur für stets abnehmende Temperaturen berechnet.

Ein Cylinder aus Stahlblech von $\frac{1}{2}$ Millimeter Wanddicke, 2 Decimeter Halbmesser und 1 Meter Höhe wiegt 6 Kilo und kostet 100 Francs. Dazu die übrigen Apparate, Flügel, Zähler u. s. w. kosten ungefähr 200 Frcs., also die ganze Sonde 300 Frcs. wozu noch der Preis der beiden Kugeln von je 15 Kilo. Der

Apparat, mit Fuselöl gefüllt, wiegt ohne Kugeln 114 Kilo, das Gewicht des durch ihn verdrängten Wassers ist 129 Kilo.

In einer spätern Sitzung der Akademie bemerkt Hr. Lalanne, dafs schon in ältern Zeiten (1567 von Besson, 1726 von Hooke, 1734 von Désaguliers, 1795 von Greenstreet, 1805 von van Stiprian Luisçius und 1844 von le Coentre) Sonden vorgeschlagen sind, die denen des Hrn. Faye bis auf wenige Abänderungen genau ähnlich waren.

Hr. Laignel hatte einen dem Instrument des Hrn. Faye sehr ähnlichen Apparat neuerdings construirt, welcher aber auf den gröfsern Seeexpeditionen nie benutzt worden ist. Der Grund davon lag darin, dafs Laignel's Instrument aus Holz war. Dieses wird in grofsen Tiefen schnell vom Wasser durchsogen und dadurch schwerer als Wasser, kommt also nicht wieder zum Vorschein.

Hr. Ferdinand reclamirt auf Grund eines Briefes an Arago vom December 1847, einer Brochüre vom April 1848 und eines Schreibens an den Präsidenten der damaligen Republik vom März 1849, die Priorität des Princips in der Faye'schen Sonde; er habe ein ganz gleiches Instrument angegeben, nur dafs er statt Fuselöl Naphta (Steinöl) als Füllung und eine etwas andere Auslösung der beschwerenden Kugeln vorgeschlagen habe.

Hr. Faye antwortet darauf, dafs er Hrn. Ferdinand's Vorschlag nicht gekannt habe und ihm gern die Priorität überlasse, wie er ein Gleiches auch Hrn. Laignel zugestehe.

Hr. Joule bemerkt zu Faye's Sonde, dafs vielleicht zweckmäfsiger der Metallcylinder durch einen von Guttapercha ersetzt werden könne, der zum schnellern Steigenmachen nach Russel's Wellenprincip construirt sei.

Le Coentre. Bleisonde.

Dieses Instrument hat vor dem gewöhnlichen Sondirblei den Vorzug, dafs man während des Ganges des Schiffs sondiren kann, und dafs die erlangte Tiefe durch einen Index angegeben wird, dessen Stellung man am Bord ermitteln kann.

Auf verschiedenen französischen Schiffen sind Versuche mit jener Sonde angestellt, die alle jene Vorzüge bestätigt haben.

H WALFERDIN. Messung grofser Meerestiefen und ihre Temperatur. Neues Hydrobarometer.

Bekanntlich sind des Hrn. WALFERDIN's Maximum- und Minimumthermometer schon häufig zur Temperaturbestimmung des Wassers in grofsen Tiefen angewendet mit einem besondern Schutz gegen hohen Druck.

Nun schlägt der Hr. Verfasser sein Maximumthermometer als Hydrobarometer vor, indem er es gleichzeitig mit dem geschützten Minimumthermometer ungeschützt in das Meer eingesenkt wissen will. Das Minimumthermometer giebt dann genau die Temperatur an, das Maximumthermometer aber läfst viel mehr Quecksilber ausfliefsen und aus dieser Menge im Verein mit der durch das Minimumthermometer angegebenen Temperatur läfst sich der Druck berechnen, welchem beide Instrumente ausgesetzt waren. Es ist dann nur nöthig, dem Quecksilbergefäfs des Maximumthermometers die für aufserordentlich hohe Drucke angemessene Gestalt zu geben. Ein Versuch im Brunnen von Grenelle lehrte, dafs sechs geschützte Maximumthermometer in 505 Meter Tiefe übereinstimmend die Temperatur 26°,43 C. angaben, ein siebentes ungeschütztes zeigte 39°,5 C. d. h. für die willkürliche Scala jenes Thermometers betrug der Ueberschufs des ausgeflossenen Quecksilbers 0°,25 für jede Atmosphäre.

Um nun das Maximumthermometer als Tiefemesser zu brauchen, füllt man die Thermometerröhre bei der Temperatur, welche die Oberfläche des Meerwassers hat, mit Quecksilber bei Beginn des Versuchs, und taucht das Instrument in dasselbe Wasser nach beendigter Sondirung. Das fehlende Quecksilber in der Röhre giebt den Anhalt für die Berechnung der Tiefe aus dem Druck.

BOURDALOUE. Relatives Niveau des rothen und mittelländischen Meeres.

Die Messungen der Ingenieure bei der Expedition nach Aegypten 1799 sind durch Hrn. BOURDALOUE 1847 geprüft, und weichen von den frühern sehr ab. Die Resultate des Hrn. BOURDALOUE, die mittelst sehr guter Instrumente erhalten sind, verdienen allen Glauben. Der Unterschied ist folgender

	Die Expedition	BOURDALOUE
Tiefwasser bei Tineh . . .	0,00	0,00
Hochwasser bei Suez . . .	9,9	2,27
Tiefwasser am Nil bei Mekias	5,29	13,27

Hr. BOURDALOUE hat von Cairo bis zur Nilmündung, von Cairo nach dem See Temjah, nahe am Mittelpunkt des Isthmus, durch das Thal Uadeh Tumilat und von hier einerseits nach Tineh andrerseits nach Suez nivellirt.

MAURY. Ueber die Ströme des atlantischen Oceans und das Vorhandensein der nordwestlichen Durchfahrt.

Das ganze System der Ströme und Gegenströme beruht auf dem Grundsatz: wo im Ocean ein Strom sich von einer Stelle fortbewegt, da mufs ein gleiches Volum Wasser an jene Stelle zurückkehren. Natürlich ist es nicht nöthig, dafs jeder Strom von einer höhern zu einer tiefern Stelle fliefse, und so weifs man ja vom Golfstrom, dafs er vom Floridapafs bis zu Hatteras um 100 Faden Tiefe abnimmt.

Für das rothe Meer ergeben zum Beispiel einfache Betrachtungen, dafs ein Strom in der Tiefe von Suez nach dem indischen Ocean statt finden müsse. Das rothe Meer ist ein 1000 Meilen langer Trog in einer regenlosen und flufsarmen Zone, der sich von 30° bis 12° nördl. Breite erstreckt. Die Verdampfung von der Oberfläche beträgt $\frac{2}{10}$ Zoll pro Tag und wird nicht ersetzt. Nimmt man an, dafs die Gewässer des indischen Oceans, durch die Strafse Bab-el-Mandeb eintretend, bis nach Suez täglich 20 Meilen zurücklegen, so brauchen sie bis Suez 50 Tage, verlieren also in der Zeit 10 Zoll Wasser von der Oberfläche. Daher mufs das Wasser bei Suez tiefer stehen als in Bab-el-Mandeb. Andererseits ist durch die Verdampfung die Salzlösung concentrirter geworden, sie sinkt unter, und so bildet sich ein Unterstrom von Suez nach Bab-el-Mandeb, da die untergesunkene schwerere Salzlösung nicht von ihrem Salzgehalt eine entsprechende Menge auf dem Boden absetzt.

Das Verdampfen vom atlantischen Ocean steht in keinem Verhältnifs zu der Wassermenge, welche die ungeheuren Ströme ihm täglich zuführen, und doch steigt seine Oberfläche nicht. Es müssen daher untermeerische Strömungen als Compensation statthaben. Der Golfstrom vollführt seinen Kreislauf (nach Dove's Karte) durch das Eismeer wahrscheinlich in den atlantischen Ocean zurück, und zwar mit vermehrtem Volum. Dasselbe gilt von den grofsen ins Eismeer ausmündenden Strömen der Continente, welche nebst dem Strom aus dem stillen Ocean durch die Behringsstrafse vermittelst der Strömung aus der Baffinsbai durch die Davisstrafse dem atlantischen Ocean sich einverleiben. Aus letzterem folgt nun, dafs zwischen Behrings- und Davisstrafse, zu Zeiten wenigstens, eine offene Wassercommunication sein mufs. Die Nachrichten, welche Hr. Maury aufs Sorgfältigste von den Wallfischfängern hat einziehen lassen, sind jenem Schlufs günstig. Es hat sich nämlich herausgestellt, dafs der Wallfisch des Nordpols durchaus eine andere Species der Walle ist als der des Südpols, und dafs der Aequator ein unübersteigliches Hindernifs für beide ist. Der Wallfisch aus dem nördlichen Theil des stillen Oceans wird nie im südlichen Polarmeer angetroffen, letzterer ist viel kleiner, und beide nähern sich in ihren Zügen kaum auf 1000 Meilen dem Aequator. Es ist ferner sehr wahrscheinlich, dafs die Wallfische in der Davisstrafse und in der Behringsstrafse dasselbe Thier sind, wenigstens behaupten die Wallfischfänger, dafs sie, so weit die Erinnerung eines Jahres reicht, keinen Unterschied zwischen beiden fänden. Daraus und aus der vorhergehenden Thatsache folgt die offene Communication zwischen Davis- und Behringsstrafse, denn die Walle würden nicht unter tiefen und breiten Eisbergen durchgehen.

Da nun von allen Seiten Ströme ins atlantische Meer eintreten, wo findet dann die Ausgleichung statt? Hr. Maury vermuthet auf folgende Art. Die trocknen und warmen Passatwinde verdunsten bedeutende Wassermengen, und machen in dem Strich, wo sie wehen, die Salzlösung so concentrirt (wenn auch warm), dafs sie untersinkt. Diese sinkende Masse strömt nach dem südatlantischen Ocean, und so hätte man die merkwürdige Erscheinung eines warmen Unterstroms.

W. Whewell Ueber unsere Unkenntnifs in Bezug auf die Fluthen.

Mit Ausnahme der Küsten Europas, der Ostküsten Nord-Amerikas und Australiens, derer Neu-Seelands und einiger andern kennen wir keine, wo der Gang der Fluthen hinreichend sicher beobachtet wäre; und daher sind wir auch in Unwissenheit über die Ebben und Fluthen im atlantischen Ocean in Bezug auf die Inseln (Ferro, Azoren, Bermudas, Cap-Verdischen u. s. w), weil man die Divergenz- und Convergenzpunkte der Fluthen nicht weifs.

Nicht viel mehr Sicherheit herrscht über die Westküste Süd-Amerikas; aus Capitain Fitz-Roy's und anderer Beobachtungen scheint sich zu ergeben, dafs hier die Fluthwelle nach Süden läuft, und um das Cap Hoorn herum nach Osten, obwohl man nach dem Monde das Gegentheil erwarten sollte.

In Ostindien (Tonquin, Sincapore) sind die merkwürdigen täglichen Ungleichheiten längst bekannt, aber es fehlt zusammenhängende Kenntnifs. In dem indischen Ocean und dem stillen Meere werden die Fluthen so gemischt, dafs sie nur durch mühselige Beobachtungen klar zu erforschen sind.

Daher sind auch Linien gleicher Fluthzeit, in den von Hrn. Whewell gegebenen Karten, sobald sie durch grofse Oceane gehen, ganz unzuverlässig, und selbst die an den Küsten gezogenen bedürfen stets der Revision, Bestätigung oder Verbesserung.

Betrachtet man eine nahezu gerade Welle welche sich transversal bewegend an eine convexe Küste stöfst, so wird sie an einem Punkt zuerst anprallen, und von diesem aus zwei Wege längs der Küste verfolgen. Dies ist ein Divergenzpunkt. Solche sind z. B. die Südwestspitze von Irland, Lands-End in England, ein Punkt auf der Ostküste Australiens in 25° südl. Breite, auf der Ostküste Neu-Seelands in 37° Breite.

Kommt andererseits die Fluthwelle von zwei verschiedenen Vierteln, z. B. um die beiden Enden einer Insel an der von der Fluth entferntesten Seite, so stofsen die beiden Wellen an irgend einem intermediären Punkte der Küste zusammen und hier ist dann ein Convergenzpunkt. Solche sind z. B. bei der Mündung der Themse, wo die um das nördliche Schottland und durch den Canal kommenden Wellen sich treffen, ferner an der Westküste Neu-Seelands, vielleicht auch an der Ostküste Süd-Amerikas südlich vom La Plata.

W. Whewell. Untersuchungen über Ebbe und Fluth.

Die Betrachtungen, welche D. Ross über die an verschiedenen englischen Küstenstationen gemachten Beobachtungen der Ebbe und Fluth anstellt, geben folgende Resultate in Bezug auf die Höhe der Fluthen und den Wechsel dieser Höhe vom Hoch- zum Tiefwasser und umgekehrt.

Wenn man die Höhen der Beobachtungen von 120 Stationen auf Curven aufträgt, so haben diese fast dieselbe Gestalt bei allen Stationen. Also giebt die halbmonatliche Reihe der Höhen für irgend eine Station einen Anhaltspunkt für die Höhenreihe aller andern Orte, wo der Unterschied zwischen Hoch- und Tiefwasser derselbe ist. In Portsmouth z. B. ist dieser Unterschied 2 Fufs 8 Zoll; ebenso in Cork, Waterford, Invernefs, Bantry, Arcachon (französische Küste) und andern. Die Tafeln der Fluthhöhen eines dieser Orte genügen für die andern, wenn man natürlich eine Constante je nach der Lage des Nullpunktes, von welchem die Höhen aus an jeder Station gemessen sind, hinzuaddirt oder abzieht. Ebenso stimmen auch die Curvengestalten der Fluthhöhen eines halben Monats mit der Theorie überein.

Die Fluthen und Ebben in jenen Betrachtungen sind nicht auf den unmittelbar vorher statt gefundenen Durchgang des Mondes bezogen, sondern auf einen 2., 3., 4. oder 5. frühern Durchgang; dadurch wird die Uebereinstimmung mit der Theorie genauer.

Darnach würde der Unterschied zwischen Fluth und Ebbe zur Höhe des Tiefwassers über der Ebbe des Frühlings sich wie 10:24 verhalten, was jedoch bei verschiedenen Orten nicht gleich ist. Die Beobachtungen zeigen, dafs dies Verhältnifs kleiner ist da, wo Ebbe und Fluth kleiner sind.

In Uebereinstimmung mit der Theorie ergiebt sich aus den Beobachtungen, dafs die Fluthen des Frühlings sich über den mittleren Wasserstand für eine längere Zeitperiode erheben als die Ebben unter denselben.

Babinet. Theorie der Meeresströmungen.

Sucht man sich von bekannten physikalischen Thatsachen und Gesetzen aus eine Karte der Meeresströmungen zu construiren, und vergleicht eine solche mit der nach Beobachtungen aufgenommenen des Hrn. Duperrey, so stimmen beide im grofsen Ganzen völlig überein.

Man kann die ganze Wassermasse der Erde in 5 gröfsere und 2 kleinere Becken eintheilen, von denen die letztern die Polarmeere um den Nord- und Südpol umfassen, während die erstern folgende sind: 1) das nordatlantische, begränzt vom Aequator, den Küsten Amerikas, Afrikas und Europas und dem nördlichen Polarzirkel, 2) das südatlantische begränzt vom Aequator, den Küsten Afrikas und Süd-Amerikas und einer Linie von der Südküste Amerikas nach der Afrikas, 3) das Becken im nördlichen Theil, 4) das im südlichen Theil des stillen Oceans, 5) das Becken im indischen Meer, begränzt von Asien, dem westlichen Afrika, den Sundainseln, Neu-Holland und dem antarktischen Ocean.

Die Strömung im nordatlantischen Becken geht beim Aequator von Afrika nach dem Golf von Mexico, und kehrt durch den Golfstrom und dessen Zweige längs Europa und Afrika in sich zurück; sie vollendet ihren Lauf in ungefähr drei Jahren.

Die südliche Gränze des Beckens im nördlichen Theil des

stillen Meeres liegt nicht im Aequator, sondern südlicher nach dem Wendekreis des Steinbocks zu. Der Strom im südlichen Theil des stillen Oceans geht von der Westküste Süd-Amerikas aus längs des südlichen Wendekreises unter Neu-Holland weg nach Süden um Neu Seeland herum, und kehrt nach Süd-Amerika zurück.

Der Strom im indischen Becken ist von der Küste Asiens etwas heruntergedrückt, und hat wegen des Vorherrschens des Stroms, der durch die Monsoons hervorgebracht wird, über die dauernden Ströme nur geringe Lebendigkeit in seinem Kreislauf.

Die allgemeinen Thatsachen sind folgende.

1) Die Gewässer der intertropischen Gegenden, durch die Hitze ausgedehnt, erheben sich über die Oberfläche der aufsertropischen Wässer, und ertheilen ihnen eine überschüssige Geschwindigkeit in der Richtung von W. nach O. (vermöge der Rotation der Erde), und strömen also nach NW. ab. Andererseits nehmen die Gewässer, welche von N. nach dem Aequator strömen, um erstere zu ersetzen, eine Richtung von O. nach W. Daher schreibt sich eine Circulation nach W. ganz nahe am Aequator und eine nach O. in den aufsertropischen Gegenden.

2) Die Strömungen um die beiden Pole gehen von W. nach O.

3) Abgesehen von mehreren andern Umständen rührt der Temperaturüberschufs in der nördlichen über die südliche Halbkugel von dem Ueberwiegen der beiden nördlichen Kreisströmungen in Bezug auf ihre gröfsere Oberfläche, ihre gröfsere Wasserwärme und ihre weitere Ausdehnung in der Breite her.

A. G. Findley. Ueber die Wirkung der Wellen.

Die Kraft der Seewellen ist am gröfsten auf ihrem Kamm, ehe die Welle bricht. Der Hr. Verfasser führt Fälle an, wo Wellen zu Zeiten Wassersäulen gehoben haben, die einem Druck von 3 bis 5 Tons auf den Quadratfufs entsprechen. In Wasberg (Norwegen) erhob sich 1820 eine Welle auf 400 Fufs, und an der Küste von Cornwall 1843 auf die Höhe von 300 Fufs.

Hr. FINDLEY beweist durch eine Tabelle, dafs die Geschwindigkeit der Wellen von ihrer Länge abhängt. Wellen von 300 bis 400 Fufs Länge (von Kamm zu Kamm) gehen mit einer Geschwindigkeit von 20 bis 27½ Meilen in der Stunde, gleichgültig ob ihre Höhe 5 oder 54 Fufs beträgt.

Aus STEVENSON's Bestimmungen ergiebt sich, dafs die Nordseewellen mit einer Kraft von 1½ Tons, und die des atlantischen Oceans mit 3 Tons auf den Quadratfufs wirken.

A. A. HAYES. Ueber die verschiedene chemische Beschaffenheit des Wassers an der Oberfläche und auf dem Boden des Meeres.

Es ist bekannt, dafs gewisse Metalle mit dem Meerwasser in Berührung schnell angegriffen werden, und in Verbindungen mit Sauerstoff oder Chlor u. s. w. übergehen, namentlich gilt dies vom Kupfer und dessen Legirungen mit Zinn und Zink. Es ist ebenso bekannt, dafs Meerwasser unter Abschlufs der Luft Kupfer nicht angreift, und man sucht daher mit Recht die Angreifbarkeit in der Mitwirkung des atmosphärischen Sauerstoffs, den das Meerwasser gelöst enthält. Da nun Luft im Meerwasser reicher an der Oberfläche gelöst ist als in der Tiefe, so war zu erwarten, dafs jene Metalle in der Tiefe des Meeres auch nicht oxydirt würden. Hr. HAYES hat Gelegenheit gehabt, Münzen zu untersuchen, die aus einem 1815 an der Küste Cumanas gestrandeten Schiff wieder hervorgeschafft waren, und fand, dafs Silber, Kupfer und selbst Gold bis auf eine gewisse Dicke in Schwefelverbindungen sich verwandelt hatten, während keine Oxydationsstufe und nur Spuren von Chlorverbindungen anwesend waren. Diese Schwefelung der Metalle entstand nach Hrn. HAYES durch die Reduction der schwefelsauren Salze vermittelst organischer Materien. Er will die Beobachtung gemacht haben, dafs ganz besonders diejenigen Wässer stark reducirend auf schwefelsaure Salze wirken, welche als Quellen, mit organischen Stoffen beladen, in der Tiefe in Meeresgrund eintreten.

---

v. Bibra. Untersuchung von Seewasser des stillen Meeres und atlantischen Oceans.

Nachstehende Proben Seewassers wurden auf der Reise von Peru nach Europa 1850, Mittags 12 Uhr, geschöpft, und zwar so, dafs eine gereinigte Flasche an einem Bleiloth etwa 12 Fufs tief eingesenkt und dann heraufgezogen, verkorkt und versiegelt wurde. Der Hr. Verfasser giebt an, man könne auch aus beträchtlichen Tiefen unvermischt Wasser heraufschaffen, vermittelst einer vorher zugekorkten Flasche, indem das Wasser unter starkem Druck den Kork durchdringe und letzteren theilweis in den Flaschenhals hineintreibe. In folgender Tabelle entsprechen die römischen Zahlen der geschöpften Proben den nachstehenden Erläuterungen. Das Meerwasser enthält in 100 Theilen feste Bestandtheile:

	Chlor-natrium.	Brom-natrium.	Schwefels. Kali.	Schwefels. Kalk.	Schwefels. Talk.	Chlor-magnesium.
I.	2,4825	0,0402	0,1409	0,1488	0,0947	0,3681
II.	2,8391	0,0441	0,1599	0,1449	0,1041	0,3852
III.	2,5885	0,0307	0,1418	0,1622	0,1117	0,4884
IV.	2,5877	0,0401	0,1359	0,1622	0,1104	0,4345
V.	2,6333	0,0420	0,1327	0,1802	0,1079	0,3802
VI.	2,7558	0,0326	0,1715	0,2046	0,0614	0,0326
VII.	2,7892	0,0520	0,1810	0,1557	0,0584	0,3332
VIII.	2,6424	0,0400	0,1625	0,1597	0,0678	0,4022
IX.	2,9544	0,0500	0,1599	0,1897	0,1066	0,3916
X.	2,5513	0,0373	0,1529	0,1622	0,0706	0,4641

Aufser diesen Bestandtheilen enthielt das Wasser noch Spuren von Eisen, Kieselerde, Phosphorsäure, Jodmetallen, Kupfer und organischen Bestandtheilen.

I. Aus den Hafen von Callao, $\frac{1}{2}$ engl. Meile von der Küste entfernt, 12° 5′ südl. Breite, 77° 14′ westl. Länge (Greenwich), Temperatur des Wassers 15°,1, der Luft 19° R., Barometerstand 756mm2,. 14. März 1850.

II. Aus dem Hafen von Tocopilla (Algodon-Bai), $\frac{1}{4}$ engl. Meile von der Küste, 22° 6′ südl. Breite, 70° 16′ west. Länge, spec. Gewicht 1,0278, Temperatur des Wassers 13°,9, der Luft 17°,5 R., Barometerstand 755,6^{mm}. 21. Februar 1850.

III. Stilles Meer, aus 70 Faden (420 Fuſs) Tiefe bei völliger Windstille. 25° 11′ südl. Breite, 93° 24′ westl. Länge, spec. Gewicht 1,0264, Temperatur des Wassers 16°,5, der Luft 20° R., Barometerstand 761^{mm}. 27. März 1850.

IV. Eben daher, aber nur aus 10 bis 12 Fuſs Tiefe. Spec. Gewicht 1,0260, Temperatur des Wassers 19°,4 R.

V. Diego Ramirez in Sicht, äuſserste Felseninsel von Süd-Amerika. 56° 32′ südl. Breite, 68° 47′ westl. Länge, Temperatur des Wassers 5°,8, der Luft 6°,9 R., Barometerstand 751^{mm},2. 18. April 1850.

VI. Atlantischer Ocean. 23° 45′ südl. Breite, 29° 27′ westl. Länge, Spec. Gewicht 1,0244, Temperatur des Wassers 19°,5, der Luft 19°,5 R., Barometerstand 762^{mm},5. 22. Mai 1850.

VII. Atlantischer Ocean. Fast unter dem Aequator. 0° 47′ südl. Breite, 33° 20′ westl. Länge, spec. Gewicht 1,0275, Temperatur des Wassers 22°,2, der Luft 22°,5 R., Barometerstand 755^{mm},2. 22. Mai 1850.

VIII. Atlantischer Ocean. 20° 54′ nördl. Breite, 40° 44′ westl. Länge, Temperatur des Wassers 20° 2′, der Luft 20° R., Barometerstand 763^{mm},1. 4. Juni 1850.

IX. Atlantischer Ocean. 41° 18′ nördl. Breite, 36° 28′ westl. Länge, spec. Gewicht 1,0287, Temperatur des Wassers 16°,6, der Luft 17°,9 R. Barometerstand 764^{mm}. 18. Juni 1850.

X. Nordsee. 51° 9′ nördl. Breite, 3° 8′ östl. Länge, spec. Gewicht 1,0264, Temperatur des Wassers 13°,0, der Luft 12° R., Barometerstand 758,6^{mm}. 5. Juli 1850.

J. Davy's und Forchhammer's Angabe von dem geringeren Salzgehalt des Meerwassers an der Küste wird durch No. II. widerlegt, und kann sich nur auf solche Localität beziehen, wo süſses Wasser sich mit dem Seewasser mischt, wie in No. I.

Proben No. III. und IV. scheinen Jackson's Angabe, daſs in gröſseren Tiefen der Salzgehalt des Seewassers zunehme, zu bestätigen.

H. Schlagintweit. Ueber v. Bibra's Beobachtungen der Meerestemperatur im atlantischen und stillen Ocean.

Aus v. Bibra's Journal seiner Reise nach Peru theil Hr. Schlagintweit die Beobachtungen über die Temperatur der Meeresoberfläche mit, die von 53° nördl. Breite bis 56° südl. Breite im atlantischen Ocean, von 56° südl. Breite bis 12° südl. Breite im stillen Meere 9 Uhr Morgens angestellt wurden. Die mittleren Werthe sind folgende:

Grade der nördl. Breite	Grade der südl. Breite	Grade der westl. Länge von Greenwich	Grade nach R.	Zeit.
Von 50 bis 40		6	9	Anfangs Mai 1849.
- 50 bis 40		25	14	Zweite Hälfte Juni 1850.
- $38\frac{3}{4}$ bis 15 (in dem Guineastrom)		18	15,8	Mitte Mai 1849.
Von 40 bis 20		40	18	4. bis 17. Juni 1850.
- 10 bis	20	30	21,5	Mai und Juni 1849 und 1850.
- 20 -	20	35	21,5	
	Von 20 bis 40	?	14,6	Anfangs Juli 1849.
	- 20 bis 40	?	16	Mai 1850.
	- 47 bis 47 um Cap Hoorn herum		4,4	Juli 1849.
	- 47 bis 47 um Cap Hoorn herum		5,9	April 1850.
	Am Cap Hoorn selbst bis 56° südl. Breite		4	Juli 1849.
	Von 47 bis 30 im peruanischen Küstenstrom		8,9	
	In der Nähe von Callao		14,3	Anfangs März.
	Von 12 bis 30	?	18,6	März u. April 1850.
	- 30 bis 47	?	13,3	

Zwischen 10° nördl. und 10° südl. Breite zeigten die einzelnen Beobachtungen sehr geringe Unterschiede von 1° bis 2°.

Die Linie der gröfsten Meereswärme beginnt im atlantischen Ocean an der Westküste Afrikas etwas nördlich vom Aequator, geht längs der Nordküste Süd-Amerikas bis 12°, und im mexicanischen Meerbusen selbst über den nördlichen Wendekreis hinaus.

Die höchsten Temperaturen waren

1849.					
26. Mai . . .	22°,3	in 4° 24′	nördl. Breite	20° 23′	westl. Länge
4. Juni . . .	22 ,4	- 2 41	südl. -	26 50	-
1850.					
25. bis 27. Mai	23	- 3 b. 6°	nördl. -	33	-

Stets über 22° war die Temperatur von . . . . . { 5° nördl. bis 5° südl. Breite (1849)
{ 11 - - 12 - - (1850).

H. D. Rogers. Ueber den Ursprung des Salzes und der Salzseen.

Die Quelle alles Salzes im Meere und in den Salzseen sind nach Hrn. Rogers die Chlorverbindungen der vulcanischen (plutonischen) Gesteine auf der Erde. Diese wurden durch niederströmende Wasser zersetzt, und Salz löste sich. So wurde das ursprünglich süfse Wasser ein Salzsee. Die Oberflächenveränderungen der Erde schlossen alsdann einzelne Becken ab, die ohne Ausflufs beim Verdampfen des Wassers entweder concentrirtere Lösungen wurden oder Anlafs zu Salzablagerungen gaben. So z. B. das caspische Meer, das todte Meer. In andern Gegenden bewirken vorherrschend trockne Winde bei Mangel an Regen ebenfalls Anhäufungen von Salz in Seen. Da nun überdies die fliefsenden Wasser immerfort Salze aus den Gebirgen auflösen, so führen sie die Ersatzmittel für den Ocean oder die Seen mit sich. Daher findet man im Jordan dieselben Salzbestandtheile wie im todten Meere.

Diese ganze Erklärung vom Ursprung des Salzes leidet an Dunkelheit, und ist zu gesucht. Was für Chloride sollen denn in den plutonischen Gesteinen gewesen sein, wenn es nicht gleich von Anfang an das Chlornatrium ist? Und welche Chloride sollen denn bei dem ursprünglich feurig flüssigen Zustande der Erde so beständig gewesen sein, dafs sie nicht im luftförmigen Zustande sich in der Atmosphäre mit befanden? Giebt es nicht auch Binnenseen, die kein Chlornatrium oder andere Chlormetalle enthalten? Erklärt sich der starke Salzgehalt des todten Meeres nicht einfacher aus dem grofsen Steinsalzlager am südlichen Rande desselben? Welche Verdunstung müfste denn stattfinden, wenn das Jordanwasser das todte Meer auf solchem Grad der Concentration erhalten sollte?

B. Silliman jun. Der Schwefelsee in der Campagna bei Tivoli.

Der berühmte Schwefelsee in der Campagna vermindert seinen Oberflächeninhalt fortdauernd. Sein Wasser, welches nach Davy 1 Vol. Kohlensäure und $\frac{1}{2}$ Vol. Schwefelwasserstoff gelöst enthält, ist klar, die Temperatur = 26°,67 C. und es schmeckt angenehm stechend. Die am Ufer wachsenden Gräser werden immerfort von kohlensaurem Kalk incrustirt, und aus gleichem Grund wird die Oberfläche des Sees immer kleiner. Die herumliegenden Blöcke von Travertin bestehen nicht selten blofs aus Stengelabdrücken von Wasserpflanzen, und man findet dasselbe auch bei Travertinblöcken, die im Coliseum mit verbaut sind, und in dem tiefer unter den jetzigen Schichten liegenden Travertin.

Ueber Steigen und Fallen des Eriesees.

Die Ansicht, dafs im Eriesee ein periodisches Steigen und Fallen des Wassers stattfinde, einmal in 12 bis 14 Jahren, hat sich den aufmerksamen Beobachtern nicht bestätigt. Einer der letztern theilt einige Beobachtungen seit 1839 mit. Höchster Stand bei ruhigem Wetter war seit Menschengedenken im Juni 1838, wo er 5 Fufs 4 Zoll über dem Nullpunkt bei Buffalo war, und bei Sturm am 18. bis 19. October 1844, wo er 13 Fufs 8 Zoll über 0 war. Sonst war der Stand

				über 0	
1839	den	11. Mai	3 Fufs	5 Zoll
1840	-	14. -	3 -	9 -
1841	-	18. -	3 -	1 -
1842	-	5. -	3 -	7 -
1843	-	15. -	2 -	8 -
1844	-	12. -	2 -	11 -
1845	-	15. -	3 -	— -
1846	-	16. -	2 -	— -
1847	-	16. -	2 -	6 -
1848	-	1. -	2 -	2 -
1849	-	19. -	3 -	1 -
1850	-	12. -	2 -	8 -
1851	-	8. April	2 -	11 -

Der niedrigste Stand bei starkem NW. war am Nachmittag den 18. April 1848, nämlich 22 Zoll unter Null.

Im Allgemeinen erreicht die Oberfläche ihren höchsten Stand gegen den 1. Juli, fällt dann allmälig bis zum 1. October, steigt wieder bis zum 1. December, und fällt schnell bis zum 10. Februar, von wo an sie sehr schnell im März und langsamer in den folgenden Monaten bis zum 1. Juli wieder steigt.

Z. Thompson. Ueber das plötzliche Verschwinden des Eises auf dem Champlainsee am Ende des Winters.

Die Erscheinung, dafs der Champlainsee an einem Tage noch ganz mit Eis bedeckt und am andern Tag ganz frei davon war, ist sehr selten, und trug sich während der dreifsigjährigen Beobachtungen des Hrn. Thompson nur einmal zu. Die Erklärung dieser ungewöhnlichen Thatsache giebt Hr. Thompson auf folgende Art:

Die ganze Masse des Eises ist in einem gewissen Zeitraum so porös, von der Structur der Honigwaben, geworden, dafs sie bei starker Bewegung des Wassers sich leicht in kleine Stückchen zertheilt. Tritt nun zu der Zeit ein heftiger Wind ein (was stets der Fall ist, wenn jene Erscheinung statthat) so werden die Eisstückchen unter das Wasser gemischt, und dieses löst dieselben sogleich auf, da seine Temperatur stets einige Grade über 0 ist. Ein wirkliches Untersinken des Eises, wie man es oft annimmt, findet nicht statt, sondern das Eis wird löcherig, so dafs man beim herannahenden Frühling durch eine 6 bis 12 Zoll dicke Eisdecke mit einem Stock leicht durchstofsen kann.

Was die Temperatur des Wassers unter dem Eis anlangt, so hat Hr. Thompson einige Messungen gemacht, die ausweisen, dafs es nicht, wie Rumford behauptet, 3°,8 bis 4°,4 C., sondern nur 0°,3 bis 2° C. warm ist; wenigstens in der Tiefe von 25 Fufs einige Tage nach dem Verschwinden des Eises war die Temperatur 2°,5 C.

F. Simony. Ueber die Seen des Salzkammerguts.

Hr. Simony hat im Salzkammergut und dessen nächsten Umgebungen die Seen in Bezug auf Tiefe, Gestalt ihrer Becken, Ablagerungen, Durchsichtigkeit des Wassers, Temperatur desselben und organisches Leben darin untersucht. Die gewonnenen Resultate sind im Nachstehenden enthalten:

Die Tiefen der Seen hat der Hr. Verfasser mittelst einer Sonde erforscht, die aus einer 2 Linien dicken auf einer 3½ Fufs langen Winde befestigten Mefsschnur, mit 10 oder 20 Pfund schwerem Eisengewicht versehen, bestand; jede Umwindung der Schnur auf der Winde umfafste 4 Fufs. In jedem gröfseren See fanden 300 bis 500, in jedem kleineren 50 bis 200 Sondirungen statt, mittelst deren zuerst ein Querprofil gewonnen wurde. Der Abstand der einzelnen Sondirungspunkte wurde durch die Anzahl der Ruderschläge gemessen. Folgende Tabelle enthält die Ergebnisse der Messungen und das Verhältnifs der Tiefe zur Breite, Länge u. s. w.

Name des Sees.	Grösste Tiefe in Wiener Klafter.	Flächenraum in Wiener Joch.	Länge in Wien. Klaft.	Mittlere Breite in Wien. Klaft.	Verhältniss der grössten Tiefe zur Fläche.	Länge.	mittlern Breite.	Meereshöhe. Wiener Fuss.
Gmundner(Traun)-see	100,6	4281,7	6550	1046	1 : 68167	1 : 65	1 : 10,4	1320
Attersee (Kammer-see)	90,0	8161,3	10520	1241	1 : 145089	1 : 118	1 : 13,8	1474
Mondsee	36,0	2502,4	5600	715	1 : 111218	1 : 155	1 : 19,8	1508
Hallstättersee . .	66,0	1495,0	4320	553	1 : 36242	1 : 66	1 : 8,4	1600
Wolfgangsee (Aber-see	60,0	2344,5	5440	689	1 : 62530	1 : 98	1 : 11,4	1682
Zellersee (nördlich vom Mondsee)	18,0	606,4	2600	373	1 : 55446	1 : 155	1 : 21,3	1706
Krottensee (Patzen-see)	24,0	32,0	325	157	1 : 2133	1 : 13	1 : 6,5	1813
Fuschlsee . . .	35,0	470,4	2160	348	1 : 21506	1 : 61	1 : 9,9	2090
Vordere Langbath-see	18,0	59,0	610	154	1 : 5244	1 : 34	1 : 8,5	2074
Hintere Langbath-see	10,0	22,9	380	96	1 : 3680	1 : 38	1 : 9,6	2275
Alt-Aufseersee . .	28,7	372,0	1450	410	1 : 20524	1 : 40	1 : 14,1	2248
Grundelsee . . .	34,0	643,0	2975	347	1 : 30260	1 : 87	1 : 10,2	2216
Toplitzsee . . .	55,7	80,0	940	136	1 : 2286	1 : 17	1 : 2,4	2254
Vordere Gosausee.	36,5	91,7	800	183	1 : 4022	1 : 22	1 : 5,0	2855
Hintere Gosausee.	22,0	51,3	410	200	1 : 3646	1 : 18	1 : 9,0	3630

Im Allgemeinen haben die untersuchten Becken ein mittleres Verhältnifs der gröfsten Tiefe zur mittleren Breite = 1 : 10,8; Ausnahmen bilden die von steilen Felswänden eingeschlossenen Seen, und Hr. Simony meint, dafs man von dem mittleren Neigungswinkel der einschliefsenden Bergabhänge und der mittleren Breite einen ziemlich sichern Schlufs auf die gröfste Tiefe eines Sees machen könne. Bei den oben angeführten Seen entsprach

ein mittlerer Neigungswinkel von	dem Verhältniss der grössten Tiefe zur mittleren Breite
über 50°	1 : 2 bis 1 : 3
50° bis 40	1 : 3 - 1 : 7
40 - 30	1 : 7 - 1 : 10
30 - 20	1 : 10 - 1 : 15
20 - 10	1 : 15 - 1 : 22

Die Gestalt der Seebecken zeigt in den Seitenwandungen, analog den unmittelbaren Ufergränzen, grofse Verschiedenheiten, namentlich bei felsigen Gestaden, erreicht aber mit zunehmender Tiefe endlich eine regelmäfsig geebnete Fläche. Wo Flüsse einmünden, lagern sich Schuttmassen ab, deren Neigungswinkel mit dem älterer Alluvial- und Diluvialmassen, die den See unmittelbar begränzen, viel Uebereinstimmung (30° bis 35°) zeigte. In den Seen, deren gröfste Tiefe zur mittleren Breite = 1 : 10,8 sich verhält, ist durchschnittlich $\frac{1}{3}$ der Breite des Bodens geebnet. Nur im Atter-, Traun-, Mond- und Wolfgangsee giebt es bedeutende locale Erhöhungen an einzelnen Punkten des Beckens. Die tiefste Stelle der Seen liegt stets in der Nähe ihrer höchsten und steilsten Umgebungen, und zwar bei den hier beschriebenen Seen immer in dem unmittelbar dem Gebirge zugekehrten Theile.

Die Ablagerungen von Schutt, welche die den See speisenden Flüsse mitbringen, geschehen natürlich in der Weise, dafs die gröbsten Geschiebe gleich an der Mündung, die feineren Gerölle erst am Fufs des sich immer mehr verflachenden Schuttkegels niederfallen; der feinste Schlamm wird am längsten schwebend erhalten, und setzt sich erst in der gröfsten Tiefe ab. Von dieser Suspension hängt zum Theil die geringere Durchsichtigkeit des Wassers ab, die namentlich bei Thauwetter und nach langem Regen stark bemerklich ist.

Die Durchsichtigkeit bei grofsen zuflufsreichen Seen erstreckt sich im Hochsommer auf 5 bis 10 Fufs, im Spätwinter auf 24 bis 30 Fufs; ausgezeichnet klar ist der Fuschlsee (bis 40 Fufs). Seen mit geringeren Zuflüssen haben einen gröfsern Grad von Durchsichtigkeit, wenn sie nicht (wie der hintere Gosausee) nahe unter Gletschern liegen, und Schmelzwasser mit Moränenschlamm bekommen.

Die Farbe der Seen ist durch die in ihnen schwebend erhaltenen Theilchen mit bedingt. Im Spätwinter, wo sie am klarsten sind, haben sie dunkel schwarzgrüne Farbe, im Sommer erscheinen manche blau (Wolfgang- und Attersee).

Die Temperaturen bestimmte der Hr. Verfasser mit einem KAPELLER'schen Minimumthermometer, welches auf geeignete Weise an seiner Sonde befestigt war. Eine Correction für die Zusammendrückung des Glases ist nicht angebracht, da es sich blofs um relative Gröfsen handelte. Nachstehende Tabelle enthält die Resultate der Messungen, welche im Sommer 1848 vom 20. August bis 6. September vorgenommen sind.

Temperaturen der Seen im Salzkammergut im Spätsommer 1848.

Tiefe in Wiener Fuss.	Traunsee 1320′ 30. August.	Attersee 1474′ 2. Septbr.	Mondsee 1508′ 3. Septbr.	Wolfgangsee 1682′ 4. September. oberer	Wolfgangsee unterer	Hallstättersee 1600′ 6. September. oberer	Hallstättersee unterer	Grundelsee 2216′ 27. August.	Toplitzsee 2254′ 27. August.	Alt-Ausseersee 2248′ 18. August.	Vordere Gosausee 2855′ 20. August.	Hintere Gosausee 3630′ 20. August.
	Gr. R.											
5	14,4	14,8	15,6	14,5	15,0	12,0	12,1	15,1	14,1	12,9	12,6	12,2
—	—	—	—	—	—	—	—	—	12,0	—	—	—
10	13,3	14,7	15,1	14,2	14,7	11,1	11,3	14,8	—	10,5	10,7	10,0
—	—	—	—	—	—	—	—	—	9,0	9,0	—	9,0
15	12,3	14,7	14,9	14,0	14,6	10,6	10,7	13,5	—	8,0	10,2	—
—	—	—	—	—	—	—	—	12,0	—	—	—	—
20	12,0	14,4	14,8	14,0	14,3	10,0	10,1	—	7,6	6,5	9,8	6,6
—	—	—	—	—	—	—	—	—	—	6,0	—	6,0
30	11,8	14,1	12,0	12,0	12,0	9,7	9,7	9,9	6,0	4,4	9,2	—
—	—	12,0	12,0	—	—	—	—	9,0	—	—	9,0	—
40	10,3	—	—	9,0	9,0	9,5	9,4	8,0	5,1	4,0	7,7	4,6
—	—	9,0	9,0	—	—	—	—	—	—	—	6,0	—
50	9,9	6,5	7,1	7,1	7,0	9,3	9,2	—	4,8	3,9	—	4,3
—	—	6,0	6,0	—	—	—	9,0	6,0	—	—	—	—
60	9,6	5,6	5,3	6,2	—	—	—	5,3	4,7	3,8	5,2	4,2
—	—	—	—	—	6,0	9,0	—	—	—	—	—	—
—	9,0	—	—	6,0	—	—	—	—	—	—	—	—

80	7,9	4,9	4,6	5,5	5,4	8,8	6,0	4,6	4,7	3,8	4,4	4,0
100	—	4,2	—	4,8	5,0	7,8	5,1	4,1	4,6	3,8	4,1	3,9
—	6,0	—	4,0	—	—	6,0	4,6	—	—	—	—	—
125	4,7	4,0	3,8	4,2	4,6	5,1	grösste Tiefe 144′ = 4°,6	4,0	4,6	3,8	4,0	3,8
150	4,4	3,7	3,6	4,0	4,3	4,0		3,8	4,6	3,8	3,9	grösste Tiefe 132′ = 3°,8
175	4,2	3,6	3,6	3,8	4,1	3,6		3,7	4,6	grösste Tiefe 152′ = 3°,8	3,8	
200	4,0	3,5	3,5	3,7	4,0	3,5		3,6	4,6		3,8	
250	3,8	3,5	grösste Tiefe 216′ = 3°,5	3,6	grösste Tiefe 222′ = 4°,0	3,5		grösste Tiefe 204′ = 3°,6	4,6		grösste Tiefe 219′ = 3°,8	
300	3,7	3,4		3,5		3,5			4,6			
350	3,7	3,4		3,5		3,5			grösste Tiefe 336′ = 4°,6			
400	3,6	3,4		grösste Tiefe 360′ = 3°,5		grösste Tiefe 396′ = 3°,5						
450	3,6	3,4										
500	3,5	3,4										
550	3,5	grösste Tiefe 504′ = 3°,4										
600	3,5											
	grösste Tiefe 604′ = 3°,5											

Die Wärmegrade 12, 9, 6 und 4 R. sind bei jedem See mit gröfsern Ziffern dargestellt. Der Punkt der Messungen wurde stets über der gröfsten Tiefe des Sees gewählt.

Die auffallende Erscheinung, dafs bei Seebecken von nahezu gleichen Verhältnissen der Tiefe und Profile, von gleicher Lage, gleicher Umgebung und gleichen klimatischen Einflüssen die Abnahme der Wärme nach der Tiefe zu in so ungleichen Verhältnissen statt findet (wie beim Gmundner- und Attersee), erklärt sich durch die Menge und Stärke der Zuflüsse. Alle Seen, deren Zuflüsse in kleine Bäche zerstreut sind (Atter-, Mond- und Wolfgangsee), haben warme obere Schichten, aber in geringer Tiefe nimmt die Temperatur plötzlich ab. Der intensive Einflufs der Sommerwärme scheint bei 60 Fufs Tiefe seine Gränze erreicht zu haben. Die langsamere und gleichmäfsigere Temperaturabnahme in Seen mit grofsen Zuflüssen (Hallstätter- und Gmundnersee) erklärt sich aus der Mischung des einströmenden Flufs- mit dem Seewasser. Dies wird durch Messungen im Hallstättersee klar, welche in folgender Tabelle gegeben sind.

Temperaturmessungen im Hallstättersee 1849.

Tiefe	19. April	27. April	4. Mai	11. Mai	25. Mai	31. August	5. Novbr.
Fuss	Gr. R.						
5	3,0	4,3	5,0	5,8	6,5	9,0	7,5
10	3,1	3,8	4,3	4,9	5,5	8,8	7,5
15	3,1	3,6	4,0	4,9	5,4	8,7	7,4
20	3,1	3,4	3,7	4,8	5,4	8,6	7,4
30	3,1	3,2	3,9	4,6	5,3	8,3	7,3
40	3,1	3,2	3,8	4,5	5,3	8,3	7,3
50	3,1	3,2	3,7	4,4	5,2	8,3	7,3
60	3,2	3,2	3,6	4,3	5,1	8,2	7,3
80	3,2	3,2	3,5	4,2	5,1	8,2	7,2
100	3,2	3,2	3,5	4,2	5,1	8,1	7,2
125	3,2	3,2	3,5	4,1	5,0	7,6	7,0
150	3,2	3,2	3,4	4,0	5,0	5,6	6,8
175	3,2	3,2	3,3	4,0	4,7	4,9	4,7
200	3,2	3,2	3,3	3,9	4,4	4,4	4,2
250	3,2	3,2	3,2	3,3	3,7	3,6	3,8
300	3,2	3,2	3,3	3,3	3,5	3,5	3,6
350	3,2	3,3	3,3	3,4	3,45	3,5	3,6
396	3,4	3,4	3,4	3,4	3,45	3,5	3,6

Die am 19. und 27. April gemachten Messungen wurden nicht mit dem Minimumthermometer ausgeführt, sondern mit einer 5 Maafs haltenden steinernen Flasche, die mit Wasser von der Oberfläche des Sees gefüllt und gut verschlossen auf den Grund des Sees versenkt und nach 6 Stunden heraufgezogen wurde, worauf man seine Temperatur bestimmte.

Obgleich die kleinern Gebirgsseen in viel geringerer Tiefe als die grofsen Thalseen eine niedrigere Temperatur besitzen, so haben sie in ihrer gröfsten Tiefe doch nicht so niedere Temperatur als letztere (vergl. Gosau- und Attersee). Dies mag in Folgendem seinen Grund haben: die kleinern von hohen Gebirgen umschlossenen Seen sind gegen Winde geschützt, und ihre Abkühlung auf der Oberfläche geht so schnell vor sich, dafs die auf 3°,2 R. gebrachten Schichten, ehe sie Zeit haben zu sinken, sich noch weiter abkühlen, und so wird die Oberfläche bald auf 0° gebracht. Diese Seen frieren daher schon im Frühwinter zu, und nun ist jede weitere Abkühlung des Wassers verhindert. Der Toplitzsee friert schon im November zu, und bleibt oft bis Mai geschlossen.

Die grofsen Seen frieren erst im Spätwinter oder gar nicht, und dies hängt offenbar davon ab, ob die Wasserschichten der gröfsten Dichtigkeit in gröfserer oder geringerer Tiefe liegen, und ob die Seiten des Beckens flach oder steil gegen den Seespiegel anlaufen.

Das organische Leben jener Seen erstreckt sich nicht auf grofse Tiefen. Characeen, Potamogetoneen, Algen sind die hauptsächlichsten Repräsentanten unter den Pflanzengeschlechtern. Unter 24 Fufs Tiefe scheint keine wurzelnde Pflanze mehr zu existiren. Gewisse Fischarten gedeihen unter besonders günstigen Verhältnissen, so z. B. der Saibling in Wasser, dessen Temperatur in 60 Fufs Tiefe 6° R. hat, und welches aufserdem sehr klar ist.

P. L. L. Vallée. Bemerkungen über die ladières, die seiches und raz-de-marées des Genfersees.

Bisweilen treten auf dem Genfersee plötzlich Bewegungen des Wassers ein, welche bald nach einer, bald nach einer andern Richtung hin mit grofser Gewalt die Schiffe fortziehen, und in jenen Gegenden ladières genannt werden. Diese Strömungen stehen nicht mit der allgemeinen Richtung vom Wallis nach Genf in Beziehung, sondern haben ihren Grund in sehr bemerkenswerthen unterirdischen Wasserzuflüssen, von denen der See im Sommer ungefähr $\frac{1}{8}$, im Winter fast $\frac{1}{2}$ seines Abflusses bei Genf erhält. Die unterirdischen Canäle, welche jenen Wasserzuflufs bringen, entspringen wahrscheinlich in beträchtlichen Höhen der benachbarten Gebirge, und bringen wie andere Flufsbetten Gerölle von Felsblöcken, Kies, Sand und dergl. mit. Sind die darin strömenden Gewässer zu einer Zeit nur schwach, so verstopfen jene Gerölle allmählig die Ausflufsöffnung; schwellen sie aber durch heftige Regen, Schneefall und dergl. sehr stark an, dann brechen sie sich durch die Verstopfungen gewaltsam Bahn, und es wird unter dem Druck einer Wassersäule von vielleicht 50, 100 und 200 Meter eine ladière entstehen von der Richtung, welche gerade die gemachte Oeffnung hat. Daher werden die Netze der Fischer bisweilen weit fortgeschleudert und mit Schutt überdeckt, manchmal gehen sie ganz verloren, und dies geschieht namentlich zur Zeit der Aalraupenfischerei, zwischen dem 15. Februar und 25. Mai. In der Nähe von Genf gibt es nach Aussage der Fischer keine ladières.

Die Erscheinung der seiches besteht in zufälligen Schwankungen der Oberfläche des Sees, deren Amplitude manchmal 2 Meter, und deren Dauer mehrere Stunden umfafst. Sie sind merkbarer am westlichen als am östlichen Ende und fast unfühlbar in dem mittleren Theil des Sees. Die seiches haben ihren Grund in den ladières. Wenn nämlich eine beträchtliche Wassermasse auf dem Grund des Sees eintritt, so entsteht dadurch ein Anschwellen auf der Oberfläche, von welchem als Mittelpunkt eine Reihe von Wellen sich nach allen Theilen des Sees verbreiten. Zufolge der sichelförmigen Gestalt des letztern wirkt das nördliche Ufer wie eine Mauer, von welcher die Wellen reflectiren und eine Reihe Kreise aussenden, von denen mehrere auf einander folgende in der Mitte Knoten bildend sich schneiden. Da nun in dem breitern Theil des Sees die Knoten in ziemlicher Entfernung vom Ufer liegen, so merkt man bei Lausanne und Vevey nicht viel von den seiches. Die letztern stehen übrigens wie die ladières in naher Beziehung zu heftigen Gewittern; sie beginnen stets mit dem Anschwellen des Wassers. Die von Saussure erwähnten seiches, welche in dem gleichzeitigen Anschwellen des ganzen Sees bestehen sollen, sind unwahrscheinlich, und bedürfen jedenfalls noch der Bestätigung.

Auf die Reflexion der Wellen und auf eine Reihe sich bildender Knoten glaubt auch der Hr. Verfasser die Erhebungen und Senkungen des Wassers zurückführen zu können, welche man mit dem Namen raz-de-marées bezeichnet, abgesehen davon, dafs diese auch viele andere Ursachen haben können.

Spencer. Niveau des Ontariosees und Niagaraflusess während des Jahres 1848.

Im Monat Januar war das mittlere Niveau des Sees 1 Fufs 8 Zoll engl. unter der Marke, im Februar 1 Fufs 10 Zoll, im März 2 Fufs 7 Zoll, im April, Mai, Juni, Juli und August 2 Fufs 2 Zoll, im September 2 Fufs 8 Zoll, im October 3 Fufs 1 Zoll, im November 3 Fufs 6 Zoll, Anfang December 3 Fufs 5 Zoll und Ende December 3 Fufs 2 Zoll.

Am 20. Juni erhob und senkte sich das Wasser des Sees mehrmals in einem Tage um 22 Zoll. Eben dasselbe geschah am 8. Januar in Port-Hope, Grafton und anderwärts am canadischen Ufer. Ob das dieselbe Erscheinung sei, wie die seiches auf dem Genfersee, ist unbestimmt. Hr. Owston, Fanalwächter auf der Insel Monettes bei Port-Hope, leugnet die Periodicität. Nie sah er das Niveau des Ontario so niedrig als 1848.

In demselben Jahre gegen Ende März war der Wasserstand im Niagara so niedrig wie nie vorher. Später erfuhr man, dafs die Ursache davon eine ungeheure Anhäufung von Eisblöcken gewesen, die im Eriesee gegen die Ausmündung des Niagara zu hingedrängt worden.

Kraterförmige Seen von Manlius.

Im Territorium Onondaga giebt es eine Kette sehr kleiner runder Seen von sehr großer Tiefe, von denen der höchste in Gestalt einer Tasse 30 Acres Umfang und 400 Fuſs Tiefe hat; seine Ufer sind Gypsfels, seine Wässer grün. Das Thermometer zeigte am Ufer 1°,7 C. bei —3°,3 Lufttemperatur und 8° C. in 10 Fuſs Tiefe. Man hat dieses Wasser sich plötzlich 7 bis 8 Fuſs erheben und eben so schnell wieder fallen gesehen.

H. Schlagintweit. Ueber die Regenverhältnisse der Alpen.

Die Resultate, welche der Hr. Verfasser über diesen Gegenstand gewonnen, sind theils aus einigen selbst angestellten Beobachtungen, theils aus denen der bekannten ombrometrischen Stationen gezogen; von den letztern theilt er Tabellen der Station „Haller Salzberg" aus den Jahren 1838 bis 1847 mit.

Die allgemeinen Schlüsse, welche der Hr. Verfasser ableitet, sind folgende:

1. Die Alpen vermehren die atmosphärischen Niederschläge hauptsächlich mechanisch, indem sie die anströmenden Luftschichten zwingen, sich mit denen an den Gebirgen befindlichen inniger zu mischen, als sonst die Luftarten ohne festen Widerstand sich zu mischen pflegen. Man hat die Alpen nicht als Regenbringer vermöge ihrer Gletscher als Kältereservoir zu betrachten.

2. Der Südabhang der Alpen erhält die gröſste Regenmenge; hier herrschen die Herbstregen vor. Am Nordabhang sind die Sommerregen und am Westabhang die Herbstregen vorherrschend. An den Südabfällen sind im Frühling beim Wehen des Südwestwindes (Föhn) Schneefälle sehr häufig, die sich auch selbst am Nordabhang noch bemerklich machen, z. B. am Haller Salzberg.

3. Die Regenmenge bis zu 5000 Fufs Höhe (Gränze der Waldregion) bleibt sich gleich. Ueber 5000 Fufs aufwärts tritt eine Verminderung ein; dafür spricht auch die nach oben abnehmende Tiefe des Schnees. Auch über 10000 Fufs giebt es noch Regen, aber in kleinen wenig dichten Tropfen.

4. Die Häufigkeit der Schneefälle im Sommer nimmt mit der Höhe sehr rasch zu.

5. Zwischen 4000 bis 5000 Fufs und aufwärts zeigt der jährliche Niederschlag ein Frühlings- (Schnee-) und ein Sommer- (Gewitterregen-) maximum.

A. Dumont. Ueber die Anwendung der Geologie zum Aufsuchen unterirdischer Wasser.

Die geologischen Untersuchungen, welche Hr. Dumont über die Umgegend der Stadt Lüttich anstellte, um zu erforschen, ob die Stadt nicht mit unversieglichen Quellen versorgt werden können, führte ihn dahin, dafs er das auf der Steinkohlenformation liegende Gebirge (Kreide u. s. w.) an einer Stelle mit einer starken Thonschicht zwischenlagert fand, welche das Durchsickern bis zum Niveau der Stadt verhinderte. Er schlug also vor, einen Stollen von der Stadt bis zu jener Thonschicht hindurchzuführen, und man bekam dann das erwartete Resultat.

Hieraus folgt allerdings, dafs die Geologie, wo sie eine wasserdichte Schicht findet, ein Reservoir infiltrirter Tagewässer anzeigt, und die Consequenzen für die Hydrographie ergeben sich ebenfalls sehr leicht.

A. Schlagintweit. Untersuchungen über die Isogeothermen der Alpen.

Die Resultate, welche der Hr. Verfasser durch Bestimmung der Quellentemperatur erhielt, fafst er in folgenden Sätzen zusammen.

1. Die Abnahme der Temperatur mit der Höhe erfolgt nicht nach einer arithmetischen oder geometrischen Reihe; sie geht

langsamer vor sich in den Thälern als auf freien Abhängen oder Gipfeln, und erfolgt unter gleichen Umständen rascher in gröfseren Höhen.

2. An der Baumgränze trifft man in den verschiedenen Gebirgszügen der Alpen nahezu dieselbe Temperatur an, 3°,5 C. im Mittel, wenn auch die Höhe dieser Gränze selbst ziemlich verschieden ist. Unmittelbar über der Baumgränze findet die rascheste Abnahme der Bodentemperatur und die stärkste Schwankung zwischen den verschiedenen Quellen statt.

3. Die Quellen in Thälern sind in gleicher Höhe wärmer als die auf Abhängen oder Gipfeln, namentlich der höchsten Regionen. In den Kalkalpen wird hierdurch auf den freien Abhängen gegen Norden eine auffallende Depression der Bodentemperatur bewirkt.

4. Das Minimum für die Temperatur der höchsten Quellen scheint 0°,8 C. zu sein.

5. Die Höhe der Gebirgszüge hat einen entschiedenen Einflufs auf die Temperatur des Bodens; bei gleicher Meereshöhe liegen die wärmeren Quellen da, wo die mittlere Erhebung gröfser ist. Die Isogeothermen erleiden also eine Biegung analog der Erhebungslinie des Gebirges.

In Bezug auf die Relation der Quellen zu der Configuration und geognostischen Beschaffenheit des Bodens, aus dem sie entspringen, stellt der Hr. Verfasser Folgendes auf.

1. Der Ursprung der Quellen hängt nicht nur mit der Schichtenstellung, sondern auch mit dem allgemeinen Charakter der Gebirgsbildung aufs innigste zusammen.

2. Die Zerklüftung und Porosität bedingt beim Kalk einen wesentlichen Unterschied von den krystallinischen Schiefern; die Quellen sind seltener, reicher, und kommen zuweilen aus gröfseren Höhen mit etwas zu niedriger Temperatur zu Tage.

3. Die Höhen, bei welchen die letzten Quellen vorkommen können, ist von der allgemeinen Erhebung des Gebirges abhängig, ihr Abstand von der mittleren Gipfel- und Kammhöhe ist bei Gebirgszügen analoger Höhe im Kalk gröfser als in den krystallinischen Schiefern. Bei Gebirgen derselben geognostischen Formationen wird in den Alpen dieser Abstand wieder gröfser,

sobald sie sich nicht über 9000 Fuſs erheben, wo durch die Bildung steiler Wände und Gipfel und die Schnee- und Gletschermassen eine bedeutende Depression der Quellengränze bewirkt wird.

Die Methode, vermittelst deren der Hr. Verfasser die Quellentemperatur ermittelte, war die, daſs das Thermometer (in $\frac{1}{2}$ Grade C. getheilt) an 5 bis 6 verschiedenen Stellen eingetaucht und vorher etwas über und etwas unter die zuerst beobachtete Temperatur gebracht wurde, daſs ferner die Temperatur so viel als möglich im Innern der Quelle genommen wurde, wo Erhöhung der Temperatur durch insolirten Boden nicht stattfindet. Die Tabellen enthalten Quellentemperaturen aus den Centralalpen in den Umgebungen des Groſsglockner, und zwar aus den Tauern Thalquellen und Quellen auf Gipfeln und an Wänden, ferner aus den nördlichen Kalkalpen, aus den Umgebungen des Jaufen (Brenner) und aus dem Eisack- und Pusterthale.

O. Sendtner. Berichtigung einiger Angaben A. Schlagintweit's in Betreff der Isogeothermen der Alpen.

In Bezug auf den Schluſs Schlagintweit's, daſs die Quellen in den Thälern in gleichen Höhen wärmer sind als jene auf Abhängen und Gipfeln, wendet Hr. Sendtner ein, daſs er der Anzahl von 38 Beobachtungen Schlagintweit's 117 eigene, in den nördlichen Alpen Bayerns gesammelt, gegenüberstellen könne, die das Gegentheil beweisen. Denn die Quellen aller Höhen von 1500 bis 6000 paris. Fuſs in den Thälern waren um 0°,46 R. kälter.

Was aber die vermeintliche Depression der Vegetationsgränze anlangt, so habe Schlagintweit diesen Schluſs wohl nur aus der Beobachtung auf der Benedictenwand gezogen, und ein solcher Fall berechtigte noch nicht zu solch allgemeinem Schluſs, namentlich bei solch isolirter Localität. Auch dafür giebt Hr. Sendtner 47 Beobachtungen an, aus denen erhellt, daſs die Höhendifferenzen zwischen der Baumgränze im Thal und auf freien Berghängen je nach der Beschaffenheit 500 bis 1140 Fuſs betrage.

A v. Morlot. Ueber die geologischen Verhältnisse von Oberkrain.

Wir entlehnen diesem Aufsatz einige Beobachtungen über Quellentemperaturen, und machen darauf aufmerksam, dafs derselbe auch eine Anzahl barometrischer Höhenmessungen enthält.

Die Beobachtungen über Quellentemperaturen sind in nachfolgender Tabelle zusammengestellt.

Localität	Meereshöhe in Wiener Fuss	Tag der Beobachtung	Temperatur der Quelle	Temperatur der Luft	Stunde der Beobachtung
		1849. Juni	Gr. R.	Gr. R.	Vorm.
Goriussche, bei Kropiunig, Brunnen, 4 Fufs tief	3005	20	+ 9	16,7	11
Goriussche, Berghaus, Brunnen, 18 F. tief	3121	20	+ 6,9	17,0	12
					Nachm.
Jauerburg, Quelle im Thalweg . .	1837	16	+ 7,4	21,0	5
—, die Save, trüb fliefsend . . .	1721	23	+ 9,5	16,0	8
Kropiunig, Brunnen auf einem 30 F. tiefen unterirdischen Bach	3217	20	+ 5,6	15,9	2
Lepinathal, rechtes Gehäng, starke Quelle	3257	16	+ 6,5	20,1	3
Lepinabergbau, frischer Schutt vor einem frischen Ort, 300 senkrecht vom Tag	3579	16	+ 6,5	19,9	12
					Vorm.
Podberda, starke Quelle im Thalweg	1600	21	+ 7,0	18,0	10
—, schwache Quelle	2464	21	+ 7,6	17,5	12
Radmannsdorf, zwei Quellen aus der 254 Fufs hohen Diluvialterrasse, die stärkere +8°,3, die schwächere	1430	23	+ 8,6	15,0	6
					Nachm.
Schalkendorf, am Veldessee, starke Quelle aus dem Schuttland	1510	17	+ 7,6	20,0	3
—, aus dem Dolomit, 20 Fufs über dem See	1520	17	+ 7,7	20,0	3
—, Mineralquelle im Niveau des Sees	1500	17	+ 17,1	20,0	5
—, der Veldessee	1500	17	+ 17,9	19,0	6
Steinbüchel, Quelle im Thalweg .	1470	22	+ 5,6	16,2	8

J. D. Forbes. Ueber die intermittirenden Salzquellen in Kissingen.

Im Kundebrunnen entladet sich 6 bis 8mal in je 24 Stunden ein trübes, mit Strömen Kohlensäuregas untermischtes Salzwasser aus einem Bohrloch von 312 bayrische Fuſs Tiefe. Wird die Soole ausgepumpt, so verlängern sich die Perioden des Ausströmens.

Die Schönbornquelle, welche früher nur 1½ Proc. Salz hatte und aus 550 Fuſs Tiefe kam, ist jetzt weiter ausgebohrt bis zu 1878 Fuſs Tiefe; man hat den bunten Sandstein durchsunken, und traf in 1240 Fuſs eine Quelle mit 2½ Proc. Salz und 15° R. Temperatur. In 1590 Fuſs wurde Zechstein durchsunken, bei 1680 Fuſs erschien eine Kohlensäurequelle, und bei 1740 Fuſs traf man auf den Salzthon, Gyps und Anhydrit der Steinsalzformation, und in 1878 Fuſs Tiefe sprang eine gesättigte Salzsoole heraus. Die Quelle ist eigentlich nicht intermittirend, sondern wird nur künstlich dazu gemacht, indem der Arbeiter, um weiter bohren zu können, das Gestänge mit einem Thonpfropf umkleidet, der nach einigen Tagen von der schäumenden Quelle wieder herausgeschleudert wird. In diesem Hervorschleudern hat Herr Knorr die Periodicität beobachtet, daſs es in der dreimal längern Zeit geschieht, als man die Quelle vorher unausgesetzt hatte flieſsen lassen. Die Quelle mündet in einen groſsen Kessel aus; setzt man aber ein Rohr in das Bohrloch, so springt das Wasser 50 Fuſs hoch.

In nachfolgender Zusammenstellung finden sich die Temperaturen einiger Kissinger Quellen, die Hr. Forbes 1850 beobachtet hat:

	Temperatur		corrigirt			
Schönbornquelle (Soolquelle)	67°,2			Juni 25	5h Nachm.
	66 ,8	Troughton	66,3	- 25	4 -
Ragozzi, Mineralquelle	52 ,05	-	51,55	- 26	Mittag
	52 ,25	-	51,75	Juli 2	5h Nachm.
Pandur, -	51 ,8	-	51,3	Juni 26	Mittag
	52 ,0	-	51,5	Juli 2	5h Nachm.
Maxbrunnen, -	49 ,4	-	48,9	- 2	Mittag
Bocklet (Eisenq. vier Meilen von Kissingen)	50 ,7	-	50,2	- 1	4h Nachm.
Kapelle (süsse Quelle gashaltig)	51 ,5			Juni 28	6 -

Nachstehendes sind die corrigirten Werthe auf Grade C. berechnet:

Schönborn . . .	19
Ragozzi	10,85 11,0
Pandur	10,7 10,8
Maxbrunnen . . .	9,4
Bocklet	10,1
Kapelle	10,8.

J. Cogswell. Ueber eine merkwürdige Quelle oder Fontaine in Hollis, jetzt Phipsburg (Maine) ungefähr 7 Meilen von Saco und Kennebunk.

Die Quelle liegt in einer Vertiefung nahe einer Tannenebene, und hat ein Becken von 60 Fuſs Länge, 25 Fuſs Breite, 4½ Fuſs unveränderlicher Tiefe. Der Boden besteht aus weiſsem Sand, aus welchem an 6 oder 7 Stellen die Quelladern mit groſser Gewalt hervorbrechen. Beim Aufsprudeln ist das Wasser weiſs und trübe; hört nach einigen Minuten das Hervorsprudeln auf, um sich an einem andern Orte Luft zu machen, so wird der Boden an erster Stelle glatt und so hart, daſs er schwer Eindrücke annimmt. Selten hört die Quelle an allen Orten zugleich auf hervorzubrechen. Das Wasser hat die gewöhnliche Temperatur und keinen besondern Geschmack; es ergieſst sich 6 Meilen unterhalb in den Sacofluſs.

Es scheint die Quelle keine Gase zu enthalten und ihre Intermittenz also nicht auf wechselndem Gasdruck zu beruhen.

T. S. Hunt. Ueber die Mineralquellen Canadas.

Die Varennesquellen liegen ungefähr 1½ Meilen unter der Kirche von Varennes an der Grundfläche eines kleinen Rückens, am südlichen Ufer des St. Lorenzstromes, 17 Meilen unter Montreal, und entspringen aus einem tertiären Thon. Die äufsere Quelle heifst die salinische, die im Hause befindliche die Gasquelle, weil sie bedeutende Mengen Kohlenwasserstoff entwickelt.

Die äufsere Quelle liefert 2 bis 3 Gallonen Wasser in der Minute, setzt rings um das Bassin etwas Ocher ab, hat salzigen und angenehmen Geschmack. Temperatur am 18. October = 8°,5 C., die der Luft = $6\frac{2}{3}$° C., specifisches Gewicht des Wassers = 1,008 bei $15\frac{5}{9}$° C.

Das Wasser der innern Quelle befindet sich in stetem Aufwallen, und ähnelt im Geschmack der vorigen. Der entweichende Kohlenwasserstoff wird zur Beleuchtung benutzt. Die Temperatur der Quelle war am 18. October = 7°,5 C., die der Luft = $6\frac{2}{3}$° C.. Sie soll im Winter zufrieren und im Sommer wärmer sein als im Herbst. Specifisches Gewicht = 1,007 bei $15\frac{5}{9}$° C.

Die St. Léonquelle liegt im Flufsthal à la Glaise, ungefähr 1 Meile von der Kirche der Pfarrei St. Léon, entspringt aus dem Thon auf dem Trenton-Kalkstein, hat salinisch-eisenhaltigen Geschmack, ist klar und stark alkalisch und von 1,011 specifischem Gewicht bei $15\frac{5}{9}$° C. Die Temperatur war am 12. October bei $5\frac{5}{9}$° C. Lufttemperatur = $7\frac{7}{9}$° C. Sie ist in stetem Aufwallen durch Kohlenwasserstoffgas begriffen.

Die Caxtonquelle liegt am Yamachicheflufs, Gemeinde Caxton, entspringt in einem engen Thal am Fufs der 60 bis 80 Fufs hohen Thonhügel nahe am Flufs, hat sehr durchsichtiges Wasser, in stetem Aufwallen durch Kohlenwasserstoffgas erhalten, liefert 6 bis 8 Gallonen in der Minute. Temperatur am 25. October $9\frac{4}{9}$° C. bei $6\frac{2}{3}$° C. Lufttemperatur. Spec. Gew. bei $15\frac{5}{9}$° C. = 1,010. Geschmack stark alkalisch, weniger bitter als das der vorigen Quelle.

Die Plantágenetquelle liegt unweit des südlichen Ufers des Ottawa, und entspringt aus Thon. Der Hr. Verf. hat sie nicht selbst besucht. Das gesendete Wasser schmeckte stark alkalisch, bitterer als das der Caxtonquelle, hatte bei $15\frac{5}{9}$° C. ein spec. Gew. von 1,009.

Das Wasser enthielt in 1000 Grammen sämmtlicher Quellen folgende Bestandtheile:

	Varennesquellen äussere.	Varennesquellen innere.	St. Léon-quelle.	Caxton-quelle.	Plantage-netquelle.
Chlornatrium	9,42310	8,42860	11,496800	11,77500	11,66600
Chlorkalium	0,12340	0,03820	0,183200	0,08000	0,10400
Bromnatrium	0,01265	0,00460	—	—	—
Jodnatrium	0,00541	0,00850	—	—	—
Kohlens. Natron	0,17050	0,32606	—	—	—
- Baryt	0,02260	0,01237	—	—	—
- Strontian	0,01400	0,00960	—	—	—
- Kalk	0,35400	0,34900	0,349320	0,21600	0,03300
- Magnesia	0,54432	0,35590	0,938800	1,05930	0,89043
- Eisenoxydul	0,00480	Spur	0,014500	0,00540	0,00964
Kieselerde	0,04650	0,05400	0,086500	0,04795	0,07000
Thonerde	Spur	Spur	0,014500	0,00500	—
Kohlensäure	0,46914	0,31250	0,577400	0,48200	—
Chlorbarium	—	—	0,001957	—	—
Chlorstrontium	—	—	0,001960	—	—
Chlorcalcium	—	—	0,071870	0,05030	0,13640
Chlormagnesium	—	—	0,663642	0,37435	0,24522
Brommagnesium	—	—	0,009156	0,03420	0,00805
Jodmagnesium	—	—	0,004630	0,00390	0,00527

R. Peter. Ueber die Quelle des blauen Salzthon (?), Lickingflufs, Ky.

In den untern Schichten des blauen Salzthons in Kentucky entspringt nahe an dem Ufer des Licking, eine Quelle mit wechselnder Wassermenge, deren Temperatur nach Owen zwischen dem 4. und 5. Juni constant $16\frac{2}{3}$° C. war, während die Luft $15\frac{5}{9}$° C. bis $24\frac{4}{9}$° C. hatte. An der Luft stehend wird das Wasser gelblichgrün. Fortdauernd sprudeln aus der Quelle Gasblasen auf, die aus Stickstoff und 4,5 Proc. Kohlensäure bestehen, und nur eine Spur Schwefelwasserstoff enthalten. Spec. Gew. = 1,007. In 1000 Grains Wasser waren folgende Bestandtheile:

	Grains
Kohlensaure Kalkerde	0,3850
- Magnesia	0,0022
Thonerde, phosphors. Kalk und Eisenoxyd	0,0058
Chlornatrium	8,3473
Chlorkalium	0,0227
Chlormagnesium	0,5272
Brommagnesium	0,0009

	Grains		
Jodmagnesium	0,0007		
Schwefels. Kalk	0,5533		
- Kali	0,1519		
Kieselerde	0,0179		Cubikzoll
Schwefelwasserstoffgas . . .	0,0395	=	0,1086
Freie Kohlensäure	0,3547	=	0,76

Die Quelle, welche aufserdem noch Spuren von Mangan und Quellsäuren enthält, liefert in 24 Stunden 678 Gallonen. Berechnet man aus dem Salzgehalt die jährliche Menge, so beträgt diese 438000 Pf. avoir du poids.

J. L. Smith. Ueber einige Thermen Klein-Asiens.

Die Wasser sammelte Hr. Smith selbst auf seiner Reise durch Klein-Asien, und untersuchte sie in seinem Laboratorium. Wir schicken einige allgemeine Bemerkungen über die untersuchten Quellen voran, und lassen die Analysen derselben in einer Tabelle zusammengestellt folgen.

I. Die Thermen von Brussa, schon seit grauem Alterthum bekannt, liegen alle in einem kleinen Thal zwischen dem Olymp und Katairli, innerhalb $1\frac{1}{2}$ Meilen (engl.) von einander entfernt. Neben einigen derselben entspringen Quellen mit kaltem vortrefflichen Wasser. Die Thermen sind theils schwefelhaltig, theils nicht. Erstere sind 2 und heifsen Kukurtlu und Bademli-Baghtsche, von letzteren hat Hr. Smith nur 3 analysirt, nämlich Kara Mustapha, Tschekirghe und Guenzayasma

1) Die Kukurtluquelle entspringt am Fufs des Gebirges durch ein Lager von Kalktuff, und liefert 20 Gallonen in der Minute. Bei ihrem Abfliefsen hinterläfst sie Ueberrindungen von mehr oder weniger durch organische Stoffe gefärbtem Kalksinter. Das Wasser ist frisch geschöpft klar, riecht schwach nach Schwefelwasserstoff, schmeckt ganz gut, giebt beim Stehen einen gelben Bodensatz. Spec. Gew. = 1,00118. Temperatur = $81\frac{2}{3}$° C. bei + 19° C. Lufttemperatur.

2) Die Bademli-Baghtschequelle entspringt aus 3 oder 4 Oeffnungen im Tuff, und entwickelt reichlich Gas. Das Wasser, einige Fufs unter dem Abflufs geschöpft, ist klar, setzt aber an der Luft bald einen gelben Niederschlag ab, riecht warm schwach nach Schwefelwasserstoff. Spec. Gewicht = 1,00116. Temperatur = $81\frac{4}{9}^{0}$ C. bei 19^{0} C. Lufttemperatur. Sie liegt ungefähr 300 Fufs von der vorigen entfernt.

3) Die Kara Mustaphaquelle, am Rande der Ebene von Brussa, liegt ungefähr 200 Yards von der Kukurtluquelle; ihr Wasser ist klar, und hält sich in verschlossenen Flaschen. Temperatur = $52\frac{7}{9}^{0}$ C. Spec. Gewicht = 1,00094.

4) Die Tschekirghequelle, $1\frac{1}{2}$ Meilen von Brussa, ist klar, läfst kein Gas entweichen, setzt weniger Incrustationen ab als die anderen. Temperatur = 45^{0} C. bei $22\frac{2}{9}^{0}$ C. Lufttemperatur. Spec. Gewicht = 1,00068.

5) Die Gueuzayasmaquelle läfst kein Gas entweichen, ist klar und durchsichtig. Temperatur = 45^{0} C. Spec. Gewicht = 1,00122.

II. Die Quellen von Yalova liegen in einem Thal unweit Angori, ungefähr 6 Meilen von der See entfernt, am Fufs eines Hügels, welcher nach SW. das Thal von Yalova schliefst. Sie sind 9 an der Zahl, und unterscheiden sich wenig von einander in Temperatur und Zusammensetzung, hinterlassen keine Incrustationen, riechen ganz schwach nach Schwefelwasserstoff; ihre Temperatur ist zwischen $66^{0},1$ und $68^{0},9$ C. Spec. Gewicht = 1,00115.

III. Die Thermen von Hierapolis, ungefähr 6 Meilen von Laodicea, sieht man wegen der weifs incrustirten Hügel aus weiter Ferne; sie fliefsen sehr reichlich, und zeichnen sich durch ihren aufserordentlichen Gehalt an kohlensaurer Kalkerde aus, vermöge dessen sie auf der Ebene versteinerte Ströme und an den Abfällen petrificirte Cataracten hinterlassen. Das Wasser ist merkwürdig klar, und hält sich lange Zeit. Spec. Gew. = 1,00143. Temperatur geschätzt auf 54^{0} C. Die Incrustationen bestehen aus 98,2 Proc. kohlens. Kalk und 1,2 Proc. phosphors. Kalk, Fluorcalcium und Magnesia.

IV. Die Thermen von Eski-Shehr (das alte Dorylaeum)

liegen am Flufs Pursceck oder Thymbius, ungefähr 100 Meilen vom schwarzen und eben so weit vom Marmorameer entfernt; sie sammeln sich in einem Reservoir von 60 bis 80 Quadratfufs, und fliefsen sehr reich. Das Wasser ist klar und durchsichtig, schmeckt angenehm, läfst kein Gas entweichen, setzt keine Incrustationen ab. Specifisches Gewicht = 1,00017. Temperatur = $48\frac{1}{3}°$ C.

V. Die Thermen von Troja sind zahlreich und nahezu von derselben Beschaffenheit. Die beiden untersuchten sind salinisch, und liegen nahe bei einander.

VI. Die Thermen von Mitylene. Der Hr. Verfasser hat von diesen nur zwei untersucht, nämlich

1) Die Quelle Kelemyeh Oulinjah, deren Wasser klar, ohne Absatz zu bilden, fliefst, und angenehm schmeckt. Temperatur = 38°,9 C. (Lufttemperatur = 25° C.). Sie liegt am Golf der Oliven.

2) Die Quelle Touzla, deren Wasser gelblich gefärbt ist, und die nahe See, wohin sie sich ergiefst, ebenfalls färbt. Temperatur = 47°,2 C. (Lufttemperatur = 24°,4 C.).

VII. Die Thermen von Tiberias liegen am Ufer des Sees von Galilaea, und ergiefsen ihr Wasser aus den Bädern in letzteren; ihren Weg bezeichnet ein gelblicher Absatz. Ihre Temperatur ist auf 49° C. geschätzt.

Die Zusammensetzung der Thermen Klein-Asiens.

In 1 Liter Wasser waren Grammen.	I. 1.	I. 2.	I. 3.	I. 4.	I. 5.	II.	III.	IV.	V.	VI. 1.	VI. 2.	VII.
Zweifach kohlens. Natron	0,4100	0,4070	0,2600	0,0480	0,2405	—	0,078	0,219	—	—	—	—
- Kalk	0,1830	0,1790	0,2380	0,2336	0,2249	—	1,368	0,078	0,1225	0,2450	0,0912	0,0106
- Magnesia	0,0460	0,0520	Spur	Spur	Spur	—	0,041	—	—	—	—	—
Schwefels. Natron	0,1950	0,2000	0,0452	0,0250	0,1160	0,807	0,341	0,021	0,0607	0,0357	1,4625	0,0620
- Kali	0,0202	0,0225	—	—	0,0110	—	—	—	—	—	—	—
- Kalk	0,1710	0,1660	0,0670	0,2190	0,2370	0,414	0,119	0,029	0,0540	0,0330	1,3000	0.0386
- Thonerde	0,0043	0,0020	—	—	Spur	Spur	—	—	—	—	0,0221	—
Chlornatrium	0,0170	0,0192	0,0084	Spur	—	0,072	—	—	17,4450	0,6510	28,0260	22,2330
Chlorcalcium	—	—	—	—	—	0,068	0,020	Spur	2,5078	0,0865	2,0040	0,7801
Phosphors. Kalk	—	—	—	—	—	—	0,012	—	—	—	—	—
Schwefelnatrium	0,0033	0,0019	—	—	—	—	—	—	—	—	—	—
Kieselerde	0,1100	0,1100	0,0660	0,040	0,1140	0,035	0,008	0,008	0,0600	0,0150	—	0,0060
Organische Stoffe	0,0342	0,0402	—	—	—	—	—	—	—	—	—	—
Kohlens. Eisenoxydul	Spur	Spur	Spur	Spur	Spur	—	—	—	Spur	—	0,0038	—
Schwefels. Magnesia	—	—	—	—	—	0,005	0,431	—	—	—	—	0,0151
Chlormagnesium	—	—	—	—	—	—	—	—	0,7031	0,1628	0,2023	0,1850
Brommagnesium	—	—	—	—	—	—	—	—	Spur	—	Spur	—
	in 1000 Theilen					in 100 Theilen						
Kohlensäure	886	—	—	—	—	—						
Stickstoff	99	—	—	—	—	97						
Sauerstoff	11	—	—	—	—	3						
Schwefelwasserstoff	4	—	—	—	—	—						

F. Ragsky. Die Herkulesbäder im Banat.

Diese altberühmten Thermen unweit Mehadia im Banat, die, 14 an der Zahl, aus Kalk oder Schiefer entspringen, hat Hr. Ragsky zum Theil analysirt und folgendermaafsen zusammengesetzt gefunden:

	Die Herkules-quelle	Die Carls-brunn-quelle	Die Lud-wigs-quelle	Die Carolinen-quelle	Die Kaiser-quelle	Die Fer-dinands-quelle	Die Au-genbad-quellen (4)	Die schwarze Quelle	Die Fran-zisciquelle	Die drei warmen Quellen ober dem Wasser-fall	
Chlornatrium	10,779	7,187	9,916	6,855	31,111	25,348	32,503	37,180	40,084	1,394	Die Zahlen sind Wiener Gran in 16 Unzen
Chlorcalcium	7,800	3,560	5,213	5,911	16,134	16,034	19,245	17,002	19,281	0,346	
Schwefels. Kalk	0,645	0,594	0,782	0,580	0,334	0,480	0,643	0,789	0,745	0,980	
Kohlens. Kalk	0,364	0,341	0,104	0,629	0,562	0,544	0,420	0,403	0,246	0,140	
Kieselerde	0,142	0,145	0,112	0,249	0,165	0,204	0,178	0,220	0,198	0,135	
Chlormagnesium	—	—	—	0,981	—	—	—	—	—	—	
Jod- und Bromverbindungen	Spur	—	Spur	—	—	Spur	—	—	—	—	und
Kohlensäure	0,56	0,48	0,60	0,76	0,62	0,72	0,65	0,60	0,62	0,52	Wiener Cubikzoll in 16 Unzen
Stickstoff	0,50	0,59	0,59	0,58	0,58	0,40	0,51	0,53	0,48	0,40	
Schwefelwasserstoff . . .	—	Spur	0,48	0,65 bis 0,1	0,88	0,95	0,70	0,87	0,90	Spur	
Grubengas	—	—	0,41	0,38	0,49	0,52	0,42	0,40	0,56	—	
Temperatur der Quellen in Gr. R.	17 bis 41	33 b. 35,5	36,4	19,6 b. 24,2	44 b. 47,7	43	42,8	35 b. 38	33,7 b. 34	35 b. 36	
Specifisches Gewicht . .	1,0027 bis 1,0010	1,0021 bis 1,0017	1,0024 bis 1,0028	1,0020	1,0052	1,0055 bis 4,0047	1,0056 bis 1,0060	1,0059	1,0067	1,0005 bis 1,0006	
Liefert i. d. Stunde Cubicfufs	5045	23	960	180	89	—	—	—	93	—	

M. Pettenkofer. Chemische Untersuchung der Adelheidsquelle zu Heilbrunn in Oberbayern.

		Dingler.	Vogel.	Fuchs.	Barruel.	Bauer.	Buchner jun. 1.	Buchner jun. 2.
Jodnatrium	0,2199	0,596	0,75	0,912	0,7408	0,2000	0,220	0,197
Bromnatrium	0,3678 [1])	—	—	0,300	0,2432	0,4090	0,150	0,116
Chlornatrium	38,0684	39,671	45,50	36,899	29,9552	37,9477	39,097	26,248
Chlorkalium	0,0200	—	—	—	—	0,2460	0,022	—
Schwefels. Kali	—	—	—	—	—	0,0088	—	—
- Natron	0,0480	—	—	—	0,3840	—	—	—
Kohlens. Natron	6,2168	5,305	4,50	4,257	3,8560	6,9925	6,518	5,679
- Ammon.	6,2168	—	—	—	—	0,1203	0,082	Spur
- Baryt	—	—	—	—	—	0,0032	—	—
- Strontian	—	—	—	—	—	0,0517	—	—
- Kalk	0,5840	Spur	0,60	0,504	0,3984	0,6270	0,436	0,476
- Magnesia	0,1440	Spur	0,20	0,230	0,1872	0,3974	0,107	0,256
- Eisenoxydul	0,0720	Spur	0,10	Spur	0,0448	0,0162	0,080	0,114
- Manganoxydul	—	—	—	—	—	0,0016	—	—
Thonerde	0,1424	—	—	Spur	—	0,0221	0,027	0,018
Kieselerde	0,1472	Spur	0,20	0,122	0,1040	0,2562	0,107	0,186
Phosphors. Kalk	Spur	—	—	—	—	—	—	—
Organische Stoffe	0,1648	Spur	0,25	Spur	Spur	—	0,055	0,020
Summa	46,1953	45,572	52,10	43,224	36,9136	47,2997	46,901	35,310
Freie Kohlensäure	13,18	—	—	Spur	2,39	—	—	—
Kohlenwasserstoff	8,02	—	—	19,10	19,95	—	—	—
Stickstoff	6,54	—	—	—	—	—	—	—
Sauerstoff	1,38	—	—	—	—	—	—	—

[1]) Diese Zahl scheint auf Irrthum in der Rechnung zu beruhen, sie mufs 0,448 lauten.

Das Wasser der brom- und jodreichen Quelle war 1849 im Frühjahr geschöpft, gut verkorkt und verpicht und in kühlem Raum bis November aufbewahrt.

Die quantitative Analyse gab das in der ersten Spalte verzeichnete Resultat; die andern Spalten enthalten die Resultate derjenigen Chemiker, von welchen bisher die Adelheidsquelle auch analysirt worden ist. Die Angaben beziehen sich auf 16 Unzen bayr. = 480 Grammen, der Gehalt an Gas auf CC. bei 0° und 760^{mm} Barometer.

HATTIER. Untersuchungen über die Mineralquellen von Bourbon-l'-Archambault.

In diesem Orte finden sich vier Quellen, 1) die heifse Quelle (51°,1 warm), 2) die Quelle Jonas, 3) die Quelle Saint Pardoux und 4) die Trollière; die letzteren drei sind kalt.

Die heifse Quelle enthält im Liter 0,0001 Jodmetalle und 0,002 Brommetalle, Saint Pardoux und de la Trollière im Liter 0,00001 Jodmetalle.

Die heifse Quelle giebt in 24 Stunden 2400 Cubicmeter Wasser; diese enthalten also 4800 Grammen Brom- und 240 Grammen Jodmetalle.

Die Zusammensetzung der im Wasser gelösten Gase ist nicht constant.

A. BOBIERRE und E. MORIDE. Zusammensetzung der eisenhaltigen Mineralquelle von Kirouars bei Presailles (unteres Seine-Departement).

— — Die eisenhaltige Quelle von la Bernerie (unteres Loire-Departement).

Die Quelle von Kirouars liegt am Meeresstrand, zu welchem eine in Stein gehauene Treppe herabführt. Sie entspringt aus einem Felsspalt, ergiefst sich ins Meer, und liefert ungefähr 5 Liter Wasser in der Minute. Temperatur am 15. October 1850 = 15° C. bei 17° C. Lufttemperatur.

Das Wasser ist ganz klar, setzt auf seinem Lauf aber viel Eisenoxyd ab. Es enthält an festem Rückstand in 1 Liter 0,401 Theile, dessen Zusammensetzung in 100 Theilen folgender ist:

Kieselerde	7,60
Schwefelsäure	8,00
Chlor	3,80
Magnesium	2,90
Natrium	18,00
Calcium	3,92
Eisenoxydul	3,19
Gebundene Kohlensäure und Sauerstoff	45,69
Organische Substanz	7,20

Das Gas der Quelle, welches 46 CC. betrug, bestand in 100 Volumtheilen aus

Kohlensäure	55,4
Stickstoff	34,0
Sauerstoff	10,6

Der Eisenocher, den die Quelle abgesetzt hatte, enthielt 27,7 Proc. organische Substanz, 63,1 Proc. Eisenoxyd, 9,2 Kieselerde und Spuren von Thonerde und Arsenik.

Die eisenhaltige Quelle von la Bernerie (unteres Loire-Departement), welche ebenfalls von den Herren Moride und Bobierre analysirt worden ist, entspringt 500 Meter von der Küste aus einem Schiefer, liefert in der Minute ½ Liter Wasser, und enthält in 1 Liter 53 CC. Gas und 0,35 Grammen festen Rückstand.

Das Gas besteht in 100 Theilen des Volums aus

Kohlensäure	41,78
Sauerstoff	4,90
Stickstoff	53,32

Tausend Theile des festen Rückstands enthalten

Organische und flüchtige Substanzen	0,004	Grmm.
Kieselerde	0,053	-
Schwefelsäure	0,095	-
Chlor	0,085	-
Thonerde	0,006	-

Natrium	0,130	-
Calcium	0,044	-
Eisenoxydul	0,063	-
Gebundene Kohlensäure und Sauerstoff	0,520	-

Der Ocher der Quelle enthielt auch Spuren von Arsenik.

Die Herren Verfasser erwähnen unter den chemischen Verbindungen, zu denen die in der Analyse angegebenen Stoffe vereinigt sein sollen, Chlormagnesium und schwefelsaure Magnesia. Es scheint daher, als ob Magnesium in der Zusammenstellung der Analyse ganz vergessen sei.

P. Ormancey. Ueber die Mineralwässer Frankreichs.
C. S. C. Deville. Ueber die Eintheilung der Mineralwässer Frankreichs.

Hr. Ormancey theilt die Mineralwässer Frankreichs nach Gebirgssystemen und Becken ab. So viel Gebirgssysteme, so viel Ordnungen der Mineralquellen; so viel Becken, so viel Zweige der Mineralwässer giebt es. Die Ordnungen zerfallen in Thermen und kalte Quellen; eben so die Becken.

Hr. Deville theilt die Mineralquellen in Regionen ab mit Bezug auf die grofsen orographischen und geologischen Linien, unter denen man wieder Gruppenabtheilungen machen kann je nach der verschiedenen Zusammensetzung der Wasser. So kann man z. B. die Gruppe der Pyrenäenquellen in zwei Reihen, eine der Centralaxe des Zugs im engern Sinn parallele, und eine der Richtung der allgemeinen Alpen entsprechende, sondern. Nachstehende Tabelle veranschaulicht die chemische Zusammensetzung der Quellen verschiedener Regionen für je 100 Theile der festen Bestandtheile

	Alpen und Corsica.	Gebirgs-massiv des mittleren Frankreichs.	Vogesen, Jura, Haute-Saone.	Ardennen Hennegau.	Gebirgs-stock des Nord-westens.
Schwefelsaure Salze	7,81	42,38	14,29	5,71	30,09
Doppelt kohlensaure Salze.	74,68	22,16	16,10	49,41	33,38
Chlormetalle . . .	14,48	34,24	67,48	43,44	23,93
Silicate	3,03	1,22	2,13	1,44	7,60

Die Folgerung, die Hr. Deville zieht, dafs in den Quellen des Gebirgsmassivs des mittleren Frankreichs die doppeltkohlensauren Salze vorherrschen, scheint auf Irrthum zu beruhen, oder obige Tabelle enthält an jener Stelle Druckfehler.

Dumas. Allgemeines in Bezug auf die Zusammensetzung der Gewässer Frankreichs.

Aus dem ersten Band des jetzt im Druck begriffenen Annuaire des eaux de France, welcher 400 Analysen von süfsen Gewässern in Frankreich enthält, theilt Hr. Dumas folgende allgemeinen Resultate mit:

In den Quellen des Gebirgsmassivs in Mittel-Frankreich d. h. in der Auvergne, de Cantal und Ardèche-Departement, herrschen die zweifachkohlensauren Salze vor, in den Pyrenäen die schwefelsauren Salze, eben so in den Alpen und in Corsica, im Jura, Departement Haute-Saône und Vogesen die Chlormetalle, in den Ardennen und im Hennegau sind Chlormetalle und zweifachkohlensaure Salze zu ziemlich gleichen Theilen vorhanden, in der Vendée, Bretagne und einem Theil der Normandie finden sich die Chlormetalle, schwefelsauren und zweifachkohlensauren Salze zu je 30 Proc. ungefähr.

Wir bemerken, dafs die Zahlen, welche in dieser Mittheilung Hr. Dumas für das relative Verhältnifs der Salze giebt, von denen Deville's (s. oben p. 1040) nicht unwesentlich abweichen, dafs selbst das allgemeine Resultat für das centrale Gebirgsmassiv und die Alpen nebst Corsica nicht übereinstimmt, denn nach Deville herrschen in dem letztern Gebiet die zweifachkohlensauren und im erstern die schwefelsauren Salze vor.

Soolquellen im Staat Virginien.

Am Flufs Kanhawha im Staat Virginien sind sehr tief unter der Oberfläche Salzquellen erbohrt, von denen manche 20 bis 25 Meter hoch herausspringen. Zugleich entwickelt sich Kohlenwasserstoffgas, welches zum Heizen der Abdampfkessel benutzt wird, und beim Anzünden auch sehr gut leuchtet.

Ueber die Temperatur jener Soolquellen weifs man nichts Genaues, aber obwohl die Quellen aus 500 Meter Tiefe kommen, scheint das Wasser doch noch kühl genug zu sein, um die Gefäfse mit Flufswasser, welche die Arbeiter der Salinen hineinstellen, abzukühlen.

Thermen von Washitta in Arkansas.

Am linken Ufer eines kleinen Flusses, Hot Spring Creek, entspringen auf 400 Meter Länge 60 heifse Quellen am Fufs eines Hügels von 550 Fufs Höhe. Sie geben zusammen in der Minute mehrere hundert Gallonen Wasser, dessen Temperatur bei mehreren zwischen 52° und 60° C. schwankt. Die heifsesten sprudeln nur einige Fufs weit von kalten Quellen hervor.

In den heifsesten bewegt sich ein Insect etwas gröfser als eine Blattlaus. In den hölzernen Leitungsröhren setzen sich zweierlei noch unbekannte Krystalle ab.

Die Salinen von Onondaga

liegen an einem kleinen gleichnamigen See im Staat New-York, südlich von Syracus bei Cazenova, eingeschlossen von einer Hügelkette, die ihre Wasser nach dem Ontario, St. Lorenz und Susquehanna entsendet.

Aus einem 100 Fufs tiefen Bohrloch springt eine reiche Salzsoole 8 Fufs über das Niveau des Sees hervor. Zwanzig Lieues westlich davon bei Lockpitt hat man in 401 Fufs ebenfalls eine sehr reiche Salzquelle erbohrt, deren Salz jedoch sehr unrein und diliquescirend ist.

J. Dickinson. Ueber den Wasservorrath der Kalkschichten in der Nachbarschaft Londons.

Die Beobachtung, dafs die Kreideformation in den Umgebungen Londons in gewissen Tiefen reiche Wasserreservoirs führt, aus denen die Bäche und Flüsse zufolge der bekannten hydrostatischen Ursachen entstehen, führten den Hrn. Verfasser darauf, die Beziehungen dieser Quellen zu den jährlichen Regenmengen zu untersuchen. In Hertshire war in den letzten 40 Jahren die durchschnittliche Regenmenge vom Januar bis Juni incl. 11,12 Zoll, vom Juli bis December incl. 14,80 Zoll, vom April bis September incl. 12,17. Die durchschnittliche Infiltration (nach Dalton's Messer) betrug vom April bis September 0,62, vom October bis nächsten März 9,61 Zoll.

Die aus dem Kalk entspringenden Quellen und Bäche sind am wasserreichsten im Juni und am ärmsten im December, und diese Erscheinung ist bedingt durch die Zeit, welche der Regen zur Infiltration durch die zerklüfteten Kalkmassen und zur Ausbreitung in dem Reservoir braucht, ehe er die Ausflufsöffnungen erreicht.

Die Regenmengen schwankten zwischen 21,1 und 32,1 Zoll, die Infiltrationsmengen zwischen 3,1 und 19,28 Zoll. Die Regenzeit ist die hauptsächlichste Nahrungsquelle für das Reservoir der unversieglichen Quellen, und ihr Abflufs ist proportional der während des Winters infiltrirten Wassermenge, denn die des Sommerregens verdunstet entweder oder wird von der Vegetation verzehrt.

Die unterirdischen Gewässer haben nach des Hrn. Verfassers Messungen eine Bewegung mit einem Fall von 13 Fufs 6 Zoll auf die Meile, und zwar in der Richtung des Streichens der Schichten und des Fallens der Ströme. In der Nähe eines Stroms sind die Spalten des Kalks breiter.

F. Shepherd. Ueber die Geyser im Plutonthal in Californien.

Verfolgt man von der Bai von San Francisco aus das Napathal ungefähr 1 Meile aufwärts, so trifft man an der östlichen

Scheidewand desselben vom Suisunthal Porphyrfelsen, an deren Fuſs warme Quellen entspringen; ihre Temperatur war nicht übereinstimmend, sondern schwankte von 25°,5 C. abwärts. Dreiſsig Meilen nördlich liegen die Thermen der Herren Ritchie und Tucker, deren Temperatur bei 20 Stück zwischen 40°,5 und 76°,1 C. schwankte, ohne daſs eine derselben auf längere Zeit constant bliebe. Am Fuſs des Berges St. Helena sollten früher ebenfalls Thermen geflossen sein. Hr. Shepherd fand daselbst eine ziemlich warme Oberfläche und in 2 Fuſs Tiefe eine Temperatur von 48°,8 C. Nordwestwärts vom Ende des Napathals gelangte er nach einigen Tagereisen zu einem hohen Pik, an dessen nördlicher Seite sich ein enges Thal öffnete, in welchem der kleine Fluſs Pluton durch grüne Wiesen floſs, während die Berggipfel umher mit Schnee bedeckt waren (8. Februar). Hier sandten im Umkreise von ½ Quadratmeile 100 bis 200 Oeffnungen in der Erde Dampfstrahlen von 150 Fuſs Höhe in die Luft, gelegentlich aber auch heiſse Wassermassen 20 bis 30 Fuſs hoch. Das Geräusch hörte man eine Meile weit. Durch Absatz verschiedener Salze und Schwefel mit erdigen Stoffen entstehen erhärtende Krusten in Form von Kegeln, unter denen das Wasser schäumt und braust wie in gewaltigen Kesseln. Als Hr. Shephred eine solche Kruste entfernte, sah er einen heftig siedenden Strudel Wasser von unbekannter Breite und Tiefe. Diesen Geyser hat er Agassiz's Maelstrom genannt, einen andern Silliman's, einen andern Panther-, einen fernern Plutoskessel, einen Oceandampfer u. s. w.

Am Fuſse der Kegel, im Grund der Schluchten, im Bett und am nördlichen Ufer des Pluton entspringen zahllose Mineralquellen von verschiedener Beschaffenheit und Temperatur, rothes, blaues und schwarzes Schwefelwasser, heiſs und kalt. Auch ganz klares heiſses Wasser ohne Schwefel oder Chlorsalze, Kalk-, Magnesia- und Eisen-haltige Wasser giebt es in zahlreichen Abänderungen. Wo das heiſse Schwefelwasserstoffgas sich entwickelt, setzt sich sogleich Schwefel in schönen Krystallen ab, und Schwefelsäure bildete sich. Ohne den Eindruck einer Solfatara zu machen, sieht man die Gesteine ringsum, Porphyre, Granite und Pseudotraps, der heftigen chemischen Zersetzung einer solchen unterworfen.

Da von den Abhängen der Berge kalte Quellen herabrieseln, so ist nahe bei den heifsen Geysirs eine kräftige Vegetation von immergrünen Eichen, Ahorn und Erlen, in deren Zweigen Vögel nisten, während unten auf dem warmen Boden Panther, Hirsche, Hasen und Eichhörnchen ihr Winterquartier aufschlagen.

A. Schmidl. Ueber den unterirdischen Lauf der Recca.

Der Hr. Verfasser theilt als Fortsetzung seines frühern Aufsatzes über die Höhlen des Karst (Berl. Ber. 1849. p. 464) einige Notizen über den Lauf der Recca mit. Dieser Flufs verliert sich bei St. Canzian in den Karst, und kommt höchst wahrscheinlich bei Duino an der Küste wieder zum Vorschein, wo er den Namen Timavo führt.

Die Lebensaufgabe für die Stadt Triest, sich Trinkwasser in hinreichender Menge zu verschaffen, hatte schon früher Versuche veranlafst, den unterirdischen Lauf der Recca zu erforschen. Sie führten zu dem Resultat, dafs eine geräumige Grotte bei Trebich, 6600 Klafter von St. Canzian entfernt, das Flufsbett höchst wahrscheinlich enthielt. Diese Thatsache wird durch die Untersuchung des Hrn. Verfassers fast zur Gewifsheit, indem derselbe den Lauf der Recca von St. Canzian aus 220 Klafter weit verfolgte, hier mehrere grofse Höhlen fand, in denen zuweilen gewaltige Anstauungen des Flusses statthaben, und aus der Neigung der Gebirgsschichten den Schlufs zieht, dafs die Recca von Canzian über Corgnale (wo auch eine Grotte ist) und Lippiza nach der Trebichgrotte fliefst. Diese letztere besuchte nun der Hr. Verfasser, konnte aber wegen der grofsen Schwierigkeiten nicht viel weiter in der Verfolgung des Flufsbettes vordringen als die früheren Forscher. Das Wasser war trübe und hatte 3° R. Temperatur (den 11. März). Auf dem höher gelegenen Theile des Karstes, in der Richtung, welche muthmafslich das unterirdische Flufsbett einschlägt, wurden 29 Abgründe von bedeutender Tiefe untersucht, aber man fand in keinem derselben bis jetzt das Flufsbett.

Wie der Flufs aus der Trebichgrotte weiter strömt, ist

zweifelhaft, aber wahrscheinlich in westlicher Richtung über Grabovitza, Nabresina nach Duino, möglicherweise aber auch nördlich über Duttoule, am wahrscheinlichsten spaltet er sich in zwei Arme, welche die oben erwähnten Richtungen einschlagen.

C. FRITSCH. Ueber die constanten Verhältnisse des Wasserstandes und der Beeisung der Moldau bei Prag, so wie die Ursachen, von welchen dieselben abhängig sind.

Diese sorgfältigen Beobachtungen, deren einzelne Resultate in einer ansehnlichen Zahl Tabellen zusammengestellt sind, lassen nicht wohl einen für unsern Jahresbericht geeigneten gedrängten Auszug zu, und wir beschränken uns daher darauf, den Inhalt der Tabellen näher anzugeben.

Die erste enthält eine Uebersicht der mittleren monatlichen Wasserhöhen und der Extreme, gemessen am Pegel oberhalb der Altstädter Mühlen; dazu die Maxima, Minima und Mittel des Jahres und der vier einzelnen Jahreszeiten.

Die zweite umfafst die Resultate 25jähriger Beobachtungen (1825 bis 1849) über den Wasserstand der Moldau für die einzelnen Monate, die vier Jahreszeiten und das Jahr.

Die dritte giebt eine Uebersicht der Orte im Flufsgebiet der Moldau (nebst ihrer Höhe über dem Meere, der geographischen Länge und Breite), wo die jährlichen Regen- und Schneemengen gemessen wurden; sie umfafst die Jahre 1818 bis 1846, aber nicht fortlaufend ohne Unterbrechung an jedem Ort.

Die vierte Tafel enthält die mittlere Regenmenge der in der dritten Tafel angeführten Orte aus dem Flufsgebiet der Moldau für die einzelnen Monate.

Taf. 5 giebt die einzelnen normalen Regenhöhen im Flufsgebiet der Moldau, welche aus den Mitteln der in den einzelnen Monatsspalten der vierten Tabelle aufgeführten Gröfsen bestehen.

Taf. 6 enthält die Consumtionsberechnung der Moldau bei Prag.

Taf. 7 enthält die Wassercomsumtion der Moldau binnen einer Secunde in Cubicfufs für die 12 Monate der Jahre 1825 bis 1837.

Taf. 8 liefert die Vergleichung der consumirten Wassermenge mit der Regenmenge für die 12 Monate, dazu eine Uebersicht der mittleren täglichen Verdunstung, wobei sich herausstellt, dafs die auf die gewöhnliche Weise (in Gefäfsen) beobachteten Verdunstungsmengen keinen richtigen Schlufs auf die vom Erdboden u. s. w. verdunstenden Wassermengen zulassen.

Endlich sind noch drei Tabellen: über die wichtigeren Momente der Beeisung, über die Ergebnisse der Beobachtungen des Eisganges und über die wichtigeren Epochen und Phasen der Eisdecke, so wie der Ursachen, welche darauf Einflufs haben, hinzugefügt.

V. Streffleur. Einiges über Wasserstands-(Pegel-)Beobachtungen und deren Aufzeichnung.

Die Akademie der Wissenschaften in Wien schlug im Jahre 1849 vor, die in älteren Zeiten behufs technischer Zwecke angelegten Systeme correspondirender Pegel auch zu meteorologischen Forschungen zu benutzen und dazu die Zahl der Pegelstationen zu vermehren. Es fragte sich nun: wie soll an den neuen Pegeln der Nullpunkt bezeichnet, und wie die alten ungleich bezeichneten mit den neuen und unter sich in Uebereinstimmung gebracht werden?

In Bezug auf die übersichtliche Darstellung der Pegelbeobachtungen schlägt Hr. Streffleur vor, auf den gewöhnlichen Landkarten die Flüsse, wo solche Beobachtungen gemacht werden, breiter auszuziehen und durch bestimmte vereinbarte Zeichen (z. B. dunklere und hellere Färbung des Flusses und beigesetzte Zahlen) das Maafs der Wasserhöhe anzudeuten.

Wie schwierig und unzuverlässig es aber sei, mit mittleren Werthen zu rechnen, wie gewagt, aus einem einzigen Pegel Schlüsse auf einen ganzen Strom zu ziehen, und wie unmöglich es sei, an den in langen Strecken neu zu errichtenden Pegeln gleichzeitig den Nullpunkt zu finden, zeigt der Hr. Verf. durch eine Darlegung der überraschenden auffallenden und scheinbar widersprechenden Beobachtungen an einer Reihe nicht weit aus einander liegender Pegel der Donau und Etsch. Zufolge der genauen Betrachtung der Localitäten in der Nähe dieser Pegel weist er aber das Begründete in den scheinbar widersprechenden Zahlen nach; er thut dar, dafs jene Abnormitäten in abnormen Gestalten des Flufsbettes, der Umgebung des Ufers u. s. w. beruhen, und macht darauf aufmerksam, dafs derartige Pegelbeobachtungen nicht mit in den Kreis der neuen hineingezogen werden dürfen, und dafs die neuen Pegel nicht an ähnlichen Localitäten anzulegen seien.

Den Schlufs, den BERGHAUS für Rhein, Weser, Elbe, Oder, Weichsel und Memel gezogen, dafs die mittlere Wasserhöhe dieser Flüsse in Abnahme begriffen sei, hält er daher für zweifelhaft, obwohl er Beispiele kennt, wo die mittlere Wasserhöhe an einem Pegel constant abnahm, ohne dafs die Wassermenge des Flusses sich verminderte. Diese Erscheinung hat ihren Grund alsdann entweder in der Vertiefung oder Verbreiterung des Flufsbettes an jenem Orte, oder in der allmäligen Verminderung des Gefälles an der Stelle des Pegels, oder in Anprall und Rückstau, wenn der Pegel vor einer Krümmung angebracht ist. Selbst die Dampfschifffahrt hat manchmal Erweiterung des Flufsbettes durch Uferbrüche und Grundvertiefungen hervorgerufen.

Andererseits heben den Wasserstand am Pegel Stromregulirungsbauten durch Verengerung des Flufsprofils, locale starke Regen und Eisstauungen.

Die auffallendsten Schwankungen in den Niveauverhältnissen ergeben sich vor Stromengen.

Wenn daher neue Pegel errichtet werden sollen zur genauen Beobachtung und Gewinnung vergleichbarer Resultate, so empfiehlt der Hr. Verfasser Folgendes als berücksichtigenswerth:

1) Wahl der Pegelpunkte.

2) Errichtung stabiler Pegel.

3) Provisorische Bezeichnung des Nullpunkts, an jedem einzelnen Pegel abgesondert, nach dem erfahrungsmäfsig tiefsten Wasserstande, so dafs die Aufzeichnung negativer Höhen wegfällt.

4) Verbindung der Nullpunkte durch Nivellement.

5) Controlle der Nullpunkte durch Anknüpfung an nahe liegende charakteristische trigonometrische Punkte des Ufers wie Kirchen u. s. w.

6) Messungen der Flufsprofile, Wassergeschwindigkeiten und des Ueberschwemmungsbezirks, wenigstens an den correspondirenden Hauptpegeln.

7) Vergleichung der Niveauänderungen an allen Pegeln längs des ganzen Flusses, um die Lage der Nullpunkte zu rectificiren, welche letztere erst dann richtig sind, wenn die Linie zwischen den bei localen Beharrungszuständen markirten Nullpunkten auch bei später oft eintretenden Nullwasserständen sich nahezu wieder deckt.

8) Endliche unveränderliche Feststellung der Nullpunkte.

9) Anlage eines Pegelgrundbuchs mit den jährlichen Beobachtungen über Veränderungen des Grundes und der mittleren Wassermengen und Höhen.

G. Werther.

---

5. Meteorologie.

A. Kunzek. Lehrbuch der Meteorologie, leichtfafslich dargestellt. Zweite Auflage. Wien 1850*.

J. J. Nervander. Observations faites à l'observatoire magnétique et météorologique de Helsingfors. Vol. I—IV. Deuxième section. Observations météorologiques. Helsingfors 1850 et 1851*.

H. W. Dove. Bericht über die in den Jahren 1848 und 1849 auf den Stationen des meteorologischen Instituts im Preufsischen Staate angestellten Beobachtungen. Besonderer Abdruck aus den Tabellen und amtlichen Nachrichten über den Preufsischen Staat für das Jahr 1849. Berlin 1851*.

A. T. Kupffer. Correspondance météorologique. Publication trimestrielle de l'administration des mines de Russie. Année 1850. St. Pétersbourg 1851*.

Buys-Ballot. Meteorologische waarnemingen in Nederland 1851, met anwijzing van de afwijkingen der weersgesteldheid van den gewoonen gang, en magnetische afwijkingen te Utrecht in minuten boogs.

J. Lamont. Beobachtungen des meteorolgischen Observatoriums auf dem Hohenpeifsenberg von 1792 bis 1850. I. Supplementband zu den Annalen der Münchener Sternwarte. München 1851*.

J. Henry. On the system of meteorological observations proposed to be established in the United States. Rep. of the Brit. Assoc. 1851. 1. p. 320*.

Directions for meteorological observations intended for the first class of observers. Washington 1850*.

Formation d'une société britannique de météorologie à Londres. Inst. No. 866. p. 256*.

T. Lawson. Army meteorological register for twelve years from 1831—1842 inclusive.

H. Abich. Ueber die Thätigkeit der meteorologischen Stationen in Georgien. Pogg. Ann. LXXX. 520*.

J. Ray. A comparison of two different methods of calculating mean temperatures, and on the mean temperature of Cincinnati. Proc. of the Amer. Assoc. V. 201*.

H. Schlagintweit. Untersuchungen über die Vertheilung der mittleren Jahrestemperatur in den Alpen. Pogg. Ann. LXXXII. 161*, 369*; Phil. Mag. (4) I. 247; Inst. No. 905. p. 151, No. 921. p. 277; Arch. d. sc. ph. et nat. XVI. 305.

Rush. Observations du baromètre et du thermomètre faites pendant diverses ascensions en ballon. Inst. No. 839. p. 40*; Rep. of the Brit. Assoc. 1849.

Rozet. Observations météorologiques faites sur la chaîne des Pyrénées pendant les étés de 1848 et 1849. C. R. XXX. 197, 568; Inst. No. 843. p. 65*.

— — Limite des neiges perpétuelles dans les Pyrénées orientales. Inst. No. 849. p. 116*.

Cunningham. Sur la limite des neiges perpétuelles dans l'Himalaya. Inst. No. 868. p. 272*; J. of the Asiat. Soc. of Bengal (2) XXI. 694.

K. Fritsch. Ueber die Temperaturverhältnisse und die Menge des Niederschlages in Böhmen. Wien. Ber. VII. 412*.

Kunzek. Uebersichten der Jahres- und Monatsmittel aus den während eines Zeitraums von 20 Jahren in Lemberg fortgeführten meteorologischen Beobachtungen. Wien. Ber. VII. 3*.

J. Glaisher. Sequel to a paper on the reduction of the thermometrical observations made at the apartments of the Royal Society. Phil. Trans. 1850. p. 569; Proc. of the Roy. Soc. V. 925; Inst. No. 873. p. 311*.

T. Rankin. On meteorological phaenomena at Huggate, Yorkshire, for 1849. Rep. of the Brit. Assoc. 1850. 2. p. 42*.

P. de Tchihatchef. Note sur la météorologie de Trésibonde et de Kaïsaria. C. R. XXXII. 799; Inst. No. 908. p. 169*.

— — Note sur la météorologie de Constantinople. C. R. XXXII. 764; Inst. No. 907. p. 163*.

Demidoff. Observations météorologiques faites à Nijné-Taguilsk en janvier, février et mars 1851. Inst. No. 921. p. 275*.

T. S. Wells. Observations on the climate of the valley of the Nile. Rep. of the Brit. Assoc. 1850. 2. p. 45; Inst. No. 878. p. 348*.

C. Martins. On the six climates of France. Rep. of the Brit. Assoc. 1850. 2. p. 46; Inst. No. 878. p. 348*; Sillim. J. (2) X. 396.

Buist. Sketch of the climate of western India. Rep. of the Brit. Assoc. 1851. 2. p. 29*.

W. H. Sykes. Discussion of meteorological observations taken in India, at various heights. Phil. Trans. 1850. p. 297; Inst. No. 885. p. 407*; Proc. of the Roy. Soc. V. 933.

J. C. Pyle. Abstract of meteorological observations made at Futteguri, for the year 1850, north-west provinces, Bengal. Rep. of the Brit. Assoc. 1851. 2. p. 39*.

Dove. Sur les changements diurnes du baromètre dans l'Hindostan. Inst. No. 851. p. 135*; Berl. Monatsber. 1849. p. 361.

C. Aguirre. Observations météorologiques faites à l'Antisana. C. R. XXXII. 741; Inst. No. 907. p. 161*; Arch. d. sc. ph. et nat. XVII. 139.

C. S. C. Deville. Mémoire sur la climatologie des Antilles. C. R. XXXIII. 686; Inst. No. 938. p. 410*.

Sarmento. Douze mois d'observations météorologiques à Fernambouc pendant les années 1842 et 1844. C. R. XXXIII. 92; Inst. No. 917. p. 241*.

J. Lee. On meteorological observations made at Kaafjord, near Alten, in western Finmark, and at Christiania in Norway. Rep. of the Brit. Assoc. 1850. 2. p. 36*.

T. C. Hunt. Results of meteorological observations taken at St. Michael's from the 1st of January 1840 to the 31th of December, 1849. Rep. of the Brit. Assoc. 1850. 1. p. 133*; Inst. No. 878. p. 348.

Buist. Sur les phénomènes météorologiques observés dans l'Inde, de janvier à mai 1849. Inst. No. 840. 47*; Rep. of the Brit. Assoc. 1849.

Registration of the periodical phaenomena of plants and animals. Rep. of the Brit. Assoc. 1850. 1. p. 338*.

Dove. Ueber den Zusammenhang der Wärmeverhältnisse der Atmosphäre mit der Entwickelung der Pflanzen nach den Beobachtungen von Vogt in Arys. Berl. Monatsber. 1850. p. 213; Inst. No. 888. p. 15*.

Andrews. Account of on apparatus for determining the quantity of hygrometric moisture in the air. Rep. of the Brit. Assoc. 1851. 2. p. 29*; Athen 1851. p. 776; Inst. No. 924. p. 302; Krönig J. III. 359; Sillim. J. (2) XII. 419; Pogg. Ann. LXXXV. 36.

Baudrimont. Sur l'aérodensimètre. Inst. No. 884. p. 395*.

C. Martins. Anweisung zur Beobachtung der Windhosen oder Tromben. Pogg. Ann. LXXXI. 444*; Annu. météor. d. l. France 1848.

P. Wessel. Beobachtung einer Wasserhose zu Schwedt. Pogg. Ann. LXXXII. 455*.

Bonnet. Sur un phénomène météorologique. C. R. XXXII. 143; Inst. No. 892. p. 42; Pogg. Ann. LXXXII. 599*.

Sykes and Buist. On Indian hail-storms. Rep. of the Brit. Assoc. 1850. 2. p. 43*; Arch. d. sc. ph. et nat. XVIII. 132.

J. K. Watts. Notice of a snow-storm. Rep. of the Brit. Assoc. 1851. 2. p. 41*.

Malzu. Sur l'explication donnée par MM. Bixio et Barral d'un phénomène météorologique. C. R. XXXI. 254; Inst. No. 868. p. 267*.

W. R. Birt. On the hail storm of May 5, 1850, as observed at the Kew observatory. Phil. Mag. (3) XXXVI. 420; Inst. No. 863. p. 231*.

Boué. Ueber die wunderbaren donnerartigen Detonationen, welche die heurigen Gewitter und ungeheuren Regengüsse zwischen dem 20. und 26. September zu Vöslau mehrmals begleiteten. Wien. Ber. VII. 453*.

C. Martins. Essai sur la nature et l'origine des différentes espèces de brouillards secs. Annu. météor. d. l. France 1851. 1. p. 207, 303; Inst. No. 894. p. 61*.

A. d'Abbadie. Observatious sur un brouillard sec d'Éthiopie connu sous le nom de qobar. Inst. No. 896. p. 78*.

Rozet. Résultats d'observations sur la formation de la pluie faites pendant une période de mauvais temps, à partir du 25 avril. C. R. XXXII. 810; Inst. No. 908. p. 169*.

G. Osann. Ueber Ozonreaction in der atmosphärischen Luft. Pogg. Ann. LXXXII. 158*.

Petit. Chute de pluie observée à Toulouse par un temps serein. C. R. XXXII. 506; Inst. No. 901. p. 115*.

J. F. Miller. Pluie et évaporation annuelles à Whitehaven. Inst. No. 902. p. 128*.

— — On the meteorology of the lake district of Cumberland and Westmoreland, with a continuation of the results of experiments on the fall of rain, up to 3166 feet above the sea-level. Phil. Mag. (4) I. 168, 501; Proc. of the Roy. Soc. V. 592, VI. 34; Edinb. J. LI. 189; Inst. No. 923. p. 293*; Phil. Trans. 1851. p. 149, 623.

R. Mallet. First report of earthquake phaenomena. Rep. of the Brit. Assoc. 1850. 1. p. 1*. Siehe oben p. 944.

J. Macgowan. Bemerkungen über Sandregen in den Ebenen Chinas. Berl. Monatsber. 1851. p. 27; Inst. No. 911. p. 199*.

Ehrenberg. Beschreibung und Zusammensetzung des am 17. Februar auf dem St. Gotthard bei Windstille gefallenen rothen Passatstaubes Berl. Monatsber. 1850. p. 169; Inst. No. 874. p. 317*.

— — Bemerkungen über den vom 3. zum 4. Februar in der Schweiz in Graubünden gefallenen rothen Schnee. Berl. Monatsber. 1851. p. 158; Inst. No. 930. p. 351*.

R. Wolff. Taches du soleil en 1849 et 1850. Inst. No. 899. p. 99*.

R. Hare. On the whirlwind theory of storms. Proc. of the Amer. Assoc. IV. 231*.

R. Russell. On the passage of storms across the british islands. Rep. of the Brit. Assoc. 1850. 2. p. 42*.

— — Observations on storms. Rep. of the Brit. Assoc. 1851. 2. p. 34*.

Kreil. Bericht über die Broschüre: Instructions for taking meteorological observations at the principal foreign stations of royal engineers. Wien. Ber. VII. 801*.

A. D. Bache. Notes on the results of observations of the duration and force of the wind at the coast survey stations, at Mobile Point and the Cat Island in the gulf of Mexico.

J. H. Coffin. On the monsoons on the shores of the North Atlantic. Proc. of the Amer. Assoc. III.

Dove. Vorlegung einer Charte, welche die Gestaltänderung und das Fortrücken der Isothermen von 4 und + 20 Grad Réaumur in der jährlichen Periode darstellt. Berl. Monatsber. 1850. p. 265; Inst. No. 892. p. 45*.

Maury. On the influence arising from the discovery of the gulf stream upon the commerce of Charleston. Proc. of the Amer. Assoc. III. 17*.

— — On the general circulation of the atmosphere. Proc. of the Amer. Assoc. III. 126*.

R. Edmonds. Remarkable thermometrical maxima at or near the moon's first quarter during the twelve years 1839—1850. Rep. of the Brit. Assoc. 1850. 2. p. 32*.

G. B. Airy. On the relation of the direction of the wind to the age of the moon, as inferred from observations at the royal observatory, Greenwich, from 1840 November to 1847 December. Phil. Mag. (4) I. 501; Edinb. J. LI. 190; Inst. No. 923. p. 293*; Arch. d. sc. ph. et nat. XVIII. 36; Phil. Trans. 1851. p. 411; Proc. of the Roy. Soc. VI. 33.

Faye. Considérations sur la chaleur centrale du globe. C. R. XXXI. 525; Inst. No. 876. p. 329*.

Buys-Ballot. Sur le froid de mai et de février et la coopération désirée des météorologistes. Bull. d. Brux. XVII. 1. p. 496. (Cl. d. sciences 1850. p. 195); Inst. No. 869. p. 275*.

A. Quetelet. Sur les variations de pression atmosphérique et de température à la fin de janvier et au commencement de février 1850. Bull. d. Brux. XVII. 1. p. 98 (Cl. d. sciences 1850. p. 34); Inst. No. 912. p. 206*.

H. W. Dove. Ueber die Extreme der Kälte, welche im Jahr 1850 auf den preufsischen Stationen beobachtet wurden. Berl. Monatsber. 1850. p. 120; Pogg. Ann. LXXX. 303*; Inst. No. 872. p. 301.

— — Ergänzungen zu den im Jahr 1846 in den Abhandlungen der Akademie veröffentlichten Temperaturtafeln, und Fortsetzung der thermischen mit dem Jahr 1729 beginnenden Witterungsgeschichte bis zum Jahr 1849 inclusive. Berl. Monatsber. 1851. p. 146; Inst. No. 930. p. 349*.

T. Hopkins. On the causes of the rise of the isothermal lines (as represented on Prof. Dove's maps) in the winters of the northern hemisphere. Rep. of the Brit. Assoc. 1850. 2. p. 34*; Sillim. J. (2) X. 397.

T. Hopkins. On the means of computing the quantities of aqueous vapour in the atmosphere at various places and heights. Rep. of the Brit. Assoc. 1850. 2. p. 36*; Inst. No. 878. p. 350.

— — On the daily formation of clouds at Makerstoun. Rep. of the Brit. Assoc. 1850. 2. p. 36*; Inst. No. 878. p. 350.

v. Quintus Icilius. Ueber die periodischen Aenderungen des relativen Feuchtigkeitsgehaltes der Atmosphäre im nördlichen Europa. Pogg. Ann. LXXXIV. 285*.

J. Löwe. Ueber die Hagelbildung. Pogg. Ann. LXXX. 305*.

A. Bravais. Sur l'influence qu'exerce l'heure de la journée relativement à la mesure barométrique. C. R. XXXI. 175; Inst. No. 866. p. 250*.

A. Quetelet. Sur le climat de la Belgique. Quatrième partie. Pressions et ondes atmosphériques. Bruxelles 1851. Annu. météor. d. l. France 1852. 1. p. 113; Bull. d. Brux. XVIII. 1. p. 365 (Cl. d. sciences 1851. p. 145); Krönig J. III. 43; Inst. No. 924. p. 301*; Cosmos I. 115.

Montigny. Influence de la vitesse du vent sur la pression atmosphérique. Bull. d. Brux. XVIII. 2. p. 134 (Cl. d. sciences 1851. p. 234*); Inst. No. 936. p. 397*.

Lamont. Beschreibung der registrirenden meteorologischen Instrumente der Münchener Sternwarte. Münchn. Abh. VI. 387*; Lamont's Beschreibung neuer Instrumente, München 1851. p. 7*.

— — Galvanischer Zeitregistrirungsapparat. Münchn. Abh. VI. 414*; Lamont's Beschreibung neuer Instrumente, München 1851. p. 34*.

F. Ronalds. Report concerning the observatory of the british association at Kew, from September 12, 1849 to July 31, 1850. Rep. of the Brit. Assoc. 1850. 1. p. 176; Inst. No. 874. p. 317.

J. Gould. Climate of Australia. Edinb. J. XLVIII. 358.

Olbers. Ueber die Temperatur von Bremen. Astr. Nachr. XXXI. 113.

Napiersky. De la détermination des températures moyennes. Bull. d. St. Pét. VIII. 321.

R. Adie. On the sources which influence the changes of isothermal lines. Edinb. J. XLIX. 236.

L. W. Meech. On the computation of the sun's daily intensity at the exterior surface of the earth, and secular changes of heat. Sillim. J. (2) X. 49.

M. Koller. Ueber die Berechnung periodischer Naturerscheinungen. Wien. Denkschr. I. 1. p. 54.

Kupffer. On the establishment of a central physical observatory at St. Petersburg. Proc. of the Roy. Soc. V. 907; Arch. d. sc. ph. et nat. XV. 18.

Bravais. De la température de l'air à diverses hauteurs au-dessus du sol dans les contrés boréales. C. R. XXX. 697; Inst. No. 857. p. 178.

Erdmann och Wallmark. Om några iakttagelser å fyrbåksstationerna. Öfvers. af förhandl. 1850. p. 247.

Seidl. Allgemeine Uebersicht der meteorologischen Beobachtungen zu Bodenbach in Böhmen im Jahre 1849. Zusammenstellung der meteorologischen Beobachtungen vom Jahre 1829 bis 1849. Wien. Ber. V. 503.

A. Perrey. Sur les variations de pression atmosphérique et de température, à la fin de janvier et au commencement de février 1850. Bull. d. Brux. XVII. 1. p. 328 (Cl. d. sciences 1850. p. 130).

Kupffer. Observations météorologiques faites à Sitka. Mém. de St. Pét. IV. Append.

Oldham. Nouvelles observations sur la température des mines de l'Irlande. Inst. No. 881. p. 374.

P. Clare and J. F. Bateman. Measurement of rain falling along the lines of the Rochdale, Ashton-under-Lyne, and Peak Forest Canals. Mem. of the Manch. Soc. (2) XI. 1.

T. Hopkins. On the cause of unequal falls of rain in Cumberland. Mem. of the Manch. Soc. (2) IX. 196.

J. Glaisher. Remarks on the weather from October 1, 1849 to September 30, 1850. Phil. Mag. (3) XXXVI. 110, 360, XXXVII. 129, 373.

Buys-Ballot. On the great importance of deviations from the mean state of the atmosphere for the science of meteorology. Phil. Mag. (3) XXXVII. 42.

P. Baddeley. On the dust-storms of India. Phil. Mag. (3) XXXVII. 155.

Ehrenberg. Ueber einen die Sonne zwei Tage lang trübenden Staubnebel in Rufsland am 29. und 30. April 1849 bei heiterem Himmel und ohne Sturm. Berl. Monatsber. 1850. p. 9; Inst. No. 855. p. 166.

— — Ueber einen Anfangs Februar 1850 mit Südwestwind auf reinen Schnee zu Oesterholz bei Detmold gefallenen rufsartigen Staub. Berl. Monatsber. 1850. p. 123.

Phillips. Nouveaux matériaux pour servir à l'histoire de l'anémométrie. Inst. No. 837. p. 20; Rep. of the Brit. Assoc. 1849; Sillim. J. (2) IX. 146; Athen. No. 1145.

F. Osler. Sur un anémomètre d'intégration perfectionné et notice sur cinq années d'observations faites à Edimbourg, Wrottesley et Lloyd. Inst. No. 837. p. 21; Rep. of the Brit. Assoc. 1849.

A. Petermann. Sur la température des îles britanniques et son influence sur la distribution des plantes. Inst. No. 837. p. 21; Rep. of the Brit. Assoc. 1849.

Bonpland. Sur le climat de San-Borja. Inst. No. 838. p. 28; Rep. of the Brit. Assoc. 1849.

Renou. Anomalies de température observées dans le mois de janvier 1850. C. R. XXX. 81.

F. Steiner. Meteorologische Beobachtungen zu Gratz im Jahre 1848. Haid. Ber. VI. 35.

F. STEINER. Zusammenstellung der meteorologischen Beobachtungen in Gratz im Januar 1850. HAID. Ber. VII. 76.

J. PRETTNER. Mittheilung über besondere Witterungserscheinungen in Kärnten vom 21. bis 28. Jänner 1850. HAID. Ber. VII. 102.

S. P. HILDRETH. Abstract of a meteorological journal, kept at Marietta, Ohio, for the year 1849. SILLIM. J. (2) IX. 264.

C. JELINEK. Ueber den täglichen Gang der vorzüglichsten meteorologischen Elemente, aus den stündlichen Beobachtungen der Prager Sternwarte abgeleitet. Wien. Denkschr. II. 2. p. 73.

AUCOUR. Observations météorologiques faites à Oran de 1841 à 1848. Inst. No. 841. p. 50.

A. COLLA. Observations de divers phénomènes constatés pendant les cinq derniers mois, depuis novembre 1849 jusqu'à la fin de mars 1850. Inst. No. 859. p. 197.

MULLER. Observations météorologiques faites à Goersdorff en 1849. Inst. No. 851. p. 130.

BARRAL et BIXIO. Memoires sur leurs voyages aéronautiques. C. R. XXXI. 5, 122; Annu. météor. d. l. France 1851. 1. p. 301; Mech. Mag. LIV. 174.

POGGENDORFF. Ueber den ungewöhnlich tiefen Barometerstand am 6. Februar 1850. Berl. Monatsber. 1850. p. 34; Inst. No. 865. p. 244.

Great atmospheric wave. Mech. Mag. LIII. 259.

J. F. MILLER. Synopsis of meteorological observations made at Whitehaven, Cumberland, in the year 1848, 1849, 1850. Edinb. J. XLVIII. 55, XLIX. 53, LI. 234.

Aus den Sitzungsprotokollen der zur Leitung des meteorologischen Unternehmens bestellten Commission. Wien. Ber. IV. 129.

WEISSE. Uebersicht der meteorologischen Beobachtungen an der Krakauer Sternwarte während des Jahres 1849. Wien Ber. IV. 131.

KREIL. Entwurf eines Systems meteorologischer Beobachtungen für die österreichische Monarchie. Wien. Ber. IV. 315.

A. T. KUPFFER. Annuaire magnétique et météorologique du corps des ingénieurs des mines de Russie. St. Pétersbourg 1851*; Inst. No. 891. p. 38*.

— — Sur un projet d'observations concomitantes qui devraient être faites, d'une manière systématique et sur un plan donné à la fois en différentes régions du globe. Inst. No. 937. p. 408*.

BUIST. Floods in India in 1849. Edinb. J. L. 52.

Probable effects of vegetation on climate. Edinb. J. L. 161.

ROCHET D'HÉRICOURT. Troisième voyage en Abyssinie. Partie concernant la géographie, le magnétisme et la météorologie. C. R. XXXII. 217.

S. M. DRACH. Deductions from Mr. GLAISHER's „Meteorological corrections". Phil. Mag. (4) I. 227, 437.

ROZET. Observations météorologiques faites pendant l'été de 1850 sur les montagnes de Vaucluse. C. R. XXXII. 368; Inst. No. 898. p. 89, No. 902. p. 124.

A. Perrey. Discussion d'un fait météorologique observé à Dijon le 6 juin 1850. Inst. No. 896. p. 78.

A. F. Olmsted. Whirlwinds produced by the burning of a cane-brake. Sillim. J. (2) XI. 181; Athen. 1851. p. 953; Edinb. J. LII. 72.

Aubry-Bailleul. Observations faites à bord du vaisseau le Jupiter. C. R. XXXII. 419.

Babinet. Sur les rapports de la température avec le développement des plantes. C. R. XXXII. 521; Inst. No. 902. p. 121.

Quetelet. Renseignements sur la température de cet hyver. Bull. d. Brux. XVIII. 1. p. 149 (Cl. d.sciences 1851. p. 63); Inst. No. 917. p. 245.

Crahay. Renseignements au sujet de la température de cet hyver. Bull. d. Brux. XVIII. 1. p. 230 (Cl. d. sciences 1851. p. 74); Inst. No. 917. p. 246.

Dureau de la Malle. Anciennes observations de température atmosphérique. Inst. No. 905. p. 148.

Crahay. Rapport sur un mémoire sur la pluie. Inst. No. 905. p. 149.

J. Glaisher. On the extraordinary fall of rain in the neighbourhood of London on March 15, 1851. Phil. Mag. (4) I. 506; Proc. of the Roy. Soc. VI. 39.

E. Liais. Note relative à une communication de M. Babinet sur les rapports de la température avec le développement des plantes. C. R. XXXIII. 46; Inst. No. 915. p. 225.

Maury. Generalization of the trade-wind. Edinb. J. LI. 173.

J. H. Alexander. On certain meteorological coincidences. Sillim. J. (2) XII. 1.

Boué. Drei Wasserhosen im Monate August 1838 auf dem See von Janina in Albanien. Wien. Ber. VI. 90.

E. J. Lowe. On the mean temperature of the observatory at Highfield House, near Nottingham, from the year 1810 to 1850. Phil. Mag. (4) II. 562.

Sykes. On depressions of the weth-bulb thermometer during the hot season at Ahmednuggur, in the Deccan. Phil. Mag. (4) II. 564; Inst. No. 953. p. 111.

Buys-Ballot. Die Rotationszeit der Sonne, aus Beobachtungen zu Danzig bestätigt. Pogg. Ann. LXXXIV. 521; Froriep Tagsber. üb. Phys. u. Chem. I. 248.

Rozet. Détermination de la vitesse de la pluie. C. R. XXXIII. 581; Dingl. p. J. CXXIII. 78; Pogg. Ann. LXXXVIII. 335; Sillim. J. (2) XIII. 298.

Maille. Mémoire sur la pluviométrie. C. R. XXXIII. 602.

Rozet. Résumé d'une suite d'observations météorologiques faites sur les Pyrénées, pendant les étés de 1848 et 1849, et sur les Alpes françaises, pendant l'été de 1851. C. R. XXXIII. 652.

Dove. Ueber thermische Isanomalen (Linien gleicher thermischer Abweichung). Berl. Monatsber. 1851. p. 619; Inst. No. 951. p. 91.

J. Drew. Remarks on the climate of Southampton, founded on barometrical, thermometrical and hygometrical tables, deduced from observations taken three times daily during the years 1848, 1849 and 1850. Rep. of the Brit. Assoc. 1851. 1. p. 54.

F. Ronalds. Report concerning the observatory of the British Association at Kew, from August 1, 1850 to July 1, 1851. Rep. of the Brit. Assoc. 1851. 1. p. 335.

Buist. Hail-storms in India. Rep. of the Brit. Assoc. 1851. 2. p. 31.

W. Reid. Law of storms. On mooring ships in revolving gales. Rep. of the Brit. Assoc. 1851. 2. p. 36; Athen. 1851. p. 715.

W. H. B. Webster. On the rise and fall of the barometer. Athen. 1851. p. 717.

H. W. Dove. Monatsisothermen. Froriep Tagsber. üb. Phys. u. Chem. I. 161.

Lortet. Instructions sur les instruments destinés à mesurer l'eau de pluie. Annu. météor. d. l. France 1851. 1. p. 113.

de Gasparin. Sur les rapports de la chute des pluies à Orange avec la hauteur de la colonne barométrique durant la période de 1817 à 1849. Annu. météor. d. l. France 1851. 1. p. 132.

W. Gray et J. Phillips. Expériences sur les quantités de pluie qui tombent à différentes hauteurs au-dessus du sol à York en Angleterre. Annu. météor. d. l. France 1851. 1. p. 137.

C. C. Person. Sur la pluie qui tombe à différentes hauteurs. Annu. météor. d. l. France 1851. 1. p. 153.

J. Haeghens. Sur les observations pluviométriques faites à l'observatoire de Paris à deux niveaux différents pendant 32 années consécutives, de 1817 à 1848. Annu. météor. d. l. France 1851. 1. p. 155.

C. Jelinek. Ueber den täglichen Gang der vorzüglichsten meteorologischen Elemente, aus den stündlichen Beobachtungen der Prager Sternwarte abgeleitet. Wien. Denkschr. II. 2. p. 73.

Arago. Remarques sur les observations pluviométriques faites à Paris à deux niveaux différents. Annu. météor. d. l. France 1851. p. 159.

Pouillet. Note sur la hauteur, la vitesse et la direction des nuages. Annu. météor. d. l. France 1851. 1. p. 242.

Dupré. Méthode pour déterminer la hauteur et la vitesse des nuages. Annu. météor. d. l. France 1851. 1. p. 252.

A. Bravais. Sur la hauteur des nuages. Annu. météor. d. l. France 1851. 1. p. 256.

F. W. C. Krecke. Instrument pour déterminer la distance et la hauteur des nuages, établi à l'observatoire météorologique et magnétique d' Utrecht. Annu. météor. d. l. France 1851. 1. p. 258.

Peyré. Hauteur d'une couche nuageuse par un ciel uniformément couvert. Annu. météor. d. l. France 1851. 1. p. 261.

Quetelet. Sur les variations annuelles dans les couches supérieures de l'atmosphère. Annu. météor. d. l. France 1851. 1. p. 262.

J. M. Bertrand. De la fréquence comparée des vents supérieurs et inférieurs sous le climat du Puy en Velay. Annu. météor. d. l. France 1851. 1. p. 357; Bull. d. Brux. XVIII. 2. p. 448, XIX. 1. p. 334 (Cl. d. sciences 1851. p. 426, 1852. p. 190); Inst. No. 972. p. 264.

P. Smyth. Hour of observation for mean temperature. Edinb. J. L. 357.

A. J. Ångström. Mémoire sur la température de la terre, à différentes profondeurs, à Upsal. Acta Soc. scient. Upsal. (3) I. 147.

C. P. Smyth. Meteorological notices for December 1851. Edinb. J. LII. 170.

J. Richardson. The climatology of arctic America in reference to the fate of Sir John Franklin. Edinb. J. LII. 180.

C. Fischer-Ooster. Noch einiges über die Theorie der absoluten Wärme und über die Formel für die Schneegränze. Mitth. d. naturf. Ges. in Bern 1851. p. 123.

Observations météorologiques faites pendant l'année 1849. Annu. météor. d. l. France 1851. 2. p. 1.

P. Gillepsie. Observations made on a voyage from Leith to Grenada. Edinb. J. L. 138.

J. W. Andrews. Barometric observations made during a journey from Albany, N. Y., to the summit of mount Washington in New Hampshire, N. Y., 1850. Sillim. J. (2) XI. 138.

J. Glaisher. On the meteorology of England and the south of Scotland during the quarter ending December 31, 1850. Phil. Mag. (4) I. 141.

Demidoff. Observations météorologiques faites à Nijné-Taguilsk, dans les monts Oural, pendant les mois de janvier, février, mars, avril, mai et juin 1851. Inst. No. 925. p. 306.

Fritzsch. Meteorologische Tafeln für Prag. Wien. Ber. VI. 129; Arch. d. sc. ph. et nat. XIX. 49.

E. Plantamour. Résumé météorologique de l'année 1850 pour Genève et pour le Grand Saint-Bernard. Arch. d. sc. ph. et nat. XVIII. 177; Sillim. J. (2) XIII. 296.

Observations sur la météorologie et la physique du globe faites en 1850. Mém. d. Brux. XXVI. 3.

J. Dalmahoy. On the weight of aqueous vapour which is condensed on a cold surface under given conditions. Edinb. Trans. XX. 299.

J. F. Miller. On the relation of the air and evaporation temperatures to the temperature of the dew-point, as determined by M. Glaisher's hygrometrical tables founded on the factors deduced from the six-hourly observations made at the royal observatory, Greenwich. Phil. Mag. (4) I. 168; Phil. Trans. 1851. p. 141.

Legeler. Beschreibung des seit 1845 zu Sanssouci aufgestellten Regen- und Windmessers. Pogg. Ann. LXXX. 364; Berl. Monatsber. 1850. p. 146.

A. MORITZ. Note sur le thermomètre de l'Académie del Cimento. Bull. d. St. Pét. VIII. 19.

C. BROOKE. On the automatic registration of magnetometers and meteorological instruments by photography. Phil. Trans. 1850. p. 83; Inst. No. 848. p. 111. Siehe oben p. 544.

J. ADIE. Experimental investigations to discover the cause of the change which takes place in the standard points of thermometers. Edinb. J. XLIX. 122; Chem. C. Bl. 1850. p. 732.

FOLLET. New integrating anemometer. Edinb. J. XLIX. 327.

J. H. LEFROY. On the application of photography to the self-registration of magnetical and meteorological instruments. SILLIM. J. (2) IX. 319, 444.

D'ABBADIE. Sur la comparaison du thermomètre centigrade avec le thermomètre de FAHRENHEIT. C. R. XXX. 570; DINGL. p. J. CXVI. 406; Chem. C. Bl. 1850. p. 478; Inst. No. 854. p. 156.

S. M. DRACH. New thermometric scale. Phil. Mag. (3) XXXVI. 65; Chem. C. Bl. 1850. p. 285.

LÜDERSDORFF. Gefärbte Flüssigkeiten zur Füllung von Minimum- und Zimmerthermometern. DINGL. p. J. CXVII. 360.

PEYTAL. Thermométrographe métallique. Inst. No. 872. p. 300.

C. KREIL. Ueber ein autographes Thermometer aus Zinkstangen. Wien. Ber. V. 39.

V. PIERRE. Bemerkungen über zweckmäfsige Construction von Reisebarometern. Wien. Ber. V. 281.

MILITZER. Vergleichung der drei zu REGNAULT's Psychrometer von FASTRÉ in Paris verfertigten Thermometer. Wien. Ber. V. 448.

H. WALFERDIN. Nouveau psychromètre. C. R. XXXIII. 354; Inst. No. 930. p. 348; POGG. Ann. Erg. III. 471.

J. WELSH. Description of a sliding-rule for hygrometrical calculations. Rep. of the Brit. Assoc. 1851. 2. p. 42.

T. DU MONCEL. Mémoire sur deux anémomètres à indications continues, établis près de Cherbourg. C. R. XXXII. 465.

P. SMYTH. Determination of the true strength and direction of the wind. Edinb. J. L. 353.

ABRIA. Note sur un anémoscope et un anémomètre à indications continues. C. R. XXXII. 683; Inst. No. 912. p. 203.

C. P. SMYTH. The appropriate principle for anemometers at sea. Edinb. J. LI. 169.

HARRIS. Patent portable barometer. Mech. Mag. LIV. 509; DINGL. p. J. CXXV. 92.

G. GURNEY. Differential barometer. Mech. Mag. LV. 175, 189.

E. LIAIS. Méthode pour déterminer la température exacte de l'air. C. R. XXXIII. 207; POGG. Ann. Erg. III. 316; Arch. d. sc. ph. et nat. XVIII. 37.

SHEEPSHANKS. Standard thermometers. Edinb. J. LII. 177.

A. Kunzek. Lehrbuch der Meteorologie, leichtfasslich dargestellt.

Es ist ein kleines Werkchen, woraus jeder, der sich über Meteorologie zu unterrichten wünscht, wohl einige Kenntnifs davon sammeln kann. Der Zweck ist aber nicht die eigentliche Meteorologie. Sehen wir nur die Definition: „Die Gesammtheit „der Erscheinungen, die den jedesmaligen Zustand der Atmo- „sphäre bilden, nennt man Witterung oder Wetter, und die „Wissenschaft, welche den Zusammenhang dieser Erscheinungen „erforscht, und sie auf Naturgesetze zurückführt, heifst man „Witterungslehre oder Meteorologie."

Es sind sehr wenig numerische Daten in diesem Büchlein enthalten, so dafs es für den eigentlichen Meteorologen nicht geschrieben ist; auch finden sich die neuesten Sachen, selbst Sachen von 1845 nicht darin, und doch hätten sie bei der zweiten Auflage sicherlich aufgenommen werden müssen. Der Hr. Verfasser fängt mit den ersten Elementen an, um das Ganze auch für den verständlich zu machen, dem es noch an physikalischen Kenntnissen fehlt. Seine Abtheilungen sind:

I. Die Bestandtheile der Atmosphäre.
II. Wärmeverhältnisse in der Atmosphäre und auf der Erdoberfläche.
III. Von den Winden.
IV. Von den wässrigen Meteoren.
V. Vom atmosphärischen Drucke.
VI. Elektrische Meteore.
VII. Lichtmeteore.
VIII. Feurige Meteore.
IX. Witterungsregeln.

Wir glauben, dafs es auch für den Dilettanten nicht angenehm ist, wenn er nur eine Erklärung der zergliederten Erscheinungen findet, nicht aber einen Ueberblick erlangt von den gleichzeitigen Erscheinungen auf der Erde, von ihrem Zusammenhang, und von der Weise, wie der eine Zustand aus dem andern hervorgeht. Es ist ein grofses Unternehmen eine Meteorologie im eigentlichen Sinne des Wortes zu schreiben; wer wünschte nicht eine solche von Dove's Hand zu empfangen!

J. J. Nervander. Meteorologische Beobachtungen in Helsingfors 1850 und 1851.

Der Prof. Nervander, der so viele meteorologische Beobachtungen angestellt und so viele Berechnungen eingeleitet hat, ist gestorben. Prof. Bonsdorff hat mir diese Werke freundlichst zugesandt. Sie enthalten Beobachtungen vom Juli 1844 bis zum Februar 1848. Aufser dem Titel und dem Namen der Instrumente giebt es keinen Buchstaben darin, aber desto mehr Ziffern. Die Barometerstände sind, glaube ich, nicht corrigirt, denn die Temperatur des Barometers ist auch angegeben. Dreimal in jeder Stunde sind Beobachtungen angestellt, 15′, 35′ und 55′ nach der genauen Stunde, also 72 Beobachtungen an jedem Tage!

Andere Tafeln geben die Temperatur der Luft 5′, 25′ und 45′ nach jeder genauen Stunde.

Es folgen die Messungen der Richtung und der Kraft des Windes, 6′, 26′ und 46′ Minuten nach jeder Stunde. Die Einheit der Kraft habe ich nicht notirt gefunden; muthmafslich fehlt mir ein anderer Band, worin Erklärungen und Resultate vorkommen. Ich glaube auch von Prof. Bonsdorff vernommen zu haben, dafs noch nicht alles gedruckt ist. Für jede Stunde findet man noch Ziffern, die auf Regen und Schnee bezüglich sind, auf Heiterkeit, auf Nordlichter, die mit ungewöhnlicher und absolut unerhörter Verschwendung von Buchstaben also angedeutet sind: Aurore boréale d'un éclat assez fort. Elle a disparu vers les ...

Die letzten zwei Seiten enthalten die nachfolgenden monatlichen mittleren Werthe für die genannten Instrumente.

	Thermometer C.					Barometer. (Millimeter.)					Mittlere Höhe der Niederschläge.
	1844.	1845.	1846.	1847.	1848.	1844.	1845.	1846.	1847.	1848.	mm
December . .	—	— 7,80	— 2,78	— 8,22	— 0,71	—	773,7	751,8	754,1	770,0	44,5
Januar	—	— 1,31	— 8,38	— 4,65	— 10,99	—	760,8	759,5	767,9	773,9	15,5
Februar . . .	—	— 1,19	— 10,99	— 10,71	— 3,57	—	760,9	752,3	753,9	752,2	31,5
März	—	— 8,95	— 0,24	— 3,35	—	—	758,3	756,7	760,0	—	29,0
April	—	— 0,11	+ 2,18	+ 2,27	—	—	758,9	760,8	756,9	—	38,5
Mai	—	+ 5,91	+ 6,80	+ 6,65	—	—	760,6	760,4	761,2	—	17,0
Juni	—	+ 12,84	+ 13,17	+ 14,64	—	—	759,7	759,3	758,4	—	28,5
Juli	14,35	+ 16,51	+ 17,32	+ 15,55	—	753,2	760,9	759,0	759,1	—	36,5
August	15,91	+ 16,10	+ 20,55	+ 17,97	—	757,1	759,0	764,9	764,4	—	39,5
September . .	11,38	+ 10,95	+ 10,99	+ 12,82	—	762,2	759,0	759,4	759,5	—	60,0
October . . .	5,80	+ 3,84	+ 8,29	+ 4,86	—	758,2	757,2	765,0	759,2	—	63,0
November . .	— 2,26	+ 2,62	+ 1,20	+ 4,11	—	764,2	760,4	763,8	761,0	—	28,5

Nach Juni 1847 ist für den mittleren Barometerstand der von 3 Uhr Morgens genommen, was beinahe keinen Unterschied macht. Im Falle dafs ich Recht habe, dafs die Barometerstände noch nicht reducirt sind, mufs ich bemerken, dafs der Ort, wo das Barometer hing, sehr constante Temperatur hatte; sie schwankte nur zwischen 20° und 27°,5 C. Die tägliche Barometeroscillation ist gering. Wenn wir vom tiefsten Stande ausgehen (um 18½ Uhr), so sind die übrigen Stände darüber erhoben in Hunderteln von Millimetern, um 0 Uhr u. s. w. um 33, 28, 24, 19, 18, 14, 16, 22, 27, 29, 28, 27, 24, 15, 10, 04, 01, 01, 03, 15, 25, 36, 37.

Auch die Unterschiede der Maxima und Minima der mittleren täglichen Werthe der Temperatur, haben wir für jeden Monat berechnet. Der Unterschied der Maxima und Minima (d. h. der tägliche Gang) ist am geringsten im December = 0°,9, im Januar 1°,8, Februar 3,8, März 6,0, April 6,0, Mai 6,1, Juni 7,0, Juli 6,0, August 6,1, September 4,6, October 2,5, November 1,6.

H. W. Dove. Bericht über die in den Jahren 1848 und 1849 auf den Stationen des meteorologischen Instituts im Preufsischen Staate angestellten Beobachtungen.

Es fängt dieser Bericht an mit stündlichen Beobachtungen in Stettin, Berlin, Halle, Mühlhausen, Göttingen, Salzuflen, woraus die Correctionen für gewisse Stundencombinationen berechnet werden können.

Weiter findet man die mittlere monatliche Temperatur und die gröfste Kälte für verschiedene Jahre, die Abweichungen der einzelnen Monate von vieljährigen mittleren Werthen für sehr viele Orte, ferner einige Angaben von monatlichen mittleren Temperaturen in Amerika, West-Europa, Nord- und Süddeutschland für 1848. Man findet dieses für 14 Stationen in Amerika und 36 in Europa für das ganze Jahr durchgeführt. „Die Betrachtung der „ersten Tafel zeigt, dafs die Januarkälte von 1848 nach Rufs-„land hineingreift, aber nach den Westküsten Europa's hin ab-„nimmt, so dafs sie in England unerheblich wird, und das Ge-

„gengewicht durch einen Wärmeüberschufs in Nordamerika findet." So sagt Hr. Dove. Es sind dies die Untersuchungen, welche auch wir immer, aber für noch kürzere Zeiträume, wo es nur möglich ist, hervorrufen wollen. Wäre es nun schon möglich gewesen, für diese 52 Orte die Normaltemperaturen zu haben, so würden die nämlichen Data, aber in der Form von Abweichungen, noch mehr gelehrt haben. Dann wäre der blofse Anblick hinreichend gewesen, um das Verhältnifs im Februar augenblicklich aufzufassen. Wie gesagt sind aber Monate zu lange Zeiträume, da auch grofse Abweichungen in einem oder anderm Sinne zu leicht entgehen, wenn sie z. B. um die Mitte eines Monats anfangen oder enden. Um es nun bald nicht nur möglich, sondern wirklich zu machen, dafs für beliebig kurze Zeiträume die Abweichungen gegeben werden, nicht nur, wie wir es seit langen Jahren gethan, für ein Paar Dutzend Orte in Europa, sondern für die ganze Welt, ist die Angabe der täglichen Temperatur nöthig, sowie sie im übrigen Theile dieses Werkes erfolgt. Wirklich findet man für alle Preufsischen Stationen, 36 glaube ich, die täglichen mittleren Temperaturen für 1848 und 1849, leider nicht die mittleren monatlichen. Zweitens findet man die mittleren Barometerstände ebenso. Wir erlauben uns zu sagen, dafs mittlere Barometerstände kaum einen anderen Werth haben, als den, dafs sie den jährlichen Gang kennen lehren und die absolute Höhe des Ortes, Güte des Barometers u. s. w., wenn man alles dieses nicht durch Messung und Vergleichung gefunden hat. Beinahe würden wir einen ausgewählten Stand an einer bestimmten Stunde vorziehen, sicherlich den tiefsten oder höchsten Stand des Tages mit der genau angegebenen Zeit, oder im Falle, dafs das Barometer vielleicht den ganzen Tag durch fällt oder steigt, dann den Stand um x Uhr. Auch die Dunstspannung findet man angegeben für viele, und die Regenmenge und Verdunstung für wenige Orte. Noch kommen dazu zehn- und fünftägige Mittel für jede Preufsische Station. Für Aschersleben sind diese fünftägigen Mittel für jedes der 10 Jahre 1836 bis 1845 berechnet, für Stettin für jedes der 14 Jahre 1836 bis 1849. Wenn man solche Berechnungen über die nämlichen Jahre für verschiedene nicht zu weit gelegene Orte hat oder für Orte, die von anderen umgeben sind, für welche der Temperaturgang genau bestimmt ist, so ist es unglaublich, wie bald man schon zu einer sehr genauen Bestimmung der Temperatur eines gegebenen Jahrestages fortschreiten kann. Arys giebt seine tägliche Temperatur von 1835 bis 1847 und seine Vegetationsverhältnisse. Mit Verlangen sehen wir den folgenden Bänden entgegen.

A. T. Kupffer. Meteorologische Correspondenz. Vierteljahrsschrift des russischen Corps des mines. Jahrgang 1850.

Mit grofser Freude begrüfsen wir dieses Werk aus mehreren Gründen.

Wie man aus dem Titel sieht, erscheint es nicht so spät nach dem Ende des Vierteljahrs, worin die Beobachtungen gemacht sind, als sonst die Gewohnheit ist. Man wird oft dazu genöthigt, wenn man zu allen angestellten Beobachtungen auch erst Berechnungen ausführen will und eine grofse Menge zu bearbeiten hat. Es hat indefs einen entschiedenen Vorzug, wenn die Publication recht bald vor sich gehen kann; denn nicht nur für den Laien, den nur das unmittelbar Vergangene interessirt, sondern auch für den wissenschaftlichen Forscher, der deshalb mehr Interesse dafür hat, weil neue Methoden darin angewandt, neue Instrumente benutzt sind u. s. w., ist es wünschenswerth, wenn man von einem Jahre recht bald eine Uebersicht gewinnen kann. So wie es nun steht, ist dies für 1850 am heutigen Tage, 30. Juli 1854, noch nicht möglich; es wäre besser erst die Facta zur allgemeinen Kenntnifs zu bringen und nachher zu berechnen nach Herzenslust. Hr. Kupffer war, glauben wir, auch dieser Meinung, und darum kommen die Beobachtungen in dreimonatlichen Heften nur ein gutes Jahr nach der betreffenden Zeit heraus.

Man findet für die russischen Stationen die mittleren täglichen Werthe von Barometer, Thermometer, Dampfdruck, relativer Feuchtigkeit, und, was auch recht angenehm ist, die Maximum- und Minimumtemperatur für viele Orte. Die Winde werden in acht Spalten angegeben; das dünkt mich waste of paper und nicht deutlich. Aber höchst erwünscht ist es wieder, dafs die zwei rechtwinkligen Componenten der Winde mitgetheilt sind, was für weitere Rechnungen sehr bequem ist. Die aufgenommenen Orte sind St. Pétersbourg, Catherinbourg, Bogoslovsk, Zlatoouste, Lougan, Barnaoul, Nertchinsk. Es treten noch weiter hinzu Koursk, Poltava, Astrachan, Smolensk, Minsk, Wologda u. a. Ausserdem finden sich interessante Beiträge im ersten Heft: „der Himmelsstrich von Mitau" von Hrn. v. Paucker, sehr ausführlich für die Temperatur bearbeitet, die fünftägige Temperatur aus 25 Jahren. Das Klima von Fellin, nach den Beobachtungen des Dr. Dumpf berechnet von Nicolaus Neese. Weiter die Abhandlung von Hrn. Wesselowsky: Matériaux pour la climatologie de la Russie, worin 1) die Witterung von Orel aus den Jahren 1838 bis 1845 und 2) die mittlere Temperatur von Gorigoretzk vorkommen. Graphische Zeichnungen für Temperatur und Barometer machen das Werk ein wenig kostspielig, aber für manchen angenehmer. Der Preis wäre zu hoch zu nennen, wenn nicht Hr. Kupffer für die folgenden Jahre jedem eifrigen Mitarbeiter im Felde der Meteorologie gern ein Exemplar mittheilte.

Buys-Ballot. Meteorologische Beobachtungen in den Niederlanden 1851.

Zuerst mufs ich mich des unverzeihlichen und unbegreiflichen Fehlers beschuldigen, dafs die Zahlen für die magnetischen Abweichungen nicht Minuten sind, sondern gröfsere Scalentheile. Bald werde ich, wenn das neue Observatorium in Wirksamkeit tritt, in den folgenden Bänden der Annalen (1853) die genaue Gröfse der Scalentheile angeben.

In diesem Büchlein von 210 Seiten findet man dreimal täglich angestellte Beobachtungen in den Niederlanden in Utrecht, Helder, Leeuwarden, Groningen, Amsterdam, Assen, Nymegen, Cleve, Breda und später auch Maastricht, alle in Celsius'schen Graden und Millimetern. Ich habe für 1851 noch die conventionellen Zeichen für die Winde beibehalten, und es thut mir leid, dafs ich nicht die natürlichen Zeichen anwandte. Als solche betrachte ich die Pfeilchen. Nur kann man mit diesen nicht gut eine Angabe der Intensität verbinden; denn sie ungleich lang zu machen würde doch sehr umständlich sein. Ziffern kann man gar nicht hinzusetzen; dadurch geht die Uebersicht verloren. Es erscheinen diese Annalen sehr früh, die vom meteorologischen Jahre 1851 im bürgerlichen Jahre 1851, die von 1852 in 1852. Nur kann ich die Abweichungen nicht so bald geben. Wohl haben die Herren Beobachter im Auslande die Güte, mir recht bald ihre Beobachtungen zu schicken, und ich bin Hrn. Jahn in Leipzig für seine Hülfe sehr verbunden; aber es giebt so viele andere gedruckte Beobachtungen, die nicht so bald herauskommen; z. B. die in den Ann. d. ph. et d. ch. kommen zwei Monate später; die im Phil. Mag. und in den Arch. d. sc. et nat. erscheinen auch einen Monat später.

O möchte doch der Wunsch erhört werden, dafs man, wenn auch gegen zehnfache Preise, von allen Beobachtungen, die in Zeitschriften und Zeitungen, aufgenommen werden, Separatabdrücke lieferte.

Um aber zurückzukehren zu unseren Annalen — für jeden thätigen Beobachter auf Anfrage zu haben, und übrigens für jeden eben so billig wie gewöhnlicher Buchstabendruck; dieser Band kostet 1 Thaler, die folgenden 2, weil darin für viele europäische Orte die Abweichungen aufgenommen sind — so bemerken wir, dafs darin auch Berichte aus Zeitungen gesammelt sind, wodurch die Witterungsverhältnisse klarer werden würden, wenn sie nicht so unvollständig wären, wie sie sind. Eine Uebersicht über das ganze Jahr 1850 giebt eine Zusammenstellung von monatlichen Werthen von Regen, Windesrichtung und deren Veränderung im Laufe des Tages. Nach jedem Vierteljahr ist aus stündlichen Beobachtungen von drei Jahren zu Utrecht der stündliche Werth der Temperatur und des Barometers für jeden Monat, und der des Windes für jedes Vierteljahr mitgetheilt. Noch haben wir für jeden Tag für Utrecht, Helder, Zwanenburg und Breda die Abweichung der Temperatur vom mittleren Werthe angegeben, sowie die Abweichungen des mittleren täglichen Barometerstandes auch für Utrecht, Helder, Nymegen und Zwanenburg vom normalen Werthe, die wir für die folgenden Jahre als nichtig erkannt haben und darum weiterhin fortlassen. Hieraus ging schon hervor, dafs nur äufserst selten in der einen Gegend von Niederland, in Groningen z. B., die Abweichung der Temperatur oder des Barometerstandes in anderem Sinne stattfand als z. B. in Breda. Das Terrain mufs grösser genommen werden, und wir fingen an die englischen Beobachtungen aus dem Phil. Mag. hinzu zu nehmen und in gleicher Weise zu berechnen. Drei Tabellen schliefsen das Büchlein, die letzte mit der Aufschrift:

„Gelyktydige (dagelykschee) afwykingen van temperatuur en „barometerstand in Engeland, Paris, Carlsruhe en den Hohen„peissenberg by Munchen, in December 1850, met windrigtingen", und mit der Unterschrift:

„Ex hoc specimine methodum judices, qua utatur meteorolo„gia. Deviationum momentum, juxtapositionis utilitatem nemo „infitiabitur; deviationum a statu normali valores computandos, et, „quae in diversis locis praevaluerunt, conferendos, nemo non „curet!"

J. Lamont. Beobachtungen des meteorologischen Observatoriums auf dem Hohenpeissenberg von 1792 bis 1850.

Hr. Lamont hat durch die Veröffentlichung dieser Beobachtungen eine sehr verdienstliche Arbeit geleistet. Ort und Instrumente auf dem Hohenpeissenberg werden gehörig beschrieben, die jährlichen Mittel für Barometerstand, Temperatur, Feuchtigkeitsverhältnisse, Bewölkung und Regenwasser, jährliche Zusammenstellung der Winde und Zahl der Gewitter angegeben; es folgen die monatlichen Mittel des Barometerstandes um 2 Uhr und des Thermometers um 19 und 9 Uhr, die magnetische Declination, und dann die individuellen Beobachtungen dreimal täglich von Thermometer, Barometer, Dunstdruck, Windesrichtung, Bewölkung und Wetteranzeige durch 59 Jahre fortgesetzt. Möchte nun auch jemand die mittleren Werthe eines jeden Jahrestages daraus berechnen, so wäre wieder für einen interessanten Punkt der Gang gut bestimmt.

J. Henry. Ueber ein System von meteorologischen Beobachtungen in den Vereinigten Staaten.

Hr. Henry schlägt vor über die ganze Oberfläche von Nord-Amerika, den Isthmus von Central-Amerika, die westindischen Inseln, die Bermudas und Newfoundland Beobachter von drei Klassen zu wählen: 1) Beobachter ohne Instrumente, 2) Beobachter mit einem Thermometer, 3) Beobachter, die mit allen meteorologischen Instrumenten versehen sind.

Wir glauben, dafs die erste Klasse von Beobachtern höchst nützlich sein kann. Denn die Zeitbestimmung, wann der Regen anfing oder aufhörte, wann der Donner hörbar ward und der Blitz sichtbar, wann Hagel oder Schnee herabfiel, wann eine Windesänderung eintrat, ist von grofsem Werthe. Dazu braucht man geradezu keine Instrumente, und Beobachter mit Instrumenten achten gewöhnlich hierauf zu wenig, da sie nur an bestimmten Stunden aufzeichnen. Diese Klasse ist auch beauftragt, besonders auf die periodischen Erscheinungen des Thier- und Pflanzenlebens zu achten. — Es ist zweckmäfsig, dafs die zweite Klasse nur mit Thermometern ausgerüstet ist. Das Thermometer kann bisweilen auf einige Stunden Abstand ein wenig variiren, jedoch nur auf die Weise, dafs die Abweichung an einem mehr vom Wasser entfernten Orte stärker ist, als an andern; seltener ist es, dafs sie im entgegengesetzten Sinne stattfindet. Das Barometer aber geht an Orten, die hundert Stunden von einander entfernt sind, im nämlichen Sinne, nur stärker im Norden als im Süden; und wenn eine gröfste Abweichung in diesem Augenblick an einem Ende unserer Stationenreihe eintritt, so ist sie auch bald am andern Ende merkbar. Wo ich die nämliche atmosphärische Welle verfolgen konnte, habe ich noch nie einen Zeitverlauf von mehr als 30 Stunden beobachtet, z. B. zwischen Utrecht und Moskau. Die Stationen dürfen also ziemlich entfernt sein, und man kann doch noch ohne grofsen Fehler interpoliren, wenn nicht gerade Orcane über die zwischenliegenden Orte hinziehen. In Nord-Amerika wird man nur eine Station für eine Quadratoberfläche von 35½ Meilen Seite haben. Alle Instrumente werden von der Smithsonian Institution ausgegeben und controllirt. Die Zahl der Beobachter beträgt 200.

Es gehört hierher auch das von der Smithsonian Institution in Washington im Jahre 1850 herausgegebene Werkchen: Directions for meteorological observations intended for the first class of observers. Dasselbe enthält die Beschreibung der gewöhnlichen Instrumente und einige Bemerkungen.

Bildung einer meteorologischen Gesellschaft in Grofsbritannien.

Der Zweck dieser Gesellschaft ist, so viel Beobachter wie möglich für die Sache der Meteorologie zu gewinnen und die gesammten Kräfte zu benutzen, um mit gleichen Instrumenten in gleicher Form Gleiches zu leisten. Die Erreichung eines solchen Zieles ist das, was wir immer lebhaft gewünscht haben. In jedem Staate müfste eine derartige Gesellschaft zusammentreten, damit alle Beobachtungen an einem Orte in diesem Staate gesammelt und verarbeitet würden, die Resultate aber nachher aus den verschiedenen Staaten leicht zu bekommen wären, und wieder aus höherem Standpunkte übersehen werden könnten. So gelangten wir endlich dahin, aus zweckmäfsig gewählten Orten der ganzen Erde Berichte zu bekommen. Die Berichte aus tausend dergleichen Orten für ein einziges Jahr würden unendlich mehr geben als die hundertjährigen Reihen an wenigen Orten. Die letzten müssen natürlich vorhergegangen sein, aber gegenwärtig haben wir deren in Europa genug. Wir wünschen der neuen Societät viel Glück und Theilnahme.

T. Lawson. Army meteorological register for twelve years from 1831 to 1842 inclusive.

Der Titel des Buches giebt schon an, was man darin zu erwarten hat. Die Zahl der Stationen, wo während mehr oder weniger Jahren Beobachtungen angestellt sind, beträgt 62. An neun Orten sind sie ununterbrochen während der 12 Jahre fortgeführt, an vielen während 11, 10, 9 oder 8 Jahren, an der Hälfte der Stationen nur während eines kürzeren Zeitraums.

Dieselben liegen sämmtlich etwa zwischen 72° und 37° nördl. Breite, und können also interessante Punkte liefern. Die Beobachtungen werden in noch ausgedehnterer Weise fortgesetzt, wie wir an einem andern Orte schon erwähnten; man begreift, wie bald die Klimatologie Amerikas in dieser Weise bekannt sein wird. Man erinnere sich nur der Leistungen Espy's von 1843 an, welche die Zusammenstellung von Witterungserscheinungen an weit verbreiteten Orten liefern. In dem erwähnten Werke finden wir für diese 62 Orte und für 12 oder weniger Jahre drei Temperaturangaben für jeden Tag um 19, 2 und 9 Uhr, dann die mittlere Temperatur, das Maximum, das Minimum und den Unterschied, d. h. den täglichen Gang, ferner für die letzten 6 Jahre die Quantität des Regens, die Zahl der Tage, wo die acht Hauptwinde geweht haben, die Angabe, welcher Wind am meisten vorgekommen ist, die Zahl der heiteren und bewölkten Tage und derjenigen, wo Regen und wo Schnee gefallen ist. Nach jeder zwölften Seite folgt eine Recapitulation, in welcher wir die mittleren Temperaturwerthe für die Jahreszeiten und das Jahr im Mittel und für die drei Beobachtungsstunden besonders finden. Für die Winde sind die Jahreszeiten nicht von einander geschieden.

Es würde, namentlich wenn wieder ein Dutzend Jahre hinzugekommen ist, die Mühe sehr lohnen, wenn man für jeden Ort die einzelnen monatlichen Werthe sammelte, insbesondere für die Winde; denn der unermüdliche Dove sorgt für die Temperaturen, und wenn die Barometerhöhen in der Folge nicht mehr fehlen, wird er sicherlich auch deren sich annehmen.

H. Abich. Ueber die Thätigkeit der meteorologischen Stationen in Georgien.

Diese brieflichen Mittheilungen setzen uns in den Stand den aufserordentlichen Einflufs, welchen der asiatische Continent auf die Temperaturvertheilung in Transkaukasien ausübt, viel positiver, als es bisher erlaubt war, zu beurtheilen, indem sie uns zugleich die neue (aber nicht, wie der Hr. Verfasser sagt, sonderbare) Thatsache kennen lehren, dafs das caspische und schwarze Meer ihre Etesien oder Moussons haben wie das mittelländische Meer und der indische Ocean. Für die Isothermen hat Hr. Abich erst die Temperatur reducirt für die Höhe über dem Meere. Die Isochimene hebt sich nach Norden, je mehr man von Tiflis an nach Osten fortschreitet. Redut-Kaleh, Kutais, Baku und Lenkoran, Orte, die einen Breitenunterschied von 4° haben, geniessen fast eine gleiche Jahrestemperatur. Es sind die Unterschiede zwischen Sommer und Winter angegeben, aber nur für die Jahre 1848 und 1849. Auch monatliche Mittelwerthe für jedes Instrument findet man für die genannten Orte. Hr. Abich will die Ausführung des Planes garantiren, ein geregeltes System gleichzeitiger Beobachtungen von Astrabad an über Teheran, Mosul Beirut, Jerusalem, Smyrna, Brussa, Constantinopel und zurück über Trebisonde bis nach Grusien einzurichten. Wir hoffen von Herzen, dafs dem Hrn. Verfasser dies gelingen möge, da er durch eine fortgesetzte Reihe von Beobachtungen gewifs sehr merkwürdige Resultate erhalten würde. In dem Briefe an v. Humboldt kommen interessante Bemerkungen vor über den klimatischen Charakter der Plateaulandschaften, in deren Mitte Alexandropol in 4500 Fufs Höhe der Mittelpunkt der Kälte ist. Acht Tafeln von meteorologischen Resultaten, für jeden Ort eine, schliefsen das Ganze. Man vergleiche neue Beiträge in Kupffer's Correspondance météorologique herausgegeben 1852.

J. Ray. Vergleichung von zwei verschiedenen Methoden um die mittlere Temperatur (eines Tages) zu berechnen, und über die mittlere Temperatur von Cincinnati aus den Beobachtungen in Woodward College, Cincinnati.

Der erste Theil bietet uns nicht Interessantes. Die Erklärung, was eigentlich die mittlere Temperatur eines Tages sei, ist von Prof. Bache sehr gut gegeben. Wir wissen aber schon, dafs man an den Resultaten unserer Beobachtungsstunden Correctionen anbringen mufs, und wie man sie berechnet, ferner dafs für Europa die Dove'sche Combination 18, 2, 10 bei weitem die beste ist. Der zweite Theil giebt die mittlere Temperatur der Monate 1851 in Celsius'schen Graden für Cincinnati wie folgt December —0,2, Januar +0,2, Februar 0,1, März 8,0, April 17,0, Mai 17,7, Juni 23,3, Juli 23,2, August 23,1, September 18,5, October 11,8, November 10,0.

H. Schlagintweit. Untersuchungen über die Vertheilung der mittleren Jahrestemperatur in den Alpen.

Diese Abhandlung, das Resultat einer neuen Reise in den Alpen, bildet eine Fortsetzung zu der interessanten Arbeit der beiden eifrigen Brüder, die wir im Berl. Ber. 1849. p. 398 ankündigten. Natürlich umfassen die Beobachtungen nur kurze Perioden; sie haben indefs Hrn. Schlagintweit mit dem Gange der Temperatur und dem Einflusse localer Störungen bekannt gemacht. Die Beobachtungen für das Jahr 1848 und 1849 sind von mehreren Bergwerksbeamten und Geistlichen an Instrumenten angestellt, die vom Hrn. Verfasser ihnen mitgetheilt waren. Prettner in Klagenfurt hat die specielle Leitung eines beträchtlichen Theiles dieser Beobachtungen übernommen. Auch Thermometrographen sind an mehreren Orten zurückgelassen um die Extreme kennen zu lernen. Es leuchtet ein, dafs Hr. Schlagintweit die früheren Arbeiten von Dove, Shouw und Mahlmann berücksichtigt, wo er an den nämlichen Stationen, die in ihren Werken vorkommen, beobachten konnte. Sehr richtig hat Herr Schlagintweit die unmittelbaren Resultate gegeben; denn diese sind immer vorzuziehen, oder man mufs wenigstens dafür sorgen sie zurück zu bekommen. Kinder kann man noch wiederbekommen, so klagen die alten Tragiker, aber nie Vater und Mutter. Hr. Schlagintweit giebt nun verschiedene Zusammenstellungen in Tafeln, zuerst die drei Coordinaten der Orte und alles, was für den Werth der Temperaturangaben, welche in andern Tafeln folgen und in Gruppen eingetheilt sind, von Interesse sein kann. Er ordnet die Orte zu fünf Gruppen an, wie es auch in der früheren Abhandlung geschehen war. Die erste umfafst die östlichen Alpen, die zweite die nördlichen Kalkalpen und die anstofsende Hochebene, die dritte die Centralalpen, die vierte den Westrand und die fünfte den Südrand der Alpen. Man findet in diesen Tafeln die Monatsmittel der Temperatur, wobei immer an die Höhe erinnert wird. So kann man in den Tafeln nachsehen, mit welchem Recht der Hr. Verf. seine Schlüsse über die Temperaturabnahme mit der Höhe zieht, welche überall in den Alpen gemeinschaftlich hervortritt, nicht allein in der mittleren Jahrestemperatur, sondern noch besser in den Monatsisothermen.

Die Ursachen dieser Temperaturabnahme und die Störungen werden richtig zusammengestellt und gewürdigt. Nur möchte nach unserer Meinung noch zu beachten sein, dafs gerade die Verdünnung der Luft es verursacht, dafs die Strahlen der Sonne die Gipfel und insgemein die erhabeneren Theile der Gebirge stärker erwärmen; es geht nicht die Hälfte durch Absorption verloren, wie das Pyrheliometer oder Actinometer direct beweiset. Auf der andern Seite glauben wir nicht so sehr, dafs die Verdünnung der Luft beim Aufsteigen wegen der Wärme, die diese Luft mitbringt, als eine mildernde Ursache zu betrachten, sondern gerade dafs darin die Hauptursache der Temperaturabnahme zu suchen sei. Denken wir uns die Atmosphäre zusammengedrückt, bis sie überall gleichmäfsig um die Erde herum die Dichte hätte, welche sie an der Oberfläche besitzt, und von gleichmäfsiger Temperatur, und lassen wir sie nun wieder aufsteigen und sich ausdehnen, bis sie die gegenwärtige Vertheilung angenommen hat, so würde durch diese Ausdehnung die Kälte der oberen Regionen hervorgerufen sein. Man vergleiche über die Temperaturabnahme, welche eine Luftmenge erleidet, wenn sie sich von der Dichte s zu s' ausdehnt, ohne Wärme anzunehmen oder abzugeben, Poisson's Traité de Mécanique No. 640.

Von 0 bis 3000 Pariser Fufs Höhe nimmt die Temperatur weniger regelmäfsig ab als von da bis in gröfsere Höhen, in Folge der gröfsern localen Störungen, welche durch die Unregelmäfsigkeit und Verschiedenheit des Terrains hervorgerufen werden.

In den östlichen Alpen wird die mittlere Temperatur unabhängig von der Höhe in der Richtung von Westen nach Osten, ebenso wie in der ungarischen und russischen Ebene kälter.

Für die nördlichen und südlichen Alpen sind die Erhebungen für einen Grad C. sehr grofs, etwa 1000 und 600 Fufs; in den Centralalpen finden wir die Combination Klagenfurt-Sagritz, die eine Abnahme von 1° für 2800 Fufs zeigt; in den westlichen ist die Abnahme am schnellsten. Wo es nöthig war, ist zuvor für den Breitenunterschied corrigirt. In Beziehung auf die Details müssen wir nothwendig auf die Abhandlung verweisen; am besten wird eine von Hrn. Schlagintweit als das Hauptresultat nach Berechnung und graphischer Zeichnung entworfene Tabelle uns die Sache vor Augen stellen.

Tabelle der Höhenisothermen.

Isotherme.	Ebene am Nordrande und kleinere Erhebungen		Centralalpen.		Gruppe des Montblanc.		Ebene am Südrande und kleinere Erhebungen.		Isotherme.
	Höhe in par. Fuss.	Differenz in par. Fuss.	Höhe in par. Fuss.	Differenz in par. Fuss.	Höhe in par. Fuss.	Differenz in par. Fuss.	Höhe in par. Fuss.	Differenz in par. Fuss.	
+ 13	—		—		—		0	760	+ 13
+ 12	—		—		400	660	760	740	+ 12
+ 11	—		—		1060	600	1500	700	+ 11
+ 10	900	600	1100	600	1660	-	2200	-	+ 10
+ 9	1500	-	1700	-	2260	-	2900	600	+ 9
+ 8	2100	-	2300	-	2860	550	3500	-	+ 8
+ 7	2700	550	2900	550	3410	-	4100	-	+ 7
+ 6	3250	500	3450	-	3960	540	4700	-	+ 6
+ 5	3750	490	4000	490	4500	-	5300	-	+ 5
+ 4	4240	-	4490	480	5040	-	5900		+ 4
+ 3	4730	470	4970	-	5580	-	—		+ 3
+ 2	5200	450	5450	-	6120	-	—		+ 2
+ 1	5650	-	5930	470	6660	-	—		+ 1
+ 0	6100	460	6400	-	7200	530	—		+ 0
— 1	6560	480	6870	450	7730	520	—		— 1
— 2	7040	500	7320	-	8250	500	—		— 2
— 3	7540	-	7770	460	8750	-	—		— 3
— 4	8040	510	8230	470	9250	-	—		— 4
— 5	8550	-	8700	500	9750	490	—		— 5
— 6	9060		9200	-	10240	-	—		— 6
— 7	—		9700	-	10730	-	—		— 7
— 8	—		10200	-	11220	-	—		— 8
— 9	—		10700	510	11710	-	—		— 9
— 10	—		11210	-	12200	500	—		— 10
— 11	—		11720	520	12700	-	—		— 11
— 12	—		12240	-	13200	-	—		— 12
— 13	—		12760	-	13700	-	—		— 13
— 14	—		13280		14200	-	—		— 14
— 15	—		—		14700		—		— 15

Aufser durch diese Tabelle wird die Uebersicht noch erleichtert durch einen beigefügten Kupferstich.

Ueber die monatlichen Mittel und das Klima im Allgemeinen folgen noch einige Bemerkungen, wovon wir die hauptsächlichsten hier erwähnen.

In gröfseren Höhen tritt das Maximum der Wärme, so wie das der Kälte etwas später ein als in geringeren. Die Thäler sind etwas kälter im Winter, etwas wärmer im Sommer, besitzen also ein etwas extremeres Klima. Die Abhänge (nämlich die besonnten) sind im Winter durch Senkung der kalten Luftmassen, die sich in den Thälern anhäufen, wärmer als das Mittel; im Sommer sind sie etwas kälter als das Mittel, und besonders als die Stationen in den Thalbecken. Es hängt dieses, wie Herr Schlagintweit auch ausdrücklich bemerkt, sehr von der Enge der Thäler und von der Lage gegen die Sonne ab. Jedenfalls scheint uns dieses für unsere Bemerkung über die Ursachen der Temperaturabnahme zu sprechen.

Die Abnahme der Temperatur ist im Sommer rascher als im Winter. Zwischen 1 und 12000 Fufs findet man im Januar 17, im Juli 27,5 Isothermen (sehr natürlich).

Im Ganzen ist das Alpenklima bei gleichen mittleren Temperaturen (von der Höhe abhängig) noch etwas constanter als jenes des polaren Amerika.

Die täglichen Minima sind in den tieferen Stationen beinahe eben so niedrig als die in den höchsten Alpentheilen, die Maxima der Thäler übertreffen aber die der höchsten Gipfel unendlich; das absolute Maximum beträgt in Bern 36,2, in Insbruck 37,5, wird aber in Höhen von 12000 bis 14000 Fufs kaum 5 bis 6° C. übertreffen. Man sieht, wie viele Resultate aus einer Verbindung gleichzeitiger Beobachtungen auch nur von einem Jahre durch geschickte Hände sich ergeben.

Rush. Beobachtungen von Barometer und Thermometer bei verschiedenen Aufsteigungen mit dem Ballon.

Für die Kenntnifs der Temperaturabnahme in den höheren Schichten der Atmosphäre ist es nicht uninteressant solche Beobachtungen zu sammeln. Grofse Ungleichheiten können sich zeigen, je nachdem man durch Wolken kommt oder nicht, je nachdem ein kalter Luftstrom in dem Raume, wo man sich gerade befindet, weht oder nicht; aber jede Beobachtung mufs willkommen sein. Möchte man doch die Luftfahrt als etwas mehr als Spielerei betrachten und sie zur Sammlung von Beobachtungen über diesen Gegenstand benutzen.

Höhe des Barometers. Engl. Zoll.	Angaben des Thermometer in Fahrenheit'schen Graden.				
	Mai 1837.	4. September 1838.	10. September 1838.	27. Juni 1849.	4. September 1849.
30,52	—	—	60	—	74
30,22	60	66	—	—	—
29,09	—	—	—	66	—
29,00	—	—	60	—	68
28,00	—	—	—	—	66
27,00	—	—	58	—	65,5
26,00	—	—	55	—	64,5
25,00	—	—	52	—	63
24,00	—	—	48	—	61
23,50	28	—	—	—	—
23,00	—	56	46	—	61
22,40	—	—	—	54	—
22,00	—	—	43	—	54
21,00	—	53	40	—	52,5
20,00	—	—	36	—	52
19,00	—	46,2	35	—	46
18,00	—	42	30	—	
17,00	—	39	25	—	
16,00	—	35	20	—	
15,00	—	25	18	—	
14,70	—	25	—	—	
14,30	—	18	18	—	

Die erste Aufsteigung gab 32° F. Unterschied für 6553 engl. Fufs;
die zweite 20° F., die dritte 25° F., die fünfte 28° F. für 13044 Fufs;
die zweite 41° F. für 19303 Fufs;
die dritte 41° F. für 20352 Fufs.

Gay-Lussac sah in der Höhe von 21735 Fufs das Thermometer von 88° auf 16° F. sinken.

Rozet. Meteorologische Beobachtungen auf den Pyrenäen im Sommer 1848 und 1849.

Die Beobachtungen des Hrn. Rozet beziehen sich hauptsächlich auf das Verhalten des Wasserdampfs in grofsen Höhen. Bei ziemlich ruhiger Luft ist die obere Fläche des Wasserdampfs horizontal; die Gränzlinie ist von bläulicher Farbe, und scharf gezeichnet; manchmal erscheint sie sehr schön bei dem Zwielicht des Morgens und Abends. Im Laufe des Tages wie des Jahres erhebt sich die Oberfläche sichtbar mit der Wärme. Wenn nicht Gewitter den Vorgang stören, so kann man unter dieser Oberfläche sich Wolken bilden sehen, deren untere Oberfläche so horizontal ist, dafs Hr. Rozet damit Höhen von Bergen bestimmen konnte. Hr. Rozet spricht noch von einer zweiten Schicht von Wasserdämpfen in viel bedeutenderer Höhe (3400 Meter), in denen die Cirrhus entstehen. Es wird wohl nicht die Luft dazwischen trocken sein, sondern von der ersten sichtbaren Oberfläche an wird sich der Wasserdampf in einem andern Zustande befinden; sonst kann ich die Sichtbarkeit von zwei Oberflächen nicht begreifen.

Die Formation der Nimbus hat Hr. Rozet auch manchmal studirt. Was das elektrische Verhalten betrifft, so wird die Meinung des Hrn. Verfassers wohl die richtige sein, dafs nämlich in einer selben Schicht die Art der Elektricität dieselbe ist, dafs aber die zwei genannten Schichten verschiedene Elektricitäten enthalten. Nähern sich nun diese so sehr, dafs sie in ihre gegenseitige Wirkungssphäre kommen, so bilden sich die verticalen Wolkenformationen von den Cirrhus bis zu den Cumulus, und ein Gewitter ist entstanden.

Rozet. Ueber die Höhe des ewigen Schnees in den östlichen Pyrenäen.

Hr. Rozet macht auf den bekannten Einflufs der Localität auf die Höhe der Schneelinie aufmerksam. Hochebenen von 2800 Meter Höhe haben keinen Schnee, während nicht zu steile

Spitzen schon in der Höhe von 2200 Meter Schnee tragen. Die Kuppen und Abhänge des Canigou haben in 2785 Meter Höhe keinen ewigen Schnee, wogegen südlich vom Canigou, bei den Quellen des Tech, in einer Höhe von nicht 2500 Metern grofse Massen ewigen Schnees liegen. Im Allgemeinen findet sich die Schneelinie in den östlichen Pyrenäen hauptsächlich im Süden und Osten unter 2500 Metern bei dem Ursprung der Thäler. Die Winde nämlich wehen von November bis April aus dem Westen und Norden, und diese setzen solche Schneemassen ab, dafs sie im Sommer nicht weggeschmolzen werden können.

J. D. Cunningham. Ueber die Schneelinie im Himalaya.

Hr. Cunningham weist die Richtigkeit der durch den grofsen v. Humboldt in seinem Cosmos angegebenen, die Schneelinie modificirenden Umstände nach. Er zeichnet auf einer Karte eine Linie von Nord nach Süd durch die Kette zwischen Gogra und Ganges, und eine Linie von Ost nach West in der Gegend von Cashmir. Nach den Flächen von Indien hin ist an der Südseite die Schneelinie ungefähr 15000 Fufs, an der Nordseite 12000 Fufs hoch. An der thibetanischen Seite ist die Schneelinie im Süden gegen 20000 Fufs hoch; auf der Nordseite bestätigte sich die Angabe Strachey's, wonach die Schneelinie zwischen 18000 und 18500 Fufs liegt. Die Höhe des Manasarawarsees ist durch Messungen zu 15000 Fufs bestimmt.

K. Fritsch. Ueber die Temperaturverhältnisse und die Menge des Niederschlages in Böhmen.

Dieser Aufsatz, welchen der Hr. Verfasser so gütig war mir zuzuschicken, ist von der Art, wie ich sie immer gewünscht habe. Gegründet auf eine Reihe von theils zwanzigjährigen Beobachtungen, theils längern, theils kürzern, an etwa vierzig Orten in Böhmen, jedoch nicht immer in den nämlichen Jahren, hat er den Einflufs der Seehöhe, der Lage nach Osten hin u. s. w.

untersucht, dafür Correctionen angebracht und so alle Orte auf Prag reducirt.

Weiter theilt er Böhmen in Quadranten nach den Stromgebieten ein, von welchen der erste jene Stationen enthält, welche das Gebiet zwischen dem Erzgebirge, der Elbe und Beraun umfafst, der zweite vom Riesengebirge und dem Elbflufs begränzt wird, der dritte zwischen den Sudeten, der Moldau und Elbe, und endlich der vierte zwischen dem Böhmerwaldgebirge, der Beraun und Moldau gelegen ist. So erkannte der Hr. Verfasser, wie die Configuration des Landes auf die Temperaturverhältnisse einwirkt. Weiter giebt er die mittleren Regenmengen in Böhmen für die einzelnen Monate und für die Jahreszeiten.

Beigegebene Tafeln zeigen die Curven gleicher Temperatur, die Isothermen, Isotheren und Isochimenen in Böhmen ganz detaillirt, nach Vierteln von Graden ungefähr, woraus man sehr leicht den Einflufs der Configuration erkennt. Eine vierte Tafel giebt die Curven gleicher Mengen des Niederschlages. Beide Systeme von Curven bilden in Böhmen ein für sich abgeschlossenes System; die höheren Temperaturcurven werden von den tieferen ganz oder nur zum Theil eingeschlossen, die Orte des geringeren Niederschlags sind umgeben von denen, wo mehr Wasser verdichtet wird. Nur seit einem halben Jahre bekommen wir regelmäfsige Beobachtungen aus Prag. Was wir jedoch aus den graphischen Darstellungen des Directors Kreil ersehen haben, lehrt, dafs Böhmen sehr genau und regelmäfsig den Abweichungen, welche im übrigen Europa vorkommen, unterworfen ist.

Kunzek. Uebersichten der Jahres- und Monatsmittel aus den während eines Zeitraums von 20 Jahren in Lemberg fortgeführten meteorologischen Beobachtungen.

Hr. Kunzek findet eine merkwürdige Uebereinstimmung zwischen dem jährlichen Gange des Barometers in Lemberg und dem in Mailand und Prag; nur sind die monatlichen Aenderungen kleiner als an den genannten Orten. Hieran hat doch wohl der Zufall einigen Antheil; denn wir glauben nicht, dafs für das

Barometer ein viel kürzerer Zeitraum als der, welchen Fritsch in Prag so trefflich benutzt hat, genügt. Sehr erfreuen wir uns über die Angabe der Monatsmittel der Temperatur in Lemberg.

Die mittlere, höchste und niedrigste Temperatur war in den zwölf Monaten

	Mittlere	Höchste. Temperatur C.	Niedrigste
December . . .	— 2,64	+ 13,2	— 27,2
Januar	— 5,44	+ 10,5	— 32,2
Februar	— 3,82	+ 11,6	— 31,0
März	+ 0,64	+ 21,0	— 26,0
April	+ 7,26	+ 26,9	— 9,5
Mai	+ 12,59	+ 31,0	— 2,5
Juni	+ 16,66	+ 35,00	+ 1,25
Juli	+ 17,78	+ 35,40	+ 5,00
August	+ 17,04	+ 33,75	+ 3,50
September . . .	+ 10,38	+ 31,25	— 2,75
October	+ 8,00	+ 26,00	— 8,75
November . . .	+ 1,78	+ 18,75	— 18,25

Man bekommt aus der Notiz eine Uebersicht über das Klima von Lemberg, die jedem recht angenehm sein wird, der den Normalgang an den umgebenden Orten kennt.

J. Glaisher. Berechnung der in dem Gebäude der Royal Society angestellten Thermometerbeobachtungen.

Die Beobachtungen von 1771 bis 1840 — die von 1781 bis 1786 waren nicht an derselben Stelle gemacht, sondern in Sommersethouse; aus Vergleichung von andern gleichzeitigen Beobachtungen ist diese Lücke ausgefüllt — sind berechnet, die monatlichen mittlern Werthe constatirt und die Differenzen dieser mittleren Werthe von den reellen Werthen eines jeden Monats mitgetheilt; die departures from the mean temperature sind in den Philosophical Transactions angegeben. Es geht daraus hervor, dafs auf einen warmen Sommer nicht gerade ein kühler

Herbst folgt, sondern dafs die Erhöhung und ebenso die Erniedrigung der Temperatur sehr wohl längere Zeit anhalten kann.

T. Rankine. Ueber meteorologische Phänomene in Huggate in Yorkshire für 1849.

Wir könnten nur die einzelnen Angaben über Temperatur- und Barometerstand ungeändert wiedergeben, und verweisen deshalb auf das Original. Hr. Rankine fixirt die Endpunkte der Novemberwelle für das Barometer; wir ziehen immer noch die Wirklichkeit derselben in Zweifel. In der Winterzeit folgen so viele Wellen auf einander, dafs man, glauben wir, kein Recht hat diese oder jene Welle einem bestimmten Monate zuzusprechen.

P. de Tchihatchef. Ueber das Klima von Trebisonde und Kaïsaria.

Die Beobachtungen des Hrn. Tchihatchef für Trebisonde erstrecken sich über 13 Monate (von April 1848 bis August 1849), die für Kaïsaria über 26 Monate (von November 1847 bis September 1849). Kaïsaria in der Breite von Lissabon, aber in einer Höhe von 1200 Metern, hat eine jährliche mittlere Temperatur von 9°,66, noch ein wenig tiefer wie die von London. Die mittlere Temperatur

vom Juni, Juli und August war 22°,6,

vom December, Januar und Februar war —3°,6 = Tilsit.

Während Kaïsaria also ein excessives Klima hat, ist Trebisonde im Jahresdurchschnitt gleich Neapel; der Winter ist beinahe gleich Algier.

P. de Tchihatchef. Meteorologische Beobachtungen aus Constantinopel.

Constantinopel hat beinahe die nämliche Mitteltemperatur wie Florenz, nämlich 15°,3 C. Der Unterschied von dem nur

500 Kilometer entfernt gelegenen Odessa ist sehr grofs, da hier manchmal Eis sich befindet, welches der Bosphorus nicht kennt.

Die mittleren monatlichen Thermometer- und Barometerstände sind folgende:

	Thermometer		Barometer	
	1847.	1848.	1847.	1848.
Januar . . .	5°,2	3,4	763,7	755,3
Februar . .	8	7,3	755,5	757,7
März. . . .	7	8,7	758,9	758,2
April . . .	14	14,4	754,9	755,6
Mai	18	17,8	757,9	755,8
Juni	22 ,4	26,1	756,1	754,2
Juli	23 ,9	26,2	755,3	754,5
August . . .	25 ,7	26,4	754,7	755,7
September .	22 ,2	20,0	757,1	755,6
October . .	14 ,9	20,1	762,5	757,9
November . .	10 ,3	13,2	764,1	758,8
December . .	5 ,7	6,0	761,9	760,6

Demidoff. Meteorologische Beobachtungen in Nijné-Taguilsk in den drei ersten Monaten des Jahres 1851.

Dieser Ort im Gouvernement Perm ist natürlich sehr kalt im Winter.

1851.	Maximum	Datum	Minimum	Datum	Mittlere Temperatur	Schneetage	Regentage
Januar .	— 2,5 C.	am 16.	—43,1 C.	vom 19. zum 20.	—15,4 C.	29.	—
Februar	— 3,8	- 15.	—27,5	- 3. - 4.	—14,6 -	19.	—
März . .	+ 5,6	- 29.	—31,9	- 4. - 5.	— 8,6 -	27.	—
April . .	+15,6	- 5.	—19,4	- 8. - 9.	+ 3,3 -	12.	4.
Mai. . .	+27,5	- 27.	— 5,6	- 7. - 8.	+13,0 -	2.	23.
Juni . .	+33,8	- 23.	— 3,8	- 6. - 7.	+20,1 -	0.	27.

T. S. Wells. Beobachtungen über das Klima des Nilthals.

Die Beobachtungen umfassen nur die drei Monate vom 6. December 1849 bis zum 16. März 1850. — Die tägliche Veränderung des Thermometers ist ziemlich grofs, die des Barometers klein; wenig trübe Tage hat Hr. WELLS gesehen, wenige mit Nebel, auch wenig Regentage; denn aufser einigen geringen Regenschauern von kurzer Dauer hat er nur zweimal in Cairo einen starken Regen beobachtet, der einige Stunden dauerte. Wären es drei Jahre anstatt drei Monate, so würden wir länger dabei verweilen.

C. MARTINS. Ueber die sechs Klimate Frankreichs.

In Frankreich ist nach Hrn. MARTINS das Continentalklima sowohl bemerklich als das Seeklima, und gern glauben wir ihm, dafs die Differenzen der täglichen und auch die der jährlichen äufsersten Werthe im Osten merkbar gröfser sind als im Westen, denn wir bemerken dasselbe schon in dem kleinen Holland. Auch hat Frankreich eine merkwürdige Situation, ein Meer im Westen, dann wieder im Südwesten Gebirge, ein Meer im Süden und im Osten Gebirge u. s. w., so dafs wirklich die Verschiedenheit und Abwechslung des Klimas dort gröfser sein mufs als irgendwo anders in einem Bezirke von der nämlichen Gröfse.

BUIST. Abrifs des Klimas von West-Indien.

Die Klage des Hrn. BUIST, dafs man die atmosphärischen Erscheinungen nur mit Instrumenten untersucht, und dafs malerische und beschreibende Meteorologie darüber ganz vergessen werden, ist wohl einigermaafsen gegründet. Wirklich halten wir es für wünschenswerth, dafs die Beobachter den Eindruck aufzeichnen, den der Himmel im Zusammenhang mit den Beobachtungen auf sie selbst macht. Sie fürchten sich davor, weil manchmal die Prognostication sich fehlerhaft zeigen würde; wir fordern auch nicht, dafs man diese Meinungen veröffentliche, sondern nur dafs man sie sich selbst klar mache, und so sich übe. Denn wie es gegenwärtig steht, ist das Urtheil der Bauern und Seeleute ohne Instrumente viel sicherer als das der Meteorologen, die alle Umstände fleifsig untersuchen.

Hr. Buist bemerkt weiter, dafs man in Indien nicht vier, sondern nur zwei Jahreszeiten habe, nämlich die regnerische und die heitere, welche letztere noch wieder in die kalte und die heifse zerfallen könne. Die Maratten unterscheiden drei Jahreszeiten, die Pâwsalla (regnerische), Hewalla (kalte), Oonalla (heifse).

Anfangs Juni tritt der SO.Mousson mit grofser Heftigkeit auf, nachdem von Anfang Mai ab die Luft sehr feucht und von 80° bis 85° F. warm geworden ist. In dieser Zeit hat man nicht mehr die östlichen Seewinde und die mehr westlichen Landwinde, welche von October bis Mai in der heiteren Jahreszeit regelmäfsig wehen. Die Regenmenge ist grofs, und hat in dem nassen Mousson durch dreifsig Jahre zwischen 122 und 34 Zoll variirt; die mittlere Regenmenge beträgt 76 Zoll. Man glaubt danach, dafs die gröfste Stärke der Regengüsse nach dem Vollmond im August gebrochen sei. Es wäre doch überaus interessant, wenn einmal ein Bewohner der tropischen Regionen auf die Wirkung des Mondes achten wollte, und diese genau bestimmte; denn, wie es nun steht, vertheidigt man stets den Einflufs des Mondes wider den europäischen Naturforscher mit der Antwort: Gern, gebe ich zu, dafs dort die Mondwirkung nicht merklich ist, aber in den Tropen ist sie gar leicht erkennbar. Bestimmt nachzuweisen, woran sie denn erkennbar sei, und zu welcher genau angegebenen Zeit ihrer Periode, das vergifst man.

W. H. Sykes. Discussion der in verschiedenen Höhen angestellten meteorologischen Beobachtungen in Indien.

Als Fortsetzung seiner früheren Abhandlung über die Meteorologie von Deccan in den Philosophical Transactions von 1835 liefert Hr. Sykes aus lange fortgesetzten, theils stündlichen Beobachtungen den Beweis für die Richtigkeit seiner damals gezogenen Schlüsse. Die jährliche sowohl wie die tägliche Barometervariation vermindern sich vom Niveau des Meeres an bis in die Höhe von 8640 Fufs auf dem Dodabetta, die jährliche von 0,735 Zoll bis 0,410 und die tägliche von 0,122 bis 0,060.

Die jährliche wird mit gröfserer Breite ein wenig gröfser, die tägliche umgekehrt. Nirgends in ganz Indien beträgt die Differenz des Maximums in einem Jahre und des Minimums in einem andern Jahre einen Zoll Quecksilber. Nur während der Orcane bemerkt man eine augenblickliche Depression, die 2 Zoll erreichen kann, aber sie ist dann auf einen engen Bezirk beschränkt.

Das Maximum des Luftdrucks findet in den kältesten Monaten December und Januar statt, das Minimum im Juni und Juli. Die Moussons, die in Madras aus NO., in Bombay aus SW. wehen, haben keinen merklichen Einflufs auf den Luftdruck.

Die tiefste Temperatur nimmt man in Indien ungefähr beim Aufgehen der Sonne wahr, die höchste zwischen 1 und 3 Uhr Nachmittags. Die Anomalieen der mittleren jährlichen Temperatur in Madras, Bombay, Calcutta und Aden nehmen nicht mit wachsender Breite ab. Auch die Temperaturvariationen nehmen mit wachsender Höhe ab; nur das Plateau von Deccan macht hiervon eine Ausnahme. In Mahabuleshwar in 4500 Fuss Höhe sank das Minimumthermometer nie unter 45°, in Dodabetta nie unter 38,5 F. Die Ausstrahlung und Verdampfung riefen jedoch bisweilen eine geringe Eisbildung hervor.

Das Hygrometer von Daniell zieht Hr. Sykes dem August'schen Psychrometer vor; er findet, dafs das Innere des Landes bisweilen sehr trocken ist, immer viel trockener als die Küstengegenden.

J. C. Pyle. Auszug aus meteorologischen Beobachtungen in Futtegurh in Bengalen vom Jahre 1850.

Der Beobachter und die Instrumente verdienen nach Buist alles Zutrauen. Wir heben aus den Resultaten nur die Abweichung des Barometerstandes von $737^{mm},1$, dem Jahresmittel, und den mittleren Gang des Barometers für die einzelnen Monate hervor.

	Mittel 737mm,1	Tägliche Differenz
December . . .	+ 9,4	2,9
Januar	+ 9,6	0,4
Februar	+ 10,2	2,8
März	+ 6,3	2,8
April	+ 2,4	3,3
Mai	— 2,6	3,3
Juni	— 6,3	3,8
Juli	— 16,0	2,8
August	— 14,5	2,5
September . . .	— 12,8	2,9
October	+ 0,8	3,0
November . . .	+ 8,5	2,8

Die Depression des feuchten Thermometers war immer am gröfsten um 4 Uhr; im Mai war sie zu dieser Stunde im Mittel nicht geringer als 17° C., die mittlere Temperatur betrug vierzig Grad Celsius!

Dove. Ueber die täglichen Variationen des Barometers in Hindostan.

Bestimmt man aus den stündlichen Beobachtungen in Madras von 1841 bis 1845 für die einzelnen Monate die täglichen Veränderungen der Temperatur, des Barometers, der Elasticität der Wasserdämpfe, des Druckes der trockenen Luft und der Intensität des Windes, so zeigt sich die merkwürdige Erscheinung, dafs hier in unmittelbarer Nähe des Meeres die Spannkraft der Dämpfe nicht ein Maximum zur Zeit der höchsten Tageswärme erreicht, wie es bei der Intensität des Windes der Fall ist. Der aufsteigende Luftstrom führt also mehr Dampf in die Höhe, als die Wärme neu zu erschaffen im Stande ist. Man findet dasselbe in Trevandrum aus fünf Jahren; in St. Helena enthält jedoch die Curve der Wasserdämpfe keine Einbiegung.

C. Aguirre. Resultate von meteorologischen Beobachtungen in Antisana.

Boussingault und Arago preisen den Fleifs und die Genauigkeit ganz besonders, mit welcher Hr. Aguirre in dieser 4060 Meter hohen Gegend, die gut beschrieben wird, ein Jahr lang (1846) ohne Unterbrechung mit zwei Gehülfen und mit verglichenen Instrumenten stündliche Beobachtungen angestellt hat. Auch hat er seine Beobachtungen mit denen von Quito verglichen. Die mittlere Temperatur mufs nahe 4°,9 C. sein. Die tiefste Temperatur ward am 24. Juni zu — 6°,2 beobachtet, die höchste am 11. December zu 11° C. Für die Abnahme der Temperatur mit der Höhe zwischen Quito und Antisana fand Hr. Aguirre Morgens 1° für 133,5 Meter, Mittags 1° für 128,2 Meter.

Hr. Aguirre hat mehr Regen gefunden als in Bogota, wo in der Höhe von 2640 Meter 100 Centimeter fallen. Er fand nämlich in neun Monaten 182 Centim.; im December 1845 7,5, im Januar 1846 14,1, Februar 9,7, März 12,7, April 20,9, Mai 23,2, Juni 27,2, Juli 27,8, August 39,2. Er beobachtete 119 neblige, 172 regnerische Tage, 44 Tage mit Schnee, 26 mit Gewittern. Die tägliche Barometerschwankung, die in Bogota noch $2^{mm},3$ beträgt, ist in Antisana gleich 0.

C. S. C. Deville. Ueber die Klimatologie der Antillen.

Die Abnahme der Temperatur mit der Höhe zwischen 0 und 1500 Metern, der Höhe der höchsten Punkte dieses Archipels, ist auf den verschiedenen Inseln nahe gleich, und beträgt im Mittel etwa 1° für 150 Meter. Die mittlere Differenz des Maximums und Minimums in Pointe-à-Pitre ist

im Januar, Februar, März	7°,47
von April bis August	5 ,54
von September bis December	6 ,54.

SARMENTO. Meteorologische Beobachtungen in Fernambuc.

Die Beobachtungen umfassen etwa zwölf Monate aus den Jahren 1842, 1843 und 1844 mit verglichenen Instrumenten. Man ersieht den täglichen Gang des Thermometers aus den folgenden Zahlen:

	17 Uhr	21 Uhr	Mittag	3 Uhr	9 Uhr
August 1842	24,2	25,2	25,7	25,5	24,8
September	24,7	25,5	26,3	25,3	25,1
October	24,6	26,6	26,8	26,5	25,6
November	25,6	27	27,4	27,1	26,1
December	25,6	26,6	27,2	26,9	26,2
Januar 1843	26,1	27,7	27,7	27,6	26,5

Die gröfste unregelmäfsige Aenderung des Barometers fand statt am 13. August während eines sehr starken Sturmes, und betrug $2^{mm},3$.

Die sechs trockenen Monate haben an Regen geliefert $244^{mm},8$; LOUDON hatte in dem ganzen Jahre 1842 $2^{m},62$ Wasser gesammelt. Das Hygrometer giebt 80^{0} an, meistens mehr. Die Aenderungen sind im Allgemeinen so geringe, dafs man die aus diesen sechs Monaten bestimmten Werthe nahe als die mittleren für diese Jahreszeit nehmen kann: Barometer $764^{mm},3$, zwischen 768,7 und 761; Thermometer $26^{0},2$, zwischen 28,7 und 22,8; Hygrometer 92^{0}, zwischen 100 und 70.

J. LEE. Meteorologische Beobachtungen in Kaafjord bei Alten im westlichen Finnmark, Breite 69° 57′, Länge 23° 2′ östl. von Greenwich, und in Christiania.

Das Barometer zeigt ein Maximum im Frühling und ein Minimum im Herbste. Es ist sonderbar, dafs nach den zwölfjährigen Beobachtungen dem April der höchste mittlere Werth, dem Februar der niedrigste Stand entspricht. Sonst ist in unseren Breiten der April merkbar niedrig. Sehr zweckmäfsig ist es, dafs Hr. J. F. COLE die höchsten und niedrigsten Angaben des Thermometers und Barometers in jedem Monat mit genauer

Bezeichnung der Stunde und des Datums mitgetheilt hat. Der tägliche Gang macht, dafs die Beobachtungen von 11 Uhr Vormittag und 7 Uhr Nachmittag die höchsten sind.

T. C. Hunt. Ergebnisse aus zehnjährigen meteorologischen Beobachtungen zu St. Michael's von 1840 bis 1849.

Wir finden folgende mittleren und extremen Werthe des Thermometer- und Barometerstandes während dieser zehn Jahre.

	Barometer.			Thermometer.			Regen.	Verdampfung.
	Maximum	Minimum	Mittel	Maximum	Minimum	Mittel		
	mm			Gr. C.			mm	mm
December .	777,7	748,3	767,1	20,5	6,7	14,3	10,7	3,8
Januar . . .	783,1	742,7	767,3	20,8	5,5	13,5	9,5	3,7
Februar . .	783,0	750,0	766,1	21,2	6,6	14,2	9,7	3,5
März	780,0	739,9	768,5	22,2	7,2	14,3	8,9	5,1
April	777,2	746,8	768,2	25,0	7,3	16,0	4,1	9,4
Mai	777,8	752,4	768,0	26,4	10,5	17,4	3,6	11,8
Juni	776,5	757,4	768,4	30,3	13,4	20,9	2,9	13,3
Juli	775,5	761,2	769,9	31,4	14,5	22,9	1,9	14,7
August . . .	775,0	753,6	768,4	32,3	16,7	23,9	4,3	14,6
September .	775,5	745,5	767,3	29,5	14,5	21,0	5,5	11,2
October . .	776,7	748,3	765,6	27,3	11,1	18,5	7,6	8,2
November .	775,7	750,6	764,8	23,4	7,3	15,9	10,7	4,8

Noch geben wir zur nähern Bezeichnung des Klimas an, dafs der Nordwind 18 mal im Jahre weht, der NO. 115, O. 117, SO. 44, S. 14, SW. 62, W. 18, NW. 77 mal. Es giebt weiter 5 windstille Tage, 20 neblige, 36 regnigte, 123 Tage mit Sonnenschein, 71 im Sommer, 52 im Winter. Im Winter wehen S., SO., SW. ein wenig mehr, im Sommerhalbjahr NO.

Buist. Meteorologische Phänomene in Indien von Januar bis Mai 1849.

Es ist in dieser Mittheilung mehr enthalten, als man erwarten würde; denn nicht allein findet man für diesen kurzen Zeitraum Vergleichungen der täglichen Oscillationen des Barometers in Calcutta, Bombay und Madras, nicht allein eine kurze Erwähnung von Orcanen und deren Gränzen, sondern auch einiges über den jährlichen Gang des Barometers abgeleitet von fünfjährigen Beobachtungen in Bombay, aus vierjährigen in Madras und Calcutta. Das Maximum des Barometerstandes trifft ein im December und Januar, das Minimum im Juni oder Juli. Die absolute Höhe war nicht gleich in den verschiedenen Jahren, aber beinahe ununterbrochen ging die Abnahme von Januar bis Juli und die Zunahme von Juni bis Januar vor sich. Weder der zweimal im Jahre stattfindende Durchgang der Sonne durch das Zenith, noch das Eintreffen der Moussons in Calcutta und Bombay im Juni, in Madras im October zeigte hierauf einen Einflufs. Der Unterschied war gröfser in Calcutta als in Bombay oder Madras.

Hr. Buist leitet aus den genannten Beobachtungen ab, dafs meteorologische Störungen sich über grofse Strecken ausbreiten.

Vorschriften über Registrirung der periodischen Erscheinungen von Pflanzen und Thieren.

Schon im Jahre 1845 hat sich die British Association um die periodischen Erscheinungen bemüht. Die hier gegebenen Vorschriften sind also gröfstentheils nur Wiederholungen der früheren. Jedermann, der zu beobachten wünscht, kann Tafeln beziehen vom Prof. Phillips in York und wird ersucht diese ausgefüllt und unterzeichnet zurück zu senden. Es wird eine Liste gegeben von Pflanzen, die man gebeten wird in Beziehung auf die Foliation und Defoliation zu beobachten, eine Liste von andern, mehr geordnet für die Perioden des Blühens und des Reifens der Früchte; noch andere, von welchen man um die Zeit der Aequinoctien beobachten mufs, an welchen Stunden des Tages ihre Blumen sich öffnen oder schliefsen. Eben so wird von dem Thierreiche eine Liste aus allen Klassen der Wanderer gegeben. Die Pflanzen und Thiere haben ihre Nummern, und diese Nummer wird an dem Datum der Foliation u. s. w. in die dazu bestimmte Spalte eingetragen, wie aus beigegebenen Mustertabellen ersichtlich ist.

Dove. Ueber den Zusammenhang der Wärmeverhältnisse der Atmosphäre mit der Entwicklung der Pflanzen nach den Beobachtungen von Vogt in Arys.

Man kennt die verschiedenen Hypothesen über den genannten Zusammenhang (vergl. Berl. Ber. 1849. p. 377), denen wir noch die von Hess hinzufügen, der das Product der Wärme in den Zeitraum dividirt durch die relative Feuchtigkeit. Hr. Dove bemerkt, dafs man nicht aus den Beobachtungen an einem Orte ein Resultat ziehen kann, wie er dieses schon in seinen früheren Abhandlungen bewiesen hat. Hr. Vogt aus Arys hat nun Beobachtungen beigebracht aus

Widminnen	53° 58′	nördl. Breite,	39° 37′	Länge
Claufsen .	53 57	-	39 47	-
Arys . . .	53 48	-	39 47	-

Die Höhe über dem Meere, die geologische Beschaffenheit des Bodens, ist auch eine sehr übereinstimmende. Die Temperatur ist bestimmt aus $t = \frac{\mathrm{VII} + \mathrm{II} + 2 \cdot \mathrm{IX}}{4}$.

In dem Jahresbericht des statistischen und meteorologischen Instituts sind 27 Tafeln mitgetheilt, woraus Hr. Dove meint schliefsen zu dürfen, dafs die Summe der Wärme zwischen der Blüthezeit und der Reife einen grofsen Einflufs auf die Qualität der Frucht hat. Und nicht nur die Summe, sondern auch die Form der Temperaturcurve während der Vegetation zeigt einen Einflufs. Es ist schade, dafs keine Hygrometerbeobachtungen zugefügt sind; denn nun hat selbst der scharfe Blick des Hrn. Dove noch nicht bestimmt den Zusammenhang entdecken können.

Man sehe die ausführlicheren Beobachtungen im amtlichen Berichte des preufsischen meteorologischen Instituts 1848 und 1849.

Andrews. Beschreibung eines Apparates zur Bestimmung des Feuchtigkeitsgehaltes der Luft.

Hr. Andrews saugt mittelst eines durch eine Uhr regulirten Aspirators ein bekanntes Volum Luft durch gebrannten Gyps, welchen er dem Chlorcalcium und der Schwefelsäure vorzieht und für hinreichend hygroskopisch hält. Es ist allerdings wünschenswerth, statt der gewöhnlichen Psychrometer, die die Feuchtigkeit nur für einen bestimmten Augenblick und dann noch nicht am genauesten angeben, einen Apparat zu haben, der für einen gegebenen Zeitraum die mittlere Menge des Wasserdampfs anzeigt. Darum halten wir auch die Erfindung des Prof. Baumhauer in Amsterdam für sehr empfehlenswerth, der ein selbstregistrirendes Aräometer construirt hat, durch welches die Luft aufgesogen wird, indem es immerfort auf einer Flüssigkeit schwimmt, aber immer tiefer und tiefer, je mehr Wasser das Chlorcalcium, womit es gefüllt ist, aus der durchziehenden Luft ausgeschieden und in sich aufgenommen hat.

Baudrimont. Ueber das Aërodensimeter.

Hr. Baudrimont hat eine Wage von besonderer Form construirt, womit er einen grofsen leichten Körper in der Luft wägt. Nun meint er, dafs das Gewicht der Luft noch von einem andern Umstand abhänge als von der Temperatur, von dem Druck und dem Feuchtigkeitszustande. Diesen Umstand sucht er in der Elektricität, welche die Dichtigkeit allerdings verringern kann. Wir erinnern daran, dafs auch Quetelet einen merklichen Einflufs der Elektricität auf die Barometerhöhe annimmt. Diese zwei Wirkungen müssen einander so stören, dafs bei uns der Verdacht gerechtfertigt scheint, dafs die Unsicherheiten der Beobachtung zu grofs seien, um mit Zuversicht die Meinung des Hrn. Baudrimont theilen zu können.

C. Martins. Anweisung zur Beobachtung der Windhosen.

Hr. Martins betrachtet die Windhosen aus dem elektrischen Standpunkte, und glaubt den Umstand, dafs sie so lange Kraft behalten, dadurch erklären zu müssen, dafs die Elektricität bei der ungewöhnlichen Dampfbildung im Innern der Bäume sich erneuert. Er giebt eine genaue Beschreibung von den Erscheinungen der Windhose von Montville, wie von den entwurzelten, umgestürzten, fortgetragenen, zerbrochenen, verdrehten, gespalteten Bäumen, und wie sich dies bei verschiedenen Baumarten verschieden verhält, weiter die Wirkung auf die Gebäude; endlich thut er sehr zweckmäfsige Fragen, die jeder Beobachter berücksichtigen sollte.

P. Wessel. Beobachtung einer Wasserhose zu Schwedt am 30. Mai 1850.

Nur die Hauptzüge der ausführlicheren Beschreibung mögen hier Platz finden.

6^h Morgens. Temperatur 16°,4 C., Barometer 27″ 3‴, Wind NNO., halb heiter.

10^h. Bei kühler Luft Neigung zum Gewitter, Wind unsicher, Sonne selten unbedeckt.

$1\frac{1}{2}^h$. Eine Gewitterwolke zog nach Süden mit einzelnen Detonationen und fortwährendem starkem Geräusch in den oberen Luftschichten, Wind NW. Mehrere Gewitter passirten.

2^h. Wind W., stark und kühl.

$2\frac{1}{2}^h$. Wind WNW. Aus einer schweren Gewitterwolke, die wenig Regen verlor, entstand allmälig eine Protuberanz, deren Spitze stark nach SSO. abgelenkt ward. Das Phänomen löste sich schnell auf in starken Regen oder Hagel, was wegen der Entfernung nicht entschieden werden konnte.

$3\frac{1}{2}^h$. Ein Gewitter aus NW. zog heran, während ein zweites aus ONO. aufstieg. Sie näherten sich einander langsam. Plötzlich liefs sich im Gewölk des erstgenannten Gewitters wiederum die Neigung zur Trombenbildung bemerken. Zuerst fand ein mäfsiges dann aber ein ungemein beschleunigtes Ausdehnen gegen den Horizont hin statt. Die Erscheinung bildete bald eine röhrenartige, sich kegelförmig endende Figur, die die verschiedenartigsten fast wurmförmigen Krümmungen machte.

Sehr deutlich liefs sich eine Axe unterscheiden, deren gelbweifse Farbe von der sehr dunkeln des Kegels grell abstach; ein elektrisches Aufleuchten derselben, als ob ein Blitz sie durchzuckte, wurde einmal entschieden wahrgenommen. Um diese Axe bewegten sich die Wolkenmassen des Kegels spiralförmig von links nach rechts aufsteigend in sehr rapider wirbelnder Strömung, so dafs ungefähr 30 bis 40 Umdrehungen auf die Secunde kamen. Nachdem das Phänomen 4 Minuten gedauert hatte, war es nach 30 Secunden zerflossen, und dann fiel ein Blitz aus der Wolke ins Wasser. Die letzte Wirkung war ein wolkenbruchartiger Regen mit haselnufsgrofsen Hagelkörnern untermischt.

Bonnet. Merkwürdiges Windphänomen.

Hr. Bonnet erlebte an der Mündung des Rio de la Plata, dafs in den Bramstangen eine sehr starke Brise blies, während in den unteren Regionen der Masten eine vollkommene Windstille herrschte. Vom 10. bis 12. Juli, drei volle Tage lang, dauerte diese Erscheinung. Die Luft war dunstig und das Meer spiegelglatt.

Sykes und Buist. Ueber Hagelstürme in Indien.

Man weifs genugsam, wie überaus fleifsig Hr. Buist in Bombay sich um die Meteorologie und die Regenmengen bemüht, welche in diesen Gegenden in den verschiedenen Monaten herabfallen. Nun beschreibt er wieder 61 Hagelstürme vom 9. November 1781 bis 28. Mai 1850. Er sagt, dafs sie in der Breite südwärts von 20° nicht in geringerer Höhe als 1000 Fufs über der Meeresfläche vorkommen, obgleich sie in Höhen von 1700 Fufs ziemlich frequent sind. Von den 61 sind 21 im April, 13 im März, 8 im Februar, 6 im Mai beobachtet. Die Körner sind überaus grofs, wie Hühnereier und noch gröfser. Sicher ist, dafs die Körner, wo sie von fliefsendem Wasser aufgehäuft werden, nach mehreren Tagen noch nicht geschmolzen sind, was bei der Temperatur dieser Himmelsgegend von ihrer Menge zeugt, und dafs Vieh und Menschen davon getödtet werden, woraus auf ihr Gewicht zu schliefsen ist. Hr. Sykes lenkt die Aufmerksamkeit der Physiker auf die zu der Bildung solcher Körner nöthige aufserordentliche Kälte, und wirklich ist die Erscheinung sehr sonderbar.

Das Jahr 1850 scheint in Indien in jeder Beziehung sehr ungewöhnlich gewesen zu sein (Rep. of the Brit. Assoc. 1851. 2. p. 31). In Bombay fiel kein Tropfen Regen vom 5. November bis zum 16. Mai, und von Juni bis Februar wurde kein einziger Hagelsturm von einiger Bedeutung beobachtet; dann aber fielen am 7. Februar in Comoree, am 28. März in Meerut Hagelkörner von Wallnufsgröfse herab, am 30. notirte man auf den Neilgheries sechstausend Fufs über dem Meere einen ungeheuren Hagelfall und noch manchen andern. Hr. Sykes als Berichterstatter theilt auch die Beschreibung eines Sturms von Hagel und Regen von sehr ungewöhnlicher Heftigkeit mit.

J. K. Watts. Notiz über einen Schneesturm.

Am 21. August 1850 suchte ein Ungewitter, begleitet von Schnee, St. Ives, Hunts heim. Schon zuvor hatten starke Winde und Regengüsse sich gezeigt; Morgens war es noch heiter, um 2 Uhr aber näherte sich eine schwarze Wolke von Südost der Stadt, und Schnee fiel herab, die Dächer bis zu einer gewissen Höhe bedeckend. Hagel folgte, der Wind drehte sich nach Süd, in der Umgebung wurde durch den Hagel viel Schaden angerichtet; Abends war alles vorüber, und die Atmosphäre wurde wärmer.

Malzu. Ueber die von Bixio und Barral gegebene Erklärung einer meteorologischen Erscheinung.

Hr. Malzu sagt, dafs er am 4. October 1844, als er auf der Spitze des Puy de Dôme war, eine halbe Stunde vor dem Untergehen der Sonne bei einer Temperatur von 7° bis 10° das Bild der Sonne von der obern Oberfläche einer Wolke reflectirt gesehen habe, welche keine Eispartikelchen enthielt, deren Temperatur selbst nicht unter 0° war. Es ist diese Bemerkung gegen die Aeufserung der Herren Bixio und Barral gerichtet, dafs sie das Bild der Sonne bei ihrer Luftfahrt von den Eispartikelchen der Wolke reflectirt gesehen haben, durch die sie aufgestiegen waren. Hieraus geht hervor, dafs nicht nothwendig Eispartikelchen die reflectirende Oberfläche bilden müssen.

W. R. Birt. Ueber ein am 8. Mai 1850 am Observatorium zu Kew beobachtetes Ungewitter mit Hagel.

Um 3 Uhr beobachtete Hr. Birt einen prächtigen Hof von 21° 49′ Oeffnung; dieser blieb bis zur vierten Stunde; um 5 Uhr 40 Min. fielen einige Regentropfen, dann ein starker Regen mit Hagel untermischt bis 6 U. 10 Min.; die Nimbification ging rasch von statten, und erstreckte sich von NO. bis SW. (Wir haben auch in Utrecht dieselbe Erscheinung im vergangenen Jahre herrlich beobachtet, wie eine Wolke, nicht einmal die ganze Breite des Himmels einnehmend, nach SW. vorwärts drang, aber nicht nur sich fortbewegte, sondern an der SW.-Spitze immer wuchs.) Als der Hagel herab fiel, zeigte das Elektrometer von Henley 40°. Das Pendel desselben oscillirte sehr schnell, und Funken von $\frac{3}{10}$ Zoll Länge sprangen über.

Boué. Ueber die wunderbaren donnerartigen Detonationen, welche die heurigen Gewitter und ungeheuren Regengüsse zwischen dem 20. und 26. September zu Vöslau mehrmals begleiteten.

Das von den Schiffern in Grofsbrittanien, namentlich in Schottland mit dem Namen Woaps oder Whops belegte Phänomen, dafs schwarze dichte Wolken sich auf einander scheinbar ohne Lichterscheinung entladen, mit einem Geräusche, das von dem gewöhnlichen Donnerlärm zu dem mehr dumpfen und kürzeren einer Artilleriesalve übergeht, wurde von Scoresby und andern genau beschrieben, nun aber auch von Hrn. Boué beobachtet. Bei Vöslau ereignete es sich gegen 5 Uhr Abends auch einmal, dafs die durch dicke Wolken verursachte Reflexion einen so starken falschen Sonnenschein von Osten nach Westen verursachte, dafs man die Jalousieen schliefsen mufste. Man sah bisweilen, dafs die oberen Wolken sich theilweise nach einander in Regen auflösten. Hr. Boué geht jedoch nicht näher auf die Erklärung ein.

Martins. Ueber die Natur und den Ursprung der verschiedenen Arten von trockenen Nebeln.

Der Verfasser unterscheidet vier Arten von trockenen Nebeln, die nicht, wie die gewöhnlichen, Wasserdämpfe in Bläschenform enthalten.

1) Den Nebel, welcher bei der Verbrennung der Torfmoore entsteht (Haarrauch).

2) Den durch vulcanische Eruptionen gebildeten Nebel, wovon der vom Jahre 1783 bekanntlich das berühmteste Beispiel liefert.

3) Den trockenen Nebel am Horizont, Callina der Spanier, den er selbst zweimal gesehen, am 7. August 1841 auf dem Faulhorn 2683 Meter, und am 22. August 1849 auf dem Pic de Sancy 1886 Meter über dem Meere.

4) Den eigentlichen trockenen Nebel. Dieser erscheint dem Auge ganz wie ein feuchter Nebel. Saussure nennt ihn den bläulichen Nebel. v. Humboldt und Bonpland waren auf der Spitze de la Silla bei Caracas in einer Höhe von 2630 Meter davon umgeben. Wenn diese Art von der dritten verschieden ist, so wird sie vielleicht den Namen Qobar tragen müssen.

A. d'Abbadie. Beobachtungen über einen trockenen Nebel in Aethiopien, bekannt unter dem Namen Qobar.

Die Intensität des Qobar nimmt zu, wenn man sich dem Aequator nähert. Bisweilen bedeckt er einen ganzen Berg. Die

Trockenheit der Luft ist gleichzeitig so grofs, dafs die zwei Thermometer bisweilen um 20° differiren (vergl. Berl. Ber. 1848). Durch Regen wird der Qobar bisweilen, aber nicht immer, vertrieben; er bildet sich in der Nacht, der Ostwind macht ihn verschwinden, er kommt dann aber auch wohl mit dem West wieder zurück.

Rozet. Beobachtungen über die Bildung des Regens.

Hr. Rozet will gesehen haben, dafs der feine kalte Regen aus Schnee von triangulärer Form, und der Regen mit grofsen Tropfen aus Schneeflocken entsteht, die nur in 1100 bis 1200 Meter Höhe über dem Meere schmelzen.

Osann. Ueber Ozonreaction in der atmosphärischen Luft.

Nach allem, was in den letzten Jahren über Ozon gegeben ist, wird es genügen zu bemerken, dafs Hr. Osann in diesem Aufsatze sagt, ein Stück Iodkaliumstärkepapier gebe in einem Wohnzimmer nach vier Tagen gar keine Reaction. Ganz anders verhalte sich die Sache im Freien; selten zwar am Tage bei unbewölktem Himmel, wohl aber bei trübem Wetter und in der Nacht werde das mit Iodkaliumstärke bestrichene Papier gebläut. Wie mich dünkt, schliefst Hr. Osann aus einem unvollständigen (oder unvollständig beschriebenen) Versuche, dafs grade die Feuchtigkeit oder ein dieselbe begleitender Umstand den gröfsten Einflufs auf diese Reaction hat; dieser Umstand ist die Electricität, die den Beobachtungen des Engländers Phillips zufolge von in der Luft niedergeschlagener Feuchtigkeit erregt, oder, wohl richtiger gesagt, aus den höheren Regionen den niederen zugeführt wird.

Petit. Regen bei heiterem Himmel.

Hr. Petit theilt mit, dafs er am 18. October 1850, 10 Uhr Morgens, 16 Kilometer von Toulouse, einen Regen bei heiterm

Himmel beobachtet habe. Er dauerte 10 Minuten und bestand aus wenigen aber deutlichen Tropfen. Die Temperatur war 15°,9.

J. F. Miller. Jährliche Regenmenge und Verdampfung in Whitehaven.

Hr. Miller theilt mit, dafs in Whitehaven, 54° 51′ nördl. Br., von 1843 bis 1848 die jährliche mittlere Menge des Regenwassers 45,255 engl. Zoll, und die Verdampfung 30,011 engl. Zoll betrug.

J. F. Millèr. Ueber die Meteorologie des Seedistricts von Cumberland und Westmoreland, und Resultate fernerer Versuche über Regenmenge.

Hr. Miller bestätigt von neuem seine Bemerkung, dafs in manchen Thälern desto mehr Regen fällt, je höher man kommt, durch die Angabe, dafs an der Station Stye auf dem Sprinkling-Fell 1½ Meile weiter nach SW. von Seathwaite und 580 Fufs höher beinahe ein Drittel mehr Wasser gesammelt wurde, als in Seathwaite; im Ganzen fielen im Jahre 1848 211,62 Zoll Regen.

R. Mallet. Ueber die constatirten Erscheinungen bei Erderschütterungen.

Nur ein kleiner Theil dieser umfassenden Arbeit gehört hierher. Die Meinungen und Muthmafsungen des Aristoteles, Seneca, Plinius, Lucio Maggio, der insbesondere die Erscheinungen der Erdbeben detaillirt behandelt hat, des Travagini und vieler anderer werden angeführt und einige Erdbeben ausführlich beschrieben; die Allgemeinheit derselben an allen Orten und zu allen Jahreszeiten, die Geschwindigkeit der Fortpflanzung u. s. w. werden nachgewiesen, die Verwüstungen erwähnt; aber alles dieses gehört nicht zur Meteorologie. Der Verfasser behandelt jedoch auch den Zusammenhang zwischen den Erderschütterungen und den astronomischen und meteorologischen Erscheinungen. Niemand wird wohl mehr an den Einflufs der Planeten oder des Mondes glauben; auch die Aufzählung der bekannten Erdbeben beweist, dafs in jedem Monate eine gleiche Zahl von Erdbeben vorkommt; aber viele sind noch geneigt, manche Witterungserscheinungen für Vorboten der Erdbeben zu halten: 1) Sonne und Mond zeigen sich in anderen Farben; die Witterung ist feucht; 2) die Thiere sind beängstigt; 3) das Barometer fällt; 4) das Thermometer steigt; 5) grofse Regengüsse fallen herab; 6) das Elektrometer ist in unaufhörlicher Bewegung; 7) die magnetische Kraft ändert sich in Richtung und Intensität; 8) es tritt vollkommene Windstille ein; 9) Feuerkugeln zeigen sich; 10) das Nordlicht entwickelt eine aufserordentliche Pracht. So sagt man. Der Hr. Verfasser giebt sich viele Mühe, durch Zusammenstellung von bewährten Berichten zu untersuchen, ob man dies ganz übereinstimmend und mit Recht sagt. Und wirklich es möchte auch uns gewagt erscheinen, einen allgemein verbreiteten Glauben für illusorisch zu erklären, blofs weil man nicht einsieht, wie er mit unseren übrigen Kenntnissen in Zusammenhang zu bringen ist. Ich bin überzeugt, dafs man von zwei Körpern, deren Unterschied im Gewicht auch nur ein Milligramm betrüge, den schwereren herausfinden würde, wenn tausende beide nur mit den Händen abschätzten. So kann auch ein geringer Einflufs erkannt werden, wenn Millionen ihn wiederholt beobachten. Die eine Generation hinterläfst eine Vermuthung, welche von der folgenden etwas verstärkt wird, und am Ende zur völligen Ueberzeugung heranwächst, obgleich der einzelne Naturforscher sie nicht erkennt, und weil sie unwahrscheinlich ist, verwirft. Aber hier stimmen die Ansichten nicht überein. Nach v. Humboldt hat man über viele der genannten Erscheinungen verschiedene Meinung, und es stirbt die Ueberzeugung sogar an vielen Orten ab. Vom Barometer selbst, dessen Fallen allerdings einen geringen Einflufs haben könnte, sind eben so viele Fälle aufgezeichnet, dafs es stationär war oder sogar stieg, als umgekehrt. Darum stimmen wir dem Hrn. Verfasser darin bei, dafs wir vor der Hand den Zusammenhang nicht annehmen.

J. Macgowan Bemerkungen über Sandregen in den Ebenen Chinas.

v. Humboldt spricht über einen am 20. Januar 1850 in China gefallenen Staub, und Ehrenberg theilt den Inhalt eines Briefes von Hrn. Macgovan aus Ningpo vom 26. April 1850 mit:

Es fällt manchmal Staub in China; jedes dritte Jahr sind diese Staubregen gewöhnlich etwas stärker. Diesmal fiel er vom 22. bis 26. März. Der Wind war N., NW. und NO. Die Atmosphäre war sehr trocken, in sechs Wochen hatte es nicht geregnet. Der Staub war äufserst fein, so dafs er in der Luft zu schweben schien, und sich nach diesen vier Tagen nur 10 Grain auf dem Quadratfufs sammeln liefsen. Auch am 16. März 1846 war in der Provinz Kiangsu und auf dem Meere ein gelber Staub gefallen. Die Chinesen meinten, er käme von Peking. Hr. Macgowan schreibt auch, was Ehrenberg, wie er sagt, früher nicht vernommen hat, dafs der Saharasand durch Wirbelwinde bisweilen gehoben und im atlantischen Ocean 1200 Meilen weit abgelagert wird; so soll auch aus der grofsen Fläche vom östlichen Asien, der Wüste Gobi oder Schamo Sand emporgehoben und weit hinweg in das Meer geführt werden.

Ehrenberg. Beschreibung und Zusammensetzung des am 17. Februar 1850 auf dem St. Gotthard bei Windstille gefallenen rothen Passatstaubes.

Der Hr. Verfasser macht viele Mittheilungen bekannt, die ihm darüber eingesandt sind; er zeigt die mikroskopischen Eigenschaften und die Uebereinstimmung dieses Staubes mit dem, der von den Passatwinden, die über den Ocean wehen, fortgeführt wird.

EHRENBERG. Ueber den vom 3. zum 4. Februar 1850 in der Schweiz in Graubünden gefallenen rothen Schnee.

Es fiel auch in der Schweiz über Zürich, Bern, Schwyz, Lugano, Bergamo und Mailand am 3. und 4. Februar 1850 ein solcher Staub.

R. WOLFF. Sonnenflecke in den Jahren 1849 und 1850.

Man weifs, dafs aufser SCHWABE sich niemand eifriger um die Sonnenflecke bemüht als Hr. WOLFF. Er hat selbst eine Periodicität derselben gemuthmafst und wird ein ausführliches Werk darüber geben, worin er die frühesten Nachrichten so vollständig als möglich anführen und discutiren wird. Der Zusammenhang zwischen diesen Sonnenflecken und der von WENCKEBACH angegebenen, von LAMONT ausgesprochenen und seitdem bestätigten Periode der Gröfse der täglichen Bewegungen der Magnetnadel wird noch einer sorgfältigen Prüfung unterworfen werden müssen. Allein hier ist nicht davon die Rede, und wir werden also einfach die Zahl der Sonnenflecke angeben, die Hr. WOLFF in den zwei Jahren notirt hat.

	1849	1850		1849	1850
Januar	17	10	Juli	9	5
Februar	14	10	August	7	7
März	10	9	September	10	9
April	11	4	October	3	9
Mai	10	5	November	12	5
Juni	10	11	December	10	5

R. HARE. Ueber die Wirbeltheorie der Orcane.

Die Amerikaner im Allgemeinen und die Herren ESPY, LOOMIS, HARE insbesondere können sich *nicht* zu der Wirbeltheorie der Orcane bekennen. Sie sagen, dafs REDFIELD, REID, THOM sie aus den Schiffsjournalen ableiteten, dafs aber die weit sicherern Beobachtungen auf dem Festlande dieser Theorie widersprechen

Espy meint, wie bekannt, dafs die Verdichtung der aufsteigenden Wasserdämpfe einen leeren Raum hervorruft, Wärme entwickelt, den aufsteigenden Strom also verstärkt. Hr. Hare ruft nicht die Wärme zu Hülfe, sondern die Elektricität. Hr. Hare giebt wohl zu, dafs ein Wirbel entstehen kann, wenn von allen Seiten die Luft nach einem Centrum zufliefst; aber er räumt nicht ein, dafs der Wirbel primär sei und immerfort wirbelnd sich weiter bewege. Es giebt sicherlich Beobachtungen, welche eine thalförmige Vertiefung oder Dichtigkeitsverminderung der Luft in einer lang gestreckten Richtung anzeigten, wo also die Luft in der Umgebung nur von zwei entgegengesetzten Seiten eindrang, und keine wirbelnde Bewegung entstand. Hr. Hare gründet seine Bedenken auch auf die ungeheure Geschwindigkeit, die die Luft auf der Seite haben müfste, welche sich mit dem Mittelpunkte gleichgerichtet fortbewegt. Hierauf bezüglich mufs man jedoch bedenken, dafs die Luftmasse nicht wie ein fester Cylinder um seine Axe rotirt, sondern dafs die weiter abstehenden Theile wie Ringe langsamer sich fortbewegen. Obgleich uns nicht alles, was Hr. Hare bemerkt, gleich gut begründet scheint, und auch die angenommene Wirkung der Elektricität sehr problematisch ist, so mufs man doch nicht übersehen, dafs centripetale Stürme auch wohl vorkommen dürften; dafs Espy schon seit Jahren gleichzeitige Beobachtungen, die das ganze Gebiet der Vereinigten Staaten umfassen, in sehr übereinstimmender Art gesammelt und graphisch dargestellt hat, wie wir es für Europa unabhängig von ihm thaten; dafs der Werth des Eindrucks, den er davon bekommen hat, nicht übersehen werden darf; dafs die Theorie der Orcane eigentlich noch fehlt, indem die Regeln, welche man den Seeleuten giebt, nur auf der Empirie beruhen; und dafs also jedenfalls noch viele Punkte in der Wirbeltheorie aufgeklärt werden müssen und werden, wenn wir den Vorgang einmal richtig verstehen. Neuerdings hat man auf der Ostseite von Australien Orcane beobachtet, deren Bahn sich nach Osten zieht und in höheren südlichen Breiten nach West krümmt; alle diese Gründe mahnen uns erstens, die Theorie von allen Seiten zu prüfen und durch Beobachtungen zu begründen, und zweitens ihr nicht allzu blind zu glauben, so lange sie nicht wissenschaftlich fester begründet ist, sondern immer auf das Barometer zu achten, am besten auf das Aneroïd, welches bei jeder Hypothese zeigen mufs, ob man sich dem Centrum nähert oder sich davon entfernt.

R. Russell. Ueber die Art, wie sich Stürme über die brittischen Inseln ausbreiten.

— — Beobachtungen über Stürme.

Hr. Russell meint, dafs es in England zweierlei Gattungen von Stürmen gebe, welche beide durch zwei entgegengesetzte Luftströmungen entstehen. Die Stürme von der ersten Art änderten ihre Richtung von SW. nach NW. oder N., während oben NW. oder N. wehte; die von der andern Art waren unten östlich, oben südwestlich. Die letzte Art brachte den Regen, und auf diese wollte er diesmal besonders die Aufmerksamkeit lenken. Das Barometer, sonst bei Ostwinden am höchsten, steht dann sehr tief in Folge des oben wehenden Südwests; dieser ist sehr feucht, weil der Ostwind sich über dem atlantischen Ocean mit Feuchtigkeit gesättigt hat, und nun zurückkehrt. Man sieht dies nach Hrn. Russell daran, dafs es, je nördlicher ein Ort liegt, desto später anfängt zu regnen. (Er scheint hier nicht mehr von eigentlichen Stürmen zu reden, denn diese halten wohl nicht so lange an.) In Schottland ist denn auch der Glaube allgemein, es werde auch da innerhalb acht oder zehn Tagen regnen, wenn es im Süden von England angefangen hat. Wir stimmen Dove darin bei, dafs der Gegensatz von Wärme und Kälte und die Ausgleichung der Witterungszustände am schroffsten zwischen Ost und West stattfindet; einige neben einander liegende Meridiane haben zu hohe, andere zu tiefe Temperatur, aber nun schreitet doch auch nicht die Gränze über einen ganzen Meridianstreifen fort, sondern sie fängt im Süden oder Norden oder in der Mitte an sich einzudrängen und breitet sich nun über den Meridian aus. In Frankreich habe ich oft das Fortrücken der Wärme von Süden nach Norden, oder umgekehrt, bemerken können.

In seinem zweiten Aufsatz sagt Hr. Russel, dafs die Rotationstheorie der Stürme ihm nie genügend geschienen hat; dafs das Regenwetter auch im October 1850 sehr langsam von Süden nach Norden fortgeschritten ist. Es kommt, wie er sagt, in Grofsbrittanien sehr oft vor, dafs in Süd-England der Südwest weht, und sich bis Nordwest dreht; das ist die Richtung, des Oberstroms, der Schottland trocken hält; nun springt aber der Wind in England wieder nach Südwest zurück und dann wieder langsam nach Nordwest, so dafs es bei dieser unaufhörlichen Windesänderung auch in England unaufhörlich regnet. Bei unseren früheren Untersuchungen über die Rotation des Windes haben wir dergleichen Kämpfe auch bemerkt, so wie wir sie nachher selbst erlebten, und immer wieder die Hoffnung, dafs der Wind nun wohl ganz Nord werden würde, durch einen Rückfall nach Südwest vereitelt sahen.

Kreil. Bericht über die Brochüre: Instructions for taking meteorological observations at the principal foreign stations of the Royal Engineers.

Hr. Kreil erstattete Bericht über diese Brochüre, welche von der englischen Regierung eingereicht war mit dem Ersuchen, dem Eintreten und dem Verlauf der Stürme eine besondere Aufmerksamkeit zu widmen. Die Beobachter werden aufgefordert, die Zeit des Eintretens, die Richtung und Stärke genau anzugeben, wie auch, ob der Sturm gleichmäfsig oder stofsweise weht, ob er von Regen, Donner und Blitz begleitet ist, die Zeit und Art von Aenderungen in der Richtung, und die Weltgegend, woraus er zuletzt weht u. s. w. Wir sind noch um vieles die Stürme Betreffende unsicher, und sehen aus den Schiffsjournalen noch manchen Thatsachen darüber entgegen, insbesondere in Bezug auf die Gegenden, wo die Bahn anfängt sich zu krümmen.

A. D. Bache. Bemerkungen über die Ergebnisse der Beobachtungen über Richtung und Kraft des Windes in den beiden Coast-Survey-Stationen Mobile Point und Cat Island im mexicanischen Meerbusen.

Wir stimmen Hrn. Maury gewifs darin bei, dafs diese Unternehmungen von Hrn. Bache jeden Seefahrer sehr interessiren müssen; aber wir wünschten, dafs sie nicht nur über zwei Jahre und ein Jahr ausgedehnt wären. Sie sind jedoch auf die beste Art angestellt und auch mit den Angaben von Osler's Anemometer im magnetischen Observatorium von Gerard College verglichen. Wir beschränken uns hier auf die einfache Bemerkung, dafs im Fort Morgan (und die andern Resultate stimmen damit) im Juni die Sommerperiode anfängt, worin SW. (der Seewind) der herrschende Wind ist; die Resultante ist SSW. Im Juli hat der SW. an Frequenz schon abgenommen, mehr noch im August; man merkt schon den Winterwind NO., der im September eintritt, im October zunimmt, wie auch der Nordwind. Der NO. nimmt wieder im November ab, aber der N. herrscht im meteorologischen Winter, dreht sich durch O. nach SO., und im März dringt der SO. durch. Im April zeigt sich wieder der SW., aber doch kommt noch der SO. und der Nordwind mehr vor als dieser. Im Mai herrscht der SW.

J. H. Coffin. Ueber die Moussons an den Ufern des nordatlantischen Oceans.

Hr. Coffin zeigte zahlreiche Zeichnungen vor, welche die mittlere Richtung des Windes für ein ganzes Jahr an zahlreichen Orten darstellten. Er bewies daraus, dafs eine störende Kraft in der Nachbarschaft des Oceans merkbar sei, welche den Wind im Winter nach dem Ocean, im Sommer nach dem Lande treibt. (Ebenso wird dieser störende Einflufs auf den Ocean in der Nähe des Continents merkbar sein, stärker je nach der geographischen Lage und Ausdehnung einer solchen Stelle.)

Dove. Vorlegung einer Karte, welche die Gestaltänderung und das Fortrücken der Isothermen von 4 und + 20° Réaumur in der jährlichen Periode darstellt.

Hr. Dove bemerkt, dafs die innere Gränze der Passate in der Nordhälfte des atlantischen Oceans sich beinahe vollkommen an die Isotherme von 21° anschliefst, und zugleich mit dieser sich bewegt. So hängen auch alle periodischen Winde, die Moussons, mit der Bewegung der Isothermen zusammen. Das ganze Jahr hindurch hat man einen Gürtel rings um die Erde, dessen Temperatur 20° R. übersteigt. Seine Stellung bestimmt zwischen den Wendekreisen den Regen und die Trockenheit. So kann uns der Anblick der schönen Isothermenkarten für die verschiedenen Monate nicht nur über den Gang der Temperatur, sondern auch über die Richtung des Windes belehren.

Maury. Ueber den Einflufs der Entdeckung des Golfstroms auf den Kaufhandel von Charleston.

Gegenwärtig kann ein Schiff in kürzerer Zeit von Newyork nach England und zurück fahren, als es früher bei der Unkenntnifs des Verlaufs des Golfstroms von London nach Charleston kommen konnte. Hr. Maury wählte das Beispiel von Charleston sehr geschickt, da es hierdurch bei jedem Anerkennung finden mufste, wie wichtig die genaue Kenntnifs der Meeresströmungen für die Schifffahrt ist.

Maury. Ueber den allgemeinen Umlauf der Atmosphäre.

Aus Tausenden von Schiffsjournalen, die er seit Jahren sammelte, und die ihm immer zahlreicher eingesandt werden, so dafs er sie gegenwärtig mit zwanzig unter ihm beschäftigten Officieren bearbeitet, hat Hr. Maury die beiden Gränzen der Passate auf beiden Seiten des Aequators für jeden Monat genauer bestimmt, als es durch die Theorie möglich war. So auch hat er die Gränze und Stärke des Südwestmoussons an der Küste von Afrika, welcher nothwendig existiren mufste, und auch schon längst bekannt war, näher beschrieben, und auf seine Autorität gestützt kann man nun in der Praxis Gebrauch davon machen.

Die Kenntnifs der beiden Gränzen der Passate ist natürlich von der gröfsten Wichtigkeit; dadurch kennt man nun auch die jedesmalige Breite des dazwischen liegenden Gürtels der Windstillen, und so kann man im Mittel beinahe acht Tage gewinnen, wenn man nach den Maury'schen Angaben von den amerikanischen Häfen nach der Linie segelt.

Hr. Maury bemerkt sehr richtig, dafs in der südlichen Hemisphäre mehr Wasser verdampft, als in der nördlichen; diesem Umstande schreibt er es zu, dafs der Südostpassat den Nordostpassat zurückdrängt. Er läfst die beiden Passate in der Nähe der Linie ansteigen, einander durchkreuzen, und nun eine Weile über einander fortgehen, bis der Südostpassat z. B. sich wieder in unseren Breiten als Südwestwind an der Oberfläche fortpflanzt. Später kommen wir hierauf vielleicht zurück, wenn wir die „Sailing directions" des Hrn. Maury ankündigen. Wir haben selbst in den „Uitkomsten von wetenschap en ervaring aangaande winden en zeestromingen, uitgegeben door het koninklyk Nederlandsch Meteorologisch Instituut 1853" auseinandergesetzt, was die Theorie nach v. Humboldt, Dove, Dalton, Hophins u. a. und auch nach unserer eigenen Auffassung im Allgemeinen schon gelehrt hat, damit man sehen kann, wie Hr. Maury die Tausende von Zeugnissen der Schiffsjournale so angewandt hat, dafs er sehr übereinstimmende Resultate erhielt.

R. Edmonds. Merkwürdige Temperaturmaxima an den Tagen des ersten Mondviertels oder an den nahe vorhergehenden oder folgenden während der zwölf Jahre von 1839 bis 1850.

Hr. Edmonds hat sich durch unsere Bemerkung im III. Bande dieser Fortschritte nicht davon abschrecken lassen, dem Monde einen merkbaren Einfluſs auf die Witterung zu vindiciren. Seine jetzige Behauptung ist zwar durchaus ungegründet, aber dennoch richtig. In meinen „Changements périodiques de température dépendants du soleil et de la lune, déduits d'observations Neêrlandaises de 120 années" habe ich gezeigt, wie auſserordentlich lange Perioden man braucht, um mit Gewissheit etwas über die Wärmewirkung des Mondes constatiren zu können. Die Schwäche der Wirkung wird nämlich so von den übrigen Umständen gestört, daſs sie nicht leicht hervortritt. Selbst der Einfluſs des Mondes auf die Heiterkeit der Luft, der ziemlich allgemein sogar von ausgezeichneten Astronomen, wie von Sir John Herschel, angenommen war, ist nicht merklich, wie es mir neuerdings unzweifelhaft aus einer Untersuchung hervorgegangen ist. Diesmal hat der Hr. Verfasser Recht; denn mehr als aus den wenigen Beobachtungen, die Herr Edmonds anführt, und die ganz ungenügend sind, das Factum zu erweisen, folgt es aus meiner Bestimmung, daſs ein wenig nach dem ersten Viertel die Wärmeerregung auf der Erde durch den Mond am stärksten ist, etwa $\frac{1}{4}^0$ Fahrenheit mehr als nach dem dritten.

G. B. Airy. Ueber den Zusammenhang der Windesrichtung mit den Mondphasen, nach Beobachtungen auf der königlichen Sternwarte zu Greenwich vom November 1840 bis zum December 1847.

Der königliche Astronom hat die Richtigkeit der auf den Shetlandsinseln verbreiteten Meinung untersuchen wollen, daſs der Mond in seinen verschiedenen Phasen eine andere Windesrichtung hervorrufe, und zwar beim Neumond den Nordwind. Er behauptet mit Bestimmtheit, ein verneinendes Resultat gefunden zu haben. Er hat zu seinen Untersuchungen 90 synodische Umgänge benutzt und ein negatives Resultat erhalten. Es sei mir jedoch erlaubt, dagegen einzuwenden, dafs es mir geglückt ist, in den „Changements périodiques de température" einen Land- und Seewind im Laufe der synodischen Periode aufser Zweifel zu setzen. Diese neuen Componenten drehten die mittlere Windesrichtung um mehr als 30°. Das Resultat ist aus 60 Jahren abgeleitet. Die Wirkung ist natürlich mittelbar durch die gröfsere Wärme nach dem Vollmond hervorgerufen. Auf Inseln kann sie nicht merkbar sein, und an der Gränze des Festlandes ist sie immer so schwach, dafs sie den Beobachtungen entgehen mufs, und also ohne allen praktischen Einflufs ist.

Faye. Betrachtungen über die Centralwärme des Erdkörpers.

In einem langen Briefe über eine Mittheilung von C. Prévost beweist Hr. Faye, dafs wir kein Recht haben zu behaupten, dafs die Temperatur der Erde bis zum Mittelpunkte hin zunehme. Wir geben dies zu; wir haben nur Recht zu sagen, dafs die Erde sich abkühle, begreifen auch nicht, wie einige dieses in Zweifel ziehen können. Hr. Faye verwirft weiter die Theorie Poisson's, dafs die Erde bisweilen in gewissen Regionen von den Gestirnen eine gröfsere Temperatur empfange, sie aber dann wieder in andern Regionen verliere. Endlich untersucht er, welchen Einflufs die Kometen darauf gehabt haben.

Buys-Ballot. Ueber die kalten Tage im Mai und im Februar und über das Zusammenwirken der Meteorologen.

Wir führen in dieser Notiz aus, dafs man kein Recht hat, die Temperaturerniedrigung in der Mitte des Mai und im Anfang des Februar einer kosmischen Ursache zuzuschreiben.

Zweitens machen wir darauf aufmerksam, dafs es sich nicht so leicht feststellen läfst, dafs der Anfang des Februar zu kalt ist, und dafs nicht vielmehr die Temperatur in der zweiten Hälfte des Januar zu rasch steigt, was, wie wir in unseren „Changements périodiques de température" zeigten, doch eben so wahrscheinlich ist.

Weiter theilt Hr. Quetelet mit, dafs ich es der Akademie dringend ans Herz gelegt habe, die Vereinigung von meteorologischen Beobachtungen zu bewirken, dafs er selbst zwölf Jahre früher dasselbe beabsichtigte und schon 85 Orte vereinigt hatte, dafs nachher Hr. Lamont sich damit beschäftigt habe, dafs aber zu grofse Arbeit damit verbunden sei. Ich erlaube mir noch immer daran zu zweifeln. Von über zwanzig Orten gebe ich doch nun die täglichen Beobachtungen des Thermometers, des Barometers und der Windfahne, nicht nur so wie sie mir geboten werden, sondern bearbeitet mit den Differenzen und mit den Normalwerthen auf Centesimalgrade und Millimeter reducirt; und alles dieses kann ein Mann für mich thun, während ich nur die Normalwerthe zu geben und die Verificationen zu machen habe. Ich hoffe auch, dafs ich Theilnahme finden und dafs die englische und französische Societät mir auch Mittheilungen geben werden, so wie die ersten Meteorologen Europas es schon thun. Von Hrn. Kupffer habe ich nun auch die Zusage erhalten. Wenn alle Meteorologen die Beobachtungen ihres eigenen Landes so bearbeiten, wie sie es jetzt thun, so ist es nicht mehr so schwierig wie früher, einige zweckmäfsige Orte zu einem besonderen Zweck auszuwählen. Ich habe auch neuerdings über diese Vereinigung und Publication meteorologischer Sachen in Poggendorff's Annalen einen Aufsatz gegeben. Ich will hier wiederholen, was ich dort sagte: Niemand sollte seine Beobachtungen einer Zeitung, Zeitschrift u. s. w. anbieten, als nur unter der Bedingung, ihm Abdrücke davon zu geben, die er den anerkannt thätigen Meteorologen zuschicken könnte.

A. Quetelet. Ueber die grofsen Aenderungen des Barometerstandes und der Temperatur in Belgien Ende Januar und Anfangs Februar 1850.

Am 26. Januar war das Barometer in Namur seit 15 Stunden 14mm,2 gefallen, 1mm in der Stunde; das Thermometer zeigte um 1 Uhr + 8°,3 C.; Abends war der Wind NO. und es schneite stark; die Temperatur wurde Nachts — 5°,5. Nun aber stieg auch nach 6 Uhr das Barometer mit verdoppelter Geschwindigkeit, 27mm,4 in 15 Stunden. Eine solche schnelle Bewegung trat auch am 5. Februar ein. Hr. Crahay hat, wie er sagt, in 31 Jahren in Löwen eine so grofse Aenderung nicht gesehen. Solche Variationen werden nun aus den niederländischen Jahrbüchern von 1850 an aufgefunden, und besonders von 1852 an höchst leicht; denn die aufgenommenen Zahlen sind Abweichungen. Man sieht mit einem Blicke, ob eine Abweichung von +22,3 zwischen zwei negativen —2 und —8 steht, aber nicht so leicht, dafs 738,2 zwischen 768,2 und 765,3 steht. Durch die Nebeneinandersetzung hat man noch den Vortheil, dafs man nicht nur für drei oder vier Orte in demselben Reiche, wo das Barometer beinahe in gleicher Weise afficirt wird, sondern für einen grofsen Theil von Europa sehen kann, wie weit die Variation verbreitet, und wo sie am stärksten war. Am Helder, unserer von Belgien am weitesten entfernten Station, änderte sich der mittlere Stand des Barometers vom 26. zum 27. Januar um 29mm und vom 5. zum 6. Februar um 31mm,9. Damals hielt ich die individuellen Stände noch nicht gesondert.

H. W. Dove. Ueber die Extreme der Kälte, welche im Jahre 1850 auf den preufsischen Stationen beobachtet wurden.

Hr. Dove hat in diesem Aufsatze einen interessanten Ueberblick geliefert über die Kälte, welche am 20., 21. und 22. Januar an den preufsischen Stationen vorgekommen ist. Wer weifs, wie hoch wir diese Uebersichten schätzen, und selbst durch Beispiel und Wort fortwährend dazu auffordern, der wird leicht begreifen, dafs wir diese Arbeit dankbar anerkennen. Die Temperaturangaben sind begleitet von den Barometerhöhen, welche am 21. und 22. überall beobachtet sind. In Königsberg, Posen, Bromberg und Arys war die Temperatur am tiefsten und der Barometerstand am höchsten. Die Lage bringt dieses auch mit sich; in den östlichen Gegenden ist es nämlich immer kälter, wenn es kalt, und wärmer, wenn es warm ist. Um die Temperaturen und die Barometerstände richtig zu würdigen, mufs man aber auch die normale Temperatur und die Höhe jedes Orts über dem Meere kennen. Hiernach ist die Kälte in Mühlhausen am gröfsten. Lange hatten östliche Winde geherrscht. An den genannten Tagen hatten sie sich von NO. nach SO. gedreht. Wie Hr. Dove sagt, bestätigte sich die so häufig gemachte Bemerkung, dafs bei hohen Kältegraden, welche in der Ebene beobachtet werden, die Temperatur mit der Höhe zunimmt, jetzt wieder beim Brocken und, wie Graf Pilati schrieb, in Schlegel bei Glatz im Riesengebirge. Bisweilen kommt dann die Kälte später nach oben. Wir haben in den niederländischen Annalen für 1852 einen ähnlichen Fall bezeichnet, als im December 1851 in Genf grofse Kälte herrschte, auf dem St. Bernhard dagegen die Temperatur viel höher war als gewöhnlich. In Frankreich und nördlicher war es kalt, aber die Kälte nahm ab; in den nördlichen Niederlanden war es wieder wärmer als gewöhnlich, wie auch in Stockholm; erst da fiel der Aquatorialstrom nieder.

H. W. Dove. Ergänzungen zu den im Jahre 1846 in den Abhandlungen der Akademie veröffentlichten Temperaturtafeln, und Fortsetzung der thermischen mit dem Jahre 1729 beginnenden Witterungsberichte bis zum Jahre 1849 inclusive.

Die Zahl der Stationen, von welchen Hr. Dove viele monatliche mittlere Werthe der Temperatur in diesem 120jährigen Zeitraum gesammelt hat, beläuft sich gegenwärtig auf mehr als

900. Die Oscillationen, die in der Wärme der Atmosphäre vorkommen, sind an einem Orte bedeutender als an anderen; für jeden Ort giebt es jedoch fixe Gränzen. Den mittleren Zustand (und die Gränzen) mufs man kennen lernen. Wenn nun die Atmosphäre gestört ist, und sich also in einem anderen Zustande befindet, so wirken die umgebenden Zustände auch wieder anders ein, als sie sonst gethan hätten. Wir haben dies ausführlich motivirt in unseren Uitkomsten von Breda und in dem Aufsatze im Philosophical Magazine. Um die wirkliche Natur und Wirkung der Winde zu kennen, mufs man jedesmal die Vertheilung der Wärme durch die Atmosphäre und die Lage der Isothermen an den umgebenden Orten wissen. Noch bemerkt der Hr. Verfasser, der immer mit allgemeinem Blick das Ganze übersieht, wie das Barometer weit besser als die Winde den Wind angiebt. Die Winde nimmt man nur an der Erdoberfläche wahr, und nur selten schliefst man aus Wolkenrichtungen — die vielleicht nicht allgemein genug beobachtet werden — auf höhere Luftströmungen. Nur vermittelst des mechanischen Gesetzes, dafs durch einen Meridian nicht mehr Luft sich nach der einen als nach der andern Seite bewegt — wenn man nämlich die Quantität des Wasserdampfes abzieht, die im Innern des Continents mehr verdichtet wird als verdunstet, und in der Form flüssigen Wassers zurückkehrt — schliefst man auf den oberen Strom. Das Barometer aber zeigt unmittelbar, wann über Asien eine Luftmasse weggenommen wird, wann von der Südhälfte eine Quantität nach der Nordhälfte zieht, wie die Moussons zu dieser Ausgleichung mitwirken u. s. w. Wir können hier nur die leitenden Ideen angeben, da der Inhalt so organisch verwebt ist, dafs sich nicht ein Auszug davon machen läfst.

T. Hopkins. Ueber die Ursachen, wodurch die isothermischen Linien des Prof. Dove im Winter der nördlichen Erdhälfte sich erheben.

Der Hr. Verfasser bemerkt ganz recht, das es nicht die Nähe des Meeres allein ist, welche die Temperatur im Winter erhöht;

denn die beiden Küsten sind nicht in gleicher Weise erhöht. Weniger glücklich und genau sucht er die wärmende Wirkung des Golfstromes in Abrede zu stellen; aber wahr ist es wieder, dafs die Verdichtung der Wasserdämpfe latente Wärme frei macht, und dafs dadurch (er hätte hinzufügen müssen, dafs sie von wärmenden Aequatorialwinden zugeführt werden) die Temperatur erhöht wird. Es ist dies allerdings ein Umstand, der nicht vergessen werden mufs.

T. Hopkins. Ueber die Mittel um die Menge des Wasserdampfs in der Atmosphäre an verschiedenen Orten und Höhen zu berechnen.

Hr. Hopkins bemerkt ganz richtig, dafs man aus der Spannung des Wasserdampfs an der Oberfläche der Erde nicht mit Sicherheit auf die Menge des Wasserdampfs in der Luft schliefsen kann, weil er sich nach oben ausbreitet und da in kälteren Schichten theilweise condensirt wird, wie auch wir es bereits in den Uitkomsten der weerkundige waarnemingen te Breda anführten, um zu erklären, wie es möglich sei, dafs Mittags die Spannung geringer ist als Morgens.

T. Hopkins. Ueber die tägliche Bildung von Wolken in Makerstoun.

Hr. Hopkins will beweisen, dafs die täglichen Schwankungen des Barometers aus seiner Bemerkung zu erklären seien, dafs sie abhängen von der Entwickelung des Wasserdampfs und der Condensation desselben zu Wolken. Natürlich scheint es ihm selbst schwer zu erklären, warum von dem Morgen an bis um 4 Uhr Nachmittags das Barometer fällt.

---

v. Quintus Icilius. Ueber die periodischen Aenderungen des relativen Feuchtigkeitsgehaltes der Atmosphäre im nördlichen Europa.

Der Hr. Verfasser hat zu dieser Abhandlung die Psychrometerbeobachtungen von drei Orten benutzt. Auf die Expansivkraft des in der Atmosphäre enthaltenen Wasserdampfes sind schon mehrere Untersuchungen eingegangen. Er hat nun den Feuchtigkeitsgehalt studirt für Brüssel, Petersburg und Catharinenburg. Gern hätte er auch Greenwich aufgenommen, aber dann hätte er selbst aus den Spannungen die Feuchtigkiet ableiten müssen. Man sieht hieraus, wie eine nützliche Untersuchung oft verschoben werden kann, wenn nicht die Publicationen schon viele berechnete Werthe geben; und die Publicationen enthalten manchmal nur darum nicht viele berechnete Werthe, weil die Beobachter, für die es am leichtesten ist die Berechnung zugleich mit den einzelnen Beobachtungen zu machen, sie nicht beigegeben haben. Man mufs jedoch auch auf der andern Seite gestehen, dafs man nicht zu viel berechnen mufs; denn es ist reiner Zeitverlust, wenn diese berechneten Werthe nicht einmal nachher benutzt werden sollten. Der Vortheil fängt an, wenn sie zwei und mehrere Mal angewandt werden. Desto mehr Zeitaufwand hat Hr. v. Quintus Icilius der Berechnung der Beobachtungen von Brüssel, Petersburg und Catharinenburg gewidmet. Die Orte sind recht gut gewählt, Brüssel mit dem Seeklima, Catharinenburg mit dem excessiven Continentalklima und Petersburg die Mitte haltend. Von den zwei letztgenannten Orten waren stündliche Beobachtungen vorhanden, von Brüssel Beobachtungen an den geraden Stunden und aufserdem um 1, 9 und 21 Uhr. Zuerst giebt Hr. v. Quintus Icilius die mittleren monatlichen Werthe für jede Beobachtungsstunde aus mehreren Jahren, dann stellt er sie graphisch dar, was ihm viele Zeit geraubt haben mufs, wie es mir scheint. Ohne allen Nutzen berechnet er zuletzt die periodischen Functionen

$$F_n = A + B\cos n\,15^0 + C\sin n\,15^0 + D\cos n\,30^0 + E\sin n\,30^0 + \cdots$$

für jeden Monat und jeden Ort. F_n ist die Feuchtigkeit um n Uhr. Er hat also 36 Berechnungen von sieben Coëfficienten zu machen; denn er giebt auch noch $F \cos 3n \cdot 15^0$ und $G \sin 3n \cdot 15^0$. Dann mufs er noch die 24 für Petersburg und Catharinenburg umrechnen, um sie von Göttinger Zeit auf die Zeit des Ortes zu reduciren.

Hr. v. Quintus Icilius sagt nun zwar, dafs die einzelnen Constanten sich in Brüssel und Petersburg in ganz ähnlicher Weise ändern, aber dies fällt, wie es mir scheint, nicht in die Augen. Man stelle die einzelnen Constanten eines Monats für die drei Orte neben einander, und man wird es sehen. Wäre es nicht, wenn man doch die immer grofse Mühe der Berechnung der periodischen Formeln unternehmen will, und nicht zur Uebersicht nur die graphische Methode, oder für die, die mit Zahlen gewandt sind, nur die Zahlen selbst geben will, besser gewesen der Formel die Form

$$F_n = A + \alpha(\sin 15^0 + a_1) + \beta(\sin 2 \cdot 15^0 + b_1) + \text{u. s. w.}$$

zu geben? dann haben die Constanten noch eine physische Bedeutung. Wirklich wird auch die Uebereinstimmung zwischen den drei a_1 für die drei Orte schon viel gröfser als zwischen den drei B oder den drei C, wie man durch das Nehmen der Quotienten, die α giebt, leicht findet; denn der tägliche Gang wird durch die anderen Glieder nur wenig modificirt. Wenn wir die Tafeln IX., X. und XI. in veränderter Einrichtung hier mittheilen, so wird jeder die von Hrn. v. Quintus Icilius unternommene Arbeit, sei sie auch etwas weitläufig, anerkennen und mit ihm schliefsen, dafs der Gang der Feuchtigkeit an den drei Orten sehr viel Aehnlichkeit hat, doch jedenfalls nicht mehr, als man schon a priori wegen der Gleichheit der die Feuchtigkeit hervorrufende Ursache erwartet haben würde.

	Maximum der Feuchtigkeit.					
	Zeit.			Werth.		
	Brüssel.	Petersburg.	Catharinenburg.	Brüssel.	Petersburg.	Catharinenburg.
December . .	18h 49′	13h 36′	15h 33′	0,95	0,92	0,96
Januar	14 20	14 36	14 49	0,94	0,91	0,95
Februar . . .	13 59	16 49	16 32	0,95	0,93	0,94
März	17 43	17 39	17 47	0,92	0,87	0,93
April	16 53	16 28	16 45	0,92	0,85	0,87
Mai	16 19	15 30	15 56	0,92	0,80	0,77
Juni	15 34	15 14	15 37	0,90	0,83	0,84
Juli	16 3	15 47	15 44	0,93	0,87	0,90
August	16 16	16 32	16 26	0,93	0,88	0,92
September . .	16 13	16 58	17 5	0,95	0,88	0,88
October . . .	13 52	17 10	18 4	0,95	0,87	0,86
November . .	18 14	15 8	19 3	0,93	0,89	0,93

	Minimum der Feuchtigkeit.					
	Zeit.			Werth.		
	Brüssel.	Petersburg.	Catharinenburg.	Brüssel.	Petersburg.	Catharinenburg.
December . .	0h 53′	1h 20′	1h 51′	0,87	0,91	0,93
Januar	1 39	1 36	2 15	0,87	0,89	0,91
Februar . . .	1 36	2 15	3 5	0,82	0,88	0,83
März	2 39	2 13	2 53	0,67	0,77	0,72
April	3 52	3 26	2 47	0,62	0,68	0,64
Mai	3 25	3 13	3 39	0,60	0,58	0,46
Juni	3 35	4 0	3 9	0,60	0,61	0,50
Juli	3 11	3 49	1 25	0,65	0,67	0,52
August	2 56	3 8	2 22	0,64	0,66	0,62
September . .	2 31	2 37	2 20	0,67	0,72	0,57
October . . .	1 16	2 3	2 0	0,78	0,78	0,71
November . .	1 3	2 2	1 56	0,84	0,85	0,88

J. Löwe. Ueber die Hagelbildung.

Hr. Löwe bekennt sich nicht zu der Theorie Volta's, sondern sucht die Bildung des Hagels durch den Streit der Polar-

und Aequatorialströme zu erklären, die Anfangs über einander, und in den mittleren Breiten auch bisweilen neben einander fortgehen; über den 60sten Breitengrad hinaus soll der Aequatorialstrom schon so sehr abgekühlt sein, dafs seine Wirkung auf den Polarstrom verschwindet. Aber zwischen den Wendekreisen und jenseits des 60sten Breitengrades soll kein Hagel mehr vorkommen. Nun ist dieses Factum nicht wahr; aber es ist auch gar nicht nöthig, die Hagelbildung allein den Hauptströmen zuzuschreiben. Hr. Löwe meint: „Es wird durch den wechselseitigen „Verkehr beider Winde eine wirbelnde Bewegung entstehen „müssen, die um so heftiger, je beträchtlicher der Bruchtheil ist, „um welchen die Schnelligkeit des Aequatorialstroms die des Po„larstroms übertrifft, natürlich innerhalb gewisser Gränzen. Durch „eine solche andauernde Rotation an den Berührungsflächen wird „aber eine bedeutende Abkühlung hervorgerufen; die vorher in „der Atmosphäre aufgelösten Wasserdämpfe müssen condensirt „werden, ja ihre Temperatur wird bei anhaltender Bewegung bis „zum Gefrierpunkt herabsinken, und von diesem Augenblick an „sind alle Bedingungen zur Eisbildung gegeben. Die sich immer „aufs neue niederschlagenden Dämpfe werden sich um den bereits „gebildeten Krystallkern ablagern, und somit ein Wachsen dessel„ben bedingen. Diese so zu sagen entstandene Hageltrombe wird „von dem schneller eilenden Aequatorialstrom mit fortgerissen, „und für dieses dürfte die Beobachtung sprechen, dafs nämlich „die meisten Hagelwetter ein Streifen von SW. nach NO. zeigen."

Wir haben dieses mit den eigenen Worten des Hrn. Verfassers angegeben, da wir es nicht gut genug begreifen, wie die Kälte durch das Rotiren hervorgerufen werde u. s. w. Die Hagelbildung ist ein räthselhaftes Problem. Zwei Winde von sehr ungleicher Temperatur scheint man nöthig zu haben. Kälte hat man in den oberen Schichten bisweilen sehr intensiv, wie es die Luftreise von Bixio und Barral beweist. Vielleicht ist hierbei auf die Theorie Espy's Rücksicht zu nehmen, mehr als bei der Erklärung der Orcane. Der Hagel bildet sich am stärksten an sehr heifsen Tagen, wenn ein übermäfsig erwärmter Ort vielen Wasserdampf abgegeben hat, wodurch die Atmosphäre daselbst viel leichter wird, und die Luft sehr stark aufsteigt. Bevor diese mit Wasserdampf gesättigte Luft in eine sehr grofse Höhe gekommen ist, wird noch daraus condensirt; also kann neuer Wasserdampf die Stelle des condensirten ausfüllen. Immer schneller geht das Aufsteigen vor sich, und der obere Wasserdampf, wovon ein Theil sich als Regen ausgeschieden hat, steigt zu den höchsten Regionen. Während des Steigens werden schon kleine Eiskörner gebildet, die wohl zu fallen anfangen, aber mitgerissen werden; trifft nun noch obendrein der aufsteigende Luftstrom, der natürlich auch eine horizontale Bewegung hat, nach NW. wollen wir annehmen, auf einen nordöstlichen Polarstrom, der immerfort Kälte bringt, so vermehrt sich nun plötzlich die Eismasse und die Körner fangen an zu fallen, begegnen den noch steigenden, frieren an einander fest, und vergröfsern sich vielleicht noch in den oberen Schichten. In den tieferen aber müfsten sie bald verlieren, wenn sie diese nicht mit sehr grofser Geschwindigkeit durchliefen. So kann ich mir eine plausible Vorstellung von dem ganzen Vorgange bilden, aber doch nur eine oberflächliche; denn wie erklärt man die Regelmäfsigkeit, womit die Sectoren an einander gefügt sind, und die ungeheure Gröfse? So fielen nicht nur in Indien, sondern auch bei dem Hagelfall, den Hr. Löwe in Cronberg am 2. August 1845 am Fufse des Hartberg und Altkönig vor Augen gehabt und mit Genauigkeit beschrieben hat, die Körner so schwer und so dicht, dafs in 7 Minuten die Ernte ganz zerstört ward, und ein einziger Knabe über 46 getödtete Singvögel fand, und auch junge Hasen getödtet wurden.

A. Bravais. Ueber den Einflufs der Stunden des Tages auf die Höhenbestimmungen durch das Barometer.

Deluc, Ramond, Horner haben nach einander untersucht, welchen Einflufs die stündliche Aenderung des Barometers, welche in verschiedenen Höhen verschieden ist, auf die Bestimmung dieser Höhen haben mufs. Hr. Bravais hat aufser seinen eigenen Beobachtungen die von de Saussure, von Kaemtz und von Martins benutzt. Die anzubringenden Correctionen würden demgemäfs folgende sein:

Man ziehe ab von der Bestimmung am Mittag $\frac{1}{97}$ der gefundenen Höhe

"	"	"	um 1 Uhr	$\frac{1}{95}$	"
"	"	"	" 2 "	$\frac{1}{105}$	"
"	"	"	" 3 "	$\frac{1}{125}$	"
"	"	"	" 4 "	$\frac{1}{178}$	"
"	"	"	" 5 "	$\frac{1}{300}$	"
"	"	"	" 6 "	$\frac{1}{1000}$	"

Je nachdem man diese Correctionen anwendet, mufs man zu der Höhe der Herren Bixio und Barral addiren oder von der Höhe, bis zu welcher Gay Lussac gestiegen ist, subtrahiren 33 Meter.

Quetelet. Atmosphärische Wellen.

Es ist dem Scharfsinne des Hrn. Quetelet geglückt, einiges über die Wellenbewegungen der Atmosphäre festzustellen. Wir heben hier Folgendes daraus hervor:

1) Die Wellen bewegen sich sowohl in Europa als in Asien von Nord nach Süd (wir meinen auch gefunden zu haben, dafs sie von West nach Ost fortschreiten); sie bewegen sich langsamer in gebirgigen Gegenden.

2) Die Geschwindigkeit kann im Mittel zu 6 bis 10 französischen Meilen in der Stunde angenommen werden. Wir haben eine gefunden, die in 16 Stunden von Utrecht nach Krakau fortging, und 8 Stunden später in Moskau merklich war. Wir haben aber nicht über stündliche Beobachtungen zu gebieten, sondern finden sie in unseren Abweichungen leicht, doch nur so auf, wie es mit den gewöhnlichen Beobachtungsstunden auskommt. Für Utrecht notiren wir die genauen Zeiten der merkwürdigen, d. h. der höchsten und tiefsten Stände, und in Wien thut Hr. v. Littrow dies auch bisweilen, so dafs wir nur nach dem Gesetze der Continuität aus den Angaben an zwischenliegenden Orten zu schliefsen haben, ob es dieselbe Welle ist.

3) Manchmal giebt es mehrere Wellen. Diese schreiten in verschiedenen Richtungen fort und interferiren, wie auch Herr

Quetelet bemerkt. Dann ist es aber schwer, sie gut aus einander zu halten, wenn man nicht stündliche Beobachtungen hat.

Montigny. Einfluſs der Geschwindigkeit des Windes auf den Druck der Atmosphäre.

Gerne hätten wir die Ueberschrift anders gehabt. Professor Quetelet, der Bericht über den Aufsatz erstattet, ist auch mit dem Inhalt nicht ganz zufrieden. Die Behauptung, wovon der Hr. Verfasser ausgeht: Die Quadrate der Geschwindigkeit von verschiedenen Winden verhalten sich zu einander wie die Verhältnisse ihrer Stärke zu den correspondirenden Barometerhöhen", ist unmöglich die wahre. Hr. Montigny scheint mit vieler Sorgfalt tabellarisch die Geschwindigkeiten und Barometerhöhen zusammengestellt und in verschiedener Hinsicht combinirt zu haben. Da aber die Zahlen nicht beigegeben waren, um uns zu überzeugen, so haben wir gleich die Messungen des Druckes der Winde am Helder während der zwei verflossenen Jahre zu Hülfe gerufen und sie befragt. Es war a priori zu erwarten, daſs zu hohe Stände des Barometers auf die Stärke des Windes an der Oberfläche wenig Einfluſs haben können, aber wir haben doch auch die hohen Stände berücksichtigt. In den niederländischen Annalen für 1852 p. 195, findet man, daſs bei verschieden groſsen mittleren Abweichungen des Barometers von dem normalen Stande die Geschwindigkeit verschieden ist; denn es ist klar, daſs unmöglich die absoluten Höhen in die Formel aufgenommen werden können, sondern daſs nur die Abweichungen vom mittleren Stande damit in Zusammenhang stehen.

Wenn also die mittleren Abweichungen so waren, wie die obere Horizontallinie angiebt, so war der Druck des Windes im Mittel so, wie die drei folgenden zeigen.

Abw.	+ 18 bis 22,	+ 13 bis 17,	+ 8 bis 12,	+ 3 bis 7,	0 bis 2
Winter	5,1	3,0	4,4	5,0	8,0
Sommer			5,4	4,1	4,6
Jahr	5,1	3,0	4,7	4,5	4,9

Abw.	0 bis —2,	3 bis —7,	8 bis —12,	13 bis —17,	18 bis —22,	22 bis —
Winter	8,7	7,7	13,7	13,8	5,0	19,0
Sommer	5,7	6,3	7,7	8,7		
Jahr	6,8	7,0	10,7	11,3	5,0	19,0

Die Abweichung von — 18 bis — 22 war nur zweimal vorgekommen; combinirt man diese mit der letzten Spalte, so verschwindet die Unregelmäfsigkeit. Ich habe beide Gröfsen: die Abweichungen des Barometers und den Druck des Windes in demselben Augenblick genommen; eigentlich müfste man die Stärke des Windes ein wenig nachher messen. Wenn noch ein Paar Jahre mehr publicirt sind, wird man aus den für jede Beobachtungsstunde gegebenen Abweichungen und Windesintensitäten mit geringer Mühe diese Tafel verbessern und regelmäfsiger machen können.

Buys-Ballot.

Lamont. Beschreibung der registrirenden meteororogischen Instrumente der Münchener Sternwarte.

Die seit dem Jahre 1847 an der Münchener Sternwarte im Gebrauche befindlichen registrirenden meteorologischen Instrumente werden in obiger Schrift beschrieben und durch Zeichnungen erläutert. Ein Metallthermometer, ein Barometer und ein Haarhygrometer sind mit ziemlich complicirten mechanischen Vorrichtungen in Verbindung gesetzt; am Ende einer jeden Stunde wird durch eine Uhr die Auslösung bewerkstelligt, und der Stand der Instrumente auf geschwärzte Cylinder oder Walzen durch feine Punkte markirt. Die Instrumente gehen acht Tage; am Ende dieses Zeitraums werden die Walzen herausgenommen und abgelesen.

Registrirende Instrumente sind häufig angegeben worden, hier und da auch zur Ausführung gekommen; fragt man aber welchen Nutzen die Wissenschaft daraus gezogen habe, so findet sich zuletzt, dafs, wenn man etwa die Instrumente von Kreil, und jene des Observatoriums in Kew ausnimmt, in Folge der eintretenden praktischen Schwierigkeiten nirgends Resultate erlangt wurden. Ein siebenjähriger ununterbrochener Gebrauch beweist hinreichend, dafs bei den Münchener Instrumenten die praktischen Schwierigkeiten im Wesentlichen beseitigt worden sind. Die Genauigkeit der Markirung habe ich durch Vergleichung mit den unmittelbaren Ablesungen nachgewiesen.

LAMONT. Galvanischer Zeitregistrirungsapparat.

Die Idee mittelst des galvanischen Stroms Zeitmomente zu registriren, rührt von LOCKE in Washington her. LOCKE hat seine Idee praktisch ausgeführt, und dazu ähnliche Vorrichtungen, wie sie bei telegraphischen Schreibapparaten gebraucht werden, construirt. Andere amerikanische Gelehrte haben verschiedene Modificationen angebracht; ob aber dabei ein Instrument von leichter und sicherer Anwendung zu Stande gekommen ist, möchte zu bezweifeln sein. Schon der Umstand, dafs von jedem verschiedene mechanische Hülfsmittel angewendet wurden, läfst vermuthen, dafs die praktischen Schwierigkeiten nirgends hinlänglich beseitigt worden sind. In der That sind die praktischen Schwierigkeiten sehr grofs; sie beziehen sich theils auf die Verbindung mit der Uhr, theils auf präcise Markirung der Zeitmomente.

In Europa ist der erste Versuch an der Münchener Sternwarte unter Anwendung eigenthümlicher mechanischer Hülfsmittel, wovon obige Schrift die Zeichnung und Beschreibung enthält, gemacht worden. Die Zeit wird auf geschwärzten Cylindern oder Walzen durch feine runde Punkte markirt, und der jetzt mehrere Jahre hindurch fortgesetzte Gebrauch hat die Zweckmäfsigkeit der Construction sowohl als den eminenten Vortheil, der daraus für die praktische Astronomie hervorgeht, auf das Entschiedenste nachgewiesen.

Lamont.

Nachtrag.[1]

V. 11. Para- und Diamagnetismus.

M. Faraday. Ueber die Krystallpolarität des Wismuths und anderer Körper, und über ihre Beziehung zur magnetischen Kraftform. Pogg. Ann. Erg. III. 1. Siehe Berl. Ber. 1849. p. 340.

H. Knoblauch und J. Tyndall. Ueber das Verhalten krystallisirter Körper zwischen den Polen eines Magneten. Pogg. Ann. LXXIX. 233*; Inst. No. 875. p. 325; Ann. d. ch. et d. ph. (3) XXXVI. 375; Phil. Mag. (3) XXXVI. 178; Lieb. u. Wöhl. LXXVI. 205*.

— — Zweite Abhandlung. Pogg. Ann. LXXXI. 481*; Ann. d. ch. et d. ph. (3) XXXVI. 376; Phil. Mag. (3) XXXVII. 1; Arch. d. sc. ph. et nat. XVI. 177; Lieb. u. Wöhl. LXXVI. 205*.

Plücker u. Beer. Ueber die magnetischen Axen der Krystalle und ihre Beziehung zur Krystallform und zu den optischen Axen. Pogg. Ann. LXXXI. 115*, LXXXII. 42*; Phil. Mag. (4) I. 447; Lieb. u. Wöhl. LXXX. 195*.

M. Faraday. Experimental researches in electricity. Twenty-third series. § 29. On the polar or other condition of diamagnetic bodies. Phil. Trans. 1850. p. 171; Pogg. Ann. LXXXII. 75*, 232*; Arch. d. sc. ph. et nat. XVI. 89; Lieb. u. Wöhl. LXXVI. 213*.

J. Tyndall. On the polarity of bismuth, including an examination of the magnetic field. Phil. Mag. (4) II. 333*; Lieb. u. Wöhl. LXXX. 175*; Arch. d. sc. ph. et nat. XVIII. 215; Pogg. Ann. LXXXVII. 189.

— — On diamagnetism and magnecrystallic action. Phil. Mag. (4) II. 165*; Pogg. Ann. LXXXIII. 384*; Inst. No. 920. p. 270, No. 946. p. 56; Berl. Monatsber. 1851. p. 398; Sillim. J. (2) XII. 267; Lieb. u. Wöhl. LXXX. 190*; Arch. d. sc. ph. et nat. XVIII. 211; Rep. of the Brit. Assoc. 1851. 2. p. 15; Athen. 1851. p. 746; Ann. d. ch. et d. ph. (3) XXXVII. 76; Froriep Tagsber. üb. Phys. u. Chem. I. 308.

Hankel. Messungen der Abstofsungen des krystallisirten Wismuths durch die Pole eines Magneten mittelst der Drehwage. Leipz. Ber. 1851. p. 99*.

F. Reich. Notiz über einen diamagnetischen Versuch. Erdm. J. XLIX. 193*.

C. Brunner Sohn. Ueber den Diamagnetismus des Eises. Pogg. Ann. LXXIX. 173*.

[1]) Siehe oben p. 866.

Reuben Phillips. On the magnetism of steam. Phil. Mag. (3) XXXVII. 283*.

— — On the magnetism of pewter coils. Phil. Mag. (4) II. 230*.

J. Cockle. On light under the action of magnetism. Phil. Mag. (3) XXXVI. 294*.

R. Adie. On the connexion between the colour of substances and their magnetic properties. Edinb. J. L. 209*, LI. 44*: Froriep Tagsber. üb. Phys. u. Chem. I. 180.

Gaietta. Considérations sur la lumière et sur le magnétisme. C. R. XXXIII. 325*.

C. Matteucci. Note sur la rotation de la lumière polarisée, sur l'influence du magnétisme et sur les phénomènes diamagnétiques en général. Ann. d. ch. et d. ph. (3) XXVIII. 493*.

Plücker. Sur le magnétisme et le diamagnétisme. Ann. d. ch. et d. ph. (3) XXIX. 129*.

E. Becquerel. De l'action du magnétisme sur tous les corps. Deuxième et troisième mémoire. Ann. d. ch. et d. ph. (3) XXVIII. 283*, XXXII. 68*; Lieb. u. Wöhl. LXXVI. 199*, LXXX. 177*; Berl. Ber. 1849. p. 344; C. R. XXXI. 198; Arch. d. sc. ph. et nat. XVI. 53, XVII. 272.

M. Faraday. Experimental researches in electricity. Twenty-fifth series. § 31. On the magnetic and diamagnetic condition of bodies. Phil. Mag. (4) I. 69; Krönig J. I. 122, 512*; Repert. of pat. inv. (2) XVII. 116; Inst. No. 890. p. 32, No. 893. p. 53, No. 899. p. 103; Arch. d. sc. ph. et nat. XVI. 52, 129; Sillim. J. (2) XI. 411; Pogg. Ann. Erg. III. 73; Phil. Trans. 1851. p. 7; Lieb. u. Wöhl. LXXX. 180*; Athen. 1851. p. 141; Ann. d. ch. et d. ph. (3) XXXIV. 243.

— — Experimental researches in electricity. Twenty-sixth series. § 32. Magnetic conducting power. Phil. Trans. 1851. p. 29; Krönig J. I. 189, II. 14*; Arch. d. sc. ph. et nat. XVI. 132; Phil. Mag. (4) I. 71; Repert. of pat. inv. (2) XVII. 119; Inst. No. 893. p. 54; Sillim. J. (2) XI. 413; Pogg. Ann. Erg. III. 108; Lieb. u. Wöhl. LXXX. 180*.

Plücker. Ueber das magnetische Verhalten der Gase. Pogg. Ann. LXXXIII. 87*, LXXXIV. 161*; C. R. XXXIII. 301; Inst. No. 924. p. 298; Sillim. J. (2) XII. 427, XIII. 210; Phil. Mag. (4) II. 503; Lieb. u. Wöhl. LXXX. 178*, 188*; Arch. d. sc. ph. et nat. XVIII. 146, XIX. 102; Ann. d. ch. et d. ph. (3) XXXIV. 342, 345.

— — Numerische Vergleichung des Magnetismus des Sauerstoffgases und des Magnetismus des Eisens. Pogg. Ann. LXXXIII. 108*; Lieb. u. Wöhl. LXXX. 179*; Ann. d. ch. et d. ph. (3) XXXIV. 344.

— — Ueber die magnetische Polarität und die Coërcitivkraft der Gase. Pogg. Ann. LXXXIII. 299*; Lieb. u. Wöhl. LXXX. 186*; Ann. d. ch. et d. ph. (3) XXXIV. 344.

H. v. Behr. Ueber Magnetismus und dessen Verhältniſs zu den übrigen Naturkräften. Königsb. naturw. Unterh. II. 2. p. 1*.

de la Rive. De l'action de l'aimant sur tous les corps. Arch. d. sc. ph. et nat. XIII. 107*.

v. FEILITZSCH. Eine Theorie des Diamagnetismus. Magnetismus des Wismuth. Erweiterung der AMPÈRE'schen Theorie. POGG. Ann. LXXXII. 90*; Phil. Mag. (4) I. 46; Inst. No. 894. p. 63; Arch. d. sc. ph. et nat. XVI. 50.

PIERRE. Einige Bemerkungen über magnetische und diamagnetische Erscheinungen. Wien. Ber. IV. 37*.

W. THOMSON. Sur la théorie de l'induction magnétique. Inst. No. 880. p. 365*.

— — On the theory of magnetic induction in crystalline and non crystalline substances. Phil. Mag. (4) I. 177*.

— — Magnecrystallic property of calcareous spar. Phil. Mag. (4) II. 574*.

— — Remarks on the forces experienced by inductively magnetized ferromagnetic and diamagnetic non-crystalline substances. Phil. Mag. (3) XXXVII. 241*; POGG. Ann. LXXXII. 245; Arch. d. sc. ph. et nat. XVI. 46.

J. MÜLLER. Beitrag zur Theorie der diamagnetischen Erscheinungen. POGG. Ann. LXXXIII. 115*; Arch. d sc. ph. et nat. XVIII. 324.

M. MELLONI. Fatti scoperti ultimamente intorno a certe direzioni speciali che assumono quasi tutte le sostanze cristallizzate liberamente sospese sotto l'azione delle forze magnetiche; e considerazioni teoriche relative a questa nuova classe di fenomeni. Rendic. di Nap. IX. 141*.

H. KNOBLAUCH und J. TYNDALL. Ueber das Verhalten krystallisirter Körper zwischen den Polen eines Magneten. Erste Abhandlung.

Das von PLÜCKER aufgestellte Gesetz, dafs die Magnetpole aufser der magnetischen Anziehung oder diamagnetischen Abstofsung der Masse noch einen besondern Einflufs auf krystallisirte Körper üben, indem die optische Axe bei positiven Krystallen angezogen, bei negativen abgestofsen wird, stellten die Herren Verfasser vorliegender Arbeit in Frage, unterwarfen es einer neuen Prüfung, und gelangten zu abweichenden Resultaten.

Runde senkrecht zur optischen Axe geschnittene Krystallplatten von Kalkspath wurden zwischen den Polen eines Magneten horizontal aufgehängt, und zeigten dennoch eine gewisse Richtkraft; von elf Kalkspathscheiben, deren optische Axe in ihrer Ebene lag, stellten sich sechs entschieden axial; diese Krystalle sind aber negativ, es hätte also nach dem PLÜCKER'schen Gesetz ihre optische Axe müssen abgestofsen werden; die fünf übrigen Krystalle zeigten sich entgegengesetzt. Die Herren Knoblauch und Tyndall untersuchten deshalb das Verhältnifs der Structur der Krystalle zu der Stellung derselben, und es ergab sich, dafs bei den fünf Krystallen die Halbirungslinie des spitzen Winkels im Rhombus axial, bei den übrigen sechs äquatorial gerichtet wurde. Durch Pulverisiren der Krystalle zeigte sich die Masse der ersten fünf diamagnetisch, die der letzteren, wahrscheinlich von einem Gehalt an kohlensaurem Eisenoxydul, magnetisch. Die axiale Stellung der Spaltungsrichtungen in den diamagnetischen Krystallen glaubten daher die Herren Verfasser dem geringeren Diamagnetismus in dieser Richtung, die äquatoriale Stellung derselben in den magnetischen Krystallen einem geringeren Magnetismus zuschreiben zu müssen, und sie suchten diese Voraussetzung experimentell zu erweisen. Zu diesem Ende wurden aus Elfenbein, das in verschiedenen Richtungen verschieden stark diamagnetisch ist, Platten geschnitten und so übereinander gelegt, dafs die Richtungen des schwächeren Diamagnetismus dieselben Winkel bildeten, als die Spaltungsrichtungen in den verschiedenen Krystallen; man erhielt dadurch dieselben Resultate als mit den Krystallen selbst; die Halbirungslinie des spitzen Winkels stellte sich axial. Die Resultate der sechs magnetischen Krystalle wurden in derselben Weise nachgemacht, nur statt Elfenbein Guttapercha gewählt, das sich in verschiedenen Richtungen verschieden magnetisch verhält. Auch hier stellten sich die Verhältnisse übereinstimmend mit den Krystallen, und nahmen daher die Herren Knoblauch und Tyndall an, dafs bei denselben alle Erscheinungen auf der Ungleichheit des Magnetismus und des Diamagnetismus nach verschiedenen Richtungen beruhen, und daher das Plücker'sche Gesetz in seiner Weise unhaltbar sei.

H. Knoblauch und J. Tyndall. Ueber das Verhalten krystallisirter Körper zwischen den Polen eines Magneten. Zweite Abhandlung.

In der zweiten Abhandlung führen die Herren Knoblauch und Tyndall noch eine Reihe von Thatsachen an, die dem

Plücker'schen Gesetz entgegenstehen. Eisenoxydulhaltiger Kalkspath stellte sich mit der optischen Axe axial, ebenso wie in schwefelsaurem Zinkoxyd, schwefelsaurer Magnesia, und Dichroit sich die Mittellinie der beiden optischen Axen axial richtete, obgleich sie sämmtlich optisch negative Krystalle sind, und der Einflufs der Form überwunden werden mufste. Bergkrystall, der optisch einaxig und positiv ist, stellte sich in zehn mit besonderer Vorsicht angewandten Fällen mit der Axe äquatorial, obgleich in der Richtung der Axe seine Dimension verkürzt war. Schwerspath, Cölestin und gelbes Blutlaugensalz, welche von den Herren Knoblauch und Tyndall als optisch zweiaxig und positiv angenommen werden, wurden so aufgehängt, dafs die optischen Axen horizontal schwingen konnten, wobei sich die Halbirungslinie derselben stets äquatorial einstellte.

Es wurden nun bei gleichen Structurverhältnissen magnetische und diamagnetische Körper mit einander verglichen und folgende Resultate gefunden:

Substanz.	Allgemein magnetisches Verhalten.	Einstellung zwischen den Polen.
Topas	diamagnetisch	Hauptblätterdurchgang äquatorial.
Beryll	magnetisch	Hauptblätterdurchgang axial.
Schwefelsaures Zinkoxyd . Schwefelsaure Magnesia .	diamagnetisch	Spaltungsrichtung äquatorial.
Schwefelsaures Nickeloxyd	magnetisch	- axial.
Salpeter	diamagnetisch	der Spaltungsrichtung parallele Axe äquatorial.
Skapolith.	magnetisch	der Spaltungsrichtung parallele Axe axial.
Isländischer Doppelspath .	diamagnetisch	krystallographische Axe äquatorial.
Eisenglanz	magnetisch	krystallographische Axe axial.

Die Richtung also, die sich bei rein diamagnetischen Körpern äquatorial stellt, ist bei sonst gleicher krystallinischer Beschaffenheit in magnetischen Körpern axial gerichtet. Die Beschaffenheit der Substanz ist daher gerade wesentlich, obgleich das Plücker'sche Gesetz davon gänzlich abstrahirt.

In Mischungen von magnetischen und diamagnetischen Körpern findet ganz derselbe Fall statt. Die Linie, die in rein diamagnetischen Krystallen die äquatoriale Lage annimmt, wird mit um so gröfserer Kraft in die axiale Stellung gedreht, je mehr magnetische Bestandtheile isomorph darin enthalten sind.

Dieses Verhalten erklären die Herren Verfasser durch die eigenthümlichen Aggregationsverhältnisse, und stellen zum Beweise dafür folgende Versuche an.

Es wurde diamagnetisches Mehl in Stabform gebracht, und zwischen den Magnetpolen aufgehängt; die Längenrichtung stellte sich natürlich äquatorial; diese Richtung bis zur Würfelgestalt zusammengeprefst blieb äquatorial, und endlich bis in Scheibenform gedrückt, behielt dieselbe Stellung, so dafs es aussah, als ob die Scheibe axial stände. Das umgekehrte Verhalten trat ein, als das Mehl mit kohlensaurem Eisenoxydul vermischt wurde, so dafs alle Erscheinungen nachahmbar waren. Daraus ist denn zu schliefsen, dafs die magnetische und diamagnetische Wirkung nach der Richtung am stärksten ist, nach der die Theile am nächsten bei einander sind.

Aus den in beiden Abhandlungen mitgetheilten Versuchen schliefsen nun die Herren KNOBLAUCH und TYNDALL:

1) Das PLÜCKER'sche Gesetz ist bei ein- und bei zweiaxigen Krystallen nicht haltbar.

2) Die Richtung, die bei diamagnetischen Körpern äquatorial steht, wendet sich bei derselben Structur in magnetischen axial.

3) In Körpern, deren Theile nicht nach allen Seiten hin gleich weit von einander abstehen, ist die diamagnetische und magnetische Wirkung nach der Richtung am stärksten, in der die materiellen Theile einander am nächsten sind.

4) Alle Erscheinungen, welche Krystalle zwischen den Polen eines Magneten von unkrystallinischen Körpern unterscheiden, lassen sich auf ungleiche Aggregation ihrer materiellen Theile zurückführen.

PLÜCKER und BEER. Ueber die magnetischen Axen der Krystalle und ihre Beziehung zur Krystallform und zu den optischen Axen.

Hr. PLÜCKER giebt in einer Einleitung eine kurze Notiz über seine theoretischen Ansichten, die er später noch näher entwickeln will, und erörtert, wie die Polemik der Herren Knoblauch und Tyndall wesentlich eine andere gewesen wäre, wenn sie seine der niederländischen Societät übergebene Abhandlung vom December 1849 und das Programm der Bonner Universität vom 3. August 1849 gekannt hätten. Den von Knoblauch und Tyndall angegriffenen Satz habe er schon damals nicht in seiner ganzen Ausdehnung gelten lassen, und er führe die mit den Cohäsionsverhältnissen zusammenhängenden Erscheinungen der Krystalle im magnetischen Felde auf eine ungleiche magnetische Thätigkeit des Aethers in verschiedenen Richtungen zurück. Gemeinschaftlich mit Hrn. Beer hat Hr. Plücker eine grofse Zahl Untersuchungen über optisch ein- und zweiaxige Krystalle angestellt.

I. Optisch einaxige Krystalle.

Krystallform.	Krystalle.	Optischer Charakter.	Allgemein magnetischer Charakter.	Verhalten der optischen Axe.
Krystalle, deren Grundform das Rhomboëder oder die regelmäfsige sechsseitige Säule ist.	1) Turmalin	—	magnetisch	abgestofsen.
	2) Reiner Kalkspath [1]	—	diamagnetisch	abgestofsen.
	3) Salpetersaures Natron	—	diamagnetisch	abgestofsen.
	4) Bitterspath [2]	—	magnetisch	angezogen.
	5) Eisenspath	—	magnetisch	angezogen.
	6) Beryll	—	magnetisch	abgestofsen.
	7) Arsenikblei	ungewifs	diamagnetisch	abgestofsen.
	8) Dioptas	—	magnetisch	abgestofsen.
	9) Wismuth		diamagnetisch	angezogen.
	10) Antimon [3]		diamagnetisch	abgestofsen.
	11) Arsenik [4]		magnetisch	angezogen.
	12) Eis	+	diamagnetisch	angezogen.
	13) Quarz	+	diamagnetisch	indifferent.
	14) Schwefelsaures Kali	+	diamagnetisch	abgestofsen.
Krystalle, deren Grundform das Quadratoktaëder oder die quadratische Säule ist.	1) Schwefelsaures Nickeloxyd	—	magnetisch	abgestofsen.
	2) Molybdänsaur. Bleioxyd	—	diamagnetisch	abgestofsen.
	3) Vesuvian	—	magnetisch	abgestofsen.
	4) Arseniksaures Kali	—	diamagnetisch	indifferent.
	5) Zirkon	+	diamagnetisch	angezogen.
	6) Gelbes Blutlaugensalz	+	diamagnetisch	indifferent.
	7) Essigsaurer Kupferkalk	+	magnetisch	angezogen.
	8) Uranglimmer	—	magnetisch	angezogen.
	9) Skapolith [5]	—	magnetisch	angezogen.
	10) Honigstein	—	diamagnetisch	angezogen.

1) Vom Kalkspath findet Hr. Plücker magnetische und diamagnetische Stücke, die sowohl angezogen als abgestofsen werden, und gesteht ein, dafs allerdings nicht allein die optische Natur entscheide, aber eben

so wenig die magnetische oder diamagnetische Beschaffenheit der Substanz.

2) Magnetisch von einem Gehalt an Eisen.

3) Verhielt sich also genau entgegengesetzt mit dem von Faraday gebrauchten Exemplar; Analogie mit Kalkspath.

4) Das von Faraday benutzte Exemplar war diamagnetisch, und seine optische Axe wurde auch angezogen; Analogie mit Kalkspath zu finden.

5) Ein andres Exemplar war diamagnetisch, und verhielt sich indifferent.

II. Optisch zweiaxige Krystalle.

Um die verschiedenen möglichen Fälle der Anziehung bei Aufhängung in verschiedenen Richtungen zu charakterisiren, bezeichnen die Herren Plücker und Beer die Richtungen der Säulenaxe, der kurzen und langen Diagonale der Basis beziehungsweise mit *a*, *b* und *c*, und unterscheiden die folgenden Fälle:

	Bei einer Aufhängung nach					
	a	*b*	*c*	*a*	*b*	*c*
	richtet sich					
	äquatorial.			axial.		
1	*b*	*a*	*a*	*c*	*c*	*b*
2	*c*	*a*	*a*	*b*	*c*	*b*
3	*b*	*a*	*b*	*c*	*c*	*a*
4	*b*	*c*	*b*	*c*	*a*	*a*
5	*c*	*c*	*a*	*b*	*a*	*b*
6	*c*	*c*	*b*	*b*	*a*	*a*

Hat die Mittellinie das Bestreben sich axial zu richten, so wird der Krystall ein magnetisch-positiver, im entgegengesetzten Falle ein magnetisch-negativer genannt.

Die Untersuchungen sind folgende:

Krystallform.	Krystalle.	Optischer Charakter.	Allgemein magnetischer Charakter.	Verhalten der magnetischen Axen.
Krystalle, deren Grundform die gerade rhombische Säule ist.	1) Citronsäure	+	diamagnetisch	— der vierten Art.
	2) Arragonit	—	diamagnetisch	— der ersten Art.
	3) Seignettesalz	+	diamagnetisch	+ der dritten Art.
	4) Anhydrit	+	diamagnetisch	— der sechsten Art.
	5) Topas	+	diamagnetisch	keine Wirkung bemerkbar.
	6) Staurolith	+	magnetisch	+ der ersten Art.
	7) Schwefelsaures Nickeloxyd	—	magnetisch	+ der fünften Art.
	8) Schwefelsaures Zinkoxyd	—	diamagnetisch	+ der ersten Art.
	9) Schwefelsaure Magnesia	—	magnetisch	+ und einaxig.
	10) Chromsaure Magnesia	—	magnetisch	neutral.
	11) Schwefels. Kali	+	diamagnetisch	neutral.

Krystallform.	Krystalle.	Optischer Charakter.	Allgemein magnetischer Charakter.	Verhalten der magnetischen Axen.
Krystalle zum klinorhombischen System gehörend. — Krystalle, deren optische Axen in der symmetrischen Ebene liegen.	1) Schwefelsaures Eisenoxydul	neutral	magnetisch	+ einaxig [1]).
	2) Bernsteinsäure	dito	diamagnetisch	— einaxig [2]).
	3) Kaliumeisencyanid	+	magnetisch	— 2 Axen ⊥ z. symmetrischen Ebene.
	4) Diopsid	+	magnetisch	- 2 Axen haben dieselbe Mittellinie mit den optischen Axen, und liegen in derselben Ebene.
	5) Essigsaures Kupferoxyd	+	magnetisch	— lange Diagonale Mittellinie der 2 Axen.
	6) Essigs. Bleioxyd	+	diamagnetisch	—
Krystalle, deren optische Axen in einer zur symmetrischen senkrechten Ebene liegen.	1) Unterschwefligsaures Natron	+	diamagnetisch	+ Mittellinie in der Axe der Säule.
	2) Borax	—	diamagnetisch	+ einaxig [3]).
	3) Essigsaures Natron	—	diamagnetisch	— unentschieden, ob ein- oder zweiaxig.
Krystalle zum triklinischen System gehörig.	1) Cyanit [4])	+	magnetisch u. diamagnetisch	+ Mittellinie in der Ebene der optischen Axen.
	2) Schwefelsaures Kupferoxyd	—	magnetisch	+
	3) Doppeltchromsaures Kali	+	magnetisch	+

1) Die magnetische Axe fällt mit der Axe der gröfsten Elasticität zusammen.
2) Ebenso.
3) Die magnetische Axe fällt mit der Axe der kleinsten Elasticität zusammen.
4) Ein Cyanitkrystall war so magnetisch, dafs er an einem Coconfaden aufgehängt eine Declinationsnadel bildete, die bei gehöriger Drehung um die Axe so gerichtet werden konnte, dafs sie genau nach dem Nordpol zeigte.

M. Faraday. Dreiundzwanzigste Reihe von Experimentaluntersuchungen über Elektricität. § 29. Ueber den polaren oder nichtpolaren Zustand der diamagnetischen Körper.

Die Frage, ob Wismuth, Kupfer, Phosphor etc. im magnetischen Felde polar seien, experimental zu entscheiden, war der Zweck vorliegender Reihe von Versuchen, die näher mitgetheilt werden, obwohl das Resultat ein durchaus negatives ist.

Der Apparat, dessen sich Hr. Faraday bediente, bestand aus einer feinen, auf das dünnere Ende des Eisenkerns eines Elektromagneten gesteckten Drahtrolle, in deren Axe sich Metallcylinder, die an einem Holzhebel befestigt waren, durch Kurbel und Rad 5 bis 6 mal in der Secunde hin und her bewegen konnten. Ein sehr empfindliches Galvanometer sollte den Einflufs der Metallcylinder auf die Drahtrolle messen, während der eingeschaltete Commutator in jedem Stande des hin und her gehenden Holzhebels den Strom umsetzen konnte, wodurch die einzelnen Portionen des Stromes entweder in einen gleichgerichteten verwandelt, oder gegen einander gestellt und ihre Resultate neutralisirt wurden. Wie der Hr. Verfasser selbst sagt, ist sein Apparat dem Princip und der Praxis nach dem Weber'schen[1]) sehr ähnlich, und dennoch erhielt er die entgegengesetzten Resultate. Es wird dabei ausdrücklich erwähnt, dafs bei Benutzung des Apparates besondere Vorsichtsmaafsregeln angewandt werden müssen, wenn man zu richtigen Schlüssen gelangen will, da unwahrnehmbar kleine Effecte sich aufsummiren und dadurch am Galvanometer bemerkbar werden. Dafs alle Theile des Apparates einen festen Stand haben müssen, er selbst vollkommen makellos ist, und man bei jedem Versuch so lange warten mufs, bis der Magnet das Maximum seiner Kraft angenommen hat, — nach der Zeit, in welcher er aufser Thätigkeit war, verschieden — wird besonders hervorgehoben.

Als unwirksam erwiesen sich eine Glasröhre mit Eisenvitriollösung gefüllt, eine magnetische Glasröhre und ein Kern von Propatriapapier.

Eine Röhre mit Eisenvitriolkrystallen gefüllt und Kerne aus einzelnen grofsen Krystallen gaben 2° Ablenkung; rothes Eisenoxyd bewirkte einen sehr kleinen, Hammerschlag und metallisches Eisen einen sehr grofsen Effect.

Die Bewegung der Nadel war stets in der Richtung übereinstimmend mit der Wirkung eines magnetischen Körpers; jedoch zeigte sich die Vorrichtung keinesweges so empfindlich gegen magnetische Polarität als eine astatische Nadel. Von anderen

[1]) Berl. Ber. 1847. p. 494.

untersuchten Metallen erhielt man, wenn sie magnetisch waren, Ablenkungen im Sinne des Eisens, wenn diamagnetisch im entgegengesetzten Sinne; allein die Wirkung war nicht am gröfsten bei den am stärksten diamagnetischen Substanzen. Gold, Silber und Kupfer gaben die gröfsten Ablenkungen; Blei, Zinn geringere; Platin sehr kleine; Wismuth und Antimon gar keine.

Hr. Faraday erkannte daraus, dafs hier nicht eine Polarität der Theilchen wirksam ist, sondern die in der Masse der bewegten Metalle inducirten Ströme, deren Wirkung bei vielen dem Elektricitätsleitungsvermögen der Substanz proportional ist; er bewies nun diese Idee durch viele Versuche.

Es wurde nämlich die Wirkung eines 5½ Zoll langen Kupferkerns durch Verkürzung bis auf 1 Zoll wenig verändert, während sie bei einem Eisendraht unter denselben Verhältnissen sehr geschwächt wurde. Ebenso erwies sich der aus den Experimentaluntersuchungen von Dove hervorgehende Satz, dafs die Zertheilung der Masse die Wirksamkeit verringert, als gutes Mittel, über die Natur der Wirkung zu entscheiden; es bestätigte sich der Schlufs, dafs in den diamagnetischen Metallen die Wirkung nicht aus einer dem Eisen entgegengesetzten Polarität entsteht, sondern aus den in ihrer Masse inducirten Strömen. Kupferspähne in einem Glasrohr, ein 0″,75 starkes Bündel von Kupferdrähten, und gefälltes Silber in einem Glasrohr, gaben keine Wirkungen; dagegen Kerne aus Kupferscheiben, aus Sovereigns und aus Sixpennystücken sehr kräftige. Umgekehrt verhielt sich vertheiltes Eisen. Wird ein Eisenkern dem Magnet mit gleicher Geschwindigkeit genähert, so ist die Polarität desselben ein Maximum beim kleinsten Abstande vom Magneten; da nun aber die Maximumwirkung auf die umgebende Drahtrolle zugleich von der Geschwindigkeit abhängt, und das Maximum derselben in der Mitte des Hin- und Herganges lag, so wird die gröfste Wirkung zwischen dem Stillstande nahe am Magneten und der Mitte des Hin- und Herganges liegen. Sobald diamagnetische Körper eine Polarität annehmen, so müssen die erregten Ströme die entgegengesetzte Richtung haben, sonst aber mufs ganz dieselbe Wirkung stattfinden. Wechselt daher der Commutator beim Ende des Hin- und Herganges, so wird man ein Maximum der Ablenkung erhalten;

wechselt dagegen der Commutator an den Punkten der gröfsten Geschwindigkeit oder der gröfsten Intensität, oder an zwei gleichweit vom Stillstand entfernten Punkten, so kann keine Ablenkung erfolgen, da die entgegengesetzten Ströme sich aufheben.

Das Eisen verhielt sich im Experiment ganz diesen Schlüssen gemäfs.

Wenn diamagnetische Körper dagegen vermöge inducirter Ströme wirken, so werden sich dieselben im Kern vermöge der beschleunigten Geschwindigkeit desselben in der Mitte des Hin- und Herganges umkehren, oder, da der Kern beim Hingange dann noch in wirksamere Theile des magnetischen Feldes kommt, etwas später. Wechselt daher der Commutator an den beiden Stillständen, so kann man gar keine Wirkung erhalten, und das Maximum derselben mufs eintreten, wenn die Umsetzung in der Mitte des Hin- und Herganges geschieht, oder bald nachher.

Für Kupfer ergab das Experiment dieser Voraussetzung gemäfs das Maximum auf 0,86 des Weges.

Wenn die Wirkung durch eine dauernde magnetische oder diamagnetische Polarität entsteht, so mufs, der Widerstand der Drahtleitung in der kleineren Rolle und dem Galvanometer als Null betrachtet, die Ablenkung unabhängig sein von der Schnelligkeit, mit welcher der Kern bewegt wird. Beim Eisen zeigte sich keine Aenderung am Galvanometer, wenn die Geschwindigkeit im Verhältnifs von 1 : 5 und selbst von 1 : 10 geändert wurde. Ist dagegen die Wirkung die eines von der Zeit abhängigen Inductionsstromes, so ist sie proportional dem Maximum der Stromintensitäten, die mit der Geschwindigkeit wachsen. Es nahm bei Versuchen mit dem Kupferkern auch wirklich die Ablenkung bei einer Veränderung der Geschwindigkeit im Verhältnifs wie 1 : 6 von 21° bis 80° zu.

Es wird noch besonders hervorgehoben, dafs die vom Herrn Verfasser früher am Antimon beobachteten Revulsionsphänomene [1]) in der erregenden Ursache und den Wirkungsprincipien gleich sind mit den eben beschriebenen Erscheinungen; bei jenen wurden die Inductionsströme hervorgebracht durch die Verstärkung

[1]) Berl. Ber. 1846. p. 554.

der Kraft eines Magneten bei festem Abstand des Metalls, in diesen durch Veränderung des Abstandes bei constanter Kraft des Magneten. Daher sind die Umstände, welche die Revulsionsphänomene änderten, auch auf die vorliegenden Erscheinungen einflufsreich, was noch durch eine Zahl Versuche besonders nachgewiesen wird.

Hr. Faraday erwähnt besonders, dafs er einen von Reich angestellten, von Weber beschriebenen Versuch [1]), der die Polarität des Wismuths beweisen sollte, aufs Aengstlichste und Sorgfältigste wiederholt habe, aber keine Spur einer Wirkung erhalten konnte. Einem von Plücker dem Hrn. Verfasser zugeschriebenen Versuch, der die Polarität des Wismuths zu beweisen scheint, giebt der Hr. Verfasser eine nähere Erklärung, aus welcher hervorgeht, dafs es nicht diamagnetische Polarität ist, welche einem Wismuthstab in dem Falle eine stärkere Richtkraft ertheilt, wenn ein Eisenstab in der Aequatorialebene angebracht ist, sondern dafs diese Wirkung einer Aenderung der Intensitätsverhältnisse im magnetischen Felde zugeschrieben werden mufs.

Der Hr. Verfasser wandte ferner noch magnekrystallinische Kerne zu Versuchen an, die aber auch sämmtlich ein dem Obigen analoges Resultat lieferten.

Die Wirkung der Kerne auf die Drahtrolle glaubt Hr. Faraday als eine indirecte bezeichnen zu müssen, indem er annimmt, dafs die unmittelbare Wirkung ganz auf den Magneten gerichtet ist, und dadurch erst der Strom in der Drahtrolle hervorgerufen wird.

J. Tyndall. Ueber die Polarität des Wismuths, nebst einer Untersuchung des magnetischen Feldes.

Zu einem entgegengesetzten Resultat als Faraday gelangt Hr. Tyndall, indem er die Frage über die Polarität diamagnetischer Körper wieder aufnimmt, und den von Poggendorff [2]) angestellten Versuch genauer zu wiederholen versucht. Sein aus einer Platte geschnittener Wismuthcylinder hatte seine Haupt-

[1]) Berl. Ber. 1847. p. 494.
[2]) Berl. Ber. 1847. p. 497.

spaltungsfläche senkrecht zu seiner Längenaxe; der Cylinder stellte sich bei Erregung des Magnetismus durch zwei Bunsen'sche Elemente axial, also gegen den Diamagnetismus der Masse. Hr. Tyndall liefs ihn nun in einer Kupferspirale schwingen, deren Windungen von Pol zu Pol standen, und wenn dann in derselben von sechs Bunsen'schen Elementen ein Strom erregt wurde, der in der oberen Hälfte vom Südpol zum Nordpol gerichtet war, so ging der Wismuthcylinder mit dem nach Süd gerichteten Ende um 35° links, nachdem er vorher einen Ausschlag von 70° gemacht hatte. Der Strom in der Spirale commutirt, rief einen Ausschlag des Cylinders um eben so viel nach der entgegengesetzten Seite hervor. Dasselbe Resultat erhielt der Hr. Verfasser, wenn der durch die Spirale gehende Strom dieselbe Richtung behielt, und der den Magnetismus erregende Strom commutirt wurde.

Da ein kleiner Eisencylinder ganz in demselben Sinn einen Ausschlag zeigt, der auch mit dem einer Magnetnadel unter denselben Umständen übereinstimmt, so kommt Hr. Tyndall zu dem Schlufs, dafs Wismuth Polarität besitzt, dafs aber entgegengesetzt der Meinung von Poggendorff ein Nordpol des Magneten im Wismuth einen Südpol und umgekehrt hervorruft.

Ein gewöhnlicher Wismuthcylinder von denselben Abmessungen stellte sich äquatorial, zeigte sonst aber dieselben Erscheinungen. Die Spirale wurde nun mit ihrer Axe axial zwischen die Pole gebracht, so dafs also die Windungen äquatorial standen, und man durch dieselben den Strom in der Richtung der Ampère'schen Ströme, oder in der entgegengesetzten senden konnte. Der darin aufgehängte Wismuthcylinder verhielt sich wieder ebenso wie einer von Eisen. Der Hr. Verfasser wird durch seine Untersuchungen darauf hingeführt die Veränderungen im magnetischen Felde zu untersuchen, wenn es von einem elektrischen Strom durchschnitten ist. Durch eine besondere Vorrichtung findet er, dafs, wenn man das magnetische Feld in vier Theile theilt, die Stärke des Stroms in der Richtung der Diagonalen verschieden ist, in der einen zu-, in der andern abnimmt; dafs die Bewegung der diamagnetischen Körper nach dem von Faraday ausgesprochenen Satz statt hat, d. h. von stärkeren zu schwächeren Orten des magnetischen Feldes erfolgt. Das oben vom Wismuth mitgetheilte Verhalten bestätigte diesen Satz.

Hr. TYNDALL schliefst seinen Aufsatz mit theoretischen Erörterungen dieser Thatsachen, in denen er zu beweisen sucht, dafs die Uebereinstimmung der Pole des Magneten mit denen des Gewindes, analog dem REICH'schen Versuch, eine Verstärkung der Kraft, im entgegengesetzten Fall eine Schwächung derselben hervorruft; dafs ferner die auf Wismuth ausgeübte Abstofsung das Product einer Induction ist, da sie nach dem Quadrat der magnetischen Kraft, wie bei den magnetischen Körpern, wächst.

J. TYNDALL. Ueber den Diamagnetismus und die Magnekrystallkraft.

Der Hr. Verfasser will untersuchen, ob der Diamagnetismus einer Wismuthkugel demselben Gesetz wie der Magnetismus folgt, welches er beim weichen Eisen gefunden (Siehe oben p. 828). Nach diesem wächst die Anziehung der Eisenkugel mit dem Quadrat der Stromstärke, während der Magnetismus der Kugel selbst in dem einfachen Verhältnifs zum Strom zunimmt.

Die diamagnetischen Abstofsungen der untersuchten Körper wurden in einem besonders dazu construirten Apparat ganz nach dem Princip der Drehwage gemessen, und ergaben sich analog den Anziehungen des weichen Eisens. Es blieb noch zu bestimmen, ob die Quadratwurzeln der Abstofsungen proportional dem Strome selbst waren, wie beim Eisen. Die durch das Experiment gefundenen Resultate wurden mit der Formel

$$\sqrt{T} = n \tang \alpha$$

verglichen, wobei T die Abstofsung und α die Ablenkung der Magnetnadel bedeutet, n aber eine Constante für jede Versuchsreihe ist.

Kugeln von reinem Wismuth und Schwefel folgten dem Gesetz, ebenso Schwefelkugeln mit beigemengtem Eisen, und Kalkspathkugeln. Daraus schliefst Hr. TYNDALL, dafs mit wachsender Stromstärke sowohl Diamagnetismus als Magnetismus gleich stark in derselben Substanz zunehmen, was gegen die von PLÜCKER gefundenen Resultate spricht, nach welchen der Diamagnetismus nach anderem Gesetz abnimmt als der Magnetismus. Der Herr Verfasser zeigt, dafs man scheinbar dasselbe Resultat erhalten kann, wenn man vermittelst seines Apparats Wismuth mit magnetischem Zink vergleicht, dafs dabei aber die Ursache ein Fehler ist, der sich wahrscheinlich auch in Plücker's Experimente unentdeckt eingeschlichen.

Die mit Knoblauch gemeinschaftlich gefundenen Resultate, dafs in Krystallen der Magnetismus oder der Diamagnetismus der Masse nach verschiedenen Richtungen verschieden sei, sucht Hr. Tyndall mit der Drehwage zu erweisen. Er maafs die Abstofsungen, die Kalkspath, in vier Richtungen aufgehängt, erlitt, indem die optische Axe Winkel von 0°, 90°, 180°, 270° nach einander mit der Axe der Eisencylinder bildete. Die Abstofsung war am stärksten in der Richtung der optischen Axe.

Spatheisenstein gab mit seiner Axe parallel oder senkrecht zur Axe des Magneten dieselben Resultate; die Abstofsungen folgten genau dem oben gegebenen Gesetze. Hr. Tyndall untersucht ferner Wismuthwürfel und Würfel von pulverisirtem Wismuth, welche letzteren in einer Richtung mehr zusammengedrückt sind als in einer andern, und findet die Abstofsung, wenn die Hauptspaltungsfläche oder wenn die Linie des gröfsten Drucks parallel der Axe des Magneten ist, gröfser, als wenn sie senkrecht dazu steht; und zwar ist im ersten Falle das Verhältnifs in beiden Richtungen wie 15:11, im zweiten Falle wie 3:2. Hierdurch wird der Einwurf Thomson's widerlegt, dafs trotz der Pressung des Pulvers die kleineren Krystalle zu einem gewissen Theil wenigstens gerichtet sein können, und also nicht Aggregation, sondern immer noch Magnekrystallkraft die Erscheinung hervorrufe; denn das Verhältnifs der Abstofsungen könnte bei dem Modell sonst in keinem Fall gröfser sein, als bei dem Krystall selbst.

Seiner Hypothese über die Aggregation gab Hr. Tyndall noch vielfache Beweise durch neue Versuche, in denen die Krystalle sich gegen die Magnekrystallkraft stets nach dem Druck einstellten.

Die aus den Versuchen gefolgerten allgemeinen Resultate sind:

1) Die Abstofsung einer diamagnetischen Substanz, die in einer gewissen Entfernung von den Polen eines Magneten aufgehängt wird, ist von demselben Gesetz abhängig wie die Anziehung einer magnetischen Masse.

2) Eine magnetische Masse wird am stärksten angezogen, wenn die anziehende Kraft parallel zu der Linie wirkt, die sich bei Aufhängung der Substanz im magnetischen Felde axial stellt; eine diamagnetische Masse wird am stärksten abgestofsen, wenn die Kraft parallel der Linie wirkt, die sich äquatorial stellt.

3) Die gröfsere Anziehung oder Abstofsung der Masse in irgend einer besondern Richtung entsteht dadurch, dafs in dieser Richtung die materiellen Theile enger beisammen liegen als in einer andern Richtung; Anziehung erfolgt bei magnetischen, Abstofsung bei diamagnetischen Körpern.

Hankel. Messung der Abstofsungen des krystallinischen Wismuths durch die Pole eines Magneten mittelst der Drehwage.

Der Zweck der Versuche war, die von Faraday gefundene Verschiedenheit in der diamagnetischen Abstofsung des Wismuthkrystalls, je nachdem er zwischen den Polen in verschiedenen Richtungen aufgehängt wird, zu messen. Dies geschah mittelst einer besonders vorgerichteten Drehwage, an welcher die Pole der vereinigten Stahlmagnete unter verschiedenen Richtungen auf den zu untersuchenden Wismuthcylinder wirkten. Aus den in der Arbeit genauer angegebenen Messungen geht hervor, dafs die Abstofsungen für gleich grofse positive und negative Winkel, welche die Axe der Stahlmagnete mit der Normale auf dem Hauptblätterdurchgange (der Faraday'schen Magnekrystallaxe) bildet, gleiche Werthe haben, und dafs die Einwirkung des Magnetismus sich mit dem Quadrat des Sinus dieses Winkels ändert; Hr. Hankel giebt daher diesem Gesetz die Form

$$n = a + b \sin^2 \varphi,$$

wo n die an der Drehwage gemessene Ablenkung, a und b zwei aus den Versuchen ermittelte Constanten, und φ den Winkel der Axe des Magneten mit der Magnekrystallaxe bezeichnet; die nach dieser Formel berechneten Werthe stimmen mit den beobachteten gut überein.

Reich. Ueber einen diamagnetischen Versuch.

Der angestellte Versuch ist nur eine genauere Wiederholung eines früheren [1]), wozu Hr. Reich sich veranlaſst fühlt, weil demselben durch W. Weber ein gröſserer Werth beigelegt ward als von dem Hrn. Verfasser selbst.

Die Nordpole von 16 Magnetstäben wurden in zwei geeigneten Reihen dem hölzernen Gehäuse einer Drehwage genähert, in welcher eine Wismuthkugel aufgehängt war; sie verursachten eine Abstoſsung derselben von 69,5 Scalentheilen. Brachte man 32 solcher Magnetstäbe in die Nähe der Drehwage, doch so, daſs die Nord- und Südpole in 4 Reihen schachbrettförmig abwechselten, so verursachten dieselben eine Anziehung von 0,75 Scalentheilen, ein Resultat, das augenscheinlich mehr Wirkung der Massen war als der genäherten Pole, deren Abstoſsung durch das Arrangement vernichtet war. Hr. Reich beweist damit, daſs ein Nordpol die diamagnetische Wirkung eines Südpols von derselben Stärke und Lage aufhebt.

C. Brunner Sohn. Ueber den Diamagnetismus des Eises.

In dieser Notiz giebt Hr. Brunner an, daſs Eisstäbchen sich zwischen den Polen eines Elektromagneten äquatorial stellen, also diamagnetisch sind.

Reubén Phillips. Ueber den Magnetismus des Dampfes.

Der Hr. Verfasser setzt die im Berl. Ber. 1849. p. 334 mitgetheilten Versuche über den Magnetismus des Dampfes in abgeänderter Weise fort, und findet jetzt, daſs der, der Spirale mitgetheilte Magnetismus in keiner directen Beziehung zur Bewegungsrichtung des Dampfes steht. Er beobachtet überhaupt

[1]) Berl. Ber. 1847. p. 492.

zwei magnetische Effecte, die an Kraft ziemlich einander gleich, an Richtung aber entgegengesetzt sind, und betrachtet sie als unmittelbar abhängig von der Condensation und Evaporation des Dampfes, während die Reibung an den Wänden der Ausflufsdüse allein keine magnetische Wirkung hervorzubringen vermochte.

Eine genauere Mittheilung des Verlaufs der Versuche verhindert die bereits früher erwähnte Schwierigkeit, dafs dunkle Stellen ohne Beigabe von Figuren kaum aufgehellt werden können.

Reuben Phillips. Ueber den Magnetismus von Zinnspiralen.

Die in der früheren Abhandlung über Dampf gefafste Ansicht, dafs ein in die Luft ausströmender Dampfstrahl magnetisch ist, widerruft Hr. Phillips, und findet, dafs die magnetische Wirkung in den metallischen Durchgängen des Dampfes lag; dieselben durch Glasröhren ersetzt gaben keine magnetische Wirkung des Dampfes mehr.

Zinn- und Platinröhren verhielten sich analog mit der einzigen Ausnahme, wenn der Zinncylinder ganz unter Wasser war, in welchem Falle der Ausschlag um die Hälfte geringer wurde. Keine Wirkung war bemerkbar bei Glasröhren oder bei Metallröhren, wenn der Eisenkern entfernt war, oder wenn sie nicht durch Wasser kalt gehalten werden konnten. Verschiedene Veränderungen zeigten dem Hrn. Verfasser, dafs die beiden Enden der Spiralaxe im entgegengesetzten magnetischen Zustande waren, und dafs die Richtung des Magnetismus unabhängig von der Richtung des Dampfes ist.

Vergleichende Versuche mit kaltem und warmem Wasser statt des Dampfes zeigten, dafs der Magnetismus der Spirale eine von der Condensation unabhängige Wirkung der Wärme ist. Der Herr Verfasser sieht in dem Verhalten seiner Zinnröhren eine hinreichende Erklärung der Ursache des Erdmagnetismus, denn da der Unterschied zwischen der inneren und äufseren Erdwärme da am gröfsten ist, wo das Klima am kältesten, so wird die elektrische Wirkung auch dort am stärksten sein; und wenn durch Lagerungsverhältnisse z. B. irgend eine Kraft die elektrischen Ströme richtet, so würde ihr Product die Erscheinungen des Erdmagnetismus hervorrufen können.

J. Cockle. Ueber das Licht unter dem Einflufs des Magnetismus.

In dieser kurzen Notiz macht der Hr. Verfasser nur einige Bemerkungen zu den von Airy gegebenen Gleichungen über das Licht unter dem Einflufs des Magnetismus. Zu denselben Resultaten gelangend, glaubt er die Idee, als fände eine Reibung des Lichtäthers an den Glastheilchen statt, ausschliessen zu müssen.

R. Adie. Ueber den Zusammenhang der Farbe der Substanzen und ihrer magnetischen Eigenschaften.

Die magnetischen Eigenschaften der Körper untersuchte der Hr. Verfasser mittelst einer Drehwage, über deren Genauigkeit, aus Mangel an ausführlicherer Beschreibung, sich kein Urtheil fällen läfst. Wies dieses Instrument an einem Körper sehr starke magnetische Eigenschaften nach, so wurde untersucht, ob er im pulverisirten Zustande auf einem Streifen Papier dem einfachen, darunter bewegten Stahlmagneten nachfolgte. Auf diese Art fand der Hr. Verfasser bei verschiedenen magnetischen und diamagnetischen Körpern eine Zunahme des Magnetismus, wenn dieselben durch Hitze oxydirt, oder in Verbindung mit Kohle, Schwefel und Fluor dunkler gefärbt waren. Diese Zunahme wurde dem Einflufs der Farbe zugeschrieben, und angenommen, dafs irgend welche Kräfte gemeinschaftlich auf den Magnetismus und das Vermögen des Körpers einwirken, Licht zu reflectiren und durchzulassen.

Gaietta. Betrachtungen über Licht und Magnetismus.

Hr. Gaietta erinnert, dafs er in einer früheren Mittheilung das sehr hervorstechende magnetische Verhalten einiger besondern Aggregatformen der Kohle nachgewiesen hat, wie des Reifsbleis, der Kohlencylinder der Bunsen'schen Kette etc.

C. Matteucci. Notiz über die Rotation des polarisirten Lichtes, über den Einflufs des Magnetismus und über die diamagnetischen Erscheinungen im Allgemeinen.

Um den Einflufs des Magnetismus auf das Drehungsvermögen bei comprimirten und nicht comprimirten, bei erhitzten und nicht erhitzten Körpern zu untersuchen, beobachtet der Hr. Verfasser Drehungen in einem nicht comprimirten Prisma von schwerem Glase bei Anwendung des Ruhmkorff'schen Apparates mit acht Grove'schen Elementen, und findet die Drehung stets nach rechts und links gleich grofs. Wird das Prisma von schwerem Glase leicht comprimirt, so mufs man das analysirende Prisma um ein Gewisses drehen, um das ursprüngliche Bild wieder zu erhalten. Diese Stellung als Nullpunkt betrachtet, sind die jetzt entstehenden Drehungen nach rechts und nach links nicht mehr gleich, und da stets am gröfsten, wo die Drehung durch den Druck und den Magnetismus gleich gerichtet ist. Wird der Druck aufgehoben, so treten sogleich die ursprünglich beobachteten Erscheinungen wieder ein.

Schwerglas und Flintglas geben bei der Temperatur des Oelsiedens eine gröfsere Drehung nach rechts und links als bei gewöhnlicher Temperatur.

Der Hr. Verfasser untersuchte ferner:

ob diamagnetische Körper unter dem Einflufs des Magnetismus gegenseitig auf einander wirken;

ob die Thätigkeit des Magnetismus auf eine Wismuthnadel im luftleeren Raume und in der Luft verschieden ist;

ob der Magnetismus auf die Form der Klangfiguren von vibrirenden Platten einen Einflufs ausübt;

es ergab sich aber durchweg ein negatives Resultat.

Plücker. Ueber den Magnetismus und Diamagnetismus.

Die Arbeit ist eine Zusammenstellung der in diesem Gebiete von dem Hrn. Verfasser angestellten Untersuchungen, und enthält nur einen neuen Versuch, auf den Faraday zurückkommt, obwohl mit entgegengesetztem Resultate. Hr. Plücker glaubt eine Volumenveränderung der Luft zwischen den Polen eines Magneten gefunden zu haben, weil er in einem Luftthermometer ein Steigen des die Luft absperrenden Flüssigkeitstropfens bemerkte; er ist der Ansicht, dafs diese Erscheinung sich werde zur Messung des Magnetismus und Diamagnetismus benutzen lassen.

E. Becquerel. Von der Wirkung des Magnetismus auf alle Körper. Zweite Abhandlung.

Hr. Becquerel geht von dem Princip aus, dafs die magnetische Wirkung auf einen Körper der Differenz der Wirkungen gleich ist, die auf den Körper selbst, und auf das aus der Stelle getriebene Mittel ausgeübt wird; daher wird ein Körper in einem weniger magnetischen Mittel angezogen, in einem mehr magnetischen Mittel, als er selbst ist, dagegen abgestofsen. Um dies zu erweisen, untersuchte er verschiedene Körper in verschiedenen flüssigen und luftförmigen Mitteln bei ungleicher Stromstärke. Der Apparat, dessen er sich bediente, war eine sehr empfindliche Drehwage, welche direct über den mit Ankern versehenen Polen eines sehr starken Elektromagneten stand; die Drehung wurde an einer Kreisscheibe mit Nonius abgelesen, und der zu untersuchende Körper mittelst eines Mikroskops genau wieder eingestellt. Die Stromstärke wurde durch eine Sinusbussole gemessen. Zuerst bestimmte Hr. Becquerel, wie eine Veränderung der Stromintensität die Wirkung des Magneten auf die Körper ändert.

Bei Versuchen mit einem Wismuth- und Schwefelcylinder stellte sich bei 20, 17, 14 und 10 Paaren deutlich das Gesetz heraus, dafs die magnetische Thätigkeit dem Quadrat der Stromstärke proportional ist, ein Gesetz, welches der Hr. Verfasser durch theoretische Schlüsse und Experimente genauer darlegt, um zu zeigen, dafs magnetische Anziehungen und Abstofsungen in demselben Verhältnifs zur Stromstärke sich ändern. Danach sind dann die am Apparat beobachteten Abstofsungen und Anziehungen direct vergleichbar, da man sie auf die Stromintensität 1 zurückführen kann. Es wurden nun die verschiedenen magnetischen Wirkungen der Körper in verschiedenen magnetischen Mitteln untersucht. Die erste Versuchsreihe wurde mit Stäbchen von Schwefel und weifsem Wachs angestellt, welche innerhalb der verschiedenen Mittel folgende Torsionskräfte ergaben:

Den Cylinder umgebendes Mittel.	Dichtigkeit des Mittels.	Schwefelcylinder.	Wachscylinder.
Luft		— 0,9038	— 0,3485
Wasser	1,0000	— 0,1004	+ 0,2647
Concentrirte Lösung von Chlormagnesium	1,3197	+ 0,0649	+ 0,3816
Lösung von schwefels. Nickeloxyd	1,0827	— 2,6060	— 1,6733
Concentr. Lösung von Eisenchlorür	1,4334	— 53,7860	

Das Zeichen — bedeutet Abstofsung.
Das Zeichen + bedeutet Anziehung.

Nach dem oben aufgestellten Princip sind diese Zahlen gleich der Differenz des specifischen Magnetismus des Körpers, und desjenigen von dem umgebenden Mittel; daraus ergiebt sich sogleich der specifische Magnetismus der Körper für gleiche Volumina in Luft. Als gemeinschaftlichen Vergleichungspunkt wählt Hr. Becquerel Wasser, und setzt den specifischen Magnetismus des Wassers in Luft = — 10.

Specifischer Magnetismus nach den Versuchen mit Schwefel.

Substanzen.	Bei gleichem Volumen in Luft.	Auf Wasser = — 10 reducirt.
Schwefel	— 0,9038	— 11,25
Wasser	— 0,8034	— 10,0
Chlormagnesiumlösung	— 0,9687	— 12,06
Schwefelsaure Nickeloxydlösung	+ 1,7022	+ 21,19
Concentrirte Eisenchlorürlösung	+ 52,8822	+ 658,2

Specifischer Magnetismus nach den Versuchen mit Wachs.

Substanzen.	Bei gleichem Volumen in Luft.	Auf Wasser = — 10 reducirt.
Wachs	— 0,3485	— 5,68
Wasser	— 0,6132	— 10,0
Chlormagnesiumlösung	— 0,7299	— 11,91
Schwefelsaure Nickeloxydlösung	+ 1,3248	+ 21,60

Die Zahlen der beiden letzten Spalten zeigen die Uebereinstimmung der Resultate, die aus Schwefel und Wachs gewonnen sind. In derselben Weise werden noch viele Körper untersucht, und sind hierunter die gefundenen Resultate zusammengestellt, wobei jedesmal die Abstofsung von Wasser = — 10 gesetzt ist. Die Zahlen gelten für gleiche Volumina; um sie auf gleiche Gewichte zu reduciren, sind sie durch die specifischen Gewichte zu dividiren. Es sind meist die Mittelwerthe mehrerer Bestimmungen hier gegeben.

Feste Körper.		Flüssige Körper.	
Zink	— 2,5	Wasser	— 10
Weifses Wachs	— 5,68	Rectificirter Alkohol	— 7,89
Schwefel	— 10,68	Schwefelkohlenstoff	— 13,30
Blei	— 15,28	Chlornatriumlösung 1	— 11,28
Phosphor	— 16,39	Chlornatriumlösung 2	— 10,75
Selen	— 16,52	Chlormagnesiumlösung	— 12,05
Wismuth	— 217,61	Käuflich schwefelsaure Kupferoxydlösung	+ 8,14
Glas	+ 7,92	Schwefelsaure Nickeloxydlösung	+ 21,28
		Schwefelsaures Eisenoxydul	+ 211,16
		Schwefelsaures Eisenoxydul	+ 180,22
		Eisenchlorür No. 1	+ 360,71
		Eisenchlorür No. 2, concentrirt	+ 658,13
		Eisenchlorür No. 3	+ 91,93
		Schwefelsaures Eisenoxyd	+ 137,70
		Chlorcalciumlösung	— 11,61

Da alle diese Anziehungen und Abstofsungen auf Wasser bezogen sind, so genügt es, um die verschiedensten Substanzen unter einander vergleichen zu können, die Beziehung des Wassers zum Eisen kennen zu lernen. Als Zwischenglied wählte Hr. Becquerel die Eisenchlorürlösung No. 2, deren Anziehung + 658,13 war. Statt Eisenstäben, bei denen die magnetische Induction nicht proportional der Masse ist, wurde ein Gemenge von Eisenfeilspähnen und Wachs in Form von kleinen Cylindern angewandt, da, wie Coulomb dies bereits gezeigt hat, jener Uebelstand bei solchen Mischungen nicht stattfindet. Die Schwingungen dieser Stäbe unter dem Einflufs des Magneten wurden nun verglichen mit denen der Eisenchlorürlösung in Glasröhren von genau derselben Länge, nachdem die Correctionen wegen des Gewichtes des Glases und der Torsion des Fadens angebracht waren. Es betrug die Kraft

für das 1ste Rohr 0,006651
- - 2te - 0,006860
Mittel 0,006755

Die Wachsstäbchen enthielten in 1 Gr. Wachs 0,1353 und 0,05502 Gr. Eisenfeilspähne, die magnetische Kraft war
für den 1sten Stab 4,4347
- - 2ten - 1,9200
also auf 0,001 Gr. Eisen in 1 Gr. Wachs
für den 1sten Stab 0,03277
- - 2ten - 0,03489
Mittel 0,03383.

Die Lösung verhält sich also wie weifses Wachs, wovon 1 Gr. 0,1997 Milligr. Eisen enthält, oder dem Volumen nach, wo in einem Cubikcentimeter 0,1934 Milligr. Eisen enthalten ist.

Eine zweite analoge Bestimmungsreihe gab für dasselbe Verhältnifs in einem Cubiccentimeter 0,214 Milligr. Eisen, weshalb Hr. Becquerel im Mittel 0,2 Milligr. Eisen auf einen Cubiccentimeter annimmt. Durch einfache Vergleichung mit dem Wasser ergeben sich aus diesen Zahlen folgende magnetische Kräfte:

Substanz.	Bei gleichem Volumen.	Bei gleichem Gewicht.
Eisen	1000000	1000000
Lösung von Eisenchlorür No. 2 .	+ 25,7	+ 140
Wasser	— 0,4	— 3

Zur Bestimmung der magnetischen Kräfte der Gase wendet Hr. Becquerel einen sehr ähnlichen Apparat an, mit einer Abänderung, vermöge welcher die zu untersuchenden Körper im luftleeren Raume und in verschiedenen Gasen schwingen konnten.

Ein Glasstab näherte sich um so mehr den Magnetpolen, je mehr die Luft ausgepumpt wurde, und ging auf seine ursprüngliche Stellung zurück, so wie die Luft wieder zugelassen wurde. Das magnetische Verhalten der Luft war die Ursache davon. Diamagnetische Körper verhielten sich umgekehrt. Wasserstoff, Stickstoff und Kohlensäure gaben keine bemerkbaren Unterschiede, Sauerstoff verhielt sich sehr magnetisch, daher diesem das Verhalten der Luft zugeschrieben wurde. Den specifischen Magnetismus des Sauerstoffs bestimmte Hr. Becquerel durch zwei Versuchsreihen, die eine durch Torsion eines Silberfadens, die andere durch die eines Haares; er erhielt folgende Resultate:

I. Mit einem Silberfaden.

		Im Verhältniss zu Wasser. In Luft.	Im leeren Raume.
Sauerstoff im leeren Raume . .	+ 0,1530	+ 1,803	+ 1,871
Luft	+ 0,0305	+ 6,365	+ 0,377
Wasser	— 6,8178	— 9,637	— 10
Wasser in Luft	— 0,8486	— 10	— 10,377

II. Mit einem Haare.

		Im Verhältniss zu Wasser. In Luft.	Im leeren Raume.
Sauerstoff im leeren Raume . . .	+ 0,474	+ 1,733	+ 1,79
Luft	+ 0,088	+ 0,32	+ 0,33
Wasser	— 2,648	— 9,68	— 10
Wasser in Luft	— 2,736	— 10	— 10,33

Daraus berechnet der Hr. Verfasser den Werth für die Luft zu 0,38, indem er den Gehalt derselben an Sauerstoff = 0,21 und den specifischen Magnetismus derselben nach der ersten Bestimuung zu 1,8 annimmt, und erhält daher folgende Bestimmungen:

Substanz	Dichtigkeit.	Specif. Magnetismus. Bei gleichem Volumen.	Bei gleichem Gewicht.
Sauerstoff bei $0^m,76$ Druck . . .	0,001432	+ 1,80	+ 1257
Luft bei $0^m,76$ Druck	0,001299	+ 0,38	+ 293
Wasser	1,000000	— 10,0	— 10

Daraus in Bezug auf Eisen:

	Spec. Magnetismus bei gleichem Gewicht.
Eisen . . .	+ 1000000
Sauerstoff . .	+ 377
Luft	+ 88

Endlich wurde das optische Drehungsvermögen untersucht und mit dem specifischen Magnetismus verglichen, wobei Hr. Becquerel, ohne eine Proportionalität zu finden, folgert, dafs das optische Drehungsvermögen um so stärker ist, je gröfser die Abstofsung, und dafs es um so schwächer ist, je mehr die Körper angezogen werden.

E. Becquerel. Von der Wirkung des Magnetismus auf alle Körper. Dritte Abhandlung.

In der zweiten Abhandlung über denselben Gegenstand untersuchte Hr. Becquerel mittelst der in voriger Arbeit beschriebenen Drehwage eine Menge starrer, flüssiger und gasförmiger, magnetischer und diamagnetischer Körper bei verschiedener Stromstärke, und ist dabei, ohne dafs sonst im Gange der Untersuchung etwas Neues vorkäme, zu folgenden Resultaten gelangt:

1) Diamagnetische Körper, wenn sie ganz frei von magnetischen Beimengungen sind, werden im Verhältnifs des Quadrats der Stromintensität abgestofsen. Sie scheinen keine dauernde Polarität zu besitzen.

2) Dasselbe gilt von solchen magnetischen Körpern, die keine dauernde Polarität besitzen.

3) Gewisse vom Magnet angezogene Substanzen, wie Platin, und eisenhaltige Körper, verhalten sich hiervon verschieden. Das Verhältnifs der Anziehung zur Stärke des Magneten wechselt mit der letzteren, und erreicht in den meisten Fällen einen constanten Werth bei sehr starkem Magnetismus. Jedenfalls haben diese Körper eine merkbare Coërcitivkraft, und werden ebenso angezogen wie der Stahl. Dafs Platin eine mehr oder weniger lange Zeit eine derartige Polarität besitzt, davon kann man sich direct überzeugen.

4) Solche Körper, wie Kohle, Glas etc., die bei schwacher Magnetkraft angezogen, bei stärkerer abgestofsen werden, hält Hr. Becquerel für zusammengesetzt aus Substanzen, die den unter 1 und 3 angegebenen Gesetzen folgen.

5) Sauerstoff ist das einzige magnetische Gas, und seine Anziehung ist proportional dem Quadrat der Stromstärke.

6) Die Stärke der Anziehung verhält sich bei gleichem Volumen wie die Dichtigkeit.

7) Die atmosphärische Luft ist ebenfalls magnetisch im Verhältnifs ihres Gehaltes an Sauerstoff; Hr. Becquerel deutet darauf hin, dafs dies der Grund der Veränderungen des Erdmagnetismus sei.

8) Stickstoffoxydul, ölbildendes Gas, Kohlensäure, Cyan, Ammoniak, auf Kohle condensirt, werden bedeutend abgestofsen; Stickstoff und Wasserstoff condensiren sich nicht genug, um bemerkbare Wirkungen zu geben.

M. Faraday. Der Experimentaluntersuchungen über Elektricität 25. Reihe. § 31. Ueber magnetische und diamagnetische Beschaffenheit der Körper.

Hr. Faraday glaubte aus dem von ihm aufgestellten allgemeinen Gesetz, dafs magnetische Körper von den schwächeren Wirkungsorten des magnetischen Feldes zu den stärkeren, diamagnetische von den stärkeren zu den schwächeren sich zu bewegen streben, — schliefsen zu müssen, dafs magnetische Gase, wie Sauerstoff, eine Volumenverminderung, diamagnetische Gase eine Volumenvergröfserung zwischen den Magnetpolen erleiden, und stellte zur Untersuchung dieser Frage folgende Versuche an:

Ein durch ein feines Loch eines Schirmes kommender Lichtstrahl ging bei den Polen des sehr kräftigen Elektromagneten vorbei, und wurde in einem Refractor aufgefangen, dessen vollkommnes Mikrometer die kleinste Verschiebung des Strahls angegeben hätte. Bei den verschiedensten Stellungen des Magneten zum Lichtstrahl fand jedoch keine derartige Volumenveränderung der Luft statt, dafs dadurch das Brechungsvermögen geändert worden wäre. Sauerstoff, Stickstoff, Wasserstoff, Leuchtgas gaben unter ganz analogen Umständen eben so wenig ein Resultat. Daher versuchte Hr. Faraday durch directe Bestimmung der Volumenveränderung zum Ziele zu gelangen. Es wurde ein eiserner Kasten so eingerichtet, dafs die Wände desselben die Pole des Magneten bildeten. Der innere Raum des Kastens, der zur Aufnahme des zu untersuchenden Gases bestimmt war, war $\frac{1}{80}$ Zoll dick und 2,4 Zoll lang und breit; es führten zu ihm drei

Oeffnungen; zwei zum Ein- und Auslassen der Gase; die dritte war mit einer in der Mitte nur $\frac{1}{100}$ Zoll weiten Mefsröhre versehen, in welcher gefärbter Weingeist die geringste Volumenveränderung des Gases im Kasten angab. Obgleich eine Ausdehnung oder Zusammenziehung von $\frac{1}{100000}$ sichtbar gewesen wäre, so gaben weder Luft noch eins der übrigen untersuchten Gase einen Einflufs des Magneten auf ihr Volumen zu erkennen. Diese Versuche mit einem Apparat wiederholt, in welchem die Gase dem Magnetismus in einem Felde von nicht überall gleicher Kraft unterworfen wurden, so dafs denselben also Gelegenheit geboten war, sich in äquatorialer Richtung auszudehnen, gaben mit den verschiedensten Gasen und bei Erregung des ausgezeichneten Elektromagneten der Pharmaceutischen Gesellschaft durch 80 Grove'sche Paare eben so wenig eine Wirkung, nachdem alle Fehler entfernt waren.

Flüssige und feste Körper derselben Prüfung unterworfen, zeigten eben so wenig ein Resultat.

Den Grund der diamagnetischen Ortsveränderung glaubt nun Hr. Faraday als auf der Unterschiedswirkung zwischen zwei Theilen der Materie im magnetischen Felde beruhend annehmen zu müssen, und er untersucht dieselbe in folgender Weise:

An der rechtwinklig umgebognen Spitze einer Röhre bildete er Seifenblasen, die mit verschiedenen Gasen gefüllt, und deren Dicke so wie deren Wassergehalt genau bestimmt werden konnte. Durch die grofse Beweglichkeit der Blase um die Röhre und an derselben ist sie ein sehr empfindliches Instrument, um die Wirkung des Magneten auf das darin enthaltene Gas zu untersuchen.

Eine mit Luft gefüllte Blase bewegte sich zwischen den Magnetpolen sehr wenig äquatorial, ein Effect, der von dem Diamagnetismus des Wassers herrührte, und benutzt wurde, um die späteren Resultate von diesem Einflufs frei zu erhalten. Mit Stickstoff gefüllt zeigte die Blase in Luft äquatoriale Bewegung; mit Sauerstoff gefüllt ergab die Blase in Luft die entgegengesetzte Bewegung sehr entschieden, dem Magnetismus des Sauerstoffs entsprechend. Stickstoffoxydul und ölbildendes Gas in Luft zeigten ihr diamagnetisches Verhalten ganz analog den früheren Versuchen. [1]

[1] Berl. Ber. 1847. p. 502.

Diese Experimente reichen hin, um nachzuweisen, dafs die Bewegungen eines Gases innerhalb eines andern auf dem Wirkungsunterschiede beruhen, ein Schlufs, der auf feste und flüssige diamagnetische Substanzen so wie auf magnetische Körper auszudehnen ist, wie aus früheren Versuchen FARADAY's hervorgeht.

Diese Unterschiedswirkung an einem empfindlich construirten Mefsapparat untersucht, hofft Hr. FARADAY benutzen zu können, um über die Natur und Gröfse magnetischer und diamagnetischer Kräfte wichtige Aufschlüsse zu erhalten. Das Instrument, dessen er sich bediente, war eine Drehwage; das eine Ende des Balkens trug eine horizontale Querstange, und an den Enden dieser Querstange waren zwei gleiche Glasröhren aufgehängt, welche zur Aufnahme der zu vergleichenden Gase dienten. Der ganze Apparat war so eingestellt, dafs die Glasröhren zu beiden Seiten der Verbindungslinie der Pole in gleichem Abstande von derselben schwebten.

Die diamagnetische Glasmasse beider Röhren übte keine Wirkung auf den Apparat aus, da die Abstofsung nach beiden Seiten hin ganz gleich war; das Gleichgewicht blieb auch ungestört, wenn die Kugeln luftleer gemacht oder mit demselben Gase von gleicher Dichtigkeit gefüllt waren. Die Differentialwirkung zweier verschiedenen Gase trat also ohne allen andern störenden Einflufs hervor, da Glashülle und verdrängte Luft nach beiden Seiten gleich vom Magneten afficirt wurden. Das stärker magnetische Gas näherte sich der Axenlinie, und trieb das schwächer angezogene von derselben fort; der Unterschied der Wirkung auf beide Gase wurde nun direct durch die Torsion der Coconfäden an einer dazu oben angebrachten Kreistheilung gemessen, indem die Kugeln wieder in denselben Abstand vom Magneten gebracht wurden. Bei Sauerstoff wie bei atmosphärischer Luft zeigte sich der Magnetismus proportional der Dichtigkeit. Stickstoff, der sich in Luft diamagnetisch verhält, zeigte in verschiedener Dichtigkeit angewendet keine verschiedene Wirkung, so dafs also eine Anziehung oder Abstofsung der Magnetpole durch Stickstoff überhaupt nicht stattfindet.

Nach diesen Untersuchungen zerfallen nun die Körper in drei grofse Klassen, in solche, die gar keine Wirkung hervorbringen, wenn sie zum leeren Raum hinzutreten, die also auf dem Nullpunkt zwischen magnetischen und diamagnetischen Körpern stehen, in solche, die nach der einen Seite des Nullpunktes eine Wirkung hervorbringen, und in solche, die dieselbe nach der andern Seite hervorrufen. Hr. Faraday schlägt vor, den Ausdruck magnetisch im allgemeinen Sinne auf sämmtliche Körper anzuwenden, und dann diejenigen, die sich im magnetischen Felde verhalten wie Eisen, Nickel, Kobalt, paramagnetische, die dieser Klasse gegenüberstehenden aber diamagnetische Körper zu nennen.

Wegen des magnetischen Verhaltens der Luft mufs die früher aufgestellte Liste einige Aenderungen erleiden, und der Herr Verfasser findet vorläufig im Vergleich mit Sauerstoff folgende Gase indifferent: Chlor und Bromdampf, Cyan, Stickstoff, Wasserstoff, Kohlensäure, Kohlenoxyd, ölbildendes Gas, Stickstoffoxydul, Stickstoffoxyd, salpetrichtsaures Gas, Chlorwasserstoff, schweflichte Säure, Jodwasserstoff, Ammoniak, Schwefelwasserstoff, Leuchtgas, Aetherdampf und Chlorkohlenstoffdampf. Davon zeigten sich ölbildendes Gas und Cyangas etwas diamagnetisch, Stickstoffoxydul und Stickstoffoxyd dagegen wenig magnetisch. Die paramagnetische Kraft des Sauerstoffgases verglich Hr. Faraday mit der einer wässrigen Eisenvitriollösung; wenn diese bei gleichem Volumen mit dem Sauerstoff auch gleiche magnetische Anziehung erleiden sollte, so mufste das Gewicht des in der Lösung enthaltenen metallischen Eisens 3,4 mal so grofs als das Gewicht des Sauerstoffs sein.

Den Einflufs des Magnetismus des Sauerstoffs in der Atmosphäre auf den Erdmagnetismus schlägt Hr. Faraday sehr hoch an, und verspricht ihn in einer besondern Abhandlung näher zu untersuchen. [1])

M. Faraday. Der Experimentaluntersuchungen über Elektricität 26. Reihe. § 32. Magnetisches Leitungsvermögen.

Unter „magnetischem Leitungsvermögen" versteht Hr. Faraday „die möglicher Weise den Körpern inwohnende Fähigkeit, die

[1]) Siehe oben p. 897.

Fortpflanzung der Magnetkraft zu afficiren, wobei es durchaus unentschieden bleibt, auf welche Art und Weise die Fortpflanzung geschieht," und sucht durch dasselbe die Erscheinungen der Unterschiedswirkungen zu erklären. Ein Körper mit einem gröfseren Leitungsvermögen als das Medium, in dem er sich befindet, hat das Bestreben, dieses zu verdrängen, und sich an die Stelle der gröfsten Kraft zu begeben. Mit dieser Auffassung stimmt überein, wie Hr. Faraday hervorbebt, dafs keine Ströme entstehen, wenn ein einziges Gas das Feld einnimmt, und dafs keine Volumenveränderung stattfindet. Wie aus der früheren Arbeit des grofsen Forschers hervorgeht, läfst das Vacuum eine Fortpflanzung zu, die allerdings nicht mit dem Leitungsvermögen zu identificiren ist, und es sind dann paramagnetische Körper alle die, welche die Fortpflanzung der Kraft erleichtern, diamagnetische, welche ihr einen Widerstand entgegensetzen.

Hr. Faraday sucht nun in dieser Arbeit den Einflufs zu untersuchen, den die neue Betrachtungsweise para- und diamagnetischer Körper als Leiter auf die magnetischen Kraftlinien ausübt, die er, wie bekannt, seinen theoretischen Anschauungen über Magnetismus zu Grunde legt. Da, wo sie enger zusammenrücken, deuten sie eine Verstärkung der Kraft im magnetischen Felde an, und umgekehrt eine Schwächung, wo sie aus einander rücken. Wird nun in irgend einen, von solchen Linien durchzognen Raum, der vorläufig als frei von Materie angenommen werden möge, ein Körper gebracht, so wird er Biegungen dieser Linien hervorbringen, und zwar ein paramagnetischer Körper eine Concentration der Kraftlinien, ein diamagnetischer eine Divergenz derselben zur Folge haben; im ersten Fall wird durch den Raum also mehr Magnetkraft, im zweiten weniger als ursprünglich fortgepflanzt. Es wird also nicht blofs die Richtung der Kraftlinien, sondern auch die Menge der Kraft in jedem Punkte ihres eigenen und des benachbarten Raumes durch die beiden Körper verändert. Diesen Einflufs macht Hr. Faraday durch das Experiment bei stark paramagnetischen Körpern sichtbar, während er bei diamagnetischen eine gesättigte Eisenoxydullösung innerhalb des magnetischen Feldes gebraucht, um die durchschneidenden Kraftlinien intensiver zu machen.

Die gegenseitige Wirkung zweier Körper im magnetischen Felde gleicher Kraft wurde untersucht. Paramagnetische Körper stofsen sich in der Aequatorialebene ab, in axialer Richtung ziehen sie sich an; bei diamagnetischen Körpern findet in beiden Fällen eine Abstofsung statt. Para- und diamagnetische Körper innerhalb eines Mediums von mittlerer Beschaffenheit ziehen sich gegenseitig an, aber zwei Körper derselben Art stofsen sich ab.

Leitungspolarität nennt Hr. Faraday „die Beschaffenheit der Masse als Ganzes betrachtet, in Beziehung auf den Zustand, in welchen sie durch ihre eigene Verschiebung der magnetischen Kraftlinien versetzt wird." Diese Leitungspolarität ist nun bei diamagnetischen Körpern weder dieselbe, noch die entgegengesetzte als die der paramagnetischen Körper, wie der Hr. Verfasser früher geglaubt hatte; sondern „diese Polarität besteht in einer Divergenz der Kraftlinien bei der Annäherung an die Theile, oder in einer Convergenz bei Entfernung von den Theilen, welche in der Richtung der magnetischen Axe einander gegenüberliegen."

Hr. Faraday entwickelt diese Sätze theoretisch, und stellt ihnen Versuche zur Seite, von denen er aber selbst sagt, dafs der geringen Intensität der hier wirkenden Kräfte wegen, dieselben nicht in die Augen springend seien.

Auch auf magnekrystallische Substanzen wird das Princip der Leitung angewendet, und durch dasselbe die von Hrn. Faraday, Plücker und Knoblauch beobachteten Erscheinungen erklärt. Einen magnekrystallischen Körper nennt Hr. Faraday einen solchen, der „in krystallisirtem Zustande die magnetische Kraft in einer Richtung besser fortpflanzen kann als in einer andern, und diese Richtung ist die Magnekrystallaxe," und führt somit die Einstellung der Körper auf die Unterschiedswirkung zwischen diesen beiden Richtungen zurück, da die Magnekrystallaxe mit einer dieser Wirkung entsprechenden Kraft gedreht wird.

Aus Schlüssen folgerte Hr. Faraday, dafs Wismuth weniger diamagnetisch ist, wenn seine Magnekrystallaxe axial steht, als waren dieselbe äquatorial gerichtet ist, und bewies es, indem er an seiner Drehwage diesen Unterschied durch eine sinnreiche

Vorrichtung mefsbar machte. Beim Kalkspath gelang es ihm nicht, dieselben Resultate zu erhalten, weil die Kraft desselben in jeder Beziehung schwächer ist, als die des Wismuths.

Plücker. Ueber das magnetische Verhalten der Gase.

Der specifische Magnetismus der Gase wird von Hrn. Plücker durch dieselben Mittel bestimmt, deren er sich bei festen und flüssigen Körpern bediente[1]), wobei er von der Ansicht ausgeht, „dafs die Totalanziehung oder Totalabstofsung zweier Substanzen proportional sei der Anziehung oder Abstofsung der einzelnen Theilchen bei gleicher Vertheilung derselben Anzahl Theilchen in gleichem Raume, und dafs die Anziehung oder Abstofsung proportional der Masse sei.“ Bei allen vergleichenden Versuchen wurden möglichst alle Umstände gleich gemacht; eine Kugel diente zur Aufnahme der Gase, sie wurde den Halbankern genähert oder mit ihnen in Berührung gebracht, und die hervorgebrachte Anziehung oder Abstofsung mittelst einer bis $0^{gr},0001$ genauen Geissler'schen Wage gemessen. Die Gasmenge wurde direct gewogen; die Verdünnung oder Verdichtung des zu untersuchenden Gases konnte durch eine Vorrichtung an der Luftpumpe bis zu $2\frac{1}{4}$ Atmosphäre Druck gemessen werden. Die Stubenwärme und der Barometerstand ward stets gleichmäfsig erhalten.

Die ersten Versuchsreihen wurden mit Sauerstoff angestellt, und zwar, nachdem vorher die Einwirkung der leeren Glaskugel untersucht und als nicht mefsbar gefunden war, mit comprimirtem, mit verdünntem und mit solchem Gase, das sich unter 1 Atmosphäre Druck befand. Die Anziehungen des Gases wurden jedesmal genau und zwar meist durch mehrere Versuche bestimmt, und ergaben auf 1000 Gewichtstheile Sauerstoff reducirt eine Anziehung im Mittel von 319 Zehntelmilligramm, so wie das allgemeine Resultat, dafs „wenigstens bis zu einem doppelten Atmosphärendruck die magnetische Anziehung des Sauerstoffs seiner Dichtigkeit proportional ist.“

Der Stickstoff verhielt sich vollkommen indifferent, und es

[1]) Berl. Ber. 1848. p. 382.

entstand dadurch die Frage, ob das magnetische Verhalten der Luft der Anziehung ihres Sauerstoffgehalts allein zuzuschreiben sei. Es wurde daher Luft und Sauerstoff unter denselben Verhältnissen experimentell verglichen, und gefunden, dafs der Magnetismus der Luft annäherungsweise der in derselben enthaltenen Menge von Sauerstoffgas zuzuschreiben ist, dafs die etwas stärkere Anziehung nicht von dem Stickstoff herrühren kann, der sich zuvor indifferent erwiesen, und dafs endlich der Magnetismus der Luft mit ihrer Dichtigkeit zunimmt.

Es geht daraus hervor, dafs alle Anziehungen und Abstofsungen in der Luft sich in derselben Weise ändern wie das absolute Gewicht in einem schweren Mittel. Es findet also Abstofsung statt, wenn die Anziehung der Luft gröfser ist als die absolute Anziehung des Körpers, und die absolute Abstofsung wird um so viel vermehrt, als die Anziehung derjenigen Luft beträgt, die aus der Stelle getrieben wurde. Daher verhalten sich in der Luft alle Gase und Dämpfe diamagnetisch, ausgenommen Sauerstoff, der ja stärker magnetisch als Luft war; daher wird auch in verdünnter Luft dichte angezogen, in dichter die verdünnte abgestofsen.

Wasserstoffgas zeigte sich leicht diamagnetisch, aber ohne eine Maafsbestimmung für ihn angeben zu können; ein Gemenge von Sauerstoff und Wasserstoff verhielt sich, wie wenn Sauerstoff allein, und zwar seiner Masse nach angezogen würde. Die Anziehung war der Dichtigkeit des Gemenges proportional.

Stickoxydulgas, Cyangas, Kohlensäure und Schwefelätherdunst zeigten keine Wirkung.

Daher ist die Anziehung des Sauerstoffs nur in mechanischen Gemengen noch wirksam, während er in chemischen Verbindungen sich wie andere einfache Gase indifferent gegen den Magnetismus verhält.

Hr. Plücker schlägt aus diesem Grunde den Magneten als Mittel vor, in einem Gasgemenge die Gegenwart des freien Sauerstoffs zu erkennen. Zur Vergleichung wäre dann eine zugeschmolzene mit bekannter Quantität Sauerstoff gefüllte Glaskugel nöthig, die stets aufbewahrt würde und deren Anziehung mit der einer möglichst gleichen und mit dem Gemenge zu füllenden zweiten Glaskugel verglichen, direct das Verhältnifs der Anziehungen gäbe.

In einer zweiten Abhandlung kommt Hr. PLÜCKER auf dieselbe Frage zurück, weil das starke magnetische Verhalten des Stickoxydgases die Ansicht widerlegte, als gäbe Sauerstoff in chemischen Verbindungen seinen Magnetismus auf; Stickoxydulgas hatte sich als indifferent bewiesen, und concentrirte Salpetersäure verhielt sich stark diamagnetisch. Den Gegenstand dieser Untersuchung bildeten daher die Stickstoffverbindungen, als besonders geeignet, das Verhalten des Sauerstoffs darzuthun.

Nach einigen Vorversuchen mit Kohlenoxydgas und Chlor, die in reinem Zustande sich indifferent zeigten, mit Sauerstoff gemengt dagegen die Wirkung desselben sogleich bemerkbar machten, wurde die Contraction bestimmt, die bei der Bildung von salpetriger Säure und von Untersalpetersäure aus Stickoxyd und Sauerstoff eintritt. Es zeigte sich, dafs 4 Maafs Stickoxyd und 1 Maafs Sauerstoff 3 Maafs salpetrige Säure, und dafs 2 Maafs Stickoxyd und 1 Maafs Sauerstoff 1 Maafs Untersalpetersäure geben.

Es wurden nun verschiedene Versuchsreihen in der Art angestellt, dafs zu einer bekannten Anzahl Gewichtstheile Sauerstoff in verschiedenen Absätzen bestimmte Mengen Stickoxydgas zugelassen, oder umgekehrt, dafs zu Stickoxydgas nach und nach Sauerstoff zugelassen, und jedesmal die Anziehung gemessen wurde.

Die starke Anziehung des Stickoxydgases ging aus allen Versuchen hervor, und es konnte der specifische Magnetismus desselben berechnet werden. Hr. PLÜCKER bestimmte die Anziehung von 1000 Gewichtstheilen Stickoxydgas und von 1000 Gewichtstheilen Sauerstoff bei derselben Kette, und fand, den Magnetismus des Sauerstoffes = 1 gesetzt, den des Stickoxydgases im Mittel aus drei Versuchen = 0,476. Es ergiebt sich daraus der specifische Magnetismus des Stickoxydgases, bezogen auf den eines gleichen Volumens Sauerstoff, zu 0,456. Der Magnetismus desselben ist also beinahe gleich dem, den ein Gemenge gleicher Volumina von Stickstoff und Sauerstoff zeigen würde.

Auf ein gleiches Volumen Sauerstoff bezogen, ist der specifische Magnetismus der salpetrigen Säure = 0,342, also verhält sich derselbe zu dem des Stickoxydgases wie 3 : 4, ein Verhältnifs zu dem Hr. Plücker indessen selbst kein Vertrauen hat, weil wahrscheinlich sich ein Theil des Gases zersetzt hatte. Er bestimmt dies Verhältnifs daher noch einmal aus einer andern Versuchsreihe. Bei gleichem Gewichte ist der specifische Magnetismus der salpetrigen Säure 0,226.

Hr. Plücker nimmt nun an, dafs, so lange in der Verbindung auf 1 Volumen Sauerstoff mehr als 4 Volumina Stickoxydgas kommen, sich nur salpetrige Säure ($\dddot{N}$) mit Stickoxydgas ($\ddot{N}$) im Ueberschufs bildet; dafs, wenn mehr als 2 Volumina und weniger als 4 Volumina $\ddot{N}$ auf 1 Volumen Sauerstoff kommen, sich die beiden Verbindungen $\dddot{N}$ und $\ddddot{N}$ (Untersalpetersäure) bilden, und dafs, wenn weniger als 2 Volumina diese Verbindung eingehen, sich nur $\ddddot{N}$ mit Sauerstoff im Ueberschufs bildet. Diese Annahmen wurden experimentell durch Messung der Anziehungen bestätigt. Aus der Zusammenstellung der Resultate geht hervor, dafs die Untersalpetersäure nicht magnetisch ist; denn die Anziehung derselben war stets gleich der des freien Sauerstoffs, den sie enthielt.

Aus der Berechnung des specifischen Magnetismus der salpetrigen Säure nach dieser Versuchsreihe ergiebt sich ein Verhältnifs desselben zu dem des Stickoxydgases wie 3 : 2, welches gerade so ist, als wenn salpetrige Säure ein Gemenge von Stickoxyd und Untersalpetersäure, und ersteres allein in dem Gemenge magnetisch wirksam wäre.

Um die Wirkung der Untersalpetersäure messen zu können, untersuchte Hr. Plücker dieselbe in condensirtem Zustande, wobei die theoretisch wichtige Frage auftrat, ob die magnetische Anziehung eine Molecularwirkung sei, unabhängig von dem Aggregatzustande; ob also ein mit dem condensirten Gase angefülltes Volumen in dem Verhältnifs der Verdichtung stärker angezogen wird. Untersalpetersäure verhielt sich entschieden diamagnetisch in condensirtem Zustande, aber doch so, dafs dies auf das Gas übertragen nicht zu beobachten gewesen wäre; es mufste sich letzteres also indifferent verhalten, wie das Experiment es auch bewies.

Mit grofser Vorsicht wurde nun auch salpetrige Säure condensirt, zeigte dann aber zur grofsen Ueberraschung des Herrn Plücker ebenfalls ein diamagnetisches Verhalten, nur viel schwächer als Untersalpetersäure. Das Gas hatte sich, obwohl auch nur schwach, magnetisch erwiesen, und Hr. Plücker schliefst daraus, dafs es ihm nicht gelungen sei reine salpetrige Säure zu erhalten.

Plücker. Numerische Vergleichung des Magnetismus des Sauerstoffs und des Magnetismus des Eisens.

Die Methode des Messens hatte in dieser Arbeit durchaus nichts Abweichendes von der bei den früheren Untersuchungen angewandten. Zur Vergleichung wurde eine nicht gesättigte Eisenchloridlösung gewählt, und es ergaben sich folgende Resultate:

Gewicht des Sauerstoffs	573
Anziehung (Mittel aus 5 Messungen) .	239
Gewicht der Eisenchloridlösung . . .	501350
Anziehung (Mittel aus 8 Messungen) .	25920.

Auf 1000 reducirt erhält man eine

magnetische Anziehung	des Sauerstoffs	= 417,103
	der Lösung	= 51,700.

Diese beiden Zahlen verhalten sich zu einander wie 8,0678 : 1.

Es wurde nun Eisen aus chemisch reinem Eisenoxyd reducirt, und das Eisenpulver mit einer Mischung von frischem Schmalze und Wachs zu einer homogenen Masse verrieben.

Die Anziehung des Gefäfses betrug 1166; dasselbe mit der Salzlösung gefüllt ergab

Gewicht . .	90425
Anziehung .	20350.

Dasselbe Gefäfs mit Eisenmischung ergab

Gewicht . .	68720
Anziehung .	333880 im Mittel.

Dies nach der für das Gefäfs nöthigen Correction auf 1000 reducirt giebt

eine Anziehung {für die Lösung . . . 212,54 / für die Eisenmischung 4841,59,

also ein Verhältnifs von 1:2304,9.

Folglich verhält sich der Magnetismus des Sauerstoffs zu dem des Eisens wie 8,0678:2304,9; oder wenn man den Magnetismus des Eisens = 1000000 setzt, so ist der des Sauerstoffs bei gleichem Gewicht = 3500, eine Zahl, die, wie aus der Becquerel'schen Arbeit ersichtlich, gegen die Angabe dieses Physikers beinahe zehnmal zu grofs ist.

Plücker. Ueber die magnetische Polarität und die Coërcitivkraft der Gase.

In dieser Arbeit hatte sich Hr. Plücker die Fragen zur Beantwortung gestellt:

1) Verhalten sich Gase polar oder nicht?

2) Nehmen sie diese Polarität augenblicklich an, oder gehört eine gewisse Zeit dazu?

3) Sind sie nach dem Aufhören der magnetischen Wirkung noch magnetisch?

An der bekannten Wage wurde die mit Sauerstoff gefüllte und dicht über den Halbankern tarirte Kugel mit einer Kraft von etwa 200 Gewichtseinheiten (Zehntelmilligrammen) angezogen. Wurden nun etwa 20 Gewichtseinheiten auf die Wageschale gelegt, und die Kette geöffnet, so ging die Kugel langsam in die Höhe, konnte aber durch erneuertes Schliefsen der Kette wieder zu den Halbankern zurückgeführt werden, sobald sie nicht schon zu weit entfernt war.

Wurde der Strom umgekehrt, so ging die Kugel bis zu einer gewissen Höhe von den Halbankern fort, und wurde dann wieder angezogen. Wenn man den Strom erst unterbrach, und dann kurze Zeit darauf in entgegengesetztem Sinne schlofs, so erfuhr die Kugel im Momente des Schliefsens eine Abstofsung.

Dadurch war erwiesen, dafs der Sauerstoff eben so wie

feste Körper eine Polarität besitzt, die nicht mit der inducirenden Wirkung zugleich verschwindet, und dafs zu der jedesmaligen Umkehrung dieser Polarität eine Zeit erforderlich ist.

Hr. Plücker glaubt dadurch die Coërcitivkraft des Sauerstoffgases vollständig erwiesen zu haben. Diese behält das Gas in mechanischen Gemengen (wie z. B. mit Stickstoff, Kohlenoxydgas, Chlor), und ebenso ausnahmsweise in den chemischen Verbindungen Stickoxydgas und salpetrige Säure, deren Magnetismus der Hr. Verfasser in der früheren Arbeit bestimmt hatte.

v. Teichmann.

H. v. Behr. Ueber Magnetismus und dessen Verhältnifs zu den übrigen Naturkräften.

Ueber den im Titel angezeigten Gegenstand hielt Hr. v. Behr einen populären Vortrag, in welchem neue Thatsachen nicht mitgetheilt sind. *A. Krönig.*

A. de la Rive. Ueber die Wirkung des Magneten auf alle Körper.

Hr. de la Rive giebt in dem ersten hier vorliegenden Theile seiner Abhandlung einen historischen Abrifs der Arbeiten, die die Wirkung des Magnetismus auf alle Körper behandeln. Er macht darauf aufmerksam, wie wichtig es sei, bei der Untersuchung der Wirkung des Magneten auf andere Körper jede Bewegung zu vermeiden, weil sonst das Resultat von Inductionsströmen herbeigeführt sein könnte. Mit Rücksicht auf diese Fehlerquelle bespricht Hr. de la Rive dann die bis dahin angestellten Versuche, und fügt, indem er die verschiedenen Erklärungsweisen der diamagnetischen Erscheinungen betrachtet, seine eigene Ansicht hinzu, die dahin geht, dafs dieselben zuzuschreiben seien einer Wirkung des Magneten oder der elektrischen Ströme weder allein auf die Atome, noch auf den Aether allein, sondern auf die gemeinschaftliche Beziehung, in welcher die einzelnen Atome zum Aether stehen.

In dem zweiten Theil der Abhandlung will der Hr. Verfasser das Verhältnifs des magnetischen Drehungsvermögens zum Brechungsvermögen der verschiedenen Substanzen in Erwägung ziehen, so wie auch seine Versuche über Magnetismus und Diamagnetismus der Gase bei verschiedener Condensation und Temperatur mittheilen.

---

v. Feilitzsch. Eine Theorie des Diamagnetismus. Magnetismus des Wismuths. Erweiterung der Ampère'schen Theorie.

Die durch die gemeinschaftlichen Bemühungen von Faraday, Reich, Weber, Poggendorff und Plücker aufgestellte Theorie der diamagnetischen Erscheinungen bestand darin: „dafs die magnetischen wie diamagnetischen Erscheinungen Inductionserscheinungen seien, nur mit dem Unterschiede, dafs bei der Induction magnetischer Substanzen der Nordpol einen Südpol, der Südpol einen Nordpol in seiner Nähe hervorruft; bei der Induction diamagnetischer Substanzen aber der Nordpol einen Nordpol, der Südpol einen Südpol." Bei dieser aus den Erscheinungen gefolgerten Theorie erschien es Hrn. v. Feilitzsch auffallend, dafs ein und dasselbe Agens entgegengesetzte Wirkungen haben sollte, je nachdem ihm die eine oder die andere Substanz dargeboten wurde, und dieser Widerspruch leitete ihn auf die Untersuchungen „über die Vertheilung des Magnetismus in Stahlmagneten und Elektromagneten", von van Rees [1]), welche er in folgender Weise auf diamagnetische Substanzen ausdehnte.

Er meint nämlich:

„Dafs man die Erscheinungen des Diamagnetismus auch ungezwungen daraus erklären könne, dafs man annimmt: der inducirende Magnet errege die kleinsten Theilchen magnetischer wie diamagnetischer Substanzen in gleichem Sinne, so dafs dem Südpol des Magneten die Nordpole aller kleinsten Theilchen zuge-

[1]) Pogg. Ann. LXX. 1*, LXXIV. 213*; Berl. Ber. 1847. p. 478, 1848. p. 359.

wendet werden und umgekehrt; aber in diamagnetischen Substanzen nehme bei der gewöhnlichen Erregungsart das magnetische Moment der kleinsten Theilchen vom Ende nach der Mitte hin ab, während in magnetischen Substanzen das magnetische Moment der kleinsten Theilchen vom Ende nach der Mitte hin zunimmt."

In die Sprache der Ampère'schen Theorie übersetzt, hiefse dies nichts anders als:
„in magnetischen wie diamagnetischen Substanzen finden sich Molecularströme vor, welche durch den Magnetismus oder den elektrischen Strom so gerichtet werden, dafs sie sich in gleichem Sinne mit denjenigen Strömen bewegen, welche den magnetisirenden Einflufs ausüben. Es findet einzig der Unterschied statt, dafs die diamagnetischen Körper der richtenden Kraft einen gröfseren Widerstand (eine gröfsere Coërcitivkraft) entgegensetzen als die magnetischen Körper."

Um dies näher zu begründen, betrachtet Hr. v. Feilitzsch einen, dem Einflufs des Magnetismus ausgesetzten Stab von magnetischer oder diamagnetischer Substanz, je nachdem die erregende Ursache von den Enden des Stabes nach der Mitte, oder von der Mitte nach den Enden wirkt. Ist ersteres der Fall, und die ursprünglich erregende Ursache wirkt allein vertheilend auf die Magnetismen der Theilchen, so kann man sich die Wirkung in folgender Weise vorstellen. Steht die magnetisirende Ursache, z. B. der Südpol eines Magneten um die Gröfse x von dem einen Ende eines materiellen Theilchens dx ab, so wird eine Quantität Magnetismus $= n$ dem Pole zugewandt, eine andere $= s = -n$ von ihm zurückgestofsen werden. Das in einer Linie zunächst liegende Theilchen wird nur eine Quantität Magnetismus $= n' (< n)$ dem Pole zuwenden und eine andere $s' = -n'$ zurückstofsen, da es um die Gröfse $x + dx$ entfernt ist. Das magnetische Moment (v) der beiden einander zugekehrten Quantitäten s und n' ist also bezüglich $-v = -ndx$ und $v \quad dv = +n'dx$, und darnach sind die magnetischen Kräfte in diesem Punkte auszudrücken durch

$$s = -n = \frac{-v}{dx} \text{ und nach } n' = \frac{v - dv}{dx},$$

und daher die Quantität u des freien Magnetismus gleich der Summe dieser Kraftelemente

$$1)\quad u = s + n' = -n + n' = -\frac{dv}{dx}.$$

van Rees hat gezeigt, dafs diese von einer Reihe von Theilchen geltende Betrachtungsweise auch für Schichten von der Dicke dx gilt, also dafs obige Gleichung für den an irgend einer Stelle eines Körpers frei werdenden Magnetismus unter den gegebenen Verhältnissen zu übertragen ist. Es geht daraus hervor, dafs, da ein Südpol als erregende Ursache angenommen war, und der ihm zugewandte Magnetismus mit $+n$, $+n'$... bezeichnet wurde, der freie Magnetismus u von derselben Natur ist, als der erregende Magnetismus. Der an den Endflächen auftretende, durch die benachbarten Theilchen nicht compensirte, freie Magnetismus, wird an der dem erregenden Pole zugekehrten Endfläche von entgegengesetzter, an der abgewandten Endfläche von derselben Natur sein als der des erregenden Poles.

Bezeichnet man die Summe der zwischen den einzelnen Theilchen hervortretenden Magnetismen mit $\Sigma u = -\Sigma \frac{dv}{dx}$, und die Magnetismen der Endflächen mit ν und $\sigma = -\nu'$, so ist das Schema für die Vertheilung des Magnetismus:

$$2)\quad \begin{cases} S(=-N) \text{ erregt } \rightarrow : \nu + \Sigma u + \sigma \\ \qquad\qquad\qquad\qquad \nu - \Sigma \frac{dv}{dx} - \nu'. \end{cases}$$

Die durch einen Nordpol bewirkte Erregung giebt:

$$3)\quad \nu' + \Sigma \frac{dv}{dx} - \nu : \leftarrow \text{ erregt } N.$$

Wirkt auf der einen Seite endlich ein Nordpol, auf der andern ein Südpol, so findet die Erregung nach folgendem Schema statt:

$$4)\quad \begin{cases} S \text{ erregt } \rightarrow : \nu - \Sigma \frac{dv}{dx} - \nu' + \nu' + \Sigma \frac{dv}{dx} - \nu : \leftarrow \text{ erregt } N, \\ \text{oder} \\ \qquad \rightarrow : \nu - \Sigma \frac{dv}{dx} + 0 + \Sigma \frac{dv}{dx} \nu : \leftarrow. \end{cases}$$

Ist $\nu > \Sigma \frac{dv}{dx}$, dann überwiegt der an den Endflächen auftretende mit ν bezeichnete Magnetismus gegen alle auf der einen Hälfte des Stabes frei gewordenen Magnetismen, und ist an der dem erregenden Pole zugekehrten Fläche von entgegengesetzter, an der abgewandten Fläche von derselben Natur als dieser. Der Stab ist also schwach magnetisch, und wird sich axial stellen.

Ist $\nu < \Sigma \frac{dv}{dx}$, dann überwiegt die Summe der über den Stab hinweg verbreiteten freien Magnetismen gegen den Magnetismus der Endflächen; der Stab wird sich äquatorial einstellen; die Substanz ist diamagnetisch. Dafs dies der häufigste Fall ist, erklärt Hr. v. Feilitzsch näher; er mufs nämlich eintreten, wenn die Magnetismen in den kleinsten Theilchen der Körper sich schwer vertheilen lassen, oder wenn die Theilchen verhältnifsmäfsig weit von einander entfernt liegen.

Die bedeutende Abnahme der diamagnetischen Kraft mit der Entfernung der erregenden Pole erklärt der Hr. Verfasser einfach aus den gegebenen Anschauungen.

Aufser dieser einen äufseren Ursache können noch andere Ursachen auf die Vertheilung des Magnetismus in den kleinsten Theilchen wirken, da jedes Molecül von den ihm zunächst liegenden Molecülen eine Vertheilung erfahren wird, und da es denkbar ist, dafs die Summe des über den Stab hinweg vertheilten freien Magnetismus seinerseits wieder eine vertheilende Wirkung auf die Magnetismen der einzelnen Theilchen ausübt.

Eine Einwirkung der Theilchen wird dann besonders stattfinden, wenn dieselben sehr nahe zusammen liegen, und die Substanz überhaupt sehr leicht erregbar ist. Der gegenseitige Einflufs der Theilchen auf einander geschieht in der Weise, dafs jedes die Wirkung des benachbarten verstärkt, und zwar um so mehr, je mehr Magnetismus es selbst entwickelt, und es wird daher eine viel gröfsere Quantität Magnetismus vertheilt werden, als wenn dieser Einflufs verschwindend klein ist. Diese Quantität kann sogar so grofs werden, dafs sie den Magnetismus, welcher durch die entfernten Magnetpole allein erregt wird, überwiegt, und das magnetische Moment wird dann von der Mitte nach den

Enden hin abnehmen. Das Schema für diese Erregung ist daher, wenn sich der Stab zwischen einem Nordpol und einem Südpol befindet:

$$5)\quad S \text{ erregt} \rightarrowtail : \nu + \Sigma\frac{dv}{dx} + 0 - \Sigma\frac{dv}{dx} - \nu : \leftarrowtail \text{ erregt } N.$$

Der Stab ist unter diesen Bedingungen magnetisch, und stellt sich daher axial.

Aus diesen Anschauungen erklärt sich eben so leicht, warum eine viel geringere Abnahme der Kraft mit der Entfernung der inducirenden Pole statt hat, als diejenige, die an der diamagnetischen Kraft beobachtet wurde.

Wenn die Summe des freien, über den Stab hinweg vertheilten Magnetismus auf die Vertheilung des Magnetismus in den kleinsten Theilchen wirkt, so sind die Angriffspunkte dieser Kraft die in dem inducirten Stabe entstandenen Pole des freien Magnetismus. Die Pole des diamagnetischen Körpers werden also mehr nach der Mitte rücken, die eines magnetischen mehr nach den Enden, und es kann daher diese Wirkung bei ersteren vernachlässigt werden, während sie bei letzteren dazu beiträgt das so eben über dieselbe gepflogene Raisonnement zu unterstützen. Wirkt die erregende Ursache endlich von der Mitte des Stabes nach den Enden hin, was durch geeignetes Streichen mit einem Magneten oder durch den elektrischen Strom geschehen kann, so muſs jeder Körper die Polarität zeigen, die analog der im Eisen oder im Stahl ist. Zur Prüfung seiner Ansichten ordnete Hr. v. Feilitzsch bei einem Versuche die Vertheilung des Magnetismus in einem Wismuthstabe in der oben beschriebenen Weise an, und fand seinen Satz vollkommen bestätigt. Wismuth zeigte eine zwar schwächere aber eine gleichgerichtete Polarität wie das weiche Eisen.

Umgekehrt versuchte der Hr. Verfasser auch, ob ihm gelingen würde, experimentell nachzuweisen, daſs magnetische Substanzen sich unter gewissen Umständen auch äquatorial einzustellen vermöchten. Es würde dies dann möglich sein, wenn man die Coërcitivkraft durch Verlängerung oder Verdünnung der Substanz genugsam vergröſseren könnte. Versuche mit Eisen in dieser Form entsprachen dem gehofften Resultat nicht, Nickel konnte in geeigneter Weise nicht dem Experiment unterworfen werden, der Erfolg blieb daher noch unentschieden.

Alle Erscheinungen, die beobachtet wurden, wenn man magnetische und diamagnetische Substanzen mischte, finden ihre Erklärung in den oben erörterten Ansichten. Ein Magnetpol in nächster Nähe wirkt nach dem Schema 4, der Stab wird also abgestofsen; in gröfserer Entfernung wirkt er nach Schema 5, der Stab wird also angezogen, da durch die Mischung beider Substanzen nichts anderes geschehen ist, als die Coërcitivkraft vermehrt, ohne dafs die inducirende Wirkung der kleinsten Theilchen zum Verschwinden gebracht ist.

Der Hr. Verfasser zeigt nun, wie seine Ansichten mit den von Ampère gegebenen Anschauungen übereinstimmen, wenn man annimmt, dafs überhaupt in allen Körpern elektrische Molecularströme vorhanden seien, die durch den Einflufs eines Magneten oder eines elektrischen Stromes stets gleich gerichtet werden, und dafs sich die Körper nur durch den verschiedenen Widerstand unterscheiden, den sie diesem richtenden Einflufs entgegensetzen. Aus theoretischen Gründen, wie aus dem Versuch beweist er, dafs

der Satz der Ampère'schen Theorie: „elektrische Spiralen, in denen der Strom im Sinne der Bewegung eines Uhrzeigers orientirt ist, haben bei Eintritt des Stromes einen Südpol" mit dem Zusatze versehen werden mufs:

„wenn die Stromstärke in allen Windungen gleich, oder nach der Mitte der Spirale stärker ist;" dafs aber das Umgekehrte eintritt, wenn der Strom in den äufsersten Windungen stärker und in der Mitte am schwächsten ist.

Dieser letzte Fall entspricht aber dem Verhalten diamagnetischer Körper.

Hr. v. Feilitzsch unterläfst nicht für seine Ansichten noch mehrere Versuche anderer anzuführen, die sich durch dieselben leicht erklären lassen; so z. B. den Versuch, durch welchen Weber die entgegengesetzte Richtung der Inductionsströme nachwies, die durch Wismuth und durch Eisen entstehen; so den von Plücker, der nachwies, dafs die Axen der Krystalle einen vermehrten oder verminderten Diamagnetismus oder Magnetismus zeigten, und den bekannten, dafs der elektrische Strom die Polarisationsebene in dem Sinne des Stromes dreht.

Pierre. Einige Bemerkungen über magnetische und diamagnetische Erscheinungen.

Hr. Pierre geht von der Ansicht aus, dafs die verschiedenen Erscheinungen, welche die in die Nähe des Magnetes gebrachten Körper darbieten, nur dadurch bedingt sind, ob der Körper oder das ihn umgebende Medium kräftigeren Magnetismus erlange.

Ist die durch Vertheilung von Seite des Magnetes in dem Körper frei gewordene Menge Magnetismus unter denselben Umständen gröfser als die in dem den Körper umgebenden Medium, so verhält sich der fragliche Körper magnetisch, im Gegentheil diamagnetisch.

Bevor Hr. Pierre auf die Gröfse des in einem Körper vorhandenen freien Magnetismus eingeht, erklärt er die Coërcitivkraft als den Widerstand, der sich in den der Einwirkung eines Magneten ausgesetzten Körpern der Trennung der ungleichartigen Magnetismen entgegenstellt, gleichgültig ob die Körper bleibend oder vorübergehend magnetisch werden.

Wenn auf einen Punkt C eines magnetischen Körpers in dem Abstande R ein Punkt A eines fixen Magneten mit einer Menge dm freien (nördlichen) Magnetismus wirkt, so wird durch den Einflufs des fixen Magneten in C eine Menge Magnetismus frei werden, die sich ausdrücken läfst durch

$$1) \quad m_1 = \alpha \int F(R)\, dm,$$

sobald kein magnetisches Medium den Körper umgiebt. $F(R)$ ist eine mit dem Wachsen von R abnehmende Function, α aber positiv oder negativ (hier negativ in dem dem Magnetpole zunächst liegenden Theile des Körpers). In jedem Punkte des umgebenden Mediums wird durch die Einwirkungen des fixen Magneten eine Menge $d\mu$ frei werden, die wieder auf C vertheilend wirkt. Der dadurch in C hervorgerufene frei gewordene Magnetismus läfst sich dann analog ausdrücken, durch

$$2)\quad m_2 = \alpha \int F(r)\, d\mu,$$

wobei r den Abstand des Punktes im Medium von C bedeutet. $d\mu$ als entstanden aus der Einwirkung des freien Magnetismus im fixen Magneten und im magnetischen Körper, läfst sich durch einen analogen Ausdruck geben, und zwar ist

$$3)\quad d\mu = \beta \int f(m_1, \varrho)\, dm,$$

und dieser Werth in 2) substituirt, giebt

$$4)\quad m_2 = \alpha\beta \int F(r) f\cdot(m_1, \varrho)\, dm.$$

Die Gesammtmenge des in C freien Magnetismus ist daher

$$5)\quad M = m_1 + m_2 = \alpha \int \Big[F(R) + \beta f(m_1, \varrho) F(r) \Big] dm,$$

α und β als constante Gröfsen betrachtet. In dem ganzen Körper, zu dem C gehört, ist aufserdem noch

$$\Sigma M = 0.$$

Nach Entwickelung dieses Integrales betrachtet der Hr. Verfasser dasselbe näher, und erörtert zunächst den Fall, ob die Menge des freien Magnetismus unendlich grofs werden könne, wenn die Entfernung von dem Magneten 0 wird. Aus dem Integral 1) leitet er ab, dafs dies nie der Fall sein wird, so lange der Körper noch magnetisch werden kann. Aus der Betrachtung der Formel 5), deren einer Theil von der vertheilenden Wirkung des fixen Magneten, der andere von der Einwirkung des umgebenden Mediums abhängt, folgert er, dafs, wenn die Coërcitivkraft des Körpers gröfser ist als die des Mediums, die freien Magnetismen dasselbe Zeichen haben werden wie der Pol; und dafs umgekehrt dieselben entgegengesetztes Zeichen haben, wenn die Coërcitivkraft des Körpers kleiner ist, als die des Mediums. Es geht daraus hervor, dafs für einen und denselben Körper bald der eine, bald der andere Fall eintreten kann je nach dem Medium, in das er gebracht wird, und bei demselben Medium je nach der Entfernung, in der er vom Magnet absteht.

Da alle diese verschiedenen Fälle in der Erfahrung noch nicht nachgewiesen sind, so wünscht der Hr. Verfasser, dafs zahlreiche Versuche den Zustand der Körper in verschiedenen

Distanzen von dem vertheilend wirkenden Magneten untersuchen möchten, um das Gesetz der Abhängigkeit der Gröfse des magnetischen Momentes von der Distanz kennen zu lernen.

Aus ferneren Betrachtungen leitet Hr. Pierre die Möglichkeit folgender Erscheinungen an Körpern, die dem Einflusse eines Magneten ausgesetzt sind, ab:

1) Der Körper hat geringe Coërcitivkraft, und der freie Magnetismus M immer das entgegengesetzte Zeichen des Poles; dann findet Anziehung statt; die Erscheinungen der eigentlich magnetischen Körper sind hierher zu rechnen.

2) Bei entgegengesetzten Zeichen des Magnetpoles und M innerhalb eines gewissen den Magnetpol umgebenden Raumes Anziehung, aufserhalb desselben Abstofsung.

3) In jeder Distanz Anziehung aber bei wechselnden Zeichen von M.

4) In geringer Distanz Abstofsung, in gröfserer Anziehung, oder umgekehrt, blofs durch den Wechsel des Zeichens von M.

5) In geringeren Distanzen Abstofsung, in gröfserer Anziehung, wobei das Zeichen von M immer gleich ist dem des nächsten Pols; wozu erforderlich ist, dafs der Körper eine gröfsere Coërcitivkraft besitzt als das ihn umgebende Medium.

Während viele der beobachteten Erscheinungen magnetischer und diamagnetischer Körper in diesen Sätzen ihre Erklärung finden, so bleibt doch noch in den angeführten Fällen die wirkliche Existenz der aufgestellten Bedingungen experimentell nachzuweisen.

Auf das Verhalten krystallinischer Stoffe übergehend, schliefst Hr. Pierre aus den Erscheinungen auf einen Zusammenhang zwischen den Bedingungen des Gleichgewichts der Molecüle und der Art der Vertheilung des Magnetismus.

W. Thomson. Ueber die Theorie der magnetischen Induction.

Hr. Thomson gründet seine Theorie auf zwei Sätze:

1) Alle verschiedenen Magnete, wie z. B. vollkommene harte Stahlmagnete oder Elektromagnete, bringen denselben inducirenden

Einflufs auf eine gegebene Substanz hervor, wenn man sie nach einander ihr nähert, sobald sie auf den von der Substanz eingenommenen Raum dieselbe Kraft äufsern; oder die Gröfse der inducirten Kraft in einem Körper hängt von seiner Form, seiner eigenthümlichen Beschaffenheit und von dem magnetischen Felde, in dem er sich befindet, ab.

2) Wenn irgend eine Anzahl Magneten gleichzeitig inducirend auf einen Körper wirken, so bringt jeder dieselbe Wirkung hervor, als wenn die andern entfernt wären, und der wirkliche magnetische Zustand des Körpers ist der, welcher aus dem gleichzeitigen Vorhandensein verschiedener Vertheilungen des Magnetismus in verschiedenen Magneten entsteht.

Das erste der beiden aufgestellten Prinzipe hält der Hr. Verf. für aufser Zweifel festgestellt; das zweite mufs durch Versuche noch bestätigt oder aufser Kraft gesetzt werden, da die bis jetzt angestellten und zu diesem Gesetz in Beziehung stehenden Experimente es zwar unterstützen, aber noch nicht streng beweisen. Der Hr. Verfasser wünscht daher sehr, dafs Versuche die Gültigkeit dieses Gesetzes erwiesen, denn wenn dies einmal geschehen, würde man nur gewissen Coëfficienten, die bis jetzt als constant betrachtet werden, bestimmte und veränderliche Ausdrücke zu geben brauchen.

W. Thomson. Ueber die Theorie der magnetischen Induction in krystallinischen und unkrystallinischen Substanzen.

Poisson's Theorie der magnetischen Induction gründet sich auf „zwei magnetische Fluida", die in den „magnetischen Elementen" beweglich sind. Hr. Thomson hält diese Hypothese für höchst unwahrscheinlich, und will elementare Gesetze an Stelle dieser magnetischen Fluida setzen, so dafs die mathematische Theorie Poisson's jedoch in allen ihren hauptsächlichsten Schlüssen unverändert bleibt. Ehe er zu der eigentlichen Arbeit übergeht, schickt er Erklärungen der von Faraday und andern Schriftstellern häufig gebrauchten Ausdrücke voraus, wie z. B. „die in einem Punkte dem Magnet eigne Kraft"; „die Totalkraft in einem

Punkte"; „magnetisches Feld"; „Kraftlinien"; „magnetisches Feld gleicher Kraft".

Die von Thomson aufgestellten Grundsätze magnetischer Kraft sind folgende.

1) Jede mechanische Wirkung, welche ein Magnet in Folge seines Magnetismus erfährt, verdankt er andern Magneten.

2) Die Wirkung zweier Magneten auf einander ist gegenseitig.

3) Die ganze Wirkung, die irgend ein Magnet erfährt, ist die mechanische Resultante aller der Wirkungen, welche er von allen in seiner Nachbarschaft befindlichen Magneten erfahren würde, wenn jeder so wirkte, als ob die andern entfernt wären, vorausgesetzt dabei, daſs die Vertheilungen des Magnetismus in beiden unverändert bleiben.

Es werden hierauf die beiden in der vorigen Abhandlung des Hrn. Thomson mitgetheilten Gesetze der magnetischen Induction vorangestellt und daraus Schlüsse gezogen, die das Verhalten nicht krystallinischer und krystallinischer Substanzen näher erörtern. Nachdem der Hr. Verfasser den Ausdruck „die Hauptaxe der magnetischen Induction einer Substanz" erklärt hat, bezieht er die magnetischen Wirkungen auf solche Axen in einem Krystall, und giebt einen mathematischen Ausdruck, in welchem das Vorzeichen dreier Constanten (die Inductionsfähigkeit der Substanzen nach den drei Hauptaxen der magnetischen Induction bezeichnend) die diamagnetische oder magnetische Natur des Körpers bestimmt.

W. Thomson. Magnekrystallische Eigenschaft des Kalkspaths.

In einem Briefe an die Herausgeber des Phil. Mag. berichtigt Hr. Thomson einen Irrthum, der sich in die vorhergehende Arbeit eingeschlichen, der aber so augenfällig ist, daſs bereits Tyndall in seiner Arbeit über die Polarität des Wismuths (Phil. Mag. (4) II. 333*) ihn besprochen hatte.

W. Thomson. Bemerkungen über die Kräfte, welche durch Vertheilung magnetisirte ferro- und diamagnetische nicht krystallinische Substanzen erleiden.

Hr. Thomson erörtert, wie das Faraday'sche Gesetz, dafs diamagnetische Körper im magnetischen Felde sich von Orten stärkerer Kraft zu Orten schwächerer bewegen, eine einfache Folge von der mathematischen Lösung des Problems sei, die Wirkung zu bestimmen, die auf eine kleine Kugel vermöge des inducirten Magnetismus ausgeübt wird; ebenso wie er durch die mathematische Untersuchung die Beobachtung Faraday's erklärt, dafs kleine Kügelchen von inductiv magnetisirter Substanz in einigen Fällen längs den Magnetkraftlinien, und in anderen schief oder quer gegen sie fortgetrieben werden. Aus Schlüssen bestimmt er sonach die Ausdrücke „Anziehung" und „Abstofsung" dahin, dafs man unter „Anziehung" eine nach den Orten stärkerer Kraft gerichtete Bewegung zu verstehen habe, wobei dies nicht immer gleichbedeutend mit der Richtung nach dem Magneten ist. Das zuerst erwähnte, von Faraday gefundene Gesetz beweist der Hr. Verf. experimentell an einem einfachen Apparate, an welchem er eine Kugel von weichem Eisen der Einwirkung eines Südpols und eines Nordpols von verschiedener Stärke und in verschiedener Entfernung aussetzt, und eine stabile und eine labile Gleichgewichtslage derselben zwischen beiden Polen nachweist. Wären die Pole mathematische Punkte, so wäre die labile Gleichgewichtslage eine solche, dafs ihre Abstände von den beiden Polen sich direct verhalten wie die Quadratwurzeln aus den Stärken der Magnete; die stabile Gleichgewichtslage wäre aber unter dieser Voraussetzung, was sich theoretisch nachweisen liefse, eine solche, dafs ihre Abstände von den Polen sich direct wie die Cubicwurzeln aus den Stärken verhalten würden. Fernere Folgerungen aus dem Faraday'schen Gesetz lösen theoretisch das bekannte Problem des Mahometssarges, obgleich der Hr. Verf. sagt, dafs dies mit irgend einem Körper experimentell zu verwirklichen nicht möglich wäre, da kein Magnet gefunden würde, dessen Abstofsung nur entfernt dem Gewichte des Körpers gleich käme.

Die in den mathematischen Untersuchungen gemachte Annahme, dafs die Magnetisirung der Substanz allemal proportional sei der magnetisirenden Kraft, scheint dem Hrn. Verf. wenigstens für alle bekannten diamagnetischen und für alle schwach ferromagnetischen Substanzen wahrscheinlich, obgleich sie noch durch keinen Versuch bestätigt ist. Es widerspricht diese Annahme dem von Plücker aufgestellten Satz, dafs der Diamagnetismus schneller abnimmt als der Magnetismus. Hr. Thomson glaubt, dafs die Erscheinungen, welche diesen Satz zu begründen scheinen, sich vielmehr durch den Faraday'schen Satz erklären lassen, wie er es an einigen Beispielen darthut.

J. Müller. Beitrag zur Theorie der diamagnetischen Erscheinungen.

Hr. Müller suchte den von Plücker aufgestellten Satz zu erklären, dafs Körper, die aus magnetischen und diamagnetischen Substanzen gemischt sind, bei schwacher Erregung angezogen, bei stärkerer abgestofsen werden. Die Plücker'sche Erklärung, die den Grund der Erscheinung in der verschiedenen Coërcitivkraft der magnetischen und der diamagnetischen Substanzen sucht, scheint dem Hrn. Verfasser deshalb nicht zureichend, weil nur die Constanten der Gleichung dadurch geändert würden, die Form aber unverändert bliebe, was schwerlich der Fall sein kann. Die von ihm beim Eisen nachgewiesene Erscheinung, dafs dasselbe nur bis zu einem gewissen Maximum magnetisirt werden könne, und dies bei kleinen Massen schon durch geringe Kräfte erreicht wird, und zwar so, dafs der Magnetismus so lange nur der magnetisirenden Kraft proportional ist, als man vom Maximum noch sehr weit entfernt ist, aber bei gröfserer Annäherung an dasselbe, um weniger zunimmt als die Kraft, — scheint dem Hrn. Verfasser auch auf vorliegenden Fall anwendbar.

Die Mischung besteht aus einer gröfseren Menge diamagnetischer Bestandtheile, und einer kleineren magnetischer, die schon bei geringer Kraft sehr bald ihr Maximum erreicht haben. Ueberwiegt jetzt die Wirkung magnetischer Erregung, so erscheint die Masse magnetisch. Bei gröfserer Zunahme der magnetisirenden Kraft wächst nur noch der Diamagnetismus, der Magnetismus nicht mehr; daher kann ersterer dem letzteren an Kraft gleichkommen, und ihn endlich übertreffen.

Der Hr. Verfasser veranschaulicht dieses Gesetz sehr einfach durch zwei Curven, die sich schneiden; die Abscissen sind der magnetisirenden Kraft proportional, während die Ordinaten das Wachsen der Kraft im diamagnetischen Körper in der einen Curve, das im magnetischen Körper in der andern Curve darstellen.

v. Teichmann.

M. Melloni. Neue Entdeckungen über die Richtkraft krystallisirter Substanzen unter dem Einflufs des Magnetismus.

Diese Abhandlung des Hrn. Melloni ist nichts weiter als eine Zusammenstellung der von Faraday, Plücker, Knoblauch und Tyndall ausgeführten Arbeiten über das Verhalten der Krystalle zwischen Magnetpolen.

A. Krönig.

Namen- und Capitelregister.

Druckfehler.

S. 78 Zeile 20 von oben l. ε st. E.
- 260 - 22 von oben l. SEEZEN st. SEEGEN.
- 261 - 10 von unten l. $l.\frac{dp}{dt}$ st. $\frac{dr}{dt}$.
- 261 - 3 von unten l. $l.\frac{dt}{dp}$ st. $\frac{dt}{dr}$.
- 270 - 11 von oben l. Stöfse st. Nässe.
- 512 - 17 von oben l. das freigebliebene st. der freigebliebene.
- 561 - 5 von unten l. 233 st. 223.
- 842 ist zu der Literatur zuzufügen:
L. A. COLDING. Om Magnetens Indvirking paa blödt Jern. Vidensk. Selsk. Skrift. (5) II. 149*.

S. 911 Zeile 22 von oben ist zuzufügen: HAID. Ber. VII. 9*.
- 913 - 5 von oben l. Z. THOMPSON st. J. THOMPSON.
- 913 - 16 von oben ist zuzufügen: HAID. Ber. VII. 11*.
- 1082 - 4 von oben l. RANKIN st. RANKINE.
- 1114 - 5 von unten l. Witterungsgeschichte st. Witterungsberichte.